Chimie
fondamentale
Raymond Chang • Luc Papillon

PRINCIPES ET PROBLÈMES

2ᴱ ÉDITION

CHIMIE GÉNÉRALE

VOLUME 1

																18 8A
																2 He 4,003
										13 3A	14 4A	15 5A	16 6A	17 7A		
										5 B 10,81	6 C 12,01	7 N 14,01	8 O 16,00	9 F 19,00	10 Ne 20,18	
										13 Al 26,98	14 Si 28,09	15 P 30,97	16 S 32,07	17 Cl 35,45	18 Ar 39,95	
21 Sc 44,96	22 Ti 47,88	23 V 50,94	24 Cr 52,00	25 Mn 54,94	26 Fe 55,85	27 Co 58,93	28 Ni 58,69	29 Cu 63,55	30 Zn 65,39	31 Ga 69,72	32 Ge 72,59	33 As 74,92	34 Se 78,96	35 Br 79,90	36 Kr 83,80	
39 Y 88,91	40 Zr 91,22	41 Nb 92,91	42 Mo 95,94	43 Tc (98)	44 Ru 101,1	45 Rh 102,9	46 Pd 106,4	47 Ag 107,9	48 Cd 112,4	49 In 114,8	50 Sn 118,7	51 Sb 121,8	52 Te 127,6	53 I 126,9	54 Xe 131,3	
57 La 138,9	72 Hf 178,5	73 Ta 180,9	74 W 183,9	75 Re 186,2	76 Os 190,2	77 Ir 192,2	78 Pt 195,1	79 Au 197,0	80 Hg 200,6	81 Tl 204,4	82 Pb 207,2	83 Bi 209,0	84 Po (210)	85 At (210)	86 Rn (222)	
89 Ac (227)	104 Rf (257)	105 Db (260)	106 Sg (263)	107 Bh (262)	108 Hs (265)	109 Mt (266)	110	111	112							

58 Ce 140,1	59 Pr 140,9	60 Nd 144,2	61 Pm (147)	62 Sm 150,4	63 Eu 152,0	64 Gd 157,3	65 Tb 158,9	66 Dy 162,5	67 Ho 164,9	68 Er 167,3	69 Tm 168,9	70 Yb 173,0	71 Lu
90 Th 232,0	91 Pa (231)	92 U 238,0	93 Np (237)	94 Pu (242)	95 Am (243)	96 Cm (247)	97 Bk (247)	98 Cf (249)	99 Es (254)	100 Fm (253)	101		

Chenelière
McGraw-Hill

CHENELIÈRE ÉDUCATION

Chimie fondamentale, 2ᵉ édition
Principes et problèmes
Chimie générale, Volume 1

Traduction de : *Essential Chemistry : A Core Text for General
Chemistry, Second Edition* de Raymond Chang
© 2000, 1998, The McGraw-Hill Companies (0-07-290500-X)

© 2002 Les Éditions de la Chenelière inc.

Éditeur : Michel Poulin
Coordination : Lucie Robidas
Révision linguistique : Ginette Laliberté
Correction d'épreuves : Louise Hurtubise
Infographie : Pauline Lafontaine
Couverture : Norman Lavoie

Conception graphique : Stuart D. Paterson

Données de catalogage avant publication (Canada)

Chang, Raymond

   Chimie fondamentale : principes et problèmes
   2ᵉ édition
   Traduction de : Essential Chemistry
   Comprend un index.
   Sommaire : v. 1. Chimie générale – v. 2. Chimie des solutions
   Pour les étudiants du niveau collégial.
   ISBN 2-89461-757-7 (vol. 1)
   ISBN 2-89461-762-3 (vol. 2)

   1. Chimie. 2. Chimie physique et théorique. 3. Solutions
(Chimie). 4. Équilibre chimique. 5. Réactions chimiques.
6. Chimie — Problèmes et exercices. I. Papillon, Luc, 1943-   .
II. Titre.

QD33.C39142002   540   C2002-940617-X

**Chenelière
McGraw-Hill**

CHENELIÈRE ÉDUCATION

7001, boul. Saint-Laurent
Montréal (Québec)
Canada H2S 3E3
Téléphone : (514) 273-1066
Télécopieur : (514) 276-0324
info@cheneliere-education.ca

ISBN 2-89461-757-7

Dépôt légal : 2ᵉ trimestre 2002
Bibliothèque nationale du Québec
Bibliothèque nationale du Canada

Imprimé et relié au Canada

03 04 05 06 07 ITIB 10 09 08 07 06

Nous reconnaissons l'aide financière du gouvernement du
Canada par l'entremise du Programme d'aide au développement
de l'industrie de l'édition (PADIÉ) pour nos activités d'édition.

L'Éditeur a fait tout ce qui était en son pouvoir pour retrouver
les copyrights. On peut lui signaler tout renseignement menant
à la correction d'erreurs ou d'omissions.

DANGER
LE
PHOTOCOPILLAGE
TUE LE LIVRE

AVANT-PROPOS

Lors de sa première parution, l'objectif initial de *Chimie fondamentale* était de présenter les notions de chimie essentielles aux étudiants qui entreprennent des études scientifiques. Toutefois, cette tâche exige de fixer des choix. Quels concepts doit-on présenter ? Jusqu'où doit-on les approfondir ? Il est difficile de résoudre tous les problèmes qui sont ainsi soulevés. Nous croyons cependant que chaque volume de cette deuxième édition de *Chimie fondamentale* est un outil qui saura mieux répondre aux besoins des étudiants. Il s'agit d'un ouvrage de synthèse, mais la matière ne peut être étudiée dans une seule session d'études.

Encore une fois, en rédigeant cette deuxième édition, nous avons tenté d'inclure tous les sujets fondamentaux qu'une formation de base en chimie doit comporter, sans renoncer pour autant à la clarté et à la compréhension de l'exposé. Afin d'atteindre cet objectif dans un nombre limité de pages, en abordant chaque chapitre, nous avons cherché à répondre aux questions suivantes : Qu'est-ce que les étudiants doivent absolument connaître dans ce domaine particulier de la chimie ? Que pouvons-nous ajouter ou améliorer afin de parfaire cet ouvrage ?

Dans ce premier volume, les lecteurs trouveront des réponses à ces questions sous les formes suivantes :

- Au chapitre 1, une nouvelle section introduit la méthode scientifique.

- Le chapitre 2 propose différents modèles moléculaires, un exposé sur les hydrates et une présentation améliorée de la méthode des chiffres significatifs.

- Au chapitre 4, une figure résume les lois des gaz, et une nouvelle section porte sur la stœchiométrie des gaz.

- Au chapitre 5, nous élaborons davantage le principe d'incertitude, et nous ajoutons des paragraphes et des illustrations sur l'énergie des orbitales. De plus, un nouvel exemple permet de montrer l'attribution des nombres quantiques aux électrons d'un atome.

- Le chapitre 6 présente une nouvelle définition de l'affinité électronique.

- Au chapitre 7, nous avons intégré quelques notions fondamentales de thermochimie à l'étude des énergies de liaison et ajouté une présentation améliorée des structures de Lewis.

- Au chapitre 8, nous avons réorganisé en profondeur la section sur l'hybridation des orbitales (l'ordre de présentation et les textes sont nouveaux). Des sections sur les orbitales moléculaires (OM), la configuration électronique des orbitales moléculaires et les orbitales moléculaires délocalisées sont également proposées.

- Au chapitre 9, nous avons amélioré l'aspect quantitatif du contenu, notamment grâce au traitement de l'équation de Clausius-Clapeyron et à une meilleure description des changements physiques par l'étude détaillée d'une courbe de chauffage.

Pour faciliter l'apprentissage des étudiants, nous avons évidemment retenu les caractéristiques pédagogiques de la première édition tout en y apportant plusieurs innovations :

Les points essentiels — Chaque chapitre débute par une nouvelle section intitulée *Les points essentiels*. Il s'agit d'un bref exposé qui énonce les concepts importants du chapitre. La lecture de ce texte permettra aux étudiants de se faire une idée du contenu du chapitre et d'évaluer leur compréhension une fois la lecture terminée.

Introduction — Chaque chapitre commence par une courte introduction où, à l'aide d'un court texte, nous sensibilisons les lecteurs au contenu du chapitre. Ces introductions servent à montrer toute la richesse de l'histoire de cette discipline ou le rôle joué par la chimie dans tous les aspects de notre vie.

La résolution de problèmes — *Chimie fondamentale* fait une grande place à la résolution de problèmes. Dans tous les chapitres, un grand nombre d'exemples résolus ponctuent le texte pour montrer aux étudiants comment appliquer les notions présentées. Chacun de ces exemples est suivi d'un exercice semblable permettant de démontrer immédiatement les connaissances acquises.

Nouveau — Dans cette nouvelle édition, chaque exemple de problème résolu dans le texte mentionne au moins un autre exemple de problème semblable qui fait partie de la liste des problèmes en fin de chapitre. Voilà une autre occasion immédiate de renforcer l'apprentissage !

Nouveau — En rédigeant cette nouvelle édition de *Chimie fondamentale*, nous avons amélioré ses nombreuses illustrations et en avons ajouté de nombreuses autres. Par exemple, la nouvelle figure 4.12 illustre et résume les lois des gaz.

Nouveau — Pour mieux visualiser les composés chimiques, à plusieurs endroits, les étudiants trouveront des **modèles moléculaires** décrivant les composés mentionnés dans le texte.

Nouveau — À plusieurs endroits, des *Notes* ont été ajoutées en marge du texte ou de certains exemples pour apporter des explications ou des conseils supplémentaires. Parfois, ces notes constituent plutôt un dialogue incitant les étudiants à s'interroger et à réfléchir davantage.

Nouveau — Dans chaque chapitre, les étudiants trouveront un ou deux encadrés intitulés *La chimie en action*, dont le but est de démontrer avec des exemples concrets le rôle que joue la chimie dans les autres sciences et dans la vie de tous les jours.

Nouveau — Dans cette édition, les résumés ont été réorganisés en une suite de courtes phrases numérotées permettant de faciliter la récapitulation.

Nouveau — **Équations clés** — À la suite du résumé, nous dressons la liste de toutes les équations fondamentales présentées dans un chapitre. Cette liste aidera les étudiants à résoudre les problèmes ou servira d'aide-mémoire en vue de la préparation d'examens.

Nouveaux problèmes — Chaque chapitre contient de nouveaux problèmes variés.

Nouveau — À la fin du manuel, nous présentons les réponses à tous les problèmes.

Nouveau — **Problèmes spéciaux** — Chaque chapitre se termine par quelques problèmes spéciaux qui demandent aux étudiants de faire la preuve de leur compréhension en utilisant plusieurs thèmes et concepts.

Nous espérons que cette nouvelle édition facilitera votre travail et vous fera apprécier davantage la chimie, cette science fondamentale si importante au XXIe siècle.

Raymond Chang et Luc Papillon

À PROPOS DE L'AUTEUR

Né à Hong Kong, Raymond Chang a passé son enfance et sa jeunesse à Shanghai et à Hong Kong. Il a obtenu un diplôme de premier cycle en chimie à l'Université de Londres, puis un doctorat en chimie à l'université Yale. Après des recherches postdoctorales à l'Université de Washington et une année d'enseignement au Hunter College, il a été engagé au Département de chimie du Williams College, où il enseigne depuis 1968. Le professeur Chang a écrit des livres sur la spectroscopie, la chimie physique et la chimie industrielle.

ET DE L'ADAPTATEUR

Après avoir fait des études de pédagogie et de chimie à l'Université de Montréal, Luc Papillon a enseigné pendant une dizaine d'années au secondaire, années durant lesquelles il a écrit, avec Pierre Lahaye et René Valiquette, *Éléments de chimie expérimentale,* un ouvrage qui a marqué toute une génération d'élèves québécois. À partir de 1976, il a enseigné au département de chimie du Cégep de Sherbrooke jusqu'à sa retraite.

TABLE DES MATIÈRES

CHAPITRE 3 — LA STŒCHIOMÉTRIE — 60

CHAPITRE 4 — LES GAZ — 94

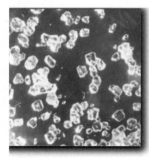

CHAPITRE 7   **LA LIAISON CHIMIQUE I : LA LIAISON COVALENTE**   **210**

CHAPITRE 8   **LA LIAISON CHIMIQUE II : LA FORME DES MOLÉCULES
ET L'HYBRIDATION DES ORBITALES ATOMIQUES**   **238**

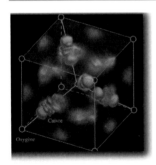

CHAPITRE 9

LES FORCES INTERMOLÉCULAIRES, LES LIQUIDES ET LES SOLIDES

286

Chapitre 1

Introduction

Les points essentiels

L'étude de la chimie
La chimie est la science qui étudie la structure et la transformation de la matière. Les éléments et les composés sont les substances pouvant subir ces transformations.

Les propriétés physiques et les propriétés chimiques
Pour identifier une substance, il faut connaître ses propriétés physiques. Celles-ci peuvent être observées sans qu'on change son identité. Toutefois, les propriétés chimiques ne peuvent être observées sans transformation chimique.

Les mesures et les unités
Étant une science quantitative, la chimie nécessite la prise de mesures. Les grandeurs sont des quantités mesurées (par exemple la masse, le volume, la masse volumique et la température), qui possèdent chacune leurs unités. En chimie, on utilise surtout les unités basées sur le système international (SI) d'unités.

La manipulation des nombres
On utilise la notation scientifique pour exprimer autant les grands que les petits nombres. Cette notation permet de préciser les chiffres retenus, c'est-à-dire ceux qui ont une valeur significative, d'où l'expression les « chiffres significatifs ».

La méthode de calcul utilisée en chimie
La méthode des facteurs de conversion est une méthode de calcul à la fois simple et efficace. Elle permet d'effectuer la plupart des calculs rencontrés en chimie. Cette méthode, basée sur l'analyse dimensionnelle, permet aussi d'établir une équation écrite de façon que toutes les unités se simplifient, sauf celles de la réponse finale recherchée.

Archimède est un mathématicien et un inventeur grec qui vécut de 287 à 212 av. J.-C. Une légende raconte qu'un jour l'empereur lui demanda de déterminer si sa couronne était faite d'or pur ou d'un mélange d'or et de métaux moins précieux comme l'argent et le cuivre. Quelques jours plus tard, prenant un bain, Archimède remarqua que plus il s'enfonçait dans l'eau, plus l'eau débordait de la baignoire ; et que plus son corps était submergé, plus il semblait léger. Il en déduisit que l'apparente perte de poids d'un objet plongé dans un liquide était égale au poids du liquide déplacé par l'objet : c'est ce que l'on appelle aujourd'hui le principe d'Archimède. Le savant était si excité par sa trouvaille qu'il s'élança hors du bain en criant « Eurêka » (un mot grec qui signifie : « J'ai trouvé ! »). Cette découverte lui permit de concevoir l'expérience suivante. Ayant auparavant observé que le volume d'un objet immergé détermine le volume de liquide déplacé, il n'aurait qu'à peser, en les immergeant dans deux contenants différents, d'une part la couronne et de l'autre le même poids en or. Puisque chaque objet a son propre rapport masse-volume, ou *masse volumique*, la couronne (si elle n'était pas en or pur) et l'or pur, qui avaient le même poids dans l'air, auraient des poids différents dans l'eau, car ils déplaceraient des volumes d'eau différents.

La chimie est une science en grande partie expérimentale. Comme la découverte d'Archimède, ses progrès sont le fruit d'observations et d'expériences, sauf qu'aujourd'hui le lieu de travail habituel est le laboratoire.

1.1   L'ÉTUDE DE LA CHIMIE

Que ce soit ou non votre premier cours de chimie, vous avez certainement une idée concernant la nature de cette science et le travail des chimistes. Vous pensez sans doute que les chimistes sont des gens vêtus d'un sarrau blanc et qui manipulent des éprouvettes dans un laboratoire : vous avez jusqu'à un certain point raison. La chimie étant surtout une science expérimentale, il est vrai que la plupart des connaissances viennent des recherches en laboratoire. Cependant, les chimistes d'aujourd'hui travaillent également avec des ordinateurs, pour étudier, par exemple, la structure microscopique et les propriétés chimiques des substances, ainsi qu'avec de l'équipement électronique sophistiqué, pour analyser, entre autres, les polluants émis par les automobiles ou les substances toxiques présentes dans le sol. Aujourd'hui les progrès de la biologie et de la médecine dépendent des découvertes sur les atomes et les molécules, les unités structurelles sur lesquelles se base l'étude de la chimie. Les chimistes participent également au développement de nouveaux médicaments ainsi qu'à la recherche agronomique. Ils cherchent aussi des solutions au problème de la pollution de l'environnement, ainsi qu'à celui du remplacement de certaines ressources énergétiques. La plupart des industries, quoi qu'elles produisent, ont besoin de la chimie. Par exemple, les chimistes conçoivent des polymères (de très grosses molécules) utilisés en usine pour fabriquer un grand éventail de biens, dont des vêtements, des ustensiles de cuisine, des jouets et même des organes artificiels. On comprend donc pourquoi, étant donné ces diverses applications, la chimie est souvent appelée la « science centrale ».

La façon d'étudier la chimie

Si on la compare à d'autres domaines, la chimie est souvent perçue comme une science difficile, du moins quand on commence à l'étudier. Cette perception est en partie justifiée. D'abord, la chimie utilise un vocabulaire très spécialisé. Au début, l'étude de la chimie ressemble un peu à l'apprentissage d'une nouvelle langue. De plus, certains de ses concepts sont abstraits. Il faut un certain temps pour s'habituer à passer du niveau des observations concrètes macroscopiques (par exemple l'observation de la rouille — figure 1.1) au niveau des explications abstraites relevant du monde microscopique des atomes et des molécules. Néanmoins, en vous appliquant, vous réussirez ce cours, et peut-être même y trouverez-vous du plaisir. Voici quelques suggestions pour vous aider à acquérir de bonnes habitudes de travail et à maîtriser le sujet :

- assistez aux cours régulièrement et prenez des notes claires ;
- si c'est possible, révisez toujours le jour même ce que vous avez étudié en classe ;

Figure 1.1 *On peut facilement observer le phénomène de la rouille mais, pour l'expliquer, on doit raisonner au niveau d'abstractions que sont les atomes et les molécules.*

- utilisez le manuel pour compléter vos notes ;
- ayez l'esprit critique ; demandez-vous par exemple si vous comprenez réellement le sens d'un terme ou l'utilisation d'une équation. Un bon moyen de tester la compréhension que vous avez d'un concept est de l'expliquer à un camarade de classe ou à une autre personne ;
- n'hésitez pas à demander de l'aide au professeur ou à son assistant.

Vous découvrirez que la chimie, c'est bien plus qu'un ensemble de nombres, de formules et de concepts abstraits. En fait, la chimie est une discipline logique qui déborde d'idées et d'applications intéressantes.

1.2　LA MÉTHODE SCIENTIFIQUE

Toutes les sciences, y compris les sciences humaines, sont basées sur des variantes d'une même méthode de travail appelée la ***méthode scientifique,*** qui est une *approche systématique de recherche.* Par exemple, si un psychologue veut savoir comment le bruit influe sur l'apprentissage de la chimie chez un groupe d'étudiants ou si un chimiste veut étudier la chaleur dégagée au cours de la combustion de l'hydrogène en présence d'air, ces deux chercheurs doivent suivre à peu près la même méthode.

Dans une première étape, on doit cerner le problème. À la deuxième étape, on expérimente en faisant des observations minutieuses, on note ces observations ou ces données concernant le système, c'est-à-dire la portion de l'univers observée. (Dans les exemples précités, les systèmes sont 1) le groupe d'étudiants observés par le psychologue et 2) le mélange d'hydrogène et d'air observé par le chimiste.)

Les ***données*** obtenues au cours d'une recherche peuvent être à la fois ***qualitatives*** (*des observations générales concernant le système*) ou ***quantitatives*** (*des nombres résultant de mesures prises à partir du système avec toute une panoplie d'instruments*). En général, les chimistes notent leurs observations et leurs mesures à l'aide de symboles conventionnels et d'équations. Ce mode de représentation permet de simplifier la collecte des observations tout en assurant une langue commune de communication entre les chimistes.

Une fois les expérimentations et la collecte de données terminées, la troisième étape consiste à interpréter les données. On tente alors d'expliquer le phénomène étudié. En se basant sur les données recueillies, le chercheur formule une ***hypothèse,*** ou *tentative d'explication de l'ensemble des observations.* Ensuite, on conçoit d'autres expérimentations qui constituent autant de manières de vérifier la validité de l'hypothèse, et le processus recommence. La figure 1.2 montre les relations entre les principales étapes d'une démarche scientifique.

À la suite de la collecte d'un grand nombre de données, il est souvent souhaitable et fort utile de résumer cette information d'une manière précise par la formulation d'une loi. En science, une ***loi*** est *un énoncé concis, verbal ou mathématique, d'une relation entre des phénomènes, cette relation étant toujours la même dans les mêmes conditions.* Par exemple, en mécanique, la deuxième loi de Newton stipule que la force est toujours égale à la masse multipliée par l'accélération ($F = ma$). Cette loi stipule que tout accroissement de la masse ou de l'accélération d'un objet accroît toujours proportionnellement la force de cet objet et, à l'inverse, toute diminution de la masse ou de l'accélération en diminue la force.

Figure 1.2 *Les principales étapes d'une démarche scientifique : 1) l'observation porte sur des événements du monde macroscopique (les atomes et les molécules font partie du monde microscopique) ; 2) la représentation rapporte les résultats de manière concise à l'aide de symboles et d'équations décrivant les réactions ; 3) l'interprétation vise à expliquer le phénomène étudié.*

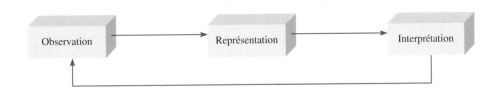

Les hypothèses qui survivent à plusieurs épreuves de validité peuvent devenir des théories. Une **théorie** est *un énoncé de principes unificateurs qui permet d'expliquer un ensemble de phénomènes ou de lois formulées à partir de ces phénomènes.* Les théories sont elles aussi mises à l'épreuve : si une théorie est contredite à la suite d'une expérimentation, elle sera soit mise de côté, soit modifiée pour être conforme aux observations. La confirmation ou le rejet d'une théorie peut prendre des années et même des siècles. Une des raisons expliquant ces longs délais est le manque de technologie adéquate pour pouvoir faire une certaine expérimentation. Par exemple, dans le cas de la théorie atomique proposée par Démocrite, philosophe grec de l'Antiquité, il a fallu plus de 2000 ans pour élaborer les principes fondamentaux de cette théorie maintenant à la base de la chimie moderne.

Le progrès scientifique se fait rarement d'une manière aussi stricte, étape par étape, comme on l'a décrit précédemment. En général, une loi précède une théorie mais, parfois, le contraire se produit. Deux chercheurs peuvent aussi travailler sur un même projet dans un même but, mais en procédant différemment dans toutes les directions. Les scientifiques sont avant tout des humains, donc des êtres qui subissent l'influence autant de leurs propres expériences et de leurs connaissances antérieures que de leurs traits de caractères.

La science n'avance pas toujours au même rythme ni selon la même logique. Les grandes découvertes sont habituellement dues aux contributions de plusieurs chercheurs. Toutefois, on attribue souvent le crédit d'une loi ou d'une théorie à une seule personne. Certaines découvertes peuvent être fortuites, c'est-à-dire qu'elles sont le fruit du hasard. On dit cependant « que la chance ne favorise que les esprits bien préparés ». En effet, seulement une personne entraînée et attentive pourra comprendre toute la signification d'une découverte fortuite afin de l'exploiter avantageusement. Le plus souvent, le grand public n'est mis au courant que des grandes percées scientifiques spectaculaires, mais il ne faut pas oublier que plusieurs projets de recherche aboutissent à un cul-de-sac, que d'autres nécessitent tellement de détours et de temps qu'ils passent inaperçus. Cependant, même les recherches abandonnées peuvent être utiles, car elles augmentent nos connaissances et peuvent servir à d'autres recherches. On ne peut expliquer toute cette patience, ce renoncement et cet acharnement des chercheurs dans leurs laboratoires que par leur grand amour de la recherche.

1.3   LA CLASSIFICATION DE LA MATIÈRE

La **matière** est *tout ce qui occupe un espace et qui a une masse* ; la **chimie** est la *science qui étudie la structure de la matière et ses transformations.* En principe, du moins, toute la matière peut exister sous trois états : solide, liquide et gazeux. Un solide est un objet rigide qui a une forme fixe. Un liquide est moins rigide qu'un solide et est fluide ; il peut couler et prendre la forme de son contenant. Un gaz est fluide, comme le liquide, mais contrairement à ce dernier, il peut se dilater à l'infini.

La matière peut passer d'un état à un autre. Sous l'effet de la chaleur, un solide peut fondre et devenir liquide. Une chaleur plus grande peut convertir ce liquide en gaz. De façon inverse, refroidir un gaz le convertira en liquide. Sous l'effet d'un refroidissement plus important, ce liquide se solidifiera. La figure 1.3 montre les trois états de l'eau.

Les scientifiques divisent également, selon sa composition et ses propriétés, la matière en plusieurs sous catégories. Ils distinguent les substances pures, les mélanges, les éléments et les composés, ainsi que les unités fondamentales qui forment les éléments et les composés, c'est-à-dire les atomes et les molécules. (C'est ce que nous verrons au chapitre 2.)

Les substances pures et les mélanges

Une **substance pure** est un type de *matière qui a une composition fixe et constante, ainsi que des propriétés distinctes.* L'eau, l'argent, l'éthanol, le sel de table (le chlorure de sodium) et le dioxyde de carbone en sont des exemples. Chaque substance se distingue des autres par sa composition et peut être identifiée par son apparence, son odeur, son goût ou

Figure 1.3 *Les trois états de la matière. Un tisonnier chaud change la glace en eau et en vapeur.*

d'autres propriétés. Actuellement, plus de huit millions de substances sont connues, et ce nombre croît rapidement.

On appelle ***mélange*** une *combinaison de deux ou de plusieurs substances pures dans laquelle chaque substance garde son identité propre.* L'air, les boissons gazeuses, le lait et le ciment en sont des exemples. Les mélanges n'ont pas une composition constante. Par exemple, la composition des échantillons d'air prélevés dans différentes villes sera probablement différente selon l'altitude, la pollution, etc.

Les mélanges sont soit homogènes soit hétérogènes. Par exemple, quand une cuillerée de sucre se dissout dans l'eau, *la composition du mélange,* après une agitation suffisante, *est la même dans toute la solution* ; cette solution constitue un ***mélange homogène***. D'un autre côté, si du sable est mélangé à de la limaille de fer, les grains de sable et la limaille de fer restent visibles et distincts (*figure 1.4 a*). Ce type de mélange, dont la *composition n'est pas uniforme,* est appelé un ***mélange hétérogène***. L'addition d'huile à de l'eau crée aussi un mélange hétérogène parce que le liquide formé n'a pas une composition constante.

Tout mélange, qu'il soit homogène ou hétérogène, peut être formé par des moyens physiques sans que la nature des substances qui le constituent soit modifiée ; inversement, ses constituants peuvent être séparés en substances pures par des moyens physiques.

a)

b)

Figure 1.4 *La séparation de la limaille de fer d'un mélange hétérogène. La même technique est utilisée à grande échelle pour séparer le fer et l'acier des substances non magnétisables comme l'aluminium, le verre et les plastiques.*

Figure 1.5 *a) L'abondance relative (en pourcentage masse/masse) des éléments présents dans l'écorce terrestre. Par exemple, l'oxygène y représente 45,5 %. Un échantillon de 100 g d'oxygène renferme donc en moyenne 45,5 g d'oxygène. b) L'abondance relative (% m/m) des éléments présents dans le corps humain.*

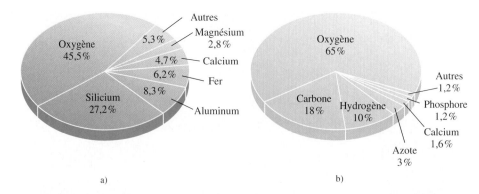

Par exemple, le sel peut être récupéré d'une solution aqueuse si l'on chauffe la solution jusqu'à évaporation complète de l'eau ; en condensant la vapeur d'eau ainsi produite, on récupère l'eau du mélange. Pour séparer la limaille de fer du sable, on peut utiliser un aimant, qui attire le fer mais pas le sable (*figure 1.4 b*). Après leur séparation, les constituants d'un mélange conservent leur composition et leurs propriétés d'origine.

Les éléments et les composés

Une substance pure peut être soit un élément soit un composé. Un **élément** est une *substance que des moyens chimiques ne peuvent décomposer en substances plus simples.* Actuellement, 109 éléments ont été formellement identifiés (*voir la liste à la fin du manuel*). Quatre-vingt-trois d'entre eux existent naturellement sur la Terre. Les autres ont été créés en laboratoire.

Les chimistes utilisent des symboles alphabétiques pour représenter les éléments. La première lettre d'un symbole est *toujours* une majuscule, et la deuxième et la troisième ne sont *jamais* des majuscules. Par exemple, Co est le symbole de l'élément cobalt, mais CO est la formule du monoxyde de carbone, qui est composé des éléments carbone et oxygène. Le tableau 1.1 énumère certains des éléments les plus répandus. Le symbole de certains éléments dérive de leur nom latin (par exemple Au, d'*aurum*, pour or ; Fe, de *ferrum*, pour fer ; et Na, de *natrium*, pour sodium), mais dans la plupart des cas, il est l'abréviation de son nom français.

La figure 1.5 montre les éléments les plus abondants dans l'écorce terrestre et dans le corps humain. Comme vous pouvez le constater, seulement cinq éléments (l'oxygène, le silicium, l'aluminium, le fer et le calcium) forment plus de 90 % de l'écorce terrestre. De ces cinq éléments, seul l'oxygène fait partie des éléments que l'on trouve en grande quantité chez les êtres vivants.

La plupart des éléments peuvent réagir avec un ou plusieurs autres éléments pour former des composés. On appelle **composé** une *substance formée d'atomes de deux ou de plusieurs espèces d'éléments liés chimiquement dans des proportions définies.* Par exemple, pendant la combustion de l'hydrogène avec l'oxygène, il y a formation d'eau, un composé

TABLEAU 1.1		QUELQUES ÉLÉMENTS COURANTS ET LEURS SYMBOLES			
Nom	**Symbole**	**Nom**	**Symbole**	**Nom**	**Symbole**
Aluminium	Al	Cobalt	Co	Or	Au
Argent	Ag	Cuivre	Cu	Oxygène	O
Arsenic	As	Étain	Sn	Phosphore	P
Azote	N	Fer	Fe	Platine	Pt
Baryum	Ba	Fluor	F	Plomb	Pb
Brome	Br	Hydrogène	H	Potassium	K
Calcium	Ca	Iode	I	Silicium	Si
Carbone	C	Magnésium	Mg	Sodium	Na
Chlore	Cl	Mercure	Hg	Soufre	S
Chrome	Cr	Nickel	Ni	Zinc	Zn

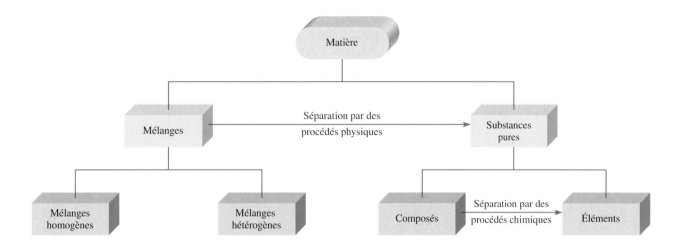

dont les propriétés diffèrent de celles des substances de départ. L'eau est constituée de deux parties d'hydrogène et d'une partie d'oxygène. Cette composition ne change pas, que l'eau vienne d'un étang du Québec, du Yang-tseu-kiang en Chine, ou des calottes glaciaires de Mars. Contrairement aux mélanges, les composés ne peuvent être séparés en leurs constituants simples que par des moyens chimiques.

Les relations entre les éléments, les composés et les autres catégories de la matière sont illustrées à la figure 1.6.

Figure 1.6
La classification de la matière

1.4 LES PROPRIÉTÉS PHYSIQUES ET CHIMIQUES DE LA MATIÈRE

On identifie les substances aussi bien par leurs propriétés que par leur composition. La couleur, le point de fusion, le point d'ébullition et la masse volumique sont des propriétés physiques. Une ***propriété physique*** *peut être mesurée ou observée sans que la composition ou la nature d'une substance soient modifiées.* Par exemple, il est possible de déterminer le point de fusion de la glace en chauffant un cube de glace et en notant la température à laquelle la glace se change en eau. L'eau ne diffère de la glace qu'en apparence, sa composition reste la même ; il s'agit donc d'une transformation physique. Pour retrouver la glace de départ, il suffit de recongeler l'eau. Le point de fusion d'une substance est donc une propriété physique. De même, lorsque l'on dit que l'hélium est plus léger que l'air, on parle d'une propriété physique.

D'autre part, l'affirmation « l'hydrogène réagit avec l'oxygène pour former de l'eau » décrit une ***propriété chimique*** de l'hydrogène parce que, *pour observer cette propriété, il doit se produire une transformation chimique,* dans ce cas une réaction de combustion. Après la réaction, les substances originales, l'hydrogène et l'oxygène, n'existent plus comme telles : elles ont cédé leur place à une substance chimiquement différente, l'eau. Ni l'hydrogène ni l'oxygène qui forment l'eau ne peuvent être récupérés par des moyens physiques comme l'ébullition ou la congélation.

Chaque fois que l'on fait cuire un œuf dur, on provoque une transformation chimique. Soumis à une température de près de 100 °C, le jaune et le blanc de l'œuf subissent des réactions qui changent non seulement leur apparence physique, mais aussi leur composition chimique. Une fois avalé, l'œuf subit d'autres transformations, causées par des substances appelées *enzymes.* Le processus digestif est un autre exemple de transformation chimique. Ce qui se produit au cours de ce processus dépend des propriétés chimiques des enzymes liées à la digestion et de celles de la nourriture en cause.

Toutes les propriétés mesurables de la matière peuvent être classées dans deux catégories : les propriétés extensives et les propriétés intensives. La valeur mesurée d'une ***propriété extensive*** *dépend de la quantité de matière étudiée.* La masse, la longueur

L'électrolyse est l'un des procédés qui permettent de décomposer l'eau en hydrogène et en oxygène ; il s'agit d'une transformation chimique.

et le volume en sont des exemples ; plus de matière signifie une plus grande masse, par exemple. On peut additionner les différentes valeurs d'une même propriété extensive. Par exemple, la masse combinée de deux fils de cuivre sera la somme des masses de chacun des fils, et le volume occupé par l'eau de deux béchers sera la somme des volumes occupés par l'eau de chacun des contenants.

La valeur mesurée d'une **_propriété intensive_** _ne dépend pas de la quantité de matière étudiée._ La température en est un exemple. Supposons que vous avez deux béchers d'eau à la même température. Si vous mélangez l'eau des deux béchers dans un bécher plus grand, la température de la quantité totale d'eau restera la même qu'au départ. Contrairement à la masse et au volume, la température et les autres propriétés intensives, comme le point de fusion, le point d'ébullition et la masse volumique, ne s'additionnent pas.

1.5   LES MESURES

L'étude de la chimie dépend largement des mesures. Par exemple, les chimistes utilisent des valeurs chiffrées (ou grandeurs) pour comparer les propriétés des différentes substances, ou pour rendre compte des transformations survenues au cours d'une expérience. Un certain nombre d'instruments permettent de mesurer facilement certaines grandeurs : le mètre mesure la longueur ; la burette, la pipette, le cylindre gradué et le ballon volumétrique mesurent le volume (_figure 1.7_) ; la balance mesure la masse ; et le thermomètre mesure la température. Ces instruments permettent la mesure des **_propriétés macroscopiques,_** c'est-à-dire celles qui _sont observables et mesurables à notre échelle._ Les **_propriétés micro-scopiques,_** quant à elles, _à l'échelle atomique ou moléculaire, sont déterminées par des moyens indirects_ : nous le verrons au chapitre suivant.

Une grandeur est habituellement indiquée par un nombre suivi de l'unité appropriée. Dire que la distance séparant Montréal et Toronto est de 523 ne veut rien dire ; il faut spécifier qu'elle est de 523 km. En science, l'unité est essentielle dans la formulation d'une mesure.

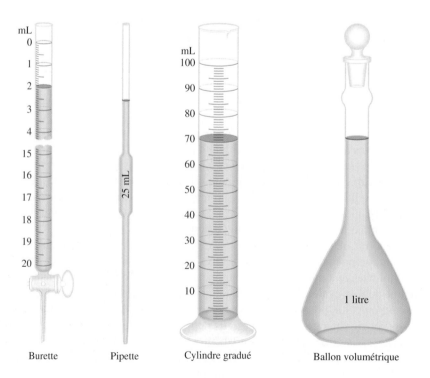

Figure 1.7 _Des appareils de mesure courants des laboratoires de chimie. Ils ne sont pas dessinés à l'échelle._

Burette   Pipette   Cylindre gradué   Ballon volumétrique

Les unités SI

Depuis de nombreuses années, les scientifiques utilisent des *unités métriques,* qui sont associées au système décimal, c'est-à-dire en base 10. En 1960, cependant, la Conférence générale des poids et mesures (CGPM), l'autorité internationale en ce qui a trait aux unités, a proposé un système métrique révisé appelé ***système international*** (SI). Le tableau 1.2 présente les sept grandeurs de base (ou fondamentales) SI ainsi que leurs unités, desquelles peuvent dériver toutes les autres unités de mesure SI. Comme les unités métriques, les unités SI sont modifiées sur une base décimale par une série de préfixes (*tableau 1.3*). Ce manuel utilise les unités métriques et les unités SI. Les grandeurs que nous utiliserons fréquemment en chimie sont le temps, la masse, le volume, la masse volumique et la température.

La masse et le poids

La ***masse*** est une *mesure de la quantité de matière qui constitue un objet.* Les termes « masse » et « poids » sont souvent utilisés indifféremment, même si, strictement parlant, ils désignent des quantités différentes. En termes scientifiques, le ***poids*** est la *force que la gravité exerce sur un objet.* Par exemple, une pomme qui tombe d'un arbre est attirée vers le bas par la gravité terrestre. Contrairement à son poids, la masse de cette pomme est constante, peu importe où se trouve la pomme. Sur la Lune, la pomme aurait le sixième du poids qu'elle a sur la Terre, parce que la gravité de la Lune est six fois plus faible que celle de la Terre. C'est ce qui permet aux astronautes d'exécuter si facilement des sauts sur la Lune malgré leur habit et leur équipement imposants. La masse d'un objet peut facilement se mesurer sur une balance ; ce procédé est malencontreusement appelé « pesée ».

L'unité SI pour la masse est le *kilogramme* (kg) mais, en chimie, le gramme (g) est une unité plus pratique :

$$1 \text{ kg} = 1000 \text{ g} = 1 \times 10^3 \text{ g}$$

Un astronaute marchant sur la Lune

TABLEAU 1.2	LES GRANDEURS DE BASE ET LES UNITÉS SI	
Grandeur	**Unité**	**Symbole**
Longueur	mètre	m
Masse	kilogramme	kg
Temps	seconde	s
Intensité du courant électrique	ampère	A
Température	kelvin	K
Quantité de matière	mole	mol
Intensité lumineuse	candela	cd

TABLEAU 1.3	LES PRÉFIXES UTILISÉS AVEC LES UNITÉS SI ET LES UNITÉS MÉTRIQUES		
Préfixe	**Symbole**	**Valeur**	**Exemple**
Téra-	T	1 000 000 000 000 ou 10^{12}	1 téramètre (Tm) $= 1 \times 10^{12}$ m
Giga-	G	1 000 000 000 ou 10^9	1 gigamètre (Gm) $= 1 \times 10^9$ m
Méga-	M	1 000 000 ou 10^6	1 mégamètre (Mm) $= 1 \times 10^6$ m
Kilo-	k	1 000 ou 10^3	1 kilomètre (km) $= 1 \times 10^3$ m
Déci-	d	1/10 ou 10^{-1}	1 décimètre (dm) $= 0,1$ m
Centi-	c	1/100 ou 10^{-2}	1 centimètre (cm) $= 0,01$ m
Milli-	m	1/1000 ou 10^{-3}	1 millimètre (mm) $= 0,001$ m
Micro-	μ	1/1 000 000 ou 10^{-6}	1 micromètre (μm) $= 1 \times 10^{-6}$ m
Nano-	n	1/1 000 000 000 ou 10^{-9}	1 nanomètre (nm) $= 1 \times 10^{-9}$ m
Pico-	p	1/1 000 000 000 000 ou 10^{-12}	1 picomètre (pm) $= 1 \times 10^{-12}$ m

Le volume

Le **volume** est la *longueur* (m) *au cube* ; son unité SI est le mètre cube (m^3). Toutefois, les chimistes travaillent généralement avec de plus petits volumes comme le centimètre cube (cm^3) et le décimètre cube (dm^3) :

$$1 \text{ cm}^3 = (1 \times 10^{-2} \text{ m})^3 = 1 \times 10^{-6} \text{ m}^3$$

$$1 \text{ dm}^3 = (1 \times 10^{-1} \text{ m})^3 = 1 \times 10^{-3} \text{ m}^3$$

Il existe une autre unité de volume utilisée couramment, le litre (L). Un *litre* est le *volume occupé par un décimètre cube*. Bien que le litre soit une unité métrique, les chimistes utilisent généralement cette unité (ou le millilitre) pour désigner le volume des liquides. Un litre égale 1000 millilitres (mL) ou 1000 centimètres cubes :

$$1 \text{ L} = 1000 \text{ mL}$$

$$= 1000 \text{ cm}^3$$

$$= 1 \text{ dm}^3$$

et un millilitre équivaut à un centimètre cube :

$$1 \text{ mL} = 1 \text{ cm}^3$$

La figure 1.8 illustre les tailles relatives de deux volumes.

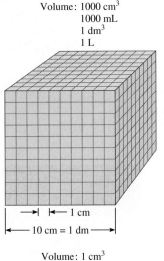

Volume: 1000 cm^3
1000 mL
1 dm^3
1 L

1 cm
10 cm = 1 dm

Volume: 1 cm^3
1 mL

1 cm

Figure 1.8 *La comparaison entre deux volumes : 1 mL et 1000 mL.*

La masse volumique

La **masse volumique** est la *masse d'un objet divisée par son volume* :

$$\text{masse volumique} = \frac{\text{masse}}{\text{volume}}$$

ou

$$\rho = \frac{m}{V} \tag{1.1}$$

où ρ, m et V expriment la masse volumique, la masse et le volume, respectivement. Notez que la masse volumique est une grandeur intensive ; elle ne dépend donc pas de la quantité de matière présente. La raison est que, puisque V augmente avec m, le rapport entre la masse et le volume reste toujours le même pour une substance donnée.

L'unité de la masse volumique dans le SI est le kilogramme par mètre cube (kg/m^3), mais cette unité est beaucoup trop grande pour la plupart des applications chimiques. C'est pourquoi les chimistes utilisent plus couramment le gramme par centimètre cube (g/cm^3) et son équivalent, le gramme par millilitre (g/mL), pour exprimer la masse volumique des solides et des liquides. D'autre part, les gaz ayant une masse volumique très faible, on l'exprime en grammes par litre (g/L) :

$$1 \text{ g/cm}^3 = 1 \text{ g/mL} = 1000 \text{ kg/m}^3$$

$$1 \text{ g/L} = 0,001 \text{ g/mL}$$

EXEMPLE 1.1   Le calcul de la masse volumique

L'or est un métal précieux qui est chimiquement inerte. On l'utilise principalement dans la fabrication de bijoux et d'appareils électroniques, et en médecine dentaire. Un lingot d'or de 301 g a un volume de 15,6 cm³. Calculez la masse volumique de l'or.

Réponse : La masse volumique de l'or est donnée par

$$\rho = \frac{m}{V}$$

$$= \frac{301 \text{ g}}{15,6 \text{ cm}^3}$$

$$= 19,3 \text{ g/cm}^3$$

EXERCICE*

Un morceau de platine d'une masse volumique de 21,5 g/cm³ a un volume de 4,49 cm³. Quelle est sa masse ?

* Les réponses aux questions des exercices intercalés dans le texte sont données à la fin du chapitre.

Des lingots d'or.

Problèmes semblables :
1.17 et 1.18

NOTE

Après un calcul, vérifiez toujours que les unités de mesure sont adéquates.

La température

Il existe trois échelles utilisées couramment pour exprimer la température. Leurs unités sont le kelvin (K), le degré Celsius (°C) et le degré Fahrenheit (°F). L'échelle Fahrenheit, *utilisée surtout dans la vie quotidienne aux États-Unis,* situe les points de congélation et d'ébullition normaux de l'eau respectivement à 32 °F et à 212 °F. L'échelle Celsius divise l'écart entre le point de congélation (0 °C) et le point d'ébullition (100 °C) de l'eau en 100 degrés (*figure 1.9*). Bien que le degré Celsius ne fasse pas partie du SI, il est souvent utilisé avec d'autres unités SI, et nous en ferons autant.

Un degré Fahrenheit équivaut à 100/180 (ou 5/9) fois un degré Celsius. Pour convertir les degrés Fahrenheit en degrés Celsius, il faut effectuer l'opération suivante :

$$? \,^\circ\text{C} = (^\circ\text{F} - 32\,^\circ\text{F}) \times \frac{5\,^\circ\text{C}}{9\,^\circ\text{F}} \tag{1.2}$$

Pour convertir les degrés Celsius en degrés Fahrenheit, il faut effectuer l'opération suivante :

$$? \,^\circ\text{F} = \frac{9\,^\circ\text{F}}{5\,^\circ\text{C}} \times (^\circ\text{C}) + 32\,^\circ\text{F} \tag{1.3}$$

L'unité SI pour la température est le kelvin (K ; on ne dit jamais « degré kelvin »). L'échelle kelvin est abordée au chapitre 4.

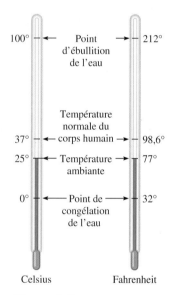

Figure 1.9
La comparaison entre les échelles Celsius et Fahrenheit

Problèmes semblables :
1.19 et 1.20

EXEMPLE 1.2   Les degrés Celsius et les degrés Fahrenheit

a) La soudure est un alliage d'étain et de plomb utilisé dans les circuits électroniques. Le point de fusion d'un certain type de soudure est 224 °C. Trouvez l'équivalent en degrés Fahrenheit. b) Le point d'ébullition de l'hélium, −452 °F, est le plus bas parmi ceux de tous les éléments. Convertissez cette température en degrés Celsius.

Réponse : a) Cette conversion s'effectue de la façon suivante :

$$\frac{9\,^\circ\text{F}}{5\,^\circ\text{C}} \times (224\,^\circ\text{C}) + 32\,^\circ\text{F} = 435\,^\circ\text{F}$$

b) Ici nous avons

$$(-452\,^\circ\text{F} - 32\,^\circ\text{F}) \times \frac{5\,^\circ\text{C}}{9\,^\circ\text{F}} = -269\,^\circ\text{C}$$

EXERCICE

a) Le point de fusion du césium est bas : 28,4 °C. Quel est son point de fusion en degrés Fahrenheit ? b) Convertissez 172,9 °F (point d'ébullition de l'éthanol) en degrés Celsius.

La soudure est très utilisée dans la fabrication des circuits électroniques.

LA CHIMIE EN ACTION

L'IMPORTANCE DES UNITÉS

En décembre 1998, la NASA a lancé vers la planète Mars un satellite de 125 millions de dollars qui devait être le premier satellite météorologique de la planète rouge. Le 23 septembre, après avoir parcouru près de 670 millions de kilomètres, le vaisseau, qui aurait dû normalement se placer en orbite autour de Mars, a pénétré trop profondément dans l'atmosphère de la planète, 100 km trop bas, et il a été détruit par la chaleur. Plus tard, les contrôleurs de cette mission ont déclaré que cet échec était dû à une erreur de programmation dans le logiciel de navigation : on avait oublié de convertir des mesures impériales en mesures métriques.

Les ingénieurs de la société Lockeed Martin, qui ont conçu ce vaisseau, avaient donné les spécifications de la poussée en livres (une unité impériale). Par contre, les ingénieurs de la NASA ont supposé que ces spécifications étaient plutôt en newtons (une unité du système métrique). En général, la livre est une unité de masse. Cependant, exprimée en unités de force, 1 lb est la force due à l'attraction gravitationnelle exercée sur un objet de cette masse. Pour convertir les livres en newtons (N), on utilise la relation 1 lb = 0,4536 kg et, sachant que d'après la deuxième loi de Newton, on a

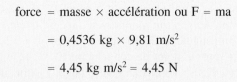

$$\text{force} = \text{masse} \times \text{accélération ou } F = ma$$

$$= 0,4536 \text{ kg} \times 9,81 \text{ m/s}^2$$

$$= 4,45 \text{ kg m/s}^2 = 4,45 \text{ N}$$

puisque 1 newton (N) = 1 kg m/s^2

Le satellite « Climate Martian ».

Ainsi, au lieu de convertir 1 lb force en 4,45 N, les ingénieurs l'ont considérée comme valant 1 N. C'est cette valeur de poussée bien inférieure, calculée en newtons, qui a fait prendre une orbite beaucoup trop basse au satellite et qui a été la cause de sa destruction. Commentant l'échec de cette mission, un responsable de la NASA a dit : « Voilà sans doute une très bonne leçon sur l'importance de l'attention qu'il faut porter aux unités. Je crois que cette leçon figurera bien longtemps comme exemple dans tous les cours d'introduction aux systèmes de mesures à tous les niveaux scolaires et jusqu'à la fin des temps. »

1.6 LA MANIPULATION DES NOMBRES

Après avoir vu certaines des unités utilisées en chimie, nous abordons maintenant les conventions qui régissent l'utilisation des nombres associés aux grandeurs : la notation scientifique et les chiffres significatifs.

La notation scientifique

En chimie, les nombres extrêmement grands ou extrêmement petits sont courants. Par exemple, dans 1 g d'hydrogène, il y a environ

$$602\ 200\ 000\ 000\ 000\ 000\ 000\ 000$$

atomes d'hydrogène. Chacun de ces derniers a donc une masse de

$$0{,}000\ 000\ 000\ 000\ 000\ 000\ 000\ 001\ 66\ \text{g}$$

Ces nombres sont encombrants et, de plus, il est facile de faire des erreurs en les utilisant dans des équations. Voyez, par exemple, la multiplication suivante :

$$0{,}000\ 000\ 005\ 6 \times 0{,}000\ 000\ 000\ 48 = 0{,}000\ 000\ 000\ 000\ 000\ 002\ 688.$$

Il serait facile de sauter un zéro ou d'en ajouter un après la virgule. C'est pourquoi, pour exprimer des nombres très grands et très petits, on utilise un système appelé *notation scientifique*. Quelle que soit sa valeur, tout nombre peut s'exprimer sous la forme

$$N \times 10^n$$

où N est un nombre compris entre 1 et 10 et n un *exposant* qui est un *nombre entier* positif ou négatif : c'est ce que l'on appelle la notation scientifique.

Supposons que l'on doive écrire un certain nombre en notation scientifique. En pratique, cela consiste à trouver n. Il faut compter le nombre de fois que la virgule doit se déplacer pour obtenir le nombre N (qui doit être compris entre 1 et 10). Si la virgule doit se déplacer vers la gauche, n est un entier positif ; si elle doit se déplacer vers la droite, n est négatif. Les exemples qui suivent illustrent l'utilisation de la notation scientifique :

a) Exprimez 568,762 en notation scientifique :

$$568{,}762 = 5{,}687\ 62 \times 10^2$$

Notez que la virgule s'est déplacée de deux chiffres vers la gauche, donc $n = 2$.

b) Exprimez 0,000 007 72 en notation scientifique :

$$0{,}000\ 007\ 72 = 7{,}72 \times 10^{-6}$$

Notez que la virgule s'est déplacée de six chiffres vers la droite, donc $n = -6$.

Voyons maintenant comment manipuler la notation scientifique dans les équations.

L'addition et la soustraction

Pour additionner ou soustraire des nombres exprimés en notation scientifique, on doit d'abord ramener toutes les quantités au même exposant n. Puis on additionne ou on soustrait la partie N des nombres ; l'exposant reste le même. Prenons les exemples suivants :

$$(7{,}4 \times 10^3) + (2{,}1 \times 10^3) = 9{,}5 \times 10^3$$

$$(4{,}31 \times 10^4) + (3{,}9 \times 10^3) = (4{,}31 \times 10^4) + (0{,}39 \times 10^4)$$
$$= 4{,}70 \times 10^4$$

$$(2,22 \times 10^{-2}) - (4,10 \times 10^{-3}) = (2,22 \times 10^{-2}) - (0,41 \times 10^{-2})$$
$$= 1,81 \times 10^{-2}$$

La multiplication et la division

Pour multiplier des nombres exprimés en notation scientifique, il faut multiplier la partie N des nombres, puis *additionner* les exposants n. Pour diviser, il faut diviser la partie N des nombres et *soustraire* les exposants n. Les exemples qui suivent montrent comment effectuer ces opérations :

$$(8,0 \times 10^4) \times (5,0 \times 10^2) = (8,0 \times 5,0)(10^{4+2})$$
$$= 40 \times 10^6$$
$$= 4,0 \times 10^7$$

$$(4,0 \times 10^{-5}) \times (7,0 \times 10^3) = (4,0 \times 7,0)(10^{-5+3})$$
$$= 28 \times 10^{-2}$$
$$= 2,8 \times 10^{-1}$$

$$\frac{8,5 \times 10^4}{5,0 \times 10^9} = \frac{8,5}{5,0} \times 10^{4-9}$$
$$= 1,7 \times 10^{-5}$$

$$\frac{6,9 \times 10^7}{3,0 \times 10^{-5}} = \frac{6,9}{3,0} \times 10^{7-(-5)}$$
$$= 2,3 \times 10^{12}$$

Les chiffres significatifs

NOTE

En général, dans une mesure rapportée en chiffres significatifs, on suppose une incertitude de ± 1 pour le dernier chiffre.

À moins que tous les nombres en jeu soient des entiers (par exemple, le nombre d'étudiants dans une classe), il est souvent impossible d'obtenir la valeur exacte d'une quantité que l'on veut déterminer. C'est pourquoi il est important d'indiquer la marge d'erreur (ou incertitude) d'une mesure en exprimant de façon claire le nombre de **chiffres significatifs,** c'est-à-dire les *chiffres ayant une signification dans le calcul ou la mesure d'une quantité.* Une fois le nombre de chiffres significatifs établi, le dernier de ces chiffres est considéré comme incertain. Par exemple, on mesure le volume d'un liquide avec un cylindre gradué (*figure 1.7*) qui est précis à 1 mL près. Si le volume mesuré est de 6 mL, le volume réel se situe alors entre 5 mL et 7 mL. On exprime donc le volume du liquide de la façon suivante : (6 $\pm$ 1) mL. Dans ce cas, il n'y a qu'un chiffre significatif (le chiffre 6), dont l'incertitude est de plus ou moins 1 mL. Pour une plus grande exactitude, on pourrait utiliser un cylindre gradué dont les divisions sont plus fines, de façon à obtenir une mesure dont la précision est de 0,1 mL. Si le volume du liquide y est de 6,0 mL, cette quantité est alors exprimée de la façon suivante : (6,0 $\pm$ 0,1) mL, et la valeur réelle se situe entre 5,9 mL et 6,1 mL. L'amélioration des appareils de mesure permet d'obtenir plus de chiffres significatifs, mais, dans chaque cas, le dernier chiffre est toujours incertain. La marge d'incertitude dépend donc de l'appareil de mesure utilisé.

La figure 1.10 montre une balance moderne comme celles que l'on utilise dans beaucoup de laboratoires de chimie générale. Cette balance mesure facilement la masse des objets

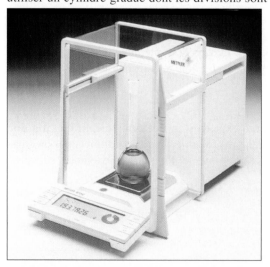

Figure 1.10 *Une balance à plateau unique.*

jusqu'à la quatrième décimale. Cela signifie que la masse mesurée aura quatre chiffres significatifs (par exemple 0,8642 g) ou plus (par exemple 3,9745 g). Tenir compte du nombre de chiffres significatifs dans une mesure signifie que le calcul des données reflétera l'incertitude de la mesure.

Les règles d'utilisation des chiffres significatifs dans les mesures

Nous venons de voir qu'il est toujours important d'écrire le bon nombre de chiffres significatifs. Il est assez facile, en général, de le faire en suivant les règles suivantes :

- Tout chiffre différent de zéro est significatif. Alors, 845 cm a trois chiffres significatifs ; 1,234 kg en a quatre, etc.

- Le chiffre zéro placé entre deux chiffres différents de zéro est significatif. Alors, 606 m a trois chiffres significatifs ; 40 501 kg en a 5, etc.

- Les zéros placés à gauche du premier chiffre différent de zéro ne sont pas significatifs. Ils servent uniquement à indiquer l'emplacement de la virgule. Alors, 0,08 L a un chiffre significatif ; 0,000 034 9 g en a trois, etc.

- Si le nombre est plus grand que 1, tous les zéros écrits à droite de la virgule sont des chiffres significatifs. Alors, 2,0 mg a deux chiffres significatifs ; 40,062 mL en a cinq ; et 3,040 dm en a quatre. Si le nombre est plus petit que 1, seuls les zéros écrits à la fin du nombre et ceux situés entre des chiffres différents de zéro sont significatifs. Alors, 0,090 kg a deux chiffres significatifs ; 0,3005 L en a quatre ; et 0,004 20 min en a trois, etc.

- En ce qui concerne les nombres qui n'ont pas de virgule, les zéros situés après le dernier chiffre différent de zéro peuvent être significatifs ou non. Par exemple, 400 cm peut avoir un chiffre significatif (le chiffre 4), deux chiffres significatifs (40) ou trois chiffres significatifs (400). Pour décider, il nous faudrait plus de renseignements. La notation scientifique, cependant, lève cette ambiguïté. Dans ce cas, le nombre 400 peut s'exprimer des façons suivantes : 4×10^2 avec un chiffre significatif, $4,0 \times 10^2$ avec deux chiffres significatifs ou $4,00 \times 10^2$ avec trois chiffres significatifs.

EXEMPLE 1.3 La détermination des chiffres significatifs

Déterminez le nombre de chiffres significatifs dans les mesures suivantes : a) 478 cm ; b) 6,01 g ; c) 0,825 m ; d) 0,043 kg ; e) $1,310 \times 10^{22}$ atomes ; f) 7000 mL.

Réponses : a) trois ; b) trois ; c) trois ; d) deux ; e) quatre ; f) quatre réponses possibles : quatre ($7,000 \times 10^3$), trois ($7,00 \times 10^3$), deux ($7,0 \times 10^3$) ou un (7×10^3).

EXERCICE

Déterminez le nombre de chiffres significatifs de chacune des mesures suivantes : a) 24 mL ; b) 3001 g ; c) 0,0320 m^3 ; d) $6,4 \times 10^4$ molécules ; e) 560 kg.

NOTE

Avec la notation scientifique, il est beaucoup plus facile de déterminer le nombre de chiffres significatifs.

Problèmes semblables : 1.27 et 1.28

Les règles d'utilisation des chiffres significatifs dans les calculs

Un autre ensemble de règles détermine l'utilisation des chiffres significatifs dans les calculs :

- Dans l'addition et la soustraction, le nombre de chiffres significatifs situés à droite de la virgule dans le résultat est déterminé par le plus petit nombre de chiffres significatifs situés à droite de la virgule dans les éléments du calcul. Voyez les exemples suivants :

$$
\begin{array}{r}
89,332 \\
+ \ 1,1 \quad \longleftarrow \text{ un chiffre significatif après la virgule} \\
\hline
90,432 \quad \longleftarrow \text{ arrondir à 90,4}
\end{array}
$$

$$
\begin{array}{r}
2,097 \\
-0,12 \quad \longleftarrow \text{ deux chiffres significatifs après la virgule} \\
\hline
1,977 \quad \longleftarrow \text{ arrondir à 1,98}
\end{array}
$$

Pour arrondir un nombre à un ordre de grandeur donné, on n'a qu'à éliminer les chiffres qui dépassent cet ordre de grandeur si le premier de ces chiffres est inférieur à 5. Par exemple, 8,724 est arrondi à 8,72 si l'on ne veut que deux chiffres après la virgule. Si le chiffre qui suit celui où l'on veut arrondir est égal ou supérieur à 5, on ajoute 1 au dernier chiffre à conserver. Par exemple, si l'on ne veut que deux chiffres après la virgule, 8,727 est arrondi à 8,73, et 0,425 est arrondi à 0,43.

- Dans la multiplication et la division, le nombre de chiffres significatifs du résultat est déterminé par le plus petit nombre de chiffres significatifs des éléments du calcul. Les exemples suivants illustrent cette règle :

$$2,8 \times 4,5039 = 12,610\,92 \longleftarrow \text{arrondir à } 13$$

$$\frac{6,85}{112,04} = 0,061\,138\,878\,9 \longleftarrow \text{arrondir à } 0,0611$$

- Notez que les *nombres entiers* obtenus par des définitions ou par le compte d'objets sont considérés comme pouvant avoir un nombre infini de chiffres significatifs. Si un objet a une masse de 0,2786 g, la masse totale de huit objets semblables sera

$$0,2786 \text{ g} \times 8 = 2,229 \text{ g}$$

Dans ce cas, on n'arrondit pas le résultat à un chiffre significatif parce que, par définition, le nombre 8 est 8,000 00... De même, pour faire la moyenne des deux mesures de longueur 6,64 cm et 6,68 cm, on écrit

$$\frac{6,64 \text{ cm} + 6,68 \text{ cm}}{2} = 6,66 \text{ cm}$$

parce que, par définition, le nombre 2 est 2,000 00...

EXEMPLE 1.4   La manipulation des chiffres significatifs dans les calculs

Faites les calculs suivants : a) $11\,254,1 + 0,1983$; b) $66,59 - 3,113$; c) $8,16 \times 5,1355$; d) $0,0154 \div 883$; e) $2,64 \times 10^3 + 3,27 \times 10^2$.

Réponses :

$$\begin{array}{r} 11\,254,1 \\ +\quad\ 0,1983 \\ \hline \end{array}$$

a) $11\,254,2983 \longleftarrow$ arrondir à $11\,254,3$

$$\begin{array}{r} 66,59 \\ -\ 3,113 \\ \hline \end{array}$$

b) $63,477 \longleftarrow$ arrondir à $63,48$

c) $8,16 \times 5,1355 = 41,905\,68 \longleftarrow$ arrondir à $41,9$

d) $\dfrac{0,0154}{883} = 0,000\,017\,440\,543\,6 \longleftarrow$ arrondir à $0,000\,017\,4$ ou $1,74 \times 10^{-5}$

e) Il faut d'abord convertir $3,27 \times 10^2$ en $0,327 \times 10^3$, puis faire l'addition des termes entre parenthèses : $(2,64 + 0,327) \times 10^3$. Selon le procédé utilisé en a), la réponse est $2,97 \times 10^3$.

EXERCICE

Faites les calculs suivants : a) $26,5862 + 0,17$; b) $9,1 - 4,682$; c) $7,1 \times 10^4 \times 2,2654 \times 10^2$; d) $6,54 \div 86,5542$; e) $(7,55 \times 10^4) - (8,62 \times 10^3)$.

Problèmes semblables : 1.29 et 1.30

La méthode que nous venons d'illustrer ne s'applique qu'aux calculs ayant une seule étape. Dans les *calculs en chaîne*, c'est-à-dire des calculs qui nécessitent plus d'une étape, on utilise une méthode différente. Voyez le calcul en deux étapes suivant :

première étape : $A \times B = C$, seconde étape : $C \times D = E$

Supposons que $A = 3{,}66$, $B = 8{,}45$ et $D = 2{,}11$. La valeur de E variera selon que C est arrondi à trois ou à quatre chiffres significatifs.

Méthode 1	*Méthode 2*
$3{,}66 \times 8{,}45 = 30{,}9$	$3{,}66 \times 8{,}45 = 30{,}93$
$30{,}9 \times 2{,}11 = 65{,}2$	$30{,}93 \times 2{,}11 = 65{,}3$

Toutefois, si l'on avait effectué le calcul $3{,}66 \times 8{,}45 \times 2{,}11$ sur une calculatrice sans arrondir le résultat intermédiaire, on aurait obtenu 65,3 pour E. La méthode qui consiste à conserver *un chiffre significatif de plus* dans les résultats intermédiaires et à n'arrondir que le résultat final au bon nombre de chiffres significatifs est parfois utilisée dans ce manuel ; mais, en général, chaque étape du calcul comporte le bon nombre de chiffres significatifs.

L'exactitude et la précision

Pour décrire les mesures et les chiffres significatifs, il est utile de faire la distinction entre exactitude et précision. L'***exactitude*** *indique à quel point une mesure s'approche de la valeur réelle de la quantité mesurée*. La ***précision*** *indique les limites à l'intérieur desquelles se situe la valeur d'une quantité mesurée une ou plusieurs fois (figure 1.11).*

Supposons que l'on demande à trois étudiants de déterminer la masse d'un fil de cuivre ; le professeur a préalablement mesuré cette masse, qui est 2,000 g. Les résultats de deux pesées successives effectuées par chaque étudiant sont

	Étudiant A	*Étudiant B*	*Étudiant C*
	1,964 g	1,972 g	2,000 g
	1,978 g	1,968 g	2,002 g
Valeur moyenne	1,971 g	1,970 g	2,001 g

Les résultats de l'étudiant B sont plus *précis* (ou moins incertains) que ceux de l'étudiant A (1,972 g et 1,968 g sont moins éloignés de 1,970 que le sont 1,964 g et 1,978 g de 1,971 g). Aucun de ces deux groupes de résultats n'est toutefois très *exact*. Cependant, les résultats de l'étudiant C sont non seulement *précis* (faible incertitude), mais également les plus *exacts*, étant donné que leur valeur moyenne est la plus proche de la valeur réelle. Habituellement, les mesures très exactes sont également précises ; mais les mesures très précises ne sont pas nécessairement exactes. Par exemple, un mètre mal calibré ou une balance défectueuse peuvent donner des valeurs précises mais erronées (inexactes).

NOTE

Il faut se méfier des réponses données par les calculatrices. La plupart de ces appareils, à moins de contenir des fonctions spéciales, n'affichent pas les réponses en chiffres significatifs. Vous devez donc intervenir en lisant la réponse affichée ; c'est à vous de juger si vous devez soit ajouter, soit éliminer des chiffres, en conformité avec les données à l'origine d'un calcul particulier.

Exemples :
1. 5,00 cm $\times$ 2,00 cm ne donne pas 10 mais plutôt 10,0 cm².
2. 3,02 cm $\times$ 3,02 cm ne donne pas 9,1204, comme l'affiche la calculatrice, mais plutôt 9,12 cm².

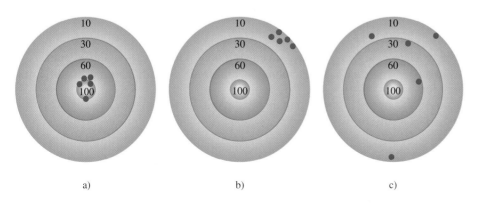

a)   b)   c)

Figure 1.11
La disposition des fléchettes sur ces cibles permet de différencier précision et exactitude.
a) exact et précis ;
b) non exact mais précis ;
c) ni exact ni précis.

1.7   LA RÉSOLUTION DE PROBLÈMES AVEC LA MÉTHODE DES FACTEURS DE CONVERSION

Des mesures bien effectuées et une utilisation adéquate des chiffres significatifs, accompagnées de bons calculs, conduiront à des résultats numériques exacts. Cependant, pour avoir un sens, ces résultats doivent être accompagnés des unités appropriées. La méthode que nous utiliserons pour convertir les unités dans les problèmes de chimie s'appelle *méthode des facteurs de conversion* (aussi appelée *analyse dimensionnelle*). Il s'agit d'une technique simple et qui demande peu de mémoire ; elle est basée sur la relation entre différentes unités qui expriment la même quantité physique.

On sait, par exemple, que l'unité « dollar » pour l'argent est différente de l'unité « cent ». On dit toutefois que 1 dollar *équivaut* à 100 cents parce que les deux représentent le même montant d'argent. Cette équivalence nous permet d'écrire

$$1 \text{ dollar} = 100 \text{ cents}$$

Parce que 1 dollar égale 100 cents, le rapport des deux quantités est de 1 ; c'est-à-dire

$$\frac{1 \text{ dollar}}{100 \text{ cents}} = 1$$

Ce rapport peut se lire 1 dollar par 100 cents. On appelle cette fraction *facteur de conversion* (ou équation à l'unité) parce que le numérateur et le dénominateur expriment le même montant d'argent.

Nous aurions pu aussi écrire la fraction comme ceci :

$$\frac{100 \text{ cents}}{1 \text{ dollar}} = 1$$

Cette dernière se lit 100 cents par dollar. La fraction 100 cents/1 dollar est également un facteur de conversion. En fait, la réciproque de tout facteur de conversion en est aussi un. Ce facteur permet d'effectuer des conversions entre différentes unités dont les valeurs expriment une même quantité. Supposons que l'on désire convertir 2,46 dollars en cents. Exprimons le problème de la façon suivante :

$$? \text{ cents} = 2,46 \text{ dollars}$$

Étant donné qu'il s'agit de convertir des dollars en cents, nous choisissons le facteur de conversion qui a l'unité « dollar » au dénominateur (pour éliminer « dollars » du 2,46 dollars) et nous écrivons

$$2,46 \text{ dollars} \times \frac{100 \text{ cents}}{1 \text{ dollar}} = 246 \text{ cents}$$

Notez que le facteur de conversion 100 cents/1 dollar contient des nombres entiers (ou nombres exacts), ce qui fait que le nombre de chiffres significatifs n'est pas modifié dans la réponse finale.

Maintenant, voyons la conversion de 57,8 mètres en centimètres. Exprimons le problème de la façon suivante :

$$? \text{ cm} = 57,8 \text{ m}$$

Par définition,

$$1 \text{ cm} = 1 \times 10^{-2} \text{ m}$$

Étant donné que la conversion se fait de « m » vers les « cm », nous choisissons le facteur de conversion qui a les mètres au dénominateur,

$$\frac{1 \text{ cm}}{1 \times 10^{-2} \text{ m}} = 1$$

et nous écrivons la conversion suivante :

$$? \text{ cm} = 57,8 \text{ m} \times \frac{1 \text{ cm}}{1 \times 10^{-2} \text{ m}}$$

$$= 5780 \text{ cm}$$

$$= 5,78 \times 10^3 \text{ cm}$$

Notez que nous utilisons la notation scientifique pour indiquer que la réponse possède trois chiffres significatifs. Le facteur de conversion 1 cm/1 $\times$ 10^{-2} m contient des nombres entiers (ou exacts), c'est pourquoi le nombre de chiffres significatifs de la réponse n'est pas modifié.

Dans la méthode des facteurs de conversion, les unités apparaissent à chacune des étapes du calcul. Par conséquent, si l'équation est posée correctement, toutes les unités s'élimineront sauf celle recherchée. Si tel n'est pas le cas, une erreur s'est sûrement glissée quelque part ; on peut généralement la trouver en revoyant la démarche utilisée pour arriver à la solution.

Les facteurs de conversion de certaines unités du système impérial, *couramment utilisées aux États-Unis, parfois même au Canada,* pour des mesures non scientifiques (par exemple les livres et les pouces), sont fournis à la fin du livre.

EXEMPLE 1.5   La méthode des facteurs de conversion

Un homme pèse 162 livres (lb). Quelle est sa masse en milligrammes (mg) ?

Réponse : Exprimons le problème de la façon suivante :

$$? \text{ mg} = 162 \text{ lb}$$

Les équivalences sont

$$1 \text{ lb} = 453,6 \text{ g}$$

le facteur de conversion est donc

$$\frac{453,6 \text{ g}}{1 \text{ lb}} = 1$$

et

$$1 \text{ mg} = 1 \times 10^{-3} \text{ g}$$

Le facteur de conversion est donc

$$\frac{1 \text{ mg}}{1 \times 10^{-3} \text{ g}} = 1$$

Alors,

$$? \text{ mg} = 162 \text{ lb} \times \frac{453,6 \text{ g}}{1 \text{ lb}} \times \frac{1 \text{ mg}}{1 \times 10^{-3} \text{ g}} = 7,35 \times 10^7 \text{ mg}$$

EXERCICE

Convertissez 53,5 kilogrammes (kg) en livres.

Problèmes semblables :
1.31 et 1.32

Notez qu'un facteur de conversion peut être porté au carré ou au cube, parce que $1^2 = 1^3 = 1$: c'est ce qu'illustre l'exemple 1.6.

Problème semblable :
1.40

EXEMPLE 1.6   La méthode des facteurs de conversion

La masse volumique de l'or est de 19,3 g/cm^3. Convertissez-la en kg/m^3.

Réponse : Exprimons le problème de la façon suivante :

$$? \text{ kg/m}^3 = 19{,}3 \text{ g/cm}^3$$

Nous avons besoin de deux facteurs de conversion : un pour convertir les g en kg et un autre pour convertir les cm^3 en m^3. Nous savons que

$$1 \text{ kg} = 1000 \text{ g}$$

Donc,

$$\frac{1 \text{ kg}}{1000 \text{ g}} = 1$$

Le second facteur de conversion est

$$\left(\frac{1 \text{ cm}}{1 \times 10^{-2} \text{ m}} \right)^3 = 1$$

Nous écrivons donc

$$? \text{ kg/m}^3 = \frac{19{,}3 \text{ g}}{1 \text{ cm}^3} \times \frac{1 \text{ kg}}{1000 \text{ g}} \times \left(\frac{1 \text{ cm}}{1 \times 10^{-2} \text{ m}} \right)^3 = 19\,300 \text{ kg/m}^3$$

$$= 1{,}93 \times 10^4 \text{ kg/m}^3$$

EXERCICE

La masse volumique du métal le plus léger, le lithium (Li), est de $5{,}34 \times 10^2$ kg/m^3. Convertissez-la en g/cm^3.

NOTE

En général, le kilogramme par mètre cube (kg/m^3) n'est pas une unité de mesure pratique pour exprimer la masse volumique.

Résumé

1. La méthode scientifique est une approche systématique de recherche qui consiste à recueillir de l'information grâce à des observations et à des mesures, lesquelles sont à la base des hypothèses, des lois et des théories qui doivent ensuite être validées.

2. En chimie, la méthode scientifique se résume en une démarche constituée de trois grandes étapes : l'observation, la représentation et l'interprétation. La représentation nécessite l'usage de symboles et d'équations permettant ainsi une meilleure communication. L'interprétation, quant à elle, relève souvent du monde microscopique, c'est-à-dire des atomes et des molécules.

3. La chimie est la science qui étudie la structure de la matière ainsi que ses transformations. Les substances étudiées sont souvent des substances pures (un élément ou un composé) ou des mélanges (homogènes ou hétérogènes) pouvant être séparés en substances pures grâce à des moyens physiques. En principe, toutes les substances peuvent exister sous trois états : solide, liquide ou gazeux. Le passage d'un état à un autre peut être provoqué par un changement de température.

4. Les substances les plus simples sont les éléments, alors que les composés sont formés d'au moins deux éléments différents combinés dans des proportions fixes. Les mélanges peuvent exister dans des proportions variables. Les substances pures se caractérisent 1) grâce à des propriétés physiques se manifestant sans changer la nature des substances et 2) grâce à des propriétés chimiques (ou réactions) causant des

changements de composition de la substance observée. Ces propriétés physiques et chimiques permettent donc de les identifier. Les propriétés mesurables sont de deux types, extensives ou intensives. Les données sont qualitatives ou quantitatives.

5. Les unités SI sont utilisées dans toutes les sciences pour exprimer les quantités physiques. Les nombres exprimés en notation scientifique ont la forme $N \times 10^n$, où N est un nombre situé entre 1 et 10 et n est un entier positif ou négatif. La notation scientifique facilite le travail dans le cas de nombres très grands ou très petits. La plupart des quantités mesurées comportent une certaine marge d'incertitude, exprimée par le nombre de chiffres significatifs.

6. La méthode des facteurs de conversion est une méthode de résolution de problèmes au cours de laquelle les unités sont multipliées ou divisées comme des quantités algébriques. On cherche ainsi à obtenir une expression qui, à la suite de la simplification des unités, correspond aux unités de la réponse recherchée. Si la réponse finale comporte les unités désirées, cela signifie que la démarche de calcul a été menée correctement.

Équations clés

- $\rho = \dfrac{m}{V}$ Équation pour la masse volumique   (1.1)

- $? \,^\circ C = (^\circ F - 32\,^\circ F) \times \dfrac{5\,^\circ C}{9\,^\circ F}$ Conversion de °F à °C   (1.2)

- $? \,^\circ F = \dfrac{9\,^\circ F}{5\,^\circ C} \times (^\circ C) + 32\,^\circ F$ Conversion de °C à °F   (1.3)

Mots clés

Chiffre significatif, p. 16	Masse, p. 11	Propriété intensive, p. 10
Chimie, p. 6	Masse volumique, p. 12	Propriété macroscopique, p. 10
Composé, p. 8	Matière, p. 6	Propriété microscopique, p. 10
Données qualitatives, p. 5	Mélange, p. 7	Propriété physique, p. 9
Données quantitatives, p. 5	Mélange hétérogène, p. 7	Substance pure, p. 6
Élément, p. 8	Mélange homogène, p. 7	Système international [SI],
Exactitude, p. 19	Méthode scientifique, p. 5	p. 11
Hypothèse, p. 5	Poids, p. 11	Théorie, p. 6
Kelvin, p. 13	Précision, p. 19	Volume, p. 12
Litre, p. 12	Propriété chimique, p. 9	
Loi, p. 5	Propriété extensive, p. 9	

Questions et problèmes

DÉFINITIONS DE BASE
Questions de révision

1.1 Définissez les termes suivants : a) matière ; b) masse ; c) poids ; d) substances pures ; e) mélange.

1.2 Laquelle des affirmations suivantes est scientifiquement correcte ?

« La masse de l'élève est de 56 kg. »

« Le poids de l'élève est de 56 kg. »

1.3 Donnez un exemple de mélange homogène et un exemple de mélange hétérogène.

1.4 Quelle est la différence entre une propriété physique et une propriété chimique ?

1.5 Donnez un exemple d'une propriété extensive et un exemple d'une propriété intensive.

1.6 Définissez les termes suivants : a) élément ; b) composé.

Problèmes

1.7 Chacune des affirmations suivantes décrit-elle une propriété chimique ou une propriété physique ? a) L'oxygène participe à la combustion. b) Les engrais permettent d'augmenter la production agricole. c) Au sommet d'une montagne, le point d'ébullition de l'eau est inférieur à 100 °C. d) La masse volumique du plomb est plus élevée que celle de l'aluminium. e) Le sucre a un goût agréable.

1.8 Chacune des affirmations suivantes décrit-elle une transformation physique ou une transformation chimique ? a) L'hélium contenu dans un ballon a tendance à s'échapper après quelques heures. b) Le faisceau lumineux d'une lampe de poche s'atténue lentement pour finalement s'éteindre. c) Le jus d'orange concentré congelé peut être reconstitué par l'addition d'eau. d) La croissance des plantes dépend de l'énergie du Soleil dans un processus appelé photosynthèse. e) Une cuillerée de sel se dissout dans un bol de soupe.

1.9 Lesquelles des propriétés suivantes sont extensives et lesquelles sont intensives ? a) la longueur ; b) le volume ; c) la température ; d) la masse.

1.10 Lesquelles des propriétés suivantes sont extensives et lesquelles sont intensives ? a) la superficie ; b) la couleur ; c) la masse volumique.

1.11 Dites si les substances suivantes sont des éléments ou des composés : a) l'hydrogène ; b) l'eau ; c) l'or ; d) le sucre.

1.12 Dites si les substances suivantes sont des éléments ou des composés : a) le chlorure de sodium (sel de table) ; b) l'hélium ; c) l'alcool ; d) le platine.

LES UNITÉS
Questions de révision

1.13 Donnez les unités SI qui expriment : a) la longueur ; b) la surface ; c) le volume ; d) la masse ; e) le temps ; f) la force ; g) l'énergie ; h) la température.

1.14 Écrivez les nombres qui correspondent aux préfixes suivants : a) méga ; b) kilo ; c) déci ; d) centi ; e) milli ; f) micro ; g) nano ; h) pico.

1.15 Définissez « masse volumique ». Quelles unités utilisent normalement les chimistes pour exprimer la masse volumique ? Est-ce que la masse volumique est une propriété intensive ou extensive ?

1.16 Écrivez l'équation : a) de la conversion des degrés Celsius en degrés Fahrenheit ; b) de la conversion des degrés Fahrenheit en degrés Celsius.

Problèmes

1.17 Une sphère de plomb a une masse de $1,20 \times 10^4$ g et un volume de $1,05 \times 10^3$ cm³. Calculez la masse volumique du plomb.

1.18 Le mercure est le seul métal qui soit liquide à la température ambiante. Sa masse volumique est de 13,6 g/mL. Combien de grammes de mercure occuperont un volume de 95,8 mL ?

1.19 Calculez, dans chacun des cas suivants, la température en °C : a) une journée chaude d'été à 95 °F ; b) une journée froide d'hiver à 12 °F ; c) une fièvre de 102 °F ; d) un fourneau qui fonctionne à 1852 °F.

1.20 a) Normalement, le corps humain peut endurer une température de 105 °F durant une courte période sans que le cerveau ou les organes vitaux subissent de dommages irréversibles. Quel est l'équivalent de cette température en degrés Celsius ? b) L'éthylène glycol est un composé organique liquide qui sert d'antigel dans les radiateurs d'automobiles. Il gèle à −11,5 °C. Calculez son point de congélation en degrés Fahrenheit. c) La température à la surface du soleil est d'environ $6,3 \times 10^3$ °C. Quel en est l'équivalent en degrés Fahrenheit ?

LA NOTATION SCIENTIFIQUE
Problèmes

1.21 Écrivez les nombres suivants en notation scientifique : a) 0,000 000 027 ; b) 356 ; c) 0,096.

1.22 Écrivez les nombres suivants en notation scientifique : a) 0,749 ; b) 802,6 ; c) 0,000 000 621.

1.23 Écrivez les nombres suivants sans utiliser la notation scientifique : a) $1,52 \times 10^4$; b) $7,78 \times 10^{-8}$.

1.24 Écrivez les nombres suivants sans utiliser la notation scientifique : a) $3,256 \times 10^{-5}$; b) $6,03 \times 10^6$.

1.25 Donnez les réponses des problèmes suivants en notation scientifique :

a) $145,75 + (2,3 \times 10^{-1})$

b) $79\,500 \div (2,5 \times 10^2)$

c) $(7,0 \times 10^{-3}) - (8,0 \times 10^{-4})$

d) $(1,0 \times 10^4) \times (9,9 \times 10^6)$

1.26 Donnez les réponses des problèmes suivants en notation scientifique :

a) $0,0095 + (8,5 \times 10^{-3})$

b) $653 \div (5,75 \times 10^{-8})$

c) $850\,000 - (9,0 \times 10^5)$

d) $(3,6 \times 10^{-4}) \times (3,6 \times 10^6)$

LES CHIFFRES SIGNIFICATIFS
Problèmes

1.27 Quel est le nombre de chiffres significatifs dans chacune des mesures suivantes ? a) 4867 km ; b) 56 mL ; c) 60 104 kg ; d) 2900 g.

1.28 Quel est le nombre de chiffres significatifs dans chacune des mesures suivantes ? a) 40,2 g/cm³ ; b) 0,000 000 3 cm ; c) 70 min ; d) $4,6 \times 10^{19}$ atomes.

1.29 Effectuez les opérations suivantes comme s'il s'agissait de mesures expérimentales et exprimez chaque réponse avec la bonne unité et le bon nombre de chiffres significatifs :

a) 5,679 2 m + 0,6 m + 4,33 m

b) 3,70 g − 2,913 3 g

c) 4,51 cm × 3,6666 cm

1.30 Effectuez les opérations suivantes comme s'il s'agissait de mesures expérimentales et exprimez chaque réponse avec la bonne unité et le bon nombre de chiffres significatifs :

a) 7,310 km ÷ 5,70 km

b) $(3,26 \times 10^{-3} \text{ mg}) - (7,88 - 10^{-5} \text{ mg})$

c) $(4,02 \times 10^6 \text{ dm}) + (7,74 \times 10^7 \text{ dm})$

LA MÉTHODE DES FACTEURS DE CONVERSION
Problèmes

1.31 Effectuez les conversions suivantes : a) 22,6 m en décimètres ; b) 25,4 mg en kilogrammes.

1.32 Effectuez les conversions suivantes : a) 242 lb en milligrammes ; b) 68,3 cm^3 en mètres cubes.

1.33 Si, à un moment donné, le prix de l'or est de 327 $ l'once, combien vaut 1 g d'or ? (1 once = 28,4 g)

1.34 Combien y a-t-il de secondes dans une année solaire (365,24 jours) ?

1.35 Combien de minutes prend la lumière du soleil pour atteindre la Terre ? (La distance entre le Soleil et la Terre est de 93 millions de milles ; la vitesse de la lumière est de $3,00 \times 10^8$ m/s.)

1.36 Un coureur lent parcourt un mille en 13 minutes. Calculez sa vitesse en : a) po/s ; b) m/min ; c) km/h. (1 mi = 1609 m ; 1 po = 2,54 cm)

1.37 Effectuez les conversions suivantes : a) Une personne de 6 pi pèse 168 lb. Donnez la taille et le poids de cette personne en mètres et en kilogrammes. (1 lb = 453,6 g ; 1 m = 3,28 pi) b) La limite de vitesse habituelle aux États-Unis est de 55 milles par heure. Quelle est-elle en kilomètres par heure ? c) La vitesse de la lumière est $3,0 \times 10^{10}$ cm/s. Combien de milles la lumière parcourt-elle en une heure ? d) Le plomb est une substance toxique. Sa concentration « normale » dans le sang humain est d'environ 0,40 partie par million (0,40 g de plomb par million de grammes de sang).

Une valeur de 0,80 partie par million (ppm) est considérée dangereuse. Combien de grammes de plomb sont contenus dans $6,0 \times 10^3$ g de sang (la quantité moyenne de sang chez un adulte) si sa concentration y est de 0,62 ppm ?

1.38 Effectuez les conversions suivantes : a) 1,42 année-lumière en milles (une année-lumière, une mesure de distance astronomique, est la distance parcourue par la lumière en une année, ou en 365 jours) ; b) 32,4 verges en centimètres ; c) $3,0 \times 10^{10}$ cm/s en pi/s ; d) 47,4 °F en degrés Celsius ; e) −273,15 °C (la plus basse température qu'on puisse atteindre) en degrés Fahrenheit ; f) 71,2 cm^3 en m^3 ; g) 7,2 m^3 en litres.

1.39 L'aluminium est un métal léger (sa masse volumique est de 2,70 g/cm^3) utilisé dans la fabrication d'avions, de câbles pour les lignes à haute tension et de feuilles de métal. Quelle est sa masse volumique en kg/m^3 ?

1.40 La masse volumique de l'ammoniac dans certaines conditions est 0,625 g/L. Calculez-la en g/cm^3.

PROBLÈMES VARIÉS

1.41 Indiquez, selon le cas, s'il s'agit d'une propriété physique ou chimique. a) Le fer peut rouiller. b) L'eau de pluie des régions industrialisées a tendance à être acide. c) Les molécules d'hémoglobine sont rouges. d) Quand un verre d'eau est laissé au soleil, l'eau disparaît graduellement. e) Le dioxyde de carbone de l'air est converti en molécules plus complexes par la photosynthèse des plantes.

1.42 En 1994, 86,6 milliards de livres d'acide sulfurique ont été produites aux États-Unis. Convertissez cette quantité en tonnes. (1 tonne = 2000 lb)

1.43 Supposons qu'une nouvelle échelle de température a été définie sur laquelle le point de fusion de l'éthanol (−117,3 °C) et son point d'ébullition (78,3 °C) sont 0 °S et 100 °S, respectivement, S étant le symbole de la nouvelle échelle. Trouvez l'équation convertissant l'échelle Celsius en échelle S. Quelle serait la température en °S qui équivaut à 25 °C ?

1.44 Pour déterminer la masse volumique d'une masse de métal rectangulaire, un étudiant prend les mesures suivantes : longueur, 8,53 cm ; largeur, 2,4 cm ; hauteur, 1,0 cm ; masse, 52,7064 g. Calculez la masse volumique du métal avec le bon nombre de chiffres significatifs.

1.45 Calculez la masse de chacun des objets suivants : a) une sphère d'or de 10,0 cm de rayon (le volume d'une sphère de rayon r est donnée par $V = (\frac{4}{3})\pi r^3$; la masse volumique de l'or est de 19,3 g/cm^3) ; b) un cube de platine de 0,040 mm d'arête (la masse volumique du platine est de 21,4 g/cm^3) ; c) 50,0 mL d'éthanol (la masse volumique de l'éthanol est de 0,798 g/mL).

1.46 Un cylindre de verre d'une longueur de 12,7 cm est rempli de mercure. La masse du mercure nécessaire pour remplir ce cylindre est de 105,5 g. Calculez le diamètre interne du cylindre. (La masse volumique du mercure est de 13,6 g/mL.)

1.47 La méthode suivante a été utilisée pour déterminer le volume d'un ballon volumétrique. Le ballon a d'abord été pesé vide, puis ensuite rempli d'eau. Si la masse du ballon vide était 56,12 g et la masse du ballon plein était 87,39 g, quel est le volume du ballon en centimètres cubes ? (La masse volumique de l'eau est de 0,9976 g/cm³.)

1.48 Un cylindre gradué contient 242,0 ml d'eau. On y place un objet en argent (Ag) pesant 194,3 g. Le cylindre indique alors que le volume d'eau est de 260,5 ml. À partir de ces données, calculez la masse volumique de l'argent.

1.49 La méthode décrite au problème 1.48 est une façon rudimentaire mais commode de déterminer la masse volumique de certains solides. Décrivez une méthode semblable qui vous permettrait de déterminer la masse volumique de la glace. Plus spécifiquement, quelles seraient les exigences concernant le liquide utilisé pour répondre au problème ?

1.50 La vitesse de propagation du son dans l'air à la température ambiante est de 343 m/s. Calculez cette vitesse en milles par heure.

1.51 Le thermomètre médical que la plupart des gens utilisent à la maison a une incertitude de ± 0,1 °F, tandis que celui utilisé par les médecins est incertain à ± 0,1 °C. Exprimez, en degrés Celsius, le pourcentage d'incertitude associé à chacun de ces thermomètres si l'on prend la température du corps d'une personne et que celle-ci est 38,9 °C.

1.52 Un thermomètre donne une mesure de 24,2 °C ± 0,1 °C. Calculez la température en degrés Fahrenheit. Quelle en est l'incertitude ?

1.53 La vanilline (utilisée pour parfumer la crème glacée et d'autres aliments) est une substance dont l'arôme est perçu par notre odorat à de très faibles concentrations. Le seuil limite de perception est de $2,0 \times 10^{-11}$ g par litre d'air. Si le prix actuel de 50 g de vanilline est de 112 $, déterminez ce que coûterait la quantité de vanilline suffisante pour que son arôme soit perçu dans un hangar dont le volume est $5,0 \times 10^7$ pi³.

1.54 Un adulte au repos a besoin d'environ 240 mL d'oxygène pur par minute, et respire environ 12 fois chaque minute. Si l'air inspiré contient 20 % d'oxygène ($\% \frac{\text{volume}}{\text{volume}}$) et que l'air expiré en contient 16 %, quel est le volume d'air de chaque respiration ? (Supposez que le volume d'air inspiré est égal à celui de l'air expiré.)

1.55 Le volume total de l'eau de mer de la planète est de $1,5 \times 10^{21}$ L. Supposons que l'eau de mer contient 3,1 % de chlorure de sodium ($\% \frac{\text{masse}}{\text{masse}}$) et que sa masse volumique est 1,03 g/mL. Calculez la masse totale de chlorure de sodium en kilogrammes et en tonnes. (1 tonne = 2000 lb ; 1 lb = 453,6 g)

1.56 Le magnésium (Mg) est un métal précieux utilisé dans la fabrication d'alliages et de piles, et dans des synthèses chimiques. On l'extrait surtout de l'eau de mer, qui en contient environ 1,3 g par kilogramme d'eau de mer. Calculez le volume d'eau de mer (en litres) nécessaire pour obtenir $8,0 \times 10^4$ tonnes anglaise de Mg, ce qui est environ la production annuelle des États-Unis. (La masse volumique de l'eau de mer est de 1,03 g/mL et une tonne anglaise vaut 2000 livres)

1.57 Une étudiante est chargée de déterminer si un creuset est fait de platine pur. D'abord, elle le pèse dans l'air, puis dans l'eau (la masse volumique de l'eau est de 0,9986 g/cm³). Les mesures obtenues sont respectivement 860,2 g et 820,2 g. Étant donné que la masse volumique du platine est de 21,45 g/cm³, quelle sera sa conclusion ? (*Note* : un objet immergé dans un liquide subit une poussée ascendante égale à la masse de liquide qu'il déplace.)

1.58 À quelle température un thermomètre gradué en degrés Celsius et un thermomètre en degrés Fahrenheit indiquent-ils la même valeur numérique ?

1.59 La superficie et la profondeur moyenne de l'océan Pacifique sont de $1,8 \times 10^8$ km² et de $3,9 \times 10^3$ m, respectivement. Calculez le volume d'eau du Pacifique en litres.

1.60 Le pourcentage d'erreur est exprimé par la valeur absolue de la différence entre la valeur vraie et la valeur mesurée, divisée par la valeur vraie, le tout multiplié par cent :

Pourcentage d'erreur =

$$\frac{|\text{valeur vraie} - \text{valeur mesurée}|}{|\text{valeur vraie}|} \times 100\,\%$$

où les lignes verticales signifient que les chiffres sont en valeur absolue. Calculez le pourcentage d'erreur des mesures suivantes : a) la masse volumique de l'alcool (éthanol) : 0,802 g/mL (valeur réelle : 0,798 g/mL) ; b) la masse de l'or contenu dans une boucle d'oreille : 0,837 g (valeur réelle : 0,864 g).

1.61 Chaque millilitre d'eau de mer contient environ $4,0 \times 10^{-12}$ g d'or. Le volume total d'eau dans les océans est de $1,5 \times 10^{21}$ L. Calculez la quantité totale d'or (en grammes) contenue dans l'eau des océans ainsi que sa valeur monétaire. Supposez un prix de 350 $/oz (1 lb vaut 453,6 g et 16 oz valent 1 lb). Étant donné une telle réserve d'or, pourquoi personne n'est jamais devenu riche en extrayant l'or des mers ?

1.62 Une feuille d'aluminium Al a une surface totale de 1000 pi² et une masse de 3,636 g. Quelle est l'épaisseur de cette feuille (en millimètres) ? (La masse volumique de l'aluminium est de 2,699 g/cm³.)

1.63 Pour désinfecter l'eau des piscines, on utilise du chlore à une concentration de 1 ppm, ce qui équivaut à 1 g de chlore par million de grammes d'eau.

Calculez le volume d'une solution chlorée (en millilitres) qui devrait être ajoutée si cette solution est à 6 % (pourcentage massique = (masse de chlore/masse de solution) × 100) et que la piscine contient $1,67 \times 10^4$ gal d'eau (1 gal = 4,55 L ; supposez aussi que la masse volumique des liquides vaut 1,0 g/mL).

1.64 Une des techniques de conservation de l'eau dans un réservoir à ciel ouvert (un plan d'eau naturel ou artificiel) consiste à répandre sur sa surface un mince film d'une substance inerte, ce qui a pour effet de diminuer le taux d'évaporation de cette eau pouvant servir de réservoir. Cette technique a été mise au point voilà plus de 200 ans par Benjamin Franklin. Il a alors trouvé qu'il faut seulement 0,10 mL d'une substance huileuse pour couvrir une surface mesurant environ 40 m². En supposant que cette huile s'étend sur la surface de l'eau en formant une monocouche, c'est-à-dire une couche dont l'épaisseur est égale à la longueur d'une seule molécule, calculez la longueur d'une molécule d'huile en nanomètres (1 nm = 1×10^{-9} m).

1.65 Les phéromones sont des composés sécrétés par les femelles de plusieurs espèces d'insectes afin d'attirer les mâles. Typiquement, $1,0 \times 10^{-8}$ g d'une phéromone suffit pour attirer tous les mâles dans un rayon de 0,50 mi (ou mille). Calculez la concentration de phéromone (en grammes par litre) dans un volume d'air correspondant à un cylindre ayant un rayon de 0,50 mi et une hauteur de 40 pi (les facteurs de conversion pouvant être utiles : 1 mi = 1609 m, 1 po = 2,54 cm, 1 pi = 12 po).

1.66 Une entreprise de la province d'Alberta vend son gaz naturel 1,30 $/15 pi³.

a) Quel est le prix (en dollars par litre) de ce gaz ?

b) Pour amener au point d'ébullition 1 L d'eau dont la température initiale est à 25 °C, il faut consommer 0,304 pi³ de gaz. Quel est le coût pour amener à ébullition 2,1 L d'eau d'une bouilloire à partir de la même température initiale ?

Problème spécial

1.67 Les dinosaures ont régné sur la Terre durant des millions d'années, puis ils ont disparu subitement. Pour expliquer cette mystérieuse disparition, les chercheurs doivent utiliser la méthode scientifique. Dans ce cas-ci, l'étape de l'expérimentation et de la collecte de données correspond à l'étude des fossiles et des squelettes présents dans les différentes couches de l'écorce terrestre. Plusieurs découvertes ont permis de déterminer quelles espèces habitaient la Terre durant des périodes géologiques spécifiques. Or, on n'a trouvé aucun squelette de dinosaure dans les couches formées immédiatement après le crétacé, une période qui remonte à quelque 65 millions d'années. C'est la raison pour laquelle on croit que les dinosaures ont disparu il y a environ 65 millions d'années. Que s'est-il produit à cette époque ?

Parmi les nombreuses hypothèses avancées pour expliquer cette disparition, des bris de la chaîne alimentaire et un changement radical du climat provoqué par de violentes éruptions volcaniques ont longtemps retenu l'attention. Jusqu'en 1977, cependant, aucune preuve convaincante ne permettait de confirmer l'une ou l'autre de ces hypothèses. Cette même année, des paléontologues travaillant en Italie ont recueilli des données assez surprenantes dans un site près de Gubbio. L'analyse chimique d'une couche d'argile déposée sur des sédiments datant du crétacé (cette couche avait donc enregistré les événements survenus après le crétacé) a révélé une quantité anormalement élevée d'iridium. Cet élément est très rare dans l'écorce terrestre, mais il est relativement abondant dans les astéroïdes.

Cette trouvaille a donc conduit à une nouvelle hypothèse sur l'extinction des dinosaures. Pour expliquer la quantité d'iridium trouvé, les scientifiques ont émis l'hypothèse qu'un astéroïde de plusieurs kilomètres de diamètre aurait heurté la Terre à l'époque où les dinosaures ont disparu. L'impact de l'astéroïde aurait été si important qu'une grande quantité de roches et de terre aurait été pulvérisée. La poussière et les débris auraient flotté dans l'air et bloqué les rayons solaires durant des mois, voire des années. Sans soleil, la plupart des plantes ont cessé de pousser. D'ailleurs, les collections de fossiles confirment que beaucoup d'espèces de plantes ont effectivement disparu à cette époque. Par conséquent, bien sûr, beaucoup d'animaux végétariens n'ont plus eu de nourriture et, par la suite, les animaux carnivores sont aussi morts de faim. Le manque de ressources alimentaires aurait touché les gros animaux, qui ont besoin d'une grande quantité de nourriture, plus rapidement et plus sérieusement que les petits animaux. Les énormes dinosaures auraient donc disparu à cause d'un manque de nourriture.

a) Montrez comment cette étude portant sur l'extinction des dinosaures illustre le recours à la méthode scientifique.

b) Faites deux suggestions qui permettraient de valider les hypothèses énoncées dans ce texte.

c) Selon vous, est-il justifiable de faire appel à la thèse de l'astéroïde comme théorie pouvant expliquer cette extinction ?

d) On a de bonnes raisons de croire qu'environ 20 % de la masse de l'astéroïde se serait pulvérisée uniformément en poussière dans l'atmosphère terrestre pour ensuite se déposer sur toute la planète. Ce dépôt à la surface de la terre serait de 0,02 g/cm². Quant à la masse volumique de l'astéroïde, elle serait d'environ 2 g/cm³. Calculez la masse (en kilogrammes et en tonnes métriques) de l'astéroïde ainsi que son rayon (en mètres), en supposant qu'il s'agit d'une sphère (la surface de la terre mesure $5,1 \times 10^{14}$ m²). (Source: J. Harte. *Consider a Spherical Cow — A Course in Environmental Problem Solving*, University Science Books, Mill Valley, CA, 1988. Avec permission.)

Réponses aux exercices: 1.1 96,5 g; **1.2** a) 83,1 °F b) 78,3 °C; **1.3** a) Deux b) Quatre c) Trois d) Deux e) Trois ou deux; **1.4** a) 26,76 b) 4,4 c) $1,6 \times 10^7$ d) 0,0756 e) $6,69 \times 10^4$; **1.5** 118 lb; **1.6** 0,534 g/cm³

											13 3A	14 4A	15 5A	16 6A	17 7A	18 8A
																2 **He** 4.003
											5 **B** 10,81	6 **C** 12,01	7 **N** 14,01	8 **O** 16,00	9 **F** 19,00	10 **Ne** 20,18
											13 **Al** 26,98	14 **Si** 28,09	15 **P** 30,97	16 **S** 32,07	17 **Cl** 35,45	18 **Ar** 39,95
21 **Sc** 44,96	22 **Ti** 47,88	23 **V** 50,94	24 **Cr** 52,00	25 **Mn** 54,94	26 **Fe** 55,85	27 **Co** 58,93	28 **Ni** 58,69	29 **Cu** 63,55	30 **Zn** 65,39	31 **Ga** 69,72	32 **Ge** 72,59	33 **As** 74,92	34 **Se** 78,96	35 **Br** 79,90	36 **Kr** 83,80
39 **Y** 88,91	40 **Zr** 91,22	41 **Nb** 92,91	42 **Mo** 95,94	43 **Tc** (98)	44 **Ru** 101,1	45 **Rh** 102,9	46 **Pd** 106,4	47 **Ag** 107,9	48 **Cd** 112,4	49 **In** 114,8	50 **Sn** 118,7	51 **Sb** 121,8	52 **Te** 127,6	53 **I** 126,9	54 **Xe** 131,3
57 **La** 138,9	72 **Hf** 178,5	73 **Ta** 180,9	74 **W** 183,9	75 **Re** 186,2	76 **Os** 190,2	77 **Ir** 192,2	78 **Pt** 195,1	79 **Au** 197,0	80 **Hg** 200,6	81 **Tl** 204,4	82 **Pb** 207,2	83 **Bi** 209,0	84 **Po** (210)	85 **At** (210)	86 **Rn** (222)
89 **Ac** (227)	104 **Rf** (257)	105 **Db** (260)	106 **Sg** (263)	107 **Bh** (262)	108 **Hs** (265)	109 **Mt** (266)	110	111	112						

58 **Ce** 140,1	59 **Pr** 140,9	60 **Nd** 144,2	61 **Pm** (147)	62 **Sm** 150,4	63 **Eu** 152,0	64 **Gd** 157,3	65 **Tb** 158,9	66 **Dy** 162,5	67 **Ho** 164,9	68 **Er** 167,3	69 **Tm** 168,9	70 **Yb** 173,0	71 **Lu** 175,0
90 **Th** 232,0	91 **Pa** (231)	92 **U** 238,0	93 **Np** (237)	94 **Pu** (242)	95 **Am** (243)	96 **Cm** (247)	97 **Bk** (247)	98 **Cf** (249)	99 **Es** (254)	100 **Fm** (253)	101 **Md** (256)	102 **No** (254)	103 **Lr** (257)

CHAPITRE 2

Les atomes, les molécules et les ions

Les points essentiels

L'élaboration de la théorie atomique
La recherche des plus petites entités de matière remonte à l'Antiquité. John Dalton est à l'origine de la version moderne de la théorie atomique. Il a postulé que les éléments sont constitués de particules extrêmement petites, appelées des atomes, et que tous les atomes d'un élément donné sont identiques mais différents des atomes de tous les autres éléments.

La structure de l'atome
Les recherches menées par les scientifiques aux XIXe et XXe siècles nous ont appris que les atomes sont constitués de trois sortes de particules élémentaires : les protons, les électrons et les neutrons. Le proton a une charge positive, l'électron a une charge négative et le neutron n'a pas de charge. Les protons et les neutrons se situent dans le noyau, une toute petite région située au centre de l'atome, et les électrons sont dispersés à une certaine distance tout autour du noyau.

La façon d'identifier les atomes
Le numéro atomique indique le nombre de protons dans un noyau ; les atomes de différents éléments ont des nombres atomiques différents. Les isotopes sont des atomes d'un même élément ayant différents nombres de neutrons. Le nombre de masse est la somme du nombre de protons et de neutrons d'un atome. Un atome étant électriquement neutre, le nombre de ses protons est égal au nombre de ses électrons.

Le tableau périodique
Dans le tableau périodique, les éléments sont classés de manière à former des groupes qui ont les mêmes propriétés chimiques et physiques. Le tableau périodique permet aussi de classer les éléments en trois grandes catégories (les métaux, les métalloïdes et les non-métaux) et d'établir des corrélations entre leurs propriétés. Le tableau périodique constitue à lui seul la plus utile de toutes les sources d'information en chimie.

De l'atome aux molécules et aux ions
La majorité des éléments peuvent réagir avec d'autres éléments. Ils forment ainsi des composés moléculaires ou des composés ioniques constitués d'ions positifs (les cations) et d'ions négatifs (les anions). Les formules chimiques indiquent le type et le nombre d'atomes présents dans une molécule ou un composé. La nomenclature est un ensemble de règles permettant de nommer les composés de manière systématique.

Pour certaines personnes, une visite chez le dentiste est une expérience traumatisante. À cette seule pensée, leurs mains deviennent moites et leur pouls s'accélère. Cependant, ces mêmes personnes ne craignent probablement pas une radiographie dentaire. Ce procédé indolore ne dure que quelques minutes : le technicien vous met une couverture de plomb, installe une pellicule dans votre bouche et place l'appareil ; puis il quitte la salle, appuie sur un bouton et un mince faisceau de rayons X traverse votre mâchoire. Votre bouche est alors exposée à des radiations durant environ une seconde et la radiographie permet au dentiste de poser son diagnostic. Votre corps, cependant, est protégé des radiations par la couverture de plomb.

Marie Curie dans son laboratoire.

Il y a un siècle, les dentistes n'utilisaient pas les radiographies : en fait, on connaissait très peu de choses sur les rayons X et les autres types de radiations à haute énergie. Parmi les scientifiques intéressés par ce domaine, il y avait une jeune étudiante au doctorat nommée Marie Sklodowska Curie. Pour sa thèse de doctorat, Marie Curie (aidée de Henri Becquerel, son maître de thèse à la Sorbonne, et de Pierre Curie, son mari) décida d'étudier le pechblende, un minerai d'oxyde d'uranium, qui émet des radiations semblables aux rayons X. En 1898, les Curie isolèrent un nouvel élément qu'ils nommèrent polonium, en l'honneur de la Pologne, le pays d'origine de Mme Curie. Quatre mois plus tard, ils découvrirent un autre élément radioactif, le radium.

Dans leur laboratoire de fortune installé dans un hangar, Marie et Pierre Curie utilisèrent des tonnes de pechblende pour obtenir seulement 0,1 g de chlorure de radium. Ils gardaient un échantillon de cette substance bleue fluorescente près de leur lit et ils aimaient visiter leur hangar la nuit pour regarder les éprouvettes qui brillaient comme des lampes magiques. Vu ses propriétés inhabituelles, le radium était l'élément le plus important à avoir été découvert depuis l'oxygène. La thèse de Marie Curie, basée sur l'étude du radium, fut acclamée par les scientifiques comme « la plus grande contribution jamais apportée à la science par un étudiant au doctorat ». Malgré le potentiel d'applications médicales du radium, les Curie ont refusé de faire breveter leur procédé d'extraction du radium à partir du pechblende car, pour eux, la recherche était une fin en soi et non une source de revenus.

Une photographie de 2,7 g de bromure de radium (RaBr$_2$) prise en 1922 avec, comme éclairage, les seuls rayons émis par la substance.

En 1903, les Curie partagèrent avec Becquerel (qui a découvert la radioactivité) le prix Nobel de physique ; la même année, Marie obtenait son doctorat. Dès ce moment, Marie Curie devint célèbre ; malgré tout, les réactions hostiles envers elle ne cessèrent pas, et elle fut l'objet de discrimination de la part de la communauté scientifique : sa demande d'admission à l'Académie des sciences fut refusée par une voix parce qu'elle était une femme !

Marie Curie fut la première femme à recevoir un prix Nobel, la première personne à en recevoir deux (elle obtint celui de chimie, en 1911), et la première personne à remporter un prix Nobel à avoir un enfant qui recevra un prix Nobel. En effet, sa fille, Irène, et son gendre, Frédéric Joliot, reçurent le prix Nobel de chimie en 1935, pour la découverte de la radioactivité artificielle. Malheureusement, Marie ne vécut pas assez longtemps pour en être témoin. Après des années passées à manipuler des matières radioactives sans protection, elle mourut de leucémie en 1934. Ses cahiers de laboratoire ont été conservés, mais ils ne peuvent être examinés parce qu'ils sont toujours dangereusement radioactifs. Aujourd'hui, grâce à Marie Curie, presque tous savent qu'il faut se protéger des radiations, que celles-ci proviennent des rayons X ou des déchets nucléaires.

2.1 LA THÉORIE ATOMIQUE

John Dalton (1766-1844)

Au Ve siècle av. J.-C., le philosophe grec Démocrite formula l'hypothèse que toute la matière était constituée de particules très petites et indivisibles, qu'il nomma *atomos* (c'est-à-dire insécable ou indivisible). Même si cette théorie ne rallia pas nombre de ses contemporains (notamment Platon et Aristote), elle survécut quand même. Les premières recherches scientifiques étayèrent par la suite la théorie atomiste et, graduellement, les définitions modernes des éléments et des composés se précisèrent. C'est en 1808 qu'un scientifique et professeur anglais, John Dalton, formula une définition précise de ces unités indivisibles, véritables blocs de construction de la matière, appelées atomes.

Les travaux de Dalton marquèrent le début de l'ère moderne de la chimie. Ses hypothèses portant sur la nature de la matière peuvent se résumer ainsi :

- Les éléments sont formés de particules extrêmement petites, appelées atomes. Tous les atomes d'un élément donné sont identiques entre eux ; ils ont les mêmes dimensions, la même masse et les mêmes propriétés chimiques. Les atomes d'un élément sont différents de ceux de tous les autres éléments.

- Les composés sont formés d'atomes de plus de un élément. Dans tout composé, le rapport entre les nombres d'atomes de deux éléments est soit un nombre entier soit une fraction simple.

- Une réaction chimique n'est que la séparation, la combinaison ou le réarrangement d'atomes ; elle n'entraîne ni la destruction ni la création d'atomes tout en formant des corps nouveaux.

La figure 2.1 est une représentation schématique des deux premières hypothèses.

Le concept d'atome développé par Dalton est beaucoup plus détaillé et précis que celui de Démocrite. Selon la première hypothèse de Dalton, les atomes d'un élément sont différents des atomes de tous les autres éléments. Toutefois, Dalton n'a pas tenté de décrire la structure ni la composition des atomes ; il n'avait en fait aucune idée de ce à quoi ils ressemblaient réellement. Il a tout de même compris que les propriétés distinctes de l'hydrogène et de l'oxygène devaient s'expliquer par le fait que les atomes d'hydrogène sont différents des atomes d'oxygène.

Sa deuxième hypothèse dit que, pour former un composé donné, il faut non seulement les atomes des éléments appropriés, mais aussi des nombres spécifiques de ces atomes. Cette idée constitue l'explication d'une loi pondérale publiée en 1799 par le chimiste français Joseph Proust. La ***loi des proportions définies*** de Proust dit que *les différents échantillons d'un même composé renferment toujours leurs éléments constitutifs dans des proportions de masses constantes* ; autrement dit, si l'on analyse des échantillons de dioxyde de carbone obtenus de sources différentes, on trouvera que le rapport entre les masses du carbone et de l'oxygène est constant. Alors, il va de soi que si le rapport entre les masses des différents éléments formant un composé donné est constant, le rapport entre les nombres d'atomes de ces éléments doit être également constant.

Figure 2.1 *a) Selon la théorie atomique de Dalton, les atomes d'un même élément sont identiques, et différents des atomes d'un autre élément. b) Composé formé d'atomes de l'élément X et de ceux de l'élément Y. Dans ce cas, le rapport entre les atomes de l'élément X et ceux de Y est de 2 : 1.*

Atomes de l'élément X

Atomes de l'élément Y

Composé formé des éléments X et Y

a)   b)

La deuxième hypothèse de Dalton explique aussi bien une autre loi fondamentale de la chimie qu'il avait lui-même découverte et qui est à l'origine de sa théorie atomique, la **loi des proportions multiples.** Selon cette loi, *si deux éléments peuvent se combiner pour former plus d'un composé, les rapports des masses du premier qui s'unissent à une masse constante de l'autre sont entre eux dans un rapport de nombres entiers simples*. La théorie de Dalton explique cette loi très simplement : les composés diffèrent parce que le nombre d'atomes de chaque sorte qui se combinent pour les former est différent. Par exemple, le carbone forme deux composés stables avec l'oxygène, le monoxyde de carbone et le dioxyde de carbone. Les techniques de mesure modernes ont démontré que un atome de carbone se combine à un atome d'oxygène pour former le monoxyde de carbone, tandis que un atome de carbone se combine à deux atomes d'oxygène pour former le dioxyde de carbone. Alors le rapport entre l'oxygène du monoxyde de carbone et celui du dioxyde de carbone est de $1 : 2$. Ce résultat est conforme à la loi des proportions multiples.

La troisième hypothèse de Dalton est en fait une autre façon d'exprimer la **loi de la conservation de la masse,** qui dit que *la matière ne se crée ni ne se perd*. Si une réaction chimique n'est qu'un réarrangement des atomes constitutifs des substances, la masse doit donc être conservée ; la somme des masses des produits est égale à la somme des masses des substances réagissantes. Cette brillante incursion de Dalton dans la nature même de la matière est à l'origine du progrès rapide de la chimie au XIXᵉ siècle.

2.2   LA STRUCTURE DE L'ATOME

Selon la théorie atomique de Dalton, l'**atome** est *la plus petite partie d'un élément qui peut se combiner chimiquement*. Dalton imagina un atome qui était extrêmement petit et indivisible. Cependant, une série d'études, qui ont commencé dans les années 1850 et qui se sont poursuivies au XXᵉ siècle, ont clairement montré que les atomes possèdent une structure interne, c'est-à-dire qu'ils sont faits de particules encore plus petites, appelées *particules subatomiques* (ou élémentaires). Ces recherches ont conduit à la découverte de trois de ces particules : les électrons, les protons et les neutrons.

L'électron

Dans les années 1890, bien des scientifiques étaient fascinés par l'étude de la **radiation,** *c'est-à-dire l'émission et la transmission d'énergie dans l'espace sous forme d'ondes*. Leurs recherches ont grandement contribué à améliorer la compréhension de la structure atomique. Pour étudier la radiation, ils utilisèrent le tube à rayons cathodiques, précurseur du tube du téléviseur (*figure 2.2*). Il s'agit d'un tube de verre dont l'air a été presque entièrement évacué et qui contient deux plaques de métal. Quand celles-ci sont branchées à une

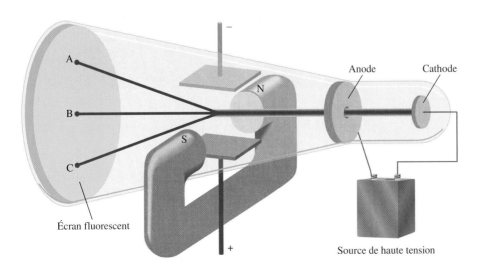

Figure 2.2 *Un tube à rayons cathodiques dans un champ électrique perpendiculaire aux rayons cathodiques et dans un champ magnétique extérieur. Les lettres N et S indiquent les pôles nord et sud de l'aimant. Les rayons cathodiques heurteront l'extrémité du tube en A en présence d'un champ magnétique ; en C en présence d'un champ électrique ; et en B en l'absence de champ ou quand l'effet des deux champs s'annule.*

A

B

C

Écran fluorescent

−

N

S

+

Anode

Cathode

Source de haute tension

source de haute tension, la plaque chargée négativement, appelée *cathode*, émet un rayon invisible. Ce rayon, appelé rayon cathodique, est attiré par la plaque chargée positivement, appelée *anode*, qu'il traverse par un trou avant de continuer son voyage jusqu'à l'autre extrémité du tube où, quand il heurte une surface enduite d'un produit spécial, il se produit alors une forte fluorescence, c'est-à-dire une lumière vive.

Dans certaines expériences, si l'on ajoute à l'*extérieur* du tube à rayons cathodiques des plaques chargées électriquement et un aimant (*figure 2.2*), en présence du champ magnétique, mais en l'absence du champ électrique, le rayon cathodique atteint le point A. Quand seul le champ électrique est présent, le rayon atteint le point C. Quand les deux champs, à savoir le champ magnétique et le champ électrique, sont absents ou présents (mais équilibrés de façon à s'annuler), le rayon heurte la surface de l'écran fluorescent au point B. Selon la théorie électromagnétique, un corps électriquement chargé en mouvement agit comme un aimant et peut réagir aux champs électriques ou magnétiques qu'il traverse. Étant donné que le rayon cathodique est attiré par la plaque positive et repoussé par la plaque négative, il doit être constitué de particules chargées négativement. On appelle **électrons** ces *particules chargées négativement*. La figure 2.3 montre l'effet d'un aimant sur un rayon cathodique.

Un physicien anglais, J. J. Thomson, utilisa un tube à rayons cathodiques, ainsi que ses connaissances sur la théorie électromagnétique, pour déterminer le rapport charge électrique/masse d'un électron. La valeur qu'il obtint est $-1,76 \times 10^8$ C/g, où C est le symbole de *coulomb*, l'unité de charge électrique. Plus tard, à la suite d'une série d'expériences effectuées entre 1908 et 1917, le physicien américain R. A. Millikan établit la charge d'un électron à $-1,60 \times 10^{-19}$ C. Il en déduisit la masse d'un électron :

$$\text{masse d'un électron} = \frac{\text{charge}}{\text{charge/masse}}$$

$$= \frac{-1,60 \times 10^{-19} \text{ C}}{-1,76 \times 10^8 \text{ C/g}}$$

$$= 9,09 \times 10^{-28} \text{ g}$$

ce qui est une masse excessivement petite.

J. J. Thomson
(1856-1940)

Figure 2.3
a) Rayonnement produit dans un tube cathodique. Le rayon lui-même est incolore ; la couleur verte est due à la fluorescence provoquée par l'impact du rayon sur l'écran recouvert de sulfure de zinc.
b) Le rayon cathodique dévie de sa trajectoire initiale en présence d'un aimant.

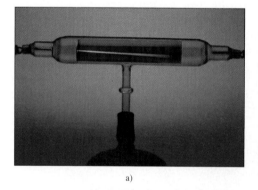
a)

b)

La radioactivité

En 1895, le physicien allemand Wilhelm Röntgen remarqua que les rayons cathodiques provoquaient, sur le verre et le métal, une émission de rayons très inhabituels. Ces radiations à haute énergie pénétraient la matière, impressionnaient les plaques photographiques voilées et rendaient certaines substances fluorescentes. Étant donné que ces rayons ne subissaient pas l'influence d'un aimant, ils ne pouvaient contenir des particules chargées négativement comme dans les rayons cathodiques. Röntgen les appela rayons X.

Peu de temps après la découverte de Röntgen, Antoine Becquerel, un professeur de physique à Paris, se mit à l'étude des propriétés fluorescentes des substances. Par pur accident, il découvrit que des plaques photographiques encore très bien enveloppées, exposées à un certain composé d'uranium, étaient impressionnées, même en l'absence de rayons cathodiques. Comme les rayons X, les rayons émis par le composé d'uranium étaient très énergétiques et n'étaient pas influencés par un aimant, mais ils se différenciaient des rayons X par le fait qu'ils étaient générés spontanément. Marie Curie, qui étudiait alors avec Becquerel, suggéra le terme **radioactivité** pour décrire l'*émission spontanée de particules et/ou de radiation*. Par conséquent, tout élément qui émet spontanément des radiations est dit *radioactif*.

D'autres recherches révélèrent par la suite l'existence de trois types de rayons produits par la *désintégration*, ou brisure, de substances radioactives tel l'uranium. Deux de ces trois types de rayons sont déviés par des plaques de métal de charges opposées (*figure 2.4*). Les **rayons alpha (α)** sont constitués de *particules chargées positivement*, appelées **particules α**; ils sont donc repoussés par la plaque chargée positivement. Les **rayons bêta (β), ou particules β,** sont des *électrons*; par conséquent, ils sont repoussés par la plaque chargée négativement. Le troisième type de radiation radioactive est constitué de *rayons à haute énergie* appelés **rayons gamma (γ)**; comme les rayons X, ces derniers n'ont pas de charge; ils ne sont donc influencés ni par un champ électrique ni par un champ magnétique extérieur.

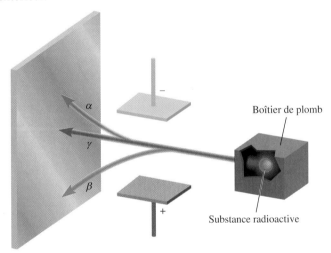

Figure 2.4 *Trois types de rayons émis par des éléments radioactifs. Les rayons β sont constitués de particules de charge négative (les électrons): ils sont donc attirés par la plaque chargée positivement. L'opposé est vrai pour les rayons α qui sont des particules de charge positive, donc attirées par la plaque négative. Étant donné que les rayons γ sont constitués de particules sans charge, leur trajectoire n'est pas modifiée par un champ électrique extérieur.*

Le proton et le noyau

Au début du XXe siècle, deux caractéristiques des atomes ont donc été établies: ils contiennent des électrons et ils sont électriquement neutres. Or, puisqu'il est électriquement neutre, l'atome doit donc contenir un nombre égal de charges positives et négatives. Thomson suggéra l'explication suivante: un atome est une sphère de matière uniforme et positive, dans laquelle sont dispersés les électrons (*figure 2.5*). Ce modèle, dit plum-pudding, a été la théorie acceptée pendant de nombreuses années.

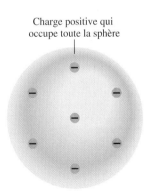

Figure 2.5 *Le modèle atomique de Thomson, appelé modèle plum-pudding par analogie au dessert traditionnel anglais qui contient des raisins. Les électrons sont dispersés dans une sphère uniforme de charge positive.*

Ernest Rutherford
(1871-1937)

En 1910, Ernest Rutherford, un physicien néo-zélandais qui avait auparavant étudié avec Thomson à l'université de Cambridge, décida de sonder la structure de l'atome à l'aide de particules α. Aidé de son associé Hans Geiger et d'un étudiant, Ernest Marsden, Rutherford effectua une série d'expériences qui consistaient à bombarder de très minces feuilles d'or et d'autres métaux avec des particules α venant d'une source radioactive (*figure 2.6*). Rutherford et ses collègues remarquèrent que la plupart des particules traversaient la feuille sans être détournées de leur trajectoire, sinon légèrement. Cependant, certaines particules étaient fortement déviées, certaines même au point de retourner là d'où elles venaient ! Ce dernier phénomène était le plus surprenant, car, selon le modèle de Thomson, les charges positives de l'atome étaient si dispersées que l'on s'attendait à voir les particules α (positives) les traverser sans que leur trajectoire soit grandement modifiée. En prenant connaissance de ces résultats, Rutherford affirma : « C'est aussi incroyable que de tirer un obus de 35 cm sur une feuille de papier et de le voir rebondir vers soi. »

Pour expliquer pourquoi les particules α avaient eu ce comportement, Rutherford imagina une nouvelle structure atomique : l'atome serait en grande partie constitué de vide. Cette structure permettrait à la plupart des particules α de traverser la feuille d'or en n'étant que peu ou pas déviées. Pour ce qui est des charges positives de l'atome, selon Rutherford, elles seraient concentrées dans un **noyau,** un *corps dense situé au centre de l'atome.* Dans l'expérience de Rutherford, chaque fois qu'une particule α passait près d'un noyau, elle subissait une force répulsive importante qui la faisait grandement dévier de sa trajectoire. Si une particule α arrivait directement sur un noyau, elle subissait une énorme répulsion qui pouvait renverser complètement sa direction.

Ces *particules de charge positive situées dans le noyau* se nomment **protons**. Au cours d'expériences subséquentes, on découvrit que la charge d'un proton est *égale*, mais de *signe contraire*, à la charge d'un électron et que sa masse est de $1,672\ 52 \times 10^{-24}$ g, soit environ 1840 fois celle d'un électron.

À la suite de ces expériences, les scientifiques ont perçu l'atome de la façon suivante : la masse du noyau représente presque toute la masse de l'atome, bien que son volume n'en représente que le $1/10^{13}$. Les dimensions atomiques (et moléculaires) s'expriment en *picomètres* (pm), unité SI :

$$1\ \text{pm} = 1 \times 10^{-12}\ \text{m}$$

Le rayon moyen d'un atome mesure environ 100 pm, et celui du noyau ne mesure qu'environ 5×10^{-3} pm. Pour mieux saisir le rapport entre la taille d'un atome et celle de son noyau, imaginez que, si un atome était de la taille du stade olympique de Montréal, son noyau aurait un volume comparable à celui d'une petite bille. Les protons sont confinés dans le noyau ; les électrons, eux, circulent autour du noyau à une distance relativement grande de celui-ci.

Figure 2.6 *a) Schéma de l'expérience que fit Rutherford pour déterminer la dispersion des particules α par une feuille d'or. La plupart des particules α traversent la feuille d'or en ne déviant que peu ou pas de leur trajectoire. Quelques-unes sont fortement déviées. Parfois une particule est réfléchie.*
b) Vue agrandie des particules α passant à travers l'or et déviées par les noyaux.

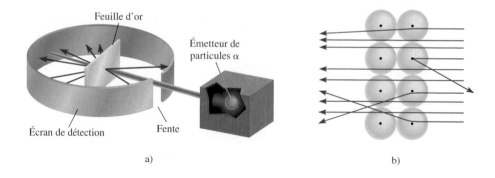

TABLEAU 2.1   MASSE ET CHARGE DES PARTICULES SUBATOMIQUES

Particule	Masse (g)	Charge	
		Coulomb	Unité de charge
Électron*	$9,1095 \times 10^{-28}$	$-1,6022 \times 10^{-19}$	-1
Proton	$1,672\,52 \times 10^{-24}$	$+1,6022 \times 10^{-19}$	$+1$
Neutron	$1,674\,95 \times 10^{-24}$	0	0

* Des mesures plus précises ont permis d'obtenir, pour la masse de l'électron, une valeur plus exacte que celle mesurée par Millikan.

Le neutron

Le modèle atomique de Rutherford comportait cependant un problème important : on savait que l'hydrogène, l'atome le plus simple, ne contenait qu'un proton, et que l'atome d'hélium en contenait deux ; on pouvait alors s'attendre à ce que le rapport entre la masse d'un atome d'hélium et celle d'un atome d'hydrogène soit de 2 : 1 (à cause de leur faible masse, on peut négliger les électrons), mais on savait que ce rapport était de 4 : 1.

Rutherford et d'autres suggérèrent qu'il devait y avoir un autre type de particule subatomique dans le noyau, ce qui fut prouvé par un autre physicien anglais, James Chadwick, en 1932. Quand Chadwick bombarda une mince feuille de béryllium de particules α, le métal émit une radiation à très haute énergie semblable aux rayons γ. Les expériences ultérieures révélèrent que ces rayons étaient en fait formés de *particules électriquement neutres ayant une masse légèrement supérieure à celle des protons.* Chadwick nomma ces particules **neutrons.**

Le mystère du rapport des masses pouvait maintenant s'expliquer. Dans le noyau d'un atome d'hélium, il y a deux protons et deux neutrons, tandis que, dans celui d'un atome d'hydrogène, il n'y a qu'un proton et aucun neutron, d'où le rapport de 4 : 1.

Il existe d'autres particules subatomiques, mais l'électron, le proton et le neutron sont les trois particules fondamentales (ou élémentaires) de l'atome qui sont importantes en chimie. Le tableau 2.1 présente les masses et les charges de ces particules élémentaires.

2.3 LE NUMÉRO ATOMIQUE, LE NOMBRE DE MASSE ET LES ISOTOPES

Tous les atomes peuvent être identifiés au moyen du nombre de protons et de neutrons qu'ils contiennent. Le *nombre de protons contenus dans le noyau de chaque atome d'un élément* s'appelle **numéro atomique (Z)**. Dans un atome électriquement neutre, le nombre de protons est égal au nombre d'électrons ; le numéro atomique indique donc également le nombre d'électrons de l'atome. La nature d'un élément chimique peut être déterminée par son seul numéro atomique. Par exemple, le numéro atomique de l'azote est 7, ce qui signifie que chaque atome d'azote neutre possède sept protons et sept électrons. Autrement dit, chaque atome de l'Univers qui possède sept protons s'appelle azote.

Le **nombre de masse (A)** est le *nombre total de neutrons et de protons présents dans le noyau d'un atome.* Tous les noyaux atomiques, sauf celui de la forme la plus courante d'hydrogène (un proton et aucun neutron), contiennent des protons et des neutrons. En général, le nombre de masse est donné par

nombre de masse = nombre de protons + nombre de neutrons

= numéro atomique + nombre de neutrons

Le nombre de neutrons contenus dans un atome est égal à la différence entre le nombre de masse et le numéro atomique, soit $A - Z$. Par exemple, le nombre de masse du fluor est 19 et son numéro atomique est 9 (son noyau contient neuf protons). Donc, le nombre de neutrons contenus dans un atome de fluor est $19 - 9 = 10$. Notez que ces trois nombres (numéro atomique, nombre de neutrons et nombre de masse) doivent être des entiers.

Dans la plupart des cas, les atomes d'un élément donné n'ont pas tous la même masse. On appelle *isotopes* les *atomes qui ont le même numéro atomique, mais des nombres de masse différents*. Par exemple, il existe trois isotopes de l'hydrogène : celui qui, simplement appelé hydrogène, a un proton et aucun neutron ; le deutérium, qui possède un proton et un neutron ; et le tritium, qui a un proton et deux neutrons. Voici la façon correcte d'exprimer le numéro atomique et le nombre de masse d'un élément X :

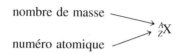

$$\text{nombre de masse} \longrightarrow {}^{A}_{Z}X \longleftarrow \text{numéro atomique}$$

Ainsi, pour les isotopes de l'hydrogène, on écrira

$$\underset{\text{hydrogène}}{{}^{1}_{1}H} \qquad \underset{\text{deutérium}}{{}^{2}_{1}H} \qquad \underset{\text{tritium}}{{}^{3}_{1}H}$$

Autre exemple : on représente ainsi les deux isotopes courants de l'uranium ayant respectivement des nombres de masse de 235 et de 238 :

$$^{235}_{92}U, \qquad ^{238}_{92}U$$

Le premier de ces isotopes est utilisé dans les réacteurs nucléaires et les bombes atomiques. Sauf pour l'hydrogène, les isotopes des éléments sont identifiés par leur nombre de masse. Les deux isotopes nommés ci-dessus sont généralement appelés uranium 235 et uranium 238.

Les propriétés chimiques d'un élément sont déterminées principalement par les protons et les électrons contenus dans ses atomes ; les neutrons ne participent pas aux réactions chimiques dans des conditions normales. C'est pourquoi les isotopes d'un même élément ont des propriétés chimiques identiques : ils forment les mêmes types de composés et réagissent de la même façon.

Problèmes semblables :
2.13 et 2.14

EXEMPLE 2.1   Le calcul du nombre de protons, de neutrons et d'électrons

Donnez le nombre de protons, de neutrons et d'électrons présents dans chacun des éléments suivants : a) ${}^{17}_{8}O$, b) ${}^{199}_{80}Hg$, c) ${}^{200}_{80}Hg$.

Réponses : a) Le numéro atomique étant 8, il y a donc 8 protons. Le nombre de masse est 17 : le nombre de neutrons est donc $17 - 8 = 9$. Le nombre d'électrons est le même que celui des protons, c'est-à-dire 8.
b) Le numéro atomique est 80 : il y a donc 80 protons. Le nombre de masse étant 199, le nombre de neutrons est donc $199 - 80 = 119$. Le nombre d'électrons est aussi 80.
c) Ici, le nombre de protons est le même qu'en b), c'est-à-dire 80. Le nombre de neutrons est $200 - 80 = 120$. Le nombre d'électrons est également le même qu'en b), 80. Les éléments donnés en b) et en c) sont deux isotopes du mercure qui sont chimiquement identiques.

EXERCICE

Combien y a-t-il de protons, de neutrons et d'électrons dans l'isotope du cuivre suivant : ${}^{63}_{29}Cu$?

2.4 LE TABLEAU PÉRIODIQUE

Plus de la moitié des éléments connus aujourd'hui ont été découverts entre 1800 et 1900. Durant cette période, les chimistes remarquèrent que de nombreux éléments présentaient de grandes similitudes entre eux. La découverte d'une périodicité dans les propriétés physiques et chimiques des éléments, ainsi que le besoin d'ordonner la multitude de renseignements sur la structure et les propriétés des éléments, ont mené à la création du **tableau périodique,** un *tableau dans lequel sont regroupés les éléments ayant des propriétés chimiques et physiques similaires.* La figure 2.7 montre une version moderne du tableau périodique, dans lequel les éléments sont disposés selon leur numéro atomique (au-dessus du symbole) en rangées horizontales, appelées **périodes,** et en *colonnes,* appelées **groupes** ou **familles,** selon la similitude de leurs propriétés chimiques.

On peut classer les éléments en trois catégories : les métaux, les non-métaux et les métalloïdes. Un **métal** est un *bon conducteur d'électricité et de chaleur,* tandis qu'un **non-métal** en est un *mauvais conducteur* ; un **métalloïde** *possède des propriétés intermédiaires entre celles d'un métal et celles d'un non-métal.* La figure 2.7 montre que la majorité des éléments connus sont des métaux ; seulement 17 éléments sont des non-métaux et 8 des métalloïdes. De gauche à droite, les propriétés physiques et chimiques des éléments passent graduellement de celles qui sont caractéristiques des métaux à celles des non-métaux, et ce, quelle que soit la période. Le tableau périodique s'avère un outil précieux puisqu'il met de façon systématique en corrélation les propriétés des éléments et qu'il aide à prédire leur comportement chimique. Nous examinerons de plus près cette clef de voûte de la chimie au chapitre 6.

Les éléments sont souvent connus collectivement par le numéro de leur groupe (groupe 1A, groupe 2A, etc.). Cependant, pour plus de commodité, certains groupes d'éléments ont reçu des noms spéciaux. Les *éléments du groupe 1A (Li, Na, K, Rb, Cs et Fr)* sont appelés les « **métaux alcalins** » ; ceux du *groupe 2A (Be, Mg, Ca, Sr, Ba et Ra)* les « **métaux alcalino-terreux** ». Les éléments du *groupe 7A (F, Cl, Br, I et At)* sont appelés les « **halogènes** » ; ceux du *groupe 8A (He, Ne, Ar, Kr, Xe et Rn)* les « **gaz rares** » (**ou inertes**). Les noms des autres groupes seront présentés plus loin.

Figure 2.7 *Version moderne du tableau périodique. Sauf pour l'hydrogène (H), les non-métaux se trouvent à la droite du tableau. Les éléments sont disposés selon leur numéro atomique qui apparaît au-dessus de chaque symbole. Les deux rangées de métaux séparées de l'ensemble des éléments le sont par convention, pour éviter d'allonger le tableau. En réalité, le cérium (Ce) devrait se retrouver à droite du lanthane (La) ; le thorium (Th), à droite de l'actinium (Ac). La désignation des groupes d'éléments par les chiffres 1 à 18 a été recommandée par l'Union internationale de chimie pure et appliquée (UICPA), mais elle est encore peu généralisée. Dans ce manuel, nous utilisons la convention américaine qui attribue les chiffres 1A-8A et 1B-8B à ces mêmes groupes.*

2.5 LES MOLÉCULES ET LES IONS

De tous les éléments, seuls les six gaz rares qui forment le groupe 8A (He, Ne, Ar, Kr, Xe et Rn) existent dans la nature sous forme monoatomique. La plupart des substances sont plutôt constituées de molécules ou d'ions formés d'atomes.

Les molécules

Micrographie électronique de molécules de benzène C_6H_6. On voit nettement la structure des molécules de benzène en forme d'anneaux. Dalton aurait-il pu imaginer qu'un jour on pourrait voir des molécules?

Une **molécule** est un *assemblage d'au moins deux atomes maintenus ensemble, dans un arrangement déterminé, par des forces chimiques.* Ces atomes peuvent être d'une même espèce d'élément ou encore de deux ou de plusieurs espèces d'éléments, dans un rapport constant, en accord avec la loi des proportions définies mentionnée à la section 2.1. Par conséquent, une molécule n'est pas nécessairement un composé, puisque ce dernier est, par définition, constitué d'au moins deux espèces d'éléments (*voir section 1.3*). L'hydrogène gazeux, par exemple, est un élément (corps simple) qui existe à l'état moléculaire: il est constitué de molécules formées de deux atomes H. La molécule d'eau, par contre, est un composé puisqu'elle contient de l'hydrogène et de l'oxygène dans un rapport de deux H et de un O. Comme les atomes, les molécules sont électriquement neutres.

La molécule d'hydrogène, dont le symbole est H_2, est une **molécule diatomique** parce qu'*elle ne contient que deux atomes.* Les autres éléments qui existent normalement sous forme diatomique sont l'azote (N_2) et l'oxygène (O_2), ainsi que les éléments du groupe 7A: le fluor (F_2), le chlore (Cl_2), le brome (Br_2) et l'iode (I_2). Bien sûr, une molécule diatomique peut également être formée d'atomes d'éléments différents; le chlorure d'hydrogène (HCl) et le monoxyde de carbone (CO) en sont des exemples (ce sont des composés).

La très grande majorité des molécules sont formées de plus de deux atomes soit d'un même élément, comme l'ozone (O_3), qui est formé de trois atomes d'oxygène, soit de deux ou de plusieurs éléments différents. Les *molécules formées de plus de deux atomes* sont dites **molécules polyatomiques.** Comme celles de l'ozone, les molécules d'eau (H_2O) et d'ammoniac (NH_3) sont polyatomiques. La figure 2.8 illustre quelques molécules diatomiques et polyatomiques courantes.

Figure 2.8 *Molécules diatomiques et polyatomiques courantes.*

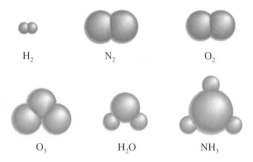

H_2 N_2 O_2

O_3 H_2O NH_3

Les ions

On appelle **ion** un *atome ou un groupe d'atomes qui a gagné ou perdu des électrons à la suite d'une réaction chimique.* Le nombre de protons (les particules de charge positive) reste constant dans le noyau durant une transformation chimique normale (appelée réaction chimique), mais il peut y avoir gains ou pertes d'électrons. Un atome neutre qui perd un ou plusieurs électrons devient un *ion de charge positive*, ou **cation.** Par exemple, un atome de sodium (Na) peut facilement perdre un électron et devenir un cation sodium, représenté par Na^+:

atome Na	ion Na$^+$
11 protons	11 protons
11 électrons	10 électrons

D'autre part, un *ion dont la charge est négative* à cause de l'augmentation du nombre de ses électrons est appelé **anion.** Par exemple, un atome de chlore (Cl) peut gagner un électron et devenir un ion chlorure Cl$^-$:

atome Cl	ion Cl$^-$
17 protons	17 protons
17 électrons	18 électrons

Le chlorure de sodium (NaCl), communément appelé sel de table, est un **composé ionique,** c'est-à-dire *un composé de cations et d'anions.*

Un atome peut perdre ou gagner plus de un électron (par exemple, Mg^{2+}, Fe^{3+}, S^{2-} et N^{3-}). Ces ions, comme les ions Na$^+$ et Cl$^-$, sont dits **ions monoatomiques,** car *ils ne contiennent qu'un atome.* La figure 2.9 présente les charges de quelques ions mono-atomiques courants. À quelques exceptions près, les métaux forment des cations, et les non-métaux forment des anions.

De plus, certains ions résultent d'un agencement d'atomes, dont la charge nette est positive ou négative ; par exemple OH$^-$ (ion hydroxyde), CN$^-$ (ion cyanure) et NH$_4^+$ (ion ammonium). De tels ions, parce qu'ils *contiennent plus d'un atome,* sont dits **ions polyatomiques.**

2.6 LES FORMULES CHIMIQUES

Les chimistes utilisent des ***formules chimiques*** pour exprimer la *composition des molécules et des composés ioniques à l'aide de symboles chimiques.* Par composition, on entend non seulement les éléments présents, mais aussi le rapport dans lequel leurs atomes sont combinés. Il existe deux types de formules : les formules moléculaires et les formules empiriques (ou brutes).

Figure 2.9 *Les ions monoatomiques courants occupant leurs positions dans le tableau périodique. Il convient de remarquer que l'ion Hg$_2^{2+}$ est constitué de deux atomes.*

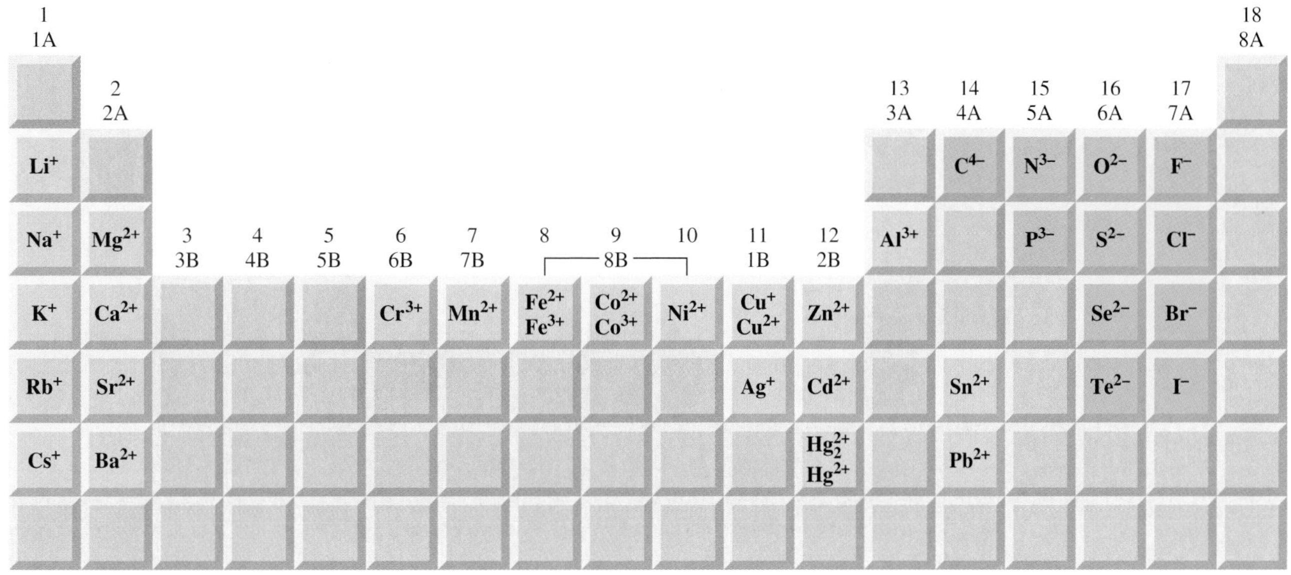

Les formules moléculaires

Une ***formule moléculaire*** *indique le nombre exact d'atomes de chaque élément contenu dans la plus petite unité d'une substance.* Précédemment, quand nous avons parlé des molécules, les exemples étaient accompagnés de formules moléculaires. Ainsi H_2 est la formule moléculaire de l'hydrogène; O_2, celle de l'oxygène; O_3, celle de l'ozone; et H_2O, celle de l'eau. Dans chacune de ces formules, le chiffre en indice indique le nombre d'atomes de l'élément en question. Il n'y a pas de chiffre en indice pour O dans H_2O parce qu'une molécule d'eau ne contient qu'un seul atome d'oxygène (le chiffre 1 est toujours omis et sous-entendu). Notez que l'oxygène (O_2) et l'ozone (O_3) sont deux formes de l'élément oxygène. Il arrive qu'un élément se présente sous *différentes formes*; ces dernières sont alors dites allotropiques. Ainsi les propriétés chimiques et physiques des deux **allotropes** du carbone (le diamant et le graphite) sont radicalement différentes, ce que reflète d'ailleurs leur prix.

Les modèles moléculaires

Les molécules sont trop petites pour être observées directement, mais on peut les visualiser à l'aide de modèles moléculaires. On utilise couramment deux sortes de modèles moléculaires: le modèle *boules et bâtonnets* et le modèle *compact* (*figure 2.10*). Dans le cas du modèle du type boules et bâtonnets, les atomes sont des sphères en bois ou en plastique dans lesquelles on a percé des trous. Des bâtonnets ou des ressorts sont utilisés pour joindre les sphères afin de représenter les liaisons chimiques. Les angles formés entre les sphères correspondent approximativement aux angles de liaison entre les atomes des molécules. À l'exception de l'atome d'hydrogène H toutes les boules sont de la même grosseur et chaque espèce d'atome est représentée par une couleur différente.

Figure 2.10 *Les formules moléculaires, les formules structurales et les modèles moléculaires de quatre molécules courantes.*

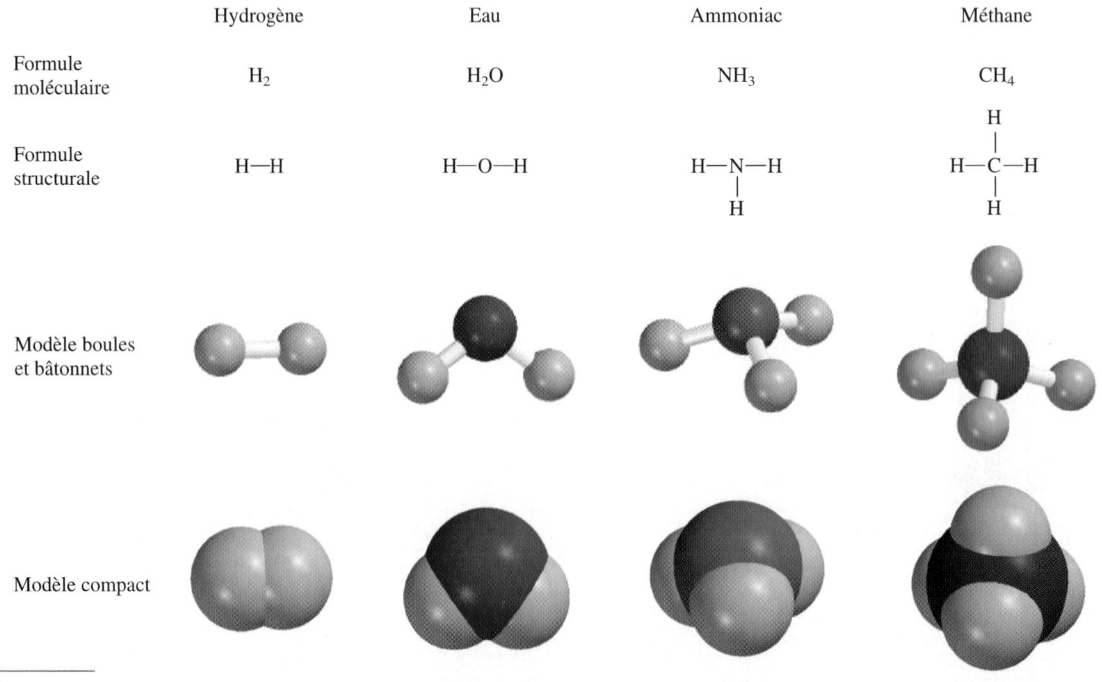

	Hydrogène	Eau	Ammoniac	Méthane
Formule moléculaire	H_2	H_2O	NH_3	CH_4
Formule structurale	H—H	H—O—H	H—N—H $\;\;\;\;\;$	H	H—C—H	H

NOTE
Le code de couleur des atomes est indiqué à la fin du manuel.

Dans le modèle compact, les atomes sont représentés par des sphères tronçonnées de manière à former autant de surfaces servant de liaisons avec d'autres atomes. Les atomes sont retenus ensemble par des boutons-pression, et les liaisons ne sont pas apparentes. Les sphères ont des grosseurs proportionnelles aux différents atomes représentés. La première étape de la construction d'un modèle moléculaire consiste à écrire sa *formule structurale*, qui *indique comment les atomes sont reliés les uns aux autres dans une molécule.* Par exemple, si on sait que dans la molécule d'eau deux atomes d'hydrogène H sont reliés à un atome d'oxygène O, la formule structurale est donc H–O–H. Chaque trait entre les atomes représente une liaison chimique.

Les modèles boules et bâtonnets ont l'avantage de montrer clairement l'arrangement des atomes et ils sont faciles à construire. Par contre, la grosseur des boules n'est pas proportionnelle aux atomes représentés, et les distances entre les boules sont grandement exagérées si on les compare aux distances réelles entre les atomes liés dans les molécules, d'où le surnom de modèles éclatés. Les modèles compacts sont plus réalistes parce qu'ils tiennent compte des grosseurs relatives des atomes et respectent davantage les distances entre les atomes liés. Par contre, ils sont plus difficiles à construire et, une fois construits, on voit plus difficilement quel atome est lié à tel autre. Par ailleurs, il existe de nombreux logiciels de modélisation de molécules par ordinateur, qui facilitent la construction de modèles de molécules complexes. Ces derniers peuvent ensuite être manipulés et observés sous tous leurs angles. On peut même concevoir de nouvelles molécules dans le but de mettre au point de nouveaux médicaments.

EXEMPLE 2.2 La formule moléculaire

Écrivez la formule moléculaire du méthanol, un solvant organique et un antigel, à partir du modèle boules et bâtonnets illustré à droite.

Réponse : En utilisant le code de couleurs à la fin du manuel pour identifier les atomes, on note un atome de carbone C, quatre atomes d'hydrogène H et un atome d'oxygène O. La formule moléculaire est donc CH_4O. Cependant, la manière habituelle d'écrire la formule du méthanol est CH_3OH, ce qui permet de mieux voir comment les atomes sont rattachés dans la molécule.

EXERCICE

Écrivez la formule moléculaire du chloroforme, utilisé comme solvant et agent de nettoyage, à partir du modèle moléculaire illustré à droite.

Méthanol

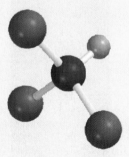

Chloroforme

LA CHIMIE EN ACTION

L'ALLOTROPIE

L'*allotropie*, c'est-à-dire le fait que certains éléments puissent exister sous plus d'une forme stable, est un phénomène chimique intéressant. Quand un élément apparaît sous deux ou plusieurs formes, ces dernières se nomment *allotropiques* et les éléments se nomment des *allotropes*. Les allotropes d'un élément sont différents parce que leurs atomes sont liés différemment et, par conséquent, ils ont des propriétés physiques et chimiques différentes. Les éléments courants qui ont des formes allotropiques sont les suivants : le carbone, l'oxygène, le soufre, le phosphore et l'étain. Voyons une brève description des formes allotropiques du carbone et de l'oxygène.

Le carbone

La figure 2.11 montre les deux formes allotropiques les plus courantes du carbone, le graphite et le diamant. Si on compare des échantillons de graphite et de diamant, on peut difficilement croire que ces substances sont toutes les deux constituées des mêmes atomes de carbone. Les différences d'apparence et de propriétés s'expliquent uniquement par la façon dont les atomes de carbone sont liés entre eux. Le graphite est un solide noir foncé, qui a l'éclat d'un métal. Il est un bon conducteur d'électricité, utilisé comme électrode (pour les connexions électriques) dans les piles. La mine des crayons est un mélange de graphite et d'argile. Le graphite est aussi utilisé comme produit d'entretien pour les poêles, comme lubrifiant et dans les rubans de machines à écrire et d'imprimantes.

Dans la nature, le diamant se forme lorsque le graphite présent dans la terre est soumis durant des millions d'années à une énorme pression. Sous sa forme pure, le diamant est un solide transparent. Il est la moins stable des

deux formes allotropiques du carbone ; avec le temps le diamant redevient du graphite. Heureusement pour les joailliers, ce processus prend des millions d'années. Le diamant, la plus dure des substances naturelles connues, est utilisé dans l'industrie comme abrasif et comme outil pour couper le béton et d'autres substances dures.

L'oxygène

L'oxygène moléculaire est une molécule diatomique, tandis que l'ozone (une forme allotropique moins stable de l'oxygène) est triatomique (*figure 2.12*). L'oxygène moléculaire, un gaz incolore et inodore, est essentiel à la vie. Le métabolisme, c'est-à-dire le processus par lequel l'énergie est extraite des aliments pour servir à la croissance et aux différentes fonctions de l'organisme, ne peut se faire sans oxygène. La combustion nécessite également de l'oxygène. Ce gaz occupe environ 20 % du volume de l'air. On l'utilise en sidérurgie et en médecine.

On peut fabriquer de l'ozone en soumettant l'oxygène moléculaire à une décharge électrique. En fait, l'odeur piquante de l'ozone est souvent perçue près d'une voiture de métro (où de fréquentes décharges électriques se produisent) et dans l'air après un violent orage électrique. L'ozone est un gaz toxique bleuté. Il sert à purifier l'eau potable, à désodoriser l'air et les gaz des sites d'enfouissement, ainsi qu'à blanchir les cires, les huiles et les textiles. Bien qu'il ne soit présent dans l'atmosphère qu'à l'état de traces, l'ozone joue un rôle important dans deux processus qui nous touchent de près. À proximité de la surface de la terre, l'ozone favorise la formation de *smog*, un brouillard dangereux pour les êtres vivants. Il est aussi présent dans la stratosphère, la couche de l'atmosphère située à environ 40 km de la surface de la terre. De plus, l'ozone absorbe une grande partie des dangereuses radiations à haute énergie provenant du soleil et il protège ainsi la vie sur la planète.

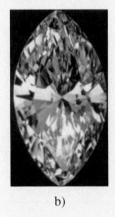

a)   b)

Figure 2.11 *Les deux formes allotropiques du carbone : a) le graphite et b) le diamant.*

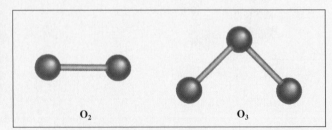

O_2 O_3

Figure 2.12 *Une molécule d'oxygène et une molécule d'ozone.*

Les formules empiriques (ou brutes)

Les formules empiriques en général

La formule moléculaire du peroxyde d'hydrogène, une substance utilisée comme antiseptique et comme agent de décoloration pour les tissus et les cheveux, est H_2O_2. Cette formule indique que chaque molécule de peroxyde d'hydrogène contient deux atomes d'hydrogène et deux atomes d'oxygène. Le rapport entre les atomes d'hydrogène et les atomes d'oxygène y est donc de 2 : 2, ou de 1 : 1. La formule empirique du peroxyde d'hydrogène est par conséquent HO. Une ***formule empirique*** *indique dans quel rapport de nombres entiers se trouvent les éléments présents dans une molécule*; mais elle n'indique pas nécessairement le nombre réel d'atomes qui constituent la molécule. Par exemple, l'hydrazine (N_2H_4), utilisée comme carburant pour les fusées, a pour formule empirique NH_2. Même si le rapport entre l'azote et l'hydrogène est de 1 : 2 dans la formule moléculaire (N_2H_4) et dans la formule empirique (NH_2), seule la formule moléculaire indique le nombre réel d'atomes N (deux) et d'atomes H (quatre) contenus dans une molécule d'hydrazine.

Les formules empiriques sont donc les formules chimiques *les plus simples*; elles sont toujours écrites de sorte que les chiffres en indice soient les plus petits nombres entiers possibles. Les formules moléculaires, elles, sont les vraies formules des molécules. Comme nous le verrons au chapitre 3, quand les chimistes analysent un composé inconnu, la première étape consiste habituellement à déterminer sa formule empirique.

Cependant, pour beaucoup de molécules, la formule moléculaire et la formule empirique sont les mêmes: l'eau (H_2O), l'ammoniac (NH_3), le dioxyde de carbone (CO_2) et le méthane (CH_4) en sont des exemples.

NOTE

Le mot «empirique» signifie «provient de l'expérience». Comme nous le verrons au chapitre 3, les formules empiriques sont déterminées expérimentalement.

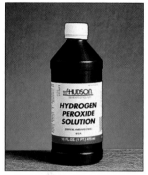

Une bouteille de peroxyde d'hydrogène vendue en pharmacie. La bouteille est brune, car l'opacité du contenant ralentit la décomposition du peroxyde par la lumière.

EXEMPLE 2.3   La relation entre les formules empiriques et les formules moléculaires

Écrivez la formule empirique de chacune des molécules suivantes: a) l'acétylène (C_2H_2), un gaz utilisé en soudure; b) le glucose ($C_6H_{12}O_6$), le principal sucre sanguin; et c) l'oxyde de diazote (N_2O), un gaz utilisé comme anesthésiant («gaz hilarant») et comme agent propulsif dans la crème fouettée en aérosol.

Réponse: a) Dans une molécule d'acétylène, il y a deux atomes de carbone et deux atomes d'hydrogène. En divisant les chiffres en indice par 2, nous obtenons la formule empirique CH.
b) Dans une molécule de glucose, il y a 6 atomes de carbone, 12 atomes d'hydrogène et 6 atomes d'oxygène. En divisant les chiffres en indice par 6, nous obtenons la formule empirique CH_2O. Notez que si nous avions divisé ces chiffres par 3, nous aurions obtenu la formule $C_2H_4O_2$. Bien que le rapport entre les atomes de carbone, d'hydrogène et d'oxygène dans $C_2H_4O_2$ soit le même que dans $C_6H_{12}O_6$ (1 : 2 : 1), $C_2H_4O_2$ n'est pas la formule empirique puisque les chiffres ne correspondent pas au rapport des plus petits nombres entiers possibles.
c) Étant donné que les chiffres en indice dans N_2O sont déjà les plus petits nombres entiers possibles, la formule empirique de l'oxyde de diazote et sa formule moléculaire sont identiques.

EXERCICE

Donnez la formule empirique de la caféine ($C_8H_{10}N_4O_2$), une substance présente dans le thé et le café.

Problèmes semblables:
2.63 et 2.64

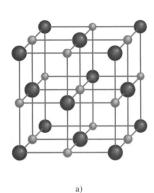
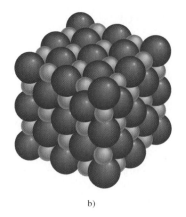

a)   b)   c)

Figure 2.13

a) La structure du NaCl solide.
b) En réalité, les cations sont en contact avec les anions. Dans a) et b), les petites sphères représentent les ions Na⁺ et les grosses les ions Cl⁻.
c) Des cristaux de NaCl.

Les formules empiriques des composés ioniques

Les formules des composés ioniques correspondent toujours à des formules empiriques, parce que les composés ioniques ne sont pas constitués d'unités moléculaires distinctes. Par exemple, un échantillon solide de chlorure de sodium ($NaCl$) est constitué d'un nombre égal d'ions Na^+ et Cl^- formant un réseau tridimensionnel (*figure 2.13*). Dans ce type de composés, le rapport entre les anions et les cations est $1:1$; ces composés sont donc électriquement neutres. Comme le montre la figure 2.13, dans NaCl, aucun ion Na^+ n'est associé à un seul ion Cl^-. En fait, chacun d'eux est également attiré et maintenu par les six ions Cl^- qui l'entourent, et chaque ion Cl^- est attiré et maintenu par les six ions Na^+ qui l'entourent. Ainsi, NaCl est la formule empirique du chlorure de sodium. Dans d'autres composés ioniques, le réseau cristallin peut être différent, mais la disposition des anions et des cations est telle que tous ces composés sont électriquement neutres. Notez que les charges des anions et des cations ne sont pas indiquées dans la formule d'un composé ionique.

Puisqu'un composé ionique est électriquement neutre, sa formule doit correspondre à une somme algébrique des charges des cations et des anions égale à zéro. Si les valeurs des charges des anions et des cations sont différentes, il faut appliquer la règle suivante pour obtenir une formule correcte: *l'indice du cation est numériquement égal à la charge de l'anion, et l'indice de l'anion est numériquement égal à la charge du cation.* Si les charges ont la même valeur numérique, l'utilisation d'indices n'est pas nécessaire. Cette règle découle du fait que, la formule d'un composé ionique étant sa formule empirique, les indices doivent toujours correspondre aux rapports les plus petits. Voyons quelques exemples (*figure 2.9*).

- *Le bromure de potassium.* Le cation potassium K^+ et l'anion bromure Br^- se combinent pour former le composé ionique bromure de potassium. La somme des charges est $+1 + (-1) = 0$, aucun indice n'est nécessaire, et la formule est KBr.
- *L'iodure de zinc.* Le cation zinc, Zn^{2+}, et l'anion iodure, I^-, se combinent pour former l'iodure de zinc. La somme des charges est $+2 + 1(-1) = +1$. Pour arriver à une somme égale à zéro, il faut multiplier la charge -1 de l'anion par 2 et ainsi ajouter l'indice 2 au symbole de l'iode. Ainsi, la formule de l'iodure de zinc est ZnI_2.
- *L'oxyde d'aluminium.* Le cation aluminium est Al^{3+}, et l'anion oxyde est O^{2-}. Le schéma qui suit vous explique comment déterminer les indices à inscrire dans les formules des composés formés de cations et d'anions.

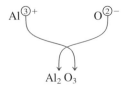

La somme des charges est $2(+3) + 3(-2) = 0$. Ainsi, la formule de l'oxyde d'aluminium est Al_2O_3.

2.7 LA NOMENCLATURE DES COMPOSÉS INORGANIQUES

En plus d'utiliser des formules qui permettent d'indiquer la composition des molécules et des composés, les chimistes ont créé un système qui leur permet de nommer les substances d'après leur composition. On divise d'abord les substances en trois catégories : les composés ioniques ; les composés covalents ; et les acides et bases. Ensuite on applique certaines règles pour obtenir le nom scientifique d'une substance donnée. Ces règles s'appliquent seulement pour les composés minéraux appelés aussi inorganiques. D'autres règles qui s'appliquent pour les composés organiques (composés à base de carbones liés à des atomes d'hydrogène) ne seront pas exposées ici.

Les composés ioniques

À la section 2.5, nous avons appris que les composés ioniques sont formés de cations (ions positifs) et d'anions (ions négatifs). Exception faite de l'ion ammonium, NH_4^+, tous les cations auxquels nous nous intéresserons ici sont dérivés d'atomes métalliques. Les cations métalliques tirent leur nom des éléments qui les forment. Par exemple :

Élément		Nom du cation	
Na	sodium	Na^+	ion sodium (ou cation sodium)
K	potassium	K^+	ion potassium (ou cation potassium)
Mg	magnésium	Mg^{2+}	ion magnésium (ou cation magnésium)
Al	aluminium	Al^{3+}	ion aluminium (ou cation aluminium)

Beaucoup de composés ioniques sont des **composés binaires,** ou *composés formés à partir de deux éléments, un métal et un non-métal.* Dans ces cas, on nomme d'abord l'anion non métallique suivi du cation métallique. Par exemple, NaCl est le chlorure de sodium. On nomme l'anion en prenant la racine du nom de l'élément correspondant (chlore) et on lui ajoute le suffixe « -ure » ; il y a une exception, l'ion O^{2-}, qui se nomme oxyde. Le bromure de potassium (KBr), l'iodure de zinc (ZnI_2) et l'oxyde d'aluminium (Al_2O_3) sont également des composés binaires. Le tableau 2.2 donne le nom de certains anions monoatomiques courants selon leur position dans le tableau périodique.

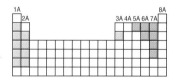

Les métaux les plus réactifs (en vert) se combinent avec les non-métaux les plus réactifs (en bleu) ; les composés ioniques sont ainsi formés.

TABLEAU 2.2	LA NOMENCLATURE EN « -URE » D'ANIONS MONOATOMIQUES COURANTS SELON LEURS POSITIONS DANS LE TABLEAU PÉRIODIQUE

Groupe 4A	Groupe 5A	Groupe 6A	Groupe 7A
C Carbure (C^{4-})*	N Nitrure (N^{3-})	S Sulfure (S^{2-})	F Fluorure (F^-)
Si Siliciure (Si^{4-})	P Phosphure (P^{3-})	Se Séléniure (Se^{2-})	Cl Chlorure (Cl^-)
		Te Tellurure (Te^{2-})	Br Bromure (Br^-)
			I Iodure (I^-)

* Le terme « carbure » désigne également l'anion C_2^{2-}.

TABLEAU 2.3 NOMS ET FORMULES DE CERTAINS CATIONS ET ANIONS INORGANIQUES COURANTS

Cation	Anion
Aluminium (Al^{3+})	Bromure (Br^-)
Ammonium (NH_4^+)	Carbonate (CO_3^{2-})
Argent (Ag^+)	Chlorate (ClO_3^-)
Baryum (Ba^{2+})	Chlorure (Cl^-)
Cadmium (Cd^{2+})	Chromate (CrO_4^{2-})
Calcium (Ca^{2+})	Cyanure (CN^-)
Césium (Cs^+)	Dichromate ($Cr_2O_7^{2-}$)
Chrome(III) ou chromique (Cr^{3+})	Dihydrogénophosphate ($H_2PO_4^-$)
Cobalt(II) ou cobalteux (Co^{2+})	Fluorure (F^-)
Cuivre(I) ou cuivreux (Cu^+)	Hydrogénocarbonate
Cuivre(II) ou cuivrique (Cu^{2+})	ou bicarbonate (HCO_3^-)
Étain(II) ou stanneux (Sn^{2+})	Hydrogénophosphate (HPO_4^{2-})
Fer(II) ou ferreux (Fe^{2+})	Hydrogénosulfate (HSO_4^-)
Fer(III) ou ferrique (Fe^{3+})	Hydroxyde (OH^-)
Hydrogène (H^+)	Hydrure (H^-)
Lithium (Li^+)	Iodure (I^-)
Magnésium (Mg^{2+})	Nitrate (NO_3^-)
Manganèse(II) ou manganeux (Mn^{2+})	Nitrite (NO_2^-)
Mercure(I) ou mercureux (Hg_2^{2+})*	Nitrure (N^{3-})
Mercure(II) ou mercurique (Hg^{2+})	Oxyde (O_2^-)
Plomb(II) ou plombeux (Pb^{2+})	Permanganate (MnO_4^-)
Potassium (K^+)	Peroxyde (O_2^{2-})
Sodium (Na^+)	Phosphate (PO_4^{3-})
Strontium (Sr^{2+})	Sulfate (SO_4^{2-})
Zinc (Zn^{2+})	Sulfite (SO_3^{2-})
	Sulfure (S^{2-})
	Thiocyanate (SCN^-)

*Les ions mercure(I) existent sous forme diatomique.

Pour ce qui est des ions polyatomiques, il faut mémoriser leurs noms. Ainsi, OH^- est l'ion hydroxyde, CN^- est l'ion cyanure. Les composés LiOH et KCN se nomment donc respectivement hydroxyde de lithium et cyanure de potassium. Ces substances ainsi que de nombreuses autres sont des **composés ternaires,** c'est-à-dire qu'ils sont *formés de trois éléments.* Le tableau 2.3 donne, par ordre alphabétique, les noms de cations et d'anions courants.

Certains métaux, notamment les *métaux de transition,* peuvent former plus d'un type de cation. Le fer, par exemple, peut former deux cations : Fe^{2+} et Fe^{3+}. Pour désigner différents cations d'un *même* élément, on utilise les chiffres romains. Le chiffre romain I indique une charge positive, II indique deux charges positives, etc. Cette façon de faire s'appelle *notation de Stock.* Selon ce système, les ions nommés plus haut sont appelés fer(II) et fer(III) ; les composés $FeCl_2$ (qui contient l'ion Fe^{2+}) et $FeCl_3$ (qui contient l'ion Fe^{3+}) sont appelés respectivement chlorure de fer(II) et chlorure de fer(III). Comme autre exemple, citons les atomes de manganèse (Mn), qui peuvent former plusieurs ions positifs différents :

$$Mn^{2+} : \quad MnO \quad \text{oxyde de manganèse(II)}$$
$$Mn^{3+} : \quad Mn_2O_3 \quad \text{oxyde de manganèse(III)}$$
$$Mn^{4+} : \quad MnO_2 \quad \text{oxyde de manganèse(IV)}$$

On dit « oxyde de manganèse deux », « oxyde de manganèse trois » et « oxyde de manganèse quatre ».

Les métaux de transition sont les éléments des groupes 1B et 3B–8B (voir figure 2.7).

$FeCl_2$ (à gauche) et $FeCl_3$ (à droite).

EXEMPLE 2.4   La nomenclature des composés ioniques

Nommez les composés ioniques suivants: a) $Cu(NO_3)_2$; b) KH_2PO_4; c) NH_4ClO_3.

Réponses: a) Étant donné que l'ion nitrate (NO_3^-) a une charge négative (*tableau 2.3*), l'ion cuivre doit avoir deux charges positives. C'est pourquoi le composé s'appelle nitrate de cuivre (II).

b) Le cation est K^+ et l'anion $H_2PO_4^-$ (dihydrogénophosphate). Le composé s'appelle donc dihydrogénophosphate de potassium.

c) Le cation est NH_4^+ (ion ammonium) et l'anion ClO_3^- (chlorate). Le composé s'appelle donc chlorate d'ammonium.

EXERCICE

Nommez les composés suivants: a) PbO; b) Li_2SO_3.

Problème semblable: 2.41 a), b) et e)

EXEMPLE 2.5   La détermination des formules à partir des noms des composés ioniques

Écrivez les formules chimiques des composés suivants: a) nitrite de mercure(I), b) sulfure de césium, c) phosphate de calcium.

Réponses: a) L'ion mercure(I) est diatomique, Hg_2^{2+} (*tableau 2.3*), et l'ion nitrite est NO_2^-. La formule est donc $Hg_2(NO_2)_2$.

b) Chaque ion sulfure porte deux charges négatives, et chaque ion césium porte une charge positive (le césium est dans le groupe 1A, comme le sodium). La formule est donc Cs_2S.

c) Chaque ion calcium (Ca^{2+}) porte deux charges positives, et chaque ion phosphate (PO_4^{3-}) porte trois charges négatives. Pour arriver à une somme des charges égale à zéro, le nombre de cations et d'anions doit être ajusté:

$$3(+2) + 2(-3) = 0$$

La formule est donc $Ca_3(PO_4)_2$.

EXERCICE

Écrivez les formules des composés ioniques suivants: a) sulfate de rubidium, b) hydrure de baryum.

Problème semblable: 2.43 a), b) et h)

Les composés covalents

Contrairement aux composés ioniques, les ***composés covalents*** sont *formés de molécules distinctes*. Ils sont habituellement formés d'éléments non métalliques (*figure 2.7*), et beaucoup d'entre eux sont des composés binaires. La nomenclature des composés covalents binaires ressemble à celle des composés ioniques binaires. On nomme d'abord le deuxième élément de la formule en ajoutant le suffixe «-ure» à la racine de son nom (sauf pour l'oxygène, qui devient «oxyde») puis, après un «de», on nomme le premier élément de la formule. Par exemple:

HCl Chlorure d'hydrogène
HBr Bromure d'hydrogène
SiC Carbure de silicium

Il est courant qu'une paire d'éléments forme plusieurs composés différents. Dans de tels cas, il est possible d'éviter la confusion en utilisant des préfixes d'origine grecque qui

TABLEAU 2.4

PRÉFIXES GRECS UTILISÉS POUR NOMMER LES COMPOSÉS COVALENTS

Préfixe	Signification
Mono-	1
Di-	2
Tri-	3
Tétra-	4
Penta-	5
Hexa-	6
Hepta-	7
Octa-	8
Nona-	9
Déca-	10

indiquent le nombre d'atomes de chaque élément présent (*tableau 2.4*). Prenons les exemples suivants :

CO Monoxyde de carbone (ou oxyde de carbone)

CO_2 Dioxyde de carbone

SO_2 Dioxyde de soufre

SO_3 Trioxyde de soufre

NO_2 Dioxyde d'azote

N_2O_4 Tétroxyde de diazote

Les règles suivantes décrivent l'utilisation appropriée des préfixes :

- Le préfixe « mono- » n'est pas nécessaire dans le cas du premier élément de la formule. Par exemple, PCl_3 s'appelle trichlorure de phosphore, non pas trichlorure de monophosphore. Ainsi, l'absence de préfixe pour nommer le premier élément de la formule chimique veut dire qu'il n'y a qu'un seul atome de cet élément dans la molécule.

- Pour les oxydes, la terminaison « a » du préfixe est quelquefois omise. Par exemple, N_2O_4 peut s'appeler tétroxyde de diazote plutôt que tétraoxyde de diazote.

Ces règles d'utilisation de préfixes comportent des exceptions : les composés covalents contenant de l'hydrogène. Beaucoup de ces composés sont traditionnellement appelés par leur nom commun, non systématique, ou par des noms qui ne spécifient pas le nombre d'atomes H présents :

B_2H_6 Diborane

CH_4 Méthane

SiH_4 Silane

NH_3 Ammoniac

PH_3 Phosphine

H_2O Eau

H_2S Sulfure d'hydrogène

Notez que, dans ces formules, même l'ordre dans lequel apparaissent les éléments est irrégulier : H est placé en premier dans les formules de l'eau et du sulfure d'hydrogène, mais il vient en second dans les formules des autres composés.

Il est assez facile d'écrire la formule d'un composé à partir de son nom. Par exemple, le nom trifluorure d'arsenic indique qu'il s'agit d'une combinaison d'un atome d'arsenic As pour trois atomes de fluor, ce qui donne la formule AsF_3. Il faut noter que l'ordre d'écriture des éléments est à l'inverse de celui qui est donné dans le nom.

EXEMPLE 2.6   La nomenclature des composés covalents

Nommez les composés covalents suivants : a) $SiCl_4$; b) P_4O_{10}.

Réponses : a) Étant donné qu'il y a quatre atomes de chlore, le nom est tétrachlorure de silicium.

b) Il y a 4 atomes de phosphore et 10 atomes d'oxygène, le nom du composé est donc décaoxyde de tétraphosphore.

EXERCICE

Nommez les composés covalents suivants : a) NF_3 ; b) Cl_2O_7.

Problème semblable :
2.41 c) et i)

EXEMPLE 2.7   La détermination des formules à partir des noms des composés covalents

Écrivez les formules chimiques des composés covalents suivants : a) disulfure de carbone, b) hexabromure de disilicium.

Réponses : a) Étant donné qu'il y a un atome de carbone et deux atomes de soufre, la formule est CS_2.

b) Il y a deux atomes de silicium et six atomes de brome, la formule est donc Si_2Br_6.

EXERCICE

Écrivez les formules chimiques des composés covalents suivants : a) tétrafluorure de soufre ; b) pentoxyde de diazote.

Problème semblable :
2.43 g) et i)

Les acides et les bases

Bien que les bases et les acides soient aussi des composés covalents, on les considère dans un groupe à part étant donné leurs propriétés particulières.

La nomenclature des acides

On peut définir un **acide** comme une *substance qui, une fois dissoute dans l'eau, libère des ions hydrogène* (H^+). Les formules des acides comportent donc un ou plusieurs atomes d'hydrogène ainsi qu'un groupement anionique. Quand l'*anion ne contient pas d'oxygène*, il s'agit d'un **hydracide** et l'on remplace son suffixe « -ure » par le suffixe « -hydrique » pour nommer l'acide correspondant (*tableau 2.5*). Il peut arriver que la même formule chimique porte deux noms différents. Par exemple, HCl est connu sous les noms de chlorure d'hydrogène et d'acide chlorhydrique, car le nom choisi dépend de l'état physique du composé. À l'état gazeux ou liquide pur, HCl est un composé covalent appelé chlorure d'hydrogène. Cependant, lorsqu'il est dissout dans l'eau, ses molécules se fragmentent en ions H^+ et Cl^- ; cette substance s'appelle alors acide chlorhydrique.

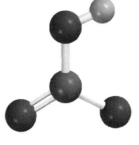

HNO_3

Les acides qui contiennent de l'hydrogène, de l'oxygène et un autre élément (l'élément central) se nomment **oxacides.** Habituellement, leurs formules respectent l'ordre suivant : le H, puis l'élément central, et enfin le O, comme dans les exemples suivants :

H_2CO_3 Acide carbonique H_2SO_4 Acide sulfurique
HNO_3 Acide nitrique $HClO_3$ Acide chlorique

Il arrive souvent que deux ou plusieurs oxacides aient le même élément central, mais un nombre différent d'atomes O. Pour nommer ces composés, on prend comme point de départ les oxacides dont les noms se terminent en « -ique », et l'on suit les règles suivantes :

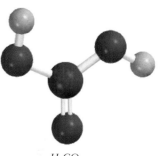

H_2CO_3

- L'ajout d'un atome O à un acide de forme « -ique » : on obtient un acide « per... -ique ». Ainsi, l'ajout d'un atome O à $HClO_3$ transforme l'acide chlorique en acide perchlorique, $HClO_4$.

- Le retranchement d'un atome O d'un acide de forme « -ique » : le suffixe « -ique » est remplacé par le suffixe « -eux ». Ainsi, l'acide nitrique, HNO_3, devient l'acide nitreux, HNO_2.

- Le retranchement de deux atomes O d'un acide de forme « -ique » : le nouvel acide est dit « hypo... -eux ». Ainsi, à partir de $HBrO_3$, l'acide bromique, on a l'acide hypobromeux $HBrO$.

Voici les règles à suivre pour nommer les *anions des oxacides*, appelés **oxanions** :

- Quand tous les H sont retranchés de l'acide de forme « -ique », le nom de l'anion prend la terminaison « -ate ». Par exemple, l'anion CO_3^{2-} dérivé de H_2CO_3 s'appelle anion carbonate.

TABLEAU 2.5	QUELQUES ACIDES SIMPLES OU HYDRACIDES		
Anion		**Acide correspondant**	
F^-	(fluorure)	HF	(acide fluorhydrique)
Cl^-	(chlorure)	HCl	(acide chlorhydrique)
Br^-	(bromure)	HBr	(acide bromhydrique)
I^-	(iodure)	HI	(acide iodhydrique)
CN^-	(cyanure)	HCN	(acide cyanhydrique)
S^{2-}	(sulfure)	H_2S	(acide sulfhydrique)

TABLEAU 2.6	LES NOMS DES OXACIDES ET DES OXANIONS CONTENANT DU CHLORE		
Acide		**Anion**	
$HClO_4$	(acide perchlorique)	ClO_4^-	(perchlorate)
$HClO_3$	(acide chlorique)	ClO_3^-	(chlorate)
$HClO_2$	(acide chloreux)	ClO_2^-	(chlorite)
$HClO$	(acide hypochloreux)	ClO^-	(hypochlorite)

- Quand tous les H sont retranchés de l'acide de forme « -eux », le nom de l'anion dérivé prend la terminaison « -ite ». Ainsi, l'anion ClO_2^- dérivé de $HClO_2$ s'appelle anion chlorite.
- Les noms des anions desquels un ou plusieurs hydrogène (mais pas tous) ont été retranchés doivent indiquer le nombre de H présents. Prenons comme exemple les ions dérivés de l'acide phosphorique :

H_3PO_4	Acide phosphorique	HPO_4^-	Hydrogénophosphate
$H_2PO_4^-$	Dihydrogénophosphate	PO_4^{3-}	Phosphate

Notez que le préfixe « mono- » est généralement omis quand il n'y a qu'un H dans l'anion. Le tableau 2.6 donne les noms des oxacides et des oxanions qui contiennent du chlore, et la figure 2.14 schématise la nomenclature des oxacides et des oxanions.

Figure 2.14
La nomenclature des oxacides et des oxanions

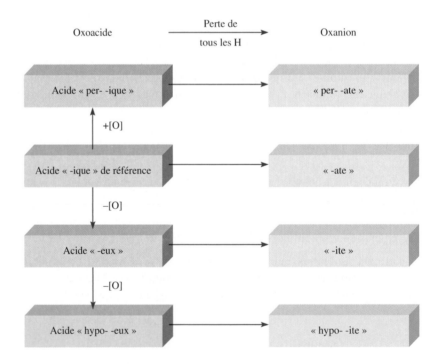

EXEMPLE 2.8 **La nomenclature des oxacides et des oxanions**

Nommez l'oxacide et l'oxanion suivants : a) H_3PO_3, b) IO_4^-.

Réponses : a) Partons de l'acide de référence, l'acide phosphorique (H_3PO_4). Étant donné que H_3PO_3 possède un atome O de moins, on l'appelle acide phosphoreux.
b) Le point de départ est HIO_4, qui s'appelle acide periodique, puisqu'il a un atome O de plus que l'acide de référence, l'acide iodique (HIO_3). L'anion dérivé de HIO_4 s'appelle donc periodate.

EXERCICE

Nommez l'oxacide et l'oxanion suivants : a) $HBrO_3$, b) HSO_4^-.

La nomenclature des bases

On peut définir une **base** comme une *substance qui, une fois dissoute dans l'eau, libère des ions hydroxyde* (OH^-). En voici quelques exemples :

NaOH	Hydroxyde de sodium
KOH	Hydroxyde de potassium
$Ba(OH)_2$	Hydroxyde de baryum

L'ammoniac (NH_3), un composé covalent à l'état gazeux ou liquide pur, est également considéré comme une base : au premier abord, cela peut sembler une exception. Cependant, toute substance qui, dissoute dans l'eau, libère des ions hydroxyde répond à la définition des bases. Quand NH_3 se dissout dans l'eau, il réagit partiellement avec l'eau pour former des ions NH_4^+ et OH^- : on peut donc le classer parmi les bases. Pour être une base, une substance n'a pas besoin de contenir des ions hydroxyde dans sa structure.

Les hydrates

Les **hydrates** sont des *composés ayant un nombre spécifique de molécules d'eau qui leur est rattaché.* Par exemple, dans son état normal, chaque unité de sulfate de cuivre (II) a cinq molécules d'eau qui lui sont rattachées. Ce composé se nomme sulfate de cuivre (II) pentahydraté, et sa formule s'écrit $CuSO_4 \bullet 5H_2O$. Il est possible de faire partir les molécules d'eau par simple chauffage pour obtenir le composé déshydraté appelé parfois sulfate de cuivre (II) *anhydre*, ce qui signifie que le composé est exempt de molécules d'eau (*figure 2.15*). Mentionnons quelques hydrates courants :

$BaCl_2 \bullet 2H_2O$	Chlorure de baryum dihydraté
$LiCl \bullet H_2O$	Chlorure de lithium monohydraté
$MgSO_4 \bullet 7H_2O$	Sulfate de magnésium heptahydraté
$Sr(NO_3)_2 \bullet 4H_2O$	Nitrate de strontium tetrahydraté

Figure 2.15
Le $CuSO_4 \bullet 5H_2O$ (à gauche) est bleu, et le $CuSO_4$ (à droite) est blanc.

Résumé

1. La chimie moderne a vu le jour avec la théorie atomique de Dalton, qui affirme : que toute matière est composée de minuscules particules indivisibles, appelées atomes ; que tous les atomes d'un même élément sont identiques ; que les composés contiennent des atomes de différents éléments dans des rapports qui sont des nombres entiers ; et qu'aucun atome n'est créé ou perdu au cours des réactions chimiques (loi de la conservation de la masse).

2. Les atomes des éléments qui forment un composé donné sont toujours combinés dans des proportions constantes de leur masse (loi des proportions définies). Quand deux éléments peuvent se combiner pour former plus de un type de composé, le rapport entre les masses du premier qui se combine à une masse constante de l'autre sont entre eux dans un rapport de nombres entiers simples (loi des proportions multiples).

3. Un atome est constitué d'un noyau central très dense formé de protons et de neutrons, ainsi que d'électrons qui circulent autour du noyau à une distance relativement grande de celui-ci.

4. Les protons ont une charge positive, les neutrons n'ont pas de charge électrique, et les électrons ont une charge négative. Les protons et les neutrons ont presque la même masse, qui est environ 1840 fois celle de l'électron.

5. Le numéro atomique d'un élément représente le nombre de protons contenus dans le noyau de chacun des atomes de cet élément ; il détermine la nature de l'élément. Le nombre de masse est la somme des protons et des neutrons contenus dans le noyau.

6. Les isotopes sont des atomes d'un même élément qui ont le même nombre de protons, mais des nombres différents de neutrons.

7. Les formules chimiques, à l'aide des symboles des éléments qui constituent un composé affectés en indice d'un nombre entier, indiquent ainsi le type et le nombre d'atomes contenus dans la plus petite unité de ce composé.

8. La formule moléculaire indique le nombre précis et les types d'atomes qui se combinent dans chaque molécule d'un composé. La formule empirique indique le plus petit rapport entre les atomes qui forment un composé. Les modèles moléculaires (boules et bâtonnets ou compacts) nous aident à visualiser l'arrangement des atomes dans les molécules des composés.

9. Les composés chimiques sont soit des composés covalents (dont la plus petite unité est une molécule distincte) ou des composés ioniques (dans lesquels les ions positifs et négatifs sont maintenus ensemble par attraction mutuelle). Les composés ioniques sont formés de cations et d'anions, des entités formées quand les atomes perdent ou gagnent des électrons, respectivement.

10. Les noms de beaucoup de composés inorganiques peuvent être déduits à partir de règles simples (la nomenclature) qui dépendent du type de composé. (Vous devriez réviser les règles énoncées à la section 2.7.) À l'inverse, les formules des composés peuvent se déduire facilement à partir des noms attribués selon ces mêmes règles.

Mots clés

Acide, p. 51	Hydracide, p. 51	Neutron, p. 37
Allotrope, p. 42, 44	Hydrate, p. 53	Nombre de masse (A), p. 37
Anion, p. 41	Ion, p. 40	Non-métal, p. 39
Atome, p. 33	Ion monoatomique, p. 41	Noyau, p. 36
Base, p. 53	Ion polyatomique, p. 41	Numéro atomique (Z), p. 37
Cation, p. 40	Isotope, p. 38	Oxacide, p. 51
Composé binaire, p. 47	Loi de la conservation de la	Oxanion, p. 51
Composé covalent, p. 49	masse, p. 33	Particules alpha α, p. 35
Composé ionique, p. 41	Loi des proportions définies,	Particules bêta β, p. 35
Composé ternaire, p. 48	p. 32	Période, p. 39
Électron, p. 33	Loi des proportions multiples,	Proton, p. 36
Famille, p. 39	p. 33	Radiation, p. 33
Formule chimique, p. 41	Métal, p. 39	Radioactivité, p. 35
Formule empirique, p. 45	Métal alcalin, p. 39	Rayons alpha (α), p. 35
Formule moléculaire, p. 42	Métal alcalino-terreux, p. 39	Rayons bêta (β), p. 35
Formule structurale, p. 43	Métalloïde, p. 39	Rayons gamma (γ), p. 35
Gaz rare, p. 39	Molécule, p. 40	Tableau périodique, p. 39
Groupe, p. 39	Molécule diatomique, p. 40	
Halogène, p. 39	Molécule polyatomique, p. 40	

Questions et problèmes

LA STRUCTURE DE L'ATOME

Questions de révision

2.1 Définissez les termes suivants : a) particule α ;
b) particule β ; c) rayon γ ; d) rayon X.

2.2 Énumérez les différents types de radiations émises par les éléments radioactifs.

2.3 Comparez les propriétés des particules suivantes : particules α, rayons cathodiques, protons, neutrons, électrons. Que signifie le terme « particule fondamentale » (ou particule élémentaire) ?

2.4 Décrivez les contributions des scientifiques suivants à la connaissance de la structure atomique : J. J. Thomson, R. A. Millikan, Ernest Rutherford, James Chadwick.

2.5 La masse d'un échantillon d'élément radioactif diminue graduellement. Expliquez ce phénomène.

2.6 Décrivez la base expérimentale sur laquelle on s'appuie pour affirmer que le noyau occupe une très petite fraction du volume de l'atome.

Problèmes

2.7 Le diamètre d'un atome neutre d'hélium est d'environ 1×10^2 pm. Supposons que nous puissions former une « rangée » d'atomes d'hélium liés l'un à l'autre. Combien d'atomes environ faudrait-il pour couvrir une distance de 1 cm ?

2.8 En gros, le rayon d'un atome est environ 10 000 fois celui de son noyau. Si l'on pouvait grossir un atome de sorte que le rayon de son noyau soit de 10 cm, quel serait le rayon de l'atome en kilomètres ?

LE NUMÉRO ATOMIQUE, LE NOMBRE DE MASSE ET LES ISOTOPES

Questions de révision

2.9 Définissez les termes suivants : a) numéro atomique ; b) nombre de masse. Pourquoi la connaissance du numéro atomique nous permet-elle de déduire le nombre d'électrons contenus dans un atome ?

2.10 Pourquoi tous les atomes d'un même élément ont-ils le même numéro atomique, bien qu'ils puissent avoir des nombres de masse différents ? Comment appelle-t-on les atomes d'un même élément qui ont des nombres de masse différents ? Expliquez la signification de chaque lettre dans le symbole $^A_Z X$.

Problèmes

2.11 Quel est le nombre de masse d'un atome de fer qui possède 28 neutrons ?

2.12 Calculez le nombre de neutrons du Pu 239.

2.13 Pour chacune des espèces suivantes, déterminez le nombre de protons et le nombre de neutrons contenus dans le noyau :

$^3_2 He$, $^4_2 He$, $^{24}_{12} Mg$, $^{25}_{12} Mg$, $^{48}_{22} Ti$, $^{79}_{35} Br$, $^{195}_{78} Pt$.

2.14 Indiquez le nombre de protons, de neutrons et d'électrons contenus dans chacun des éléments suivants :

$^{15}_{7}N$, $^{33}_{16}S$, $^{63}_{29}Cu$, $^{84}_{38}Sr$, $^{130}_{56}Ba$, $^{186}_{74}W$, $^{202}_{80}Hg$.

2.15 Donnez pour chacun des isotopes suivants le symbole approprié : a) Z = 11, A = 23 ; b) Z = 28, A = 64.

2.16 Donnez pour chacun des isotopes suivants le symbole approprié : a) Z = 74, A = 186 ; b) Z = 80, A = 201.

LE TABLEAU PÉRIODIQUE
Questions de révision

2.17 Qu'est-ce que le tableau périodique et quelle est son utilité en chimie ? Qu'appelle-t-on groupes et périodes dans le tableau périodique ?

2.18 Donnez deux différences entre un métal et un non-métal.

2.19 Indiquez les noms et les symboles de quatre éléments de chacune des catégories suivantes : a) non-métaux ; b) métaux ; c) métalloïdes.

2.20 Définissez les termes suivants et donnez deux exemples de chacun des cas : a) métaux alcalins ; b) métaux alcalino-terreux ; c) halogènes ; d) gaz rares (ou inertes).

2.21 Les métaux ont en grande partie des noms qui se terminent en « -ium » ; le sodium en est un exemple. Nommez un non-métal dont le nom se termine aussi en « -ium ».

2.22 Décrivez les modifications des propriétés (caractéristiques des métaux ou des non-métaux) des éléments du tableau périodique à mesure qu'on se déplace : a) dans un groupe ; b) dans une période.

2.23 Consultez un manuel de données physiques et chimiques (demandez à votre professeur où vous pouvez en trouver un) et trouvez : a) deux métaux de masse volumique inférieure à celle de l'eau ; b) deux métaux de masse volumique supérieure à celle du mercure ; c) le métal connu dont la masse volumique est la plus élevée ; d) le non-métal connu dont la masse volumique est la plus élevée.

2.24 Soit K, F, P, Na, Cl et N. Classez par paires les éléments qui, selon vous, ont des propriétés chimiques similaires.

LES MOLÉCULES ET LES FORMULES CHIMIQUES
Questions de révision

2.25 Quelle est la différence entre un atome et une molécule ?

2.26 Que sont des allotropes ?

2.27 Que représente une formule chimique ? Quel est le rapport entre les nombres d'atomes indiqués dans les formules moléculaires suivantes ? a) NO ; b) NCl_3 ; c) N_2O_4 ; d) P_4O_6.

2.28 Définissez les expressions « formule moléculaire » et « formule empirique ». Quelles sont les ressemblances et les différences entre la formule moléculaire et la formule empirique d'un composé ?

2.29 Donnez un exemple de deux molécules qui ont des formules moléculaires différentes mais la même formule empirique.

2.30 Que signifie P_4 ? Quelle est la différence entre P_4 et 4P ?

2.31 Quelle différence peut-il y avoir entre une molécule et un composé ? Donnez la formule d'une molécule qui est aussi un composé et celle d'une molécule qui n'est pas un composé.

2.32 Donnez deux exemples pour chacun des énoncés suivants : a) une molécule diatomique constituée d'atomes d'un même élément ; b) une molécule diatomique constituée d'atomes d'éléments différents ; c) une molécule polyatomique constituée d'atomes d'un même élément ; d) une molécule polyatomique constituée d'atomes d'éléments différents.

Problèmes

2.33 Quelles sont les formules empiriques des composés suivants ? a) C_2N_2 ; b) C_6H_6 ; c) C_9H_{20} ; d) P_4O_{10} ; e) B_2H_6.

2.34 Quelles sont les formules empiriques des composés suivants ? a) Al_2Br_6 ; b) $Na_2S_2O_4$; c) N_2O_5 ; d) $K_2Cr_2O_7$.

LES COMPOSÉS IONIQUES
Questions de révision

2.35 Qu'est-ce qu'un composé ionique ? Comment explique-t-on qu'un composé ionique soit électriquement neutre ? Expliquez pourquoi la formule chimique d'un composé ionique est toujours la même que sa formule empirique.

2.36 Comparez les propriétés des composés ioniques avec celles des composés covalents.

Problèmes

2.37 Donnez le nombre de protons et d'électrons de chacun des ions suivants : Na^+, Ca^{2+}, Al^{3+}, Fe^{2+}, I^-, F^-, S^{2-}, O^{2-}, N^{3-}.

2.38 Donnez le nombre de protons et d'électrons de chacun des ions suivants : K^+, Mg^{2+}, Fe^{3+}, Br^-, Mn^{2+}, C^{4-}, Cu^{2+}.

2.39 Lesquels des composés suivants semblent ioniques ? Lesquels semblent covalents ? a) $SiCl_4$; b) LiF ; c) $BaCl_2$; d) B_2H_6 ; e) KCl ; f) C_2H_4.

2.40 Lesquels des composés suivants semblent ioniques ? Lesquels semblent covalents ? a) CH_4 ; b) NaBr ; c) BaF_2 ; d) CCl_4 ; e) ICl ; f) CsCl ; g) NF_3.

LA NOMENCLATURE DES COMPOSÉS INORGANIQUES

Problèmes

2.41 Nommez les composés suivants : a) KH_2PO_4 ; b) K_2HPO_4 ; c) HBr (gazeux) ; d) HBr (dans l'eau) ; e) Li_2CO_3 ; f) $K_2Cr_2O_7$; g) NH_4NO_2 ; h) PF_3 ; i) PF_5 ; j) P_4O_6 ; k) CdI_2 ; l) $SrSO_4$; m) $Al(OH)_3$.

2.42 Nommez les composés suivants : a) KClO ; b) Ag_2CO_3 ; c) $FeCl_2$; d) $KMnO_4$; e) $CsClO_3$; f) KNH_4SO_4 ; g) FeO ; h) Fe_2O_3 ; i) $TiCl_4$; j) NaH ; k) Li_3N ; l) Na_2O ; m) Na_2O_2.

2.43 Donnez les formules des composés suivants : a) nitrite de rubidium ; b) sulfure de potassium ; c) hydrogénosulfure de sodium ; d) phosphate de magnésium ; e) hydrogénophosphate de calcium ; f) dihydrogénophosphate de potassium ; g) heptafluorure d'iode ; h) sulfate d'ammonium ; i) perchlorate d'argent ; j) chromate de fer(III).

2.44 Donnez les formules des composés suivants : a) cyanure de cuivre(I) ; b) chlorite de strontium ; c) acide perbromique ; d) acide iodhydrique ; e) phosphate de disodium ammonium ; f) carbonate de plomb(II) ; g) fluorure d'étain(II) ; h) décasulfure de tétraphosphore ; i) oxyde de mercure(II) ; j) iodure de mercure(I).

Problèmes variés

2.45 L'isotope d'un élément métallique a un nombre de masse de 65 et son noyau contient 35 neutrons. Le cation dérivé de cet isotope a 28 électrons. Donnez le symbole de ce cation.

2.46 Dans laquelle des paires suivantes les deux espèces ont-elles des propriétés chimiques les plus proches ? a) $_1^1H$ et $_1^1H^+$; b) $_7^{14}N$ et $_7^{14}N^{3-}$; c) $_6^{12}C$ et $_6^{13}C$.

2.47 Le tableau suivant donne le nombre d'électrons, de protons et de neutrons contenus dans les atomes ou les ions de certains éléments. Répondez aux questions suivantes : a) Lesquelles de ces espèces sont neutres ? b) Lesquelles ont une charge négative ? c) Lesquelles ont une charge positive ? Quel est le symbole de chacune de ces espèces ?

Atome, ion ou élément	A	B	C	D	E	F	G
Nombre d'électrons	5	10	18	28	36	5	9
Nombre de protons	5	7	19	30	35	5	9
Nombre de neutrons	5	7	20	36	46	6	10

2.48 Qu'y a-t-il de faux ou d'ambigu dans les énoncés suivants ? a) une mole d'hydrogène ; b) quatre molécules de NaCl.

2.49 On connaît les sulfures de phosphore suivants : P_4S_3, P_4S_7 et P_4S_{10}. Ces composés respectent-ils la loi des proportions multiples ?

2.50 Parmi les substances suivantes, lesquelles sont des éléments ? Lesquelles sont des molécules sans être des composés ? Lesquelles sont des composés sans être des molécules ? Lesquelles sont à la fois des molécules et des composés ? a) SO_2 ; b) S_8 ; c) Cs ; d) N_2O_5 ; e) O ; f) O_2 ; g) O_3 ; h) CH_4 ; i) KBr ; j) S ; k) P_4 ; l) LiF.

2.51 Pourquoi le chlorure de magnésium ($MgCl_2$) ne s'appelle-t-il pas chlorure de magnésium(II) ?

2.52 Certains composés sont plus connus par leurs noms courants que par leurs noms systématiques. Consultez un manuel, un dictionnaire ou votre professeur pour connaître les formules chimiques des substances suivantes : a) glace sèche ; b) sel de table ; c) gaz hilarant ; d) calcaire ; e) chaux vive ; f) chaux éteinte ; g) bicarbonate de sodium ; h) sel d'Epsom.

2.53 Complétez le tableau suivant :

Symbole		$_{26}^{54}Fe^{2+}$			
Protons	5			79	86
Neutrons	6		16	117	136
Électrons	5		18	79	
Charge nette			-3		0

2.54 a) Quels éléments sont plus susceptibles de former des composés ioniques ? b) Quels éléments métalliques sont plus susceptibles de former des cations pouvant avoir des charges différentes ?

2.55 La plupart des composés ioniques originent d'un métal — soit l'aluminium (métal du groupe 3A), un métal des groupes 1A ou 2A — et d'un non-métal, soit l'oxygène, soit l'azote ou un halogène (groupe 7A). Écrivez les formules chimiques et les noms de tous les composés binaires qui pourraient résulter de telles combinaisons.

2.56 Soit deux symboles : ^{23}Na et $_{11}Na$. Lequel des deux fournit le plus de renseignements sur l'atome de sodium ? Expliquez.

2.57 Donnez les formules chimiques et les noms d'acides qui contiennent des éléments du groupe 7A. Faites de même pour d'autres acides contenant cette fois des éléments des groupes 3A, 4A, 5A et 6A.

2.58 Seuls 2 des 109 éléments connus sont liquides à la température ambiante (25 °C). Quels sont-ils ? (*Indice* : l'un d'eux est un métal courant ; l'autre est un élément du groupe 7A.)

2.59 Pour chaque gaz rare suivant (éléments du groupe 8A) : $_2^4He$, $_{10}^{20}Ne$, $_{18}^{40}Ar$, $_{36}^{84}Kr$ et $_{54}^{132}Xe$, a) déterminez le nombre de protons et de neutrons présents dans le noyau de chacun des atomes ; b) déterminez le rapport entre le nombre de neutrons et le nombre de protons de chacun des atomes, et décrivez comment varie ce rapport à mesure que le numéro atomique augmente.

2.60 Dressez la liste des éléments qui sont à l'état gazeux à la température ambiante. (*Indice*: on trouve ces éléments dans les groupes 5A, 6A, 7A et 8A.)

2.61 Les métaux du groupe 1B (Cu, Ag et Au) sont utilisés entre autres dans la fabrication de pièces de monnaies et de bijoux. Quelle propriété chimique les rend appropriés à ces utilisations?

2.62 On appelle souvent les éléments du groupe 8A gaz inertes. Définissez le sens du terme « inertes » dans ce contexte.

2.63 Écrivez la formule moléculaire de la glycine, un acide aminé présent dans les protéines. Le code des couleurs est : noir (carbone), bleu (azote), rouge (oxygène) et gris (hydrogène).

2.64 Écrivez la formule moléculaire de l'éthanol. (Pour le code couleur, consultez l'exercice précédent.)

2.65 Prédisez le nom et la formule de chacun des composés binaires formés des éléments suivants : a) Na et H; b) B et O; c) Na et S; d) Al et F; e) F et O; f) Sr et Cl.

2.66 Identifiez chacun des éléments suivants : a) un halogène dont l'anion contient 36 électrons; b) un gaz rare (ou inerte) radioactif ayant 86 protons; c) un élément du groupe 6A dont l'anion contient 36 électrons; d) un cation d'un métal alcalin possédant 36 électrons; e) un cation du groupe 4A ayant 80 électrons.

Problèmes spéciaux

2.67 La baryte est un des minerais du baryum extrait sous forme de sulfate de baryum $BaSO_4$. Du fait que les éléments d'un même groupe du tableau périodique ont des propriétés chimiques semblables, on devrait s'attendre à trouver dans la baryte un peu de sulfate de radium $Ra(SO_4)$, le radium étant le dernier élément du groupe 2A. Ce n'est pas le cas, car la seule source de composés du radium dans la nature se trouve dans les minerais d'uranium. Pourquoi?

2.68 Le fluor réagit avec l'hydrogène H et le deutérium D pour former du fluorure d'hydrogène HF et du fluorure de deutérium DF (le deutérium $_1^2H$ est un isotope de l'hydrogène). Est-ce qu'une même quantité donnée de fluor réagirait avec des masses différentes de ces deux isotopes d'hydrogène? S'agit-il d'une violation de la loi des proportions définies? Expliquez.

Réponses aux exercices : 2.1 29 protons, 34 neutrons et 29 électrons; **2.2** $CHCl_3$; **2.3** $C_4H_5N_2O$; **2.4** a) oxyde de plomb(II), b) sulfite de lithium; **2.5** a) Rb_2SO_4, b) BaH_2; **2.6** a) trifluorure d'azote, b) heptoxyde de dichlore; **2.7** a) SF_4, b) N_2O_5; **2.8** a) acide bromique, b) ion hydrogénosulfate.

Periodic table

																	18 8A
																	2 He 4.003
												13 3A	14 4A	15 5A	16 6A	17 7A	
												5 B 10.81	6 C 12.01	7 N 14.01	8 O 16.00	9 F 19.00	10 Ne 20.18
												13 Al 26.98	14 Si 28.09	15 P 30.97	16 S 32.07	17 Cl 35.45	18 Ar 39.95
21 Sc 44.96	22 Ti 47.88	23 V 50.94	24 Cr 52.00	25 Mn 54.94	26 Fe 55.85	27 Co 58.93	28 Ni 58.69	29 Cu 63.55	30 Zn 65.39			31 Ga 69.72	32 Ge 72.59	33 As 74.92	34 Se 78.96	35 Br 79.90	36 Kr 83.80
39 Y 88.91	40 Zr 91.22	41 Nb 92.91	42 Mo 95.94	43 Tc (98)	44 Ru 101.1	45 Rh 102.9	46 Pd 106.4	47 Ag 107.9	48 Cd 112.4			49 In 114.8	50 Sn 118.7	51 Sb 121.8	52 Te 127.6	53 I 126.9	54 Xe 131.3
57 La 138.9	72 Hf 178.5	73 Ta 180.9	74 W 183.9	75 Re 186.2	76 Os 190.2	77 Ir 192.2	78 Pt 195.1	79 Au 197.0	80 Hg 200.6			81 Tl 204.4	82 Pb 207.2	83 Bi 209.0	84 Po (210)	85 At (210)	86 Rn (222)
89 Ac (227)	104 Rf (257)	105 Db (260)	106 Sg (263)	107 Bh (262)	108 Hs (265)	109 Mt (266)	110	111	112								

58 Ce 140.1	59 Pr 140.9	60 Nd 144.2	61 Pm (147)	62 Sm 150.4	63 Eu 152.0	64 Gd 157.3	65 Tb 158.9	66 Dy 162.5	67 Ho 164.9	68 Er 167.3	69 Tm 168.9	70 Yb 173.0	71 Lu 175.0
90 Th 232.0	91 Pa (231)	92 U 238.0	93 Np (237)	94 Pu (242)	95 Am (243)	96 Cm (247)	97 Bk (247)	98 Cf (249)	99 Es (254)	100 Fm (253)	101 Md (256)	102 No (254)	103 Lr (257)

CHAPITRE 3

La stœchiométrie

Les points essentiels

La masse atomique et la masse molaire
La mesure de la très petite masse des atomes est basée sur l'échelle de l'isotope du carbone 12. On attribue à l'atome de carbone 12 une masse exactement égale à 12 unités de masse atomique u. Toutefois, afin de pouvoir travailler dans l'ordre de grandeur des grammes, les chimistes utilisent la masse molaire. La masse molaire du carbone 12 vaut exactement 12 g et contient $6,022 \times 10^{23}$ atomes, soit le nombre d'Avogadro. Les masses molaires des autres éléments sont aussi exprimées en grammes et contiennent ce même nombre d'atomes. La masse molaire d'une molécule est la somme des masses molaires de ses atomes constitutifs.

La composition centésimale d'un composé
La constitution d'un composé s'exprime facilement grâce à sa composition sous forme de pourcentage, c'est-à-dire que la masse de chacun des éléments constitutifs est exprimée en pourcentage de la masse totale. La détermination expérimentale de la composition centésimale et de la masse molaire d'un composé permet d'établir sa formule chimique.

L'écriture des formules chimiques
Grâce aux formules chimiques, l'écriture des équations chimiques constitue un très bon compte rendu des changements survenus au cours des réactions. Une équation chimique est dite équilibrée si le même nombre d'atomes pour tous les types d'atomes se retrouve à la fois dans les substances de départ (les réactifs) et dans les produits (les substances formées à la fin).

Les relations de masses au cours des réactions chimiques
À l'aide de l'équation chimique d'une réaction, on peut calculer le rendement, soit la quantité prévue d'un produit à partir des quantités connues de réactifs utilisées au début. Ce type d'information a une grande importance dans le cas de réactions qui se déroulent en laboratoire et, à plus grande échelle dans l'industrie. En pratique, pour diverses raisons, le rendement obtenu est toujours moindre que celui qui a été prédit.

Quand le bois, le papier ou la cire se consument, ils perdent de leur masse. Cette perte était jadis attribuée à la libération de « phlogistique » dans l'air au cours de la combustion, une théorie acceptée par la plupart des scientifiques du XVIIIᵉ siècle. Cependant, en 1774, le chimiste et théologien anglais Joseph Priestley isola l'oxygène (qu'il appela « air déphlogistiqué ») en décomposant de l'oxyde de mercure(II), HgO. De son côté, le chimiste français Antoine Lavoisier remarqua que la masse de certains non-métaux, comme le phosphore, augmentait au cours d'une combustion dans l'air ; il en conclut que ces non-métaux devaient se combiner à une substance présente dans l'air. Cette substance était en fait l'« air déphlogistiqué » de Priestley ; Lavoisier nomma ce nouvel élément « oxygène » (du mot grec signifiant « qui engendre un acide »), parce qu'il croyait que les propriétés des acides étaient dues à la présence d'oxygène dans ces corps.

Lavoisier enflammant un mélange d'hydrogène et d'oxygène gazeux.

Né en 1743, Lavoisier est généralement considéré comme le père de la chimie moderne. Il était reconnu pour le soin qu'il mettait à réaliser ses expériences et pour l'usage qu'il faisait des mesures quantitatives. En effectuant des réactions chimiques, comme la décomposition de l'oxyde de mercure(II), dans un contenant fermé, il démontra que la masse totale des produits est égale à la masse totale des réactifs. En d'autres termes, la quantité de matière ne change pas au cours d'une réaction chimique. Cette observation constitue le fondement de la loi de la conservation de la matière (masse) qui est le principe de base de la stœchiométrie.

Lavoisier détermina la composition de l'eau en enflammant un mélange d'hydrogène et d'oxygène avec une étincelle électrique. Il participa également à la commission qui établit le système métrique, système sur lequel se base le SI. Malheureusement, sa carrière scientifique fut interrompue par la Révolution française. Membre de la noblesse, il était également collecteur d'impôts ; pour ces « crimes », il fut condamné à la guillotine en 1794.

3.1 LA MASSE ATOMIQUE

Dans ce chapitre, nous utiliserons les connaissances que nous avons acquises concernant la structure chimique et les formules pour comprendre les relations entre les masses des atomes et des molécules. Ces relations, en retour, nous aideront à comprendre la composition des composés et comment ceux-ci se transforment.

La masse d'un atome dépend du nombre d'électrons, de protons et de neutrons qu'il contient. Connaître cette masse est important pour le travail en laboratoire. Cependant, les atomes sont des particules extrêmement petites ; même le plus petit grain de poussière que notre œil peut voir ne contient pas moins de 1×10^{16} atomes ! En fait, peser un seul atome est impossible, mais il est possible de déterminer de façon expérimentale la masse *relative* d'un atome, c'est-à-dire comparée à celle d'un autre atome. Cette méthode consiste d'abord à donner une valeur à la masse d'un atome d'un élément donné pour ensuite l'utiliser comme étalon.

Une convention internationale établit la masse de l'atome d'un isotope de carbone appelé carbone 12, qui possède six protons et six neutrons, à exactement 12 **unités de masse atomique** (**u**), aussi appelée poids atomique. L'atome carbone 12 sert d'étalon ; on définit donc une unité de masse atomique comme la *masse qui équivaut à exactement un douzième de la masse d'un atome carbone 12* :

$$\text{masse d'un atome carbone 12} = 12 \text{ u}$$

$$u = \frac{\text{masse de 1 atome carbone 12}}{12}$$

Des expériences ont montré que la masse d'un atome d'hydrogène ne représente en moyenne que 8,400 % de la masse étalon du carbone 12. Si l'on considère que la masse d'un atome carbone 12 est exactement de 12 u, la **masse atomique** (c'est-à-dire la *masse de l'atome en unités de masse atomique*) de l'hydrogène est de 0,08400 $\times$ 12,00 u ou 1,008 u. Des calculs semblables révèlent que la masse atomique de l'oxygène est de 16,00 u et que celle du fer est de 55,85 u. Autrement dit, sans connaître la masse réelle moyenne d'un atome de fer, on sait toutefois que sa masse relative est d'approximativement 56 fois celle d'un atome d'hydrogène.

La masse atomique moyenne

En vérifiant la masse atomique du carbone dans un tableau périodique, vous trouverez qu'elle n'est pas de 12,00 u mais bien de 12,01 u. La raison de cette différence est que la plupart des éléments naturels (y compris le carbone) ont plus de un isotope. Cela signifie que la masse atomique d'un élément est généralement représentée par la masse *moyenne* pondérée du mélange naturel des isotopes de cet élément. Par exemple, le carbone naturel est formé de deux isotopes, le carbone 12 et le carbone 13 dans les proportions suivantes : 98,89 % et 1,11 %. La masse atomique du carbone 13 a été établie à 13,003 35 u. Ainsi, on peut calculer la masse atomique moyenne du carbone de la façon suivante :

masse atomique moyenne du carbone naturel

$$= (0,9889)(12,000\,00 \text{ u}) + (0,0111)(13,003\,35 \text{ u})$$

$$= 12,01 \text{ u}$$

Notez que dans les calculs mettant en jeu des pourcentages, ceux-ci doivent être convertis en fractions. Par exemple, 98,89 % devient 98,89/100 ou 0,9889. À cause de la présence d'un plus grand nombre d'atomes carbone 12 que d'atomes carbone 13 dans la nature, la masse atomique moyenne du carbone est plus près de 12 u que de 13 u ; un tel procédé de calcul donne donc une moyenne pondérée, c'est-à-dire qui tient compte des proportions de chacun des isotopes dans le mélange naturel.

Il est important de comprendre que, lorsque l'on dit que la masse atomique du carbone est de 12,01 u, on fait référence à sa valeur *moyenne*. Si l'on pouvait examiner chaque atome de carbone individuellement, chacun d'eux aurait une masse soit de 12,000 00 u soit de 13,003 35 u mais jamais de 12,01 u.

EXEMPLE 3.1 **Le calcul de la masse atomique moyenne**

Le cuivre, un métal connu depuis les temps anciens, est utilisé, entre autres, dans la fabrication de câbles électriques et de pièces de monnaie. Les masses atomiques de ses deux isotopes stables, $^{63}_{29}\text{Cu}$ (69,09 %) et $^{65}_{29}\text{Cu}$ (30,91 %), sont respectivement de 62,93 u et de 64,9278 u. Calculez la masse atomique moyenne du cuivre. Les pourcentages entre parenthèses indiquent les proportions de chaque isotope.

Réponse : En convertissant les pourcentages en fractions, nous calculons la masse atomique moyenne de la façon suivante :

$$(0,6909)(62,93 \text{ u}) + (0,3091)(64,9278 \text{ u}) = 63,55 \text{ u}$$

Exercice

Les masses atomiques des deux isotopes stables du bore, $^{10}_{5}\text{B}$ (19,78 %) et $^{11}_{5}\text{B}$ (80,22 %), sont respectivement de 10,0129 u et de 11,0093 u. Calculez la masse atomique moyenne du bore.

Du cuivre.

Problèmes semblables :
3.9 et 3.10

NOTE

La masse atomique du cuivre a une valeur proche de celle du Cu 63, l'isotope le plus abondant.

Pour de nombreux éléments, la masse atomique a été déterminée à cinq ou à six chiffres significatifs. Cependant, pour les calculs effectués dans ce livre, nous utiliserons généralement des masses atomiques précises à quatre chiffres significatifs (*voir le tableau des masses atomiques à la fin du manuel*).

3.2 LA MASSE MOLAIRE D'UN ÉLÉMENT ET LE NOMBRE D'AVOGADRO

Les unités de masse atomique fournissent une échelle des masses relatives des éléments. Les atomes ont des masses si petites qu'aucune balance n'est assez précise pour les peser en unités de masse atomique. En pratique, les chimistes travaillent avec des échantillons qui contiennent des quantités énormes d'atomes. C'est pourquoi ils utilisent une unité spéciale qui désigne un très grand nombre d'atomes. D'ailleurs, l'emploi d'unités qui décrivent chacune un nombre particulier d'objets n'est pas nouveau : la paire (2 objets), la douzaine (12 objets) et la grosse (144 objets) sont des unités connues.

Dans le SI, l'unité est la **mole (mol)**, c'est-à-dire la *quantité de substance qui contient autant de particules élémentaires (atomes, molécules ou autres particules) qu'il y a d'atomes dans exactement 12 g (ou 0,012 kg) de carbone 12*. Remarquez que cette définition explique seulement la méthode par laquelle on peut trouver le nombre de particules élémentaires contenues dans une mole. Le *nombre* réel est déterminé de façon expérimentale. Sa valeur couramment acceptée est

$$1 \text{ mol} = 6,022\,045 \times 10^{23} \text{ particules}$$

Ce nombre s'appelle **nombre d'Avogadro,** en l'honneur du scientifique italien Amedeo Avogadro. Pour la plupart des calculs, on arrondit ce nombre à $6,022 \times 10^{23}$. Ainsi, comme 1 douzaine d'oranges contient 12 oranges, 1 mol d'atomes d'hydrogène contient $6,022 \times 10^{23}$ atomes d'hydrogène. La figure 3.1 montre une mole de quelques éléments courants.

Nous avons vu que 1 mol d'atomes de carbone 12 a une masse de 12 g exactement et qu'elle contient $6,022 \times 10^{23}$ atomes. Cette masse du carbone 12 constitue sa **masse molaire,** c'est-à-dire la *masse (en grammes ou en kilogrammes) de 1 mol d'unités* (comme des atomes ou des molécules) d'une substance. Notez que la masse molaire (en grammes)

Amedeo Avogadro (1776-1856)

du carbone 12 est numériquement égale à sa masse en unités de masse atomique. De même, la masse atomique du sodium (Na) est de 22,99 u et sa masse molaire de 22,99 g ; la masse atomique du phosphore est de 30,97 u et sa masse molaire de 30,97 g ; et ainsi de suite pour les autres éléments. Donc, si l'on connaît la masse atomique d'un élément, on connaît aussi sa masse molaire.

Maintenant, nous pouvons calculer la masse (en grammes) d'un seul atome carbone 12. Nous savons déjà que 1 mol d'atomes carbone 12 pèse exactement 12 g. Cela signifie que

$$12,00 \text{ g carbone 12} = 1 \text{ mol d'atomes carbone 12}$$

Nous pouvons donc écrire le facteur de conversion suivant :

$$\frac{12,00 \text{ g carbone 12}}{1 \text{ mol carbone 12}} = 1$$

(Notez que nous avons utilisé le symbole « mol » pour représenter la mole.) Dans la même ligne de pensée, puisqu'il y a $6,022 \times 10^{23}$ atomes dans 1 mol de carbone, nous pouvons dire que

$$1 \text{ mol d'atomes carbone 12} = 6,022 \times 10^{23} \text{ atomes carbone 12}$$

et que le facteur de conversion est

$$\frac{1 \text{ mol d'atomes carbone 12}}{6,022 \times 10^{23} \text{ atomes carbone 12}} = 1$$

Le calcul de la masse (en grammes) d'un atome carbone 12 est le suivant :

$$1 \text{ atome carbone 12} \times \frac{1 \text{ mol d'atomes carbone 12}}{6,022 \times 10^{23} \text{ atomes carbone 12}} \times \frac{12,00 \text{ g carbone 12}}{1 \text{ mol d'atomes carbone 12}}$$

$$= 1,993 \times 10^{-23} \text{ g carbone 12}$$

Figure 3.1 *Échantillons d'une mole de quelques éléments courants. Dans le sens des aiguilles d'une montre à partir d'en haut à gauche : du carbone (poudre de charbon de bois), du soufre (poudre jaune), du fer (clous), du cuivre (cents) et, au centre, du mercure (métal liquide brillant).*

On peut également trouver la relation entre les unités de masse atomique et les grammes en tenant compte que la masse de chaque atome carbone 12 est exactement de 12 u. La masse en grammes équivalant à 1 u est

$$\frac{\text{gramme}}{\text{u}} = \frac{1,993 \times 10^{-23}\ \text{g}}{1\ \text{atome carbone 12}} \times \frac{1\ \text{atome carbone 12}}{12\ \text{u}} = 1,661 \times 10^{-24}\ \text{g/u}$$

Donc,

$$1\ \text{u} = 1,661 \times 10^{-24}\ \text{g}$$

et

$$1\ \text{g} = 6,022 \times 10^{23}\ \text{u}$$

Cet exemple montre qu'il est possible d'utiliser le nombre d'Avogadro pour convertir les unités de masse atomique en grammes, et vice versa.

Le nombre d'Avogadro et le concept de masse molaire permettent d'effectuer des conversions entre la masse (en grammes, par exemple) et le nombre de moles d'une certaine quantité d'atomes, et entre un nombre d'atomes et la masse, ainsi que de calculer la masse d'un seul atome. Les exemples 3.2, 3.3 et 3.4 montrent comment s'effectuent ces conversions. Dans ces calculs, nous emploierons les facteurs de conversion suivants :

$$\frac{1\ \text{mol X}}{\text{masse molaire de X}} = 1$$

$$\frac{1\ \text{mol X}}{6,022 \times 10^{23}\ \text{atomes X}} = 1$$

où X représente le symbole d'un élément.

EXEMPLE 3.2 La conversion entre moles d'atomes et masses d'atomes

Le zinc (Zn) est un métal de couleur argent qui entre (avec le cuivre) dans la composition du laiton et sert aussi à plaquer le fer pour en empêcher la corrosion. a) Quelle est la masse (en grammes) de 0,356 mol de Zn ? b) Combien de moles y a-t-il dans 668 g de Zn ?

Réponses : a) Étant donné que la masse molaire du Zn est de 65,39 g, la masse de Zn en grammes est donnée par

$$0,356\ \text{mol Zn} \times \frac{65,39\ \text{g Zn}}{1\ \text{mol Zn}} = 23,3\ \text{g Zn}$$

Ainsi, 0,356 mol de Zn a une masse de 23,3 g.

b) Connaissant la masse molaire du zinc, nous pouvons convertir cette quantité en moles :

$$668\ \text{g Zn} \times \frac{1\ \text{mol Zn}}{65,39\ \text{g Zn}} = 10,2\ \text{mol Zn}$$

EXERCICE

a) Calculez la masse (en grammes) de 1,61 mol d'hélium (He).
b) Calculez le nombre de moles contenues dans 0,317 g de magnésium (Mg).

Du zinc.

Problèmes semblables :
3.17 et 3.18

NOTE

Vous devriez toujours vous assurer que vos réponses sont plausibles.

De l'argent.

Problèmes semblables :
3.19 et 3.20

EXEMPLE 3.3   Le calcul de la masse de un atome

L'argent (Ag) est un métal précieux utilisé principalement dans la fabrication de bijoux. Quelle est la masse (en grammes) de un atome d'argent ?

Réponse : La masse molaire de l'argent est de 107,9 g. Puisqu'il y a $6,022 \times 10^{23}$ atomes de Ag dans 1 mol, la masse de un atome de Ag est

$$1 \text{ atome Ag} \times \frac{1 \text{ mol d'atomes Ag}}{6,022 \times 10^{23} \text{ atomes Ag}} \times \frac{107,9 \text{ g Ag}}{1 \text{ mol d'atomes Ag}} = 1,792 \times 10^{-22} \text{ g Ag}$$

EXERCICE

Quelle est la masse (en grammes) de un atome d'iode (I) ?

Du soufre.

Problème semblable : 3.22

NOTE

Avec la pratique, vous deviendrez de plus en plus habile à combiner les étapes de résolution des problèmes en une seule équation.

EXEMPLE 3.4   La conversion de la masse (en grammes) en nombre d'atomes

Le soufre (S) est un élément non métallique. Les pluies acides sont causées pour une bonne part par la présence du soufre dans le charbon. Combien y a-t-il d'atomes dans 16,3 g de S ?

Réponse : La solution de ce problème se fait en deux étapes. D'abord, il faut trouver le nombre de moles de S contenues dans 16,3 g de S (comme dans l'exemple 3.2). Ensuite, il faut calculer le nombre d'atomes de S d'après le nombre de moles trouvé. Nous pouvons effectuer ces deux étapes en une seule opération :

$$16,3 \text{ g S} \times \frac{1 \text{ mol S}}{32,07 \text{ g S}} \times \frac{6,022 \times 10^{23} \text{ atomes S}}{1 \text{ mol S}} = 3,06 \times 10^{23} \text{ atomes S}$$

EXERCICE

Calculez le nombre d'atomes contenus dans 0,551 g de potassium (K).

Du soufre élémentaire :
huit atomes de soufre forment
une molécule en anneau de
formule S_8.

3.3   LA MASSE MOLÉCULAIRE

Si l'on connaît les masses atomiques, on peut calculer la masse des molécules. La **masse moléculaire**, c'est la *somme des masses atomiques (en unités de masse atomique) des atomes qui forment une molécule*. Par exemple, la masse moléculaire de H_2O est

$$2(\text{masse atomique de H}) + \text{masse atomique de O}$$

ou

$$2(1,008 \text{ u}) + 16,00 \text{ u} = 18,02 \text{ u}$$

EXEMPLE 3.5 Le calcul de la masse moléculaire

Calculez la masse moléculaire de chacun des composés suivants : a) le dioxyde de soufre (SO_2), principal constituant à l'origine des pluies acides ; b) l'acide ascorbique, ou vitamine C ($C_6H_8O_6$).

Réponses : a) À partir des masses atomiques de S et de O, nous obtenons :

$$\text{masse moléculaire de } SO_2 = 32,07 \text{ u} + 2(16,00 \text{ u})$$

$$= 64,07 \text{ u}$$

b) À partir des masses atomiques de C, de H et de O, nous obtenons :

$$\text{masse moléculaire de } C_6H_8O_6 = 6(12,01 \text{ u}) + 8(1,008 \text{ u}) + 6(16,00 \text{ u})$$

$$= 176,12 \text{ u}$$

EXERCICE

Quelle est la masse moléculaire du méthanol (CH_4O) ?

Problèmes semblables :
3.25 et 3.26

À partir de la masse moléculaire d'une molécule ou d'un composé, il est possible de déterminer la masse molaire de cette molécule ou de ce composé : la masse molaire (en grammes) d'un composé a une valeur numérique égale à sa masse moléculaire (en unités de masse atomique). Par exemple, la masse moléculaire de l'eau est de 18,02 u ; sa masse molaire est donc de 18,02 g. Notez que 1 mol d'eau pèse 18,02 g et contient $6,022 \times 10^{23}$ *molécules* de H_2O, tout comme 1 mol de carbone contient $6,022 \times 10^{23}$ *atomes* de carbone.

Comme le montrent les deux exemples qui suivent, la connaissance de la masse molaire nous permet de calculer le nombre de moles et le nombre d'atomes contenus dans une quantité donnée d'un composé.

EXEMPLE 3.6 Le calcul du nombre de moles dans une quantité donnée d'un composé

Le méthane, CH_4, est le principal constituant du gaz naturel. Combien y a-t-il de moles dans 6,07 g de CH_4 ?

Réponse : D'abord, nous calculons la masse molaire de CH_4 :

$$\text{masse molaire de } CH_4 = 12,01 \text{ g} + 4(1,008 \text{ g})$$

$$= 16,04 \text{ g}$$

Nous appliquons ensuite la méthode utilisée à l'exemple 3.2 :

$$6,07 \text{ g } CH_4 \times \frac{1 \text{ mol } CH_4}{16,04 \text{ g } CH_4} = 0,378 \text{ mol } CH_4$$

EXERCICE

Calculez le nombre de moles contenues dans 198 g de chloroforme, $CHCl_3$.

Combustion du méthane sur une cuisinière.

Problème semblable : 3.28

De l'urée.

Problème semblable : 3.29

> ### EXEMPLE 3.7   Le calcul du nombre d'atomes dans une quantité donnée d'un composé
>
> Combien d'atomes d'hydrogène sont contenus dans 25,6 g d'urée, $(NH_2)_2CO$, une substance utilisée comme engrais, dans la nourriture animale et pour la fabrication de polymères ? La masse molaire de l'urée est de 60,06 g.
>
> **Réponse :** Il y a 4 atomes d'hydrogène dans chaque molécule d'urée ; donc, le nombre total d'atomes d'hydrogène est
>
> $$25,6 \text{ g } (NH_2)_2CO \times \frac{1 \text{ mol } (NH_2)_2CO}{60,06 \text{ g } (NH_2)_2CO} \times \frac{6,022 \times 10^{23} \text{ molécules } (NH_2)_2CO}{1 \text{ mol } (NH_2)_2CO}$$
>
> $$\times \frac{4 \text{ atomes H}}{1 \text{ molécule } (NH_2)_2CO} = 1,03 \times 10^{24} \text{ atomes H}$$
>
> En suivant la même méthode, nous pourrions calculer le nombre d'atomes d'azote, de carbone ou d'oxygène. Cependant, il existe une méthode plus courte : le rapport entre le nombre d'atomes d'azote et le nombre d'atomes d'hydrogène dans l'urée est 2 : 4, ou 1 : 2, et celui entre l'oxygène (de même que le carbone) et l'hydrogène est 1 : 4. Alors, le nombre d'atomes d'azote contenus dans 25,6 g d'urée est $(\frac{1}{2})(1,03 \times 10^{24})$, ou $5,15 \times 10^{23}$ atomes. Le nombre d'atomes d'oxygène (ainsi que de carbone) est $(\frac{1}{4})(1,03 \times 10^{24})$ ou $2,58 \times 10^{23}$ atomes.
>
> ### EXERCICE
>
> Combien y a-t-il d'atomes de H dans 72,5 g d'isopropanol, communément appelé alcool à friction, C_3H_8O ?

3.4   LE SPECTROMÈTRE DE MASSE

La méthode la plus directe et la plus précise pour déterminer les masses atomiques et moléculaires, c'est la spectrométrie de masse (*figure 3.2*). Dans un *spectromètre de masse,* un échantillon de gaz est bombardé d'un faisceau d'électrons de grande énergie. Les collisions qui se produisent entre les électrons et les atomes (ou les molécules) du gaz provoquent la formation d'ions positifs : les électrons du faisceau délogent des électrons des atomes ou des molécules. Les ions positifs créés (de masse m et de charge e) sont accélérés en passant dans des fentes pratiquées dans deux plaques de charges opposées et à haut voltage. Ensuite, les ions sont soumis à l'action d'un puissant aimant qui fait dévier leur trajectoire selon différents arcs de cercle dont les rayons dépendent du rapport charge/masse (qui est e/m) de chaque ion. Les ions présentant un faible rapport e/m sont moins fortement déviés que ceux qui ont un rapport e/m élevé ; ainsi des ions de charges égales mais de masses différentes sont séparés les uns des autres. Finalement, les ions arrivent au détecteur, ce qui génère un courant pour chaque type d'ions. La quantité de courant généré est directement proportionnelle au nombre d'ions en jeu ; ainsi, il est possible de déterminer la quantité relative de chaque isotope.

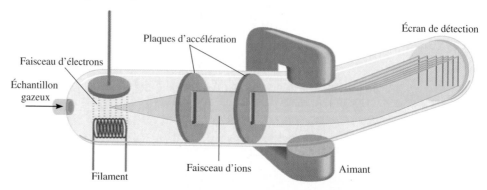

Figure 3.2 *Schéma d'un type de spectromètre de masse.*

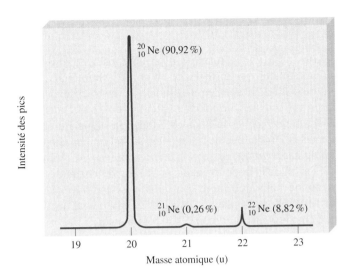

Figure 3.3 *Le spectre de masse des trois isotopes du néon.*

Le premier spectromètre de masse, fabriqué dans les années 1920 par le physicien anglais F. W. Aston, était rudimentaire. Néanmoins, il permit d'établir la preuve indiscutable de l'existence des isotopes néon 20 (masse atomique de 19,9924 u et abondance relative de 90,92 %) et néon 22 (masse atomique de 21,9914 u et abondance relative de 8,82 %). L'arrivée de spectromètres de masse plus sophistiqués et plus sensibles a permis aux scientifiques de découvrir, avec surprise, qu'il existe dans la nature un troisième isotope stable du néon, dont la masse atomique est de 20,9940 u et l'abondance relative de 0,257 % (*figure 3.3*). Cet exemple illustre l'importance de l'exactitude expérimentale dans une science quantitative comme la chimie. Les premières expériences n'ont pas permis de détecter le néon 21 parce que celui-ci ne constitue que 0,257 % des isotopes naturels du néon. En d'autres termes, sur 10 000 atomes de néon, seulement 26 sont des isotopes ^{21}Ne.

La masse des molécules est déterminée par une méthode semblable. La figure 3.4 montre le spectre de masse de l'ammoniac (NH_3). Le pic le plus élevé (17,03 u) correspond à la masse de l'ion ammoniac NH_3^+. Les autres pics représentent les cations produits par la fragmentation de l'ion NH_3^+.

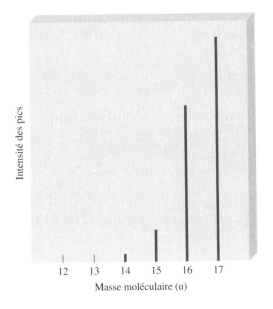

Figure 3.4 *Le spectre de masse de l'ammoniac (NH_3) sous forme d'histogramme. Le pic le plus haut (17 u) correspond à l'ion NH_3^+; les autres correspondent à d'autres ions dérivés de la fragmentation de l'ion le plus lourd appelé ion-parent.*

3.5 LA COMPOSITION CENTÉSIMALE

Comme nous l'avons déjà vu, la formule d'un composé indique les nombres relatifs d'atomes de chaque élément qui forment ce composé. Maintenant, supposons que l'on doive vérifier la pureté d'un échantillon d'un composé en vue de son utilisation pour une expérience. D'après sa formule, on pourrait calculer, en pourcentage, la contribution de chaque élément à la masse totale du composé. Puis, en comparant les résultats avec les pourcentages obtenus expérimentalement, on pourrait déterminer la pureté de l'échantillon.

La **composition centésimale** est le *pourcentage en masse de chaque élément contenu dans un composé*. On obtient le pourcentage massique de chaque élément en divisant sa part de la masse totale dans une mole d'un composé par la masse molaire du même composé, puis en multipliant le résultat par 100 %. Mathématiquement, la composition centésimale d'un élément dans un composé s'exprime ainsi :

$$\text{composition centésimale d'un élément} = \frac{n \times \text{masse molaire de l'élément}}{\text{masse molaire du composé}} \times 100\% \quad (3.1)$$

où n est le nombre de moles de l'élément dans 1 mol du composé. Par exemple, dans 1 mol de peroxyde d'hydrogène (H_2O_2), il y a 2 mol d'atomes H et 2 mol d'atomes O. Les masses molaires de H_2O_2, de H et de O sont respectivement de 34,02 g, de 1,008 g et de 16,00 g. Alors, le calcul de la composition centésimale de H_2O_2, donc des deux pourcentages massiques, est

$$\% \text{ de H} = \frac{2 \times 1{,}008 \text{ g}}{34{,}02 \text{ g}} \times 100\% = 5{,}926\%$$

$$\% \text{ de O} = \frac{2 \times 16{,}00 \text{ g}}{34{,}02 \text{ g}} \times 100\% = 94{,}06\%$$

La somme des pourcentages est 5,926 % + 94,06 % = 99,99 %. Le petit écart de 0,01 % vient de la façon dont les masses molaires des éléments ont été arrondies. Notez que, avec la formule empirique (HO), nous aurions obtenu le même résultat.

H_3PO_4

Problèmes semblables :
3.41 et 3.43

EXEMPLE 3.8   Le calcul de la composition centésimale

L'acide phosphorique (H_3PO_4) est utilisé dans les détergents, les engrais et les dentifrices. C'est aussi l'ingrédient qui accentue le goût des boissons gazeuses. Calculez la composition centésimale de ce composé.

Réponse : La masse molaire de H_3PO_4 est de 97,99 g/mol. Sa composition centésimale est donc

$$\% \text{ de H} = \frac{3(1{,}008 \text{ g})}{97{,}99 \text{ g}} \times 100\% = 3{,}086\%$$

$$\% \text{ de P} = \frac{30{,}97 \text{ g}}{97{,}99 \text{ g}} \times 100\% = 31{,}61\%$$

$$\% \text{ de O} = \frac{4(16{,}00 \text{ g})}{97{,}99 \text{ g}} \times 100\% = 65{,}31\%$$

La somme de ces pourcentages est 3,086 % + 31,61 % + 65,31 % = 100,01 %. L'écart de 0,01 % est dû au fait que les valeurs ont été arrondies.

EXERCICE

Calculez la composition centésimale de l'acide sulfurique (H_2SO_4).

La méthode utilisée dans l'exemple peut être inversée ; c'est-à-dire que, à partir de la composition centésimale d'un composé, il est possible d'établir la formule empirique de ce composé.

EXEMPLE 3.9 La détermination de la formule empirique d'un composé à partir de l'analyse centésimale

L'acide ascorbique (vitamine C) guérit du scorbut et peut prévenir le rhume. L'analyse centésimale donne : 40,92 % de carbone (C), 4,58 % d'hydrogène (H) et 54,50 % d'oxygène (O). Déterminez sa formule empirique.

Réponse : Étant donné que la somme de tous les pourcentages est 100 %, il est pratique d'aborder ce problème en prenant comme point de départ exactement 100 g de la substance. Ainsi, dans 100 g d'acide ascorbique, il y a 40,92 g de C, 4,58 g de H et 54,50 g de O. Ensuite, il faut calculer le nombre de moles de chaque élément du composé. Soit n_C, n_H et n_O, les nombres de moles des éléments présents. En utilisant la masse molaire de chacun d'eux, nous écrivons

$$n_C = 40,92 \text{ g C} \times \frac{1 \text{ mol C}}{12,01 \text{ g C}} = 3,407 \text{ mol C}$$

$$n_H = 4,58 \text{ g H} \times \frac{1 \text{ mol H}}{1,008 \text{ g H}} = 4,54 \text{ mol H}$$

$$n_O = 54,50 \text{ g O} \times \frac{1 \text{ mol O}}{16,00 \text{ g O}} = 3,406 \text{ mol O}$$

Nous obtenons alors la formule $C_{3,407}H_{4,54}O_{3,406}$, qui indique la nature des atomes présents et le rapport entre leurs quantités respectives. Cependant, étant donné que les formules chimiques ne s'écrivent qu'avec des nombres entiers, il ne peut y avoir 3,407 atomes C, 4,54 atomes H et 3,406 atomes O. Il est toutefois possible de convertir ces indices en nombres entiers en divisant chacun d'eux par le plus petit d'entre eux, à savoir 3,406 :

$$C : \frac{3,407}{3,406} = 1 \qquad H : \frac{4,54}{3,406} = 1,33 \qquad O : \frac{3,406}{3,406} = 1$$

Nous obtenons alors $CH_{1,33}O$ comme formule de l'acide ascorbique. Il faut ensuite convertir l'indice 1,33 en nombre entier. Ce qui peut être fait par tâtonnement :

$$1,33 \times 1 = 1,33$$

$$1,33 \times 2 = 2,66$$

$$1,33 \times 3 = 3,99 \approx 4$$

Parce que $1,33 \times 3$ nous donne à peu près un nombre entier (4), nous devons multiplier tous les indices par 3 : on obtient alors $C_3H_4O_3$ comme formule empirique de l'acide ascorbique.

EXERCICE

Déterminez la formule empirique d'un composé selon la composition centésimale suivante : K, 24,75 % ; Mn, 34,77 % ; O, 40,51 %.

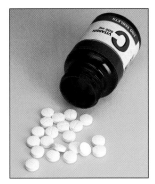

Comprimés de vitamine C.

Modèle moléculaire de l'acide ascorbique.

Problème semblable : 3.51

NOTE

Pourquoi ces étapes de calcul permettent-elles d'établir la formule empirique et non pas la formule moléculaire de l'acide ascorbique ?

Les chimistes veulent souvent savoir la masse réelle d'un élément contenue dans une masse donnée d'un composé. Puisque la composition centésimale donne le pourcentage du composé qui représente l'élément considéré, la masse de ce dernier peut être calculée facilement.

De la chalcopyrite.

Problème semblable : 3.47

EXEMPLE 3.10   Le calcul de la masse d'un élément à partir de son pourcentage massique

La chalcopyrite ($CuFeS_2$) est le principal minerai du cuivre. Calculez la masse de Cu en kilogrammes contenue dans $3{,}71 \times 10^3$ kg de chalcopyrite.

Réponse : Les masses molaires de Cu et de $CuFeS_2$ sont respectivement de 63,55 g et de 183,5 g ; le pourcentage massique de Cu est donc

$$\% \text{ de Cu} = \frac{63{,}55 \text{ g}}{183{,}5 \text{ g}} \times 100\,\% = 34{,}63\,\%$$

Pour calculer la masse de Cu dans un échantillon de $3{,}71 \times 10^3$ kg de $CuFeS_2$, il faut convertir le pourcentage en fraction (34,63 % = 0,3463) et écrire

$$\text{masse de Cu dans } CuFeS_2 = 0{,}3463 \times 3{,}71 \times 10^3 \text{ kg} = 1{,}28 \times 10^3 \text{ kg}$$

Ce calcul peut être simplifié en effectuant les deux étapes simultanément :

$$\text{masse de Cu dans } CuFeS_2 = 3{,}71 \times 10^3 \text{ kg } CuFeS_2 \times \frac{63{,}55 \text{ g Cu}}{183{,}5 \text{ g } CuFeS_2}$$

$$= 1{,}28 \times 10^3 \text{ kg Cu}$$

EXERCICE

Calculez la masse de Al en grammes dans 371 g de Al_2O_3.

3.6   LA DÉTERMINATION EXPÉRIMENTALE DES FORMULES EMPIRIQUES

La possibilité d'établir la formule empirique d'un composé d'après l'analyse élémentaire, c'est-à-dire l'identification et le dosage de chacun des éléments présents dans le composé, permet de déterminer expérimentalement la nature de ce composé. La méthode est la suivante. D'abord, une analyse chimique permet de trouver la masse en grammes de chaque élément présent dans un échantillon d'un composé donné. Ensuite, les quantités en grammes de chaque élément sont converties en nombres de moles. Finalement, la formule empirique du composé est déterminée par la méthode illustrée à l'exemple 3.9.

Prenons l'éthanol comme exemple. Quand l'éthanol est brûlé dans un appareil semblable à celui qui est illustré à la figure 3.5, il produit du dioxyde de carbone, CO_2, et de l'eau, H_2O. Étant donné qu'il n'y avait ni carbone ni hydrogène gazeux dans le courant d'oxygène gazeux, on peut en déduire que le carbone (C) et l'hydrogène (H) ne proviennent que de l'éthanol. Comme il a fallu ajouter de l'oxygène pour qu'il y ait combustion, l'oxygène quant à lui peut provenir à la fois du courant d'oxygène et d'oxygène possiblement contenu dans l'éthanol.

Il est possible de déterminer les masses de CO_2 et de H_2O produites en mesurant l'augmentation de la masse de l'absorbeur de CO_2 et celle de l'absorbeur de H_2O. Supposons que, dans une expérience, la combustion de 11,5 g d'éthanol produise 22,0 g de CO_2 et 13,5 g de H_2O. D'après ces données et à l'aide du calcul suivant, il est possible de déterminer la masse du carbone et celle de l'hydrogène contenues dans l'échantillon original d'éthanol :

$$\text{masse de C} = 22{,}0 \text{ g } CO_2 \times \frac{1 \text{ mol } CO_2}{44{,}01 \text{ g } CO_2} \times \frac{1 \text{ mol C}}{1 \text{ mol } CO_2} \times \frac{12{,}01 \text{ g C}}{1 \text{ mol C}}$$

$$= 6{,}00 \text{ g C}$$

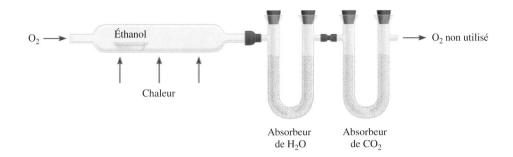

Figure 3.5 *Appareil servant à déterminer la formule empirique de l'éthanol. Les absorbeurs sont des substances qui peuvent retenir l'eau et le dioxyde de carbone, respectivement.*

$$\text{masse de H} = 13{,}5 \text{ g H}_2\text{O} \times \frac{1 \text{ mol H}_2\text{O}}{18{,}02 \text{ g H}_2\text{O}} \times \frac{2 \text{ mol H}}{1 \text{ mol H}_2\text{O}} \times \frac{1{,}008 \text{ g H}}{1 \text{ mol H}}$$

$$= 1{,}51 \text{ g H}$$

Ainsi, dans 11,5 g d'éthanol, il y a 6,00 g de carbone et 1,51 g d'hydrogène. La masse manquante doit être celle de l'oxygène :

$$\text{masse de O} = \text{masse de l'échantillon} - (\text{masse de C} + \text{masse de H})$$

$$= 11{,}5 \text{ g} - (6{,}00 \text{ g} + 1{,}51 \text{ g})$$

$$= 4{,}0 \text{ g}$$

Le nombre de moles de chacun des éléments présents dans 11,5 g d'éthanol est

$$\text{moles de C} = 6{,}00 \text{ g C} \times \frac{1 \text{ mol C}}{12{,}01 \text{ g C}} = 0{,}500 \text{ mol C}$$

$$\text{moles de H} = 1{,}51 \text{ g H} \times \frac{1 \text{ mol H}}{1{,}008 \text{ g H}} = 1{,}50 \text{ mol H}$$

$$\text{moles de O} = 4{,}0 \text{ g O} \times \frac{1 \text{ mol O}}{16{,}00 \text{ g O}} = 0{,}25 \text{ mol O}$$

La formule de l'éthanol est donc $C_{0,50}H_{1,5}O_{0,25}$ (nous avons arrondi les nombres de moles à deux chiffres significatifs). Étant donné que le nombre d'atomes de chaque élément doit être entier, il faut diviser les indices par 0,25 (le plus petit indice) pour ainsi obtenir C_2H_6O comme formule empirique.

Maintenant, on comprend mieux pourquoi on parle de formule *empirique* : ce terme signifie « qui se situe au niveau de l'expérience ». La formule empirique de l'éthanol a été établie à partir de l'analyse expérimentale de ce composé, c'est-à-dire sans que l'on connaisse sa structure (la façon dont les atomes sont liés entre eux).

La formule moléculaire de l'éthanol est la même que sa formule empirique.

La détermination des formules moléculaires

La formule déterminée à partir de l'analyse élémentaire est toujours une formule empirique, parce que ses indices sont toujours réduits aux plus petits nombres entiers possibles. Pour établir la formule réelle, ou moléculaire, d'un composé, il faut connaître sa masse molaire *approximative* en plus de sa formule empirique.

Problème semblable : 3.54

NOTE

Pourquoi n'est-il pas nécessaire
de connaître plus exactement la
masse molaire du composé ?

EXEMPLE 3.11   La détermination de la formule moléculaire d'un composé

Un composé est formé de 1,52 g d'azote (N) et de 3,47 g d'oxygène (O). On sait que sa masse molaire se situe entre 90 g et 95 g. Déterminez la formule moléculaire, puis la masse molaire de ce composé (la réponse doit comporter quatre chiffres significatifs).

Réponse: D'abord, il faut déterminer la formule empirique (*voir l'exemple 3.9*). Soit n_N et n_O les nombres de moles d'azote et d'oxygène. Alors,

$$n_N = 1,52 \text{ g N} \times \frac{1 \text{ mol N}}{14,01 \text{ g N}} = 0,108 \text{ mol N}$$

$$n_O = 3,47 \text{ g O} \times \frac{1 \text{ mol O}}{16,00 \text{ g O}} = 0,217 \text{ mol O}$$

Donc, la formule du composé est $N_{0,108}O_{0,217}$. Comme dans l'exemple 3.9, il faut diviser les indices par le plus petit d'entre eux, soit 0,108. Après avoir arrondi, nous obtenons NO_2 comme formule empirique. Nous savons que la formule moléculaire peut être identique à la formule empirique, sinon les indices de la première sont des multiples entiers de la seconde. La masse molaire de la formule empirique NO_2 est

$$\text{masse molaire empirique} = 14,01 \text{ g} + 2(16,00 \text{ g}) = 46,02 \text{ g}$$

Ensuite, il faut déterminer le nombre d'unités de NO_2 présent dans la formule moléculaire, ce qui peut se faire avec le rapport suivant:

$$\frac{\text{masse molaire}}{\text{masse molaire empirique}} = \frac{95 \text{ g}}{46,02 \text{ g}} = 2,1 \approx 2$$

Ainsi, il y a deux unités de NO_2 dans chaque molécule du composé; la formule moléculaire est donc $(NO_2)_2$ ou N_2O_4. La masse molaire de ce composé est $2(46,02 \text{ g})$ ou 92,04 g.

EXERCICE

Un composé est formé de 6,444 g de bore (B) et de 1,803 g d'hydrogène (H). La masse molaire du composé est d'environ 30 g. Quelle est sa formule moléculaire ?

3.7 LES RÉACTIONS ET LES ÉQUATIONS CHIMIQUES

Après avoir abordé les masses des atomes et des molécules, abordons maintenant ce qui arrive aux atomes et aux molécules lorsqu'il y a transformation chimique. Une *transformation chimique* est appelée **réaction chimique**. Pour se transmettre des données sur ce type de réactions, les chimistes ont établi une façon de les représenter: les équations chimiques. Une **équation chimique** *utilise des symboles chimiques pour indiquer ce qui se produit durant une réaction chimique.* Dans cette section, nous apprendrons à écrire une équation chimique et à l'équilibrer.

L'écriture des équations chimiques

Prenons comme exemple ce qui se produit quand il y a formation d'eau (H_2O) à partir de la combustion de l'hydrogène (H_2) dans l'air (qui contient de l'oxygène, O_2). Cette réaction peut être représentée par l'équation chimique suivante:

$$H_2 + O_2 \longrightarrow H_2O \tag{3.2}$$

Combustion de l'hydrogène dans l'air.

où le signe $+$ signifie «réagit avec» et le signe $\longrightarrow$ signifie «pour former». Ainsi, cette expression symbolique peut se lire : «Une molécule d'hydrogène réagit avec une molécule d'oxygène pour former de l'eau.» La réaction se produit de gauche à droite comme l'indique la flèche.

Cependant, l'équation (3.2) n'est pas complète parce qu'il y a deux fois plus d'atomes d'oxygène à gauche de la flèche qu'à droite. Pour être en accord avec la loi de la conservation de la matière, il faut que le nombre d'atomes de chaque élément soit le même de chaque côté de la flèche ; c'est-à-dire qu'il doit y avoir le même nombre d'atomes avant et après la réaction. Il faut alors *équilibrer* l'équation (3.2) en plaçant le coefficient approprié (dans ce cas : 2) devant H_2 et H_2O :

$$2H_2 + O_2 \longrightarrow 2H_2O$$

Cette *équation chimique équilibrée* indique que «deux molécules d'hydrogène réagissent avec une molécule d'oxygène pour former deux molécules d'eau» (*figure 3.6*).

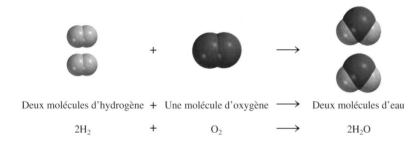

Deux molécules d'hydrogène $+$ Une molécule d'oxygène $\longrightarrow$ Deux molécules d'eau

$2H_2$ $+$ O_2 $\longrightarrow$ $2H_2O$

Figure 3.6 *Trois façons de représenter la combustion de l'hydrogène. Selon la loi de la conservation de la matière, le nombre de chaque espèce d'atome doit être le même des deux côtés de l'équation.*

(Notez que le coefficient 1, comme dans le cas de O_2 de cette équation, est sous-entendu, donc jamais inscrit.) Étant donné que le rapport qui existe entre les nombres de molécules est égal à celui qu'il y a entre les nombres de moles, l'équation peut également se lire : «deux moles de molécules d'hydrogène réagissent avec une mole de molécules d'oxygène pour former deux moles de molécules d'eau.» Connaissant la masse molaire de chacune de ces substances, on peut aussi dire : «4,04 g de H_2 réagissent avec 32,00 g de O_2 pour former 36,04 g de H_2O.» Ces trois façons de lire l'équation sont résumées dans le tableau 3.1.

Les éléments H_2 et O_2 de l'équation (3.2) s'appellent des **réactifs** : ce sont les *substances de départ d'une réaction chimique*. L'eau est le **produit**, c'est-à-dire, la *substance résultant d'une réaction chimique*. On peut donc dire que l'équation chimique est une sorte de code utilisé par les chimistes pour décrire une réaction. Dans une équation chimique, les réactifs sont, par convention, à gauche de la flèche et les produits à droite :

$$\text{réactifs} \longrightarrow \text{produits}$$

Pour fournir plus de renseignements, les chimistes indiquent souvent l'état physique des réactifs et des produits en utilisant les lettres *g*(gazeux), *l*(liquide) et *s*(solide). Par exemple,

$$2CO(g) + O_2(g) \longrightarrow 2CO_2(g)$$

$$2HgO(s) \longrightarrow 2Hg(l) + O_2(g)$$

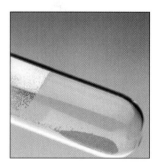

Sous l'effet de la chaleur, l'oxyde de mercure(II) (HgO) se décompose en mercure et en oxygène.

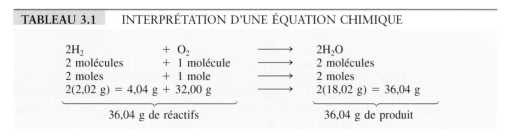

TABLEAU 3.1	INTERPRÉTATION D'UNE ÉQUATION CHIMIQUE		
$2H_2$	$+ O_2$	$\longrightarrow$	$2H_2O$
2 molécules	$+$ 1 molécule	$\longrightarrow$	2 molécules
2 moles	$+$ 1 mole	$\longrightarrow$	2 moles
$2(2,02 \text{ g}) = 4,04 \text{ g}$	$+ 32,00 \text{ g}$	$\longrightarrow$	$2(18,02 \text{ g}) = 36,04 \text{ g}$
	36,04 g de réactifs		36,04 g de produit

Par ailleurs, pour représenter ce qui arrive au chlorure de sodium (NaCl) dissous dans de l'eau, on écrit

$$NaCl(s) \xrightarrow{H_2O} NaCl(aq)$$

où *aq* signifie « en milieu aqueux ». Le symbole H_2O au-dessus de la flèche indique que la dissolution s'est faite dans de l'eau ; parfois on l'omet pour simplifier.

L'équilibrage des équations chimiques

Supposons que l'on veuille écrire une équation pour décrire une réaction chimique réalisée en laboratoire. Comment faire ? Sachant la nature des réactifs, on peut écrire leurs formules chimiques. Cependant, la nature des produits est plus difficile à déterminer. Dans le cas d'une réaction simple, il est souvent possible de deviner le ou les produits ; mais pour ce qui est des réactions qui produisent trois substances ou plus, les chimistes peuvent avoir à effectuer des analyses plus approfondies afin de déterminer la présence de composés spécifiques. Certains indices sont utiles : par exemple, il est possible de déduire qu'un produit gazeux est formé quand il y a apparition de bulles durant une réaction se produisant dans un milieu aqueux ; un changement de couleur est une autre indication qu'une réaction chimique s'est produite.

Une fois la nature de tous les réactifs et de tous les produits déterminée, de même que leurs formules chimiques, on doit les écrire selon les règles, c'est-à-dire : les réactifs à gauche de la flèche et les produits à droite. À cette étape, l'équation n'*est probablement pas équilibrée* ; autrement dit, le nombre de chacun des atomes présents de chaque côté de la flèche sont différents. En général, il est possible d'équilibrer une équation chimique en effectuant les étapes suivantes :

- Identifier les réactifs et les produits, puis écrire leurs formules respectivement à gauche et à droite de la flèche.

- Commencer l'équilibrage en essayant différents coefficients jusqu'à l'obtention d'un nombre égal d'atomes pour chaque élément de part et d'autre de la flèche. Il est possible de changer les coefficients (les nombres qui précèdent les formules), mais pas les indices (les nombres à l'intérieur des formules). Changer les indices correspondrait à changer la nature de la substance. Par exemple, $2NO_2$ signifie « deux molécules de dioxyde d'azote », tandis que, si nous multiplions les indices par deux, nous obtenons N_2O_4, qui est la formule du tétroxyde de diazote, un composé complètement différent.

- Chercher des éléments qui n'apparaissent qu'une fois de chaque côté de la flèche avec le même nombre d'atomes : les formules qui contiennent ces éléments doivent avoir le même coefficient. Ensuite, chercher les éléments qui n'apparaissent qu'une fois de chaque côté, mais avec des nombres différents d'atomes. Équilibrer ces éléments. Finalement, équilibrer les éléments qui apparaissent dans deux ou plusieurs formules situées d'un même côté de la flèche.

- Vérifier son travail en s'assurant que les atomes de chaque élément sont présents en nombre égal de chaque côté de la flèche.

Prenons un exemple précis. En laboratoire, on peut facilement obtenir une petite quantité d'oxygène en chauffant du chlorate de potassium ($KClO_3$). Les produits sont de l'oxygène gazeux (O_2) et du chlorure de potassium (KCl). Selon ces données, nous écrivons

$$KClO_3 \longrightarrow KCl + O_2$$

Sous l'effet de la chaleur, le chlorate de potassium ($KClO_3$) produit de l'oxygène qui participe à la combustion d'une éclisse de bois.

(Pour simplifier, nous avons omis les états physiques des réactifs et des produits.) Nous remarquons que chacun des trois éléments (K, Cl et O) n'apparaît qu'une fois de chaque côté de la flèche, mais que seuls K et Cl ont le même nombre d'atomes des deux côtés. Alors, $KClO_3$ et KCl doivent avoir le même coefficient. L'étape suivante consiste à rendre le nombre d'atomes O égal des deux côtés de la flèche. Étant donné qu'il y a trois atomes O du côté gauche et deux du côté droit, nous pouvons les équilibrer en plaçant les coefficients 2 devant $KClO_3$ et 3 devant O_2 :

$$2KClO_3 \longrightarrow KCl + 3O_2$$

Finalement, nous équilibrons les atomes K et Cl en plaçant le coefficient 2 devant KCl :

$$2KClO_3 \longrightarrow 2KCl + 3O_2 \qquad (3.3)$$

Comme vérification finale, nous pouvons faire un tableau comparant les réactifs et les produits (les chiffres entre parenthèses indiquent le nombre d'atomes de chaque élément).

Réactifs	Produits
K (2)	K (2)
Cl (2)	Cl (2)
O (6)	O (6)

Notez que cette équation serait également équilibrée si les coefficients étaient un multiple des coefficients déjà trouvés. Si nous multiplions les coefficients par 2, nous obtenons

$$4KClO_3 \longrightarrow 4KCl + 6O_2$$

Toutefois, il est courant, pour équilibrer les équations, d'utiliser les *plus petits nombres entiers* possibles comme coefficients. L'équation (3.3) respecte cette convention.

Maintenant, examinons la combustion de l'éthane (C_2H_6), un des constituants du gaz naturel, qui donne du dioxyde de carbone (CO_2) et de l'eau. Nous écrivons

$$C_2H_6 + O_2 \longrightarrow CO_2 + H_2O$$

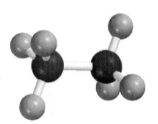

C_2H_6

Nous remarquons que, pour chacun des éléments (C, H et O), le nombre d'atomes n'est pas le même de chaque côté. Cependant, C et H n'apparaissent qu'une fois de chaque côté ; quant à O, il apparaît dans deux composés du côté droit (CO_2 et H_2O). Pour équilibrer les atomes C, nous plaçons le coefficient 2 devant CO_2 :

$$C_2H_6 + O_2 \longrightarrow 2CO_2 + H_2O$$

Pour équilibrer les atomes H, nous plaçons le coefficient 3 devant H_2O :

$$C_2H_6 + O_2 \longrightarrow 2CO_2 + 3H_2O$$

À cette étape, les nombres d'atomes C et H sont les mêmes de chaque côté de la flèche, ce qui n'est pas le cas des atomes O : il y a sept atomes O à droite et seulement deux à gauche. Cette disparité peut être éliminée en écrivant $\frac{7}{2}$ devant O_2 :

$$C_2H_6 + \frac{7}{2}O_2 \longrightarrow 2CO_2 + 3H_2O$$

Le raisonnement qui justifie ce choix de $\frac{7}{2}$ comme facteur est le suivant : il y avait sept atomes d'oxygène à droite de la flèche, mais seulement une paire d'atomes d'oxygène (O_2) à gauche. Pour les équilibrer, il suffit de se demander combien de *paires* d'atomes d'oxygène sont nécessaires pour obtenir sept atomes d'oxygène. De la même façon que 3,5 paires de chaussures correspondent à sept chaussures, $\frac{7}{2}$ molécules O_2 donnent sept atomes. Comme le décompte qui suit le montre, l'équation est maintenant complètement équilibrée :

Réactifs	Produits
C (2)	C (2)
H (6)	H (6)
O (7)	O (7)

Cependant, il est préférable que les coefficients soient des nombres entiers plutôt que fractionnaires. C'est pourquoi il faut multiplier tous les coefficients de l'équation par 2 pour convertir $\frac{7}{2}$ en 7 :

$$2C_2H_6 + 7O_2 \longrightarrow 4CO_2 + 6H_2O$$

Le décompte final est

Réactifs	Produits
C (4)	C (4)
H (12)	H (12)
O (14)	O (14)

Notez que les coefficients utilisés pour équilibrer l'équation sont les plus petits nombres entiers possibles.

EXEMPLE 3.12   L'équilibrage des équations chimiques

Quand l'aluminium est exposé à l'air, il se forme une mince couche protectrice d'oxyde d'aluminium (Al_2O_3) à sa surface. L'oxygène ne peut plus par la suite attaquer l'aluminium sous la couche d'oxyde ; c'est pourquoi les cannettes de boisson gazeuse en aluminium ne se corrodent pas. (Dans le cas du fer, l'oxyde de fer(III) qui se forme sur ce métal est trop poreux pour le protéger et ainsi stopper la corrosion.) Équilibrez l'équation décrivant ce processus.

Réponse : L'équation non équilibrée est

$$Al + O_2 \longrightarrow Al_2O_3$$

Nous remarquons que Al et O n'apparaissent qu'une seule fois de chaque côté de la flèche, mais en quantités inégales. Pour équilibrer les atomes Al, nous plaçons le coefficient 2 devant Al :

$$2Al + O_2 \longrightarrow Al_2O_3$$

Il y a maintenant deux atomes O du côté gauche et trois du côté droit. Cette disparité peut être éliminée si nous écrivons $\frac{3}{2}$ devant O_2 :

$$2Al + \frac{3}{2}O_2 \longrightarrow Al_2O_3$$

Comme dans l'exemple de l'éthane, nous multiplions tous les coefficients de l'équation par 2 pour convertir $\frac{3}{2}$ en 3 :

$$4Al + 3O_2 \longrightarrow 2Al_2O_3$$

Le décompte final est

Réactifs	Produits
Al (4)	Al (4)
O (6)	O (6)

EXERCICE

Équilibrez l'équation représentant la réaction entre l'oxyde de fer(III) (Fe_2O_3) et le monoxyde de carbone (CO) qui forme du fer (Fe) et du dioxyde de carbone (CO_2).

Cette cannette est faite en aluminium, un métal qui résiste à la corrosion.

Problèmes semblables :
3.59 et 3.60

NOTE

Ces coefficients sont-ils encore réductibles en un ensemble d'entiers plus petits ?

3.8 LES CALCULS DES QUANTITÉS DE RÉACTIFS ET DE PRODUITS

Maintenant que nous savons comment écrire et équilibrer des équations chimiques, nous sommes prêts à aborder les aspects quantitatifs des réactions chimiques. L'*étude des relations entre les masses des réactifs et des produits dans une réaction chimique* s'appelle **stœchiométrie**. Pour interpréter quantitativement une réaction, il faut faire appel à nos connaissances sur la masse molaire et le concept de mole.

La question fondamentale qui est posée dans bien des calculs stœchiométriques est : « si l'on connaît la quantité des substances de départ (les réactifs) dans une réaction, peut-on calculer la quantité de produits qui sera formée ? » Dans certains cas, la question peut aussi être inversée : « quelle quantité de substances de départ doit-on utiliser pour obtenir une quantité donnée de produits ? » En pratique, les unités utilisées pour les réactifs (ou les produits) peuvent être les moles, les grammes, les litres (pour les gaz) ou toute autre unité. Qu'importe les unités utilisées, on appelle **méthode des moles** la *méthode qui consiste à déterminer la quantité de produit(s) formée au cours d'une réaction*. Elle se base sur le fait que les *coefficients stœchiométriques d'une équation chimique peuvent être interprétés comme le nombre de moles de chaque substance*. Pour illustrer cette méthode, prenons l'exemple de la combustion du monoxyde de carbone dans l'air, qui forme le dioxyde de carbone :

$$2CO(g) + O_2(g) \longrightarrow 2CO_2(g)$$

L'équation et les coefficients stœchiométriques peuvent se lire ainsi : « deux moles de monoxyde de carbone gazeux réagissent avec une mole d'oxygène gazeux pour former deux moles de dioxyde de carbone gazeux. »

La méthode des moles comprend les étapes suivantes :

1. Écrire la formule appropriée à chaque réactif et à chaque produit, puis équilibrer l'équation qui en résulte.

2. Convertir les quantités de certaines ou de toutes les substances connues (habituellement les réactifs) en moles.

3. Utiliser les coefficients de l'équation équilibrée pour calculer le nombre de moles des quantités recherchées ou inconnues (habituellement les produits) dans le problème.

4. D'après les nombres de moles et les masses molaires, convertir les quantités inconnues en n'importe quelle unité (habituellement en grammes).

5. S'assurer que la réponse est plausible.

L'étape 1 est préalable à tout calcul stœchiométrique. Il faut connaître la nature de tous les réactifs et de tous les produits ; de plus, il faut que les relations entre leurs masses respectent la loi de la conservation de la matière (bref, il faut avoir une équation équilibrée). L'étape 2 est l'étape critique de la conversion des grammes (ou d'autres unités) en moles. Cette conversion permet d'analyser la réaction réelle en termes de moles seulement.

Pour effectuer l'étape 3, il faut se servir de l'équation équilibrée obtenue à l'étape 1. Le fait important ici, c'est de se rappeler que les coefficients d'une équation équilibrée indiquent dans quels rapports de nombres de moles une substance réagit avec une autre ou en forme une autre. L'étape 4 ressemble à l'étape 2, exception faite qu'elle met en jeu les quantités recherchées du problème. L'étape 5 est souvent négligée, mais elle est très importante : la chimie étant une science expérimentale, la réponse doit correspondre à ce qui peut exister dans la réalité. Si le problème a été mal posé ou si l'on a fait une erreur quantitative, cela deviendra évident, car la réponse obtenue représentera une quantité trop importante ou trop petite par rapport aux quantités de substances initiales. La figure 3.7 montre trois genres de calculs stœchiométriques courants.

Figure 3.7 *Trois types de calculs stœchiométriques basés sur la méthode des moles.*

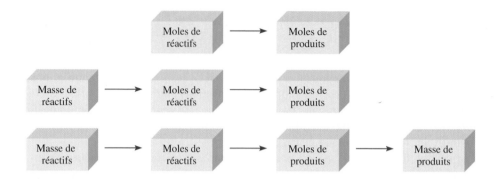

En stœchiométrie, on utilise le symbole « ⇌ », qui signifie « stœchiométriquement équivalent » ou simplement « équivalent à ». Par exemple, dans l'équation équilibrée de la formation du dioxyde de carbone, deux moles de CO réagissent avec une mole de O_2, donc deux moles de CO sont équivalentes à une mole de O_2 :

$$2 \text{ mol CO} \rightleftharpoons 1 \text{ mol } O_2$$

D'après la méthode des facteurs de conversion, nous pouvons écrire le facteur à l'unité suivant :

$$\frac{2 \text{ mol CO}}{1 \text{ mol } O_2} = 1 \qquad \text{ou} \qquad \frac{1 \text{ mol } O_2}{2 \text{ mol CO}} = 1$$

De même, puisque 2 mol de CO (ou 1 mol de O_2) produisent 2 mol de CO_2, nous pouvons dire que 2 mol de CO (ou 1 mol de O_2) sont équivalentes à 2 mol de CO_2 :

$$2 \text{ mol CO} \rightleftharpoons 2 \text{ mol } CO_2$$

$$1 \text{ mol } O_2 \rightleftharpoons 2 \text{ mol } CO_2$$

L'exemple suivant illustre les cinq étapes à suivre pour résoudre certains problèmes stœchiométriques ordinaires.

Réaction entre le lithium et l'eau.

Problèmes semblables : 3.65 et 3.66

EXEMPLE 3.13   Le calcul de la quantité de produit

Tous les métaux alcalins réagissent avec l'eau pour produire de l'hydrogène gazeux et l'hydroxyde correspondant au métal alcalin. Prenons comme exemple la réaction entre le lithium et l'eau :

$$2Li(s) + 2H_2O(l) \longrightarrow 2LiOH(aq) + H_2(g)$$

a) Combien de moles de H_2 seront formées par la réaction complète de 6,23 mol de Li avec l'eau ? b) Quelle masse en grammes de H_2 sera obtenue par la réaction complète de 80,57 g de Li avec l'eau ?

Réponse : a)
Étape 1 : L'équation équilibrée est donnée dans le problème.
Étape 2 : Aucune conversion n'est nécessaire, car la quantité de la substance de départ (Li) est donnée en moles.
Étape 3 : Puisque 2 mol de Li produisent 1 mol de H_2 (2 mol Li ⇌ 1 mol H_2), le calcul du nombre de moles de H_2 produites est le suivant :

$$\text{moles de } H_2 \text{ produites} = 6,23 \text{ mol Li} \times \frac{1 \text{ mol } H_2}{2 \text{ mol Li}} = 3,12 \text{ mol } H_2$$

Étape 4 : Cette étape n'est pas nécessaire.

Étape 5 : La quantité initiale de Li était de 6,23 mol ; elle a produit 3,12 mol de H_2. Étant donné que 2 mol de Li produisent 1 mol de H_2, 3,12 mol est une quantité plausible.

b)

Étape 1 : La réaction est la même qu'en a).

Étape 2 : Le nombre de moles de Li est donné par

$$\text{moles de Li} = 80,57 \text{ g Li} \times \frac{1 \text{ mol Li}}{6,941 \text{ g Li}} = 11,61 \text{ mol Li}$$

Étape 3 : Puisque 2 mol de Li produisent 1 mol de H_2, ou 2 mol Li $\simeq$ 1 mol H_2, le calcul du nombre de moles de H_2 est le suivant :

$$\text{moles de } H_2 \text{ produites} = 11,61 \text{ mol Li} \times \frac{1 \text{ mol } H_2}{2 \text{ mol Li}} = 5,805 \text{ mol } H_2$$

Étape 4 : Selon la masse molaire de H_2 (2,016 g), le calcul de la masse de H_2 produite est le suivant :

$$\text{masse de } H_2 \text{ produite} = 5,805 \text{ mol } H_2 \times \frac{2,016 \text{ g } H_2}{1 \text{ mol } H_2} = 11,70 \text{ g } H_2$$

Étape 5 : 11,70 g de H_2 représente une quantité plausible.

EXERCICE

La réaction entre l'oxyde nitrique (NO) et l'oxygène pour former le dioxyde d'azote (NO_2) est une étape clé dans la formation de *smog* photochimique :

$$2NO(g) + O_2(g) \longrightarrow 2NO_2(g)$$

a) Combien de moles de NO_2 sont formées par la réaction complète de 0,254 mol de O_2 ?
b) Quelle masse (en grammes) de NO_2 est obtenue par la réaction complète de 1,44 g de NO ?

NOTE

Pouvez-vous dire pourquoi cette réponse est plausible ?

Avec plus de pratique, il vous sera facile de combiner les étapes 2, 3 et 4 en une simple équation, comme dans l'exemple suivant.

EXEMPLE 3.14   Le calcul de la quantité de produits

Les aliments que nous mangeons doivent être dégradés, c'est-à-dire décomposés, pour fournir l'énergie nécessaire à notre croissance et à nos fonctions vitales. Une équation globale (ou bilan) correspondant à ce processus très complexe est celle de la dégradation du glucose ($C_6H_{12}O_6$) en dioxyde de carbone (CO_2) et en eau (H_2O) :

$$C_6H_{12}O_6 + 6O_2 \longrightarrow 6CO_2 + 6H_2O$$

Si 856 g de $C_6H_{12}O_6$ sont dégradés par l'organisme durant un certain temps, quelle est la masse de CO_2 produite ?

Problème semblable : 3.70

Réponse :

Étape 1 : L'équation est déjà équilibrée.

Étapes 2, 3 et 4 : L'équation équilibrée nous dit que 1 mol $C_6H_{12}O_6$ $\simeq$ 6 mol CO_2. Les masses molaires de $C_6H_{12}O_6$ et de CO_2 sont respectivement de 180,2 g et de 44,01 g. Il ne reste plus qu'à combiner toutes ces données en une seule équation :

$$\text{masse de CO}_2 \text{ produite} = 856 \text{ g } \cancel{C_6H_{12}O_6} \times \frac{1 \text{ mol } \cancel{C_6H_{12}O_6}}{180,2 \text{ g } \cancel{C_6H_{12}O_6}} \times \frac{6 \text{ mol } \cancel{CO_2}}{1 \text{ mol } \cancel{C_6H_{12}O_6}}$$

$$\times \frac{44,01 \text{ g CO}_2}{1 \text{ mol } \cancel{CO_2}} = 1,25 \times 10^3 \text{ g CO}_2$$

Étape 5 : La masse de CO_2 produite est de $1,25 \times 10^3$ g ; cette quantité de dioxyde de carbone produite par la combustion lente de 856 g de $C_6H_{12}O_6$ semble plausible.

EXERCICE

Le méthanol (CH_3OH) brûle dans l'air selon l'équation suivante :

$$2CH_3OH + 3O_2 \longrightarrow 2CO_2 + 4H_2O$$

Si 209 g de méthanol sont brûlés, quelle est la masse de H_2O produite ?

3.9 LES RÉACTIFS LIMITANTS ET LE RENDEMENT DES RÉACTIONS

Quand un chimiste synthétise un produit, les réactifs ne sont habituellement pas présents en **quantités stœchiométriques**, c'est-à-dire dans les *proportions indiquées par l'équation équilibrée*. Dans une réaction, le *réactif épuisé le premier s'appelle* **réactif limitant** ; la quantité maximum de produit dépend de la quantité initiale de ce réactif (*figure 3.8*). Quand il ne reste plus de ce réactif, il ne peut plus se former de produit. Les autres *réactifs, dont la quantité dépasse celle requise pour réagir avec la quantité du réactif limitant*, s'appellent **réactifs en excès**.

On peut établir une analogie entre le concept de réactif limitant et le rapport entre les hommes et les femmes qui participent à un concours de danse. S'il y a 14 hommes et 9 femmes, seulement 9 couples mixtes pourront participer au concours. Il y aura 5 hommes sans partenaire. Le nombre de femmes « limite » donc le nombre d'hommes qui peuvent danser ; il y a un « excès d'hommes ».

Maintenant, voyons ce qui arrive quand il y a un réactif limitant dans une réaction chimique. Par exemple, l'hexafluorure de soufre (SF_6), composé incolore, inodore et extrêmement stable, est formé par la combustion du soufre dans une atmosphère de fluor :

$$S(l) + 3F_2(g) \longrightarrow SF_6(g)$$

Figure 3.8 *Un réactif limitant est complètement consommé durant une réaction.*

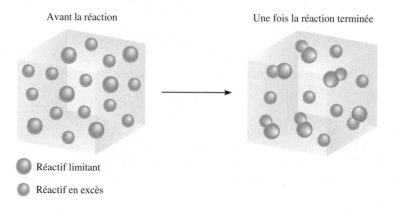

Avant la réaction   Une fois la réaction terminée

○ Réactif limitant

● Réactif en excès

Cette équation indique que 1 mole de S réagit avec 3 moles de F_2 pour former 1 mole de SF_6. Supposons que 4 moles de S sont ajoutées à 20 moles de F_2. Puisque 1 mol S ⇌ 3 mol F_2, le nombre de moles de F_2 nécessaire pour réagir avec 4 moles de S est

$$4 \text{ mol S} \times \frac{3 \text{ mol } F_2}{1 \text{ mol S}} = 12 \text{ mol } F_2$$

Cependant, il y a 20 moles de F_2 disponibles, plus qu'il n'en faut pour réagir complètement avec S. Ainsi, S est le réactif limitant, et F_2 le réactif en excès. La quantité de SF_6 produite dépend seulement de la quantité initiale de S.

Nous pouvons également calculer le nombre de moles de S nécessaire pour réagir avec 20 moles de F_2. Pour ce faire, nous écrivons

$$20 \text{ mol } F_2 \times \frac{1 \text{ mol S}}{3 \text{ mol } F_2} = 6,7 \text{ mol S}$$

Puisqu'il n'y a que 4 moles de S, on arrive à la même conclusion, c'est-à-dire que S est le réactif limitant et que F_2 est le réactif en excès.

Dans les calculs stœchiométriques où il peut y avoir un réactif limitant, la première étape consiste à déterminer lequel des réactifs est limitant. Une fois cette étape terminée, le problème se résout suivant la méthode expliquée à la section 3.8. L'exemple qui suit illustre cette méthode. Nous n'inclurons pas l'étape 5 dans les calculs, mais n'oubliez pas que vous devez toujours vérifier vos calculs et vous demander si la réponse est plausible.

EXEMPLE 3.15   **Le calcul du réactif limitant et du réactif en excès**

L'urée, $(NH_2)_2CO$, est obtenue par la réaction de l'ammoniac avec le dioxyde de carbone :

$$2NH_3(g) + CO_2(g) \longrightarrow (NH_2)_2CO(aq) + H_2O(l)$$

Dans une expérience, on fait réagir 637,2 g de NH_3 avec 1142 g de CO_2. a) Lequel des deux réactifs est le réactif limitant ? b) Calculez la masse de $(NH_2)_2CO$ formée. c) Combien reste-t-il de réactif en excès (en grammes) à la fin de la réaction ?

Réponses : a) Puisque nous ne pouvons déterminer à première vue quel est le réactif limitant, nous devons donc convertir la masse de chacun des réactifs en moles. Les masses molaires de NH_3 et de CO_2 sont respectivement de 17,03 g et de 44,01 g.

$$\text{moles de } NH_3 = 637,2 \text{ g } NH_3 \times \frac{1 \text{ mol } NH_3}{17,03 \text{ g } NH_3} = 37,42 \text{ mol } NH_3$$

$$\text{moles de } CO_2 = 1142 \text{ g } CO_2 \times \frac{1 \text{ mol } CO_2}{44,01 \text{ g } CO_2} = 25,95 \text{ mol } CO_2$$

Selon l'équation équilibrée, nous savons maintenant que 2 mol NH_3 ⇌ 1 mol CO_2 ; ainsi, la quantité de moles de NH_3 nécessaire pour réagir avec 25,95 mol de CO_2 est donnée par

$$25,95 \text{ mol } CO_2 \times \frac{2 \text{ mol } NH_3}{1 \text{ mol } CO_2} = 51,90 \text{ mol } NH_3$$

Étant donné qu'il n'y a que 37,42 mol de NH_3, une quantité insuffisante pour réagir avec tout le CO_2, NH_3 est le réactif limitant et CO_2, le réactif en excès.

NOTE

Remarquez bien qu'il s'agit de la quantité maximale d'urée qu'il est possible d'obtenir dans ce cas.

Problème semblable : 3.82

b) La quantité de $(NH_2)_2CO$ produite est déterminée par la quantité de réactif limitant. Donc,

$$\text{masse de } (NH_2)_2CO = 37,42 \text{ mol NH}_3 \times \frac{1 \text{ mol } (NH_2)_2CO}{2 \text{ mol NH}_3} \times$$

$$\frac{60,06 \text{ g } (NH_2)_2CO}{1 \text{ mol } (NH_2)_2CO} = 1124 \text{ g } (NH_2)_2CO$$

c) Le nombre de moles du réactif en excès à la fin de la réaction est :

$$25,95 \text{ mol CO}_2 - \left(37,42 \text{ mol NH}_3 \times \frac{1 \text{ mol CO}_2}{2 \text{ mol NH}_3} \right) = 7,24 \text{ mol CO}_2$$

et

$$\text{masse de CO}_2 \text{ résiduelle} = 7,24 \text{ mol CO}_2 \times \frac{44,01 \text{ g CO}_2}{1 \text{ mol CO}_2} = 319 \text{ g CO}_2$$

EXERCICE

La réaction entre l'aluminium et l'oxyde de fer(III) peut générer une température approchant les 3000 °C et est utilisée pour souder des métaux (aluminothermie) :

$$2Al + Fe_2O_3 \longrightarrow Al_2O_3 + 2Fe$$

Dans une expérience, 124 g de Al ont réagi avec 601 g de Fe_2O_3. a) Calculez la masse (en grammes) de Al_2O_3 obtenue. b) Quelle quantité de réactif en excès reste-t-il à la fin de la réaction ?

L'exemple 3.15 soulève un point important. En pratique, les chimistes choisissent habituellement la substance la plus coûteuse comme réactif limitant pour qu'elle soit entièrement, ou presque, utilisée dans la réaction. Dans la synthèse de l'urée, l'ammoniac est invariablement le réactif limitant puisqu'il est beaucoup plus cher que le dioxyde de carbone.

Le rendement des réactions

La quantité de réactif limitant présente au début d'une réaction détermine le ***rendement théorique*** de la réaction, c'est-à-dire la *quantité de produit prévue en supposant que tout le réactif limitant a réagi*. Il s'agit donc du rendement *maximum* prévu par l'équation équilibrée. En pratique toutefois, la *quantité de produit obtenue* est presque toujours inférieure au rendement théorique.

La *quantité de produit réellement obtenue à la fin d'une réaction est le* ***rendement réel***. La différence entre le rendement réel et le rendement théorique est due à plusieurs facteurs. Par exemple, beaucoup de réactions étant réversibles, elles ne s'effectuent pas à 100 % dans le sens qu'indique l'équation. Même quand une réaction est complète à 100 %, il peut être difficile de récupérer tout le produit du milieu réactionnel (par exemple une solution aqueuse). Certaines réactions sont complexes, leurs produits peuvent réagir entre eux ou avec des réactifs pour former d'autres produits stables. Ces réactions additionnelles réduisent le rendement de la première réaction.

Pour exprimer l'efficacité d'une réaction donnée, les chimistes parlent souvent de ***pourcentage de rendement,*** défini comme étant le *rapport entre le rendement réel et le rendement théorique*. Il se calcule ainsi :

$$\text{pourcentage de rendement} = \frac{\text{rendement réel}}{\text{rendement théorique}} \times 100\% \qquad (3.4)$$

Le pourcentage de rendement peut varier d'une fraction de 1 % à 100 %. Toutefois, les chimistes cherchent toujours à obtenir le pourcentage maximal. Ce pourcentage peut être influencé par la température et la pression. Nous étudierons ces facteurs plus loin.

EXEMPLE 3.16   Le calcul du pourcentage de rendement d'une réaction

Le titane est un métal léger, dur et résistant à la corrosion ; on l'utilise dans les moteurs de fusées, d'avions et d'avions à réaction. Il est obtenu par la réaction entre le chlorure de titane(IV) et le magnésium fondu à une température variant entre 950 °C et 1150 °C :

$$TiCl_4(g) \ + \ 2Mg(l) \longrightarrow Ti(s) \ + \ 2MgCl_2(l)$$

Au cours d'un procédé industriel, $3,54 \times 10^7$ g de $TiCl_4$ réagissent avec $1,13 \times 10^7$ g de Mg. a) Calculez le rendement théorique de Ti (en grammes). b) Calculez le pourcentage de rendement si la réaction produit $7,91 \times 10^6$ g de Ti.

Réponses : a) D'abord, il faut calculer le nombre de moles de $TiCl_4$ et de Mg en jeu :

$$\text{moles de } TiCl_4 = 3,54 \times 10^7 \text{ g } TiCl_4 \times \frac{1 \text{ mol } TiCl_4}{189,7 \text{ g } TiCl_4}$$

$$= 1,87 \times 10^5 \text{ mol } TiCl_4$$

$$\text{moles de } Mg = 1,13 \times 10^7 \text{ g } Mg \times \frac{1 \text{ mol } Mg}{24,31 \text{ g } Mg}$$

$$= 4,65 \times 10^5 \text{ mol } Mg$$

Ensuite, il faut déterminer laquelle de ces deux substances est le réactif limitant. Selon l'équation équilibrée, nous savons que 1 mol $TiCl_4 \backsim 2$ mol Mg ; ainsi, le nombre de moles de Mg nécessaire pour réagir avec $1,87 \times 10^5$ mol de $TiCl_4$ est

$$1,87 \times 10^5 \text{ mol } TiCl_4 \times \frac{2 \text{ mol } Mg}{1 \text{ mol } TiCl_4} = 3,74 \times 10^5 \text{ mol } Mg$$

Puisqu'il y a $4,65 \times 10^5$ mol de Mg, plus qu'il n'en faut pour réagir avec la quantité de $TiCl_4$ présente, Mg est le réactif en excès, et $TiCl_4$ le réactif limitant.

Puisque 1 mol $TiCl_4 \backsim 1$ mol Ti, théoriquement, la quantité de Ti formée est

$$3,54 \times 10^7 \text{ g } TiCl_4 \times \frac{1 \text{ mol } TiCl_4}{189,7 \text{ g } TiCl_4} \times \frac{1 \text{ mol } Ti}{1 \text{ mol } TiCl_4} \times \frac{47,88 \text{ g } Ti}{1 \text{ mol } Ti} = 8,93 \times 10^6 \text{ g } Ti$$

b) Nous calculons le pourcentage de rendement :

$$\text{pourcentage de rendement} = \frac{\text{rendement réel}}{\text{rendement théorique}} \times 100\%$$

$$= \frac{7,91 \times 10^6 \text{ g}}{8,93 \times 10^6 \text{ g}} \times 100\% = 88,6\%$$

EXERCICE

Dans l'industrie, le vanadium, utilisé dans les alliages d'acier, peut être obtenu par la réaction de l'oxyde de vanadium(V) avec le calcium à haute température :

$$5Ca \ + \ V_2O_5 \longrightarrow 5CaO \ + \ 2V$$

Dans une réaction, $1,54 \times 10^3$ g de V_2O_5 réagissent avec $1,96 \times 10^3$ g de Ca.
a) Calculez le rendement théorique de V. b) Calculez le pourcentage de rendement si 803 g de V sont produits.

Le cadre de cette bicyclette est en titane.

Problèmes semblables : 3.85 et 3.86

NOTE

Comment expliquez-vous le fait que ce rendement soit inférieur à 100 % ?

LA CHIMIE EN ACTION

LES ENGRAIS CHIMIQUES

La population mondiale augmentant rapidement, la nourrir exige que les récoltes soient toujours plus abondantes et plus saines. Pour accroître la qualité et le rendement de leurs cultures, les agriculteurs ajoutent chaque année à la terre des centaines de millions de tonnes d'engrais chimiques. En effet, pour connaître une croissance satisfaisante, les plantes ont besoin, en plus de l'eau et du dioxyde de carbone, d'au moins six éléments : N, P, K, Ca, S et Mg. La préparation et les propriétés de nombreux engrais contenant de l'azote et du phosphore font appel à certains des principes présentés dans ce chapitre.

Les engrais azotés contiennent des nitrates (NO_3^-), des sels ammoniacaux (NH_4^+) et d'autres composés. L'azote, sous forme de nitrate, est directement absorbé par les plantes. Quant aux sels ammoniacaux et à l'ammoniac (NH_3), ils doivent d'abord être transformés en nitrates par les bactéries du sol. L'ammoniac, qui constitue la principale substance de base des engrais azotés, est le produit de la réaction entre l'hydrogène et l'azote (Cette réaction sera étudiée en détail aux chapitres 4 et 5.) :

$$3H_2(g) + N_2(g) \longrightarrow 2NH_3(g)$$

Sous forme liquide, l'ammoniac peut être directement ajouté à la terre.

Par ailleurs, l'ammoniac peut être transformé en nitrate d'ammonium, NH_4NO_3, en sulfate d'ammonium, $(NH_4)_2SO_4$ ou en dihydrogénophosphate d'ammonium, $(NH_4)H_2PO_4$, comme le montrent les réactions acide-base suivantes :

$$NH_3(aq) + HNO_3(aq) \longrightarrow NH_4NO_3(aq)$$
$$2NH_3(aq) + H_2SO_4(aq) \longrightarrow (NH_4)_2SO_4(aq)$$
$$NH_3(aq) + H_3PO_4(aq) \longrightarrow (NH_4)H_2PO_4(aq)$$

Une autre méthode de préparation du sulfate d'ammonium nécessite deux étapes :

$$2NH_3(aq) + CO_2(aq) + H_2O(l) \longrightarrow (NH_4)_2CO_3(aq) \quad (1)$$

$$(NH_4)_2CO_3(aq) + CaSO_4(aq) \longrightarrow$$
$$(NH_4)_2SO_4(aq) + CaCO_3(s) \quad (2)$$

Cette dernière méthode est préférable parce que les substances de départ (le dioxyde de carbone et le sulfate de calcium) sont moins coûteuses que l'acide sulfurique. Pour augmenter le rendement, on fait en sorte que l'ammoniac soit le réactif limitant de la réaction (1) et que le carbonate d'ammonium soit le réactif limitant de la réaction (2).

Le tableau qui suit donne les compositions centésimales (les pourcentages massiques) de l'azote dans quelques engrais courants. La préparation de l'urée a déjà été présentée à l'exemple 3.15.

L'ammoniac liquide peut être directement ajouté au sol avant les semis.

Engrais	% de N
NH_3	82,4
NH_4NO_3	35,0
$(NH_4)_2SO_4$	21,2
$(NH_4)H_2PO_4$	21,2
$(NH_2)_2CO$	46,7

Le choix d'un engrais fait intervenir plusieurs facteurs : 1. le coût des substances qui entrent dans la préparation de l'engrais ; 2. la facilité d'entreposage, de transport et d'utilisation ; 3. le pourcentage massique de l'élément désiré ; et 4. la solubilité dans l'eau du composé ou la facilité avec laquelle les plantes peuvent l'aborber. Compte tenu de tous ces facteurs, NH_4NO_3 est l'engrais azoté le plus utilisé, même si l'ammoniac possède le plus haut pourcentage massique d'azote.

Les engrais phosphatés sont dérivés d'un minerai de phosphate, appelé fluorapatite, $CA_5(PO_4)_3F$. La fluorapatite est insoluble dans l'eau ; elle doit donc d'abord être convertie en dihydrogénophosphate de calcium [$Ca(H_2PO_4)_2$] :

$$2Ca_5(PO_4)_3F(s) + 7H_2SO_4(aq) \longrightarrow$$
$$3Ca(H_2PO_4)_2(aq) + 7CaSO_4(aq) + 2HF(g)$$

Pour maximiser le rendement, on fait en sorte que la fluorapatite soit le réactif limitant de cette réaction.

Les réactions dont nous avons parlé pour préparer les engrais sont toutes relativement simples. Jusqu'à maintenant, beaucoup d'efforts ont été fournis pour augmenter leur rendement en modifiant certaines des conditions dans lesquelles ces réactions se produisent, comme la température et la pression. Habituellement, les chimistes de l'industrie étudient d'abord des réactions en laboratoire, puis ils les essayent à une échelle réduite avant de les transposer en procédés industriels.

Résumé

1. Les masses atomiques sont exprimées en unités de masse atomique (u), une unité relative basée sur la valeur exacte de 12 pour l'isotope carbone 12. La masse atomique d'un élément donné représente habituellement la moyenne pondérée des masses des isotopes de cet élément présents dans la nature. La masse moléculaire d'une molécule est la somme des masses atomiques de tous les atomes qui forment cette molécule. La masse atomique et la masse moléculaire peuvent être mesurées à l'aide d'un spectromètre de masse.

2. Une mole est une quantité fixe de particules (par exemple des atomes ou des molécules) qui vaut exactement $6{,}022 \times 10^{23}$, quantité appelée nombre d'Avogadro. La masse molaire (en grammes) d'un élément ou d'un composé est numériquement égale à la masse de l'atome, de la molécule ou de l'unité formulaire (en u) et correspond au nombre d'Avogadro d'atomes (dans le cas des éléments), de molécules (corps simples et composés) et d'unités formulaires (dans le cas des composés ioniques). Rappelons qu'une unité formulaire correspond à la formule empirique.

3. La composition centésimale d'un composé est le pourcentage en masse de chaque élément de ce composé. De la composition centésimale d'un composé, il est possible de déduire la formule empirique de ce composé, ainsi que sa formule moléculaire si l'on connaît sa masse molaire approximative.

4. Les transformations chimiques, appelées réactions chimiques, sont représentées par des équations chimiques. Les substances qui subissent les transformations (les réactifs) sont inscrites à gauche de la flèche, et les substances formées (les produits) sont inscrites à droite. Les équations chimiques doivent être équilibrées et en accord avec la loi de la conservation de la matière : le nombre d'atomes de chaque élément doit être égal de chaque côté de la flèche.

5. La stœchiométrie est l'étude quantitative des relations entre les produits et les réactifs dans les réactions chimiques. Les calculs stœchiométriques sont plus simples à effectuer si les quantités connues et inconnues sont exprimées en moles ; celles-ci peuvent ensuite être converties en d'autres unités. On appelle réactif limitant le réactif présent dont la quantité stœchiométrique est la plus petite ; il détermine la quantité de produit qui peut être formée. La quantité de produit obtenue à la fin d'une réaction (rendement réel) peut être inférieure à la quantité maximum possible (rendement théorique). Le rapport entre les deux permet de calculer le pourcentage de rendement.

Équations clés

- Composition centésimale d'un élément dans un composé $= \dfrac{n \times \text{masse molaire de l'élément}}{\text{masse molaire du composé}} \times 100\,\%$ (3.1)

- Pourcentage de rendement $= \dfrac{\text{rendement réel}}{\text{rendement théorique}} \times 100\,\%$ (3.4)

Mots clés

Questions et problèmes

LA MASSE ATOMIQUE ET LE NOMBRE D'AVOGADRO

Questions de révision

3.1   Qu'est-ce qu'une unité de masse atomique?

3.2   Quelle est la masse (en u) d'un atome de carbone 12?

3.3   En vérifiant la masse atomique du carbone, on observe que sa valeur est de 12,01 u au lieu de 12,00 u, telle que définie. Pourquoi?

3.4   Définissez le terme « mole ». Donnez des exemples d'entités qui peuvent être calculées en moles? Qu'ont en commun la mole, la paire, la douzaine et la grosse?

3.5   Que représente le nombre d'Avogadro?

3.6   Définissez « masse molaire ». Quelles sont les unités habituellement utilisées pour la masse molaire?

3.7   Calculez la charge (en coulombs) et la masse (en grammes) de une mole d'électrons.

3.8   Expliquez clairement ce que signifie l'énoncé: « La masse atomique de l'or est de 197,0 u. »

Problèmes

3.9   Les masses atomiques de $^{35}_{17}Cl$ (75,53 %) et de $^{37}_{17}Cl$ (24,47 %) sont respectivement de 34,968 u et de 36,956 u. Calculez la masse atomique moyenne du chlore. Les pourcentages entre parenthèses indiquent les abondances relatives.

3.10   Les masses atomiques de $^{6}_{3}Li$ et de $^{7}_{3}Li$ sont respectivement de 6,0151 u et de 7,0160 u. Calculez les abondances relatives de ces deux isotopes sachant que la masse atomique moyenne de Li est de 6,941 u.

3.11   La population de la Terre est d'environ 5,5 milliards d'humains. Supposons que toutes ces personnes comptent des particules identiques à une vitesse de deux particules par seconde. Combien d'années leur faudra-t-il pour compter $6,0 \times 10^{23}$ particules? Considérez qu'il y a 365 jours dans une année.

3.12   L'épaisseur d'une feuille de papier est de 0,0091 cm. Imaginez un livre qui a un nombre d'Avogadro de pages. Calculez l'épaisseur de ce livre en années-lumière. (*Note*: une année-lumière correspond à la distance parcourue par la lumière en une année, soit $9,46 \times 10^{12}$ km.)

3.13   Quelle masse en grammes équivaut à 13,2 u?

3.14   Quelle masse en unités de masse atomique équivaut à 8,4 g?

3.15   Combien y a-t-il d'atomes dans 5,10 mol de soufre (S)?

3.16   Combien y a-t-il de moles dans $6,00 \times 10^9$ (six milliards) d'atomes de cobalt (Co)?

3.17   Combien y a-t-il de moles d'atomes dans 77,4 g de calcium (Ca)?

3.18   Quelle est la masse (en grammes) de 15,3 mol d'or (Au)?

3.19   Quelle est la masse (en grammes) d'un seul atome de chacun des éléments suivants? a) Hg; b) Ne.

3.20   Quelle est la masse (en grammes) d'un seul atome de chacun des éléments suivants? a) As; b) Ni.

3.21   Quelle est la masse (en grammes) de $1,00 \times 10^{12}$ atomes de plomb (Pb)?

3.22   Combien y a-t-il d'atomes dans 3,14 g de cuivre (Cu)?

3.23   Lequel des échantillons suivants contient le plus d'atomes: 1,10 g d'hydrogène ou 14,7 g de chrome?

3.24   Laquelle des quantités suivantes a la masse la plus élevée: 2 atomes de plomb ou $5,1 \times 10^{-23}$ mol d'hélium?

LA MASSE MOLÉCULAIRE

Problèmes

3.25   Calculez la masse moléculaire (u) de chacune des substances suivantes: a) CH_4; b) H_2O; c) H_2O_2; d) C_6H_6; e) PCl_5.

3.26   Calculez la masse molaire des substances suivantes: a) S_8; b) CS_2; c) $CHCl_3$ (chloroforme); d) $C_6H_8O_6$ (acide ascorbique ou vitamine C).

3.27   Calculez la masse molaire d'un composé si 0,372 mol de ce composé a une masse de 152 g.

3.28   Combien de moles y a-t-il dans 0,334 g d'éthane (C_2H_6)?

3.29   Calculez les nombres d'atomes C, H et O contenus dans 1,50 g de glucose ($C_6H_{12}O_6$), un glucide.

3.30   L'urée, $(NH_2)_2CO$, est un composé utilisé comme engrais. Calculez les nombres d'atomes N, C, O et H contenus dans $1,68 \times 10^4$ g d'urée.

3.31   Les phéromones sont des composés sécrétés par les femelles de nombreuses espèces d'insectes; elles ont pour effet d'attirer les mâles pour l'accouplement. L'une d'entre elles a comme formule moléculaire $C_{19}H_{38}O$. Normalement, la quantité de cette phéromone sécrétée par un insecte femelle est d'environ $1,0 \times 10^{-12}$ g. Combien y a-t-il de molécules dans cette quantité?

3.32   La masse volumique de l'eau à 4 °C est de 1,00 g/mL. Combien de molécules sont contenues dans 2,56 mL d'eau à cette température?

LA SPECTROMÉTRIE DE MASSE
Questions de révision

3.33 Décrivez le fonctionnement d'un spectromètre de masse.

3.34 Décrivez comment vous détermineriez les abondances relatives des isotopes d'un élément d'après son spectre de masse.

Problèmes

3.35 Le carbone a deux isotopes stables, $^{12}_{6}C$ et $^{13}_{6}C$; le fluor n'en a qu'un, $^{19}_{9}F$. Combien de pics observeriez-vous dans le spectre de masse de l'ion positif CF_4^+? Supposez que l'ion ne se fragmente pas en unités plus petites.

3.36 L'hydrogène a deux isotopes stables, $^{1}_{1}H$ et $^{2}_{1}H$; le soufre en a quatre, $^{32}_{16}S$, $^{33}_{16}S$, $^{34}_{16}S$ et $^{36}_{16}S$. Combien de pics observeriez-vous dans le spectre de masse de l'ion positif de sulfure d'hydrogène, H_2S^+? Supposez que l'ion ne se fragmente pas en unités plus petites.

LA COMPOSITION CENTÉSIMALE ET LES FORMULES CHIMIQUES
Questions de révision

3.37 Définissez l'expression « composition centésimale d'un composé ».

3.38 Dites comment la connaissance de la composition centésimale d'un composé inconnu, mais de pureté élevée, aide à établir la nature de ce composé.

3.39 Que signifie le terme « empirique » dans l'expression « formule empirique » ?

3.40 Si l'on connaît la formule empirique d'un composé, de quel autre renseignement a-t-on besoin pour déterminer sa formule moléculaire ?

Problèmes

3.41 L'étain (Sn) est présent dans l'écorce terrestre sous forme de SnO_2. Calculez la composition centésimale du SnO_2.

3.42 Le sodium, membre de la famille des métaux alcalins (groupe 1A), est très réactif; il ne se retrouve donc jamais dans la nature sous forme d'élément: il forme des composés ioniques avec les halogènes (groupe 7A). Calculez la composition centésimale de chacun des composés suivants: a) NaF, b) NaCl, c) NaBr, d) NaI.

3.43 Durant de nombreuses années, le chloroforme ($CHCl_3$), un composé organique, a été utilisé comme gaz anesthésiant bien qu'il s'agisse d'une substance toxique pouvant provoquer des dommages graves au foie, aux reins et au cœur. Calculez la composition centésimale de ce composé.

3.44 L'allicine est le composé responsable de l'odeur particulière de l'ail. Une analyse élémentaire de ce composé donne les pourcentages massiques suivants: 44,4 % C; 6,21 % H; 39,5 % S et 9,86 % O. Déterminez sa formule empirique. Quelle est sa formule moléculaire si sa masse molaire est d'environ 162 g ?

3.45 L'alcool cinnamylique est utilisé principalement en parfumerie, notamment pour les savons et les produits de beauté. Sa formule moléculaire est $C_9H_{10}O$. a) Calculez la composition centésimale de ce composé. b) Combien de molécules sont contenues dans un échantillon de 0,469 g d'alcool cinnamylique ?

3.46 Toutes les substances énumérées ci-dessous sont des engrais qui fournissent de l'azote à la terre. Laquelle d'entre elles constitue la source la plus riche en azote selon sa composition centésimale ?
a) Urée, $(NH_2)_2CO$
b) Nitrate d'ammonium, NH_4NO_3
c) Guanidine, $HNC(NH_2)_2$
d) Ammoniac, NH_3

3.47 La rouille peut être représentée par la formule Fe_2O_3. Combien de moles de Fe sont contenues dans 24,6 g de ce composé ?

3.48 Quelle masse (en grammes) de soufre (S) faut-il faire réagir avec 246 g de mercure (Hg) pour former HgS ?

3.49 Calculez la masse (en grammes) d'iode (I_2) qui réagira complètement avec 20,4 g d'aluminium (Al) pour former de l'iodure d'aluminium (AlI_3).

3.50 Le fluorure d'étain(II) (SnF_2) est souvent ajouté au dentifrice pour prévenir la carie dentaire. Quelle est la masse (en grammes) de F dans 24,6 g de ce composé ?

3.51 Quelles sont les formules empiriques des composés ayant les compositions centésimales suivantes ?
a) 2,1 % H, 65,3 % O, 32,6 % S; b) 20,2 % Al, 79,8 % Cl; c) 40,1 % C, 6,6 % H, 53,3 % O; d) 18,4 % C, 21,5 % N, 60,1 % K.

3.52 Le nitrate de peroxyacétyle (PAN) est un des constituants du *smog*. Il est composé de C, de H, de N et de O. Déterminez le pourcentage massique de l'oxygène et la formule empirique de ce composé si les pourcentages massiques des autres éléments sont: 19,8 % C; 2,50 % H; 11,6 % N.

3.53 La masse molaire de la caféine est de 194,19 g. Est-ce que sa formule moléculaire est $C_4H_5N_2O$ ou $C_8H_{10}N_4O_2$?

3.54 Certains croient que le glutamate de sodium, un ingrédient qui relève le goût des aliments, est la cause du «syndrome du restaurant chinois», dont les symptômes sont des maux de tête et de poitrine. L'analyse élémentaire donne: 35,51 % C; 4,77 % H; 37,85 % O; 8,29 % N; et 13,60 % Na. Quelle est sa formule moléculaire si sa masse molaire est de 169 g?

LES RÉACTIONS CHIMIQUES ET LES ÉQUATIONS CHIMIQUES

Questions de révision

3.55 Définissez les termes suivants: réaction chimique, réactif, produit.

3.56 Quelle est la différence entre une réaction chimique et une équation chimique?

3.57 Pourquoi une équation chimique doit-elle être équilibrée? À quelle loi se conforme-t-on quand on équilibre une équation chimique?

3.58 Donnez les symboles qui représentent les états gazeux, liquide et solide, ainsi que la phase aqueuse dans une équation chimique.

Problèmes

3.59 Équilibrez les équations suivantes selon la méthode expliquée à la section 3.7:

a) $C + O_2 \longrightarrow CO$

b) $CO + O_2 \longrightarrow CO_2$

c) $H_2 + Br_2 \longrightarrow HBr$

d) $K + H_2O \longrightarrow KOH + H_2$

e) $Mg + O_2 \longrightarrow MgO$

f) $O_3 \longrightarrow O_2$

g) $H_2O_2 \longrightarrow H_2O + O_2$

h) $N_2 + H_2 \longrightarrow NH_3$

i) $Zn + AgCl \longrightarrow ZnCl_2 + Ag$

j) $S_8 + O_2 \longrightarrow SO_2$

k) $NaOH + H_2SO_4 \longrightarrow Na_2SO_4 + H_2O$

l) $Cl_2 + NaI \longrightarrow NaCl + I_2$

m) $KOH + H_3PO_4 \longrightarrow K_3PO_4 + H_2O$

n) $CH_4 + Br_2 \longrightarrow CBr_4 + HBr$

3.60 Équilibrez les équations suivantes selon la méthode expliquée à la section 3.7:

a) $KClO_3 \longrightarrow KCl + O_2$

b) $KNO_3 \longrightarrow KNO_2 + O_2$

c) $NH_4NO_3 \longrightarrow N_2O + H_2O$

d) $NH_4NO_2 \longrightarrow N_2 + H_2O$

e) $NaHCO_3 \longrightarrow Na_2CO_3 + H_2O + CO_2$

f) $P_4O_{10} + H_2O \longrightarrow H_3PO_4$

g) $HCl + CaCO_3 \longrightarrow CaCl_2 + H_2O + CO_2$

h) $Al + H_2SO_4 \longrightarrow Al_2(SO_4)_3 + H_2$

i) $CO_2 + KOH \longrightarrow K_2CO_3 + H_2O$

j) $CH_4 + O_2 \longrightarrow CO_2 + H_2O$

k) $Be_2C + H_2O \longrightarrow Be(OH)_2 + CH_4$

l) $Cu + HNO_3 \longrightarrow Cu(NO_3)_2 + NO + H_2O$

m) $S + HNO_3 \longrightarrow H_2SO_4 + NO_2 + H_2O$

n) $NH_3 + CuO \longrightarrow Cu + N_2 + H_2O$

LES CALCULS DES QUANTITÉS DE RÉACTIFS ET DE PRODUITS

Questions de révision

3.61 Définissez les termes suivants: stœchiométrie, quantité stœchiométrique, réactif limitant, réactif en excès, rendement théorique, rendement réel, pourcentage de rendement.

3.62 Sur quelle loi s'appuie la stœchiométrie?

3.63 Décrivez les étapes de base de la méthode des moles.

3.64 Pourquoi est-il essentiel d'utiliser des équations équilibrées dans la résolution des problèmes de stœchiométrie?

Problèmes

3.65 Soit la combustion du monoxyde de carbone (CO) dans de l'oxygène gazeux:

$$2CO(g) + O_2(g) \longrightarrow 2CO_2(g)$$

Avec 3,60 mol de CO, calculez le nombre de moles de CO_2 produites s'il y a assez d'oxygène gazeux pour réagir avec tout le CO.

3.66 On peut obtenir du tétrachlorure de silicium ($SiCl_4$) en chauffant du silicium (Si) dans du chlore gazeux:

$$Si(s) + 2Cl_2(g) \longrightarrow SiCl_4(l)$$

S'il y a production de 0,507 mol de $SiCl_4$, combien de moles de molécules de chlore ont été utilisées?

3.67 La production annuelle de dioxyde de soufre venant de la combustion de charbon et de combustibles fossiles, des tuyaux d'échappement des voitures et d'autres sources est d'environ 26 millions de tonnes. L'équation de la réaction est

$$S(s) + O_2(g) \longrightarrow SO_2(g)$$

Quelle quantité totale de soufre (en tonnes) faut-il dans les substances de départ pour qu'une telle quantité de SO_2 soit produite?

3.68 Quand le bicarbonate de sodium (ou hydrogénocarbonate de sodium, $NaHCO_3$) est chauffé, il libère du dioxyde de carbone gazeux, qui fait gonfler les biscuits, les beignets et le pain. a) Écrivez l'équation équilibrée de la décomposition de ce composé (l'un des produits est Na_2CO_3). b) Calculez la masse de $NaHCO_3$ requise pour obtenir 20,5 g de CO_2.

3.69 Quand le cyanure de potassium (KCN) réagit avec les acides, le cyanure d'hydrogène (HCN), un gaz mortel, est libéré. L'équation suivante en est un exemple :

$$KCN(aq) + HCl(aq) \longrightarrow KCl(aq) + HCN(g)$$

Si un échantillon de 0,140 g de KCN réagit avec du HCl en excès, calculez la masse (en grammes) de HCN formée.

3.70 La fermentation est un processus chimique complexe qui joue un rôle dans la fabrication du vin ; le glucose y est converti en éthanol et en dioxyde de carbone :

$$C_6H_{12}O_6 \longrightarrow 2C_2H_5OH + 2CO_2$$
$$\text{glucose} \qquad\qquad \text{éthanol}$$

Avec 500,4 g de glucose, quelle quantité maximum d'éthanol (en grammes et en litres) peut produire cette réaction ? (Masse volumique de l'éthanol = 0,789 g/mL)

3.71 Dans le pentahydrate de sulfate de cuivre(II) cristallisé ($CuSO_4 \bullet 5H_2O$), chaque unité formulaire de sulfate de cuivre(II) est associée à cinq molécules d'eau. Quand ce composé est chauffé dans l'air à une température supérieure à 100 °C, il perd ses molécules d'eau et sa couleur bleue :

$$CuSO_4 \bullet 5H_2O \longrightarrow CuSO_4 + 5H_2O$$

S'il reste 9,60 g de $CuSO_4$ après qu'on a chauffé 15,01 g du composé bleu, calculez le nombre de moles de H_2O présentes dans le composé initial.

3.72 Durant de nombreuses années, l'une des étapes du procédé utilisé pour obtenir de l'or pur consistait à traiter le minerai au cyanure de potassium :

$$4Au + 8KCN + O_2 + 2H_2O$$
$$\longrightarrow 4KAu(CN)_2 + 4KOH$$

Quel est le nombre minimal de moles de KCN requis pour extraire 29,0 g d'or ?

3.73 Le calcaire ($CaCO_3$) est décomposé par la chaleur en chaux (CaO) et en dioxyde de carbone (CO_2). Calculez la quantité de chaux (en grammes) que peut produire 1,0 kg de calcaire.

3.74 L'oxyde de diazote (N_2O), appelé gaz hilarant, peut être obtenu par la décomposition thermique (chauffage) du nitrate d'ammonium (NH_4NO_3). L'autre produit est H_2O. a) Écrivez l'équation équilibrée de cette réaction. b) Quelle masse en grammes de N_2O est formée si 0,46 mol de NH_4NO_3 est utilisée dans cette réaction ?

3.75 Le sulfate d'ammonium, $(NH_4)_2SO_4$, est un engrais obtenu par réaction de l'ammoniac (NH_3) avec l'acide sulfurique :

$$2NH_3(g) + H_2SO_4(aq) \longrightarrow (NH_4)_2SO_4(aq)$$

Quelle masse de NH_3 (en kilogrammes) est nécessaire à la production de $1,00 \times 10^5$ kg de $(NH_4)_2SO_4$?

3.76 La préparation d'oxygène gazeux par décomposition thermique du chlorate de potassium ($KClO_3$) est un procédé de laboratoire courant. Quelle quantité (en grammes) de O_2 gazeux obtiendrait-on après une décomposition complète de 46,0 g de $KClO_3$? (Les produits sont KCl et O_2.)

LES RÉACTIFS LIMITANTS
Questions de révision

3.77 Définissez les expressions « réactif limitant » et « réactif en excès ». Quelle est l'importance du réactif limitant dans la prévision de la quantité de produit obtenue dans une réaction ?

3.78 Donnez un exemple tiré de la vie de tous les jours qui illustre le concept de réactif limitant.

Problèmes

3.79 Le monoxyde d'azote (NO) réagit instantanément avec l'oxygène gazeux pour former du dioxyde d'azote (NO_2), un gaz brun foncé :

$$2NO(g) + O_2(g) \longrightarrow 2NO_2(g)$$

Dans une expérience, 0,886 mol de NO est mélangée avec 0,503 mol de O_2. Déterminez lequel des deux réactifs est limitant. Calculez le nombre de moles de NO_2 produites.

3.80 Depuis quelques années, la diminution de la couche d'ozone (O_3) dans la stratosphère préoccupe beaucoup les scientifiques. On croit que l'ozone peut réagir avec le monoxyde d'azote (NO) qui s'échappe des avions à réaction volant à très haute altitude. La réaction est

$$O_3 + NO \longrightarrow O_2 + NO_2$$

Si 0,740 g de O_3 réagit avec 0,670 g de NO, quelle masse (en grammes) de NO_2 sera produite ? Quel est le réactif limitant ? Calculez le nombre de moles du réactif en excès qui restent après la réaction.

3.81 Le propane (C_3H_8) est un constituant du gaz naturel qui est utilisé pour la cuisson et le chauffage domestique. a) Équilibrez l'équation suivante, qui représente la combustion du propane dans l'air :

$$C_3H_8 + O_2 \longrightarrow CO_2 + H_2O$$

b) Quelle masse (en grammes) de dioxyde de carbone peut être produite par la combustion de 3,65 mol de propane ? Supposez que l'oxygène est le réactif en excès.

3.82 Soit la réaction suivante :

$$MnO_2 + 4HCl \longrightarrow MnCl_2 + Cl_2 + 2H_2O$$

Si 0,86 mol de MnO2 et 48,2 g de HCl réagissent ensemble, lequel de ces deux réactifs sera épuisé le premier ? Quelle masse (en grammes) de Cl_2 sera produite ?

LE RENDEMENT DES RÉACTIONS
Questions de révision

3.83 Pourquoi le rendement d'une réaction n'est-il déterminé que par la quantité du réactif limitant ?

3.84 Pourquoi le rendement réel d'une réaction est-il presque toujours inférieur au rendement théorique ?

Problèmes

3.85 Le fluorure d'hydrogène est utilisé dans la fabrication des fréons (gaz qui détruisent la couche d'ozone) et dans la production de l'aluminium. Il est obtenu par la réaction suivante :

$$CaF_2 + H_2SO_4 \longrightarrow CaSO_4 + 2HF$$

Si on fait réagir 6,00 kg de CaF_2 avec du H_2SO_4 en excès pour former 2,86 kg de HF, quel est le pourcentage de rendement de la réaction ?

3.86 La nitroglycérine ($C_3H_5N_3O_9$) est un puissant explosif. Sa décomposition peut être représentée ainsi :

$$4C_3H_5N_3O_9 \longrightarrow 6N_2 + 12CO_2 + 10H_2O + O_2$$

Cette réaction génère une grande quantité de chaleur et beaucoup de produits gazeux. C'est la formation soudaine de ces gaz, accompagnée de leur expansion rapide, qui produit l'explosion. a) Quelle est la masse maximale de O_2 (en grammes) que l'on peut obtenir à partir de $2,00 \times 10^2$ g de nitroglycérine ? b) Calculez le pourcentage de rendement de cette réaction si la quantité de O_2 formée est de 6,55 g.

3.87 L'oxyde de titane(IV), (TiO_2), est une substance blanche obtenue par l'action de l'acide sulfurique sur l'ilménite ($FeTiO_3$) :

$$FeTiO_3 + H_2SO_4 \longrightarrow TiO_2 + FeSO_4 + H_2O$$

Son opacité et sa non-toxicité permettent de l'utiliser comme pigment dans les plastiques et les peintures. Si $8,00 \times 10^3$ kg de $FeTiO_3$ produisent $3,67 \times 10^3$ kg de TiO_2, quel est le pourcentage de rendement de la réaction ?

3.88 L'éthylène (C_2H_4), un composé organique industriel important, peut être obtenu en chauffant de l'hexane (C_6H_{14}) à 800 °C :

$$C_6H_{14} \longrightarrow C_2H_4 + \text{d'autres produits}$$

Si le pourcentage de rendement de la production d'éthylène est de 42,5 %, quelle est la masse d'hexane nécessaire pour produire 481 g d'éthylène ?

Problèmes variés

3.89 La masse atomique d'un élément X est de 33,42 u. Si 27,22 g de cet élément réagissent avec 84,10 g de l'élément Y pour former le composé XY, quelle est la masse atomique de Y ?

3.90 Combien de moles de O se combinent avec 0,212 mol de C pour former a) CO et b) CO_2 ?

3.91 Un chercheur utilise un spectromètre de masse pour étudier les deux isotopes d'un élément. Avec le temps, il accumule une certaine quantité de spectres de masse de ces isotopes. À l'analyse, il remarque que le rapport entre le pic le plus haut (l'isotope le plus abondant) et le pic le plus bas (l'isotope le moins abondant) augmente graduellement avec le temps. En supposant que le spectromètre de masse fonctionne normalement, quelle peut être, d'après vous, la cause de cette augmentation ?

3.92 Le pourcentage massique de Al dans l'hydrate de sulfate d'aluminium [$Al_2(SO_4)_3 \cdot xH_2O$] est de 8,20 %. Calculez x, c'est-à-dire le nombre de molécules d'eau associées à chaque unité de $Al_2(SO_4)_3$.

3.93 Le gaz moutarde ($C_4H_8Cl_2S$), un gaz toxique, a été utilisé durant la Première Guerre mondiale et interdit par la suite. Il cause la destruction des tissus organiques, et il n'existe pas d'antidote efficace. Calculez la composition centésimale de ce composé.

3.94 Le carat est une unité de masse utilisée en joaillerie ; un carat vaut exactement 200 mg. Combien d'atomes de carbone sont présents dans un diamant de 24 carats ?

3.95 On laisse une barre de fer de 664 g exposée à l'air humide pendant un mois. On observe alors que un huitième du fer est devenu de la rouille (Fe_2O_3). Calculez la masse finale de la barre de fer rouillée (fer + rouille).

3.96 Un certain oxyde métallique a pour formule MO. Un échantillon de 39,46 g de ce composé est fortement chauffé dans une atmosphère d'hydrogène pour en retirer l'oxygène et former de l'eau. Après la réaction, il reste 31,70 g du métal M. Si O a une masse atomique de 16,00 u, calculez la masse atomique de M et identifiez cet élément.

3.97 Un échantillon impur de zinc (Zn) est traité avec de l'acide sulfurique (H_2SO_4) en excès pour former du sulfate de zinc ($ZnSO_4$) et de l'hydrogène gazeux (H_2). a) Écrivez l'équation équilibrée de cette réaction. b) Si 0,0764 g de H_2 est obtenu de 3,86 g de cet échantillon, calculez le pourcentage de pureté de l'échantillon. c) Quelle hypothèse devez-vous faire en b)?

3.98 Une des réactions qui se produisent dans un haut fourneau, où le minerai de fer est converti en fer fondu, est

$$Fe_2O_3 + 3CO \longrightarrow 2Fe + 3CO_2$$

Supposons que $1,64 \times 10^3$ kg de Fe sont obtenus d'un échantillon de $2,62 \times 10^3$ kg de Fe_2O_3 et que la réaction a été complète. Quel est le pourcentage de pureté de Fe_2O_3 dans l'échantillon original?

3.99 Le dioxyde de carbone (CO_2) est le gaz qui est principalement responsable du réchauffement de la planète (appelé effet de serre). La combustion des combustibles fossiles est la principale cause de l'augmentation de la concentration de CO_2 dans l'atmosphère. Le dioxyde de carbone est aussi un produit final du métabolisme (*exemple 3.14*). En utilisant le glucose comme exemple de nourriture, calculez la production annuelle de CO_2 (en grammes), en supposant que chaque personne consomme $5,0 \times 10^2$ g de glucose par jour. Considérons que la population mondiale est de 5,5 milliards d'habitants et qu'il y a 365 jours dans une année.

3.100 Les glucides sont des composés qui contiennent du carbone, de l'hydrogène et de l'oxygène; le rapport entre l'hydrogène et l'oxygène y est de 2:1. Dans un certain glucide, le pourcentage massique de C est de 40%. Déterminez les formules empirique et

moléculaire de ce composé si sa masse molaire approximative est de 178 g.

3.101 Une analyse centésimale d'un échantillon de charbon révèle qu'il contient 1,6% de soufre. Lorsque le charbon est brûlé, le soufre est converti en bioxyde de soufre. Afin de prévenir la pollution de l'air, ce bioxyde de soufre est traité avec de l'oxyde de calcium pour former du sulfite de calcium solide. Calculez, pour une journée, la masse (en kilogrammes) nécessaire d'oxyde de calcium dans le cas d'une centrale au charbon qui produit son énergie en brûlant quotidiennement $6,60 \times 10^6$ kg de charbon.

3.102 L'octane, C_8H_{18}, est un constituant de l'essence pour automobile. Dans le cas d'une combustion complète de l'octane, on obtient seulement du CO_2 et du H_2O mais, si la combustion est incomplète, on obtient non seulement une réduction de rendement mais aussi une production de gaz nocifs. Au cours d'un essai en laboratoire, on a brûlé 1,000 gallon d'octane dans un moteur qui a alors produit une masse totale de 11,53 kg de gaz, masse constituée de CO, de CO_2 et de H_2O. Calculez le rendement de cette combustion, c'est-à-dire le pourcentage de l'octane convertie en CO_2. La masse volumique de l'octane est de 2,650 kg/gallon.

Problème spécial

3.103 Les sacs gonflables utilisés comme dispositifs de sécurité dans les automobiles doivent être à la fois peu encombrants et efficaces. Ils peuvent se gonfler très rapidement grâce à une poudre d'azoture de sodium, NaN_3, qui, à la suite d'un impact, se transforme en poudre de sodium, Na, et en azote gazeux, N_2. Combien de grammes d'azoture de sodium faudrait-il pour pouvoir gonfler un sac de 50,0 L? (Un volume de 24,4 L d'un gaz à 101,3 kPa et à 25 °C correspond à 1,00 mol.)

Réponses aux exercices: 3.1 10,81 u; **3.2** a) 6,44 g de He, b) 0,0130 mol de Mg; **3.3** $2,107 \times 10^{-22}$ g; **3.4** $8,49 \times 10^{21}$ atomes K; **3.5** 32,04 u; **3.6** 1,66 mol; **3.7** $5,81 \times 10^{24}$ atomes H; **3.8** 2,055 % H, 32,69 % S, 65,25 % O; **3.9** $KMnO_4$ (permanganate de potassium); **3.10** 196 g; **3.11** B_2H_6; **3.12** $Fe_2O_3 + 3CO \longrightarrow 2Fe + 3CO_2$; **3.13** a) 0,508 mol, b) 2,21 g; **3.14** 235 g; **3.15** a) 234 g, b) 234 g; **3.16** a) 863 g, b) 93,0 %.

CHAPITRE 4

Les gaz

Les points essentiels

Les propriétés des gaz
Les gaz épousent le volume et la forme de leur contenant. Ils sont facilement compressibles et se mélangent complètement en formant des mélanges homogènes. Leur masse volumique est bien inférieure à celle de leur équivalent liquide ou solide.

La pression des gaz
Parmi les différentes propriétés des gaz, la pression est une des plus faciles à mesurer. Un baromètre mesure la pression atmosphérique, tandis qu'un manomètre mesure la pression d'un gaz enfermé dans un contenant étanche.

Les lois des gaz
Au cours des années, plusieurs lois ont été formulées afin de décrire le comportement physique des gaz. Ces lois établissent des relations entre la pression, la température, le volume et la quantité d'un gaz.

L'équation des gaz parfaits
On suppose que les molécules d'un gaz parfait n'occupent aucun volume et qu'elles n'exercent aucune force les unes sur les autres. À de faibles pressions et à des températures élevées, la plupart des gaz ont un comportement de gaz parfait (idéal). Par conséquent, l'équation des gaz parfaits permet de décrire leur comportement physique.

La théorie cinétique des gaz
Les propriétés macroscopiques d'un gaz, telles que la pression et la température, peuvent être reliées à l'énergie cinétique de ses molécules. La théorie cinétique des gaz suppose que les molécules ont un comportement idéal, que le nombre de molécules est très grand et que leurs mouvements sont chaotiques.

Les gaz parfaits et les gaz réels
Afin de pouvoir décrire le comportement réel des gaz qui n'obéissent pas à la loi des gaz parfaits, on peut modifier cette équation afin de tenir compte à la fois du volume réel occupé par les molécules ainsi que des forces intermoléculaires.

Les frères de Montgolfier sont les inventeurs des aérostats, ces fameux « plus légers que l'air » appelés aujourd'hui montgolfières. Au cours de la première ascension sans passager qui eut lieu en juin 1783, leur ballon gonflé d'air chaud s'éleva à une altitude de 1 km et parcourut 1,6 km. C'est en novembre de la même année qu'eut lieu la première ascension avec un passager à bord d'une montgolfière du même type. Mais dès le mois d'août 1783, le chimiste français Jacques Charles avait réussi à faire monter pour la première fois un aérostat gonflé d'hydrogène. En décembre 1783, Charles et son assistant furent les premiers à s'envoler à bord de ce type de ballon. Partis de Paris, ils atterrirent près du village de Neslé situé à 104 km plus au nord. C'était à la suite des récentes découvertes de l'époque concernant les gaz que Charles avait décidé de gonfler son ballon avec de l'hydrogène, un gaz plus léger que l'air. Son ballon était fait de soie enduite d'une solution de caoutchouc qui empêchait le gaz de s'échapper. L'hydrogène fut obtenu par la réaction de 227 kg d'acide sulfurique (H_2SO_4) avec 454 kg de fer. Il fallut plusieurs jours pour gonfler le ballon qui faisait 4 m de diamètre. Le vol d'août 1783 dura 45 min, et l'atterrissage eut lieu à 24 km du site de décollage. Les habitants de la région furent tellement terrifiés par le ballon qu'ils le mirent en pièces.

Les succès des premiers vols en ballon eurent une portée considérable. Dans le monde entier, on reconnut rapidement les possibilités qu'offraient les ballons pour les voyages et comme instrument de guerre. Le ballon permit également aux scientifiques d'atteindre des altitudes supérieures à 3 000 m pour y mesurer la température et la pression de l'atmosphère, et pour y recueillir des échantillons d'air. Les études qui suivirent fournirent une base expérimentale plus solide pour la compréhension du comportement des gaz et établirent les bases qui menèrent à l'abandon de la théorie du phlogistique (*voir p. 61*). Les premiers vols en ballon ont donc contribué à l'essor de la chimie moderne.

Le premier vol libre en ballon, avec des personnes à son bord, eut lieu à Paris, en 1783.

4.1 LES SUBSTANCES EXISTANT À L'ÉTAT GAZEUX

Du NO_2 gazeux.

Nous vivons au fond d'un océan d'air dont la composition, par unité de volume, est d'environ 78 % de N_2, 21 % de O_2 et 1 % d'autres gaz, dont le CO_2. À cause de la pollution, la chimie de ce mélange vital est devenue, dans les années 2000, un champ d'étude encore plus important. Dans ce chapitre, nous nous intéresserons surtout au comportement des substances qui existent à l'état gazeux dans des conditions atmosphériques ordinaires définies comme étant une température de 25 °C et une pression de 1 atmosphère (atm) [*voir section 4.2*].

La figure 4.1 montre que dans les conditions atmosphériques ordinaires, seulement 11 éléments existent à l'état gazeux. Notez que l'hydrogène, l'azote, l'oxygène, le fluor et le chlore existent sous forme de molécules diatomiques. (L'ozone (O_3), une autre forme de l'oxygène (allotrope), est également gazeux à la température ambiante.) Par contre, tous les éléments du groupe 8A (les gaz rares) sont des gaz monoatomiques : He, Ne, Ar, Kr, Xe et Rn. Le tableau 4.1 en dresse la liste ; un certain nombre de composés gazeux sont également inclus.

De tous les gaz nommés dans le tableau 4.1, seul O_2 est essentiel à notre survie. Le cyanure d'hydrogène (HCN) est un poison mortel. Le monoxyde de carbone (CO), le sulfure d'hydrogène (H_2S), le dioxyde d'azote (NO_2), l'ozone (O_3) et le dioxyde de soufre (SO_2) sont toxiques, mais à un moindre degré. Par ailleurs, les gaz He, Ne et Ar sont chimiquement inertes, c'est-à-dire qu'ils ne réagissent avec aucune autre substance. La plupart des gaz, sauf F_2, Cl_2 et NO_2, sont incolores. On peut quelquefois distinguer le brun foncé du NO_2 dans l'air pollué. Tous les gaz ont les caractéristiques physiques suivantes :

- les gaz épousent le volume et la forme de leur contenant ;

- les gaz sont compressibles alors que les liquides et les solides le sont très peu ;

- des gaz introduits dans un même contenant se mélangent complètement pour former un mélange homogène ;

- les gaz ont des masses volumiques de beaucoup inférieures à celles des liquides et des solides.

Figure 4.1 *Les éléments qui existent à l'état gazeux à 25 °C et à 1 atm sont en bleu. Les gaz rares, les éléments du groupe 8A, sont des espèces monoatomiques alors que les autres sont des molécules diatomiques. L'ozone, O_3, est aussi un gaz.*

À ce stade, il est important de faire la distinction entre « gaz » et « vapeur », deux termes souvent utilisés indifféremment, mais qui n'ont pas exactement la même signification. Un *gaz* est une substance qui est *normalement* gazeuse dans des conditions de température et de pression ordinaires ; une *vapeur* est la forme gazeuse d'une substance qui est normalement un liquide ou un solide dans les mêmes conditions. Ainsi, à 25 °C et 1 atm, on parle de *vapeur* d'eau et d'oxygène *gazeux*.

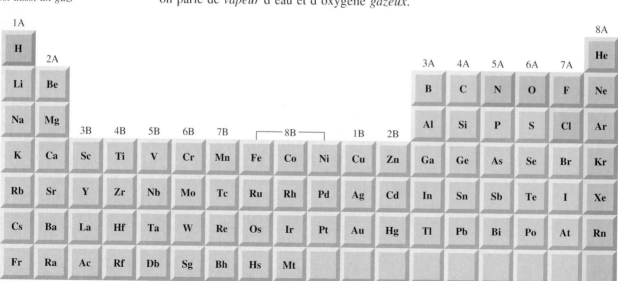

TABLEAU 4.1	QUELQUES SUBSTANCES EXISTANT À L'ÉTAT GAZEUX À 1 ATM ET 25 °C	
Éléments	**Composés**	
H_2 (dihydrogène)	HF (fluorure d'hydrogène)	
N_2 (diazote)	HCl (chlorure d'hydrogène)	
O_2 (dioxygène)	HBr (bromure d'hydrogène)	
O_3 (ozone ou trioxygène)	HI (iodure d'hydrogène)	
	CO (monoxyde de carbone)	
F_2 (difluore)	CO_2 (dioxyde de carbone)	
Cl_2 (dichlore)	NH_3 (ammoniac)	
He (hélium)	NO (monoxyde d'azote)	
Ne (néon)	NO_2 (dioxyde d'azote)	
Ar (argon)	N_2O (monoxyde de diazote)	
Kr (krypton)	SO_2 (dioxyde de soufre)	
Xe (xénon)	H_2S (sulfure d'hydrogène)	
Rn (radon)	HCN (cyanure d'hydrogène)*	

* Le point d'ébullition de HCN, soit 26 °C, est suffisamment bas pour que HCN soit considéré comme un gaz dans les conditions atmosphériques ordinaires.

4.2 LA PRESSION DES GAZ

Les gaz exercent une pression au contact de toute surface, car les molécules gazeuses sont constamment en mouvement. Si nous sommes généralement insensibles à la présence de la pression atmosphérique, c'est parce que nous y sommes physiologiquement adaptés, de la même manière qu'on suppose que se sont adaptés les poissons à la pression de l'eau sur eux.

Il est facile de démontrer l'existence de la pression atmosphérique. Le fait de boire un liquide avec une paille en est un exemple. La succion de l'air dans la paille réduit la pression à l'intérieur de celle-ci. La pression de l'air qui s'exerce sur le liquide étant alors plus grande que la pression dans la paille, elle pousse le liquide dans la paille pour remplacer l'air manquant.

Les unités de pression SI

La pression est une des propriétés des gaz les plus faciles à mesurer. Cependant, pour comprendre comment se mesure la pression d'un gaz, il est utile de savoir d'où viennent les unités à l'aide desquelles on l'exprime. Commençons par la vitesse et l'accélération. La *vitesse* est la distance parcourue par unité de temps ; autrement dit,

$$\text{vitesse} = \frac{\text{distance parcourue}}{\text{temps écoulé}}$$

L'unité de vitesse SI est le mètre par seconde (m/s) ; on utilise aussi le centimètre par seconde (cm/s).

L'*accélération* est la variation de la vitesse en fonction du temps, ou

$$\text{accélération} = \frac{\text{variation de vitesse}}{\text{temps écoulé}}$$

L'accélération s'exprime en mètres par seconde au carré (m/s^2) ou en centimètres par seconde au carré (cm/s^2).

La deuxième loi du mouvement, formulée par sir Isaac Newton à la fin du XVIIe siècle, définit un autre terme, la *force*, dont dérivent les unités de la pression. Selon cette loi,

$$\text{force} = \text{masse} \times \text{accélération}$$

Dans ce contexte, la force est exprimée par l'*unité SI kg • m/s²* ou, de manière plus commode, par le **newton (N)**, où

$$1 \text{ N} = 1 \text{ kg} \cdot \text{m/s}^2$$

(Un newton équivaut donc à la force qui communique à un corps ayant une masse de 1 kg une accélération de 1 m/s². Il est intéressant de savoir que 1 N est environ la force que la gravité exerce sur une pomme.)

Finalement, la **pression** est définie comme la *force exercée par unité de surface* :

$$\text{pression} = \frac{\text{force}}{\text{surface}}$$

L'*unité de pression SI* est le **pascal (Pa)**, nommé ainsi en l'honneur du mathématicien et physicien français Blaise Pascal :

$$1 \text{ Pa} = 1 \text{ N/m}^2$$

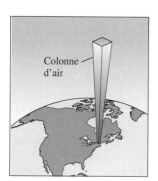

Figure 4.2 *C'est la pression exercée par la colonne d'air s'étendant de la surface de la terre (au niveau de la mer) jusqu'à la haute atmosphère qui cause la pression atmosphérique.*

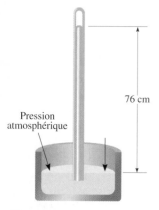

Figure 4.3 *Un baromètre permet de mesurer la pression atmosphérique. Dans le tube, au-dessus du mercure, il y a un vide. La colonne de mercure est maintenue par la pression atmosphérique.*

La pression atmosphérique

Les atomes et les molécules des gaz présents dans l'atmosphère, tout comme ceux de toute matière, sont soumis à l'attraction terrestre. Ainsi, l'atmosphère est plus dense près de la surface de la terre qu'en haute altitude, et cette pression due à l'air s'exerce dans toutes les directions sur les objets terrestres. La force qu'exerce sur une surface l'atmosphère terrestre est égale au *poids de la colonne d'air située au-dessus de cette surface*. On appelle ***pression atmosphérique*** la *pression exercée par cette colonne d'air (figure 4.2)*. Sa valeur réelle dépend du lieu (altitude), de la température et des conditions météorologiques.

On *mesure la pression atmosphérique à l'aide d'un instrument* appelé ***baromètre.*** Il est possible d'en fabriquer un rudimentaire de la façon suivante : on remplit de mercure un long tube de verre fermé à une extrémité, qu'on renverse soigneusement dans un récipient contenant aussi du mercure, en s'assurant que l'air n'y entre pas. Un peu de mercure descendra dans le récipient, créant ainsi un vide dans la partie supérieure du tube *(figure 4.3)*. Le poids de la colonne de mercure qui reste dans le tube est supporté par la pression atmosphérique s'exerçant sur le mercure contenu dans le récipient. La ***pression atmosphérique normale* (1 atm)** est égale à la *pression qui supporte une colonne de mercure de 760 mm (ou 76 cm) à 0 °C, au niveau de la mer*. Une atmosphère normale est donc égale à une pression de 760 mm Hg, où mm Hg est la pression supportant une colonne de mercure de 1 mm. L'unité mm Hg est également appelée *torr,* en l'honneur du scientifique italien Evangelista Torricelli, l'inventeur du baromètre. Ainsi,

$$1 \text{ torr} = 1 \text{ mm Hg}$$

et

$$1 \text{ atm} = 760 \text{ mm Hg}$$

$$= 760 \text{ torrs}$$

Problème semblable : 4.14

EXEMPLE 4.1   La conversion des mm Hg en atmosphères

La pression atmosphérique à l'extérieur d'un avion à réaction volant à haute altitude est très inférieure à la pression qui s'exerce au niveau de la mer. La pression de l'air à l'intérieur des avions doit donc être réglée pour protéger les passagers. Quelle est la pression de l'air en atmosphères dans un avion si l'on sait qu'elle est de 688 mm Hg ?

Réponse : La pression en atmosphères est calculée de la façon suivante :

$$\text{pression} = 688 \ \cancel{\text{mm Hg}} \times \frac{1 \ \text{atm}}{760 \ \cancel{\text{mm Hg}}}$$

$$= 0,905 \ \text{atm}$$

EXERCICE

Convertissez 749 mm Hg en atmosphères.

Un avion à réaction de transport commercial volant à haute altitude.

La relation entre les atmosphères et les pascals (*voir annexe 1*) est

$$1 \ \text{atm} = 101\,325 \ \text{Pa}$$

Comme 1 000 Pa = 1 kPa (kilopascal),

$$1 \ \text{atm} = 1,013\,25 \times 10^2 \ \text{kPa}$$

Cette équation donne la définition de 1 atm dans le SI.

L'*appareil* utilisé par les scientifiques *pour mesurer la pression des gaz autres que l'atmosphère* est le **manomètre,** qui fonctionne selon le même principe qu'un baromètre. Il en existe deux types, illustrés à la figure 4.4. Le manomètre à tube fermé est habituellement utilisé pour mesurer les pressions inférieures à la pression atmosphérique (*figure 4.4 a*) ; le manomètre à tube ouvert est plus utile pour mesurer les pressions égales ou supérieures à la pression atmosphérique (*figure 4.4 b*).

Presque tous les baromètres et la plupart des manomètres sont au mercure, malgré la toxicité de cette substance et le danger que représentent ses vapeurs. Ce choix s'explique par la masse volumique importante (13,6 g/mL) du mercure en comparaison avec celles d'autres liquides : puisque la hauteur de la colonne de liquide est inversement proportionnelle à la masse volumique du liquide, le mercure permet la fabrication de baromètres et manomètres de petite taille.

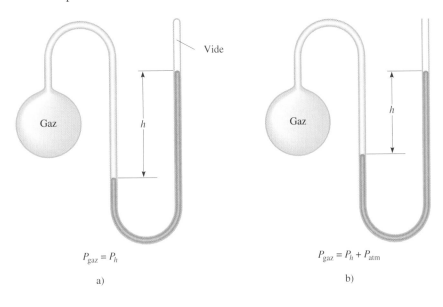

Vide

Gaz

h

$P_{\text{gaz}} = P_h$

a)

Gaz

h

$P_{\text{gaz}} = P_h + P_{\text{atm}}$

b)

Figure 4.4 *Deux types de manomètres utilisés pour mesurer la pression des gaz. a) La pression du gaz est inférieure à la pression atmosphérique. b) La pression du gaz est supérieure à la pression atmosphérique.*

Figure 4.5 *Un appareil servant à étudier la relation entre la pression et le volume d'un gaz. En a), la pression du gaz est égale à la pression atmosphérique. La pression exercée sur le gaz augmente de a) à d) à mesure qu'on ajoute du mercure, et le volume du gaz diminue, comme le prédit la loi de Boyle. La pression supplé- mentaire exercée sur le gaz est exprimée par la différence dans les niveaux de mercure (h mm Hg) dans les deux colonnes. La température du gaz y est constante.*

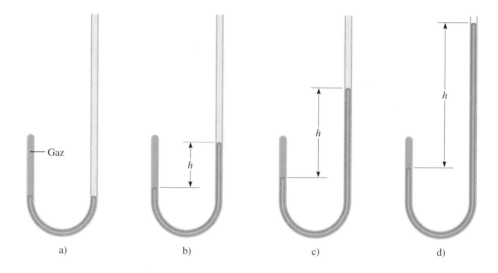

a)   b)   c)   d)

Robert Boyle (1627-1691)

4.3   LES LOIS DES GAZ

Les lois des gaz que nous étudierons dans ce chapitre résument plusieurs siècles de recherches sur les propriétés physiques des gaz. Ces généralisations sur le comportement macroscopique des substances gazeuses ont joué un rôle important dans les progrès de la chimie.

La relation pression-volume: la loi de Boyle-Mariotte

À mesure qu'un ballon rempli d'hélium monte dans l'air, son volume augmente parce que la pression extérieure diminue graduellement. Inversement, quand on comprime le volume d'un gaz, la pression de ce gaz augmente. Au XVIIe siècle, le chimiste irlandais Robert Boyle a étudié le comportement des gaz de façon quantitative à l'aide d'un appareil comme celui qui est illustré à la figure 4.5. Edme Mariotte, un physicien français, énonça en même temps que lui cette loi en 1776. À la figure 4.5 a), la pression exercée sur le gaz par le mer- cure ajouté dans le tube est égale à la pression atmosphérique. En b), l'ajout de mercure cause une augmentation de pression qui est indiquée par l'inégalité entre les niveaux de mercure dans les deux colonnes; par conséquent, le volume du gaz diminue. Boyle et Mariotte ont remarqué que, à une température constante, le volume V d'une masse gazeuse diminue avec l'augmentation de la pression totale P exercée (somme de la pression atmo- sphérique et la pression causée par le mercure ajouté). Cette relation entre la pression et le volume est illustrée à la figure 4.5 b), c) et d). Par contre, si la pression exercée diminue, le volume du gaz augmente.

   La loi qui résume ces observations sur la relation pression-volume dit que *le volume d'une masse de gaz maintenu à une température constante est inversement proportionnel à sa pression*. On appelle cette loi **loi de Boyle-Mariotte**, et on l'exprime ainsi:

$$V \propto \frac{1}{P}$$

où le symbole $\propto$ signifie *proportionnel à*. Pour changer le symbole $\propto$ pour un symbole d'égalité, il faut écrire

$$V = k_1 \times \frac{1}{P} \qquad (4.1\ a)$$

où k_1 est une constante appelée *constante de proportionnalité*. On peut exprimer l'équation (4.1 a) d'une autre façon:

$$PV = k_1 \qquad (4.1\ b)$$

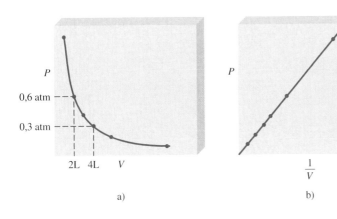

Figure 4.6
*Deux graphiques montrant la
relation entre la pression et le
volume d'un échantillon de
gaz, à température constante.
a) P en fonction de V. Notez
que le volume du gaz double
quand la pression est réduite
de moitié. b) P en fonction
de 1/V.*

Cette autre façon d'exprimer la loi de Boyle-Mariotte signifie que le produit de la pression et du volume d'un gaz à une température constante est une constante.

La figure 4.6 montre deux manières pratiques d'exprimer à l'aide de graphiques le résultat de ces recherches. La figure 4.6 a) est un graphique qui correspond à l'équation $PV = k_1$; la figure 4.6 b) illustre l'équation $P = k_1 \times 1/V$. Notez que cette dernière équation est une équation linéaire de la forme $y = mx + b$, où $b = 0$.

Bien que les valeurs respectives de la pression et du volume puissent varier grandement pour un échantillon donné, tant que la température est constante et que la quantité de gaz ne change pas, le produit de $P \times V$ est toujours égal à une constante. Ainsi, pour une masse de gaz donnée dans deux ensembles de conditions différentes mais à température constante, on peut écrire

$$P_1V_1 = k_1 = P_2V_2$$

ou

$$P_1V_1 = P_2V_2 \tag{4.2}$$

où V_1 et V_2 sont respectivement les volumes aux pressions P_1 et P_2.

La relation température-volume : la loi de Gay-Lussac-Charles

Pour que la loi de Boyle-Mariotte s'applique, la température du système étudié doit rester constante. Supposons maintenant qu'elle change. Comment un changement de température affecte-t-il le volume et la pression d'un gaz ? Voyons d'abord l'action de la température sur le volume. Jacques Charles et Joseph Gay-Lussac, deux scientifiques français, furent les premiers à étudier cette relation. Leurs études ont démontré que, à pression constante, pour une masse donnée de gaz, le volume augmente si la température augmente et qu'il diminue si la température diminue (*figure 4.7*). En fait, le rapport quantitatif entre les variations de volume et de température s'avère remarquablement constant. Par exemple, on a observé un phénomène intéressant en étudiant le rapport entre ces deux grandeurs à des pressions différentes : pour toute pression donnée, la variation du volume en fonction de la température est linéaire (*figure 4.8*). L'extrapolation de cette droite jusqu'au volume zéro coupe l'axe de la température à –273,15 °C. Les droites ont une inclinaison différente selon la pression, mais elles coupent toujours l'axe de la température à –273,15 °C pour un volume égal à zéro. (En pratique, on ne peut mesurer le volume d'un gaz que dans un intervalle de températures limité, parce que, à basses températures, tous les gaz se condensent pour former des liquides.)

En 1848, un physicien écossais, lord William Thomson Kelvin, comprit la signification de cette donnée : –273,15 °C était la *température théorique la plus basse que l'on puisse atteindre*. Il l'appela **zéro absolu.** En choisissant ce zéro absolu comme point de départ, il établit une **échelle de température absolue,** qu'on appelle maintenant

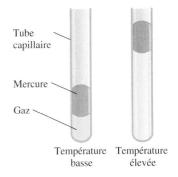

Tube capillaire

Mercure

Gaz

Température basse   Température élevée

Figure 4.7
*Variation du volume d'un gaz
en fonction de la température,
à pression constante. La
pression exercée sur le gaz
est la somme de la pression
atmosphérique et de la
pression due au poids
du mercure.*

Figure 4.8 *Variations du volume d'un gaz en fonction de la température à différentes pressions. (La pression augmente de P_1 à P_4.) En prolongeant ces droites (les parties pointillées) vers les basses températures, elles se coupent toutes en un point dont les coordonnées correspondent à une température de –273,15 °C et à un volume égal à zéro.*

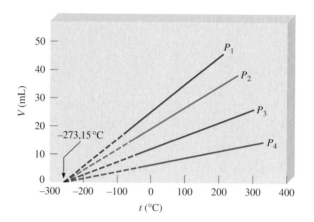

échelle Kelvin. Un kelvin (K) a la même grandeur qu'un degré Celsius ; la seule différence entre les deux échelles est la position du zéro. (Notez que l'on n'utilise pas le signe de degré dans l'échelle de température absolue ; ainsi, 25 K se dit « vingt-cinq kelvins ».)

Voici quelques points de repère importants au sujet de ces échelles :

	Échelle Kelvin	*Échelle Celsius*
Zéro absolu	0 K	–273,15 °C
Point de congélation de l'eau	273,15 K	0 °C
Point d'ébullition de l'eau	373,15 K	100 °C

La relation entre les kelvins et les degrés Celsius est

$$T(\text{K}) = t \ (\text{°C}) + 273,15 \ \text{°C} \tag{4.3}$$

Pour la plupart des calculs, nous utiliserons toutefois 273 au lieu de 273,15 dans la formule de conversion entre les kelvins et les degrés Celsius. Par convention, le symbole T indique la température absolue (en kelvins), et t indique la température (en degrés Celsius). La figure 4.9 montre sur les deux échelles d'autres températures correspondant à quelques phénomènes particuliers.

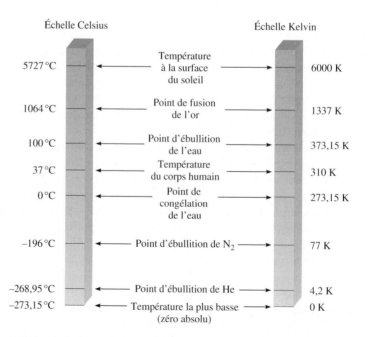

Figure 4.9 *Comparaison des échelles Celsius et Kelvin. (Les distances entre les marques indiquant les températures ne sont pas à l'échelle.)*

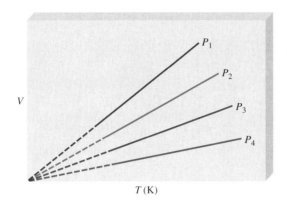

Figure 4.10 *Variation du volume d'un gaz en fonction de la température, à différentes pressions. Le graphique ressemble à celui de la figure 4.8, sauf que la température est en kelvins et que les droites se coupent en un point situé à l'origine.*

La relation entre le volume et la température est la suivante :

$$V \propto T$$

$$V = k_2 T$$

ou
$$\frac{V}{T} = k_2 \qquad (4.4)$$

où k_2 est la constante de proportionnalité. L'équation (4.4) est connue sous le nom de **loi de Gay-Lussac-Charles** ou simplement **loi de Charles**. Cette loi dit que, pour une masse donnée de gaz maintenu à une pression constante, le volume du gaz est directement proportionnel à sa température absolue.

Comme nous l'avons fait pour la relation pression-volume à température constante, nous pouvons comparer deux ensembles de conditions différentes pour un gaz donné à pression constante. À partir de l'équation (4.4), on peut écrire

$$\frac{V_1}{T_1} = k_2 = \frac{V_2}{T_2}$$

ou
$$\frac{V_1}{T_1} = \frac{V_2}{T_2} \qquad (4.5)$$

Jacques Charles (1746-1832)

où V_1 et V_2 sont respectivement les volumes des gaz aux températures T_1 et T_2 (en kelvins). La figure 4.10 montre les droites que donnent les rapports entre V et T pour différentes pressions données. Ce graphique est semblable à celui de la figure 4.8, bien qu'on y utilise l'échelle Kelvin.

La relation volume-nombre de molécules : la loi d'Avogadro

Le travail du scientifique italien Amedeo Avogadro (*voir section 3.2*) compléta les recherches de Boyle, de Charles et de Gay-Lussac. En 1811, il proposa l'hypothèse suivante : à la même température et à la même pression, des volumes égaux de gaz différents contiennent le même nombre de molécules (ou d'atomes si le gaz est monoatomique). Il en déduisit que le volume d'un gaz donné devait être proportionnel au nombre de molécules présentes ; autrement dit,

$$V \propto n$$

$$V = k_3 n \qquad (4.6)$$

où n est le nombre de moles et k_3, la constante de proportionnalité.

Figure 4.11 *Relation
entre les volumes gazeux dans
une réaction chimique.
Le rapport entre le volume de
l'hydrogène et celui de l'azote
est de 3 : 1 ; celui du volume
de l'ammoniac (le produit) et
des volumes de l'hydrogène
et de l'azote combinés (les
réactifs) est de 2 : 4 ou 1 : 2.*

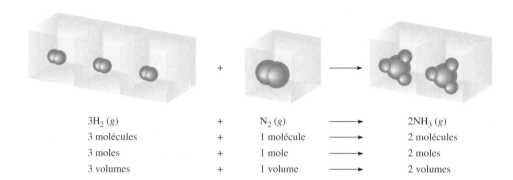

$3H_2$ (g)	+	N_2 (g)	$\longrightarrow$	$2NH_3$ (g)
3 molécules	+	1 molécule	$\longrightarrow$	2 molécules
3 moles	+	1 mole	$\longrightarrow$	2 moles
3 volumes	+	1 volume	$\longrightarrow$	2 volumes

L'équation (4.6) est l'expression mathématique de la **loi d'Avogadro,** qui dit que, *à
pression et à température constantes, le volume d'un gaz est directement proportionnel au
nombre de moles de gaz présentes.* Cette loi enseigne que, lorsque deux gaz réagissent
ensemble, le rapport entre leurs volumes respectifs est un nombre simple. Si le produit est
aussi un gaz, le rapport entre son volume et ceux des réactifs est également un rapport
simple (ce qu'avait déjà démontré Gay-Lussac). Par exemple, prenons la synthèse de
l'ammoniac à partir de l'hydrogène moléculaire et de l'azote moléculaire :

$$3H_2(g) + N_2(g) \longrightarrow 2NH_3(g)$$
$$\text{3 mol} \qquad \text{1 mol} \qquad \text{2 mol}$$

Puisque, à la même température et à la même pression, les volumes des gaz sont directement proportionnels au nombre de moles de ces gaz, on peut écrire

$$3H_2(g) + N_2(g) \longrightarrow 2NH_3(g)$$
$$\text{3 volumes} \qquad \text{1 volume} \qquad \text{2 volumes}$$

Le rapport entre les volumes de l'hydrogène moléculaire et de l'azote moléculaire est de
3 : 1, et le rapport entre le volume de l'ammoniac (le produit) et le volume total de l'hydrogène moléculaire et de l'azote moléculaire (les réactifs) est de 2 : 4 ou 1 : 2 (*figure 4.11*).
La figure 4.12 illustre les trois lois des gaz étudiées dans cette section ainsi qu'une forme
modifiée de la loi de Charles.

4.4   L'ÉQUATION DES GAZ PARFAITS

Résumons les lois des gaz que nous avons étudiées jusqu'ici :

$$\text{Loi de Boyle : } V \propto \frac{1}{P} \qquad (n \text{ et } T \text{ étant constants})$$

$$\text{Loi de Charles : } V \propto T \qquad (n \text{ et } P \text{ étant constants})$$

$$\text{Loi d'Avogadro : } V \propto n \qquad (P \text{ et } T \text{ étant constantes})$$

Nous pouvons combiner ces trois équations en une seule équation générale qui décrit le
comportement des gaz :

$$V \propto \frac{nT}{P}$$

$$= R\frac{nT}{P}$$

ou $$\qquad PV = nRT \qquad\qquad (4.7)$$

Figure 4.12

Illustrations schématiques des lois de Boyle, de Charles et d'Avogadro.

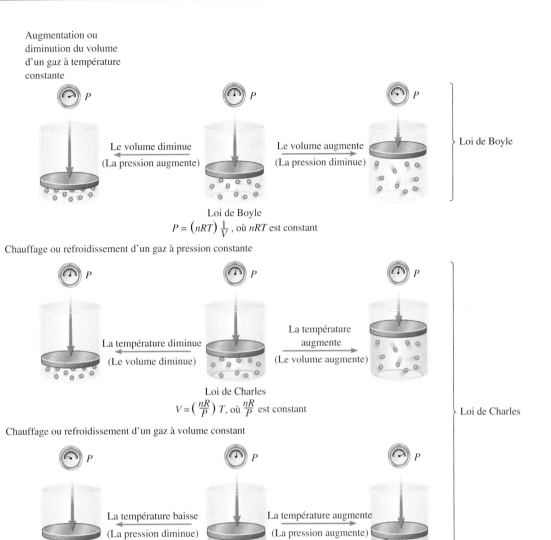

Augmentation ou diminution du volume d'un gaz à température constante

Le volume diminue
(La pression augmente)

Le volume augmente
(La pression diminue)

Loi de Boyle

Loi de Boyle

$P = (nRT)\dfrac{1}{V}$, où nRT est constant

Chauffage ou refroidissement d'un gaz à pression constante

La température diminue
(Le volume diminue)

La température augmente
(Le volume augmente)

Loi de Charles

Loi de Charles

$V = \left(\dfrac{nR}{P}\right) T$, où $\dfrac{nR}{P}$ est constant

Chauffage ou refroidissement d'un gaz à volume constant

La température baisse
(La pression diminue)

La température augmente
(La pression augmente)

Loi de Charles

$P = \left(\dfrac{nR}{V}\right) T$, où $\dfrac{nR}{V}$ est constante

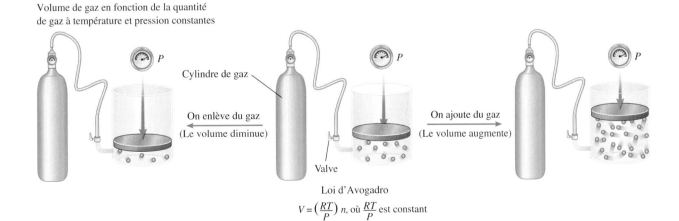

Volume de gaz en fonction de la quantité de gaz à température et pression constantes

Cylindre de gaz

On enlève du gaz
(Le volume diminue)

On ajoute du gaz
(Le volume augmente)

Valve

Loi d'Avogadro

$V = \left(\dfrac{RT}{P}\right) n$, où $\dfrac{RT}{P}$ est constant

où *R* est la *constante de proportionnalité* appelée **constante des gaz parfaits.** L'équation (4.7), qui *décrit la relation entre les quatre variables expérimentales P, V, T et n,* s'appelle **équation des gaz parfaits** (qu'on appelle aussi *loi des gaz parfaits*). Un **gaz parfait** est un *gaz théorique dont la pression, le volume et la température peuvent être exactement prévus par l'équation des gaz parfaits.* Les molécules d'un gaz parfait ne s'attirent ni ne se repoussent les unes les autres, et leur volume est négligeable par rapport au volume du contenant. Bien que les gaz parfaits n'existent pas dans la nature, les écarts dans le comportement des gaz réels par rapport à ce que ferait un gaz parfait, dans des limites de température et de pression raisonnables, ne gênent pas les calculs de façon significative. On peut donc utiliser l'équation des gaz parfaits pour résoudre de nombreux problèmes concernant les gaz.

Avant de pouvoir appliquer l'équation (4.7) à un système réel, il faut évaluer la constante des gaz parfaits *R*. À 0 °C (273,15 K) et 1 atm, beaucoup de gaz réels agissent comme un gaz parfait. Les expériences faites dans ces conditions ont démontré que une mole de gaz parfait occupe 22,414 L. La figure 4.13 permet de comparer ce volume molaire et le volume d'un ballon de basket-ball. On appelle **conditions de température et pression normales (TPN),** les *conditions de 0 °C et 1 atm.* À partir de l'équation (4.7), on peut écrire

$$R = \frac{PV}{nT}$$

$$= \frac{(1 \text{ atm})(22{,}414 \text{ L})}{(1 \text{ mol})(273{,}15 \text{ K})} = 0{,}082\,057\,\frac{\text{L} \bullet \text{atm}}{\text{K} \bullet \text{mol}}$$

$$= 0{,}082\,057 \text{ L} \bullet \text{atm/K} \bullet \text{mol}$$

Les points reliant L à atm, ainsi que K à mol, nous rappellent que L et atm sont tous deux au numérateur et que K et mol sont tous deux au dénominateur. Dans la plupart des calculs, nous arrondirons la valeur de *R* à trois chiffres significatifs (0,0821 L • atm/K • mol) et nous utiliserons 22,41 L comme volume molaire d'un gaz à TPN. De plus, nous tiendrons pour acquis que les températures données en degrés Celsius sont exactes, de sorte qu'elles ne modifient pas le nombre de chiffres significatifs.

Figure 4.13 *Comparaison entre le volume de 1 mol de gaz à TPN (environ 22,4 L) et un ballon de basket-ball.*

EXEMPLE 4.2 L'application de la loi des gaz parfaits

L'hexafluorure de soufre (SF_6) est un gaz incolore, inodore et très stable. Calculez la pression (en atmosphères) exercée par 1,82 mol de ce gaz dans un contenant en acier d'un volume de 5,43 L à 69,5 °C.

Réponse: À partir de l'équation (4.7), nous écrivons

$$P = \frac{nRT}{V}$$

$$= \frac{(1,82 \text{ mol})(0,0821 \text{ L} \cdot \text{atm/K} \cdot \text{mol})(69,5 + 273) \text{ K}}{5,43 \text{ L}}$$

$$= 9,42 \text{ atm}$$

EXERCICE

Calculez le volume (en litres) qu'occupent 2,12 mol de monoxyde d'azote (NO) à 6,54 atm et 76 °C.

SF_6

Problème semblable: 4.32

EXEMPLE 4.3 La détermination du volume d'un gaz à TPN

Calculez le volume (en litres) qu'occupent 7,40 g de CO_2 à TPN.

Réponse: Sachant que 1 mol d'un gaz parfait occupe 22,41 L à TPN, nous écrivons

$$V = 7,40 \text{ g } CO_2 \times \frac{1 \text{ mol } CO_2}{44,01 \text{ g } CO_2} \times \frac{22,41 \text{ L}}{1 \text{ mol } CO_2}$$

$$= 3,77 \text{ L}$$

EXERCICE

Quel volume occupent 49,8 g de HCl à TPN?

Problèmes semblables:
4.40 et 4.41

L'équation (4.7) est utile pour résoudre les problèmes dans lesquels les valeurs de P, de V, de T et de n d'un échantillon de gaz restent constantes. Il arrive parfois, cependant, que l'on travaille avec des variations de pression, de volume, de température ou même du nombre de moles de gaz. Dans tous ces cas, on doit utiliser une forme modifiée de l'équation (4.7), que l'on obtient ainsi: à partir de l'équation (4.7),

si
$$R = \frac{P_1 V_1}{n_1 T_1} \quad \text{(avant le changement)}$$

et si
$$R = \frac{P_2 V_2}{n_2 T_2} \quad \text{(après le changement)}$$

alors
$$\frac{P_1 V_1}{n_1 T_1} = \frac{P_2 V_2}{n_2 T_2}$$

Souvent, le nombre de moles de gaz reste constant durant le changement effectué. Dans ce cas, $n_1 = n_2$, et l'équation ci-dessus devient

$$\frac{P_1 V_1}{T_1} = \frac{P_2 V_2}{T_2} \tag{4.8}$$

Notez que, à partir de l'équation (4.8), on peut arriver à l'équation (4.2) dans le cas où $T_1 = T_2$, ou à l'équation (4.5) dans le cas où $P_1 = P_2$.

NOTE

Dans les problèmes utilisant les lois des gaz, il ne faut pas oublier de convertir les degrés Celsius en kelvins.

Problèmes semblables:
4.35 et 4.38

EXEMPLE 4.4 L'application de l'équation (4.8)

Une petite bulle monte du fond d'un lac, où la température et la pression sont de 8 °C et 6,4 atm, jusqu'à la surface, où la température est de 25 °C et la pression de 1,0 atm. Calculez le volume final (en millilitres) de la bulle si son volume initial est de 2,1 mL.

Réponse: D'abord, nous écrivons

État initial *Conditions*	*État final* *Conditions*
$P_1 = 6,4$ atm	$P_2 = 1,0$ atm
$V_1 = 2,1$ mL	$V_2 = ?$
$T_1 = (8 + 273)$ K	$T_2 = (25 + 273)$ K

Le nombre de moles de gaz dans la bulle reste le même: $n_1 = n_2$. Pour calculer le volume final, il faut réarranger l'équation (4.8) de la manière suivante:

$$V_2 = V_1 \times \frac{P_1}{P_2} \times \frac{T_2}{T_1}$$

$$= 2,1 \text{ mL} \times \frac{6,4 \text{ atm}}{1,0 \text{ atm}} \times \frac{298 \text{ K}}{281 \text{ K}}$$

$$= 14 \text{ mL}$$

Ainsi, le volume de la bulle augmente de 2,1 mL à 14 mL à cause de la diminution de la pression de l'eau et de l'augmentation de la température.

EXERCICE

Un échantillon de radon gazeux radioactif d'un volume initial de 4,0 L, à une pression initiale de 1,2 atm et une température initiale de 66 °C, subit une modification qui porte son volume et sa température à 1,7 L et à 42 °C. Quelle est la pression finale? Supposez que le nombre de moles reste constant.

La masse volumique et la masse molaire d'une substance gazeuse

La loi des gaz parfaits permet de déterminer soit la masse volumique, soit la masse molaire d'une substance gazeuse. En réarrangeant l'équation (4.7), on peut écrire

$$\frac{n}{V} = \frac{P}{RT}$$

Le nombre de moles de gaz n est donné par

$$n = \frac{m}{\mathcal{M}}$$

où m est la masse du gaz (en grammes) et $\mathcal{M}$ sa masse molaire. Donc,

$$\frac{m}{\mathcal{M}V} = \frac{P}{RT}$$

Comme la masse volumique ρ est la masse par unité de volume, on peut écrire

$$\rho = \frac{m}{V} = \frac{P\mathcal{M}}{RT} \tag{4.9}$$

L'équation (4.9) permet de calculer la masse volumique d'un gaz (en grammes par litre). Cependant, comme il est souvent facile de mesurer la masse volumique d'un gaz, on réarrange l'équation de manière à pouvoir plutôt calculer $\mathcal{M}$:

$$\mathcal{M} = \frac{\rho RT}{P} \qquad (4.10)$$

Voyons concrètement comment réaliser une détermination de $\mathcal{M}$. Une ampoule de volume connu est remplie d'une substance gazeuse. La température et la pression de l'échantillon de gaz sont notées, et la masse totale de l'ampoule et du gaz est déterminée (*figure 4.14*). L'ampoule est ensuite vidée et pesée à nouveau. La différence entre les deux masses équivaut à la masse du gaz. En divisant la masse du gaz par le volume de l'ampoule, on obtient la masse volumique du gaz. Ensuite, il est possible de calculer la masse molaire de la substance à l'aide de l'équation (4.10).

Figure 4.14 *Un appareil qui permet de mesurer la masse volumique d'un gaz. Un ballon de volume connu est rempli du gaz étudié à une certaine pression et une certaine température. Le ballon est ensuite pesé puis vidé (on évacue le gaz) et repesé. La différence de masse donne la masse du gaz. Connaissant le volume du ballon, on peut calculer la masse volumique du gaz. Dans les conditions atmosphériques habituelles, 100 mL d'air pèsent environ 0,12 g, soit une masse facilement mesurable.*

EXEMPLE 4.5 **La détermination de la masse molaire d'un gaz à partir de sa masse volumique**

Un chimiste a synthétisé un composé gazeux de chlore et d'oxygène de couleur jaune verdâtre. Sa masse volumique est de 7,71 g/L, à 36 °C et 2,88 atm. Calculez la masse molaire du composé et déterminez sa formule moléculaire.

Réponse : Nous effectuons les substitutions requises dans l'équation (4.10)

$$\mathcal{M} = \frac{\rho RT}{P}$$

$$= \frac{(7,71 \text{ g/L})(0,0821 \text{ L} \cdot \text{atm/K} \cdot \text{mol})(36 + 273) \text{ K}}{2,88 \text{ atm}}$$

$$= 67,9 \text{ g/mol}$$

Pour déterminer la formule moléculaire du composé, nous devons procéder par tâtonnement, à partir des masses molaires du chlore (35,45 g) et de l'oxygène (16,00 g). Nous savons qu'un composé contenant un atome Cl et un atome O aurait une masse molaire de 51,45 g, ce qui est trop bas ; la masse molaire d'un composé formé de deux atomes Cl et de un atome O serait de 86,90 g, ce qui est trop élevé. Si le composé est formé de un atome Cl et de deux atomes O, sa masse molaire est de 67,45 g, ce qui correspond à notre résultat ; la formule est donc ClO_2.

EXERCICE

La masse volumique d'un composé organique gazeux est de 3,38 g/L, à 40 °C et 1,97 atm. Quelle en est la masse molaire ?

Problèmes semblables :
4.49 et 4.50

4.5 LA STŒCHIOMÉTRIE DES GAZ

Au chapitre 3, nous avons utilisé les relations entre les quantités (en moles) et les masses (en grammes) de réactifs et de produits pour résoudre des problèmes de stœchiométrie. Lorsque les réactifs *ou* les produits sont des gaz, on peut aussi utiliser les relations entre les quantités (les moles n) et le volume (V) pour résoudre de tels problèmes (*figure 4.15*). Les exemples suivants montrent comment utiliser les lois des gaz dans ce type de calculs.

EXEMPLE 4.6   La loi d'Avogadro et la stœchiométrie

Calculez le volume requis de O_2 (en litres), à TPN, pour faire la combustion complète de 2,64 L d'acétylène (C_2H_2) à TPN

$$2C_2H_2(g) + 5O_2(g) \longrightarrow 4CO_2(g) + 2H_2O(l)$$

Réponse: Puisque C_2H_2 et O_2 sont tous les deux mesurés à la même température et à la même pression, selon la loi d'Avogadro, les volumes qui réagissent sont reliés aux coefficients de l'équation équilibrée, c'est-à-dire que 2 L de C_2H_2 réagissent avec 5 L de O_2. En connaissant ce rapport, on peut calculer le volume (en litres) de O_2 qui réagira exactement avec 2,64 L de C_2H_2:

Problème semblable: 4.90

$$\text{volume de } O_2 = \frac{2,64 \text{ L } C_2H_2 \times 5 \text{ L } O_2}{2 \text{L } C_2H_2}$$

$$= 6,60 \text{ L } O_2$$

EXERCICE

En supposant qu'il n'y a aucun changement de température et de pression, calculez le volume de O_2 (en litres) requis pour la combustion complète de 14,9 L de butane, C_4H_{10}.

$$2C_4H_{10}(g) + 13O_2(g) \longrightarrow 8CO_2(g) + 10H_2O(l)$$

Figure 4.15 *Calculs stœchiométriques comprenant des gaz.*

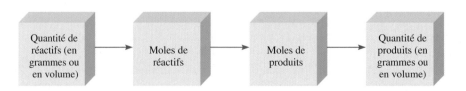

EXEMPLE 4.7   La loi des gaz parfaits et la stœchiométrie

L'azoture de sodium, NaN_3, est utilisé comme réactif pour remplir les sacs gonflables dans les automobiles. Lors d'une collision, l'impact déclenche la décomposition du NaN_3 selon l'équation

$$2NaN_3(s) \longrightarrow 2Na(s) + 3N_2(g)$$

C'est l'azote gazeux produit par cette réaction rapide qui gonfle subitement le sac. Un coussin protecteur est ainsi formé entre le conducteur et le pare-brise. Calculez le volume de N_2 produit à 80 °C et 823 mm Hg par la décomposition de 60,0 g de NaN_3.

Réponse: Ce problème se fait en deux étapes. D'abord, on calcule le nombre de moles de N_2 produit par la décomposition de 60,0 g de NaN_3. Ensuite, on calcule le volume de N_2 gazeux dans les conditions de température et de pression données.

$$\text{moles de } N_2 = 60,0 \text{ g } NaN_3 \times \frac{1 \text{ mol } NaN_3}{65,02 \text{ g } NaN_3} \times \frac{3 \text{ mol } N_2}{2 \text{ mol } NaN_3}$$

$$= 1,38 \text{ mol } N_2$$

Le sac gonflable peut offrir une bonne protection lors d'une collision.

Le volume de 1,38 mol de N_2 peut être obtenu à l'aide de l'équation des gaz parfaits :

$$V = \frac{nRT}{P} = \frac{(1{,}38 \text{ mol})(0{,}0821 \text{ L} \cdot \text{atm/K} \cdot \text{mol})(80 + 273) \text{ K}}{823/760) \text{ atm}}$$

$$= 36{,}9 \text{ L}$$

EXERCICE

L'équation bilan décrivant le métabolisme du glucose, $C_6H_{12}O_6$, est la même que celle de la combustion du glucose dans l'air :

$$C_6H_{12}O_6(s) + 6O_2(g) \longrightarrow 6CO_2(g) + 6H_2O(l)$$

Calculez le volume de CO_2 produit à 37 °C et 1,00 atm pour la combustion de 5,60 g de glucose.

L'air des cabines des sous-marins et des vaisseaux spatiaux doit être purifié continuellement.

Problème semblable : 4.80

EXEMPLE 4.8   **Relation entre les variations de pression et la masse d'un produit**

L'hydroxyde de lithium en solution aqueuse est utilisé dans les vaisseaux spatiaux et les sous-marins afin de purifier l'air en absorbant le dioxyde de carbone selon l'équation suivante :

$$2LiOH(aq) + CO_2(g) \longrightarrow Li_2CO_3(aq) + H_2O(l)$$

La pression du dioxyde de carbone dans la cabine ayant un volume de $2{,}4 \times 10^5$ L est de $7{,}9 \times 10^{-3}$ atm à 312 K. Une solution d'hydroxyde de lithium, LiOH, dont le volume est négligeable est introduite dans la cabine. À un certain moment, la pression du CO_2 est réduite à $1{,}2 \times 10^{-4}$ atm. Combien de grammes de carbonate de lithium sont produits au cours de cette réaction ?

Réponse : Calculons d'abord le nombre de moles de CO_2 consommé par la réaction. La chute de pression est $(7{,}9 \times 10^{-3}$ atm$) - (1{,}2 \times 10^{-4}$ atm$) = 7{,}8 \times 10^{-3}$ atm, ce qui correspond à la consommation de CO_2. En utilisant l'équation des gaz parfaits, nous écrivons

$$n = \frac{PV}{RT}$$

$$= \frac{(7{,}8 \times 10^{-3} \text{ atm})(2{,}4 \times 10^5 \text{ L})}{0{,}0821 \text{ L} \cdot \text{atm/K} \cdot \text{mol})(312 \text{ K})} = 73 \text{ mol}$$

À partir de l'équation, nous voyons que 1 mol de CO_2 équivaut à 1 mol de Li_2CO_3, donc la quantité de Li_2CO_3 formée est aussi de 73 mol. Ensuite, avec la masse molaire du Li_2CO_3 (73,89 g), nous pouvons calculer la masse :

$$\text{masse de } Li_2CO_3 \text{ formée} = \frac{73 \text{ mol } \cancel{Li_2CO_3} \times 73{,}89 \text{ g } Li_2CO_3}{1 \text{ mol } \cancel{Li_2CO_3}}$$

$$= 5{,}4 \times 10^3 \text{ g } Li_2CO_3$$

Problème semblable : 4.88

EXERCICE

Un échantillon de 2,14 L de chlorure d'hydrogène gazeux à 2,61 atm et 28 °C est complètement dissout dans 668 mL d'eau pour former une solution d'acide chlorhydrique. Calculez la molarité de la solution d'acide (molarité = nombre de moles par litre).

4.6   LA LOI DES PRESSIONS PARTIELLES DE DALTON

Jusqu'ici, nous ne nous sommes attardés que sur les substances gazeuses pures, mais les études expérimentales concernent très souvent des mélanges de gaz, l'air par exemple. Dans le cas d'un mélange gazeux, il faut comprendre la relation entre la pression totale des gaz et la *pression de chacun des gaz constituant le mélange*, appelée ***pression partielle.*** En 1801, Dalton formula une loi, qu'on appelle maintenant ***loi des pressions partielles de Dalton,*** qui dit que *la pression totale d'un mélange de gaz est la somme des pressions que chaque gaz exercerait s'il était seul.* La figure 4.16 illustre la loi de Dalton.

Prenons le cas où deux gaz, A et B, sont dans un contenant de volume *V*. La pression exercée par le gaz A, selon l'équation (4.7), est

$$P_A = \frac{n_A RT}{V}$$

où n_A est le nombre de moles de A. De même, la pression exercée par B est

$$P_B = \frac{n_B RT}{V}$$

Dans un mélange des gaz A et B, la pression totale P_T est le résultat des collisions des deux types de molécules, A et B, sur la paroi du contenant. Ainsi, selon la loi de Dalton,

$$P_T = P_A + P_B$$
$$= \frac{n_A RT}{V} + \frac{n_B RT}{V}$$
$$= \frac{RT}{V}(n_A + n_B)$$
$$= \frac{nRT}{V}$$

À volume et température constants

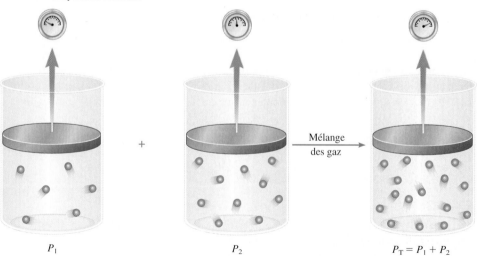

Figure 4.16

Illustration schématique de la loi des pressions partielles de Dalton.

P_1 + P_2 Mélange des gaz $P_T = P_1 + P_2$

où n, le nombre total des moles de gaz présentes, est donné par $n = n_A + n_B$, et P_A et P_B sont respectivement les pressions partielles de A et de B. En général, la pression totale d'un mélange gazeux est donnée par

$$P_T = P_1 + P_2 + P_3 + \dots \qquad (4.11)$$

où P_1, P_2, P_3 ... sont les pressions partielles des constituants 1, 2, 3, ...

Pour bien voir comment chaque pression partielle contribue à la pression totale, revenons au mélange des gaz A et B. En divisant P_A par P_T, nous obtenons :

$$\frac{P_A}{P_T} = \frac{n_A RT/V}{(n_A + n_B)RT/V}$$

$$= \frac{n_A}{n_A + n_B}$$

$$= X_A$$

où X_A est la fraction molaire d'un gaz. La ***fraction molaire*** est une *grandeur sans dimension qui exprime le rapport entre le nombre de moles d'un constituant donné d'un mélange et le nombre total de moles présentes dans ce mélange.* Elle est toujours inférieure à 1, sauf quand A est le seul constituant. Dans ce cas, $n_B = 0$ et $X_A = n_A/n_A = 1$. Nous pouvons donc maintenant exprimer la pression partielle de A :

$$P_A = X_A P_T$$

de même que

$$P_B = X_B P_T$$

Notez que la somme des fractions molaires doit être égale à 1. S'il y a seulement deux constituants, alors

$$X_A + X_B = \frac{n_A}{n_A + n_B} + \frac{n_B}{n_A + n_B} = 1$$

S'il y a plus de deux gaz, la pression partielle du constituant i est reliée à la pression totale du mélange par

$$P_i = X_i P_T \qquad (4.12)$$

où X_i est la fraction molaire de la substance i.

EXEMPLE 4.9   L'application de la loi des pressions partielles de Dalton

Un mélange de gaz rares contient 4,46 mol de néon (Ne), 0,74 mol d'argon (Ar) et 2,15 mol de xénon (Xe). Calculez les pressions partielles de ces gaz si la pression totale est de 2,00 atm à une température donnée.

Réponse: La fraction molaire de Ne est

$$X_{Ne} = \frac{n_{Ne}}{n_{Ne} + n_{Ar} + n_{Xe}} = \frac{4,46 \text{ mol}}{4,46 \text{ mol} + 0,74 \text{ mol} + 2,15 \text{ mol}}$$

$$= 0,607$$

À partir de l'équation (4.12),

$$P_{Ne} = X_{Ne}P_T$$

$$= 0,607 \times 2,00 \text{ atm}$$

$$= 1,21 \text{ atm}$$

De même,

$$P_{Ar} = 0,10 \times 2,00 \text{ atm}$$

$$= 0,20 \text{ atm}$$

et

$$P_{Xe} = 0,293 \times 2,00 \text{ atm}$$

$$= 0,586 \text{ atm}$$

EXERCICE

Un échantillon de gaz naturel contient 8,24 mol de méthane (CH_4), 0,421 mol d'éthane (C_2H_6) et 0,116 mol de propane (C_3H_8). Si la pression totale est de 1,37 atm, quelle est la pression partielle de chacun des gaz?

Problème semblable: 4.52

NOTE

Assurez-vous que la somme des pressions partielles est égale à la pression totale.

La loi des pressions partielles de Dalton permet entre autres de calculer le volume des gaz recueillis par déplacement d'eau. Par exemple, on peut facilement produire de l'oxygène en laboratoire en chauffant du chlorate de potassium. Ce procédé produit du KCl et du O_2:

$$2KClO_3(s) \longrightarrow 2KCl(s) + 3O_2(g)$$

L'oxygène produit peut être recueilli par déplacement d'eau (*figure 4.17*). Au début, la bouteille renversée est complètement remplie d'eau. À mesure que l'oxygène est produit, les bulles du gaz montent à la surface de l'eau qui, elle, est repoussée hors de la bouteille. Cette méthode de collection des gaz est possible pour autant que le gaz ne réagit pas avec l'eau et qu'il n'est pas soluble dans l'eau de façon appréciable. L'oxygène satisfait à ces conditions mais ce n'est pas le cas de tous les gaz; par exemple, l'ammoniac (NH_3) se dissout facilement dans l'eau. Cependant, l'oxygène gazeux recueilli par cette méthode n'est pas pur, car il est mélangé à de la vapeur d'eau dans la bouteille. La pression totale du mélange gazeux est donc égale à la somme des pressions partielles exercées par l'oxygène et la vapeur d'eau:

$$P_T = P_{O_2} + P_{H_2O}$$

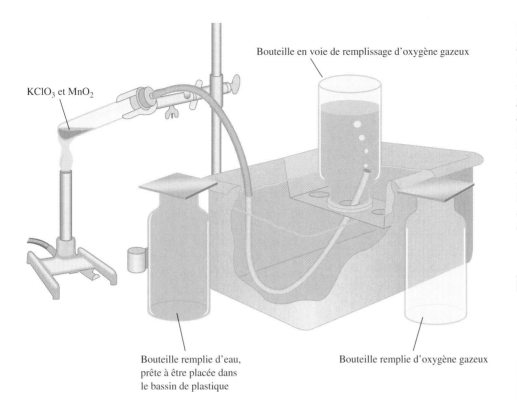

KClO₃ et MnO₂

Bouteille en voie de remplissage d'oxygène gazeux

Bouteille remplie d'eau,
prête à être placée dans
le bassin de plastique

Bouteille remplie d'oxygène gazeux

Figure 4.17 *Appareil permettant de recueillir des gaz par déplacement d'eau. L'oxygène, produit par chauffage de chlorate de potassium (KClO₃) en présence d'une petite quantité de dioxyde de manganèse (MnO₂) [pour accélérer la réaction], monte à la surface de l'eau et est recueilli dans une bouteille renversée sous l'eau. L'eau présente au début dans la bouteille se fait déplacer par l'oxygène.*

TABLEAU 4.2

LA PRESSION DE
LA VAPEUR D'EAU
À DIFFÉRENTES
TEMPÉRATURES

t (°C)	Pression de la vapeur d'eau (mm Hg)
0	4,58
5	6,54
10	9,21
15	12,79
20	17,54
25	23,76
30	31,82
35	42,18
40	55,32
45	71,88
50	92,51
55	118,04
60	149,38
65	187,54
70	233,7
75	289,1
80	355,1
85	433,6
90	525,76
95	633,90
100	760,00

Par conséquent, il faut tenir compte de la pression exercée par la vapeur d'eau quand on calcule la quantité de O_2 produite. Le tableau 4.2 indique la pression de la vapeur d'eau à différentes températures. Ces données font l'objet du graphique de la figure 4.18.

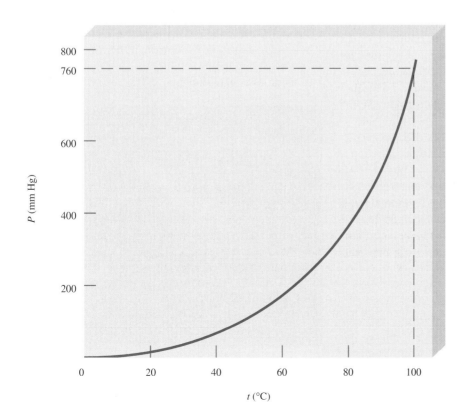

P (mm Hg)

t (°C)

Figure 4.18 *Variation de la pression de la vapeur d'eau en fonction de la température. Notez que, au point d'ébullition de l'eau (100 °C), la pression est de 760 mm Hg, soit exactement 1 atm.*

LA CHIMIE EN ACTION

LA PLONGÉE SOUS-MARINE ET LES LOIS DES GAZ

Les lois des gaz abordées dans ce chapitre sont d'une importance vitale pour les plongeurs. Voyons deux exemples où cette importance est particulièrement évidente.

La masse volumique de l'eau de mer est légèrement supérieure à celle de l'eau douce (environ 1,03 g/cm^3 comparée à 1,00 g/cm^3). Ainsi, la pression exercée par une colonne de 10 m d'eau de mer est égale à 1 atm. Cette pression augmente avec la profondeur : à 20 m, la pression de l'eau est de 2 atm, etc.

Supposons qu'un plongeur est à une profondeur de 6 m. Qu'arriverait-il si le plongeur remontait rapidement à la surface sans respirer ? De 6 m au-dessous du niveau de l'eau jusqu'à la surface, la diminution totale de pression serait de (6 m/10 m) × 1 atm, soit 0,6 atm. Quand le plongeur atteindrait la surface, le volume de l'air emprisonné dans ses poumons augmenterait de 1,6 fois [(1 + 0,6) atm/1 atm]. Cette dilatation soudaine pourrait rompre les parois de ses poumons et lui être fatale. Un autre problème grave susceptible de se produire est l'embolie gazeuse. L'air qui se dilate dans les poumons est poussé dans les vaisseaux et les capillaires sanguins. Les bulles d'air qui se forment alors peuvent empêcher le sang d'irriguer correctement le cerveau. Dans ce cas, le plongeur pourrait perdre conscience avant d'atteindre la surface. Le seul remède à l'embolie gazeuse est d'installer la victime dans une chambre d'air comprimé. Dans cette chambre, les bulles qui se sont formées dans le sang peuvent lentement revenir à une taille qui les rend inoffensives. Ce traitement douloureux peut durer jusqu'à une journée entière.

La loi de Dalton trouve aussi une application directe à la plongée sous-marine. La pression partielle de l'oxygène dans l'air est d'environ 0,20 atm. Puisque l'oxygène est essentiel à notre survie, il est difficile de croire que ce gaz pourrait être dangereux si on en respire plus que la normale. Pourtant, la toxicité de l'excès d'oxygène est bien connue, malgré le fait que les mécanismes en jeu, ne le sont guère. Par exemple, les nouveau-nés placés sous des tentes à oxygène subissent souvent des dommages à la rétine qui peuvent causer une cécité partielle ou totale.

Notre corps fonctionne dans les meilleures conditions lorsque la pression partielle de l'oxygène est d'environ 0,20 atm. La pression partielle de l'oxygène est donnée par

$$P_{O_2} = X_{O_2} \cdot P_T = \left(\frac{n_{O_2}}{n_{O_2} + n_{N_2}} \right) \cdot P_T$$

où P_T est la pression totale et X_{O_2} la fraction molaire de l'oxygène. Cependant, puisque le volume est directement proportionnel au nombre de moles de gaz (à température et pression constantes), on peut écrire

$$P_{O_2} = \left(\frac{(V_{O_2})}{V_{O_2} + V_{N_2}} \right) \cdot P_T$$

À la pression atmosphérique, la composition de l'air est de 20 % d'oxygène et de 80 % d'azote par unité de volume. Quand un plongeur est submergé, la composition de l'air qu'il respire doit être modifiée afin de maintenir la pression partielle de O_2 à sa valeur de 0,20 atm. Par exemple, à une profondeur où la pression totale est de 2,0 atm, la proportion d'oxygène dans l'air doit être réduite à 10 % par unité de volume pour maintenir une pression partielle de 0,20 atm, c'est-à-dire

$$P_{O_2} = 0,20 \text{ atm} = \frac{V_{O_2}}{V_{O_2} + V_{N_2}} \times 2,0 \text{ atm}$$

ou

$$\frac{V_{O_2}}{V_{O_2} + V_{N_2}} = \frac{0,20 \text{ atm}}{2,0 \text{ atm}} = 0,10 \text{ ou } 10 \%$$

Il semble évident que l'azote est le gaz qu'on doit mélanger avec l'oxygène dans la bonbonne du plongeur. Toutefois, l'azote présente un sérieux problème. Quand la pression partielle de l'azote dépasse 1 atm, la solubilité de ce gaz augmente dans le sang, ce qui cause l'ivresse des profondeurs, dont les symptômes ressemblent aux effets de l'alcool. C'est pour cette raison qu'on utilise souvent l'hélium pour diluer l'oxygène. L'hélium étant un gaz inerte beaucoup moins soluble dans le sang que l'azote, il n'a aucun effet narcotique.

Un homme-grenouille.

EXEMPLE 4.10   Le calcul de la masse d'un gaz recueilli par déplacement d'eau

L'oxygène produit par la décomposition du chlorate de potassium est recueilli comme l'illustre la figure 4.17. Le volume du gaz recueilli à 24 °C et à 762 mm Hg est de 128 mL. Calculez la masse (en grammes) de l'oxygène obtenu. La pression de la vapeur d'eau à 24 °C est de 22,4 mm Hg.

Réponse : D'abord, il faut calculer la pression partielle de O_2. Nous savons que

$$P_T = P_{O_2} + P_{H_2O}$$

Ainsi,

$$P_{O_2} = P_T - P_{H_2O}$$

$$= 762 \text{ mm Hg} - 22,4 \text{ mm Hg}$$

$$= 740 \text{ mm Hg}$$

$$= 740 \text{ mm Hg} \times \frac{1 \text{ atm}}{760 \text{ mm Hg}}$$

$$= 0,974 \text{ atm}$$

Problème semblable : 4.58

À partir de l'équation des gaz parfaits, nous écrivons

$$PV = nRT = \frac{m}{\mathcal{M}}RT$$

où m et $\mathcal{M}$ sont respectivement la masse de O_2 recueillie et la masse molaire de O_2. En réarrangeant l'équation, nous obtenons

$$m = \frac{PV\mathcal{M}}{RT} = \frac{(0,974 \text{ atm})(0,128 \text{ L})(32,00 \text{ g/mol})}{(0,0821 \text{ L} \cdot \text{atm/K} \cdot \text{mol})(273 + 24) \text{ K}}$$

$$= 0,164 \text{ g}$$

NOTE

O_2 est peu soluble dans l'eau.

EXERCICE

On prépare de l'hydrogène en faisant réagir du calcium avec de l'eau. L'hydrogène est recueilli à l'aide d'un montage comme celui qui est décrit à la figure 4.17. Le volume de gaz recueilli à 30 °C et à 988 mm Hg est de 641 mL. Quelle est la masse (en grammes) de l'hydrogène obtenu ? La pression de la vapeur d'eau à 30 °C est de 31,82 mm Hg.

4.7   LA THÉORIE CINÉTIQUE DES GAZ

Les lois des gaz sont des généralisations importantes faites à la suite de nombreuses observations sur le comportement des gaz. Elles permettent de prédire le comportement des gaz mais elles ne fournissent aucune explication quant à ce qui se passe au niveau moléculaire pour produire tel ou tel comportement. Par exemple, pourquoi le volume d'un gaz augmente-t-il sous l'action de la chaleur ?

Au XIXe siècle, certains physiciens, notamment Ludwig Boltzmann, en Allemagne, et James Clerk Maxwell, en Angleterre, découvrirent que les propriétés physiques des gaz peuvent s'expliquer si l'on considère les mouvements des molécules individuelles. Ces mouvements constituent une forme d'*énergie*, et l'on définit l'énergie comme la capacité de faire un travail ou d'effectuer une transformation. En mécanique, on définit le *travail* comme la force multipliée par la distance. Puisque l'énergie équivaut à un travail, on peut écrire

$$\text{énergie} = \text{travail effectué}$$

$$= \text{force} \times \text{distance}$$

L'*unité d'énergie SI* est le **joule** (**J**) :

$$1 \text{ J} = 1 \text{ kg} \cdot \text{m}^2/\text{s}^2$$

$$= 1 \text{ N} \cdot \text{m}$$

L'énergie peut être également exprimée en kilojoules (kJ):

$$1 \text{ kJ} = 1\,000 \text{ J}$$

Il existe plusieurs types d'énergie. L'énergie que possède un objet en mouvement est appelée énergie cinétique. En d'autres termes, l'**énergie cinétique (E_c)** est l'*énergie du mouvement ; elle dépend de la masse et de la vitesse de l'objet observé.*

Les découvertes de Maxwell, de Boltzmann et d'autres ont mené à certaines généralisations concernant le comportement des gaz ; c'est la **théorie cinétique des gaz.** Les postulats suivants sont à la base de cette théorie :

1. Un gaz est formé de molécules séparées les unes des autres par des distances beaucoup plus grandes que leurs propres dimensions. On peut considérer les molécules comme des « points » : autrement dit, elles ont une masse, mais leur volume est négligeable.

2. Les molécules gazeuses sont constamment en mouvement dans toutes les directions et elles s'entrechoquent fréquemment. Les collisions entre les molécules sont parfaitement élastiques. Bien que de l'énergie puisse être transférée d'une molécule à l'autre pendant une collision, l'énergie totale de toutes les molécules d'un système ne change pas.

3. Les molécules gazeuses n'exercent aucune force attractive ou répulsive entre elles.

4. L'énergie cinétique moyenne des molécules d'un gaz est proportionnelle à la température de ce gaz en kelvins. Deux gaz à la même température ont la même énergie cinétique moyenne. L'énergie cinétique moyenne pour l'ensemble des molécules est donnée par

$$\text{énergie cinétique} = \overline{E}_c = \tfrac{1}{2}m\overline{v^2}$$

où m est la masse d'une molécule et v sa vitesse. La ligne horizontale indique qu'il s'agit d'une valeur moyenne. La quantité $\overline{v^2}$ est la *moyenne des carrés des vitesses* de toutes les molécules (N) présentes :

$$\overline{v^2} = \frac{v_1^2 + v_2^2 + \ldots + v_N^2}{N}$$

D'après le quatrième postulat, on peut écrire

$$\text{énergie cinétique} \propto T$$

$$\tfrac{1}{2}m\overline{v^2} \propto T$$

$$\tfrac{1}{2}m\overline{v^2} = kT \tag{4.13}$$

où k est la constante de proportionnalité et T la température absolue.

Selon la théorie cinétique, la pression exercée par un gaz est le résultat des collisions entre les molécules de ce gaz et les parois du contenant. La pression du gaz dépend donc de la fréquence de ces collisions par unité de surface et de la force avec laquelle chaque molécule heurte une paroi. Cette théorie permet également d'interpréter l'effet de la température au niveau moléculaire. Selon l'équation (4.13), la température absolue d'un gaz est une mesure de l'énergie cinétique moyenne de ses molécules. En d'autres termes, la température absolue est une manifestation du mouvement aléatoire des molécules : plus la température est élevée, plus la vitesse des molécules est grande. Cette relation avec la température fait que le mouvement aléatoire des molécules est quelquefois appelé agitation thermique.

La distribution des vitesses des molécules

La théorie cinétique des gaz permet d'étudier le mouvement des molécules de façon plus détaillée. Supposons que l'on ait une grande quantité de molécules d'un gaz, disons une mole, dans un contenant. Les déplacements des molécules sont complètement aléatoires et imprévisibles. Cependant, tant que la température reste constante, l'énergie cinétique moyenne et la moyenne des carrés des vitesses des molécules resteront les mêmes. Ce qui nous intéresse ici, c'est la distribution des vitesses moléculaires, c'est-à-dire combien de molécules, à un instant précis, se déplacent à une vitesse donnée. En 1860, Maxwell formula une équation pour résoudre ce problème. Cette équation est basée sur une analyse statistique du comportement des molécules.

La figure 4.19 montre des *courbes de Maxwell de distribution des vitesses* pour un gaz parfait à deux températures différentes. À une température donnée, la courbe de distribution indique le nombre de molécules se déplaçant à une certaine vitesse. Le pic de chaque courbe donne la *vitesse la plus probable (ou la plus fréquente)*, c'est-à-dire la vitesse du plus grand nombre de molécules. Notez qu'à une température plus élevée (*figure 4.19 b*), la *vitesse la plus probable* augmente. De plus, à mesure que la température augmente, non seulement le pic se déplace vers la droite, mais la courbe s'aplatit, indiquant ainsi qu'il y a davantage de molécules possédant une grande vitesse, mais avec une plus grande dispersion.

La théorie cinétique des gaz nous permet d'établir une relation entre les grandeurs macroscopiques P et V et les paramètres moléculaires telles la masse molaire et la moyenne des carrés des vitesses. À partir des postulats de base de cette théorie, on arrive à l'équation suivante non démontrée ici :

$$PV = \tfrac{1}{3}n\mathcal{M}\overline{v^2}$$

Rappelons-nous que selon l'équation des gaz parfaits,

$$PV = nRT$$

Si l'on combine ces deux équations, on obtient

$$\tfrac{1}{3}n\mathcal{M}\overline{v^2} = nRT$$

$$\overline{v^2} = \frac{3RT}{\mathcal{M}}$$

En extrayant la racine carrée des deux côtés, on a

$$\sqrt{\overline{v^2}} = v_{\text{quadr}} = \sqrt{\frac{3RT}{\mathcal{M}}} \tag{4.14}$$

où v_{quadr} est la **vitesse quadratique moyenne,** c'est-à-dire la *racine carrée de la moyenne des carrés des vitesses*. L'équation (4.14) montre que la vitesse quadratique moyenne d'un gaz augmente avec la racine carrée de sa température (en kelvins). Le fait que $\mathcal{M}$ soit au dénominateur indique que la vitesse des molécules est inversement proportionnelle à la masse molaire du gaz. Si l'on utilise 8,314 J/K • mol pour R (*voir annexe 1*) et que l'on convertit la masse molaire en kilogrammes par mole, v_{quadr} sera exprimé en mètres par seconde (m/s).

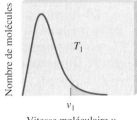

a)

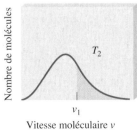

b)

Figure 4.19 *Courbe de Maxwell de distribution des vitesses des particules d'un gaz : à a) température T_1 et à b) une température plus élevée T_2. Les surfaces ombrées représentent le nombre de molécules qui se déplacent à des vitesses égales ou supérieures à une certaine vitesse v_1.*

EXEMPLE 4.11   Le calcul de la vitesse quadratique moyenne

Calculez les vitesses quadratiques moyennes des atomes d'hélium et des molécules d'azote en mètres par seconde à 25 °C.

Réponse: Il nous faut utiliser l'équation (4.14) pour ce calcul. La masse molaire de He est de 4,003 g/mol, ou $4,003 \times 10^{-3}$ kg/mol :

$$v_{quadr} = \sqrt{\frac{3RT}{\mathcal{M}}}$$

$$= \sqrt{\frac{3(8,314 \text{ J/K} \cdot \text{mol})(298 \text{ K})}{4,003 \times 10^{-3} \text{ kg/mol}}}$$

$$= \sqrt{1,86 \times 10^6 \text{ J/kg}}$$

À l'aide du facteur d'équivalence

$$1 \text{ J} = 1 \text{ kg} \cdot \text{m}^2/\text{s}^2$$

nous obtenons

$$v_{quadr} = \sqrt{1,86 \times 10^6 \text{ kg m}^2/\text{kg} \cdot \text{s}^2}$$

$$= \sqrt{1,86 \times 10^6 \text{ m}^2/\text{s}^2}$$

$$= 1,36 \times 10^3 \text{ m/s}$$

Procédons de la même manière pour N_2 (masse molaire = $2,802 \times 10^{-2}$ kg/mol).

$$v_{quadr} = \sqrt{\frac{3(8,314 \text{ J/K} \cdot \text{mol})(298 \text{ K})}{2,802 \times 10^{-2} \text{ kg/mol}}}$$

$$= \sqrt{2,65 \times 10^5 \text{ m}^2/\text{s}^2}$$

$$= 515 \text{ m/s}$$

À cause de sa masse plus petite, un atome d'hélium, en moyenne, se déplace, à la même température, environ 2,6 fois plus vite qu'une molécule d'azote ($1360 \div 515 = 2,64$).

EXERCICE

Calculez la vitesse quadratique moyenne des molécules de chlore en mètres par seconde à 20 °C.

Problèmes semblables :
4.67 et 4.68

Le résultat de l'exemple 4.11 permet de mieux comprendre la composition de l'atmosphère terrestre. L'atmosphère de la Terre, contrairement à celle de Jupiter par exemple, ne possède pas de quantités appréciables d'hydrogène ni d'hélium. Pourquoi ? Étant une plus petite planète que Jupiter, la Terre attire plus faiblement ces molécules légères. Un calcul assez simple montre que, pour échapper à l'attraction terrestre, une molécule doit avoir une vitesse égale ou supérieure à $1,1 \times 10^3$ m/s: c'est la *vitesse de libération*. À cause de leur vitesse moyenne considérablement plus élevée que celles des molécules d'azote ou d'oxygène, les atomes d'hélium sont beaucoup plus nombreux à s'échapper de l'attraction terrestre. Par conséquent, l'hélium n'est présent qu'à l'état de traces dans notre atmosphère. Par contre, Jupiter, dont la masse est environ 320 fois celle de la Terre, retient facilement ces deux gaz légers dans son atmosphère.

La diffusion gazeuse

Une preuve évidente du mouvement chaotique des molécules gazeuses est la **diffusion,** *le mélange graduel d'un gaz avec les molécules d'un autre gaz, causé par leurs propriétés cinétiques.* La diffusion a toujours lieu d'une région de concentration plus élevée vers une autre de concentration plus faible. En dépit du fait que les vitesses moléculaires soient très grandes, la diffusion demande un temps assez long pour se produire. Par exemple, lorsqu'une bouteille d'ammoniaque en solution aqueuse concentrée est ouverte à une extrémité d'un laboratoire, un certain temps est nécessaire avant qu'une autre personne puisse sentir l'odeur de l'ammoniac à l'autre extrémité. Cela s'explique par le fait que les molécules subissent plusieurs collisions en se déplaçant d'une extrémité à l'autre du laboratoire, (figure 4.20). Ainsi, la diffusion gazeuse a toujours lieu graduellement et non pas instantanément comme les vitesses moléculaires semblent le suggérer. Aussi, comme la vitesse quadratique moyenne d'un gaz léger est supérieure à celle d'un gaz lourd (*voir l'exemple 4.11*), un gaz plus léger va toujours diffuser dans un volume donné plus rapidement qu'un gaz plus lourd. La figure 4.21 illustre un cas de diffusion gazeuse.

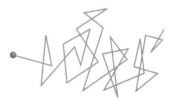

Figure 4.20 *Trajectoire d'une seule molécule d'un gaz. Chaque changement de direction correspond à une collision avec une autre molécule.*

Figure 4.21
Démonstration de la diffusion de NH_3 gazeux (à partir d'une bouteille d'ammoniaque) réagissant avec du HCl gazeux (à partir d'une bouteille d'acide chlorhydrique) pour former un solide, du NH_4Cl. Comme le NH_3 est plus léger, il diffuse plus rapidement, et la formation du solide NH_4Cl se produit d'abord plus près de la bouteille de HCl (à droite).

4.8 LES GAZ PARFAITS ET LES GAZ RÉELS

Jusqu'ici, nous avons tenu pour acquis que les molécules à l'état gazeux n'exerçaient aucune force, ni attractive ni répulsive, entre elles. Nous avons également supposé que le volume des molécules est négligeable par rapport à celui du contenant. Un gaz qui respecte ces deux conditions a le *comportement d'un gaz parfait (appelé aussi gaz « idéal »)*.

Si ces affirmations semblent sensées, on sait par contre que nous ne devons pas nous attendre à ce qu'elles soient vérifiées dans toutes les conditions. Par exemple, sans forces intermoléculaires, les gaz ne pourraient se condenser pour former des liquides. La question importante est de savoir quelles sont les conditions dans lesquelles les gaz sont le plus susceptibles de ne pas se comporter comme des gaz parfaits.

La figure 4.22 montre les variations de *PV/RT* en fonction de *P* pour trois gaz à une température donnée. Ces variations permettent de déterminer jusqu'à quel point un gaz se comporte comme un gaz parfait. Selon l'équation des gaz parfaits (pour une mole de gaz), *PV/RT* est égal à 1, peu importe la pression réelle du gaz. Dans le cas des gaz réels, cela est vrai seulement à des pressions relativement basses (<5 atm) ; à mesure que la pression augmente, on observe des écarts importants. En effet, les forces d'attraction intermoléculaires sont efficaces à des distances relativement courtes. Par exemple, les molécules d'un gaz à la pression atmosphérique sont suffisamment éloignées les unes des autres pour que leurs forces attractives soient négligeables. À des pressions plus élevées, cependant, la masse volumique du gaz augmente et ses molécules se rapprochent les unes des autres. Les forces intermoléculaires sont alors assez importantes pour influencer le mouvement des molécules ; le gaz ne se comporte alors plus comme un gaz parfait.

Jupiter. Le centre de cette planète massive est constitué principalement d'hydrogène liquide.

Figure 4.22 *Variation de PV/RT en fonction de P de 1 mol d'un gaz à 0 °C. Pour 1 mol d'un gaz parfait, PV/RT est égal à 1, peu importe la pression du gaz. Par contre, à des pressions élevées, les gaz réels ne se comportent pas comme des gaz parfaits. À des pressions très basses toutefois, tous les gaz ont des comportements de gaz parfaits ; leurs valeurs de PV/RT convergent toutes vers 1 à mesure que P se rapproche de zéro.*

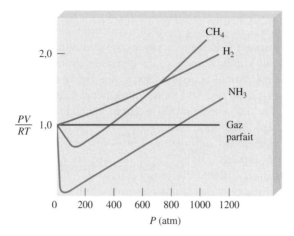

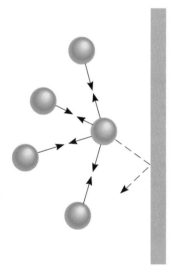

Figure 4.23 *La vitesse d'une molécule (la sphère rouge) se déplaçant vers la paroi du contenant est réduite par les forces d'attraction exercées par les molécules voisines (les sphères vertes). Par conséquent, l'impact de cette molécule avec le mur n'est pas aussi grand qu'il le serait si des forces intermoléculaires n'intervenaient pas. En général, la pression gazeuse mesurée est inférieure à celle que le gaz exercerait s'il avait un comportement de gaz parfait.*

On peut également observer des écarts par rapport au comportement idéal quand il y a une diminution de température. Le refroidissement d'un gaz diminue l'énergie cinétique moyenne de ses molécules, les privant ainsi de l'énergie dont elles ont besoin pour échapper à leur attraction mutuelle.

Il est possible de traduire mathématiquement ces écarts en modifiant l'équation (4.7) de telle sorte que soient pris en compte les forces intermoléculaires et le volume des molécules. C'est le physicien néerlandais J. D. van der Waals qui a réussi le premier à modifier correctement cette équation en 1873. Outre le fait d'être mathématiquement simple, l'équation de van der Waals constitue une interprétation du comportement des gaz réels au niveau moléculaire.

Voyez comment une molécule s'approche de la paroi d'un contenant (*figure 4.23*). Les attractions intermoléculaires exercées par les molécules voisines tendent à adoucir l'impact de la molécule sur la paroi ; il en résulte une pression plus faible que celle qu'exercerait un gaz parfait. Van der Waals suggéra que la pression exercée par un gaz parfait, $P_{parfait}$, est reliée à la pression observée, $P_{réel}$, par un facteur de correction

$$P_{parfait} = \underset{\substack{\uparrow \\ \text{pression} \\ \text{observée}}}{P_{réel}} + \underset{\substack{\uparrow \\ \text{facteur de} \\ \text{correction}}}{\frac{an^2}{V^2}}$$

où a est une constante et n et V sont respectivement le nombre de moles et le volume du gaz. Le facteur de correction an^2/V^2 peut être interprété de la façon suivante. L'interaction moléculaire qui conduit aux écarts par rapport au comportement idéal dépend de la fréquence avec laquelle deux molécules se rapprochent l'une de l'autre. Le nombre de ces « rencontres » augmente avec le carré du nombre de molécules par unité de volume, $(n/V)^2$, parce que la présence de chacune des deux molécules dans une région donnée est proportionnelle à n/V. La grandeur $P_{parfait}$ est la pression qui existerait en l'absence de toute attraction intermoléculaire. La valeur de a n'est qu'une constante de proportionnalité dans le facteur de correction.

Un autre facteur de correction concerne le volume occupé par les molécules gazeuses. La grandeur V dans l'équation (4.7) représente le volume du contenant. Cependant chaque molécule a son propre volume, petit mais réel ; ainsi le volume dont dispose un gaz est exprimé par $(V - nb)$, où n est le nombre de moles du gaz et b est une constante. L'expression nb représente le volume occupé par n moles de gaz.

Ayant tenu compte des corrections apportées à la pression et au volume, on peut réécrire l'équation (4.7) :

$$\underset{\substack{\text{pression} \\ \text{corrigée}}}{\underbrace{\left(P + \frac{an^2}{V^2} \right)}} \underset{\substack{\text{volume} \\ \text{corrigé}}}{\underbrace{(V - nb)}} = nRT \qquad (4.15)$$

TABLEAU 4.3	CONSTANTES DE VAN DER WAALS POUR CERTAINS GAZ COURANTS	
Gaz	**a (atm • L²/mol²)**	**b (L/mol)**
He	0,034	0,0237
Ne	0,211	0,0171
Ar	1,34	0,0322
Kr	2,32	0,0398
Xe	4,19	0,0266
H_2	0,244	0,0266
N_2	1,39	0,0391
O_2	1,36	0,0318
Cl_2	6,49	0,0562
CO_2	3,59	0,0427
CH_4	2,25	0,0428
CCl_4	20,4	0,138
NH_3	4,17	0,0371
H_2O	5,46	0,0305

*Johannes van der Waals
(1837-1923)*

On appelle l'équation (4.15) l'***équation de van der Waals.*** Les valeurs de a et de b, appelées *constantes de van der Waals*, sont déterminées expérimentalement pour chaque espèce de gaz, ce qui permet de faire correspondre le mieux possible les calculs au comportement observé.

Le tableau 4.3 donne les valeurs de a et de b pour certains gaz. La valeur de a rend compte de la force d'attraction intermoléculaire. On remarque que ce sont les atomes d'hélium qui ont la plus faible attraction, car la valeur de a pour l'hélium est la plus faible. Il y a aussi une corrélation, bien que grossière, entre la taille des molécules et la valeur de b : généralement, b est proportionnel à la taille de la molécule (ou de l'atome), mais cette relation n'est pas aussi directe.

EXEMPLE 4.12 **La comparaison des pressions à l'aide de l'équation des gaz parfaits et de l'équation de van der Waals**

Une quantité de 3,50 mol de NH_3 occupe 5,20 L à 47 °C. Calculez la pression du gaz (en atmosphères) en utilisant a) l'équation des gaz parfaits et b) l'équation de van der Waals.

Réponse : a) Nous avons les données suivantes :

$$V = 5,20 \text{ L}$$

$$T = (47 + 273) \text{ K} = 320 \text{ K}$$

$$n = 3,50 \text{ mol}$$

$$R = 0,0821 \text{ L • atm/K • mol}$$

On peut donc faire le calcul suivant à l'aide de l'équation des gaz parfaits :

$$P = \frac{nRT}{V}$$

$$= \frac{(3,50 \text{ mol})(0,0821 \text{ L • atm/K • mol})(320 \text{ K})}{5,20 \text{ L}}$$

$$= 17,7 \text{ atm}$$

b) Dans le tableau 4.3, nous avons

$$a = 4,17 \text{ atm • L}^2/\text{mol}^2$$

$$b = 0,0371 \text{ L/mol}$$

Il est plus commode de calculer d'abord les facteurs de correction de l'équation (4.15).

Problème semblable : 4.73

Ce sont

$$\frac{an^2}{V^2} = \frac{(4,17 \text{ atm} \cdot \text{L}^2/\text{mol}^2)(3,50 \text{ mol})^2}{(5,20 \text{ L})^2} = 1,89 \text{ atm}$$

$$nb = (3,50 \text{ mol})(0,0371 \text{ L/mol}) = 0,130 \text{ L}$$

À l'aide de ces facteurs et de l'équation de van der Waals, nous obtenons

$$(P + 1,89 \text{ atm})(5,20 \text{ L} - 0,130 \text{ L}) = (3,50 \text{ mol})(0,0821 \text{ L} \cdot \text{atm/K} \cdot \text{mol})(320 \text{ K})$$

$$P = 16,2 \text{ atm}$$

EXERCICE

À l'aide des données du tableau 4.3, calculez la pression exercée par 4,37 mol de chlore moléculaire contenues dans un volume de 2,45 L à 38 °C. Calculez aussi la pression en utilisant cette fois l'équation des gaz parfaits.

Résumé

1. Dans les conditions atmosphériques, un certain nombre d'éléments sont des gaz : H_2, N_2, O_2, O_3, F_2, Cl_2 et les éléments du groupe 8A (les gaz rares).

2. Les gaz exercent une pression, car leurs molécules se meuvent librement et heurtent les surfaces qui sont sur leur passage. La pression des gaz s'exprime en millimètres de mercure (mm Hg), en torrs, en pascals et en atmosphères. Une atmosphère est égale à 760 mm Hg ou à 760 torrs.

3. La relation entre la pression et le volume des gaz parfaits est décrite par la loi de Boyle : le volume est inversement proportionnel à la pression *(T* et *n* étant constants).

4. La relation entre la température et le volume des gaz parfaits est décrite par la loi de Gay-Lussac-Charles : le volume est directement proportionnel à la température *(P* et *n* étant constants).

5. Le zéro absolu (–273,15 °C) est la température la plus basse théoriquement atteignable ; il équivaut à 0 K sur l'échelle Kelvin. Dans tous les calculs concernant les lois des gaz parfaits, la température doit être exprimée en kelvins.

6. La relation entre le nombre de moles et le volume des gaz est décrite par la loi d'Avogadro : des volumes égaux de gaz différents contiennent un nombre égal de molécules *(T* et *P* étant les mêmes pour les deux gaz).

7. L'équation des gaz parfaits, $PV = nRT$, combine les lois de Boyle, de Charles et d'Avogadro. Cette équation décrit le comportement d'un gaz parfait.

8. La loi des pressions partielles de Dalton dit que, dans un mélange de gaz, chaque gaz exerce la même pression que s'il était seul dans le même volume et que la pression totale est la somme des pressions partielles.

9. La théorie cinétique des gaz, un modèle mathématique décrivant le comportement des gaz, est basée sur les postulats suivants : les molécules gazeuses sont séparées par des distances beaucoup plus grandes que leur propre taille ; elles ont une masse, mais leur volume est négligeable ; elles sont en constant mouvement et s'entrechoquent souvent. Les molécules ne s'attirent ni se repoussent les unes les autres.

10. Les vitesses des molécules à une température donnée sont exprimées par la courbe de Maxwell de distribution des vitesses. Plus la température est élevée, plus nombreuses sont les molécules qui se déplacent à des vitesses élevées.

11. La diffusion des gaz est une bonne illustration du mouvement chaotique des molécules.

12. L'équation de van der Waals est une variation de l'équation des gaz parfaits qui tient compte des écarts entre le comportement des gaz réels et celui des gaz parfaits. Elle permet de corriger deux faits considérés comme négligeables chez les gaz parfaits : les molécules des gaz réels exercent des forces entre elles et elles ont un volume. Les constantes de van der Waals sont déterminées expérimentalement pour chaque gaz.

Équations clés

- $PV = k_1$ Loi de Boyle, T et n étant constants   (4.1b)

- $P_1V_1 = P_2V_2$ Loi de Boyle permettant de calculer des changements de pression ou de volume   (4.2)

- $T(\text{K}) = t\,(^{\circ}\text{C}) + 273,15\ ^{\circ}\text{C}$ Conversion des degrés Celsius en kelvins   (4.3)

- $\dfrac{V}{T} = k_2$ Loi de Charles, P et n étant constants   (4.4)

- $\dfrac{V_1}{T_1} = \dfrac{V_2}{T_2}$ Loi de Charles permettant de calculer des changements de température ou de volume   (4.5)

- $V = k_3 n$ Loi d'Avogadro, P et T étant constants   (4.6)

- $PV = nRT$ Équation des gaz parfaits   (4.7)

- $\dfrac{P_1V_1}{T_1} = \dfrac{P_2V_2}{T_2}$ Permet de calculer des changements de pression, de température ou de volume lorsque n est constant   (4.8)

- $\rho = \dfrac{P\mathcal{M}}{RT}$ Permet de calculer la masse volumique ou la masse molaire   (4.9)

- $P_i = X_i P_{\text{T}}$ Permet de calculer les pressions partielles   (4.12)

- $\overline{E}_{\text{c}} = \tfrac{1}{2}m\overline{v^2} = kT$ Relation entre l'énergie cinétique moyenne d'un gaz et sa température absolue   (4.13)

- $v_{\text{quadr}} = \sqrt{\dfrac{3RT}{\mathcal{M}}}$ Permet de calculer la vitesse quadratique moyenne des molécules gazeuses   (4.14)

- $\left(P + \dfrac{an^2}{V^2}\right)(V - nb) = nRT$ Équation de van der Waals permettant de calculer la pression d'un gaz réel   (4.15)

Mots clés

Questions et problèmes

LES SUBSTANCES EXISTANT À L'ÉTAT GAZEUX
Questions de révision

4.1 Nommez cinq éléments et cinq composés qui, à la température ambiante, sont à l'état gazeux.

4.2 Donnez les caractéristiques physiques des gaz.

LA PRESSION
Questions de révision

4.3 Dites ce qu'est la pression et donnez les unités que l'on utilise pour l'exprimer.

4.4 Décrivez le fonctionnement d'un baromètre et d'un manomètre.

4.5 Pourquoi le mercure est-il plus approprié que l'eau dans un baromètre ?

4.6 Dites pourquoi la hauteur du mercure dans un baromètre n'est pas influencée par la section du tube.

4.7 Où est-il plus facile de boire de l'eau avec une paille : au pied du mont Everest ou à son sommet ? Expliquez.

4.8 Est-ce que la pression atmosphérique dans une mine située à 500 m sous le niveau de la mer est supérieure ou inférieure à 1 atm ?

4.9 Quelle est la différence entre un gaz et une vapeur ? À 25 °C, laquelle des substances suivantes à l'état gazeux doit-on appeler gaz et laquelle doit-on appeler vapeur : azote moléculaire (N_2), mercure ?

4.10 Si une pompe aspirante peut pomper l'eau d'un puits à une profondeur maximum de 10,3 m, expliquez comment il est possible de puiser de l'eau et du pétrole à des centaines de mètres sous la surface terrestre.

4.11 Comment se fait-il que si la pression indiquée par un baromètre baisse à un endroit, elle doit nécessairement augmenter dans une autre partie du monde ?

4.12 Pourquoi les astronautes qui marchent sur la Lune doivent-ils porter une combinaison spéciale ?

Problèmes

4.13 Convertissez 562 mm Hg en kPa, et 2,0 kPa en mm Hg.

4.14 On observe que la pression atmosphérique au sommet d'une montagne est de 606 mm Hg. Quelle est la pression en atmosphères ?

LES LOIS DES GAZ
Questions de révision

4.15 Expliquez en quoi consistent les lois suivantes et donnez les équations qui les résument : la loi de Boyle, la loi de Charles, la loi d'Avogadro. Pour chacun des cas, donnez les conditions dans lesquelles la loi s'applique. Quelles sont les unités utilisées pour exprimer chacune des grandeurs des équations.

4.16 Dites pourquoi un ballon sonde gonflé d'hélium se dilate à mesure qu'il s'élève dans l'atmosphère. Supposez que la température reste constante.

Problèmes

4.17 Un gaz occupant un volume de 725 mL à une pression de 0,970 atm se dilate à une température constante jusqu'à ce que sa pression soit de 0,541 atm. Quel est alors son volume ?

4.18 À 46 °C, un échantillon d'ammoniac gazeux exerce une pression de 5,3 atm. Quelle sera la pression si l'on réduit le volume à un dixième de sa valeur originale, la température restant constante ?

4.19 À 1 atm, le volume d'un gaz est de 5,80 L. Quelle serait la pression de ce gaz en mm Hg si l'on portait son volume à 9,65 L ? (La température est constante.)

4.20 Un échantillon d'air occupe 3,8 L quand la pression est de 1,2 atm. a) Quel volume occuperait-il à 6,6 atm ? b) Quelle pression est nécessaire pour réduire son volume à 0,075 L ? (Considérez que la température est constante.)

4.21 Convertissez les températures suivantes en kelvins : 0 °C, 37 °C, 100 °C, −225 °C.

4.22 Convertissez les températures suivantes en degrés Celsius : 77 K (point d'ébullition de l'azote), 4,2 K (point d'ébullition de l'hélium), $6,0 \times 10^3$ K (température à la surface du soleil).

4.23 Un échantillon de méthane gazeux de 36,4 L, à 25 °C, est chauffé jusqu'à une température de 88 °C, à pression constante. Quel sera alors le volume du gaz ?

4.24 À une pression constante, un échantillon d'hydrogène de 9,6 L, à 88 °C, est refroidi jusqu'à ce que son volume soit de 3,4 L. Quelle sera sa température après le refroidissement ?

4.25 L'ammoniac brûle en présence d'oxygène pour former du monoxyde d'azote (NO) et de la vapeur d'eau. Combien de volumes de NO sont obtenus à partir de un volume d'ammoniac à température et à pression constantes ?

4.26 Le chlore moléculaire et le fluor moléculaire se combinent pour former un produit gazeux. À température et à pression constantes, un volume de Cl_2 réagit avec trois volumes de F_2 pour former deux volumes de produit. Quelle est la formule du produit ?

L'ÉQUATION DES GAZ PARFAITS
Questions de révision

4.27 Donnez les caractéristiques d'un gaz parfait.

4.28 Donnez l'équation des gaz parfaits et expliquez-la. Donnez les unités utilisées pour exprimer chaque grandeur de l'équation.

4.29 Qu'appelle-t-on température et pression normales (TPN) ? Quelle est la relation entre TPN et le volume occupé par 1 mol d'un gaz parfait ?

4.30 Pourquoi la masse volumique d'un gaz est-elle très inférieure à celle d'un liquide ou d'un solide dans des conditions atmosphériques habituelles ? Quelles unités sont habituellement utilisées pour exprimer la masse volumique des gaz ?

Problèmes

4.31 Un échantillon d'azote gazeux gardé dans un contenant de 2,3 L à une température de 32 °C exerce une pression de 4,7 atm. Combien y a-t-il de moles d'azote dans le contenant ?

4.32 Un échantillon de 6,9 mol de monoxyde de carbone est gardé dans un contenant de 30,4 L. Quelle est la pression du gaz (en atmosphères) si la température est de 62 °C ?

4.33 Quel volume occupent 5,6 mol d'hexafluorure de soufre (SF_6) gazeux si la température et la pression sont de 128 °C et de 9,4 atm ?

4.34 Une certaine quantité de gaz à 25 °C et à 0,800 atm est contenue dans un récipient de verre. Supposons que le récipient puisse supporter une pression de 2,00 atm. Jusqu'à quelle température pourriez-vous chauffer le gaz sans faire éclater le récipient ?

4.35 On gonfle un ballon au sol à l'aide d'un gaz jusqu'à ce que le volume de ce ballon soit de 2,50 L à 1,2 atm et à 25 °C. Il s'élève ensuite jusque dans la stratosphère (environ 30 km au-dessus de la surface de la terre), où la température et la pression sont de −23 °C et de $3,00 \times 10^{-3}$ atm. Calculez le volume du ballon dans la stratosphère.

4.36 La température de 2,5 L d'un gaz initialement à TPN est élevée à 250 °C à un volume constant. Calculez la pression finale du gaz en atmosphères.

4.37 Un gaz contenu dans un cylindre ayant comme couvercle un piston mobile a initialement un volume de 6,0 L. Si la pression est réduite au tiers de sa valeur initiale, et la température absolue abaissée de moitié, quel est le volume final du gaz ?

4.38 Durant la fermentation du glucose (pour la fabrication du vin), il y a formation d'un gaz qui a un volume de 0,78 L quand il est mesuré à 20,1 °C et à 1 atm. Quel est le volume de ce gaz quand la température est de 36,5 °C à 1,00 atm ?

4.39 Un gaz parfait initialement à 0,85 atm et à 66 °C s'est dilaté jusqu'à ce que son volume, sa pression et sa température soient respectivement de 94 mL, de 0,60 atm et de 45 °C. Quel était son volume initial ?

4.40 Le volume d'un gaz à TPN est de 488 mL. Calculez son volume à 22,5 atm et à 150 °C.

4.41 Un gaz occupe un volume de 6,85 L à 772 mm Hg et à 35 °C. Calculez son volume à TPN.

4.42 Un échantillon de 0,050 g de glace sèche, du dioxyde de carbone solide, est placé dans un récipient dont l'air a été préalablement évacué. Le volume du récipient est de 4,6 L et la température 30 °C. Calculez la pression dans le récipient une fois que toute la glace sèche sera devenue du CO_2 gazeux.

4.43 Un volume de 0,280 L d'un gaz pèse 0,400 g à TPN. Calculez la masse molaire de ce gaz.

4.44 Une quantité de gaz pesant 7,10 g à 741 torrs et à 44 °C occupe un volume de 5,40 L. Quelle est la masse molaire de ce gaz?

4.45 Les molécules d'ozone présentes dans la stratosphère absorbent la plupart des radiations dangereuses du soleil. Généralement, la température et la pression de l'ozone dans la stratosphère sont respectivement de 250 K et de $1,0 \times 10^{-3}$ atm. Combien de molécules d'ozone y a-t-il dans 1,0 L d'air dans ces conditions?

4.46 En supposant que l'air contienne 78 % de N_2, 21 % de O_2 et 1 % de Ar, par unité de volume, combien de molécules de chaque gaz y a-t-il dans 1 L d'air à TPN?

4.47 Un récipient de 2,10 L contient 4,65 g d'un gaz à 1,00 atm et à 27 °C. a) Calculez la masse volumique du gaz en grammes par litre. b) Quelle est la masse molaire de ce gaz?

4.48 Calculez la masse volumique du bromure d'hydrogène (HBr) en grammes par litre à 733 mm Hg et à 46 °C.

4.49 Un anesthésiant contient 64,9 % de C, 13,5 % de H et 21,6 % de O, par unité de masse. À 120 °C et à 750 mm Hg, 1,00 L de ce composé gazeux pèse 2,30 g. Quelle est la formule moléculaire de ce composé?

4.50 La formule empirique d'un composé est SF_4. À 20 °C, 0,100 g de ce composé gazeux occupe un volume de 22,1 mL et exerce une pression de 1,02 atm. Quelle est sa formule moléculaire?

LA LOI DES PRESSIONS PARTIELLES DE DALTON
Questions de révision

4.51 Énoncez la loi des pressions partielles de Dalton et définissez l'expression « fraction molaire ». La fraction molaire s'exprime-t-elle dans un certain type d'unités?

4.52 Un échantillon d'air ne contient que de l'azote et de l'oxygène et les pressions partielles de ces gaz sont respectivement de 0,80 atm et de 0,20 atm. Calculez la pression totale et la fraction molaire de chacun des gaz.

Problèmes

4.53 Un mélange de gaz contient du CH_4, du C_2H_6 et du C_3H_8. Si la pression totale du mélange est de 1,50 atm et que celui-ci contient 0,31 mol de CH_4, 0,25 mol de C_2H_6 et 0,29 mol de C_3H_8, quelles sont les pressions partielles des gaz?

4.54 Un cylindre ayant un piston mobile comme couvercle, a initialement un volume de 2,5 L et contient un mélange de trois gaz, N_2, He et Ne, à 15 °C, dont les pressions partielles sont respectivement de 0,32 atm, de 0,15 atm et de 0,42 atm. a) Calculez la pression totale du mélange. b) Calculez le volume en litres à TPN qu'occuperaient He et Ne si on enlevait sélectivement N_2.

4.55 L'air sec près du niveau de la mer a la composition suivante par unité de volume: 78,08 % de N_2, 20,94 % de O_2, 0,93 % de Ar, et 0,05 % de CO_2. La pression atmosphérique est de 1,00 atm. Calculez a) la pression partielle de chaque gaz en atm et b) la concentration de chaque gaz en moles par litre à 0 °C. (*Indice*: puisque le volume est proportionnel au nombre de moles présentes, les fractions molaires des gaz peuvent s'exprimer comme des rapports entre les volumes à la même température et à la même pression.)

4.56 Un mélange d'hélium et de néon est recueilli par déplacement d'eau à une température de 28,0 °C et à une pression de 745 mm Hg. Si la pression partielle de l'hélium est de 368 mm Hg, quelle est la pression partielle du néon? (La pression de la vapeur d'eau à 28,0 °C est de 28,3 mm Hg.)

4.57 Un morceau de sodium réagit complètement avec de l'eau selon l'équation suivante:

$$2Na(s) + 2H_2O(l) \longrightarrow 2NaOH(aq) + H_2(g)$$

L'hydrogène est recueilli par déplacement d'eau à une température de 25,0 °C. Le volume du gaz, mesuré à 1 atm, est de 246 mL. Calculez le nombre de grammes de sodium utilisés dans la réaction. (La pression de la vapeur d'eau à 25 °C est de 0,0313 atm.)

4.58 Un morceau de zinc réagit complètement avec un excès d'acide chlorhydrique:

$$Zn(s) + 2HCl(aq) \longrightarrow ZnCl_2(aq) + H_2(g)$$

L'hydrogène produit est recueilli à l'aide d'un déplacement d'eau à 25,0 °C. Le volume du gaz est de 7,80 L, et sa pression de 0,980 atm. Calculez la masse de zinc qui a réagi. (La pression de la vapeur d'eau à 25 °C est de 23,8 mm Hg.)

4.59 Quand les plongeurs descendent à de grandes profondeurs dans la mer, ils respirent un mélange d'hélium et d'oxygène. Calculez le pourcentage par unité de volume de l'oxygène dans le mélange, si le plongeur doit descendre à une profondeur où la pression totale est de 4,2 atm. La pression partielle de l'oxygène est maintenue à 0,20 atm.

4.60 Un échantillon d'ammoniac (NH_3) gazeux est complètement décomposé en azote et en hydrogène en présence de laine d'acier chauffée. Si la pression totale est de 866 mm Hg, calculez les pressions partielles de N_2 et de H_2.

LA THÉORIE CINÉTIQUE DES GAZ
Questions de révision

4.61 Quels postulats sont à la base de la théorie cinétique des gaz ?

4.62 Qu'est-ce que l'agitation thermique ?

4.63 Qu'indique la courbe de Maxwell de distribution des vitesses ? Est-ce que la théorie de Maxwell peut s'appliquer dans le cas d'un échantillon de 200 molécules ? Expliquez.

4.64 Écrivez l'équation décrivant la vitesse quadratique moyenne pour un gaz à une température T. Définissez chaque terme de l'équation et précisez les unités utilisées pour chacun des termes.

4.65 Laquelle des deux affirmations suivantes est juste ? a) La chaleur est produite par la collision des molécules gazeuses entre elles. b) Quand un gaz est chauffé, la fréquence des collisions entre ses molécules est plus élevée.

4.66 L'hexafluorure d'uranium, (UF_6) est un gaz plus lourd que l'hélium. Cependant, à une température donnée, l'énergie cinétique moyenne des deux gaz est la même. Expliquez.

Problèmes

4.67 Comparez les vitesses quadratiques moyennes de O_2 et de UF_6 à 65 °C.

4.68 La température dans la stratosphère est de -23 °C. Calculez les vitesses quadratiques moyennes des molécules N_2, O_2 et O_3 à cette altitude.

LES GAZ PARFAITS ET LES GAZ RÉELS
Questions de révision

4.69 Donnez deux preuves que les gaz ne se comportent pas toujours comme des gaz parfaits.

4.70 Dans quelles conditions peut-on attendre d'un gaz qu'il se comporte comme un gaz parfait ? a) à une température élevée et à une basse pression ; b) à une température et à une pression élevées ; c) à une température basse et à une pression élevée ; d) à une température et à une pression basses.

4.71 Donnez l'équation de van der Waals pour un gaz réel. Quelle est la signification des facteurs de correction pour la pression et le volume ?

4.72 Habituellement, la température d'un gaz réel qui se dilate dans un espace vide baisse. Expliquez.

Problèmes

4.73 À l'aide des données du tableau 4.3, calculez la pression exercée par 2,50 moles de CO_2 contenues dans un volume de 5,00 L à 450 K. Comparez la pression obtenue avec celle calculée à l'aide de l'équation des gaz parfaits.

4.74 À 27 °C, 10,0 mol d'un gaz contenues dans un récipient de 1,50 L exercent une pression de 130 atm. S'agit-il d'un gaz parfait ?

4.75 Dans les mêmes conditions de température et de pression, lequel des gaz suivants aura un comportement se rapprochant le plus d'un gaz parfait : Ne, N_2 ou CH_4 ? Expliquez.

4.76 D'après les données suivantes recueillies à 0 °C, dites si le dioxyde de carbone agit comme un gaz parfait.

P (atm)	0,0500	0,100	0,151	0,202	0,252
V (L)	448,2	223,8	148,8	110,8	89,0

Problèmes variés

4.77 Expliquez les phénomènes suivants en faisant appel aux lois des gaz : a) la pression dans un pneu d'automobile augmente par une journée chaude ; b) l'« explosion » d'un sac de papier ; c) l'expansion d'un ballon météorologique à mesure qu'il s'élève dans l'atmosphère ; d) le bruit fort que produit une ampoule électrique qui éclate.

4.78 La nitroglycérine, un explosif, se décompose selon l'équation suivante :

$$4C_3H_5(NO_3)_3(s) \longrightarrow$$
$$12CO_2(g) + 10H_2O(g) + 6N_2(g) + O_2(g)$$

Calculez le volume total des gaz à 1,2 atm et 25 °C que produiront $2,6 \times 10^2$ g de nitroglycérine. Quelles sont les pressions partielles des gaz dans ces conditions ?

4.79 La formule empirique d'un composé est CH. À 200 °C et à une pression de 0,74 atm, 0,145 g de ce composé occupe 97,2 mL. Quelle est la formule moléculaire de ce composé ?

4.80 Quand du nitrite d'ammonium (NH_4NO_2) est chauffé, il se décompose pour donner de l'azote. On utilise ce processus pour gonfler les balles de tennis. a) Donnez l'équation équilibrée de la réaction. b) Calculez la quantité (en grammes) de NH_4NO_2 nécessaire pour gonfler une balle de tennis jusqu'à un volume de 86,2 mL, à 1,20 atm et 22 °C.

4.81 Le pourcentage massique de bicarbonate (HCO_3^-) dans un médicament contre les maux d'estomac est de 32,5 %. Calculez le volume de CO_2 produit (en millilitres) à 37 °C et 1 atm si une personne ingère un comprimé de 3,29 g. (*Note* : la réaction se produit entre HCO_3^- et HCl dans l'estomac.)

4.82 Le point d'ébullition de l'azote liquide est de −196 °C. Cette donnée implique-t-elle que l'azote est un gaz parfait ?

4.83 Dans le procédé métallurgique de raffinement du nickel, le métal est d'abord combiné au monoxyde de carbone pour former du tétracarbonyl de nickel, à l'état gazeux à 43 °C :

$$Ni(s) + 4CO(g) \longrightarrow Ni(CO)_4(g)$$

Cette réaction permet de séparer le nickel des autres impuretés solides. a) Si la quantité initiale de nickel est de 86,4 g, calculez la pression de $Ni(CO)_4$ dans un contenant de 4,00 L. (Supposez que la réaction est complète.) b) En chauffant l'échantillon de gaz à plus de 43 °C, on observe que sa pression augmente beaucoup plus rapidement que ne le prévoit l'équation des gaz parfaits. Expliquez.

4.84 La pression partielle du dioxyde de carbone dans l'air varie selon les saisons. Selon vous, est-ce en été ou en hiver que sa pression partielle dans l'hémisphère Nord est plus élevée ? Pourquoi ?

4.85 Un adulte en bonne santé expire environ $5,0 \times 10^2$ mL de mélange gazeux à chaque respiration. Calculez le nombre de molécules contenues dans ce volume à 37 °C et 1,1 atm. Nommez les principaux constituants de ce mélange gazeux.

4.86 Le bicarbonate de sodium ($NaHCO_3$) est couramment appelé soda à pâte parce que, à la chaleur, il libère du dioxyde de carbone, qui permet aux biscuits, aux beignets et au pain de lever. a) Calculez le volume (en litres) de CO_2 produit en chauffant 5,0 g de $NaHCO_3$ à 180 °C et 1,3 atm. b) Le bicarbonate d'ammonium (NH_4HCO_3) est également utilisé dans le même but. Donnez un avantage et un désavantage qu'il y a à utiliser du NH_4HCO_3 au lieu du $NaHCO_3$ dans la cuisson.

4.87 Au niveau de la mer, un baromètre dont la section transversale est de 1,00 cm^2 donne une lecture de 76,0 cm de mercure. La pression exercée par la colonne de mercure est égale à celle exercée par l'air sur 1 cm^2 à la surface de la Terre. Sachant que la masse volumique du mercure est de 13,6 g/mL et que le rayon moyen de la Terre est de 6371 km, calculez la masse totale de l'atmosphère terrestre (en kilogrammes). (*Note* : la surface d'une sphère est de $4\pi r^2$, où r est le rayon de la sphère.)

4.88 Certains produits utilisés pour déboucher les tuyaux d'écoulement contiennent deux substances : de l'hydroxyde de sodium et de la poudre d'aluminium. Quand ce mélange est versé dans un tuyau bouché, la réaction suivante se produit :

$$2NaOH(aq) + 2Al(s) + 6H_2O(l) \longrightarrow$$
$$2NaAl(OH)_4(aq) + 3H_2(g)$$

La chaleur générée par cette réaction fait fondre les produits comme la graisse, et l'hydrogène libéré remue les solides qui bouchent le tuyau. Calculez le volume de H_2 formé à TPN si 3,12 g de Al réagit avec du NaOH en excès.

4.89 Un échantillon de HCl gazeux pur a un volume de 189 mL à 25 °C et à 108 mm Hg. On le dissout complètement dans 60 mL d'eau et on le titre avec une solution de NaOH. Il a fallu 15,7 mL de solution de NaOH pour neutraliser HCl. Calculez la concentration molaire volumique de la solution de NaOH.

4.90 Le propane (C_3H_8) brûle dans l'oxygène pour produire du dioxyde de carbone gazeux et de la vapeur d'eau. a) Donnez l'équation équilibrée de cette réaction. b) Calculez le nombre de litres de dioxyde de carbone à TPN qui peuvent être produits à partir de 7,45 g de propane.

4.91 Examinez le montage suivant. Quand on introduit une petite quantité d'eau dans l'ampoule à l'aide du compte-gouttes, l'eau du bécher monte dans le tube de verre jusque dans l'ampoule. Expliquez le fonctionnement de cette fontaine. (*Indice* : le chlorure d'hydrogène gazeux est soluble dans l'eau.)

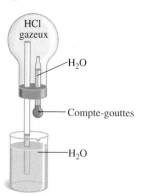

4.92 Le monoxyde d'azote (NO) réagit avec l'oxygène moléculaire de la façon suivante :

$$2NO(g) + O_2(g) \longrightarrow 2NO_2(g)$$

Au début, NO et O_2 sont isolés, comme le montre l'illustration ci-après. Quand on ouvre la valve, ils réagissent rapidement de façon complète.

Déterminez quels sont les gaz présents à la fin de la réaction et calculez leurs pressions partielles. Supposez que la température reste constante, soit 25 °C.

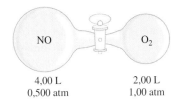

NO
4,00 L
0,500 atm

O₂
2,00 L
1,00 atm

4.93 L'appareil illustré sert à mesurer la vitesse des molécules et des atomes. Supposons qu'un faisceau d'atomes d'un métal est dirigé vers le cylindre tournant. Une petite ouverture dans le cylindre permet aux atomes de frapper une région cible de l'autre côté à l'intérieur du cylindre. Du fait que le cylindre tourne, les atomes voyageant à différentes vitesses vont frapper la cible à différents endroits. Après un certain temps, on observera un dépôt d'une couche métallique sur la cible. La variation d'épaisseur de cette couche métallique correspondra à une distribution des vitesses semblable à celle d'une courbe de Maxwell. Au cours d'une expérience, on observe qu'à 850 °C quelques atomes de bismuth, Bi, frappent la cible en un point situé à 2,80 cm du spot directement opposé à la fente. Le cylindre a un diamètre de 15,0 cm et tourne à 130 révolutions par seconde. a) Calculez la vitesse en mètres par seconde (m/s) à laquelle la cible se déplace. (*Note*: la circonférence d'un cercle est de $2\pi r$, où r est le rayon.)

b) Calculez le temps (en secondes) nécessaire pour que la cible se déplace de 2,80 cm.

c) Déterminez la vitesse des atomes de Bi. Comparez cette vitesse (votre réponse) avec la vitesse quadratique moyenne du Bi à 850 °C. Expliquez la différence.

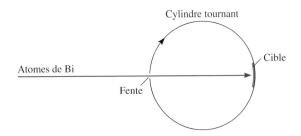

Cylindre tournant

Cible

Atomes de Bi

Fente

4.94 Les oxydes acides tel le dioxyde de carbone réagissent avec les oxydes basiques comme l'oxyde de calcium, CaO, et l'oxyde de baryum, BaO, pour former des sels (des carbonates métalliques).

a) Écrivez les équations représentant ces deux réactions. b) Une étudiante a placé un mélange de BaO et de CaO pesant au total 4,88 g dans un ballon de 1,46 L qui contient du dioxyde de carbone gazeux à 35 °C et 746 mm Hg. Une fois les réactions terminées, elle a observé que la pression du CO_2 était descendue à 252 mm Hg. Calculez la composition du mélange (en pourcentage poids/poids).

4.95 Le moteur d'automobile produit du monoxyde de carbone, CO, un gaz toxique, au taux d'environ 188 g de CO par heure. Une automobile est stationnée dans un garage mal ventilé et son moteur tourne au ralenti. La longueur, la largeur et la hauteur du garage sont respectivement de 6,0 m, de 4,0 m et de 2,2 m. a) Calculez la vitesse de production de CO en moles par minute. b) Combien de temps faudra-t-il pour obtenir une concentration létale de CO, soit 1 000 ppmv (parties par million par volume) ?

4.96 L'air qui pénètre dans les poumons aboutit dans de petits sacs appelés alvéoles. C'est à partir des alvéoles que l'oxygène diffuse dans le sang. Le rayon moyen d'une alvéole est de 0,005 0 cm, et son air contient 14 % d'oxygène. En supposant que la pression alvéolaire est de 1,0 atm et que la température est de 37 °C, calculez le nombre de molécules d'oxygène contenues dans une alvéole. (*Note*: le volume d'une sphère de rayon r est $4/3\ \pi r^3$.)

4.97 On prétend que chaque bouffée d'air que nous inhalons, en moyenne, contient des molécules déjà exhalées par Wolfgang Amadeus Mozart (1756-1791). Les calculs suivants tendent à le prouver.

a) Calculez le nombre total de molécules contenues dans l'atmosphère. (*Note*: utilisez la réponse du problème 4.87 et la donnée 29,0 g/mol comme masse molaire de l'air.)

b) En supposant que chaque bouffée d'air expiré ou inhalé a un volume de 500 mL, calculez le nombre de molécules dans ce volume à 37 °C, soit la température du corps humain.

c) En supposant que Mozart a vécu durant exactement 35 ans, quel fut le nombre de molécules qu'il a exhalé pendant toute sa vie ? (On suppose qu'une personne prend en moyenne 12 respirations par minute.)

d) Calculez la fraction des molécules de l'atmosphère qui ont été respirées par Mozart. Combien de ces molécules déjà respirées par Mozart inhalons-nous à chaque respiration ? (Arrondissez la réponse à un chiffre significatif.)

e) Faites trois suppositions importantes pour que ces calculs soient valables.

Problèmes spéciaux

4.98 Appliquez vos connaissances concernant la théorie cinétique des gaz aux situations suivantes.

a) Peut-on parler de la température d'une seule molécule ?

b) Deux ballons de volumes V_1 et V_2 ($V_2 > V_1$) contiennent le même nombre d'atomes d'hélium, He, à la même température. i) Comparez les vitesses quadratiques moyennes et les énergies cinétiques des atomes d'hélium contenus dans les ballons. ii) Comparez la fréquence des collisions et la force avec laquelle les atomes d'hélium frappent les parois dans chacun des contenants.

c) Des nombres égaux d'atomes He sont placés dans deux ballons de volumes égaux à des températures de T_1 et de T_2 ($T_2 > T_1$). i) Comparez les vitesses quadratiques moyennes des atomes dans les deux ballons. ii) Comparez la fréquence des collisions et la force avec laquelle les atomes d'hélium frappent les parois dans chacun des contenants.

d) Des nombre égaux d'atomes d'hélium, He, et de néon, Ne, sont placés dans deux ballons de volumes égaux et à 74 °C. Déterminez si les affirmations suivantes sont vraies et commentez vos réponses : i) La vitesse quadratique moyenne des atomes de He est égale à celle des atomes de Ne. ii) Les énergies cinétiques moyennes des deux gaz sont égales. iii) La vitesse quadratique moyenne de chaque atome d'hélium est de $1,47 \times 10^3$ m/s.

4.99 Les questions suivantes portent sur la figure 4.22. a) Comment expliquez-vous les portions descendantes et montantes des courbes ? b) Pourquoi ces courbes convergent-elles toutes vers 1 pour des valeurs de P très petites ? c) Quelle interprétation faut-il donner aux intersections de certaines courbes avec la droite horizontale des gaz parfaits ? Est-ce qu'on peut dire qu'un gaz a un comportement idéal en son point d'intersection avec cette droite ?

Réponses aux exercices : 4.1 0,986 atm ; **4.2** 9,29 L ; **4.3** 30,6 L ; **4.4** 2,6 atm ; **4.5** 44,1 g/mol ; **4.6** 96,9 L ; **4.7** 4,75 L ; **4.8** 0,338 mol/L ; **4.9** CH_4 : 1,29 atm, C_2H_6 : 0,0657 atm, C_3H_8 : 0,0181 atm ; **4.10** 0,0653 g ; **4.11** 321 m/s ; **4.12** 30,0 atm, 45,5 atm selon l'équation (4.7).

CHAPITRE 5

La structure électronique des atomes

Les points essentiels

La théorie des quanta de Planck
Afin d'expliquer la dépendance de l'énergie des radiations sur la longueur d'onde, Planck a proposé que les atomes et les molécules puissent émettre (ou absorber) de l'énergie seulement par petits paquets appelés quanta. La théorie des quanta de Planck a révolutionné la physique.

L'arrivée de la mécanique quantique
Les recherches de Planck ont mené à l'explication de l'effet photoélectrique par Einstein, (qui a postulé que la lumière est constituée de particules appelées photons), ainsi qu'à l'explication du spectre d'émission de l'atome d'hydrogène par Bohr. D'autres contributions à la théorie quantique ont été faites par de Broglie, qui a mis en évidence le fait qu'un électron se comporte à la fois comme une particule et comme une onde, et par Heisenberg, qui a trouvé une relation fixant des limites aux mesures faites sur des systèmes submicroscopiques. Ces recherches ont culminé avec la formulation de l'équation de Schrödinger, qui décrit le comportement et l'énergie des électrons, des atomes et des molécules.

L'atome d'hydrogène
La solution de l'équation de Schrödinger concernant l'atome d'hydrogène donne des états d'énergie quantifiés pour l'électron ainsi qu'un ensemble de fonctions d'onde appelées orbitales atomiques. Les orbitales atomiques sont associées à des nombres quantiques spécifiques. Elles indiquent les régions dans lesquelles nous pouvons trouver un électron. Les résultats obtenus dans le cas de l'atome d'hydrogène peuvent s'appliquer, avec des modifications mineures, à d'autres atomes plus complexes.

Le principe de l'*aufbau*
Selon ce principe, le tableau périodique peut se construire simplement en accroissant le numéro atomique et en ajoutant des électrons par étapes successives. Des indications spécifiques (le principe d'exclusion de Pauli et la règle de Hund) nous aident à écrire les configurations électroniques stables des éléments, qui indiquent comment les électrons sont distribués dans les orbitales atomiques.

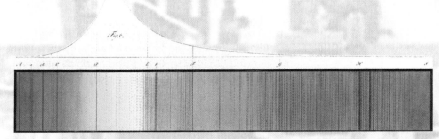

Dessin original de Fraunhofer montrant des raies sombres d'absorption.

On entend souvent dire qu'une étoile, par exemple le Soleil, contient tel ou tel élément. Sur quoi se base-t-on pour faire une telle affirmation ?

Au début du XIX⁰ siècle, un physicien allemand, Joseph Fraunhofer, étudia le spectre de couleurs émis par le Soleil et y observa un certain nombre de lignes sombres. Puisque chacune des couleurs du spectre continu correspond à des longueurs d'onde particulières, ces lignes sombres devaient correspondre à des ondes de longueurs données absorbées avant que la lumière du Soleil atteigne la Terre ; c'est pourquoi de telles lignes ont été appelées *raies d'absorption*.

On sait maintenant que les « lignes de Fraunhofer » résultent du fait qu'une partie du rayonnement solaire est absorbée par les atomes de gaz à travers lesquels elles passent. Puisque les atomes d'éléments différents ont une structure différente, chaque élément a un spectre distinct constitué de lumière émise ou absorbée de longueurs d'onde spécifiques. Un peu à la manière dont les empreintes digitales servent à l'identification des gens, les raies spectrales permettent aux scientifiques de déterminer la composition des corps célestes comme le Soleil, ainsi que les gaz responsables des raies sombres de Fraunhofer.

L'hélium fut même identifié dans le spectre solaire avant d'être découvert sur Terre. En 1868, le physicien français Pierre Janssen détecta, dans le spectre solaire, une raie sombre qu'il ne pouvait associer à aucun élément connu. On nomma ce nouvel élément hélium, du mot grec *helios*, qui signifie « soleil » ; ce gaz ne fut découvert sur Terre que 27 ans plus tard.

La couleur rouge de la nébuleuse La Rosette provient des fortes raies du spectre d'émission de son hydrogène gazeux.

5.1 DE LA PHYSIQUE CLASSIQUE À LA THÉORIE DES QUANTA

Max Planck (1858-1947)

Les résultats des premières recherches sur les atomes et les molécules étaient limités et insatisfaisants pour les scientifiques. En supposant que les molécules se comportent comme des balles élastiques, les physiciens pouvaient prédire et expliquer certains phénomènes au niveau macroscopique, la pression exercée par un gaz, par exemple. Cependant, leur modèle n'expliquait pas la stabilité des molécules : autrement dit, il ne pouvait pas expliquer comment les atomes étaient maintenus ensemble. Il fallut beaucoup de temps pour comprendre (et encore plus de temps pour accepter) que les propriétés des atomes et des molécules *ne* s'expliquent *pas* par les mêmes lois que celles qui régissent les objets plus gros.

L'année 1900 marqua le début d'une nouvelle ère en physique, grâce à un jeune physicien allemand, Max Planck. En analysant le rayonnement émis par des solides chauffés à différentes températures (solides incandescents), Planck découvrit que les atomes et les molécules ne peuvent émettre de l'énergie que par multiples entiers d'une quantité minimale d'énergie appelée *quantum.* Sa théorie, dite *théorie des quanta,* bouleversa les lois de la physique de l'époque, selon lesquelles toute forme d'énergie était continue, c'est-à-dire, entre autres, que n'importe quelle quantité d'énergie pouvait être libérée au cours d'un rayonnement. En fait, la théorie quantique de Planck et les recherches qui suivirent transformèrent de fond en comble notre conception de la nature.

Pour comprendre la théorie des quanta, il faut d'abord se familiariser avec la nature des ondes. On peut définir une **onde** comme étant une *vibration par laquelle l'énergie est transmise.*

Illustrons les caractéristiques fondamentales d'une onde par une sorte d'onde bien connue : une vague. La figure 5.1 montre un goéland flottant sur l'océan. Les vagues sont un type d'ondes créées par des différences de pression en différentes régions de la surface de l'eau. Si on observe attentivement le mouvement de la vague en examinant comment elle fait bouger le goéland, on remarque qu'il s'agit d'un mouvement périodique, c'est-à-dire que la déformation créée par l'onde se répète à intervalles réguliers.

Une onde se caractérise par sa longueur et sa hauteur ainsi que par le nombre d'ondes qui passent en un point donné par seconde (*figure 5.2*). On appelle **longueur d'onde** λ (lambda) la *distance entre deux points identiques situés sur deux ondes successives.* La **fréquence** ν (nu) est le *nombre d'ondes qui passent en un point donné par seconde.* À la figure 5.1, la fréquence correspond au nombre de fois par seconde que le goéland accomplit un cycle complet de descente et de remontée sur la vague. L'**amplitude** est la *distance entre la ligne médiane de l'onde et la crête ou entre la médiane et le creux* (*figure 5.2 a*). La figure 5.2 b) montre deux ondes de même amplitude, mais de longueurs et de fréquences différentes.

Firgure 5.1 *Les propriétés ondulatoires des vagues. La longueur d'onde correspond à la distance entre des points identiques sur des vagues successives, et la fréquence correspond au nombre de fois que le goéland monte sur la crête par unité de temps. On suppose que le goéland ne fait aucun effort pour se déplacer et qu'il est tout simplement ballotté par la vague de haut en bas lorsque la vague se déplace sous lui de la gauche vers la droite.*

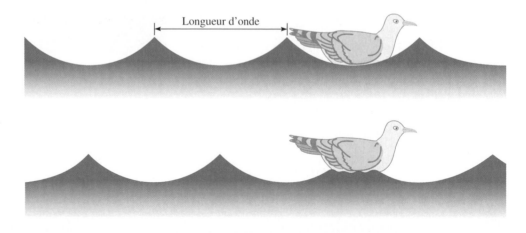

Longueur d'onde

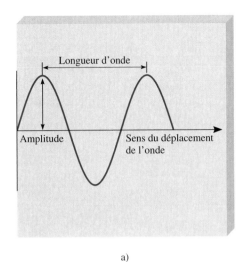

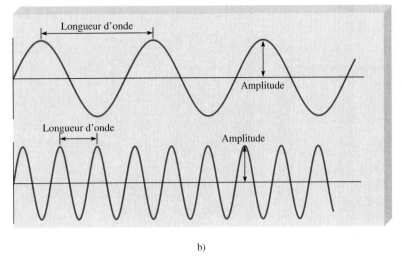

a)   b)

Figure 5.2 *a) La longueur d'onde et l'amplitude. b) Deux ondes dont les longueurs et les fréquences sont différentes. La longueur de l'onde supérieure vaut trois fois celle de l'onde inférieure, mais sa fréquence ne représente que le tiers de celle de l'onde inférieure. Les deux ondes ont la même amplitude.*

Une autre propriété importante d'une onde est sa vitesse de propagation. Cette vitesse dépend à la fois du type d'onde et de la nature du milieu dans lequel elle voyage (par exemple l'air, l'eau ou le vide). La vitesse (c) d'une onde est égale au produit de sa longueur d'onde par sa fréquence :

$$c = \lambda \nu \tag{5.1}$$

On saisit le bien-fondé de cette équation quand on analyse les dimensions physiques de ses trois termes. La longueur d'onde (λ) exprime la distance que couvre chaque onde ou la distance par onde. La fréquence (ν) indique le nombre d'ondes qui passent en un point donné par unité de temps ou les ondes divisées par le temps. Donc, les unités du produit de ces deux grandeurs sont la distance divisée par le temps, c'est-à-dire les unités de la vitesse :

$$\frac{\text{distance}}{\text{onde}} \times \frac{\text{ondes}}{\text{temps}} = \frac{\text{distance}}{\text{temps}}$$

$$\lambda \quad\times\quad \nu \quad=\quad c$$

Les unités qui expriment la longueur d'onde sont habituellement le mètre, le centimètre ou le nanomètre. L'unité exprimant la fréquence est le hertz (Hz), et

$$1 \text{ Hz} = 1 \text{ cycle/s}$$

On peut omettre le mot « cycle » dans l'expression de la fréquence et dire, par exemple, 25/s (c'est-à-dire « 25 par seconde »).

Le rayonnement électromagnétique

NOTE

Les vagues et les ondes sonores ne sont pas des ondes électromagnétiques, mais les rayons X et les ondes radio le sont.

Tous les types de *rayons lumineux,* aussi appelés **rayonnements électromagnétiques,** voyagent dans le vide à une vitesse d'environ $3,00 \times 10^8$ m/s, appelée *vitesse de la lumière* (*c*). Cette vitesse change selon le milieu, mais ce changement est négligeable dans les calculs. Les ondes associées à ces rayonnements sont appelées ondes électromagnétiques (*figure 5.3*).

Problèmes semblables :
5.7 et 5.8

EXEMPLE 5.1   Le calcul de la fréquence d'une onde

La longueur d'onde d'un feu de circulation vert se situe autour de 522 nm. Quelle est la fréquence de ce rayonnement ?

Réponse : À partir de l'équation (5.1), nous obtenons

$$\nu = \frac{c}{\lambda}$$

Sachant que 1 nm = 1×10^{-9} m (*tableau 1.3*), nous écrivons

$$\nu = \frac{3,00 \times 10^8 \text{ m/s}}{522 \text{ nm} \times \dfrac{1 \times 10^{-9} \text{ m}}{1 \text{ nm}}}$$

$$= 5,75 \times 10^{14}\text{/s ou } 5,75 \times 10^{14} \text{ Hz}$$

Ainsi, il y a $5,75 \times 10^{14}$ ondes qui passent en un point donné chaque seconde. Cette fréquence très élevée est en accord avec la vitesse très élevée de la lumière.

EXERCICE

Quelle est la longueur (en mètres) d'une onde électromagnétique dont la fréquence est de $3,64 \times 10^7$ Hz ?

Figure 5.3 *Une onde électromagnétique se propage selon une composante de champ électrique et une autre composante de champ magnétique. Ces deux composantes se déplacent ici le long de l'axe des* x. *Elles ont la même longueur d'onde, la même fréquence et la même amplitude, mais elles vibrent selon deux plans mutuellement perpendiculaires. La lumière se propage sous forme d'ondes électromagnétiques. James Clerk Maxwell a proposé cette description mathématique en 1873. Sa théorie décrivant le comportement général des ondes électromagnétiques constitue sans doute l'une des plus grandes réussites scientifiques de tous les temps.*

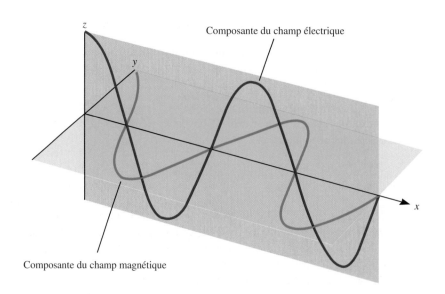

Composante du champ électrique

Composante du champ magnétique

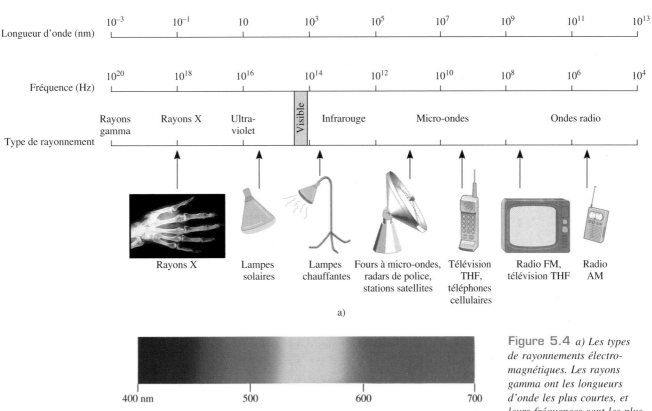

a)

b)

Figure 5.4 a) Les types de rayonnements électro-magnétiques. Les rayons gamma ont les longueurs d'onde les plus courtes, et leurs fréquences sont les plus élevées. Les ondes radio sont les plus longues, et leurs fréquences sont les plus basses. Chaque type de rayonnement se situe dans une région spécifique de longueurs d'onde (et de fréquences). b) La région visible s'étend de 400 nm (violet) à 700 nm (rouge).

La figure 5.4 montre différents types de rayonnements électromagnétiques ; ces rayonnements se distinguent par leur longueur d'onde et leur fréquence. Les longues ondes radio sont émises par de grandes antennes, comme celles utilisées par les stations de radio. Les ondes de la lumière visible, plus courtes, sont produites par le mouvement des électrons dans les atomes et les molécules. Les ondes les plus courtes, qui ont également les fréquences les plus élevées, sont celles des rayons γ (gamma [*voir* chapitre 2]), qui sont le résultat d'une transformation dans le noyau de l'atome. Nous verrons bientôt que plus la fréquence est élevée, plus le rayonnement est énergétique. Ainsi, les rayons ultraviolets, les rayons X et les rayons γ sont des rayonnements à énergie élevée.

La théorie des quanta de Planck

Quand un solide est chauffé, il émet un rayonnement qui se situe dans un large éventail de longueurs d'onde. La lumière rouge fade de l'élément tubulaire d'une cuisinière et la lumière blanche brillante d'une ampoule au tungstène sont des exemples de rayonnements émis par des solides chauffés à des températures différentes.

À la fin du XIXᵉ siècle, des données montrèrent que la quantité d'énergie rayonnante émise par un solide chauffé varie selon les différentes longueurs d'onde associées au spectre dû à ce rayonnement. Les tentatives d'explication de cette relation d'après la théorie ondulatoire de l'époque et les lois de la thermodynamique ne connurent alors qu'un succès partiel. Une théorie valait pour les ondes courtes, mais ne s'appliquait pas aux ondes longues ; une autre s'appliquait aux ondes longues, mais non aux ondes courtes. Il semblait manquer quelque chose de fondamental dans les lois de la physique classique.

Planck résolut le problème grâce à une hypothèse qui s'écartait radicalement des concepts acceptés jusqu'alors. La physique classique supposait que les atomes et les molécules pouvaient émettre (ou absorber) n'importe quelle quantité d'énergie lumineuse. Planck, au contraire, affirma que les atomes et les molécules ne pouvaient émettre (ou

NOTE

En fait, le quantum est l'énergie attribuée à un seul photon, comme nous l'expliquons plus loin à la section 5.2.

absorber) de l'énergie qu'en des quantités discrètes, en «petits paquets» ou en «faisceaux». Il donna le nom de **quantum** (au pluriel quanta) à la *plus petite quantité d'énergie pouvant être émise (ou absorbée) sous forme de rayonnement électromagnétique*. L'énergie (E) d'un simple quantum est donnée par

$$E = h\nu \tag{5.2}$$

où h est la *constante de Planck* et ν la fréquence du rayonnement. La valeur de la constante de Planck est $6,63 \times 10^{-34}$ J • s.

Selon la théorie des quanta de Planck, la quantité d'énergie émise est toujours représentée par un multiple entier de $h\nu$, par exemple $h\nu$, 2 $h\nu$, 3 $h\nu$, … ; elle n'équivaut jamais, par exemple, à 1,67 $h\nu$ ou à 4,98 $h\nu$. Quand Planck présenta sa théorie, il ne pouvait pas expliquer pourquoi l'énergie devait se quantifier (c'est-à-dire ne prendre que certaines valeurs correspondant à des multiples entiers du quantum) de cette manière. Partant de cette hypothèse, il n'eut toutefois aucune difficulté à reconstituer, pour toutes les longueurs d'onde, le spectre d'émission expérimental des solides incandescents ; toutes ces données pouvaient s'expliquer par la théorie des quanta.

L'idée de la quantification de l'énergie peut d'abord sembler étrange, mais il est possible de trouver des analogies qui nous aident à comprendre ce phénomène. Par exemple, une charge électrique est quantifiée : elle ne peut être qu'un multiple entier de e^-, la charge d'un électron. La matière elle-même est quantifiée : les nombres d'électrons, de protons, de neutrons et le nombre d'atomes dans un échantillon d'une substance doivent aussi être entiers. Même certains processus survenant chez les êtres vivants mettent en jeu des phénomènes quantifiés : les œufs pondus par les poules sont quantifiés, les chattes donnent naissance à un nombre entier de chatons, etc. Dans un autre domaine, on pourrait aussi donner comme exemple les systèmes monétaires : ils sont tous fondés sur un «quantum», que ce soit le cent, le franc, la lire, etc.

5.2   L'EFFET PHOTOÉLECTRIQUE

Albert Einstein (1879-1955)

En 1905, seulement cinq ans après la formulation de la théorie des quanta de Planck, Albert Einstein utilisa cette théorie pour résoudre un autre mystère de la physique, l'*effet photoélectrique*. Des expériences avaient déjà démontré que des électrons sont éjectés de la surface de certains métaux si ceux-ci sont exposés à une lumière d'une certaine fréquence minimum, appelée seuil de fréquence (*figure 5.5*). On savait que le nombre d'électrons éjectés est proportionnel à l'intensité (ou à la brillance) de la lumière ; par contre, l'énergie des électrons éjectés ne l'est pas. On savait aussi que, sous le seuil de fréquence, aucun électron n'est éjecté, quelle que soit l'intensité de la lumière.

Ce phénomène ne pouvait s'expliquer par la théorie ondulatoire de la lumière. C'est alors qu'Einstein formula une hypothèse extraordinaire : il suggéra qu'un faisceau de lumière est un flux de particules, des *particules de lumière appelées* **photons**. Partant de la théorie des quanta de Planck, Einstein déduisit que chaque photon devait posséder une énergie E, donnée par l'équation

$$E = h\nu$$

où ν est la fréquence de la lumière. (Cette équation a la même forme que l'équation (5.2) parce que, comme nous le verrons plus loin, les rayonnements électromagnétiques sont émis ou absorbés sous forme de photons.)

Les électrons sont retenus dans les métaux par des forces attractives ; pour les libérer, il faut une lumière d'une certaine fréquence (qui correspond à une certaine énergie) capable de rompre ces forces. On peut comparer l'éclairage d'une surface métallique par un faisceau de lumière au bombardement des atomes du métal par des particules (photons). Si la fréquence des photons est telle que le produit $h\nu$ est exactement égal à l'énergie qui lie les électrons au métal, la lumière a juste assez d'énergie pour déloger des électrons. Si la fréquence de la lumière est plus élevée, c'est-à-dire qu'elle dépasse le seuil caractéristique du métal, non seulement des électrons seront délogés, mais ils acquerront de l'énergie cinétique. Ce phénomène est représenté par l'équation

$$h\nu = E_c + E_L \tag{5.3}$$

où E_c est l'énergie cinétique d'un électron éjecté et E_L est l'énergie de liaison de l'électron dans le métal. On peut reformuler cette équation de la manière suivante :

$$E_c = h\nu - E_L$$

Cela démontre que plus le photon qui irradie le métal est énergétique, plus l'énergie cinétique de l'électron éjecté est élevée.

Maintenant, imaginons deux faisceaux de lumière ayant la même fréquence (supérieure au seuil de fréquence), mais des intensités différentes. Le faisceau de plus grande intensité contient plus de photons ; par conséquent, il éjectera plus d'électrons de la surface du métal que le faisceau d'intensité plus faible. Ainsi, plus la lumière est intense, plus le nombre d'électrons libérés par le métal est élevé ; et plus la fréquence de la lumière est élevée, plus l'énergie cinétique des électrons éjectés est élevée.

EXEMPLE 5.2   Le calcul de l'énergie d'un photon

Calculez l'énergie (en joules) a) d'un photon d'une longueur d'onde de $5,00 \times 10^4$ nm (rayon infrarouge) et b) d'un photon d'une longueur d'onde de $5,00 \times 10^{-2}$ nm (rayon X).

Réponse : a) Il faut utiliser l'équation (5.2) : $E = h\nu$. D'après l'équation (5.1), $\nu = c/\lambda$ (*voir* exemple 5.1). Ainsi,

$$E = \frac{hc}{\lambda}$$

$$= \frac{(6,63 \times 10^{-34} \text{ J} \cdot \text{s})(3,00 \times 10^8 \text{ m/s})}{(5,00 \times 10^4 \text{ nm})\left(\dfrac{1 \times 10^{-9} \text{ m}}{1 \text{ nm}}\right)}$$

$$= 3,98 \times 10^{-21} \text{ J}$$

Voilà l'énergie que possède un photon d'une longueur d'onde de $5,00 \times 10^4$ nm.

b) En suivant la méthode utilisée en a), nous pouvons démontrer que l'énergie d'un photon d'une longueur d'onde de $5,00 \times 10^{-2}$ nm est de $3,98 \times 10^{-15}$ J. Ainsi un photon « de rayons X » est 1×10^6 (un million) de fois plus énergétique qu'un photon « infrarouge ».

EXERCICE

L'énergie d'un photon est de $5,87 \times 10^{-20}$ J. Quelle est sa longueur d'onde (en nanomètres) ?

Lumière incidente

Métal

Source de tension

Détecteur

Figure 5.5
L'effet photoélectrique. Les électrons éjectés de la surface métallique sont attirés par l'électrode positive. L'importance du flux d'électrons est indiquée par un détecteur.

Problème semblable : 5.15

Cette théorie décrivant la lumière comme des particules, telle qu'élaborée par Einstein, posa un problème aux scientifiques. D'une part, elle expliquait de façon satisfaisante l'effet photoélectrique ; mais d'autre part, elle ne pouvait pas expliquer le comportement ondulatoire de la lumière. La seule façon de régler le problème fut d'accepter l'idée que la lumière présente à la fois des propriétés propres aux particules et des propriétés propres aux ondes, et que, selon les phénomènes étudiés, elle se comporte soit comme une onde soit comme un faisceau de particules. Les physiciens mirent un certain temps à

Figure 5.6 *a) Une vue en plongée d'un montage permettant d'étudier le spectre d'émission des atomes et des molécules. Le gaz à l'étude se trouve dans un tube à décharge muni de deux électrodes. En voyageant de l'électrode négative vers l'électrode positive, les électrons heurtent les atomes (et les molécules) du gaz. Ces collisions provoquent l'émission de lumière par les atomes (et les molécules). La lumière émise est séparée en ses composantes par un prisme. Chaque composante de couleur est focalisée en une position précise qui dépend de sa longueur d'onde, ce qui forme une image colorée de la fente sur une plaque photographique. Ces images colorées constituent un spectre de raies.*
b) Le spectre de raies d'émission de l'atome d'hydrogène.

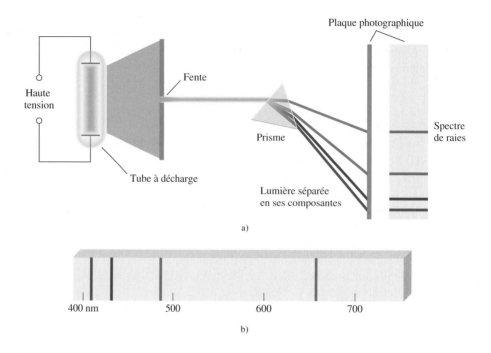

accepter ce concept, parce que celui-ci était totalement étranger à la conception qu'ils se faisaient de la matière et du rayonnement. Non seulement il fallut l'accepter, mais on sait maintenant que cette dualité (onde et particule) n'est pas unique à la lumière ; elle est une caractéristique de toute la matière, y inclus les particules subatomiques comme les électrons ; nous en parlerons à la section 5.4.

5.3   LE MODÈLE DE L'ATOME DE BOHR

Les travaux d'Einstein menèrent à la solution d'un autre mystère du XIXe siècle en physique : les spectres d'émission des atomes.

Les spectres d'émission

Depuis que Newton a démontré, au XVIIe siècle, que la lumière du soleil est constituée de différentes couleurs qui peuvent être recombinées pour produire de la lumière blanche, les scientifiques étudient les caractéristiques des **spectres d'émission,** *spectres continus ou discontinus des rayonnements émis par les substances.* Le spectre d'émission d'une substance peut être rendu visible par l'apport d'énergie thermique ou de toute autre forme d'énergie (par exemple, une décharge électrique à haute tension si la substance est gazeuse) à un échantillon de cette substance. Une barre de fer chauffée au rouge ou à blanc émet une lumière caractéristique. Cette lumière visible représente la partie de son spectre d'émission pouvant être captée par l'œil. La chaleur émise par cette même barre correspond à une autre portion de son spectre, cette fois dans la région infrarouge. Une particularité commune aux spectres d'émission du soleil et d'un solide chauffé est qu'ils sont continus ; autrement dit, toutes les longueurs d'onde de la lumière y sont représentées (*figure 5.4 : la région visible*).

Par contre, le spectre d'émission des atomes à l'état gazeux ne présente pas une continuité de longueurs d'onde allant du rouge au violet ; les *atomes émettent plutôt la lumière à des longueurs d'onde spécifiques*. Un tel spectre s'appelle **spectre discontinu** ou *spectre de raies,* parce que le rayonnement émis donne un spectre constitué de traits verticaux (raies) lumineux. La figure 5.6 a) représente schématiquement un montage utilisant un tube à décharge pour étudier les spectres d'émission. La figure 5.7 montre la couleur émise par les atomes d'hydrogène dans un tube à décharge ; la figure 5.6 b) montre la partie visible du spectre discontinu (raies) des atomes d'hydrogène.

Chaque élément a un spectre d'émission qui lui est propre, comme les empreintes digitales d'une personne. Les raies caractéristiques des spectres atomiques peuvent donc servir à identifier les éléments. Quand les raies spectrales d'un échantillon d'un élément inconnu correspondent exactement à celles d'un élément connu, la nature de l'élément à identifier est rapidement établie. Même si l'on utilisait cette méthode depuis un certain temps, l'origine de ces raies resta inconnue jusqu'au début du XXe siècle. La figure 5.8 montre les spectres d'émission de quelques éléments.

Le spectre d'émission de l'atome d'hydrogène

En 1913, peu de temps après les découvertes de Planck et d'Einstein, Niels Bohr proposa une explication théorique du spectre d'émission de l'hydrogène. Son raisonnement, fort complexe, n'est plus considéré comme juste dans tous ses détails ; nous ne nous arrêterons donc qu'à ses hypothèses les plus importantes et aux résultats qui expliquent les raies spectrales.

Quand Bohr s'attaqua à ce problème, les physiciens savaient déjà que les atomes contenaient des électrons et des protons. Ils considéraient les atomes comme des entités constituées d'électrons tournant à haute vitesse autour d'un noyau en suivant des orbites circulaires. Ce modèle était attrayant parce qu'il ressemblait au mouvement bien connu des planètes autour du Soleil. Dans l'atome d'hydrogène, on croyait que l'attraction électrostatique entre le proton (Soleil) positif et l'électron (planète) négatif attirait ce dernier vers l'intérieur, et que cette attraction était exactement balancée par l'accélération causée par le mouvement circulaire de l'électron.

Figure 5.7 *La couleur émise par les atomes d'hydrogène dans un tube à décharge.*

Niels Bohr (1885-1962) et sa femme

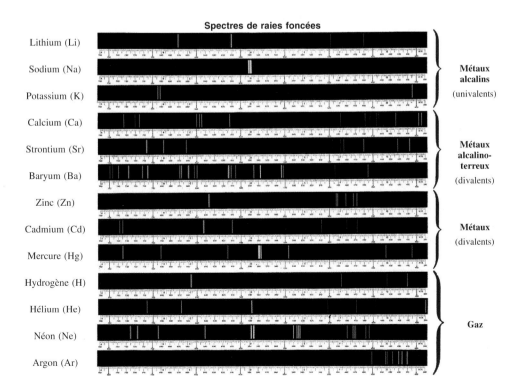

Figure 5.8 *Spectres d'émission de quelques éléments.*

Spectres de raies foncées

Lithium (Li)
Sodium (Na)
Potassium (K)
} Métaux alcalins (univalents)

Calcium (Ca)
Strontium (Sr)
Baryum (Ba)
} Métaux alcalino-terreux (divalents)

Zinc (Zn)
Cadmium (Cd)
Mercure (Hg)
} Métaux (divalents)

Hydrogène (H)
Hélium (He)
Néon (Ne)
Argon (Ar)
} Gaz

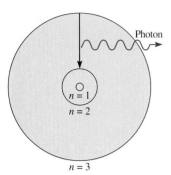

Figure 5.9 *Le processus d'émission dans un atome d'hydrogène excité, selon la théorie de Bohr. Un électron situé sur une orbite d'énergie supérieure (n = 3) redescend sur une orbite d'énergie inférieure (n = 2). Il s'ensuit l'émission d'un photon d'énergie hv. La valeur de hv est égale à la différence d'énergie entre les deux orbites occupées par l'électron dans le processus d'émission. Pour simplifier le schéma, seulement trois orbites sont illustrées.*

Le modèle atomique de Bohr supposait que les électrons décrivaient une orbite circulaire autour du noyau, mais il imposait une restriction importante : dans le cas de l'hydrogène, l'unique électron de l'atome ne pouvait se trouver que sur certaines orbites. Puisque chaque orbite était associée à une énergie spécifique, les énergies associées au mouvement de l'électron sur les orbites permises devaient avoir des valeurs fixes ou quantifiées.

Le rayonnement émis par un atome d'hydrogène pouvait alors être attribué au fait que l'électron libère un quantum d'énergie sous forme de lumière (un photon) [*figure 5.9*] en passant d'une orbite supérieure à une orbite inférieure. À l'aide des lois de Newton sur le mouvement et d'arguments fondés sur l'interaction électrostatique, Bohr démontra que l'énergie que peut posséder un électron dans un atome d'hydrogène est donnée par

$$E_n = - R_H \left(\frac{1}{n^2} \right) \tag{5.4}$$

où R_H, la constante de Rydberg, est égale à $2,18 \times 10^{-18}$ J ; n est un nombre entier appelé *nombre quantique principal*, dont les valeurs sont $n = 1, 2, 3, \ldots$

Le signe négatif dans l'équation (5.4) peut sembler curieux, car il porte à croire que toutes les quantités d'énergie de l'électron sont négatives. En fait, ce signe n'est qu'une convention ; il signifie que l'énergie de l'électron dans l'atome est *inférieure* à celle d'un *électron libre,* ou d'un électron qui est infiniment loin d'un noyau. On assigne arbitrairement la valeur de zéro à l'énergie d'un électron libre. Mathématiquement, cela correspond à donner à n une valeur infinie (∞) dans l'équation (5.4). Donc, $E_\infty = 0$. Quand l'électron s'approche du noyau (la valeur de n décroît), E_n augmente en valeur absolue, mais devient également plus basse. Ainsi, la valeur la plus basse est atteinte quand $n = 1$, qui correspond à l'orbite la plus stable. On appelle ce niveau **état fondamental** ou **niveau fondamental** ; il correspond au *niveau d'énergie le plus bas d'un système* (un atome dans ce cas-ci). Plus la valeur de n augmente ($n = 2, 3, \ldots$), plus la stabilité de l'électron diminue, et chacune de ces valeurs de n est alors appelée **état excité** ou **niveau excité,** c'est-à-dire un *niveau d'énergie supérieur au niveau fondamental.* On dit donc d'un électron qui occupe une orbite dont la valeur de n est supérieure à 1 (dans un atome d'hydrogène) qu'il est à l'état excité. Chaque orbite circulaire a un rayon qui dépend de n^2. Alors, quand n passe de 1 à 2, à 3, le rayon de l'orbite augmente très rapidement. Plus il est excité, plus l'électron est éloigné du noyau (et moins il est retenu par le noyau).

La théorie de Bohr permet d'expliquer le spectre de raies de l'atome d'hydrogène. Le rayonnement absorbé par l'atome force l'électron à passer d'une orbite d'énergie inférieure (dont la valeur de n est petite) à une orbite d'énergie plus élevée (dont la valeur de n est supérieure). Inversement, quand l'électron passe d'une orbite à une autre d'énergie inférieure, il émet un rayonnement (sous forme de un photon). Le mouvement quantifié de l'électron passant d'une orbite à une autre ressemble au mouvement d'une balle de tennis qui monte ou qui descend un escalier (*figure 5.10*). La balle peut être sur n'importe quelle marche, mais jamais entre deux marches. Le passage d'une marche inférieure à une marche supérieure demande de l'énergie, tandis que le passage d'une marche supérieure à une marche inférieure libère de l'énergie. La quantité d'énergie en jeu dans chacun des cas dépend de la différence de hauteur entre les deux marches. De même, dans le modèle atomique de Bohr, la quantité d'énergie nécessaire pour déplacer un électron dépend de la différence d'énergie entre les états final et initial.

Maintenant, appliquons l'équation (5.4) au processus d'émission dans un atome d'hydrogène. Supposons que l'électron est initialement à un niveau excité caractérisé par le nombre quantique principal n_i. Durant l'émission, l'électron descend à un niveau inférieur caractérisé par le nombre quantique principal n_f (les indices « i » et « f » indiquent respectivement l'état initial et l'état final). Le niveau inférieur peut être soit un autre niveau excité, soit le niveau fondamental. La différence entre la quantité d'énergie du niveau final et celle du niveau initial est

$$\Delta E = E_f - E_i$$

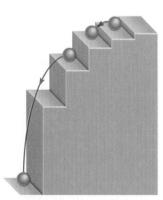

Figure 5.10 *Une analogie mécanique illustrant le processus d'émission.*

D'après l'équation (5.4),

$$E_f = -R_H\left(\frac{1}{n_f^2}\right)$$

et

$$E_i = -R_H\left(\frac{1}{n_i^2}\right)$$

Ainsi,

$$\Delta E = \left(\frac{-R_H}{n_f^2}\right) - \left(\frac{-R_H}{n_i^2}\right)$$

$$= R_H\left(\frac{1}{n_i^2} - \frac{1}{n_f^2}\right)$$

Puisque cette transition se solde par l'émission d'un photon de fréquence v et d'énergie hv (*figure 5.9*), on peut écrire

$$\Delta E = hv = R_H\left(\frac{1}{n_i^2} - \frac{1}{n_f^2}\right) \tag{5.5}$$

Quand il y a émission d'un photon, $n_i > n_f$. Par conséquent, la valeur du facteur entre parenthèses est négative, ainsi que la valeur de ΔE (l'énergie est libérée dans le milieu extérieur). Par contre, quand l'énergie est absorbée $n_i < n_f$, et la valeur du facteur entre parenthèses est positive, ainsi que la valeur de ΔE. Chaque raie du spectre d'émission correspond alors à une transition particulière dans l'atome d'hydrogène. Quand on étudie un grand nombre d'atomes d'hydrogène à la fois, on provoque toutes les transitions possibles, et cela permet d'observer les raies spectrales correspondantes. L'intensité d'une raie spectrale dépend du nombre de photons d'une même longueur d'onde qui sont émis.

Le spectre d'émission de l'hydrogène couvre une grande plage de longueurs d'onde allant de l'infrarouge à l'ultraviolet. Le tableau 5.1 dresse la liste des différentes séries de transitions du spectre de l'hydrogène; elles portent le nom de leurs découvreurs. La série de Balmer a été particulièrement facile à étudier, car plusieurs de ses raies se trouvent dans la région visible.

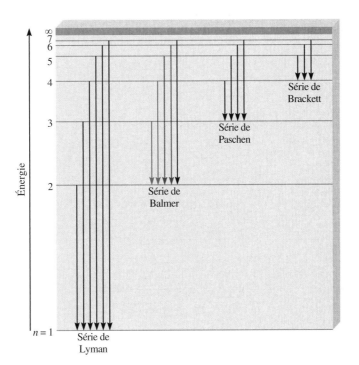

Figure 5.11

Les niveaux d'énergie de l'atome d'hydrogène et les différentes séries d'émission. Chaque niveau correspond à l'énergie associée au mouvement d'un électron sur une orbite, comme l'a formulé Bohr et comme le montre la figure 5.9. Les raies d'émission sont désignées en accord avec les données du tableau 5.1.

TABLEAU 5.1		LES DIFFÉRENTES SÉRIES DU SPECTRE D'ÉMISSION DE L'HYDROGÈNE ATOMIQUE	

Série	n_f	n_i	Région du spectre
Lyman	1	2, 3, 4, ...	Ultraviolet
Balmer	2	3, 4, 5, ...	Visible et ultraviolet
Paschen	3	4, 5, 6, ...	Infrarouge
Brackett	4	5, 6, 7, ...	Infrarouge

La figure 5.9 montre une seule transition. Cependant, la figure 5.11 renseigne plus sur les transitions des électrons. Dans ce schéma, chaque ligne horizontale représente un *niveau d'énergie* associé à une orbite particulière. Les orbites sont désignées d'après leur nombre quantique principal.

EXEMPLE 5.3   Le calcul de la longueur d'onde dans un spectre d'émission

Quelle est la longueur d'onde d'un photon émis au cours d'une transition de $n_i = 5$ à $n_f = 2$ dans un atome d'hydrogène ?

Réponse : Puisque $n_f = 2$, cette transition correspond à une raie dans la série de Balmer (*figure 5.11*). D'après l'équation (5.5), nous écrivons

$$\Delta E = R_H \left(\frac{1}{n_i^2} - \frac{1}{n_f^2} \right)$$

$$= 2,18 \times 10^{-18} \text{ J} \left(\frac{1}{5^2} - \frac{1}{2^2} \right)$$

$$= -4,58 \times 10^{-19} \text{ J}$$

Le signe négatif indique qu'il s'agit d'une émission. Pour calculer la longueur d'onde, on ignore le signe négatif de ΔE, car la longueur d'onde d'un photon doit être positive. Puisque $\Delta E = h\nu$ ou $\nu = \Delta E / h$, on peut calculer la longueur d'onde du photon :

$$\lambda = \frac{c}{\nu}$$

$$= \frac{ch}{\Delta E}$$

$$= \frac{(3,00 \times 10^8 \text{ m/s})(6,63 \times 10^{-34} \text{ J} \cdot \text{s})}{4,58 \times 10^{-19} \text{ J}}$$

$$= 4,34 \times 10^{-7} \text{ m}$$

$$= 4,34 \times 10^{-7} \text{ m} \times \left(\frac{1 \times 10^9 \text{ nm}}{1 \text{ m}} \right) = 434 \text{ nm}$$

EXERCICE

Quelle est la longueur d'onde (en nanomètres) d'un photon émis durant une transition entre $n_i = 6$ et $n_f = 4$ dans un atome d'hydrogène ?

Problèmes semblables :
5.31 et 5.32

5.4 LA NATURE DUALISTE DE L'ÉLECTRON

La théorie de Bohr laissa les physiciens perplexes : pourquoi l'énergie de l'électron d'hydrogène est-elle quantifiée ? En d'autres termes, pourquoi l'électron du modèle de Bohr est-il confiné à des orbites situées à des distances fixes du noyau ? Pendant une décennie, personne, pas même Bohr, ne trouva d'explication logique. C'est en 1924 que le physicien français Louis de Broglie trouva la solution du casse-tête. Son raisonnement était le suivant : si les ondes lumineuses peuvent se comporter comme un faisceau de particules (photons), peut-être que des particules comme les électrons peuvent alors avoir des propriétés ondulatoires. Selon de Broglie, un électron lié à un noyau se comporte comme une *onde stationnaire*. Une onde stationnaire, c'est, par exemple, une onde que l'on obtient en pinçant une corde de guitare (*figure 5.12*). Cette onde est dite stationnaire parce qu'elle ne voyage pas sur la corde. Certains points de la corde, appelés **nœuds,** ne bougent pas du tout : l'*amplitude de l'onde à ces points est de zéro.* Il y a un nœud à chaque extrémité de la corde, mais il peut y en avoir d'autres entre ces deux points. Plus la fréquence de vibration est élevée, plus l'onde stationnaire est courte et plus il y a de nœuds. Comme le montre la figure 5.12, les mouvements d'une corde ne permettent que certaines longueurs d'onde.

De Broglie proposa ceci : si un éectron se comporte comme une onde stationnaire dans l'atome d'hydrogène, la longueur de l'onde doit correspondre parfaitement à la circonférence de l'orbite (*figure 5.13*) ; sinon, l'onde s'annulerait partiellement durant le parcours d'orbites successives, pour finalement réduire son amplitude à zéro. L'onde n'existerait pas.

La relation entre la circonférence d'une orbite permise ($2\pi r$) et la longueur d'onde (λ) de l'électron est donnée par

$$2\pi r = n\lambda \tag{5.6}$$

où r est le rayon de l'orbite, λ, la longueur d'onde de l'électron et $n = 1, 2, 3, \ldots$ Puisque n est un nombre entier, r ne peut prendre que certaines valeurs : une première quand $n = 1$, puis une autre quand $n = 2$, une autre encore quand $n = 3$, et ainsi de suite. De plus, vu que l'énergie de l'électron dépend de la taille de l'orbite (ou de la valeur de r), sa valeur doit être quantifiée.

Le raisonnement de de Broglie mena à la conclusion que les ondes pouvaient se comporter comme des particules et que les particules pouvaient avoir des propriétés ondulatoires. De Broglie en déduisit que cette dualité onde-particule est exprimée par l'équation

$$\lambda = \frac{h}{mv} \tag{5.7}$$

où λ, m et v sont respectivement la longueur de l'onde associée à une particule en mouvement (ou onde de Broglie), la masse de cette particule et sa vitesse. L'équation (5.7) implique qu'une particule en mouvement peut être considérée comme une onde et qu'une onde peut avoir les propriétés d'une particule.

*Louis de Broglie
(1892-1977)*

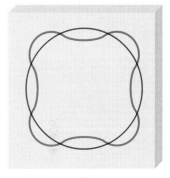

a)

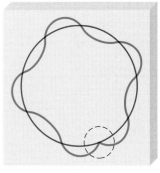

b)

Figure 5.13
*a) La circonférence de l'orbite est égale à un nombre entier de longueurs d'onde. C'est une orbite permise.
b) La circonférence de l'orbite n'est pas égale à un nombre entier de longueurs d'onde. L'onde électronique ne s'y emboîte pas sur elle-même. Cette orbite n'est pas permise.*

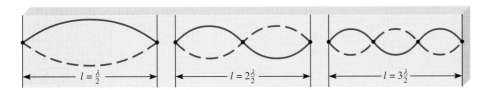

Figure 5.12 *Ondes stationnaires engendrées par le pincement d'une corde de guitare. Chaque point représente un nœud. La longueur de la corde l doit être égale à un multiple entier de la moitié de la longueur d'onde ($l = \lambda/2$).*

Problèmes semblables :
5.41 et 5.42

NOTE

Le fonctionnement du microscope électronique est basé sur les propriétés ondulatoires de l'électron.

EXEMPLE 5.4   Le calcul de la longueur d'onde d'une particule en mouvement

Calculez la longueur d'onde de la « particule » dans les deux cas suivants : a) Au tennis, une balle de service peut atteindre 62 m/s. Calculez la longueur d'onde associée à une balle de tennis de $6,0 \times 10^{-2}$ kg qui voyage à cette vitesse. b) Calculez la longueur d'onde d'un électron voyageant à 62 m/s.

Réponse : a) Selon l'équation (5.7), nous écrivons

$$\lambda = \frac{h}{mv}$$

$$= \frac{6,63 \times 10^{-34} \text{ J} \cdot \text{s}}{6,0 \times 10^{-2} \text{ kg} \times 62 \text{ m/s}}$$

Comme 1 J = 1 kg m^2/s^2 (*section 4.7*),

$$\lambda = 1,8 \times 10^{-34} \text{ m}$$

Il s'agit d'une longueur d'onde extrêmement petite ; en comparaison, la taille d'un atome est de l'ordre de 1×10^{-10} m. C'est pourquoi les propriétés ondulatoires d'une telle balle ne peuvent être détectées par aucun appareil existant.

b) Dans ce cas,

$$\lambda = \frac{h}{mv}$$

$$= \frac{6,63 \times 10^{-34} \text{ J} \cdot \text{s}}{9,1095 \times 10^{-31} \text{ kg} \times 62 \text{ m/s}}$$

où $9,1095 \times 10^{-31}$ kg est la masse d'un électron. En suivant la même méthode qu'en a), on obtient $\lambda = 1,2 \times 10^{-5}$ m ou $1,2 \times 10^{4}$ nm, ce qui se situe dans la région infrarouge.

EXERCICE

Calculez la longueur d'onde (en nanomètres) d'un atome H (masse = $1,674 \times 10^{-27}$ kg) se déplaçant à $7,00 \times 10^{2}$ cm/s.

L'exemple 5.4 démontre que, même si l'équation de de Broglie s'applique à différents systèmes, les propriétés ondulatoires deviennent observables seulement lorsqu'il s'agit de particules submicroscopiques. Cela s'explique par la petitesse de la constante de Planck, h, qui se trouve au numérateur dans l'équation (5.7).

Peu après que de Broglie eut proposé cette équation, Clinton Davisson et Lester Germer, aux États-Unis, et G. P. Thomson, en Angleterre, démontrèrent que les électrons avaient effectivement des propriétés ondulatoires. En faisant passer un faisceau d'électrons à travers une mince feuille d'or, Thomson obtint un ensemble d'anneaux concentriques sur un écran (patron de diffraction), semblable au résultat obtenu avec les rayons X (qui sont des ondes). La figure 5.14 montre le résultat obtenu avec une feuille d'aluminium.

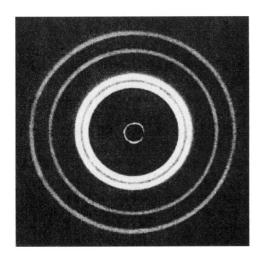
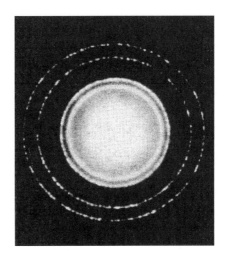

Figure 5.14 *À gauche, on voit le patron de diffraction créé par le passage de rayons X à travers une mince feuille d'aluminium, et à droite celui qui est créé par le passage d'un faisceau d'électrons encore à travers une feuille d'aluminium. La ressemblance de ces deux patrons confirme que les électrons peuvent se comporter comme des rayons X et manifester des propriétés ondulatoires.*

5.5   LA MÉCANIQUE QUANTIQUE

Le succès spectaculaire de la théorie de Bohr fut bientôt suivi d'une série de déceptions. Le modèle ne pouvait pas s'appliquer aux spectres d'émission des atomes qui contiennent plus de un électron, comme les atomes d'hélium et de lithium. Il ne pouvait pas non plus expliquer pourquoi des raies supplémentaires apparaissent quand le spectre d'émission de l'hydrogène est soumis à un champ magnétique. La découverte des propriétés ondulatoires de l'électron posa un autre problème : comment localiser une onde ? On ne peut en déterminer la position précise parce qu'une onde se déplace dans l'espace.

La double nature de l'électron représentait un problème à cause de la masse extrêmement faible de cette particule. Pour décrire le problème que représente la détermination de la position d'une particule subatomique qui se comporte comme une onde, Werner Heisenberg formula ce qui est maintenant connu sous le nom de **_principe d'incertitude de Heisenberg_** : *il est impossible de connaître simultanément et avec certitude le moment (masse × vitesse) et la position d'une particule.* Mathématiquement, ce principe s'énonce par la relation suivante :

$$\Delta x \, \Delta p \geq \frac{h}{4\pi} \tag{5.8}$$

Werner Heisenberg (1901-1976)

où Δx et Δp sont respectivement les incertitudes dans les mesures de la position et du moment. La relation (5.8) indique que si la mesure du moment d'une particule est plus précise (si nous rendons Δp plus petit), notre connaissance de sa position sera nécessairement moins précise (donc, Δx sera plus grand). De même, si la position d'une particule est connue plus précisément, alors son moment sera connu moins précisément. En appliquant le principe d'Heisenberg à l'atome d'hydrogène, on voit qu'en réalité les électrons ne circulent pas sur des orbites selon des trajectoires biens définies, comme Bohr le pensait. Si tel avait été le cas, on aurait pu déterminer précisément à la fois la position de l'électron (à partir du rayon de l'orbite) et son moment (à partir de son énergie cinétique) au même instant, ce qui est une violation du principe d'incertitude. Il faut donc renoncer à concevoir l'électron comme une particule qui tourne autour du noyau sur des orbites bien définies.

On ne peut pas nier que la contribution de Bohr à notre compréhension de l'atome a été importante, et sa théorie sur la quantification de l'énergie de l'électron n'a jamais été mise en doute. Cependant, sa théorie n'a pas fourni une description complète du comportement de l'électron dans l'atome ; ce qu'il manquait, c'était une équation générale qui décrive le comportement et l'énergie des particules subatomiques, une équation analogue à la loi de Newton sur le mouvement des objets au niveau macroscopique. En 1926, le physicien autrichien Erwin Schrödinger, grâce à une approche mathématique complexe, formula l'équation recherchée. La solution de l'*équation de Schrödinger* demande des connaissances avancées en calculs intégral et différentiel, nous ne nous y attarderons donc pas.

LA CHIMIE EN ACTION

LA MICROSCOPIE ÉLECTRONIQUE

Le microscope électronique est une application très utile des propriétés ondulatoires des électrons, car il permet de voir des images d'objets qui ne peuvent pas être vus à l'œil nu ou avec un microscope optique habituel. D'après les lois de l'optique, il est impossible de former une image d'un objet qui est plus petit que la moitié de la longueur d'onde de la lumière utilisée pour l'observer. Puisque la région du visible commence vers 400 nm ou 4×10^{-5} cm, il est impossible de voir un objet d'une taille inférieure à 10^{-5} cm. En principe, nous pouvons voir des objets à l'échelle atomique et moléculaire en utilisant des rayons X dont le domaine de longueurs d'onde s'étend d'environ 0,01 nm à 10 nm. Cependant, les rayons X ne peuvent pas être focalisés pour produire des images bien nettes. Par ailleurs, les électrons sont des particules chargées. Ils peuvent être focalisés de la même manière que pour la formation d'une image sur un écran de télévision, c'est-à-dire en leur appliquant un champ électrique ou un champ magnétique. Selon l'équation (5.7), la longueur d'onde associée à un électron est inversement proportionnelle à sa vitesse. En accélérant des électrons à de très hautes vitesses, il est possible d'obtenir des longueurs d'onde aussi courtes que 0,004 nm.

Une autre sorte de microscope électronique, appelé microscope à effet tunnel, met à profit un autre principe de la mécanique quantique appliqué aux électrons pour leur faire produire cette fois des images des atomes à la surface d'échantillons. Étant donné sa très petite masse, un électron est capable de passer à travers une barrière d'énergie (comme on peut éviter de franchir une montagne en passant par un tunnel). Ce type de microscope est essentiellement constitué d'une aiguille en tungstène avec une pointe extrêmement fine qui sert de source d'électrons. Une différence de potentiel (voltage) est maintenue constante entre la pointe de l'aiguille et la surface de l'échantillon pour faire en sorte que des électrons puissent passer, par effet tunnel, de l'aiguille vers la surface. À mesure que la pointe balaye la surface (elle est maintenue à des distances de la surface qui sont dans un ordre de grandeur équivalant à quelques diamètres atomiques seulement), le courant de fuite dû à l'effet tunnel est mesuré. Ce courant diminue lorsque la distance entre la pointe de l'aiguille et la surface augmente. À l'aide d'un dispositif produisant une boucle de rétroaction, la position verticale de la pointe est constamment corrigée pour qu'elle se maintienne à une distance constante au-dessus de la surface observée. Toutes ces corrections, dont la variation témoigne du profil de la surface, sont enregistrées et converties en images colorées tridimensionnelles selon un procédé de traitement informatique appelé fausses couleurs.

Le microscope électronique et le microscope à effet tunnel sont sans doute deux des plus puissants outils de recherche utilisés en chimie et en biologie.

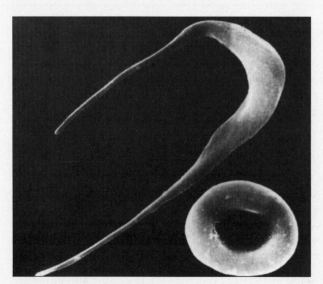

Une micrographie montrant chez une même personne un globule rouge normal à côté d'un globule anormal en forme de faucille (dans le cas d'une anémie pernicieuse).

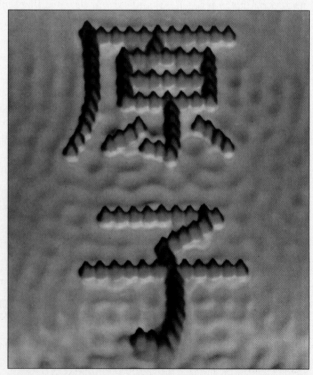

Une image d'atomes de fer disposés à la surface d'un support de cuivre de manière à écrire le mot atome en caractères chinois.

Ce qu'il nous importe de savoir, c'est que cette équation rend compte à la fois du comportement particulier — pour ce qui est de la masse, m, — et du comportement ondulatoire — de la *fonction d'onde*, Ψ (psi) — qui dépend de la localisation spatiale du système (comme un électron dans un atome). La fonction d'onde elle-même n'a pas de signification physique réelle, mais elle permet aux scientifiques de calculer la probabilité de trouver un électron à l'intérieur d'un certain volume. Cette probabilité est proportionnelle au carré de la fonction d'onde, Ψ^2. L'idée de relier Ψ^2 à une probabilité provient d'une analogie avec la théorie ondulatoire. Selon cette théorie, l'intensité de la lumière est proportionnelle au carré de l'amplitude de l'onde ou Ψ^2. L'endroit le plus probable de trouver un photon, c'est là où l'intensité est la plus grande, donc là où la valeur de Ψ^2 est la plus grande. C'est un raisonnement semblable qui associe Ψ^2 avec la possibilité de localiser un électron dans une région donnée autour du noyau.

L'équation de Schrödinger amena une nouvelle ère en physique et en chimie, car elle créa un nouveau domaine, la mécanique quantique (qu'on appelle aussi mécanique ondulatoire). Maintenant, quand on fait référence à la théorie des quanta élaborée entre 1913 (l'année où Bohr présenta son modèle de l'atome d'hydrogène) et 1926, on parle d'«ancienne théorie des quanta».

*Erwin Schrödinger
(1887-1961)*

5.6 LA MÉCANIQUE QUANTIQUE APPLIQUÉE À L'ATOME D'HYDROGÈNE

La résolution de l'équation de Schrödinger permet de déterminer, pour l'atome d'hydrogène, les niveaux d'énergie que peut occuper l'électron, et de connaître les fonctions d'onde correspondantes, Ψ. Ces niveaux d'énergie et ces fonctions d'onde sont identifiés par un ensemble de nombres quantiques (dont nous parlerons à la prochaine section). Ces valeurs permettent d'établir un modèle plausible de l'atome d'hydrogène.

Même si la mécanique quantique spécifie que l'on ne peut pas localiser précisément un électron dans un atome, elle permet néanmoins de déterminer la probabilité de le trouver dans un volume donné à un certain moment. On appelle **densité électronique** la *densité de probabilité de présence d'un électron par unité de volume*. Cette densité varie selon la distance au noyau, et sa distribution autour du noyau est égale au carré de la fonction d'onde, Ψ^2. Plus une région est dite à densité élevée, plus la probabilité que s'y trouve l'électron est grande.

On peut visualiser cette variation de la densité électronique autour du noyau par des points plus ou moins rapprochés les uns des autres selon la densité calculée à un endroit donné, ce qui génère un nuage électronique de densité variable autour du noyau (*figure 5.15*). *Note*: Ce nuage de points équivaut au total à un seul électron.

Pour indiquer que l'on décrit un atome selon la mécanique quantique et non selon le modèle de Bohr, on parle d'**orbitale atomique,** plutôt que d'orbite. On peut imaginer une orbitale atomique comme la *fonction d'onde d'un électron dans un atome*. Quand on dit qu'un électron est dans une certaine orbitale, on veut dire que la distribution de la densité électronique (c'est-à-dire la probabilité de trouver un électron dans un volume donné) est indiquée par le carré de la fonction d'onde associée à cette orbitale. Une orbitale atomique a donc son énergie propre et sa propre distribution de densité électronique.

L'équation de Schrödinger vaut pour l'atome d'hydrogène, qui ne contient que un proton et un électron, mais elle ne peut pas être résolue exactement pour des atomes contenant plus de un électron! Les chimistes et les physiciens ont cependant réussi à contourner cet obstacle en recourant à des approximations. Par exemple, bien que le comportement des électrons dans les **atomes polyélectroniques** (*qui contiennent plus d'un électron*) ne soit pas le même que celui de l'électron de l'hydrogène, on croit qu'il s'en rapproche beaucoup. Ainsi, on peut considérer que les énergies et les fonctions d'ondes obtenues à partir de l'étude de l'atome d'hydrogène sont de bonnes approximations du comportement des électrons dans les atomes plus complexes. En fait, ce concept fournit une assez bonne description du comportement des électrons dans les atomes polyélectroniques.

Figure 5.15 *Un nuage électronique: représentation de la distribution de la densité électronique autour du noyau de l'atome d'hydrogène. La probabilité de trouver l'électron près du noyau est élevée et dans ce cas-ci elle est égale à une même distance du noyau.*

5.7   LES NOMBRES QUANTIQUES

En mécanique quantique, il faut trois **nombres quantiques** pour *décrire la distribution des électrons dans un atome*. Ces nombres, qui viennent de la résolution de l'équation de Schrödinger pour l'atome d'hydrogène, sont le nombre quantique principal, le nombre quantique secondaire (ou azimutal) et le nombre quantique magnétique ; ils servent à décrire les orbitales atomiques et à désigner les électrons qui s'y trouvent. Il existe un quatrième nombre quantique, le nombre quantique de rotation propre (ou de spin), qui décrit le comportement d'un électron donné et complète la description des électrons d'un atome.

Le nombre quantique principal (n)

NOTE

L'équation 5.4 n'est valable que pour l'atome d'hydrogène.

Le nombre quantique principal, n, ne peut prendre que des valeurs entières : 1, 2, 3, etc. ; c'est celui que l'on trouve dans l'équation (5.4). Dans un atome d'hydrogène, la valeur de n détermine l'énergie d'une orbitale. Comme nous le verrons bientôt, tel n'est pas le cas pour un atome polyélectronique. Le nombre quantique principal détermine également la distance moyenne entre un électron situé dans une orbitale donnée et le noyau, donc le « rayon atomique ». Plus la valeur de n est élevée, plus la distance moyenne d'un électron par rapport au noyau est grande et plus le volume de l'orbitale est important (et moins celle-ci est stable).

Le nombre quantique secondaire ou azimutal (l)

Le nombre quantique secondaire ou azimutal (l) indique la géométrie de la région de l'espace où évolue un électron (ou « forme » de l'orbitale). Les valeurs possibles de l dépendent de la valeur du nombre quantique principal (n). Pour une valeur donnée de n, l peut avoir une valeur entière allant de 0 à $(n - 1)$. Si $n = 1$, l ne peut avoir qu'une valeur possible, qui est $l = n - 1 = 1 - 1 = 0$. Si $n = 2$, l peut avoir deux valeurs possibles, 0 et 1. Si $n = 3$, l peut avoir trois valeurs, à savoir 0, 1 et 2. La valeur de l est généralement désignée par les lettres $s, p, d, …$, selon le tableau suivant :

l	0	1	2	3	4	5
Nom de l'orbitale	s	p	d	f	g	h

NOTE

Souvenez-vous que le « 2 » dans 2s se réfère à la valeur de n, et que le s est le symbole de la valeur de l.

Ainsi, si $l = 0$, *on a une orbitale* s *; si* $l = 1$, *on a une orbitale* p *et ainsi de suite.*
     Un *ensemble d'orbitales ayant la même valeur de* n *est fréquemment appelé **couche**. Une ou plusieurs orbitales ayant les mêmes valeurs de* n *et de* l *sont appelées **sous-couches.*** Par exemple, la couche où $n = 2$ est composée de deux sous-couches où $l = 0$ et 1 (les valeurs possibles quand $n = 2$). On appelle ces sous-couches les sous-couches 2s et 2p, où 2 est la valeur de n, et où s et p indiquent les valeurs de l.

Le nombre quantique magnétique (m)

Le nombre quantique magnétique (m) décrit l'orientation de l'orbitale dans l'espace (nous en reparlerons à la section 5.8). Dans une sous-couche, la valeur de m dépend de la valeur du nombre quantique secondaire (l). Pour une certaine valeur de l, il y a $(2l + 1)$ valeurs entières de m, soit

$$-l, (-l + 1) … 0 , … (+l - 1), +l$$

Si $l = 0$, $m = 0$. Si $l = 1$, il y a $[(2 \times 1) + 1]$ ou 3 valeurs de m, soit -1, 0 et 1. Si $l = 2$, il y a $[(2 \times 2) + 1]$ ou 5 valeurs de m, soit -2, -1, 0, 1 et 2. Le nombre de valeurs que peut avoir m indique le nombre d'orbitales contenues dans une sous-couche de valeur l donnée.

Pour résumer ce que l'on vient de voir sur ces trois nombres quantiques, prenons comme exemple une situation où $n = 2$ et $l = 1$. Les valeurs de n et de l indiquent que l'on a une sous-couche $2p$ et que, dans cette sous-couche, il y a trois orbitales $2p$ (parce que m a trois valeurs possibles : -1, 0 et 1).

Le nombre quantique de rotation propre ou de spin (s)

L'observation des spectres d'émission des atomes d'hydrogène et de sodium en présence d'un champ magnétique externe ont montré que les raies spectrales peuvent se diviser en sous-raies. La seule explication que peuvent apporter les physiciens est la suivante : les électrons agissent comme de minuscules aimants. Si l'on imagine les électrons tournant sur eux-mêmes, comme la Terre, on peut expliquer leurs propriétés magnétiques. Selon la théorie électromagnétique, une charge qui tourne génère un champ magnétique, et c'est ce mouvement qui explique le comportement magnétique de l'électron. La figure 5.16 illustre les deux spins possibles d'un électron : soit dans le sens des aiguilles d'une montre, soit dans le sens contraire des aiguilles d'une montre. On représente ce mouvement par un quatrième *nombre quantique, le nombre quantique de rotation propre ou de spin (s)*, qui décrit la direction du spin de l'électron. La valeur de s est soit $+\frac{1}{2}$, soit $-\frac{1}{2}$.

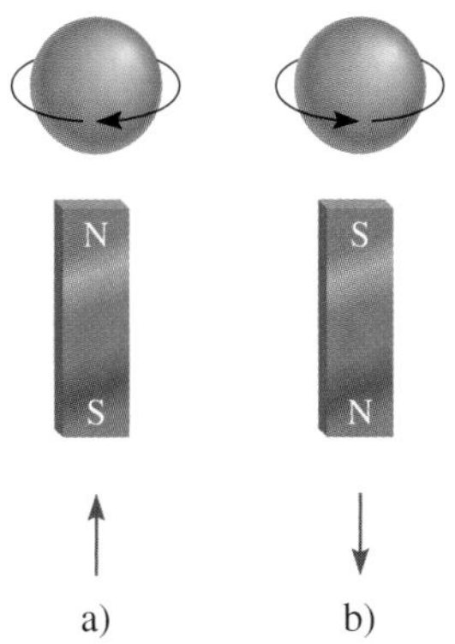

Une preuve expérimentale de l'existence des spins a été fournie par Otto Stern et Walter Gerlach en 1924. La figure 5.17 montre leur montage expérimental. Un faisceau d'atomes gazeux produit dans un four passe à travers un champ magnétique inhomogène (dont la valeur varie dans l'espace). L'interaction entre l'électron et le champ magnétique fait dévier l'atome de sa trajectoire rectiligne. Vu que le spin est complètement aléatoire, une moitié des atomes ayant un électron tournant dans un sens sera déviée dans une direction, et l'autre moitié des atomes avec un électron de spin contraire sera déviée dans une direction opposée. Ainsi, on observe deux spots de même intensité sur l'écran de détection.

Figure 5.16 *Les spins d'un électron a) dans le sens des aiguilles d'une montre et b) dans le sens contraire des aiguilles d'une montre. Les champs magnétiques engendrés par ces deux rotations sont semblables à ceux des deux aimants. Les flèches, vers le haut et le bas, indiquent la direction des spins.*

5.8   LES ORBITALES ATOMIQUES

Le tableau 5.2 montre la relation entre les nombres quantiques et les orbitales atomiques. On y voit que, si $l = 0$, $(2l + 1) = 1$, et alors m n'a qu'une seule valeur ; on a une orbitale s. Quand $l = 1$, $(2l + 1) = 3$, et m peut donc avoir trois valeurs ; il y a trois orbitales p, soit p_x, p_y et p_z. Quand $l = 2$, $(2l + 1) = 5$, donc m peut avoir cinq valeurs, et les cinq orbitales d correspondantes sont désignées par des indices plus complexes. Cette section traite des orbitales s, p et d séparément.

Les orbitales s

Quand on étudie les propriétés des orbitales atomiques, on se demande quelle forme elles ont. À proprement parler, une orbitale n'a pas une forme bien définie, car la fonction d'onde qui caractérise une orbitale s'étend du noyau à l'infini. Il est donc difficile de

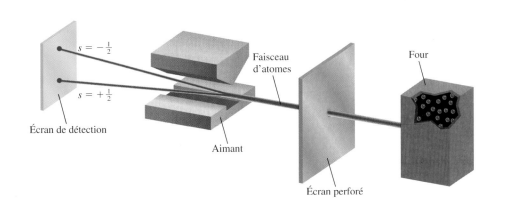

Figure 5.17 *Un montage expérimental démontrant le spin des électrons. Un faisceau d'atomes est dirigé à travers un champ magnétique inhomogène. Par exemple, lorsqu'un atome d'hydrogène, atome qui ne possède qu'un seul électron, passe dans ce champ, il est dévié dans une direction ou une autre selon le spin de son électron. Dans le cas d'un faisceau, il y a présence d'un grand nombre d'atomes, ce qui donne une distribution égale des deux variétés de spin. Donc, il y a détection de deux spots d'égales intensités sur l'écran.*

TABLEAU 5.2		RELATION ENTRE LES NOMBRES QUANTIQUES ET LES ORBITALES ATOMIQUES		
n	***l***	***m***	**Nombre d'orbitales**	**Désignation de l'orbitale**
1	0	0	1	$1s$
2	0	0	1	$2s$
	1	$-1,0,1$	3	$2p_x, 2p_y, 2p_z$
3	0	0	1	$3s$
	1	$-1,0,1$	3	$3p_x, 3p_y, 3p_z$
	2	$-2,-1,0,1,2$	5	$3d_{xy}, 3d_{yz}, 3d_{xz}$ $3d_{x^2-y^2}, 3d_{z^2}$
$\vdots$	$\vdots$	$\vdots$	$\vdots$	$\vdots$

décrire une orbitale. Par contre, il est bien commode d'imaginer les orbitales selon des formes spécifiques, particulièrement quand on parle de la formation de liaisons chimiques entre des atomes, comme nous le verrons aux chapitres 7 et 8.

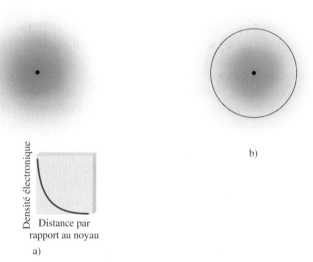

Figure 5.18 *a) La variation de la densité électronique dans l'orbitale 1s d'un atome d'hydrogène en fonction de la distance par rapport au noyau. La densité électronique chute rapidement à mesure que cette distance augmente. b) Surface de contour de l'orbitale 1s de l'hydrogène.*

Même si, en principe, on peut trouver un électron n'importe où, on sait que, la plupart du temps, il se trouve assez près du noyau. La figure 5.18 a) montre la variation de la densité électronique, en fonction de la distance qui sépare l'électron du noyau dans l'orbitale 1*s* d'un atome d'hydrogène. On peut voir que cette densité décroît rapidement à mesure que la distance augmente. En gros, il y a une probabilité de 90 % de trouver l'électron dans une sphère de rayon 100 pm (1 pm = 1×10^{-12} m) autour du noyau. Ainsi, on peut représenter l'orbitale *s* en traçant une **surface de contour** *(surface d'isodensité) délimitant une frontière qui englobe environ 90 % de la densité électronique totale pour une orbitale donnée (figure 5.18 b).* Une orbitale 1*s* ainsi représentée a la forme d'une sphère.

La figure 5.19 montre les surfaces de contour des orbitales 1*s*, 2*s* et 3*s* de l'atome d'hydrogène. Toutes les orbitales *s* sont sphériques, mais elles sont de tailles différentes; leur taille augmente avec le nombre quantique principal. Hormis la perte de précision dans la variation de la densité électronique à l'intérieur de chaque surface de contour, ce modèle ne comporte pas d'inconvénients majeurs. Pour nous, les caractéristiques les plus importantes des orbitales sont leurs formes et leurs tailles *relatives*, ce que les surfaces de contour représentent adéquatement.

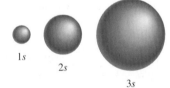

Figure 5.19 *Les surfaces de contour des orbitales 1s, 2s et 3s de l'hydrogène. Chaque surface sphérique délimite un volume dans lequel il y a environ 90 % de probabilité de trouver l'électron. Toutes les orbitales s sont sphériques. En gros, la taille d'une orbitale est proportionnelle à n², où n est le nombre quantique principal.*

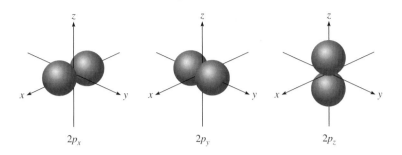

$2p_x$ $2p_y$ $2p_z$

Figure 5.20 *Les surfaces de contour des trois orbitales 2p. Mis à part leurs orientations différentes, ces orbitales sont identiques pour ce qui est de la forme et de l'énergie. Les orbitales p dont le nombre quantique principal est supérieur ont des formes similaires.*

Les orbitales p

Il est entendu que les orbitales p n'existent que si le nombre quantique principal est égal ou supérieur à 2. En effet si $n = 1$, le nombre quantique secondaire doit être zéro ; il n'y a alors que une orbitale 1s. Comme nous l'avons vu plus tôt, quand $l = 1$, le nombre quantique magnétique (m) peut avoir les valeurs -1, 0 et 1. Si $n = 2$ et $l = 1$, il y a alors trois orbitales 2p : 2p_x, 2p_y et 2p_z (*figure 5.20*). La lettre en indice indique l'axe dans lequel chaque orbitale est orientée. Ces trois orbitales p sont identiques en taille, en forme et en énergie ; seule leur orientation diffère. Fait à noter : il n'y a pas de correspondance directe entre une valeur particulière de m et une direction donnée x, y ou z. Pour vos besoins, vous n'avez qu'à retenir que, m pouvant avoir trois valeurs, il existe trois orbitales p, dont les orientations sont différentes.

À la figure 5.20, les surfaces de contour montrent que l'on peut concevoir chaque orbitale p comme deux lobes, le noyau étant au centre de chaque orbitale. Comme les orbitales s, les orbitales p augmentent en taille en passant de 2p à 3p à 4p, etc.

Les orbitales d et les autres orbitales à énergie plus élevée

Quand $l = 2$, m peut avoir cinq valeurs, qui correspondent aux cinq orbitales d. Pour qu'il y ait une orbitale d, n doit avoir une valeur minimum de 3. Puisque l ne peut jamais être supérieur à $n - 1$, quand $n = 3$ et $l = 2$, il y a cinq orbitales 3d (3d_{xy}, 3d_{yz}, 3d_{xz}, 3$d_{x^2-y^2}$, et 3d_{z^2}), illustrées à la figure 5.21. Comme c'est le cas pour les orbitales p, les différentes orientations des orbitales d correspondent aux différentes valeurs de m ; mais là encore il n'y a aucune correspondance directe entre une orientation donnée et une valeur particulière de m. Toutes les orbitales 3d d'un atome ont la même énergie. Les orbitales d pour lesquelles la valeur de n est supérieure à 3 (4d, 5d, …) ont des formes similaires.

Comme nous l'avons vu à la section 5.7, au-delà des orbitales d, il y a les orbitales f, g, h, … Les orbitales f jouent un rôle important dans le comportement des éléments dont le numéro atomique est supérieur à 57, même si leurs formes sont difficiles à représenter. Toutefois, nous ne nous intéresserons pas aux orbitales dont les valeurs de l sont supérieures à 3 (les orbitales g et au-delà).

Figure 5.21 *Les surfaces de contour des cinq orbitales 3d. Bien que l'orbitale 3p_{z^2} possède une forme différente, elle est équivalente aux quatre autres orbitales sous tous les autres aspects. Les orbitales d dont le nombre quantique principal est supérieur ont des formes similaires.*

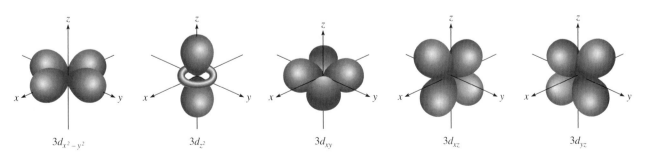

$3d_{x^2-y^2}$ $3d_{z^2}$ $3d_{xy}$ $3d_{xz}$ $3d_{yz}$

Problème semblable : 5.55

EXEMPLE 5.5   La désignation d'une orbitale atomique

Donnez les valeurs de n, de l et de m des orbitales de la sous-couche $4d$.

Réponse : Le nombre utilisé pour désigner la sous-couche est le nombre quantique principal, donc $n = 4$. Vu que nous avons affaire à des orbitales d, $l = 2$. Les valeurs de m peuvent varier de $-l$ à l. Ainsi, m peut avoir les valeurs -2, -1, 0, 1 et 2 (qui correspondent aux cinq orbitales d).

EXERCICE

Donnez les valeurs des nombres quantiques associés aux orbitales de la sous-couche $3p$.

NOTE

Rappelez-vous que pour une couche donnée, la valeur de l est toujours inférieure à celle de n.

Problème semblable : 5.60

EXEMPLE 5.6   Le calcul du nombre d'orbitales associées à un nombre quantique principal

Quel est le nombre total d'orbitales associées au nombre quantique principal $n = 3$?

Réponse : Pour $n = 3$, les valeurs possibles de l sont 0, 1 et 2. Ainsi, il y a une orbitale $3s$ ($n = 3$, $l = 0$ et $m = 0$) ; il y a trois orbitales $3p$ ($n = 3$, $l = 1$ et $m = -1, 0, 1$) ; il y a cinq orbitales $3d$ ($n = 3$, $l = 2$ et $m = -2, -1, 0, 1, 2$). Donc, le nombre total d'orbitales est $1 + 3 + 5 = 9$.

EXERCICE

Quel est le nombre total d'orbitales associées au nombre quantique principal $n = 4$?

L'énergie des orbitales

Maintenant que nous connaissons un peu mieux les formes et les dimensions des orbitales, nous sommes prêts à étudier leurs énergies relatives et à voir comment ces niveaux d'énergie permettent de déterminer l'arrangement réel des électrons dans un atome.

Selon l'équation (5.4), l'énergie de l'électron dans l'atome d'hydrogène est déterminée uniquement par son nombre quantique principal. Ainsi, les énergies des orbitales de l'hydrogène augmentent de la manière suivante (*figure 5.22*) :

$$1s < 2s = 2p < 3s = 3p = 3d < 4s = 4p = 4f < \dots$$

Bien que la distribution de la densité électronique soit différente dans les orbitales $2s$ et $2p$, l'énergie de l'électron de l'hydrogène est la même, que celui-ci se trouve dans l'une ou l'autre orbitale. L'orbitale $1s$ correspond, dans un atome d'hydrogène, à la condition la plus stable de l'élément, et est appelée état fondamental (*section 5.3*) ; un électron situé dans cette orbitale est plus fortement retenu par le noyau. Dans un atome d'hydrogène, un électron qui se trouve dans une orbitale $2s$, $2p$ ou dans une orbitale supérieure est dit excité.

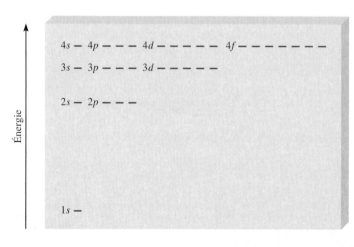

Figure 5.22 *Les niveaux d'énergie des orbitales dans l'atome d'hydrogène. Chaque petit trait horizontal représente une orbitale. Les orbitales qui ont le même nombre quantique principal* (n) *possèdent toutes la même énergie.*

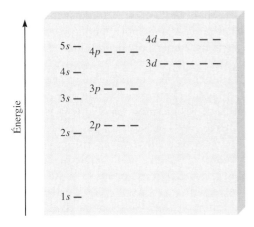

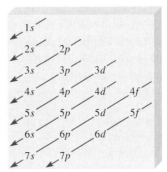

Figure 5.24 *La règle de Klechkowski : l'ordre de remplissage des sous-couches dans un atome polyélectronique. Commencez par l'orbitale 1s et descendez en suivant la direction des flèches. L'ordre est donc le suivant : 1s → 2s → 2p → 3s → 3p → 4s → 3d → ...*

Figure 5.23 *Les niveaux d'énergie des orbitales dans un atome polyélectronique. Notez que les niveaux d'énergie dépendent à la fois des valeurs de* n *et de celles de* l.

La configuration énergétique est plus complexe pour ce qui est des atomes polyélectroniques. On peut bâtir un modèle simple de ces atomes en supposant que les électrons occupent des orbitales semblables à celles de l'atome d'hydrogène. Cependant les énergies de ces orbitales sont différentes de celles de l'atome d'hydrogène. L'énergie d'un électron d'un atome polyélectronique dépend non seulement de son nombre quantique principal, n, mais aussi de son nombre quantique secondaire, l *(figure 5.23)*. On peut aussi trouver cet ordre de remplissage en appliquant la règle « $n + l$ *minimal* » : pour des couches en voie de remplissage, la première à se remplir est celle pour laquelle la somme des deux nombres quantiques n et l est la plus petite. Si, pour deux sous-couches encore vides, cette somme est la même, celle qui a la plus petite valeur de n se remplit la première. Par exemple, $3p$ $(3 + 1 = 4)$, puis $4s$ $(4 + 0 = 4)$, puis $3d$ $(3 + 2) = 5$.

Ces inversions dans l'ordre de remplissage des sous-couches par rapport à leurs niveaux d'énergie résultent du fait que dans les atomes polyélectroniques, des interactions entre les électrons eux-mêmes s'ajoutent aux interactions noyau-électrons. Donc, l'énergie

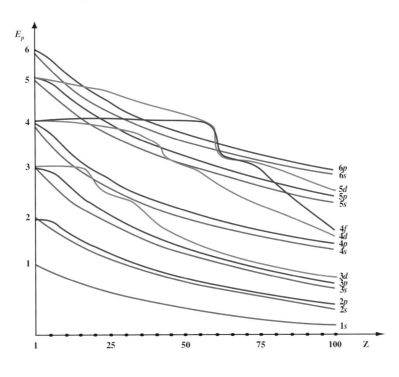

Figure 5.25 *Les énergies potentielles des orbitales atomiques des différents niveaux en fonction du numéro atomique.*

totale d'un atome est plus basse quand la sous-couche 4s est remplie avant la sous-couche 3d. La règle de Klechkowski (*figure 5.24*) est un procédé mnémotechnique permettant d'établir l'ordre de remplissage des orbitales pour un atome polyélectronique. Dans la section suivante, nous en verrons des exemples.

Ces niveaux d'énergie peuvent être déterminés expérimentalement grâce à des méthodes spectroscopiques, par exemple avec des rayons X qui peuvent interagir avec les électrons internes. La figure 5.25 présente le résultat de ces mesures. On peut voir que pour des atomes différents le niveau d'énergie d'une même sous-couche n'est pas le même. De plus, le niveau d'énergie a tendance à diminuer progressivement vers le bas à mesure que Z augmente. C'est ce qui explique que dans la figure 5.23 l'échelle d'énergie ne sert que de comparaison. Cette échelle ne peut pas s'appliquer aux électrons de tous les atomes pour ces mêmes niveaux. On peut aussi y trouver les inversions et les recouvrements déjà mentionnés entre les niveaux des couches successives. Enfin, on voit clairement que les niveaux élevés sont plus rapprochés entre eux que les niveaux bas. C'est d'ailleurs grâce à ces énergies exclusives des électrons dans différents atomes qu'il est possible de procéder à l'identification précise des éléments par l'analyse des raies spectrales (*figure 5.8*).

5.9   LA CONFIGURATION ÉLECTRONIQUE

Les quatre nombres quantiques n, l, m et s permettent de décrire de façon complète l'état d'un électron dans une orbitale de n'importe quel atome. Par exemple, les quatre nombres quantiques associés à un électron dans une orbitale 2s sont $n = 2$, $l = 0$, $m = 0$ et $s = +\frac{1}{2}$ ou $-\frac{1}{2}$. Cette façon de noter les nombres quantiques est peu commode : c'est pourquoi on utilise une notation simplifiée : (n, l, m, s). Dans l'exemple cité plus haut, les nombres quantiques sont $(2, 0, 0, +\frac{1}{2})$ ou $(2, 0, 0, -\frac{1}{2})$. La valeur de s n'influe pas sur l'énergie, la taille, la forme et l'orientation d'une orbitale, mais elle joue un rôle important dans l'arrangement des électrons qu'elle contient.

EXEMPLE 5.7   **L'attribution de nombres quantiques à un électron**

Donnez les différents ensembles de nombres quantiques pouvant caractériser un électron situé dans une orbitale 3p.

Réponse : Premièrement, nous savons que le nombre quantique principal n est 3 et que le nombre quantique secondaire l doit être 1 (car il s'agit d'une orbitale p). Quand $l = 1$, m peut avoir trois valeurs, soit -1, 0, 1. Puisque le nombre quantique de spin s peut être soit $+\frac{1}{2}$, soit $-\frac{1}{2}$, il y a donc six façons possibles d'identifier l'électron :

Problèmes semblables :
5.55 et 5.56

$$(3, 1, -1, +\tfrac{1}{2}) \qquad (3, 1, -1, -\tfrac{1}{2})$$

$$(3, 1, 0, +\tfrac{1}{2}) \qquad (3, 1, 0, -\tfrac{1}{2})$$

$$(3, 1, 1, +\tfrac{1}{2}) \qquad (3, 1, 1, -\tfrac{1}{2})$$

EXERCICE

Donnez les différents ensembles de nombres quantiques qui caractérisent un électron situé dans une orbitale 5p.

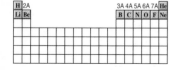

L'atome d'hydrogène représente un système particulièrement simple parce qu'il ne contient que un électron. Cet électron peut se trouver dans l'orbitale 1s (état fondamental) ou dans une orbitale supérieure (état excité). La situation est différente dans les atomes polyélectroniques. Pour comprendre le comportement des électrons contenus dans un tel atome, il faut connaître la *configuration électronique* de l'atome. Cette configuration indique *comment les électrons sont distribués dans les différentes orbitales atomiques*. Pour expliquer les règles de base qui gouvernent l'écriture des configurations électroniques de *niveau fondamental,* nous utiliserons les 10 premiers éléments du tableau périodique (de l'hydrogène au néon). À la section 5.10, nous verrons comment appliquer ces règles aux autres éléments du tableau périodique. Souvenez-vous que le nombre d'électrons contenus dans un atome est égal à son numéro atomique (Z).

La figure 5.22 indique que l'électron de l'atome d'hydrogène dans son état fondamental doit se trouver dans l'orbitale $1s$; sa configuration électronique est donc $1s^1$:

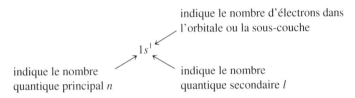

On peut également représenter la configuration électronique à l'aide de *cases quantiques* où est indiqué le spin de l'électron (*figure 5.16*),

$$\text{H} \quad \boxed{\uparrow}$$

où la flèche vers le haut indique l'une des deux rotations possibles de l'électron. (On aurait pu aussi bien représenter l'électron par une flèche vers le bas.) La case représente une orbitale atomique.

Le principe d'exclusion de Pauli

L'atome d'hydrogène représente un cas simple, car il ne possède que un électron. Cependant, que faire dans le cas d'un atome qui contient plus de un électron? Il faut alors se rapporter au **principe d'exclusion de Pauli.** Ce principe veut que *deux électrons dans un atome ne puissent être représentés par le même ensemble de nombres quantiques.* Si deux électrons dans un même atome ont les mêmes valeurs de n, de l et de m (c'est-à-dire qu'ils sont dans la même orbitale), les valeurs de s doivent alors être différentes. En d'autres termes, il ne peut pas y avoir plus de deux électrons dans une même orbitale atomique, et ces deux électrons doivent avoir des nombres de spin opposés. Voyons l'atome d'hélium, qui possède deux électrons; les trois manières possibles de représenter deux électrons dans une orbitale $1s$ sont les suivantes:

$$\text{He} \quad \underset{\substack{1s^2 \\ \text{a)}}}{\boxed{\uparrow\uparrow}} \quad \underset{\substack{1s^2 \\ \text{b)}}}{\boxed{\downarrow\downarrow}} \quad \underset{\substack{1s^2 \\ \text{c)}}}{\boxed{\uparrow\downarrow}}$$

Wolfgang Pauli (1900-1958)

Cependant, le principe d'exclusion de Pauli interdit les représentations a) et b). En effet, en a), les deux électrons, représentés par les flèches pointant vers le haut, auraient les mêmes nombres quantiques $(1, 0, 0, +\frac{1}{2})$; en b), les deux électrons, représentés par les flèches pointant vers le bas, auraient aussi les mêmes nombres quantiques $(1, 0, 0, -\frac{1}{2})$. Seule la configuration c) est physiquement acceptable, car les électrons sont caractérisés par des ensembles de nombres quantiques différents: d'une part $(1, 0, 0, +\frac{1}{2})$ et d'autre part $(1, 0, 0, -\frac{1}{2})$. La configuration de l'atome d'hélium est donc la suivante:

$$\text{He} \quad \underset{1s^2}{\boxed{\uparrow\downarrow}}$$

Notez que $1s^2$ se lit « un s deux », non pas « un s au carré ».

NOTE

On dit des électrons qui ont des spins opposés qu'ils sont des électrons appariés.

Figure 5.26
Les spins a) parallèles et b) antiparallèles de deux électrons. En a), les champs magnétiques des électrons se renforcent mutuellement ; l'atome est paramagnétique. En b), les champs magnétiques des deux électrons s'annulent mutuellement ; l'atome est diamagnétique.

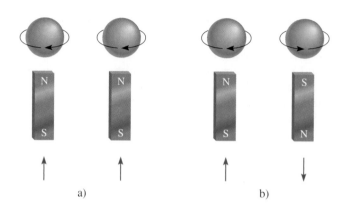

a)   b)

Le diamagnétisme et le paramagnétisme

Le principe d'exclusion de Pauli est l'un des principes fondamentaux de la mécanique quantique. On peut le démontrer à l'aide d'une simple observation. Si les deux électrons contenus dans l'orbitale $1s$ d'un atome d'hélium avaient des spins identiques (ou parallèles) ($\uparrow\uparrow$ ou $\downarrow\downarrow$), leurs champs magnétiques propres se renforceraient mutuellement. Un tel arrangement rendrait l'atome d'hélium **paramagnétique** (*figure 5.26 a*). On appelle substances paramagnétiques celles qui, *soumises au champ magnétique d'un aimant, sont attirées dans ce champ*. Par contre, si les spins des électrons sont opposés l'un par rapport à l'autre ($\uparrow\downarrow$ ou $\downarrow\uparrow$), l'effet magnétique s'annule et l'atome est **diamagnétique** (*figure 5.26 b*). Sont dites substances diamagnétiques celles qui, *soumises au champ magnétique d'un aimant, sont repoussées hors de ce champ*. Or, par expérience, on sait que l'atome d'hélium est diamagnétique dans son état fondamental, comme le prévoit le principe d'exclusion de Pauli.

Il existe une règle utile à garder en mémoire : tout atome contenant un nombre impair d'électrons *doit être* paramagnétique, car, pour que l'effet magnétique s'annule, il faut un nombre pair d'électrons. Par contre, les atomes qui contiennent un nombre pair d'électrons peuvent être soit diamagnétiques soit paramagnétiques. Nous verrons bientôt pourquoi.

Prenons comme autre exemple l'atome de lithium, qui possède trois électrons. Le troisième électron ne peut être dans l'orbitale $1s$, car il aurait inévitablement le même ensemble de nombres quantiques que l'un des deux électrons déjà présents. C'est pourquoi il est dans l'orbitale d'énergie supérieure suivante, qui est l'orbitale $2s$ (*figure 5.23*). La configuration électronique du lithium est donc $1s^2 2s^1$, et ses cases quantiques sont les suivantes :

$$\text{Li} \quad \boxed{\uparrow\downarrow} \quad \boxed{\uparrow} $$
$$\qquad\quad 1s^2 \qquad 2s^1$$

L'atome de lithium contient un électron célibataire (c'est-à-dire qui ne forme pas de paire avec un autre électron) ; il est donc paramagnétique.

L'effet d'écran dans les atomes polyélectroniques

Mais pourquoi l'orbitale $2s$ est-elle inférieure, sur le plan énergétique, à l'orbitale $2p$? En comparant les configurations électroniques $1s^2 2s^1$ et $1s^2 2p^1$, on voit que, dans les deux cas, l'orbitale $1s$ contient deux électrons. Puisque les orbitales $2s$ et $2p$ ont un volume plus important que l'orbitale $1s$, un électron se trouvant dans l'une d'elles passera (en moyenne) plus de temps loin du noyau qu'un électron se trouvant dans l'orbitale $1s$. On peut ainsi dire que les électrons $1s$ formeront un « écran » partiel à la force attractive qu'exerce le noyau sur l'électron $2s$ ou $2p$. Ce phénomène a pour conséquence que l'attraction électrostatique entre les protons du noyau et l'électron de l'orbitale $2s$ ou $2p$ est réduite.

La manière dont la densité électronique varie en fonction de la distance qui sépare l'électron du noyau est différente dans les orbitales $2s$ et $2p$: la densité électronique de l'orbitale $2s$, près du noyau, est supérieure à celle de l'orbitale $2p$. En d'autres termes, un électron $2s$ passe plus de temps près du noyau qu'un électron $2p$ (en moyenne). C'est pourquoi on dit que l'orbitale $2s$ est plus « pénétrante » que l'orbitale $2p$ et, par conséquent, qu'elle subit moins l'effet d'écran des électrons $1s$. En fait, pour un même nombre quantique principal (n), le « pouvoir pénétrant » décroît à mesure que le nombre quantique secondaire (l) augmente, ou

$$s > p > d > f > ...$$

Puisque la stabilité d'un électron est déterminée par la force d'attraction du noyau, il s'ensuit que l'énergie d'un électron $2s$ sera inférieure à celle d'un électron $2p$. En d'autres termes, il faut moins d'énergie pour extraire un électron $2p$ qu'un électron $2s$ parce qu'un électron $2p$ n'est pas retenu aussi fortement par le noyau. Pour l'atome d'hydrogène avec son seul électron, ce phénomène d'effet écran n'existe pas.

Continuons l'exposé sur les atomes des dix premiers éléments. La configuration électronique de l'atome de béryllium (Z = 4) est $1s^2 2s^2$ ou

D'après cette configuration, on doit donc conclure que les atomes de béryllium sont diamagnétiques.

La configuration électronique du bore (Z = 5) est $1s^2 2s^2 2p^1$ ou

Notez que l'électron célibataire peut se trouver dans l'orbitale $2p_x$, $2p_y$ ou $2p_z$. Le choix est complètement arbitraire, car les trois orbitales p ont une énergie équivalente. Comme on peut le voir, les atomes de bore sont paramagnétiques.

La règle de Hund

La configuration électronique du carbone (Z = 6) est $1s^2 2s^2 2p^2$. Les diagrammes suivants représentent trois manières différentes de distribuer deux électrons dans trois orbitales p :

Aucun de ces trois arrangements ne viole le principe d'exclusion de Pauli ; il faut donc déterminer lequel est le plus stable. La solution est fournie par la **règle de Hund**, qui dit que *l'arrangement électronique le plus stable d'une sous-couche est celui qui présente le plus grand nombre de spins parallèles*. Seul l'arrangement illustré en c) remplit cette condition. En a) et en b), les deux spins s'annulent. Ainsi, la configuration électronique du carbone est $1s^2 2s^2 2p^2$, et ses cases quantiques sont

On peut expliquer qualitativement pourquoi on choisit c) plutôt que a) ; en a), les deux électrons occupent la même orbitale ($2p_x$), et leur proximité occasionne une répulsion mutuelle plus grande que s'ils occupaient deux orbitales différentes, disons $2p_x$ et $2p_y$. Choisir c) plutôt que b) est moins évident, mais cela se justifie par des fondements théoriques.

Les mesures des propriétés magnétiques fournissent la preuve la plus directe étayant le concept de configurations électroniques spécifiques des éléments. La précision des nouveaux instruments apparus au cours des vingt dernières années a permis de déterminer non seulement le caractère paramagnétique d'un atome, mais également le nombre d'électrons célibataires qu'il contient. Le fait que les atomes de carbone soient paramagnétiques, chacun contenant deux électrons célibataires, est en accord avec la règle de Hund.

Voyons maintenant la configuration électronique de l'azote ($Z = 7$) : $1s^2 2s^2 2p^3$, ou

$$\text{N} \quad \boxed{\uparrow\downarrow} \quad \boxed{\uparrow\downarrow} \quad \boxed{\uparrow \mid \uparrow \mid \uparrow}$$
$$\quad\quad\; 1s^2 \quad\;\; 2s^2 \quad\quad 2p^3$$

La règle de Hund veut que les trois électrons $2p$ aient des spins parallèles entre eux ; l'atome d'azote est donc paramagnétique, car il contient trois électrons célibataires.

La configuration électronique de l'oxygène ($Z = 8$) est $1s^2 2s^2 2p^4$. Un atome d'oxygène est paramagnétique parce qu'il contient deux électrons célibataires :

$$\text{O} \quad \boxed{\uparrow\downarrow} \quad \boxed{\uparrow\downarrow} \quad \boxed{\uparrow\downarrow \mid \uparrow \mid \uparrow}$$
$$\quad\quad\; 1s^2 \quad\;\; 2s^2 \quad\quad 2p^4$$

La configuration électronique du fluor ($Z = 9$) est $1s^2 2s^2 2p^5$. Ses neuf électrons sont distribués de la manière suivante :

$$\text{F} \quad \boxed{\uparrow\downarrow} \quad \boxed{\uparrow\downarrow} \quad \boxed{\uparrow\downarrow \mid \uparrow\downarrow \mid \uparrow}$$
$$\quad\quad\; 1s^2 \quad\;\; 2s^2 \quad\quad 2p^5$$

L'atome de fluor est paramagnétique, car il contient un électron célibataire.

Dans l'atome de néon ($Z = 10$), les orbitales $2p$ sont toutes remplies. La configuration électronique du néon est $1s^2 2s^2 2p^6$, et *tous* les électrons y sont appariés :

$$\text{Ne} \quad \boxed{\uparrow\downarrow} \quad \boxed{\uparrow\downarrow} \quad \boxed{\uparrow\downarrow \mid \uparrow\downarrow \mid \uparrow\downarrow}$$
$$\quad\quad\; 1s^2 \quad\;\; 2s^2 \quad\quad 2p^6$$

L'atome de néon doit donc être diamagnétique, et c'est ce que l'on observe.

Les règles générales d'attribution des électrons aux orbitales atomiques

En se fondant sur les exemples précédents, on peut formuler quelques règles générales servant à établir le nombre maximum d'électrons pouvant être assignés aux différentes sous-couches et orbitales pour une valeur donnée de n :

- Chaque couche ou niveau principal de nombre quantique n contient un nombre n de sous-couches. Par exemple, si $n = 2$, il y a deux sous-couches, dont les nombres quantiques secondaires sont 0 et 1 (deux valeurs de l).

- Chaque sous-couche de nombre quantique l contient $2l + 1$ orbitales. Par exemple, si $l = 1$, il y a trois orbitales p.

- Il ne peut y avoir plus de deux électrons dans une même orbitale. Ainsi, le nombre maximum d'électrons est le double du nombre d'orbitales en jeu.

EXEMPLE 5.8   **Le calcul du nombre d'électrons d'un niveau principal**

Quel est le nombre maximum d'électrons pouvant se trouver au niveau principal de valeur $n = 3$?

Réponse: Quand $n = 3$, $l = 0$, 1 et 2. Le nombre d'orbitales pour chaque valeur de l est donné par

Problèmes semblables :
5.61, 5.62 et 5.63

Valeur de l	Nombre d'orbitales $(2l + 1)$
0	1
1	3
2	5

Le nombre total d'orbitales est de 9. Puisque chacune d'elles peut contenir 2 électrons, le nombre maximal d'électrons pouvant se trouver dans ces orbitales est 2×9 ou 18. Notez que l'on peut généraliser ce résultat à l'aide de la formule $2n^2$. Ici, $n = 3$, donc $2(3^2) = 18$.

EXERCICE

Calculez le nombre total d'électrons pouvant se trouver au niveau principal de valeur $n = 4$.

Maintenant, résumons ce que nous avons vu sur les configurations électroniques à l'état fondamental et sur les propriétés des électrons dans un atome :

- Deux électrons dans un même atome ne peuvent avoir le même ensemble de quatre nombres quantiques (principe d'exclusion de Pauli).

- Chaque orbitale peut contenir un maximum de deux électrons. Ceux-ci doivent avoir des spins opposés, ou des nombres quantiques de spin différents.

- L'arrangement le plus stable des électrons dans une sous-couche est celui qui a le plus de spins parallèles (règle de Hund).

- Les atomes qui contiennent un ou plusieurs électrons célibataires sont dits paramagnétiques ; ceux dont tous les électrons sont appariés sont diamagnétiques.

- Dans un atome d'hydrogène, l'énergie de l'électron dépend seulement de son nombre quantique principal (n). Dans un atome polyélectronique, l'énergie d'un électron dépend à la fois de n et de son nombre quantique secondaire (l). La règle est « $n + l$ minimal ».

- Dans un atome polyélectronique, les sous-couches sont remplies dans l'ordre indiqué à la figure 5.24, selon la règle de Klechkowski.

- Le « pouvoir pénétrant », ou la proximité du noyau, des électrons dont le nombre quantique principal est le même décroît dans l'ordre suivant : $s > p > d > f$. Cela signifie qu'il faut plus d'énergie pour arracher, par exemple, un électron $3s$ d'un atome polyélectronique qu'il n'en faut pour arracher un électron $3p$.

EXEMPLE 5.9   **L'attribution des nombres quantiques aux électrons d'un élément**

L'atome d'oxygène a huit électrons. Écrivez les ensembles des quatre nombres quantiques attribués à chaque électron pour cet atome à son état fondamental.

Réponse: Débutons avec $n = 1$. Donc, $l = 0$, la sous-couche correspondant à l'orbitale $1s$. Cette orbitale contient deux électrons. Ensuite, $n = 2$, et l peut valoir 0 ou 1. Pour la sous-couche $l = 0$, on a l'orbitale $2s$ pouvant contenir 2 électrons. Les quatre autres électrons sont placés dans une sous-couche où $l = 1$, qui contient trois orbitales $2p$. La configuration électronique représentée par les cases quantiques est:

O $\boxed{\uparrow\downarrow}$ $\boxed{\uparrow\downarrow}$ $\boxed{\uparrow\downarrow}\boxed{\uparrow}\boxed{\uparrow}$

$1s^2$ $2s^2$ $2p^4$

Le tableau suivant résume les résultats:

Électron	n	l	m	s	Orbitale
1	1	0	0	$+\frac{1}{2}$	} $1s$
2	1	0	0	$-\frac{1}{2}$	
3	2	0	0	$+\frac{1}{2}$	} $2s$
4	2	0	0	$-\frac{1}{2}$	
5	2	1	-1	$+\frac{1}{2}$	
6	2	1	0	$+\frac{1}{2}$	} $2p_x, 2p_y, 2p_z$
7	2	1	1	$+\frac{1}{2}$	
8	2	1	1	$-\frac{1}{2}$	

Notez que la localisation du huitième électron dans l'orbitale $m = 1$ est complètement arbitraire. On pourrait tout aussi bien donner à m les valeurs de 0 ou de -1.

EXERCICE

Écrivez l'ensemble des quatre nombres quantiques attribués à chacun des électrons de l'atome de bore, B.

Problème semblable: 5.83

5.10   LE PRINCIPE DE CONSTRUCTION (OU DE L'*AUFBAU*)

Maintenant, nous appliquerons au reste des éléments les règles d'écriture des configurations électroniques que nous avons appliquées jusqu'ici aux premiers éléments. Pour ce faire, il faut se baser sur le principe de l'*aufbau* (un mot allemand qui signifie « construction par empilement »). Le **principe de l'*aufbau*** veut que, *comme des protons qui s'ajoutent un à un au noyau pour former des éléments successifs, les électrons s'ajoutent un à un aux orbitales atomiques.* À partir de ce principe, on obtient des connaissances détaillées sur les configurations électroniques des éléments à l'état fondamental. Comme nous le verrons plus loin, la connaissance des configurations électroniques permet de comprendre et de prédire les propriétés des éléments; elle permet également de très bien expliquer le tableau périodique.

Le tableau 5.3 donne les configurations électroniques à l'état fondamental de tous les éléments connus, de H ($Z = 1$) à Mt ($Z = 109$). Les configurations électroniques de tous les éléments, sauf celles de l'hydrogène et de l'hélium, sont représentées de manière abrégée par une **carcasse de gaz inerte,** *en plaçant entre crochets le gaz rare qui précède de plus près l'élément en question* dans le tableau périodique et en le faisant suivre de la configuration de la couche périphérique. Notez que les configurations électroniques des sous-couches périphériques des éléments allant du sodium ($Z = 11$) à l'argon ($Z = 18$) sont analogues à celles des éléments allant du lithium ($Z = 3$) au néon ($Z = 10$).

TABLEAU 5.3   LES CONFIGURATIONS ÉLECTRONIQUES DES ÉLÉMENTS* DANS LEUR ÉTAT FONDAMENTAL

Numéro atomique	Symbole	Configuration électronique	Numéro atomique	Symbole	Configuration électronique	Numéro atomique	Symbole	Configuration électronique
1	H	$1s^1$	37	Rb	$[Kr]5s^1$	73	Ta	$[Xe]6s^24f^{14}5d^3$
2	He	$1s^2$	38	Sr	$[Kr]5s^2$	74	W	$[Xe]6s^24f^{14}5d^4$
3	Li	$[He]2s^1$	39	Y	$[Kr]5s^24d^1$	75	Re	$[Xe]6s^24f^{14}5d^5$
4	Be	$[He]2s^2$	40	Zr	$[Kr]5s^24d^2$	76	Os	$[Xe]6s^24f^{14}5d^6$
5	B	$[He]2s^22p^1$	41	Nb	$[Kr]5s^14d^4$	77	Ir	$[Xe]6s^24f^{14}5d^7$
6	C	$[He]2s^22p^2$	42	Mo	$[Kr]5s^14d^5$	78	Pt	$[Xe]6s^14f^{14}5d^9$
7	N	$[He]2s^22p^3$	43	Tc	$[Kr]5s^24d^5$	79	Au	$[Xe]6s^14f^{14}5d^{10}$
8	O	$[He]2s^22p^4$	44	Ru	$[Kr]5s^14d^7$	80	Hg	$[Xe]6s^24f^{14}5d^{10}$
9	F	$[He]2s^22p^5$	45	Rh	$[Kr]5s^14d^8$	81	Tl	$[Xe]6s^24f^{14}5d^{10}6p^1$
10	Ne	$[He]2s^22p^6$	46	Pd	$[Kr]4d^{10}$	82	Pb	$[Xe]6s^24f^{14}5d^{10}6p^2$
11	Na	$[Ne]3s^1$	47	Ag	$[Kr]5s^14d^{10}$	83	Bi	$[Xe]6s^24f^{14}5d^{10}6p^3$
12	Mg	$[Ne]3s^2$	48	Cd	$[Kr]5s^24d^{10}$	84	Po	$[Xe]6s^24f^{14}5d^{10}6p^4$
13	Al	$[Ne]3s^23p^1$	49	In	$[Kr]5s^24d^{10}5p^1$	85	At	$[Xe]6s^24f^{14}5d^{10}6p^5$
14	Si	$[Ne]3s^23p^2$	50	Sn	$[Kr]5s^24d^{10}5p^2$	86	Rn	$[Xe]6s^24f^{14}5d^{10}6p^6$
15	P	$[Ne]3s^23p^3$	51	Sb	$[Kr]5s^24d^{10}5p^3$	87	Fr	$[Rn]7s^1$
16	S	$[Ne]3s^23p^4$	52	Te	$[Kr]5s^24d^{10}5p^4$	88	Ra	$[Rn]7s^2$
17	Cl	$[Ne]3s^23p^5$	53	I	$[Kr]5s^24d^{10}5p^5$	89	Ac	$[Rn]7s^26d^1$
18	Ar	$[Ne]3s^23p^6$	54	Xe	$[Kr]5s^24d^{10}5p^6$	90	Th	$[Rn]7s^26d^2$
19	K	$[Ar]4s^1$	55	Cs	$[Xe]6s^1$	91	Pa	$[Rn]7s^25f^26d^1$
20	Ca	$[Ar]4s^2$	56	Ba	$[Xe]6s^2$	92	U	$[Rn]7s^25f^36d^1$
21	Sc	$[Ar]4s^23d^1$	57	La	$[Xe]6s^25d^1$	93	Np	$[Rn]7s^25f^46d^1$
22	Ti	$[Ar]4s^23d^2$	58	Ce	$[Xe]6s^24f^15d^1$	94	Pu	$[Rn]7s^25f^6$
23	V	$[Ar]4s^23d^3$	59	Pr	$[Xe]6s^24f^3$	95	Am	$[Rn]7s^25f^7$
24	Cr	$[Ar]4s^13d^5$	60	Nd	$[Xe]6s^24f^4$	96	Cm	$[Rn]7s^25f^76d^1$
25	Mn	$[Ar]4s^23d^5$	61	Pm	$[Xe]6s^24f^5$	97	Bk	$[Rn]7s^25f^9$
26	Fe	$[Ar]4s^23d^6$	62	Sm	$[Xe]6s^24f^6$	98	Cf	$[Rn]7s^25f^{10}$
27	Co	$[Ar]4s^23d^7$	63	Eu	$[Xe]6s^24f^7$	99	Es	$[Rn]7s^25f^{11}$
28	Ni	$[Ar]4s^23d^8$	64	Gd	$[Xe]6s^24f^75d^1$	100	Fm	$[Rn]7s^25f^{12}$
29	Cu	$[Ar]4s^13d^{10}$	65	Tb	$[Xe]6s^24f^9$	101	Md	$[Rn]7s^25f^{13}$
30	Zn	$[Ar]4s^23d^{10}$	66	Dy	$[Xe]6s^24f^{10}$	102	No	$[Rn]7s^25f^{14}$
31	Ga	$[Ar]4s^23d^{10}4p^1$	67	Ho	$[Xe]6s^24f^{11}$	103	Lr	$[Rn]7s^25f^{14}6d^1$
32	Ge	$[Ar]4s^23d^{10}4p^2$	68	Er	$[Xe]6s^24f^{12}$	104	Rf	$[Rn]7s^25f^{14}6d^2$
33	As	$[Ar]4s^23d^{10}4p^3$	69	Tm	$[Xe]6s^24f^{13}$	105	Db	$[Rn]7s^25f^{14}6d^3$
34	Se	$[Ar]4s^23d^{10}4p^4$	70	Yb	$[Xe]6s^24f^{14}$	106	Sg	$[Rn]7s^25f^{14}6d^4$
35	Br	$[Ar]4s^23d^{10}4p^5$	71	Lu	$[Xe]6s^24f^{14}5d^1$	107	Bh	$[Rn]7s^25f^{14}6d^5$
36	Kr	$[Ar]4s^23d^{10}4p^6$	72	Hf	$[Xe]6s^24f^{14}5d^2$	108	Hs	$[Rn]7s^25f^{14}6d^6$
						109	Mt	$[Rn]7s^25f^{14}6d^7$

* Le symbole [He] représente la carcasse d'hélium et remplace la désignation $1s^2$; [Ne] carcasse de néon remplace $1s^22s^22p^6$; [Ar] carcasse d'Argon remplace $[Ne]3s^23p^6$; [Kr] carcasse de Krypton remplace $[Ar]4s^23d^{10}4p^6$. [Xe] carcasse de xénon remplace $[Kr]5s^24d^{10}5p^6$; [Rn] carcasse de radon remplace $[Xe]6s^24f^{14}5d^{10}6p^6$.

Comme nous l'avons vu à la section 5.8, la sous-couche 4*s* est remplie avant la sous-couche 3*d* dans un atome polyélectronique (*figure 5.23*). Ainsi, la configuration électronique du potassium ($Z = 19$) est $1s^22s^22p^63s^23p^64s^1$. Puisque $1s^22s^22p^63s^23p^6$ est la configuration électronique de l'argon, on peut simplifier celle du potassium en écrivant $[Ar]4s^1$, où [Ar] indique la carcasse d'argon. Il en est de même pour la configuration électronique du calcium ($Z = 20$), soit $[Ar] 4s^2$. Les données expérimentales justifient le fait que l'on place l'électron périphérique du potassium dans l'orbitale 4*s* (plutôt que dans l'orbitale 3*d*); de plus, la chimie du potassium est très semblable à celles du lithium et du sodium, les deux premiers métaux alcalins. Or, l'électron périphérique du lithium et celui du sodium sont dans une orbitale *s* (il n'y a aucune ambiguïté quant à l'attribution de cette configuration électronique); c'est pourquoi on s'attend à ce que le dernier électron du potassium se trouve dans l'orbitale 4*s* plutôt que dans l'orbitale 3*d*.

Les éléments allant du scandium ($Z = 21$) au cuivre ($Z = 29$) s'appellent métaux de transition. Les ***métaux de transition*** *présentent des sous-couches* d *incomplètes ou forment facilement des cations dont les sous-couches* d *sont incomplètes.* Dans l'ensemble des

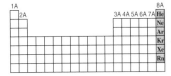

Les gaz rares.

Les métaux de transition.

éléments allant du scandium au cuivre, la première série de métaux de transition, les électrons additionnels se placent dans les orbitales $3d$, conformément à la règle de Hund. Cependant, il y a deux exceptions : la configuration électronique du chrome ($Z = 24$) est $[Ar]4s^13d^5$ et non $[Ar]4s^23d^4$; celle du cuivre est $[Ar]4s^13d^{10}$ plutôt que $[Ar]4s^23d^9$. La raison de ces irrégularités est que l'orbitale $3d^5$, à demi-occupée, et l'orbitale $3d^{10}$, remplie, correspondent à une stabilité légèrement supérieure. Les électrons situés dans les mêmes sous-couches (dans ce cas, les orbitales d) ont une énergie égale mais une distribution spatiale différente. Par conséquent, l'effet d'écran mutuel est relativement faible, de sorte que les électrons sont plus fortement attirés par le noyau quand ils ont la configuration $3d^5$. Selon la règle de Hund, les cases quantiques de Cr sont

$$\text{Cr} \quad [Ar] \quad \boxed{\uparrow} \qquad \boxed{\uparrow \mid \uparrow \mid \uparrow \mid \uparrow \mid \uparrow}$$
$$\qquad\qquad\qquad 4s^1 \qquad\qquad 3d^5$$

Ainsi, Cr a un total de six électrons célibataires.

Les cases quantiques du cuivre sont

$$\text{Cu} \quad [Ar] \quad \boxed{\uparrow} \qquad \boxed{\uparrow\downarrow \mid \uparrow\downarrow \mid \uparrow\downarrow \mid \uparrow\downarrow \mid \uparrow\downarrow}$$
$$\qquad\qquad\qquad 4s^1 \qquad\qquad 3d^{10}$$

Dans ce cas, le fait que les orbitales $3d$ soient remplies augmente la stabilité du système.

Pour ce qui est des éléments allant de Zn ($Z = 30$) à Kr ($Z = 36$), les sous-couches $4s$ et $4p$ se remplissent successivement. Le rubidium ($Z = 37$) est le premier élément comportant des électrons dans la couche $n = 5$.

Les configurations électroniques des métaux de la deuxième série de métaux de transition [de l'yttrium ($Z = 39$) à l'argent ($Z = 47$)] sont également irrégulières, mais nous ne nous en préoccuperons pas ici.

La sixième période du tableau périodique commence par le césium ($Z = 55$) et le baryum ($Z = 56$), dont les configurations électroniques sont respectivement $[Xe]6s^1$ et $[Xe]6s^2$. Puis vient le lanthane ($Z = 57$). D'après la figure 5.24, on pourrait s'attendre à ce que, une fois l'orbitale $6s$ remplie, les électrons additionnels se logent dans les orbitales $4f$. En réalité, les orbitales $5d$ et $4f$ ont des énergies très proches l'une de l'autre ; en fait, dans le cas du lanthane, $4f$ a une énergie légèrement plus élevée que $5d$. Ainsi la configuration électronique du lanthane est $[Xe]6s^25d^1$ plutôt que $[Xe]6s^24f^1$.

Immédiatement après le lanthane suivent les 14 éléments qui forment les ***lanthanides*** ou ***série des terres rares*** [du cérium ($Z = 58$) au lutétium ($Z = 71$)]. *Les lanthanides possèdent des sous-couches 4f incomplètes ou forment facilement des cations dont les sous-couches 4f sont incomplètes.* Dans cette série, les électrons additionnels se logent dans les orbitales $4f$. Une fois les sous-couches $4f$ complètement remplies, l'électron suivant se place dans la sous-couche $5d$ du lutétium. Notez que la configuration électronique du gadolinium ($Z = 64$) est $[Xe]6s^24f^75d^1$ plutôt que $[Xe]6s^24f^8$. Comme dans le cas du chrome, une sous-couche ($4f^7$) à demi-occupée présente plus de stabilité.

La troisième série de métaux de transition, qui comprend le lanthane et le hafnium ($Z = 72$) et qui va jusqu'à l'or ($Z = 79$), est caractérisée par le remplissage des orbitales $5d$. Ensuite se remplissent les sous-couches $6s$ et $6p$, ce qui mène au radon ($Z = 86$).

La *dernière rangée d'éléments* appartient aux ***actinides,*** une série qui commence avec le thorium ($Z = 90$). *La plupart de ces éléments n'existent pas dans la nature ; ils ont été synthétisés.*

À l'aide de la figure 5.24, vous devriez pouvoir écrire la configuration électronique de n'importe quel élément, à quelques exceptions près. Les éléments auxquels il faut porter une attention particulière sont ceux qui font partie des métaux de transition, des lanthanides et des actinides. Comme nous l'avons vu précédemment, quand le nombre quantique principal (n) est élevé, l'ordre de remplissage des sous-couches peut s'inverser d'un élément au suivant. La figure 5.27 regroupe les éléments selon la sous-couche dans laquelle les électrons périphériques se trouvent.

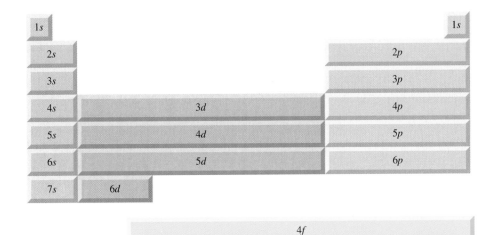

EXEMPLE 5.10   L'écriture des configurations électroniques

Écrivez la configuration électronique du soufre, et celle du palladium, un atome diamagnétique.

Réponses:

Le soufre ($Z = 16$).

1. Le soufre possède 16 électrons.

2. Il faut 10 électrons pour remplir les première et deuxième périodes ($1s^2 2s^2 2p^6$). Il reste donc 6 électrons pour remplir totalement l'orbitale $3s$ et en partie les orbitales $3p$. Ainsi, la configuration électronique du soufre est

$$1s^2 2s^2 2p^6 3s^2 3p^4$$

ou [Ne]$3s^2 3p^4$

Le palladium ($Z = 46$).

1. Le palladium possède 46 électrons.

2. Il faut 36 électrons pour remplir les quatre premières périodes; il reste 10 électrons à distribuer dans les orbitales $5s$ et $4d$. Les trois possibilités sont a) $4d^{10}$, b) $4d^9 5s^1$ et c) $4d^8 5s^2$. Puisque l'atome de palladium est diamagnétique, sa configuration électronique doit être

$$1s^2 2s^2 2p^6 3s^2 3p^6 4s^2 3d^{10} 4p^6 4d^{10}$$

ou simplement [Kr]$4d^{10}$. Les configurations b) et c) donnent toutes deux des atomes paramagnétiques.

EXERCICE

Écrivez la configuration électronique à l'état fondamental du phosphore (P).

Problèmes semblables:
5.81 et 5.82

Résumé

1. Plusieurs découvertes importantes faites par les physiciens au début du XXᵉ siècle ont eu une grande influence sur la conception que l'on avait alors de l'atome et des molécules. Ces découvertes ont révolutionné la physique. La théorie des quanta de Planck a permis d'expliquer le rayonnement des solides incandescents. On savait déjà que les rayonnements (lumière émise) avaient des propriétés ondulatoires, et que l'on pouvait donc les caractériser à l'aide de longueurs d'onde, de fréquences et d'amplitudes. La théorie des quanta affirme que les rayonnements sont émis par les atomes et les molécules par petits paquets discontinus (quanta), plutôt qu'en valeurs continues. Ce comportement répond à la relation $E = hv$. L'énergie est toujours émise dans des quantités qui sont des multiples entiers de hv ($1\ hv$, $2\ hv$, $3\ hv$, …).

2. Einstein utilisa la théorie des quanta pour expliquer l'effet photoélectrique en proposant que la lumière peut se comporter comme un flux de particules (photons).

3. Bohr créa un modèle de l'atome d'hydrogène dans lequel l'énergie de l'unique électron qui gravite autour du noyau est quantifiée, c'est-à-dire qu'elle ne peut avoir que certaines valeurs déterminées par des nombres entiers, les nombres quantiques principaux.

4. On dit qu'un électron à son état d'énergie le plus stable est à l'état fondamental, tandis qu'un électron possédant plus d'énergie qu'à son état le plus stable est excité. Dans le modèle de Bohr, un électron émet un photon quand il passe d'une orbite d'énergie supérieure (un niveau excité) à une orbite d'énergie inférieure (un niveau moins excité). Ce modèle permet d'expliquer l'énergie spécifique représentée par les raies dans le spectre d'émission de l'hydrogène.

5. Posant l'équation $\lambda = h/mv$, de Broglie étendit le concept suivant lequel la lumière possède des propriétés à la fois corpusculaires et ondulatoires à toute matière en mouvement.

6. L'équation de Schrodinger décrit le mouvement et l'énergie des particules submicroscopiques d'après la théorie des quanta. Elle détermine les états d'énergie possibles de l'électron dans un atome d'hydrogène et la probabilité qu'il se trouve en un point donné à une certaine distance du noyau. Ces calculs peuvent aussi s'appliquer avec une précision acceptable aux atomes polyélectroniques.

7. Une orbitale atomique est une fonction Ψ qui définit la distribution de la densité électronique Ψ^2 dans l'espace. Les orbitales sont représentées par des nuages de densité électronique ou des surfaces de contour frontières.

8. Il faut quatre nombres quantiques pour caractériser complètement chaque électron d'un atome : le nombre quantique principal (n) qui indique le niveau d'énergie principal ou la couche de l'orbitale, le nombre quantique secondaire (l) qui indique la forme de l'orbitale, le nombre quantique magnétique (m) qui indique l'orientation de l'orbitale dans l'espace et le nombre quantique de spin (s) qui indique seulement le sens de rotation de l'électron sur son axe.

9. L'unique orbitale s à chaque niveau d'énergie est sphérique et centrée sur le noyau. Les trois orbitales p possèdent chacune deux lobes, et elles sont situées à angle droit les unes par rapport aux autres. Il y a cinq orbitales d, dont la forme et l'orientation sont plus compliquées.

10. L'énergie de l'électron dans un atome d'hydrogène est déterminée seulement par son nombre quantique principal. Toutefois, dans un atome polyélectronique, l'énergie d'un électron est déterminée à la fois par le nombre quantique principal et le nombre quantique secondaire.

11. Deux électrons d'un même atome ne peuvent être caractérisés par le même ensemble de nombres quantiques (principe d'exclusion de Pauli).

12. L'arrangement le plus stable des électrons dans une sous-couche est celui qui présente le plus grand nombre de spins parallèles (règle de Hund). Les atomes qui possèdent un ou plusieurs électrons non appariés (donc de spins non pairés) sont paramagnétiques. Les atomes dont tous les électrons sont appariés (spins pairés) sont diamagnétiques.

13. Grâce au principe de l'*aufbau* (construction par empilement), on peut déterminer les configurations électroniques à l'état fondamental de tous les éléments selon leur numéro atomique et leur position dans le tableau périodique.

Équations clés

- $c = \lambda \nu$ Relation entre la vitesse d'une onde, sa longueur d'onde et sa fréquence   (5.1)

- $E = h\nu$ Relation entre l'énergie d'un quantum (et d'un photon) et sa fréquence   (5.2)

- $E_n = - R_H\left(\dfrac{1}{n^2}\right)$ Énergie d'un électron dans le n-ième état d'énergie d'un atome d'hydrogène   (5.4)

- $\Delta E = h\nu = R_H\left(\dfrac{1}{n_i^2} - \dfrac{1}{n_f^2}\right)$ Énergie d'un photon émis lors d'une transition électronique du niveau n_i au niveau n_f (5.5)

- $\lambda = \dfrac{h}{mv}$ Relation entre la longueur d'onde d'une particule, sa masse m et sa vitesse v (5.7)

- $\Delta x \, \Delta p \geq \dfrac{h}{4\pi}$ Relation entre l'incertitude de la position d'une particule et l'incertitude de son momentum   (5.8)

Mots clés

Actinides, série des, p. 166
Amplitude, p. 136
Atome polyélectronique, p. 151
Carcasse de gaz inerte, p. 164
Configuration électronique, p. 159
Couche électronique, p. 152
Densité électronique, p. 151
Diamagnétique, p. 160
État excité, p. 144
État fondamental, p. 144
Fréquence (ν), p. 136
Lanthanides, série des, p. 166
Longueur d'onde (λ), p. 136

Métaux de transition, p. 165
Niveau (ou état) excité, p. 144
Niveau (ou état) fondamental, p. 144
Nœud, p. 147
Nombres quantiques, p. 152
Onde, p. 136
Orbitale atomique, p. 151
Paramagnétique, p. 160
Photon, p. 140
Principe de l'*aufbau*, p. 164
Principe d'exclusion de Pauli, p. 159

Principe d'incertitude de Heisenberg, p. 149
Quantum, p. 140
Rayonnement électromagnétique, p. 138
Règle de Hund, p. 161
Sous-couche, p. 152
Spectre d'émission, p. 142
Spectre discontinu (spectre de raies), p. 143
Surface de contour, p. 154
Terres rares, série des, p. 166

Questions et problèmes

LE RAYONNEMENT ÉLECTROMAGNÉTIQUE ET LA THÉORIE DES QUANTA

Questions de révision

5.1 Définissez les termes suivants : onde, longueur d'onde, fréquence, amplitude, rayonnement électromagnétique, quantum.

5.2 Quelles sont les unités qui expriment la longueur d'onde ? La fréquence des ondes électromagnétiques ? Quelle est la vitesse de la lumière en mètres par seconde et en kilomètres par heure ?

5.3 Énumérez les types de rayonnements électromagnétiques, en commençant par ceux de longueurs d'onde les plus grandes et en terminant par ceux de longueurs d'onde plus petites.

5.4 Donnez les deux longueurs d'onde qui délimitent la région visible.

5.5 Expliquez brièvement la théorie des quanta de Planck. Quelles sont les unités utilisées pour exprimer la constante de Planck ?

5.6 Donnez deux exemples de la vie courante qui illustrent le concept de quantification.

Problèmes

5.7 a) Convertissez $8,6 \times 10^{13}$ Hz en nanomètres, et b) 566 nm en hertz.

5.8 a) Quelle est la fréquence de la lumière dont la longueur d'onde est de 456 nm ? b) Quelle est la longueur d'onde (en nanomètres) d'un rayonnement d'une fréquence de $2,20 \times 10^9$ Hz ?

5.9 La distance moyenne entre Mars et la Terre est d'environ $2,1 \times 10^8$ km. Combien de temps prendrait une transmission télévisuelle en provenance du vaisseau spatial Viking, situé sur Mars, pour rejoindre la Terre ?

5.10 Combien faut-il de temps à une onde radio pour voyager de Vénus à la Terre ? (La distance moyenne entre Vénus et la Terre est de 45 millions de kilomètres.)

5.11 L'unité de base SI pour le temps est la seconde, qui correspond à 9 192 631 770 cycles du rayonnement associé à une certaine émission de l'atome de césium. Calculez la longueur d'onde de ce rayonnement avec une précision de trois chiffres significatifs. Dans quelle région du spectre électromagnétique se trouve cette longueur d'onde ?

5.12 L'unité de base SI pour la longueur est le mètre, qui correspond à 1 650 763,73 longueurs d'onde de la lumière émise par une certaine transition d'énergie dans les atomes de krypton. Calculez la fréquence de cette lumière avec une précision de trois chiffres significatifs.

L'EFFET PHOTOÉLECTRIQUE
Questions de révision

5.13 Expliquez ce qu'on entend par « effet photoélectrique ».

5.14 Qu'est-ce qu'un photon ? Quel rôle l'explication d'Einstein sur l'effet photoélectrique a-t-elle joué dans le développement de l'interprétation onde-particule concernant la nature des rayonnements électromagnétiques ?

Problèmes

5.15 Un photon a une longueur d'onde de 624 nm. Calculez son énergie en joules.

5.16 Le bleu du ciel est le résultat de la dispersion de la lumière par les molécules de l'air. La fréquence de la lumière bleue est d'environ $7,5 \times 10^{14}$ Hz. a) Calculez la longueur d'onde correspondant à ce rayonnement. b) Calculez l'énergie en joules d'un photon associé à cette fréquence.

5.17 La fréquence d'un photon est de $6,0 \times 10^4$ Hz.

a) Convertissez cette fréquence en longueur d'onde (en nanomètres). Se trouve-t-elle dans la région visible ? b) Calculez l'énergie (en joules) de ce photon. c) Calculez l'énergie (en joules) de 1 mol de photons, tous de cette fréquence.

5.18 Quelle est la longueur d'onde (en nanomètres) d'un rayonnement qui possède une énergie de $1,0 \times 10^3$ kJ/ mol ? Dans quelle région du spectre électromagnétique se trouve-t-il ?

5.19 Quand on bombarde du cuivre avec des électrons à haute énergie, il y a émission de rayons X. Calculez l'énergie (en joules) associée aux photons émis si la longueur d'onde des rayons X est de 0,154 nm.

5.20 Un rayonnement électromagnétique a une fréquence de $8,11 \times 10^{14}$ Hz. a) Quelle est sa longueur d'onde en nanomètres ? en mètres ?

b) Dans quelle région du spectre électromagnétique le situeriez-vous ? c) Quelle est l'énergie (en joules) de un quantum de ce rayonnement ?

LE MODÈLE DE L'ATOME DE BOHR
Questions de révision

5.21 Qu'est-ce qu'un spectre d'émission ? Qu'est-ce qu'un spectre de raies ?

5.22 Qu'est-ce qu'un niveau d'énergie ? Quelle est la différence entre un niveau fondamental et un niveau excité ?

5.23 Décrivez brièvement la théorie élaborée par Bohr sur l'atome d'hydrogène et comment elle justifie les spectres de raies observés. En quoi la théorie de Bohr se distingue-t-elle de la physique classique ?

5.24 Expliquez la signification du signe négatif dans l'équation (5.4).

Problèmes

5.25 Expliquez pourquoi les éléments produisent des couleurs qui leur sont propres quand ils émettent des photons.

5.26 Quand on chauffe certains composés contenant du cuivre dans une flamme, il y a émission de lumière verte. Comment détermineriez-vous si l'on peut associer à cette lumière une seule longueur d'onde ou un mélange de deux ou de plusieurs longueurs d'onde ?

5.27 Est-ce qu'une substance fluorescente pourrait émettre des photons dans la région ultraviolette après avoir absorbé de la lumière visible ? Justifiez votre réponse.

5.28 Expliquez comment les astronomes peuvent dire quels éléments sont présents dans les étoiles à partir de l'analyse des rayonnements électromagnétiques qu'elles émettent.

5.29 Supposons qu'un atome théorique possède les niveaux d'énergie suivants :

E_4 _____ $-1,0 \times 10^{-19}$ J
E_3 _____ $-5,0 \times 10^{-19}$ J
E_2 _____ -10×10^{-19} J
E_1 _____ -15×10^{-19} J

a) Quelle longueur d'onde un photon doit-il avoir pour faire une transition électronique de E_1 à E_4?

b) Quelle est la valeur (en joules) du quantum d'énergie d'un photon nécessaire pour la transition de E_2 à E_3? c) Pour la transition électronique de E_3 à E_1, l'atome émet un photon. Calculez la longueur d'onde de ce photon.

5.30 La première raie de la série de Balmer apparaît à une longueur d'onde de 656,3 nm. Quelle est la différence entre les deux niveaux d'énergie mis en jeu pour produire cette raie d'émission?

5.31 Calculez la longueur d'onde d'un photon émis par un atome d'hydrogène quand son électron passe de l'état $n = 5$ à l'état $n = 3$.

5.32 Calculez la fréquence et la longueur d'onde du photon émis quand un électron passe du niveau $n = 4$ au niveau $n = 2$ dans un atome d'hydrogène.

5.33 Une analyse spectrale à haute résolution montre que la lumière jaune des lampes à sodium (par exemple, les lampadaires de rue) est constituée de photons de deux longueurs d'onde: 589,0 nm et 589,6 nm. Quelle est la différence d'énergie (en joules) entre ces photons?

5.34 Dans un atome d'hydrogène, un électron situé sur une orbite dont le nombre quantique principal est n_i effectue une transition jusqu'à une orbite dont le nombre quantique principal est 2; le photon émis a une longueur d'onde de 434 nm. Déterminez n_i.

LA DUALITÉ ONDE-PARTICULE
Questions de révision

5.35 Expliquez ce que l'on entend par l'affirmation suivante: la matière et les rayonnements (la lumière) ont une «double nature».

5.36 Comment l'hypothèse de de Broglie explique-t-elle le fait que l'énergie de l'électron dans un atome d'hydrogène est quantifiée?

5.37 Pourquoi l'équation (5.7) vaut-elle seulement pour les particules submicroscopiques, comme les électrons et les atomes, mais non pour des objets macroscopiques?

5.38 Est-ce qu'une balle de base-ball en vol possède des propriétés ondulatoires? Si oui, pourquoi ne peut-on pas les mesurer?

Problèmes

5.39 Les neutrons thermiques sont des neutrons qui se déplacent à des vitesses comparables à celle des molécules d'air à la température ambiante. Ces neutrons sont particulièrement efficaces pour initier une réaction nucléaire en chaîne parmi les isotopes ^{235}U. Calculez la longueur d'onde (en nanomètres)

associée à un faisceau de neutrons se déplaçant à $7,00 \times 10^2$ m/s. (La masse d'un neutron est de $1,675 \times 10^{-27}$ kg.)

5.40 Dans un accélérateur de particules, les protons peuvent atteindre des vitesses proches de la vitesse de la lumière. Calculez la longueur d'onde (en nanomètres) d'un tel proton se déplaçant à $2,90 \times 10^8$ m/s. (La masse d'un proton est de $1,673 \times 10^{-27}$ kg.)

5.41 Quelle longueur d'onde de de Broglie (en centimètres) peut-on associer à un colibri pesant 12,4 g et volant à $1,93 \times 10^2$ km/h?

5.42 Quelle est la longueur d'onde de de Broglie associée à une balle de tennis de table de 2,5 g voyageant à 56 km/h?

LA MÉCANIQUE QUANTIQUE ET L'ATOME D'HYDROGÈNE
Questions de révision

5.43 Quelles sont les faiblesses de la théorie de Bohr?

5.44 Qu'est-ce que le principe d'incertitude de Heisenberg? Qu'est-ce que l'équation de Schrödinger?

5.45 Quelle est la signification physique de la fonction d'onde?

5.46 En mécanique quantique, comment se sert-on de la densité électronique pour décrire la position d'un électron dans un atome?

5.47 Définissez l'expression «orbitale atomique». Quelle est la différence entre une orbitale et une orbite?

5.48 Donnez les caractéristiques d'une orbitale s, d'une orbitale p et d'une orbitale d.

5.49 Dans quelle mesure une surface de contour est-elle utile pour représenter une orbitale atomique?

5.50 Décrivez les quatre nombres quantiques utilisés pour caractériser un électron dans un atome.

5.51 Quel nombre quantique définit une couche? Quel nombre quantique définit une sous-couche?

5.52 Lequel ou lesquels des quatre nombres quantiques (n, l, m, s) déterminent l'énergie d'un électron a) dans un atome d'hydrogène et b) dans un atome polyélectronique?

Problèmes

5.53 Un électron dans un atome est au niveau quantique $n = 2$. Déterminez les valeurs de l et de m qu'il peut avoir.

5.54 Un électron dans un atome est au niveau quantique $n = 3$. Déterminez les valeurs de l et de m qu'il peut avoir.

5.55 Donnez les nombres quantiques associés aux orbitales suivantes: a) $2p$, b) $3s$, c) $5d$.

5.56 Donnez les nombres quantiques (n, l, et m) et le nombre d'orbitales pour chacune des sous-couches suivantes : a) $4p$, b) $3d$, c) $3s$, d) $5f$.

5.57 Nommez les similitudes et les différences entre une orbitale $1s$ et une orbitale $2s$.

5.58 Quelle est la différence entre une orbitale $2p_x$ et une orbitale $2p_y$?

5.59 Nommez les sous-couches et les orbitales possibles quand le nombre quantique principal (n) est 5.

5.60 Nommez les sous-couches et les orbitales possibles quand le nombre quantique principal (n) est 6.

5.61 Calculez le nombre total d'électrons pouvant occuper : a) une orbitale s, b) trois orbitales p, c) cinq orbitales d et d) sept orbitales f.

5.62 Pour chacune des valeurs de n, de $n = 1$ à $n = 6$, calculez le nombre total d'électrons pouvant être contenus dans toutes les orbitales ayant le même nombre quantique principal (n).

5.63 Quel est le nombre maximal d'électrons pouvant se trouver dans chacune des sous-couches suivantes : $3s$, $3d$, $4p$, $4f$, $5f$.

5.64 Indiquez le nombre total : a) d'électrons p dans N ($Z = 7$), b) d'électrons s dans Si ($Z = 14$) et c) d'électrons d dans S ($Z = 16$).

5.65 Faites un tableau comportant toutes les orbitales possibles contenues dans les quatre premiers principaux niveaux d'énergie de l'atome d'hydrogène. Indiquez le type de chacune d'elles (par exemple, s, p) et combien il y a d'orbitales de chaque type.

5.66 Pourquoi les orbitales $3s$, $3p$ et $3d$ ont-elles la même énergie dans l'atome d'hydrogène, mais des énergies différentes dans un atome polyélectronique ?

5.67 Dans chacune des paires suivantes, quelle orbitale de l'atome d'hydrogène a l'énergie la plus élevée ? a) $1s$, $2s$; b) $2p$, $3p$; c) $3d_{xy}$, $3d_{yz}$; d) $3s$, $3d$; e) $5s$, $4f$.

5.68 Dans chacune des paires suivantes, quelle orbitale d'un atome polyélectronique a l'énergie la moins élevée ? a) $2s$, $2p$; b) $3p$, $3d$; c) $3s$, $4s$; d) $4d$, $5f$.

LA CONFIGURATION ÉLECTRONIQUE ET LE TABLEAU PÉRIODIQUE
Questions de révision

5.69 Définissez les termes suivants : configuration électronique, principe d'exclusion de Pauli, règle de Hund.

5.70 Donnez la signification des mots « diamagnétique » et « paramagnétique ». Donnez un exemple d'atome diamagnétique et un exemple d'atome paramagnétique.

5.71 Que signifie $4d^6$?

5.72 Qu'entend-on par « effet d'écran » dans un atome ? En prenant l'atome Li comme exemple, décrivez l'effet d'écran sur l'énergie des électrons dans un atome.

5.73 Définissez chacun des termes suivants et, dans chaque cas, donnez un exemple : métaux de transition, lanthanides, actinides.

5.74 Expliquez pourquoi les configurations électroniques à l'état fondamental de Cr et de Cu sont différentes de ce à quoi on pourrait s'attendre.

5.75 Expliquez ce que l'on entend par « carcasse de gaz inerte ». Écrivez la configuration électronique de la carcasse de Xe.

5.76 Commentez la justesse de l'affirmation suivante : la probabilité de trouver deux électrons caractérisés par les quatre mêmes nombres quantiques dans un atome est nulle.

Problèmes

5.77 Lesquels des ensembles de nombres quantiques suivants sont impossibles ? Expliquez votre choix.
a) $(1, 0, \frac{1}{2}, -\frac{1}{2})$, b) $(3, 0, 0, +\frac{1}{2})$, c) $(2, 2, 1, +\frac{1}{2})$, d) $(4, 3, -2, +\frac{1}{2})$, e) $(3, 2, 1, 1)$.

5.78 Les configurations électroniques à l'état fondamental suivantes sont incorrectes. Dites où sont les erreurs et corrigez-les.
Al : $1s^2 2s^2 2p^4 3s^2 3p^3$
B : $1s^2 2s^2 2p^6$
F : $1s^2 2s^2 2p^6$

5.79 Le numéro atomique d'un élément est 73. Ses atomes sont-ils diamagnétiques ou paramagnétiques ?

5.80 Donnez le nombre d'électrons célibataires présents dans chacun des atomes suivants : B, Ne, P, Sc, Mn, Se, Zr, Ru, Cd, I, W, Pb, Ce, Ho.

5.81 Écrivez les configurations électroniques à l'état fondamental des éléments suivants : B, V, Ni, As, I, Au.

5.82 Écrivez les configurations électroniques à l'état fondamental des éléments suivants : Ge, Fe, Zn, Ru, W, Tl.

5.83 La configuration électronique d'un atome neutre est $1s^2 2s^2 2p^6 3s^2$. Donnez tous les nombres quantiques qui caractérisent chacun de ses électrons. De quel élément s'agit-il ?

5.84 Laquelle des espèces suivantes possède le plus d'électrons célibataires : S^+, S ou S^- ? Justifiez votre réponse.

Problèmes variés

5.85 Quand on chauffe, avec un bec Bunsen, un composé contenant du césium, il y a émission de photons dont l'énergie est de $4,30 \times 10^{-19}$ J. De quelle couleur est la flamme ?

5.86 Donnez l'opinion de la science actuelle sur la rectitude des affirmations suivantes. a) L'électron contenu dans l'atome d'hydrogène se situe sur une orbite qui ne s'approche jamais à moins de 100 pm du noyau. b) Les spectres d'absorption atomique résultent du passage d'électrons de niveaux d'énergie inférieurs à des niveaux supérieurs. c) Un atome polyélectronique se comporte un peu comme un système solaire possédant plusieurs planètes.

5.87 Dans chacun des cas, établissez la différence entre les deux termes : a) longueur d'onde et fréquence, b) ondes et particules, c) quantification de l'énergie et variation continue de l'énergie.

5.88 Dans un atome, quel est le nombre maximum d'électrons pouvant être caractérisé par les nombres quantiques suivants ? Associez chaque électron à une orbitale particulière. a) $n = 2$, $s = +\frac{1}{2}$; b) $n = 4$, $m = +1$; c) $n = 3$, $l = 2$; d) $n = 2$, $l = 0$, $s = -\frac{1}{2}$; e) $n = 4$, $l = 3$, $m = -2$.

5.89 Dites qui sont les personnes suivantes et en quoi elles ont contribué à la théorie des quanta : de Broglie, Einstein, Bohr, Planck, Heisenberg, Schrödinger.

5.90 Quelles propriétés des électrons sont utilisées dans un microscope électronique ?

5.91 Dans une expérience sur l'effet photoélectrique, un étudiant utilise une source lumineuse dont la fréquence est supérieure à celle nécessaire pour éjecter des électrons d'un certain métal. Cependant, après une longue exposition continue de la même surface métallique à la lumière, l'étudiant remarque que l'énergie cinétique maximum des électrons éjectés commence à diminuer, même si la fréquence de la lumière demeure constante. Comment expliquez-vous ce phénomène ?

5.92 Une balle lancée par un lanceur de base-ball peut atteindre 193 km/h. a) Calculez la longueur d'onde (en nanomètres) d'une balle de 0,141 kg voyageant à cette vitesse. b) Quelle est la longueur d'onde d'un atome d'hydrogène voyageant à cette vitesse ?

5.93 En ne tenant compte que des configurations électroniques à l'état fondamental, y a-t-il plus d'éléments diamagnétiques que paramagnétiques ? Expliquez.

5.94 L'ion He^+ possède un seul électron et peut donc être considéré comme un ion semblable à l'atome d'hydrogène. Calculez les longueurs d'onde, par ordre croissant, des quatre premières transitions pour la série de Balmer pour cet ion He^+. Comparez ces longueurs d'onde avec celles de l'atome H pour les mêmes transitions. Expliquez ces différences. (La constante de Rydberg pour He^+ vaut $8,72 \times 10^{-18}$ J.)

5.95 Un électron d'un atome d'hydrogène dans un état excité peut retourner à son niveau fondamental de deux manières différentes : a) par une seule transition directe avec l'émission d'un photon de longueur d'onde λ_1 et b) par deux transitions successives, c'est-à-dire en passant par un autre état intermédiaire excité avec l'émission d'un photon de longueur λ_2 pour ensuite atteindre le niveau fondamental en émettant un autre photon de longueur d'onde λ_3. Trouvez une équation reliant λ_1, λ_2 et λ_3.

5.96 L'énergie d'ionisation d'un certain élément est de 412 kJ/mol. Cependant, lorsque les atomes de cet élément sont dans leur premier état excité ($n = 2$), l'énergie d'ionisation vaut seulement 126 kJ/mol. D'après cette information, quelle est la longueur d'onde de la lumière émise accompagnant une transition du niveau $n = 2$ au niveau $n = 1$? (*Note* : L'énergie d'ionisation est l'énergie minimale requise pour enlever complètement un électron à un atome à partir de son état fondamental.)

5.97 Les alvéoles des poumons (*voir* problème 4.96) sont faites comme de petits sacs d'air dont le diamètre moyen est de $5,0 \times 10^{-5}$ m. Considérant une molécule d'oxygène (masse = $5,3 \times 10^{-26}$ kg) emprisonnée dans une alvéole, calculez l'incertitude de sa vitesse. (*Note* : L'incertitude maximale de la position d'une molécule correspond au diamètre du sac.)

Problèmes spéciaux

5.98 Le Soleil est entouré d'un cercle blanc appelé couronne solaire. Celle-ci est constituée de matière gazeuse. Cette couronne est visible durant une éclipse totale du soleil. La température de la couronne s'élève à des millions de degrés Celsius, ce qui est suffisant pour briser les molécules et enlever en partie ou complètement les électrons de leurs atomes. Un des moyens mis au point par les astronomes pour estimer la température de la couronne solaire consiste à examiner les raies d'émission des ions de certains éléments de la couronne. Par exemple, ils ont enregistré et analysé le spectre d'émission des ions de fer, Fe^{+14}. Sachant qu'il faut $3,5 \times 10^4$ kJ/mol pour convertir Fe^{+13} en Fe^{+14}, évaluez la température de la couronne solaire. (*Note* : L'énergie cinétique moyenne de 1 mol d'un gaz vaut $\frac{3}{2}RT$.)

5.99 Lorsqu'un électron fait une transition entre différents niveaux d'énergie dans un atome d'hydrogène, il n'y a pas de restrictions quant aux valeurs initiales et finales des valeurs du nombre quantique principal, n. Cependant, une règle de la mécanique quantique restreint les valeurs initiales et finales dans le cas des orbitales de type l. Cette règle de sélection stipule que $\Delta l = \pm 1$, c'est-à-dire qu'au cours d'une transition, la valeur de l peut seulement croître ou décroître de 1. Selon cette règle, parmi les transitions suivantes, lesquelles sont permises ? a) $1s \rightarrow 2s$; b) $2p \rightarrow 1s$; c) $1s \rightarrow 3d$; d) $3d \rightarrow 4f$; e) $4d \rightarrow 3s$.

Réponses aux exercices : 5.1 8,24 m; **5.2** $3,39 \times 10^3$ nm; **5.3** $2,63 \times 10^3$ nm; **5.4** 56,6 nm; **5.5** $n = 3$, $l = 1$, $m = -1, 0, 1$; **5.6** 16; **5.7** $(5, 1, -1, +\frac{1}{2})$, $(5, 1, 0, +\frac{1}{2})$, $(5, 1, 1, +\frac{1}{2})$, $(5, 1, -1, -\frac{1}{2})$, $(5, 1, 0, -\frac{1}{2})$, $(5, 1, 1, -\frac{1}{2})$; **5.8** 32; **5.9** $(1, 0, 0, +\frac{1}{2})$, $(1, 0, 0, -\frac{1}{2})$, $(2, 0, 0, +\frac{1}{2})$, $(2, 0, 0, -\frac{1}{2})$, $(2, 1, -1, +\frac{1}{2})$. Il y a cinq autres manières acceptables d'écrire les nombres quantiques du dernier électron ; **5.10** $[\text{Ne}]3s^2 3p^3$.

																18 8A
										13 3A	14 4A	15 5A	16 6A	17 7A	2 **He** 4.003
										5 **B** 10,81	6 **C** 12,01	7 **N** 14,01	8 **O** 16,00	9 **F** 19,00	10 **Ne** 20,18
										13 **Al** 26,98	14 **Si** 28,09	15 **P** 30,97	16 **S** 32,07	17 **Cl** 35,45	18 **Ar** 39,95
21 **Sc** 44,96	22 **Ti** 47,88	23 **V** 50,94	24 **Cr** 52,00	25 **Mn** 54,94	26 **Fe** 55,85	27 **Co** 58,93	28 **Ni** 58,69	29 **Cu** 63,55	30 **Zn** 65,39	31 **Ga** 69,72	32 **Ge** 72,59	33 **As** 74,92	34 **Se** 78,96	35 **Br** 79,90	36 **Kr** 83,80
39 **Y** 88,91	40 **Zr** 91,22	41 **Nb** 92,91	42 **Mo** 95,94	43 **Tc** (98)	44 **Ru** 101,1	45 **Rh** 102,9	46 **Pd** 106,4	47 **Ag** 107,9	48 **Cd** 112,4	49 **In** 114,8	50 **Sn** 118,7	51 **Sb** 121,8	52 **Te** 127,6	53 **I** 126,9	54 **Xe** 131,3
57 **La** 138,9	72 **Hf** 178,5	73 **Ta** 180,9	74 **W** 183,9	75 **Re** 186,2	76 **Os** 190,2	77 **Ir** 192,2	78 **Pt** 195,1	79 **Au** 197,0	80 **Hg** 200,6	81 **Tl** 204,4	82 **Pb** 207,2	83 **Bi** 209,0	84 **Po** (210)	85 **At** (210)	86 **Rn** (222)
89 **Ac** (227)	104 **Rf** (257)	105 **Db** (260)	106 **Sg** (263)	107 **Bh** (262)	108 **Hs** (265)	109 **Mt** (266)	110	111	112						

58 **Ce** 140,1	59 **Pr** 140,9	60 **Nd** 144,2	61 **Pm** (147)	62 **Sm** 150,4	63 **Eu** 152,0	64 **Gd** 157,3	65 **Tb** 158,9	66 **Dy** 162,5	67 **Ho** 164,9	68 **Er** 167,3	69 **Tm** 168,9	70 **Yb** 173,0	71 **Lu** 175,0
90 **Th** 232,0	91 **Pa** (231)	92 **U** 238,0	93 **Np** (237)	94 **Pu** (242)	95 **Am** (243)	96 **Cm** (247)	97 **Bk** (247)	98 **Cf** (249)	99 **Es** (254)	100 **Fm** (253)	101 **Md** (256)	102 **No** (254)	103 **Lr** (257)

CHAPITRE 6

Le tableau périodique

Les points essentiels

Le développement du tableau périodique
Au XIXᵉ siècle, les chimistes ont remarqué que les éléments avaient des propriétés physiques et chimiques récurrentes. Mendeleïev a réussi à construire un tableau périodique dans lequel les éléments sont placés exactement par groupe. Ainsi, il a pu prédire les propriétés de plusieurs éléments non encore découverts à cette époque.

La classification périodique des éléments
Aujourd'hui, on peut expliquer ces regroupements d'éléments. En effet, les éléments d'un même groupe ont une configuration électronique identique pour leur couche électronique externe, ce qui leur confère des propriétés chimiques semblables.

Les variations périodiques des propriétés
En général, les propriétés physiques des éléments, tels que les rayons atomiques et les rayons ioniques, varient d'une manière régulière et périodique. Il en est de même pour leurs propriétés chimiques. Parmi les propriétés chimiques les plus importantes, mentionnons l'énergie d'ionisation qui mesure la tendance pour un atome d'un élément à perdre un électron, et l'affinité électronique qui mesure la tendance à accepter un électron. L'énergie d'ionisation et l'électroaffinité sont à la base de la compréhension de la formation des liaisons chimiques.

En 1848, à l'âge de 14 ans, Dimitri Ivanovitch Mendeleïev fit un voyage qui allait changer sa vie. Né en Sibérie, Mendeleïev était le dernier d'une famille de 14 enfants. La famille était très pauvre, mais sa mère avait décidé que Dimitri Ivanovitch devait étudier à Moscou. Voyageant par ses propres moyens, après un trajet de plus de 2250 km, Dimitri se présenta à l'Université de Moscou pour s'y voir refuser l'admission parce qu'il était sibérien. Sa mère et lui se rendirent à Saint-Pétersbourg où, grâce à une bourse, il put étudier pour devenir professeur. Par la suite, il enseigna la chimie minérale à l'Université de Saint-Pétersbourg.

C'est Mendeleïev qui, le premier, nota qu'il existait une relation entre les masses moléculaires et les propriétés physiques de composés similaires. Il se demanda s'il existait une relation analogue entre les masses atomiques et les propriétés des éléments. En 1869, il construisit un tableau en disposant les éléments en fonction de leurs masses atomiques croissantes. Ce tableau révéla une périodicité dans les propriétés des éléments. On l'appelle maintenant le tableau périodique des éléments. Le tableau de Mendeleïev se révéla la clé du mystère entourant la structure atomique et les liaisons chimiques.

Dimitri Ivanovitch Mendeleïev
(1834-1907)

Mendeleïev avait découvert une loi fondamentale de la nature. Il réalisa qu'il restait encore beaucoup d'éléments à découvrir et prédit même leurs propriétés grâce à son tableau. Par exemple, en 1875, le chimiste français Lecoq découvrit le gallium et établit sa masse volumique à 4,7 g/cm^3; selon Mendeleïev, cette masse volumique devait plutôt être de 5,49 g/cm^3 : c'est en effet sa valeur réelle à 1 % près. La communauté scientifique fut estomaquée de voir qu'un théoricien connaissait mieux les propriétés d'un élément que le chimiste qui l'avait découvert !

Outre le fait de formuler la loi périodique, Mendeleïev écrivit des manuels de chimie et de philosophie, il contribua au développement de l'industrie pétrolière en Russie et participa à la normalisation des poids et des mesures. De son vivant, il fut le scientifique le plus célèbre en Russie. À sa mort, en 1907, des étudiants qui faisaient partie du cortège funèbre défilèrent en portant bien haut des tableaux périodiques géants.

Aujourd'hui, on considère le tableau périodique de Mendeleïev comme la contribution la plus importante faite à la chimie au XIXe siècle. On nomma mendélévium (Md) l'élément 101, en l'honneur du grand scientifique.

6.1 LE DÉVELOPPEMENT DU TABLEAU PÉRIODIQUE

Au XIXe siècle, à l'époque de Mendeleïev, les chimistes n'avaient qu'une vague idée des atomes et des molécules et ils ne connaissaient pas encore les particules constitutives de la matière, tels les électrons et les protons. Les premiers tableaux périodiques ont été conçus d'après les observations expérimentales de l'époque. On connaissait les masses atomiques de plusieurs éléments avec une grande précision et il apparaissait logique d'essayer d'établir une classification périodique basée sur ces masses puisque l'on supposait que le comportement chimique d'un élément avait une relation quelconque avec sa masse atomique.

En 1864, le chimiste anglais John Newlands remarqua que, si les éléments connus étaient disposés par ordre de masse atomique, les propriétés se répétaient à tous les huit éléments. Il nomma cette relation particulière *loi des octaves*. Cependant, cette « loi » s'avéra inapplicable pour les éléments venant après le calcium ; le travail de Newlands ne fut donc pas accepté par la communauté scientifique.

Cinq ans plus tard, le chimiste russe Dimitri Mendeleïev et le chimiste allemand Lothar Meyer proposèrent, chacun de leur côté, une classification beaucoup plus complète des éléments, où l'on observait la répétition périodique (c'est-à-dire à intervalles réguliers) de leurs propriétés. La classification de Mendeleïev était de beaucoup supérieure à celle de Newlands, et cela pour deux raisons : elle regroupait les éléments sur la base de critères de ressemblance plus exacts, c'est-à-dire selon leurs propriétés ; de plus, elle permettait de faire des prédictions quant aux propriétés d'éléments qui n'avaient pas encore été découverts. Par exemple, Mendeleïev proposa l'existence d'un élément, inconnu à l'époque, qu'il appela éka-aluminium (*eka* est un mot sanskrit qui signifie « premier » ; l'éka-aluminium était, selon Mendeleïev, le premier élément situé sous l'aluminium dans le même groupe). Quand on découvrit le gallium quatre ans plus tard, on nota que ses propriétés rappelaient étrangement celles qu'avait prédites Mendeleïev pour l'éka-aluminium (*tableau 6.1*).

Néanmoins, les premières versions du tableau périodique avaient quelques défauts flagrants. Par exemple, la masse atomique de l'argon (39,95 u) était supérieure à celle du potassium (39,10 u). Si l'on avait disposé les éléments seulement par ordre croissant de leurs masses atomiques, dans le tableau périodique moderne l'argon apparaîtrait à la position occupée par le potassium (*voir* le tableau périodique à la fin du manuel). Mais aucun chimiste ne situerait l'argon, un gaz inerte, dans le même groupe que le lithium et le sodium, deux métaux très réactifs. Cette irrégularité et certaines autres suggéraient que la périodicité était basée sur une caractéristique fondamentale autre que la masse atomique. Cette caractéristique se révéla être le numéro atomique.

Grâce aux données des expériences sur la dispersion des particules α (*section 2.2*), Rutherford put estimer le nombre de charges positives contenues dans les noyaux de quelques éléments, mais, jusqu'en 1913, il n'existait pas de méthode générale permettant de déterminer les numéros atomiques. Cette année-là, un jeune physicien anglais, Henry Moseley, établit une corrélation entre le numéro atomique d'un élément et la fréquence des rayons X générés par le bombardement de l'élément sous observation par des électrons à haute énergie. Moseley découvrit que, à quelques exceptions près, les numéros atomiques suivent le même ordre croissant que les masses atomiques. Par exemple, le calcium est le vingtième élément par ordre croissant des masses atomiques et son numéro atomique est 20. Les irrégularités qui gênaient les scientifiques étaient maintenant expliquées. Le numéro atomique de l'argon est 18 et celui du potassium est 19 ; le potassium doit donc suivre l'argon dans le tableau périodique.

Dans un tableau périodique moderne, le numéro atomique accompagne habituellement le symbole de l'élément. Comme vous le savez déjà, le numéro atomique indique également le nombre d'électrons contenus dans chaque atome de l'élément. La configuration électronique des éléments permet d'expliquer la répétition de leurs propriétés physiques et chimiques. L'importance et l'utilité du tableau périodique reposent sur le fait que l'on peut, grâce aux connaissances que l'on a sur les propriétés générales d'un groupe (famille) ou d'une période, prédire avec une précision considérable les propriétés de n'importe quel élément, même s'il s'agit d'un élément que l'on connaît mal.

TABLEAU 6.1   LA COMPARAISON ENTRE LES PROPRIÉTÉS DE L'ÉKA-ALUMINIUM PRÉDITES PAR MENDELEÏEV ET CELLES DU GALLIUM*

Éka-aluminium (Ea)	Gallium (Ga)
Masse atomique d'environ 68.	Masse atomique de 69,9.
Métal : masse volumique de 5,94 g/cm^3 ; point de fusion bas ; non volatil ; ne réagit pas à l'air ; chauffé au rouge, il devrait décomposer la vapeur d'eau ; devrait se dissoudre lentement en milieu acide ou basique.	*Métal* : masse volumique de 5,94 g/cm^3 ; point de fusion de 30,15 °C ; non volatil à température ambiante ; ne se modifie pas à l'air ; son action sur la vapeur d'eau n'est pas connue ; se dissout lentement en milieu acide ou basique.
Oxyde : formule Ea$_2$O$_3$; masse volumique de 5,5 g/cm^3 ; devrait se dissoudre en milieu acide pour former des sels de type EaX$_3$. L'hydroxyde devrait se dissoudre en milieu acide ou basique.	*Oxyde* : Ga$_2$O$_3$; masse volumique inconnue ; se dissout en milieu acide pour former des sels de type GaX$_3$. L'hydroxyde se dissout en milieu acide ou basique.
Les *sels* devraient être basiques ; le sulfate devrait former des aluns ; le sulfure devrait être précipité par H$_2$S ou (NH$_4$)$_2$S. Le chlorure anhydre devrait être plus volatil que le chlorure de zinc.	Les *sels* s'hydrolysent facilement et forment des sels basiques ; on lui connaît des aluns ; le sulfure est précipité par H$_2$S et par (NH$_4$)$_2$S dans des conditions spécifiques. Le chlorure anhydre est plus volatil que le chlorure de zinc.
L'élément sera probablement découvert grâce à l'analyse spectroscopique.	Le gallium fut découvert grâce à la spectroscopie.

* D'après M. E. Weeks, *Discovery of the elements*, 6e éd., Chemical Education Publishing Company, Easton, Pa., 1956.

6.2 LA CLASSIFICATION PÉRIODIQUE DES ÉLÉMENTS

À la figure 6.1, on trouve le tableau périodique avec la configuration électronique de la couche périphérique des éléments à l'état fondamental. (Les configurations électroniques des éléments sont également données au tableau 5.3.)

À partir de l'hydrogène, on voit que les sous-couches sont remplies dans l'ordre indiqué à la figure 5.24. On peut regrouper les éléments selon les types de sous-couches en remplissage : les éléments représentatifs, les gaz rares, les métaux de transition, les lanthanides et les actinides. Comme on le voit à la figure 6.1, les *éléments représentatifs* sont *les éléments des groupes 1A à 7A ; ils ont tous des sous-couches* s *ou* p *incomplètes dans le niveau principal périphérique.* À l'exception de l'hélium, les **gaz rares** (*les éléments du groupe 8A*) *ont tous une sous-couche* p *complètement remplie.* (Les configurations électroniques sont $1s^2$ pour l'hélium et ns^2np^6 pour les autres gaz rares, où n est le nombre quantique principal de la couche périphérique.) Les métaux de transition sont les éléments des groupes 1B, et 3B à 8B ; ils ont des sous-couches d incomplètes ou encore ils produisent facilement des cations dont les sous-couches d sont incomplètes. (Ces métaux sont parfois appelés éléments de transition du bloc d.) Les éléments du groupe 2B sont Zn, Cd et Hg ; ce ne sont ni des éléments représentatifs ni des métaux de transition. Pour ce qui est des lanthanides et des actinides, ce sont leurs sous-couches f qui sont incomplètes. (On les appelle parfois éléments de transition du bloc f.)

Quand on examine les configurations électroniques des éléments d'un groupe particulier, on se rend compte que ces éléments ont une caractéristique commune. Par exemple, examinons les configurations électroniques des éléments des groupes 1A et 2A données au tableau 6.2 : on y remarque que tous les membres du groupe 1A (les métaux alcalins) ont des configurations électroniques périphériques similaires ; chaque configuration est constituée d'une carcasse de gaz rare suivie d'une configuration ns^1, qui représente l'électron périphérique. De même, les configurations électroniques des éléments du groupe 2A (les métaux alcalino-terreux) sont constituées d'une carcasse de gaz rare suivie d'une configuration ns^2, qui représente les électrons périphériques. On appelle **électrons de valence** les *électrons périphériques (de la couche de nombre* n *le plus élevé) d'un atome ; ce sont ceux qui participent à la formation des liaisons chimiques*. Le fait que les éléments d'un même groupe aient tous le même nombre d'électrons de valence explique les similitudes dans leur

TABLEAU 6.2

LES CONFIGURATIONS ÉLECTRONIQUES DES ÉLÉMENTS DES GROUPES 1A ET 2A

Groupe 1A	Groupe 2A
Li : [He]$2s^1$	Be : [He]$2s^2$
Na : [Ne]$3s^1$	Mg : [Ne]$3s^2$
K : [Ar]$4s^1$	Ca : [Ar]$4s^2$
Rb : [Kr]$5s^1$	Sr : [Kr]$5s^2$
Cs : [Xe]$6s^1$	Ba : [Xe]$6s^2$
Fr : [Rn]$7s^1$	Ra : [Rn]$7s^2$

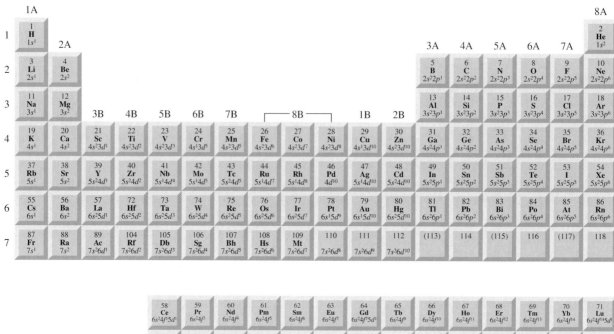

Figure 6.1 *Les configurations électroniques des éléments à l'état fondamental. Pour simplifier le tableau, seules les configurations des électrons périphériques sont indiquées.*

réactivité. Cette observation vaut également pour les halogènes (les éléments du groupe 7A), dont la configuration électronique périphérique est ns^2np^5 : leurs propriétés sont similaires. Il faut toutefois être prudent quand on prédit les propriétés des éléments des groupes 3A à 6A. Par exemple, les électrons périphériques des éléments du groupe 4A ont tous la même configuration ns^2np^4, mais leurs propriétés chimiques varient beaucoup : le carbone est un non-métal, le silicium et le germanium sont des métalloïdes, et l'étain et le plomb sont des métaux.

Dans le groupe que forment les gaz rares, tous les éléments ont un comportement très semblable. Ces éléments, à l'exception du krypton et du xénon, sont totalement inertes chimiquement, parce que leurs sous-couches périphériques ns^2np^6 sont complètement remplies, condition qui explique leur grande stabilité. Pour ce qui est des métaux de transition, même si leur configuration électronique périphérique n'est pas toujours la même à l'intérieur d'un groupe et que, entre les éléments d'une même période, la variation de la configuration électronique ne suit pas un modèle unique, ils partagent de nombreuses caractéristiques qui les distinguent des autres éléments. Cette similitude tient au fait que ces métaux ont tous une sous-couche d incomplète. Par ailleurs, les lanthanides (et les actinides) se ressemblent tous parce qu'ils ont des sous-couches f incomplètes. La figure 6.2 permet de distinguer les groupes d'éléments dont nous venons de parler.

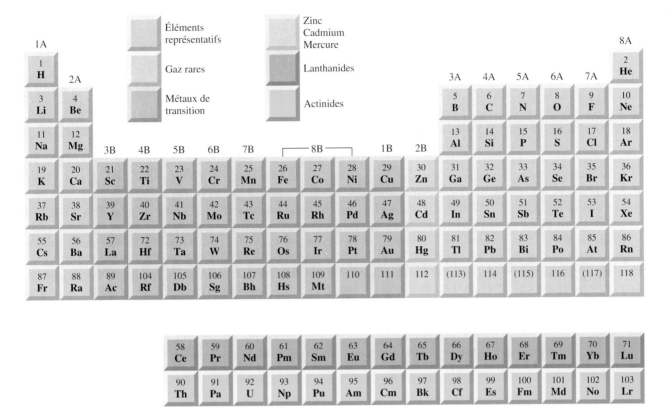

Figure 6.2 *La classification des éléments. Notez que l'on classe souvent les éléments du groupe 2B avec les métaux de transition même s'ils n'en ont pas les caractéristiques.*

EXEMPLE 6.1   La détermination d'une configuration électronique et l'identification d'un élément

Un atome neutre d'un certain élément a 15 électrons. Sans consulter le tableau périodique, répondez aux questions suivantes : a) Quelle est la configuration électronique de l'élément ? b) Comment devrait-on classer cet élément ? c) Les atomes de cet élément sont-ils diamagnétiques ou paramagnétiques ?

Réponse : a) Grâce au principe de l'*aufbau* et à la capacité maximum des sous-couches s et p, on peut déterminer la configuration électronique de l'élément : $1s^2 2s^2 2p^6 3s^2 3p^3$.

b) Puisque la sous-couche $3p$ n'est pas complètement remplie, il s'agit d'un élément représentatif. D'après les données fournies, on ne peut savoir s'il s'agit d'un métal, d'un non-métal ou d'un métalloïde.

c) Selon la règle de Hund, les trois électrons des orbitales $3p$ ont des spins parallèles. Les atomes de cet élément sont donc paramagnétiques ; ils ont trois électrons non appariés. (Souvenez-vous qu'on a vu au chapitre 5 que tout atome possédant un nombre impair d'électrons *doit nécessairement être* paramagnétique.)

EXERCICE

Un atome d'un certain élément a 20 électrons. a) Écrivez la configuration électronique de l'élément à l'état fondamental ; b) classez-le ; c) dites si ses atomes sont diamagnétiques ou paramagnétiques.

Problème semblable : 6.13

LA CHIMIE EN ACTION

LE TABLEAU PÉRIODIQUE ACTUEL

Le tableau périodique accroché au mur de votre laboratoire ou de votre classe vous est probablement devenu si familier que vous le tenez pour acquis. Cependant, comme toute autre chose en sciences, la notation officielle des groupes dans le tableau périodique continue de changer à la suite de nouvelles découvertes et de nouvelles tendances. C'est un autre exemple de la chimie en action.

Comme il en est question dans ce chapitre, Mendeleïev fut l'un des premiers, en 1869, à présenter les éléments sous forme de tableau. Il aurait fait une carte pour chacun des 63 éléments connus à l'époque ; sur chacune des cartes correspondant à un élément, il aurait ensuite inscrit les propriétés les plus importantes de l'élément en question. En rassemblant les cartes des éléments qui avaient des propriétés similaires, Mendeleïev arriva à un tableau constitué de huit groupes verticaux. En laissant certaines cases vides dans son tableau, il fut le premier à saisir l'utilité de ce tableau pour prédire la découverte et les propriétés d'éléments jusqu'alors inconnus. C'est ainsi qu'il a prédit l'existence du germanium qu'il avait nommé ekasilicium à cause de ses airs de famille avec le silicium. Il a aussi prouvé que les valeurs de certaines masses atomiques étaient erronées, et les a corrigées.

De nos jours, le tableau périodique comporte plus de 100 éléments, disposés selon leurs numéros atomiques plutôt que selon leurs masses atomiques, comme l'avait fait Mendeleïev. Toutefois, sauf quelques exceptions, la disposition est presque la même. Il y a toujours huit groupes, désignés par les lettres A ou B. Aux États-Unis et au Canada, la pratique veut que l'on utilise A pour désigner les groupes des éléments représentatifs et B pour les éléments de transition (*voir* le tableau ci-dessous) ; en Europe, la tradition veut que l'on utilise B pour les éléments représentatifs (après les métaux alcalins et alcalino-terreux) et A pour les éléments de transition (ailleurs dans le monde, on retrouve l'un ou l'autre de ces systèmes). Pour éliminer toute confusion concernant cet usage, l'Union internationale de chimie pure et appliquée (UICPA) a proposé un compromis : un tableau dans lequel les colonnes porteraient des numéros en chiffres arabes allant de 1 à 18. Cette proposition a soulevé beaucoup de controverses dans la communauté chimique internationale ; ses avantages et ses inconvénients feront l'objet de discussions pendant encore un certain temps.

Convention UICPA
Convention européenne
Convention américaine

1 1A 1A	2 2A 2A												13 3B 3A	14 4B 4A	15 5B 5A	16 6B 6A	17 7B 7A	18 0 8A
1 H																	2 He
3 Li	4 Be	3 3A 3B	4 4A 4B	5 5A 5B	6 6A 6B	7 7A 7B	8	9 8A	10	11 1B 1B	12 2B 2B		5 B	6 C	7 N	8 O	9 F	10 Ne
11 Na	12 Mg							8B				13 Al	14 Si	15 P	16 S	17 Cl	18 Ar
19 K	20 Ca	21 Sc	22 Ti	23 V	24 Cr	25 Mn	26 Fe	27 Co	28 Ni	29 Cu	30 Zn	31 Ga	32 Ge	33 As	34 Se	35 Br	36 Kr
37 Rb	38 Sr	39 Y	40 Zr	41 Nb	42 Mo	43 Tc	44 Ru	45 Rh	46 Pd	47 Ag	48 Cd	49 In	50 Sn	51 Sb	52 Te	53 I	54 Xe
55 Cs	56 Ba	57 La	72 Hf	73 Ta	74 W	75 Re	76 Os	77 Ir	78 Pt	79 Au	80 Hg	81 Tl	82 Pb	83 Bi	84 Po	85 At	86 Rn
87 Fr	88 Ra	89 Ac	104 Unq	105 Unp	106 Unh	107 Uns	108 Uno	109 Une									

58 Ce	59 Pr	60 Nd	61 Pm	62 Sm	63 Eu	64 Gd	65 Tb	66 Dy	67 Ho	68 Er	69 Tm	70 Yb	71 Lu
90 Th	91 Pa	92 U	93 Np	94 Pu	95 Am	96 Cm	97 Bk	98 Cf	99 Es	100 Fm	101 Md	102 No	103 Lr

Les configurations électroniques des cations et des anions

Vu que nombre de composés ioniques sont formés d'anions et de cations monoatomiques, il est utile de pouvoir écrire les configurations électroniques des ions. La méthode qu'on utilise alors est très semblable à celle qu'on applique dans le cas d'atomes neutres. Pour les besoins de l'explication, nous regrouperons les ions en deux catégories.

NOTE

À moins d'avis contraire, la configuration électronique d'un atome fait toujours référence à son état fondamental.

Les ions dérivés des éléments représentatifs

Au moment de la formation d'un cation dérivé d'un atome neutre d'un élément représentatif, il y a libération de un ou de plusieurs électrons de la couche n périphérique. La liste qui suit donne les configurations électroniques de quelques atomes neutres et des cations correspondants :

$$Na: [Ne]3s^1 \qquad Na^+: [Ne]$$
$$Ca: [Ar]4s^2 \qquad Ca^{2+}: [Ar]$$
$$Al: [Ne]3s^23p^1 \qquad Al^{3+}: [Ne]$$

Notez que chacun de ces ions a la configuration d'un gaz rare.

Par contre, au moment de la formation d'un anion, un ou plusieurs électrons s'ajoutent à la couche n la plus élevée et qui est partiellement remplie. Voyez les exemples suivants :

$$H: 1s^1 \qquad H^-: 1s^2 \text{ ou } [He]$$
$$F: 1s^22s^22p^5 \qquad F^-: 1s^22s^22p^6 \text{ ou } [Ne]$$
$$O: 1s^22s^22p^4 \qquad O^{2-}: 1s^22s^22p^6 \text{ ou } [Ne]$$
$$N: 1s^22s^22p^3 \qquad N^{3-}: 1s^22s^22p^6 \text{ ou } [Ne]$$

Encore une fois, tous les anions ont la configuration électronique stable d'un gaz rare. Ainsi, on peut dire des éléments représentatifs que la configuration électronique périphérique (ns^2np^6) des ions dérivés de leurs atomes est celle d'un gaz rare. Sont dites **isoélectroniques** *les espèces qui ont le même nombre d'électrons, donc qui ont la même configuration électronique* ; par exemple, F^-, Na^+ et Ne sont isoélectroniques.

Les cations dérivés des métaux de transition

À la section 5.8, nous avons vu que, dans les métaux de transition de la première rangée (de Sc à Cu), l'orbitale $4s$ se remplit toujours avant les orbitales $3d$. Voyez la configuration électronique du manganèse : $[Ar]4s^23d^5$. Au cours de la formation de l'ion Mn^{2+}, on pourrait s'attendre à ce que les deux électrons s'échappent des orbitales $3d$ pour former $[Ar]4s^23d^3$. En fait, la configuration électronique de Mn^{2+} est $[Ar]3d^5$! Pourquoi ? Parce que les interactions électron-électron et électron-noyau dans un atome neutre peuvent être très différentes de celles qui existent dans son ion. Alors, même si, dans Mn, l'orbitale $4s$ se remplit toujours avant l'orbitale $3d$, quand Mn^{2+} est formé, les électrons quittent toujours l'orbitale $4s$ parce que, dans les ions des métaux de transition, l'orbitale $3d$ est plus stable que l'orbitale $4s$. Donc, de façon générale, lorsqu'un cation est formé à partir d'un atome d'un métal de transition, les électrons quittent toujours l'orbitale ns avant les orbitales $(n-1)d$.

NOTE

Il faut se rappeler que, dans le cas des éléments de transition, l'ordre de remplissage des électrons ne détermine ni ne prédit l'ordre de retrait des électrons.

Souvenez-vous que la plupart des métaux de transition peuvent former plus de un type de cations et que souvent ces cations et le gaz rare qui les précède ne sont pas isoélectroniques.

6.3 LES VARIATIONS PÉRIODIQUES DES PROPRIÉTÉS PHYSIQUES

Comme nous l'avons vu, les configurations électroniques varient périodiquement suivant l'augmentation du numéro atomique. Par conséquent, les comportements physiques et chimiques des éléments présentent également des variations périodiques. Dans cette section et les deux prochaines, nous verrons certaines propriétés physiques des éléments d'un groupe et d'une période, ainsi que certaines propriétés qui influencent la réactivité chimique de ces éléments. Mais d'abord, voyons le concept de charge nucléaire effective, qui nous aidera à mieux comprendre ces propriétés.

La charge nucléaire effective

Au chapitre 5, nous avons vu que les électrons situés près du noyau forment en quelque sorte un écran entre les électrons des couches périphériques et le noyau : la présence de ces électrons a pour effet de réduire l'attraction électrostatique entre les protons, situés dans le noyau, et les électrons périphériques. De plus, la force répulsive qui s'exerce entre les électrons eux-mêmes atténue également la force d'attraction du noyau. Le concept de charge nucléaire effective permet d'expliquer comment l'effet d'écran influe sur les propriétés périodiques.

Voyons, par exemple, l'atome d'hélium ; sa configuration électronique est $1s^2$. Ses deux protons donnent au noyau une charge de $+2$, mais cette force attractive qui s'exerce sur les deux électrons $1s$ est partiellement contrebalancée par la répulsion électron-électron. Par conséquent, on dit que chaque électron $1s$ fait écran à l'autre électron $1s$. La *charge nucléaire effective* (Z_{eff}) est donnée par

$$Z_{eff} = Z - \sigma$$

où Z est la charge nucléaire réelle et σ (sigma) est la *constante d'écran*. La valeur de cette constante est toujours supérieure à zéro, mais inférieure à celle de Z.

L'énergie requise pour arracher un électron d'un atome polyélectronique illustre bien l'effet d'écran des électrons. Il faut une énergie de 2373 kJ pour retirer le premier électron de une mole d'atomes He et 5251 kJ pour arracher l'électron résiduel de une mole d'ions He⁺. Cette si grande différence d'énergie nécessaire pour arracher le deuxième électron s'explique par le fait qu'il n'y a plus que un électron présent ; il n'y a donc plus d'effet d'écran, et l'électron subit l'effet total de la charge nucléaire, qui est $+2$.

Dans le cas des atomes qui ont plus de deux électrons, les électrons d'une couche donnée subissent, en plus de l'effet d'écran des autres électrons de la même couche s'il y a lieu, l'effet d'écran des électrons des couches inférieures (qui sont les couches plus près du noyau). Un électron d'une couche supérieure n'a pas d'effet sur un électron donné d'une couche inférieure. Ainsi, dans le cas du lithium, dont la configuration électronique est $1s^2 2s^1$, l'électron $2s$ subit l'effet d'écran des deux électrons $1s$, mais l'inverse n'est pas vrai. De plus, les électrons des couches inférieures ont un meilleur effet d'écran sur les électrons des couches supérieures que celui que produisent entre eux les électrons d'une même couche. Comme nous le verrons, l'effet d'écran joue un rôle important dans la grosseur de l'atome, ainsi que dans la formation des ions et des molécules.

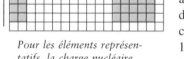

Pour les éléments représentatifs, la charge nucléaire effective augmente de la gauche vers la droite le long des périodes et de bas en haut dans les groupes.

Le rayon atomique

Plusieurs propriétés physiques, dont la masse volumique, le point de fusion et le point d'ébullition, sont reliées à la taille des atomes. Toutefois (nous l'avons vu au chapitre 5), comme la densité électronique dans un atome s'étend loin autour du noyau, la taille d'un atome est une donnée difficile à déterminer. En pratique, on entend par taille atomique le volume qui, autour du noyau, contient environ 90 % de la densité électronique totale.

Il existe plusieurs techniques permettant d'estimer la taille d'un atome. D'abord voyons les éléments métalliques. Bien que leurs structures soient très variées, tous les métaux partagent une caractéristique structurelle commune : leurs atomes sont liés entre eux en un vaste réseau tridimensionnel. Ainsi, le ***rayon atomique*** d'un métal équivaut à la *moitié de la distance séparant les noyaux de deux atomes adjacents (figure 6.3 a). Dans le cas des éléments qui existent à l'état de molécules diatomiques, le rayon atomique équivaut à la moitié de la distance séparant les noyaux des deux atomes de la molécule (figure 6.3 b).*

La figure 6.4 montre les rayons atomiques de plusieurs éléments selon leurs positions dans le tableau périodique ; la figure 6.5 montre la variation du rayon de ces éléments en fonction de leurs numéros atomiques. La périodicité y est évidente. En examinant cette périodicité, rappelez-vous que le rayon atomique est déterminé en grande partie par la force qui retient les électrons des couches périphériques autour du noyau. Plus la charge nucléaire effective est élevée, plus ces électrons sont fortement attirés et plus le rayon atomique est petit. Voyons les éléments de la deuxième période (de Li à F). De gauche à droite, on remarque que le nombre d'électrons contenus dans la couche interne ($1s^2$) reste constant, alors que la charge nucléaire augmente. Les électrons qui s'ajoutent pour contrebalancer l'augmentation de la charge nucléaire ne se font pas écran entre eux. Par conséquent, la charge nucléaire effective augmente régulièrement tant que le nombre quantique principal reste constant ($n = 2$). Par exemple, l'électron $2s$ du lithium subit l'effet d'écran des deux électrons $1s$; on suppose, en faisant une approximation, que l'effet d'écran des deux électrons $1s$ équivaut à l'annulation de deux charges positives du noyau (qui possède trois protons) ; donc l'électron $2s$ subit une attraction n'équivalant qu'à celle de un proton : autrement dit, la charge nucléaire effective est de $+1$. Dans le cas du béryllium ($1s^2 2s^2$), chacun des électrons $2s$ subit l'effet d'écran des électrons $1s$, qui annulent deux des quatre charges positives du noyau. Puisque les électrons $2s$ n'exercent pas l'un sur l'autre

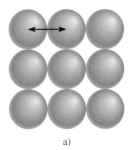

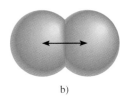

Figure 6.3 *a) Dans un métal, le rayon atomique correspond à la moitié de la distance qui sépare les centres de deux atomes adjacents. b) Chez les éléments qui existent à l'état de molécules diatomiques, comme l'iode, le rayon de l'atome correspond à la moitié de la distance qui sépare les centres des atomes dans la molécule.*

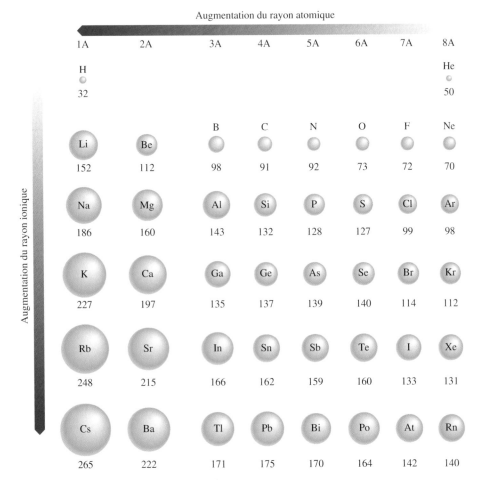

Figure 6.4 *Les rayons atomiques (en picomètres) des éléments représentatifs selon la position de ceux-ci dans le tableau périodique.*

Figure 6.5 *Variation du rayon atomique (en picomètres) des éléments en fonction des numéros atomiques.*

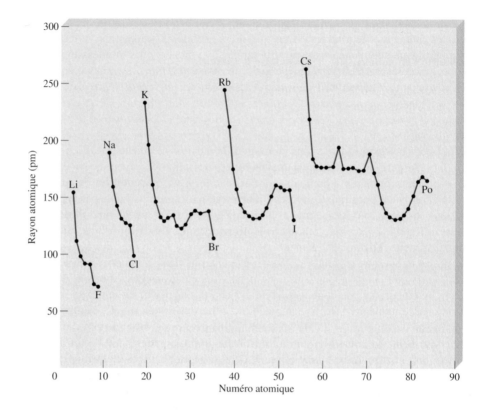

un effet d'écran aussi important, le résultat net est que la charge nucléaire effective de chaque électron 2*s* est supérieure à +1. Alors, à mesure que la charge nucléaire effective augmente, le rayon atomique diminue régulièrement, du lithium au fluor.

À mesure que l'on descend dans un groupe (par exemple, le groupe 1A), on remarque que le rayon atomique augmente. Dans le cas des métaux alcalins, l'électron périphérique est dans l'orbitale *ns*. Puisque le volume de l'orbitale augmente avec le nombre quantique principal (*n*), la taille des atomes métalliques augmente de Li à Cs. Le même raisonnement s'applique aux éléments des autres groupes.

Problèmes semblables :
6.37 et 6.38

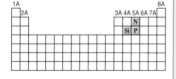

NOTE

En général, les tendances périodiques ne s'appliquent qu'aux éléments représentatifs.

EXEMPLE 6.2   La comparaison de la taille des atomes

À l'aide du tableau périodique, classez les atomes suivants selon l'ordre croissant de leurs rayons atomiques : P, Si, N.

Réponse : N et P sont dans le même groupe (le groupe 5A). Puisque le rayon atomique augmente de haut en bas dans un groupe, le rayon de N est inférieur à celui de P. Si et P sont tous les deux dans la même période ; Si est à gauche de P. Puisque le rayon atomique décroît de gauche à droite dans une période, le rayon de P est inférieur à celui de Si. Ainsi, l'ordre croissant des rayons est N < P < Si.

EXERCICE

Classez les atomes suivants par ordre décroissant de leurs rayons : C, Li, Be.

Le rayon ionique

*Le **rayon ionique*** est le *rayon d'un cation ou d'un anion*. Il influence les propriétés physiques et chimiques des composés ioniques. Par exemple, le type de structure tridimensionnelle d'un composé ionique dépend de la taille relative de ses cations et de ses anions.

Quand un atome neutre devient un ion, on s'attend à ce que sa taille change. Si l'atome devient un anion, sa taille (ou son rayon) augmente, puisque, la charge nucléaire restant la même, l'augmentation de la répulsion entre les électrons qui résulte de l'ajout d'un ou de plusieurs électrons a pour effet de grossir le nuage électronique (une représentation de la densité électronique). Par contre, un cation est plus petit que l'atome neutre correspondant, puisque le retrait de un ou de plusieurs électrons réduit la répulsion électron-électron alors que la charge nucléaire reste la même ; ainsi, le nuage électronique rétrécit. La figure 6.6 montre la variation de taille quand les atomes des métaux alcalins forment des cations et que ceux des halogènes forment des anions ; la figure 6.7 montre la variation de taille quand un atome de lithium réagit avec un atome de fluor pour former LiF.

La figure 6.8 montre les rayons des ions dérivés des éléments les plus courants ; ces derniers sont disposés selon leurs positions dans le tableau périodique. On voit que, dans certains cas, la variation des rayons atomiques et des rayons ioniques va dans le même sens. Par exemple, à mesure qu'on descend dans un groupe, les deux rayons, atomique et ionique, augmentent. Pour ce qui est des ions de groupes différents, on ne peut comparer leurs tailles que s'ils sont isoélectroniques. Si l'on examine les ions isoélectroniques, on remarque que les cations sont plus petits que les anions. Par exemple, Na^+ est plus petit que F^-. Ces deux ions ont le même nombre d'électrons, mais Na ($Z = 11$) possède plus de protons que F ($Z = 9$). La charge nucléaire effective supérieure de Na^+ explique son plus petit rayon.

Chez les cations isoélectroniques, on remarque que les rayons des *ions de charge* 3+ sont plus petits que ceux des *ions de charge* 2+, qui à leur tour sont plus petits que ceux des *ions de charge* 1+. Cette tendance est clairement illustrée par la taille des trois ions isoélectroniques de la troisième période : Al^{3+}, Mg^{2+} et Na^+ (*figure 6.8*). L'ion Al^{3+} possède le même nombre d'électrons que Mg^{2+}, mais un proton de plus. Alors, le nuage électronique de Al^{3+} est attiré plus fortement vers l'intérieur que celui de Mg^{2+}. La différence entre les rayons de Mg^{2+} et de Na^+ s'explique de la même manière. Pour ce qui est des

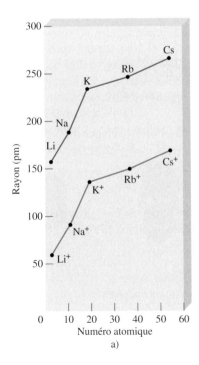

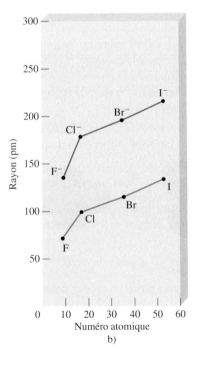

Figure 6.6 *Comparaison entre les rayons atomiques et les rayons ioniques : a) Les métaux alcalins et leurs cations ; b) Les halogènes et ions halogénures.*

Figure 6.7 *Variation de la taille des espèces quand* Li *réagit avec* F *pour former* LiF.

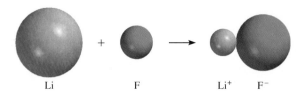

anions isoélectroniques, on remarque que le rayon augmente si l'on passe d'un ion de charge 1− à un ion de charge 2−, et ainsi de suite. Ainsi, l'ion oxyde est plus gros que l'ion fluorure parce que l'oxygène a un proton de moins que le fluor; le nuage électronique de O^{2-} est donc plus étendu que celui de F^-.

Figure 6.8 *Rayons (en picomètres) de certains ions des éléments les plus courants suivant la position de ces éléments dans le tableau périodique.*

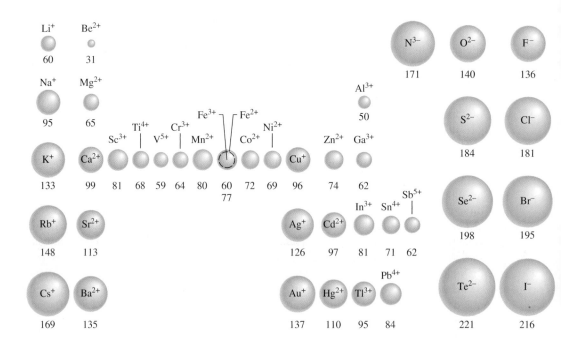

EXEMPLE 6.3   La comparaison de la taille des ions

Pour chacune des paires suivantes, indiquez quel ion est le plus gros :
a) N^{3-}, F^- ; b) Mg^{2+}, Ca^{2+} ; c) Fe^{2+}, Fe^{3+}.

Réponses : a) N^{3-} et F^- sont des anions isoélectroniques. Puisque N^{3-} possède deux protons de moins que F^-, N^{3-} est plus gros.

b) Mg et Ca appartiennent au groupe 2A (les métaux alcalino-terreux). Puisque, dans le tableau, Ca se trouve sous Mg, l'ion Ca^{2+} est plus gros que l'ion Mg^{2+}.

c) Les deux ions ont la même charge nucléaire ; mais, comme Fe^{2+} a un électron de plus, la répulsion électron-électron y est plus forte. Le rayon ionique de Fe^{2+} est donc plus grand.

EXERCICE

Dites quel ion est le plus petit dans chacun des couples suivants :
a) K^+, Li^+ ; b) Au^+, Au^{3+} ; c) P^{3-}, N^{3-}.

Problèmes semblables :
6.43 et 6.45

6.4 L'ÉNERGIE D'IONISATION

Comme nous le verrons tout au long de ce manuel, les propriétés chimiques de tout atome, sa réactivité, sont déterminées par la configuration de ses électrons de valence. La stabilité de ces électrons périphériques se reflète directement dans les énergies d'ionisation de l'atome. L'**énergie d'ionisation** est l'*énergie minimale requise pour arracher un électron d'un atome gazeux à l'état fondamental*. Sa valeur équivaut à l'effort requis pour forcer un atome à céder un électron, ou à la force qui retient un électron dans l'atome. Plus l'énergie d'ionisation est élevée, plus il est difficile d'arracher un électron.

Dans le cas d'un atome polyélectronique, on appelle *énergie de première ionisation* (I_1), l'énergie requise pour arracher le premier électron de l'atome à l'état fondamental. Cette définition est exprimée par l'équation suivante :

$$\text{énergie} + X(g) \longrightarrow X^+(g) + e^-$$

Dans l'équation ci-dessus, X représente un atome gazeux d'un élément donné et e^- représente un électron. Contrairement à un atome à l'état solide ou à l'état liquide, un atome à l'état gazeux n'est pratiquement pas influencé par ses voisins. L'*énergie de deuxième ionisation* (I_2) et l'*énergie de troisième ionisation* (I_3) sont exprimées par les équations suivantes :

$$\text{énergie} + X^+(g) \longrightarrow X^{2+}(g) + e^- \qquad \text{deuxième ionisation}$$

$$\text{énergie} + X^{2+}(g) \longrightarrow X^{3+}(g) + e^- \qquad \text{troisième ionisation}$$

et ainsi de suite pour les électrons suivants.

Quand un électron est arraché d'un atome neutre, la répulsion entre les électrons résiduels décroît. Puisque la charge nucléaire demeure constante, il faut plus d'énergie pour arracher un autre électron de l'ion positif. Ainsi, pour un même élément, les énergies d'ionisation augmentent toujours de la manière suivante :

$$I_1 < I_2 < I_3 < \ldots$$

Le tableau 6.3 donne la liste des énergies d'ionisation des 20 premiers éléments en kilojoules par mole (kJ/mol), c'est-à-dire la quantité d'énergie en kilojoules nécessaire pour arracher une mole d'électrons de une mole d'atomes (ou d'ions) gazeux. Par convention, l'énergie absorbée par un atome (ou un ion) durant son ionisation a une valeur positive. Alors, les énergies d'ionisation sont toutes positives. La figure 6.9 montre la variation de l'énergie de première ionisation en fonction du numéro atomique : la courbe montre claire-ment la périodicité dans la stabilité de l'électron le moins fortement retenu. Notez que, à part quelques petites irrégularités, les énergies d'ionisation des éléments dans une période augmentent avec le numéro atomique. Cette tendance (comme la variation du rayon ato-mique) s'explique par l'augmentation de la charge nucléaire effective de gauche à droite dans la période. Une charge nucléaire effective élevée signifie que l'électron périphérique est fortement retenu et, par conséquent, que l'énergie de première ionisation est élevée. Remarquez les pics à la figure 6.9 ; ils correspondent aux gaz rares. Ces fortes valeurs d'énergies d'ionisation sont en accord avec le fait que la plupart des gaz rares sont chi-miquement inertes. En fait, l'hélium a l'énergie de première ionisation la plus élevée.

Les éléments du groupe 1A (les métaux alcalins), qui occupent les creux de la courbe de la figure 6.9, ont les plus basses valeurs d'énergie d'ionisation. Chacun de ces métaux a un électron de valence (l'électron périphérique dont la configuration est ns^1) qui subit fortement l'effet d'écran des couches internes complètement remplies. Par conséquent, il est facile d'arracher un électron d'un atome d'un métal alcalin pour former des ions de charge 1+ (Li^+, Na^+, K^+, …).

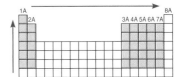

La première énergie d'ioni-sation augmente le long des périodes, et elle augmente de bas en haut dans les groupes.

TABLEAU 6.3   LES ÉNERGIES D'IONISATION (KJ/MOL) DES 20 PREMIERS ÉLÉMENTS

Z	Élément	Première	Deuxième	Troisième	Quatrième	Cinquième	Sixième
1	H	1 312					
2	He	2 373	5 251				
3	Li	520	7 300	11 815			
4	Be	899	1 757	14 850	21 005		
5	B	801	2 430	3 660	25 000	32 820	
6	C	1 086	2 350	4 620	6 220	38 000	47 261
7	N	1 400	2 860	4 580	7 500	9 400	53 000
8	O	1 314	3 390	5 300	7 470	11 000	13 000
9	F	1 680	3 370	6 050	8 400	11 000	15 200
10	Ne	2 080,0	3 950	6 120	9 370	12 200	15 000
11	Na	495,9	4 560	6 900	9 540	13 400	16 600
12	Mg	738,1	1 450	7 730	10 500	13 600	18 000
13	Al	577,9	1 820	2 750	11 600	14 800	18 400
14	Si	786,3	1 580	3 230	4 360	16 000	20 000
15	P	1 012	1 904	2 910	4 960	6 240	21 000
16	S	999,5	2 250	3 360	4 660	6 990	8 500
17	Cl	1 251	2 297	3 820	5 160	6 540	9 300
18	Ar	1 521	2 666	3 900	5 770	7 240	8 800
19	K	418,7	3 052	4 410	5 900	8 000	9 600
20	Ca	589,5	1 145	4 900	6 500	8 100	11 000

Les éléments du groupe 2A (les métaux alcalino-terreux) ont des énergies de première ionisation plus élevées que celles des métaux alcalins. Les métaux alcalino-terreux ont deux électrons de valence (la configuration électronique périphérique est ns^2). Puisque ces deux électrons n'exercent pas l'un sur l'autre un fort effet d'écran, la charge nucléaire effective d'un atome d'un métal alcalino-terreux est plus grande que celle de l'atome du métal alcalin qui le précède. La plupart des composés des métaux alcalino-terreux contiennent des ions de charge 2+ (Mg^{2+}, Ca^{2+}, Sr^{2+}, Ba^{2+}); ces ions et les ions de charge 1+ des métaux alcalins qui les précèdent dans la période sont tous isoélectroniques.

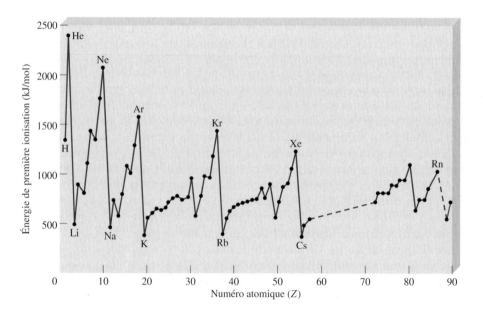

Figure 6.9 *Variation de l'énergie de première ionisation en fonction du numéro atomique. Notez que les gaz rares ont des énergies d'ionisation élevées et que les métaux alcalins et alcalino-terreux ont des énergies d'ionisation faibles.*

Nous avons vu que les énergies d'ionisation des métaux sont relativement basses, alors que celles des non-métaux sont plus élevées. Quant à celles des métalloïdes, elles se situent habituellement entre celles des métaux et celles des non-métaux. La différence entre ces énergies d'ionisation explique pourquoi, dans les composés ioniques, les métaux forment toujours des cations, et les non-métaux des anions. Dans un groupe donné, l'énergie d'ionisation diminue avec l'augmentation du numéro atomique (c'est-à-dire de haut en bas de la colonne). Les électrons périphériques des éléments d'un même groupe ont la même configuration. Cependant, à mesure que le nombre quantique principal (n) augmente, la distance moyenne entre les électrons de valence et le noyau augmente aussi. Or, une plus grande distance entre le noyau et les électrons signifie une plus faible attraction ; donc, le premier électron devient plus facile à arracher à mesure que l'on descend dans un groupe. Ainsi, le caractère métallique des éléments est plus marqué à mesure que l'on descend dans un groupe. Cette tendance s'observe tout particulièrement pour les éléments des groupes 3A à 7A : par exemple, dans le groupe 4A, on remarque que le carbone est un non-métal ; le silicium et le germanium sont des métalloïdes ; l'étain et le plomb sont des métaux.

Bien qu'en général les énergies d'ionisation augmentent de gauche à droite dans le tableau périodique, il existe quelques exceptions. La première apparaît quand on passe du groupe 2A au groupe 3A (par exemple, de Be à B ou de Mg à Al). Les éléments du groupe 3A ont tous un seul électron dans la sous-couche p périphérique (ns^2np^1) ; cet électron subit un fort effet d'écran dû à la fois aux électrons des couches internes et aux électrons ns^2 de la sous-couche périphérique. C'est pourquoi, dans un même niveau principal d'énergie, il faut moins d'énergie pour arracher un électron p célibataire qu'il en faut pour un électron s couplé. Cela explique le fait que les énergies d'ionisation des éléments du groupe 3A sont *inférieures* à celles du groupe 2A, pour une même période. La deuxième exception se situe entre les groupes 5A et 6A (par exemple, de N à O et de P à S). Dans les éléments du groupe 5A (ns^2np^3), les électrons p sont dans trois orbitales différentes, conformément à la règle de Hund. Dans le groupe 6A (ns^2np^4), l'électron additionnel doit être couplé avec l'un des trois électrons p. La proximité de deux électrons dans une même orbitale se solde par une forte répulsion électrostatique, ce qui rend l'ionisation d'un atome du groupe 6A plus facile, même si sa charge nucléaire est supérieure de une unité. C'est pourquoi les énergies d'ionisation des éléments du groupe 6A sont *inférieures* à celles des éléments du groupe 5A, pour une même période.

EXEMPLE 6.4   La comparaison des énergies d'ionisation des éléments

a) Lequel de ces deux atomes a la plus faible énergie de première ionisation : l'oxygène ou le soufre ? b) Lequel de ces deux atomes a la plus forte énergie de deuxième ionisation : le lithium ou le béryllium ?

Réponses : a) L'oxygène et le soufre font partie du groupe 6A. Puisque l'énergie d'ionisation des éléments diminue à mesure que l'on descend dans le groupe, l'énergie de première ionisation de S doit être inférieure.

b) Les configurations électroniques de Li et de Be sont respectivement $1s^22s^1$ et $1s^22s^2$. Pour la deuxième ionisation, on écrit

$$\text{Li}^+(g) \longrightarrow \text{Li}^{2+}(g) + e^-$$
$$1s^2 \qquad\qquad 1s^1$$

$$\text{Be}^+(g) \longrightarrow \text{Be}^{2+}(g) + e^-$$
$$1s^22s^1 \qquad\qquad 1s^2$$

Puisque l'effet d'écran des électrons $1s$ sur les électrons $2s$ est plus important que celui qu'ils exercent l'un sur l'autre dans la même couche, il devrait être plus facile d'arracher un électron $2s$ de Be$^+$ que d'arracher un électron $1s$ de Li$^+$. Le tableau 6.3 confirme cette prédiction. Le lithium a donc la plus forte énergie de deuxième ionisation.

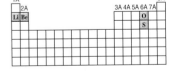

Problème semblable : 6.53

EXERCICE

a) Lequel de ces deux atomes a la plus forte énergie de première ionisation : N ou P ?

b) Lequel de ces deux atomes a la plus faible énergie de deuxième ionisation : Na ou Mg ?

6.5   L'AFFINITÉ ÉLECTRONIQUE

Une autre propriété atomique qui influe grandement sur la réactivité des éléments est leur plus ou moins grande facilité à capter un ou plusieurs électrons. Cette facilité se mesure par l'*affinité électronique,* qui est l'*inverse négatif de la variation d'énergie (énergie absorbée ou dégagée) qui se produit quand un atome à l'état gazeux capte un électron.* L'équation qui la représente est

$$X(g) + e^- \longrightarrow X^-(g)$$

où X est un atome d'un élément donné. Comme nous l'avons vu à la section 6.4, une valeur positive d'énergie d'ionisation signifie qu'il faut fournir de l'énergie pour enlever un électron. Par contre, une valeur positive d'affinité électronique signifie qu'il y a libération d'énergie lorsqu'un électron est ajouté à un atome. Pour clarifier cette contradiction apparente, donnons en exemple le phénomène du fluor gazeux qui accepte un électron :

$$F(g) + e^- \longrightarrow F^-(g) \qquad \Delta H = -328 \text{ kJ/mol}$$

Le signe moins de ce ΔH indique qu'il s'agit d'un dégagement d'énergie (phénomène exothermique), mais on donne +328 kJ/mol comme valeur d'affinité au fluor. On peut aussi dire que l'affinité électronique est la valeur d'énergie à fournir pour enlever un électron à un ion négatif, comme dans le cas du fluorure :

$$F^-(g) \longrightarrow F(g) + e^- \qquad \Delta H = 328 \text{ kJ/mol}$$

Il faut toujours garder à l'esprit que, pour un atome donné, une valeur positive élevée d'affinité électronique signifie que son ion négatif correspondant est très stable (par conséquent, cet atome a une grande tendance à accepter un électron) et qu'une valeur élevée d'énergie d'ionisation pour un atome signifie qu'il est très stable.

TABLEAU 6.4   LES AFFINITÉS ÉLECTRONIQUES (KJ/MOL) DES ÉLÉMENTS REPRÉSENTATIFS ET DES GAZ RARES*

1A	2A	3A	4A	5A	6A	7A	8A
H							He
73							<0
Li	Be	B	C	N	O	F	Ne
60	≤0	27	122	0	141	328	<0
Na	Mg	Al	Si	P	S	Cl	Ar
53	≤0	44	134	72	200	349	<0
K	Ca	Ga	Ge	As	Se	Br	Kr
48	2,4	29	118	77	195	325	<0
Rb	Sr	In	Sn	Sb	Te	I	Xe
47	4,7	29	121	101	190	295	<0
Cs	Ba	Tl	Pb	Bi	Po	At	Rn
45	14	30	110	110	?	?	<0

* Les affinités électroniques des gaz rares ainsi que celles du Be et du Mg n'ont pas été déterminées expérimentalement, mais on croit que leurs valeurs sont soit près de zéro, soit négatives.

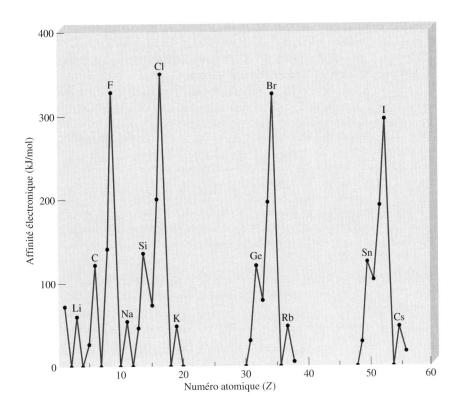

Figure 6.10 *Variation de l'affinité électronique en fonction des numéros atomiques pour les 56 premiers éléments. Quelques éléments ont des valeurs négatives d'électroaffinité.*

Expérimentalement, l'affinité électronique se détermine en enlevant l'électron à l'ion négatif de l'atome étudié. En comparaison avec l'énergie d'ionisation, l'affinité est plus difficile à mesurer parce que plusieurs anions sont instables. Le tableau 6.4 donne les valeurs de l'affinité électronique de quelques éléments représentatifs et des gaz rares ; la figure 6.10 montre la variation des valeurs des affinités électroniques en fonction des numéros atomiques pour les 56 premiers éléments.

En général, la tendance à capter un électron augmente (c'est-à-dire que l'exothermicité augmente) de gauche à droite dans une période. Les métaux ont en général des affinités inférieures à celles des non-métaux. À l'intérieur d'un même groupe, l'affinité varie peu. C'est dans le groupe des halogènes (groupe 7A) que l'on trouve les affinités les plus grandes. Ce n'est pas surprenant quand on pense que, en captant un électron, chaque atome de ce groupe prend la configuration électronique stable du gaz rare qui le suit immédiatement. Par exemple, la configuration électronique de F⁻ est $1s^2 2s^2 2p^6$ ou [Ne] ; celle de Cl⁻ est [Ne]$3s^2 3p^6$ ou [Ar], etc. Des calculs ont démontré que tous les gaz rares ont des valeurs d'affinités électroniques inférieures à zéro.

L'affinité électronique de l'oxygène est une valeur positive, ce qui signifie que l'oxygène accepte facilement un premier électron supplémentaire.

$$O(g) + e^- \longrightarrow O^-(g) \qquad \Delta H = -141 \text{ kJ/mol}$$

Par contre, l'affinité électronique de l'ion O⁻

$$O^-(g) + e^- \longrightarrow O^{2-}(g) \qquad \Delta H = +780 \text{ kJ/mol}$$

a une valeur très négative (−780 kJ/mol), même si l'ion O^{2-} et le gaz rare Ne sont isoélectroniques. À l'état gazeux, ce processus est difficile parce que l'augmentation de la répulsion électron-électron qui en résulte l'emporte sur la stabilité acquise par la configuration électronique du gaz rare. Cependant, notez que des ions tels les ions O^{2-} sont courants dans les composés ioniques (par exemple, Li_2O et MgO) ; dans les solides, ces ions sont stabilisés par les cations voisins.

Problème semblable : 6.61

NOTE

En général, les métaux ont peu tendance à former des anions.

EXEMPLE 6.5   L'affinité électronique des métaux alcalino-terreux

Expliquez pourquoi l'affinité électronique des métaux alcalino-terreux a toujours une valeur négative ou légèrement positive.

Réponse : La configuration électronique de la couche périphérique des métaux alcalino-terreux est ns^2. Pour le processus

$$M(g) + e^- \longrightarrow M^-(g)$$

où M est un élément du groupe 2A, l'électron additionnel doit se loger dans la sous-couche np, qui subit l'effet d'écran des deux électrons ns (les électrons np sont plus loin du noyau que les électrons ns). Par conséquent, les métaux alcalino-terreux n'ont pas tendance à capter un électron additionnel.

EXERCICE

Est-il possible que Ar forme l'anion Ar^- ?

6.6   LES PROPRIÉTÉS CHIMIQUES DES ÉLÉMENTS DE CHAQUE GROUPE

L'énergie d'ionisation et l'affinité électronique permettent aux chimistes de comprendre les types de réactions des éléments et la nature des composés qu'ils forment. Grâce à ces concepts, on peut étudier systématiquement le comportement chimique des éléments, en portant une attention toute particulière à la relation qui existe entre les propriétés chimiques et les configurations électroniques.

Les tendances générales des propriétés chimiques

Nous avons dit que les éléments d'un même groupe ont des comportements chimiques similaires parce que les configurations de leurs couches d'électrons périphériques sont similaires. Cette affirmation, bien que juste en général, doit être interprétée avec précaution. Les chimistes savent depuis longtemps que, pour chaque groupe, le premier élément (c'est-à-dire, les éléments de la deuxième période, qui vont du lithium au fluor) est différent des autres éléments de son groupe. Par exemple, le lithium, qui présente beaucoup de propriétés caractéristiques des métaux alcalins, est le seul métal du groupe 1A qui ne forme qu'un seul composé avec l'oxygène. Généralement, cette différence s'explique par la taille relativement petite du premier élément de chaque groupe par rapport aux autres éléments de son groupe.

Dans le cas des éléments représentatifs, la **parenté diagonale** représente une autre tendance du comportement chimique. Elle fait référence aux *similitudes qui existent entre deux éléments immédiatement voisins de différents groupes et de différentes périodes du tableau périodique* ; ils sont donc placés en diagonale, le premier plus haut à gauche du second plus bas à droite. Plus spécifiquement, les trois premiers membres de la deuxième période (Li, Be et B) présentent beaucoup de similitudes avec les éléments situés en diagonale sur la période inférieure dans le tableau périodique (*figure 6.11*). À certains égards, la chimie du lithium ressemble à celle du magnésium ; cela est également vrai du béryllium et de l'aluminium, de même que du bore et du silicium. Nous verrons plus loin des exemples de cette parenté.

Quand on compare les propriétés des éléments d'un même groupe, il faut se souvenir que la comparaison est plus valable s'il s'agit d'éléments du même type. Par exemple, les éléments des groupes 1A et 2A sont tous des métaux ; ceux du groupe 7A sont tous des

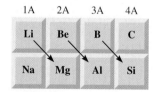

Figure 6.11 *Parenté diagonale dans le tableau périodique. Cette relation est vérifiée pour le lithium et le magnésium, le béryllium et l'aluminium, le bore et le silicium.*

non-métaux. Par contre, les groupes 3A à 6A comprennent des non-métaux, des métalloïdes et des métaux. Il est donc naturel qu'il y ait certaines variations des propriétés chimiques à l'intérieur même de ces groupes, bien que ces éléments aient des configurations électroniques périphériques semblables.

Maintenant, voyons les propriétés chimiques de l'hydrogène et des éléments représentatifs.

L'hydrogène ($1s^1$)

Dans le tableau périodique, il n'y a pas de place qui convienne parfaitement à l'hydrogène. Traditionnellement, on le place dans le groupe 1A, mais il *ne faut pas* le voir comme un élément de ce groupe. À l'instar des métaux alcalins, l'hydrogène a un unique électron de valence s, et il forme un ion de charge 1+ (H^+), qui est hydraté en solution. L'hydrogène peut également former l'ion hydrure (H^-) dans les composés ioniques comme NaH et CaH$_2$ et, à cet égard, il ressemble aux halogènes, qui forment tous des ions de charge 1− (F^-, Cl^-, Br^- et I^-). Les hydrures ioniques réagissent avec l'eau pour former de l'hydrogène gazeux et l'hydroxyde du métal correspondant:

$$NaH(s) + H_2O(l) \longrightarrow NaOH(aq) + H_2(g)$$

$$CaH_2(s) + 2H_2O(l) \longrightarrow Ca(OH)_2(s) + 2H_2(g)$$

Le composé le plus important de l'hydrogène est évidemment l'eau, qui est formée quand l'hydrogène brûle dans l'air:

$$2H_2(g) + O_2(g) \longrightarrow 2H_2O(l)$$

Les éléments du groupe 1A (ns^1, $n \geq 2$)

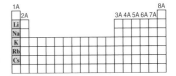

La figure 6.12 montre les éléments du groupe 1A ou métaux alcalins. Tous ces éléments ont une énergie d'ionisation faible; ils ont donc tendance à perdre facilement leur unique électron de valence. En fait, dans la grande majorité de leurs composés, ils forment des ions de charge 1+. Ces métaux sont si réactifs, qu'on ne les trouve jamais à l'état natif (c'est-à-dire sous forme d'éléments non combinés) dans la nature. Ils réagissent avec l'eau pour former de l'hydrogène gazeux et l'hydroxyde du métal correspondant:

$$2M(s) + 2H_2O(l) \longrightarrow 2MOH(aq) + H_2(g)$$

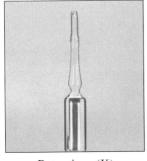

Potassium (K)

Lithium (Li)

Sodium (Na)

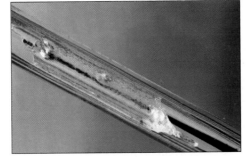

Rubidium (Rb)

Césium (Cs)

Figure 6.12
Les éléments du groupe 1A: les métaux alcalins. Le francium (non illustré) est un élément radioactif.

où M indique un métal alcalin. Exposés à l'air, ils perdent graduellement leur apparence lustrée en se combinant avec l'oxygène pour former des oxydes. Le lithium forme l'oxyde de lithium (qui contient un ion O^{2-}) :

$$4Li(s) + O_2(g) \longrightarrow 2Li_2O(s)$$

Les autres métaux alcalins forment tous des *peroxydes* (qui contiennent l'ion O_2^{2-}) en plus des oxydes. Par exemple :

$$2Na(s) + O_2(g) \longrightarrow Na_2O_2(s)$$

Le potassium, le rubidium et le césium forment également des *superoxydes* (qui contiennent un ion O_2^-) :

$$K(s) + O_2(g) \longrightarrow KO_2(s)$$

La raison pour laquelle les métaux alcalins forment différents types d'oxydes en réagissant avec l'oxygène est liée à la stabilité des oxydes à l'état solide. Puisque ces oxydes sont tous des composés ioniques, leur stabilité dépend de la force d'attraction entre les cations et les anions. Le lithium forme préférablement de l'oxyde de lithium parce que ce composé est plus stable que le peroxyde de lithium. La formation des autres oxydes de métal alcalin peut s'expliquer de la même manière.

Les éléments du groupe 2A (ns^2, $n \geq 2$)

La figure 6.13 montre les éléments du groupe 2A. Les métaux alcalino-terreux sont moins réactifs que les métaux alcalins. Leurs énergies de première et de deuxième ionisations diminuent, du béryllium au baryum. Ils ont tendance à former des ions M^{2+} (où M est un atome d'un métal alcalino-terreux), et le caractère métallique augmente à mesure que l'on descend dans le groupe. La plupart des composés du béryllium (BeH_2 et les halogénures de béryllium, tel $BeCl_2$) et certains composés du magnésium (MgH_2, par exemple) sont covalents et non ioniques. La réactivité des métaux alcalino-terreux avec l'eau varie beaucoup : le béryllium ne réagit pas avec l'eau ; le magnésium réagit lentement avec la vapeur d'eau ; le calcium, le strontium et le baryum réagissent même avec l'eau froide.

$$Ba(s) + 2H_2O(l) \longrightarrow Ba(OH)_2(aq) + H_2(g)$$

La réactivité des métaux alcalino-terreux avec l'oxygène augmente de Be à Ba. Le béryllium et le magnésium forment des oxydes (BeO et MgO) seulement à température élevée, alors que CaO, SrO et BaO se forment à la température ambiante.

Le magnésium réagit avec les acides pour libérer de l'hydrogène gazeux :

$$Mg(s) + 2H^+(aq) \longrightarrow Mg^{2+}(aq) + H_2(g)$$

Figure 6.13 *Les éléments du groupe 2A : les métaux alcalino-terreux.*

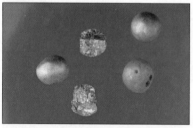
Béryllium (Be)

Magnésium (Mg)

Calcium (Ca)

Strontium (Sr)

Baryum (Ba)

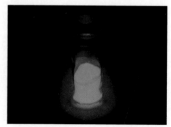
Radium (Ra)

Bore (B)

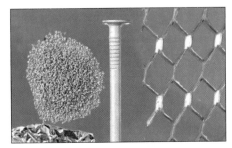

Aluminium (Al)

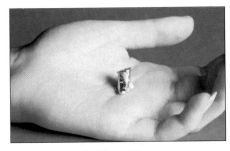

Gallium (Ga)

Indium (In)

Figure 6.14 *Les éléments du groupe 3A.*

Le calcium, le strontium et le baryum aussi réagissent avec les acides pour produire de l'hydrogène gazeux. Cependant, puisque ces métaux réagissent aussi avec l'eau, il se produit alors deux réactions simultanées.

Les propriétés chimiques du calcium et du strontium constituent un exemple intéressant de similitude dans un groupe. Le strontium 90, un isotope radioactif, est l'un des principaux produits d'une explosion atomique. Si une bombe atomique explosait dans l'atmosphère, le strontium 90 formé se déposerait sur la terre et dans l'eau, puis pénétrerait dans l'organisme humain par une chaîne alimentaire relativement courte. Par exemple, les vaches mangeraient l'herbe contaminée et boiraient l'eau contaminée, et le strontium 90 se retrouverait dans le lait. Puisque le calcium et le strontium sont chimiquement similaires, les ions Sr^{2+} pourraient remplacer les ions Ca^{2+} dans l'organisme, par exemple dans les os. Une exposition constante du corps aux radiations à haute énergie émises par le strontium 90 peut provoquer l'anémie, la leucémie et d'autres maladies chroniques.

Les éléments du groupe 3A (ns^2np^1, $n \geq 2$)

Le premier élément du groupe 3A, le bore, est un métalloïde ; les autres sont des métaux (*figure 6.14*). Le bore ne forme pas de composés ioniques binaires ; il ne réagit pas avec l'oxygène gazeux ni avec l'eau. L'élément suivant, l'aluminium, forme facilement de l'oxyde d'aluminium quand il est exposé à l'air :

$$4Al(s) + 3O_2(g) \longrightarrow 2Al_2O_3(s)$$

L'aluminium, une fois qu'il est recouvert d'une couche protectrice d'oxyde d'aluminium, devient moins réactif. L'aluminium ne forme que des ions de charge $3+$. Il réagit avec l'acide chlorhydrique :

$$2Al(s) + 6H^+(aq) \longrightarrow 2Al^{3+}(aq) + 3H_2(g)$$

Les autres éléments métalliques du groupe 3A forment des ions de charge $1+$ ou $3+$. On remarque que, de haut en bas dans le groupe, les ions de charge $1+$ deviennent plus stables que les ions de charge $3+$.

Les éléments métalliques du groupe 3A forment également de nombreux composés covalents. Par exemple, l'aluminium réagit avec l'hydrogène pour former AlH_3, dont les propriétés ressemblent à celles de BeH_2 (voilà un exemple de parenté diagonale). Ainsi, on remarque chez les éléments représentatifs un changement allant graduellement, de gauche à droite du tableau périodique, du caractère métallique au caractère non métallique.

Les éléments du groupe 4A (ns^2np^2, $n \geq 2$)

Le premier élément du groupe 4A, le carbone, est un non-métal; les deux suivants, le silicium et le germanium, sont des métalloïdes (*figure 6.15*). Ils ne forment pas de composés ioniques. Les éléments métalliques de ce groupe, l'étain et le plomb, ne réagissent pas avec l'eau, mais ils réagissent avec les acides (l'acide chlorhydrique, par exemple) pour libérer de l'hydrogène gazeux:

$$Sn(s) + 2H^+(aq) \longrightarrow Sn^{2+}(aq) + H_2(g)$$

$$Pb(s) + 2H^+(aq) \longrightarrow Pb^{2+}(aq) + H_2(g)$$

Les éléments du groupe 4A forment des composés dont les degrés d'oxydation sont +2 et +4. Dans le cas du carbone et du silicium, le degré d'oxydation +4 est le plus stable. Par exemple, CO_2 est plus stable que CO; SiO_2 est un composé stable, tandis que SiO n'existe pas dans les conditions normales. Si l'on descend dans le groupe, cependant, cette tendance s'atténue, puis s'inverse. Dans les composés de l'étain, le degré d'oxydation +4 n'est que légèrement plus stable que le degré +2. Dans les composés du plomb, le degré d'oxydation +2 est incontestablement le plus stable. La configuration électronique périphérique du plomb est $6s^26p^2$; le plomb a tendance à perdre seulement les électrons $6p$ (pour former Pb^{2+}) plutôt que les électrons $6p$ et $6s$ (pour former Pb^{4+}).

Les éléments du groupe 5A (ns^2np^3, $n \geq 2$)

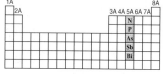

Dans le groupe 5A, l'azote et le phosphore sont des non-métaux, l'arsenic et l'antimoine, des métalloïdes, et le bismuth, un métal (*figure 6.16*). On peut ainsi s'attendre à une importante variation dans les propriétés à mesure que l'on descend dans le groupe. L'azote élémentaire est un gaz diatomique (N_2). Il forme différents oxydes (NO, N_2O, NO_2, N_2O_4 et N_2O_5), dont seul N_2O_5 est un solide; les autres sont des gaz. L'azote a tendance à accepter trois électrons pour former l'ion nitrure, N^{3-} (il atteint ainsi la configuration électronique $2s^22p^6$; N^{3-} et le néon sont isoélectroniques). La plupart des nitrures métalliques (par exemple, Li_3N et Mg_3N_2) sont des composés ioniques. Le phosphore existe sous forme

Figure 6.15 *Les éléments du groupe 4A.*

Carbone (C) (graphite)   Carbone (C) (diamant)   Silicium (Si)

Germanium (Ge)   Étain (Sn)   Plomb (Pb)

Azote (N$_2$)

Phosphore blanc et phosphore rouge (P)

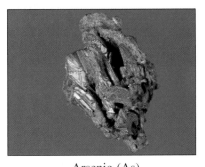

Arsenic (As)

Antimoine (Sb)

Bismuth (Bi)

de molécules P$_4$. Il forme deux oxydes solides dont les formules sont P$_4$O$_6$ et P$_4$O$_{10}$. Les oxacides HNO$_3$ et H$_3$PO$_4$, deux oxacides importants, sont formés quand les oxydes suivants réagissent avec l'eau :

$$N_2O_5(s) + H_2O(l) \longrightarrow 2HNO_3(aq)$$

$$P_4O_{10}(s) + 6H_2O(l) \longrightarrow 4H_3PO_4(aq)$$

L'arsenic, l'antimoine et le bismuth sont des solides structurés en vastes réseaux atomiques. Le bismuth est un métal beaucoup moins réactif que ceux des groupes précédents.

Les éléments du groupe 6A (ns^2np^4, $n \geq 2$)

Les trois premiers éléments du groupe 6A (l'oxygène, le soufre et le sélénium) sont des non-métaux ; les deux derniers (le tellure et le polonium) sont des métalloïdes (*figure 6.17*). L'oxygène est un gaz diatomique ; le soufre et le sélénium sont des solides moléculaires dont les formules sont respectivement S$_8$ et Se$_8$; le tellure et le polonium sont des solides constitués en vastes réseaux. (Le polonium est un élément radioactif difficile à étudier en laboratoire.) L'oxygène a tendance à capter deux électrons pour former l'ion oxyde (O^{2-}) dans de nombreux composés ioniques. (La configuration électronique de O^{2-} est $1s^22s^22p^6$: donc O^{2-} et Ne sont isoélectroniques.) Le soufre, le sélénium et le tellure aussi forment

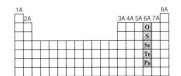

Soufre (S_8)

Sélénium (Se_8)

Tellure (Te)

Figure 6.17 *Les éléments du groupe 6A : le soufre, le sélénium et le tellure. L'oxygène gazeux est incolore et inodore. Le polonium est un élément radioactif.*

des anions de charge 2^- : S^{2-}, Se^{2-} et Te^{2-}. Les éléments de ce groupe (en particulier l'oxygène) forment avec les non-métaux un grand nombre de composés covalents. Les principaux composés du soufre sont SO_2, SO_3 et H_2S. Quand du trioxyde de soufre se dissout dans l'eau, il y a formation d'acide sulfurique :

$$SO_3(g) + H_2O(l) \longrightarrow H_2SO_4(aq)$$

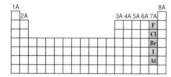

Les éléments du groupe 7A (ns^2np^5, $n \geq 2$)

Tous les halogènes sont des non-métaux, de formule générale X_2, où X représente un atome d'un halogène (*figure 6.18*). À cause de la grande réactivité de ces éléments, on ne les trouve jamais à l'état natif (sous forme élémentaire dans la nature). Le dernier élément du groupe 7A est l'astate, un élément radioactif, dont on connaît peu les propriétés. Le fluor est si réactif qu'il réagit avec l'eau pour former de l'oxygène :

$$2F_2(g) + 2H_2O(l) \longrightarrow 4HF(aq) + O_2(g)$$

En fait, la réaction entre le fluor moléculaire et l'eau est assez complexe ; les produits formés dépendent des conditions de la réaction. La réaction illustrée ici est une réaction parmi bien d'autres possibles. Les halogènes ont des valeurs d'énergie d'ionisation élevées ainsi que des valeurs d'affinité électronique fortement positives. Ces propriétés suggèrent qu'ils formeront préférablement des anions de type X^-. On appelle *halogénures* les anions dérivés des halogènes (F^-, Cl^-, Br^- et I^-). Ces anions et les gaz rares correspondants sont isoélectroniques. Par exemple, F^- et Ne, de même que Cl^- et Ar, sont isoélectroniques. La plupart des halogénures de métaux alcalins et de métaux alcalino-terreux sont des composés ioniques. Les halogènes forment également de nombreux composés covalents entre eux (ICl et BrF_3, par exemple) et avec des éléments non métalliques d'autres groupes (NF_3, PCl_5 et SF_6, par exemple). Les halogènes réagissent avec l'hydrogène pour former des halogénures d'hydrogène :

$$H_2(g) + X_2(g) \longrightarrow 2HX(g)$$

Figure 6.18 *Les éléments du groupe 7A : le chlore, le brome et l'iode. Le fluor est un gaz jaune-verdâtre qui attaque le verre. L'astate est un élément radioactif.*

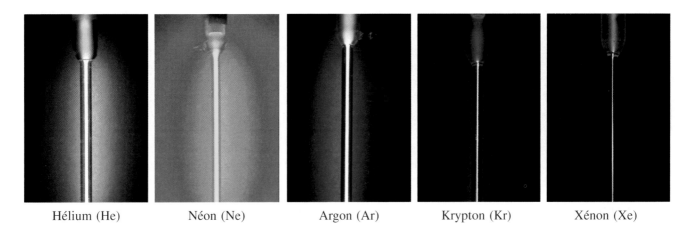

| Hélium (He) | Néon (Ne) | Argon (Ar) | Krypton (Kr) | Xénon (Xe) |

Quand cette réaction met en jeu du fluor, elle est explosive, mais la violence de cette réaction diminue à mesure qu'elle met en jeu un halogène situé plus bas dans la colonne (du chlore à l'iode). Les halogénures d'hydrogène se dissolvent dans l'eau pour former des acides halohydriques. Parmi eux, l'acide fluorhydrique (HF) est un acide faible (c'est-à-dire qu'une fois dissous dans l'eau, il s'ionise peu), mais les autres acides (HCl, HBr et HI) sont tous forts (c'est-à-dire qu'une fois dissous dans l'eau, ils s'ionisent beaucoup).

Figure 6.19 *Tous les gaz rares sont inodores et incolores. Ces photos montrent les couleurs émises par ces gaz dans un tube à décharge.*

Les éléments du groupe 8A (ns^2np^6, $n \geq 2$)

Tous les gaz rares sont monoatomiques (*figure 6.19*). Leurs configurations électroniques montrent que leurs atomes présentent des sous-couches ns et np périphériques complètement remplies, ce qui leur confère une grande stabilité. (La configuration de l'hélium est $1s^2$.) Les énergies d'ionisation des éléments du groupe 8A sont parmi les plus élevées ; de plus, ces gaz n'ayant aucune tendance à capter des électrons, leurs valeurs d'affinités électroniques sont presque nulles. Pendant de nombreuses années, on a appelé ces éléments gaz inertes, et avec raison. Jusque dans les années soixante, personne n'avait réussi à synthétiser un composé contenant un de ces éléments. Cependant, en 1963, le chimiste britannique Neil Bartlett démolit la vieille conception qu'avaient les chimistes sur ces éléments : en exposant du xénon à de l'hexafluorure de platine, un agent oxydant puissant, la réaction suivante eut lieu (*figure 6.20*) :

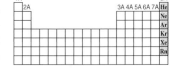

$$Xe(g) + PtF_6(g) \longrightarrow XePtF_6(s)$$

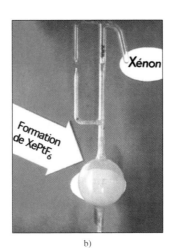

a)   b)

Figure 6.20 *a) Le xénon (incolore) et le PtF$_6$ (gaz rouge) séparés l'un de l'autre. b) Quand les deux gaz sont mélangés, il y a formation d'un composé solide jaune-orangé.*

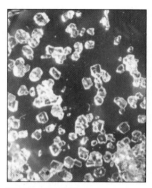

Figure 6.21 *Cristaux de tétrafluorure de xénon (XeF$_4$).*

Depuis lors, on a synthétisé plusieurs composés du xénon (XeF$_4$, XeO$_3$, XeO$_4$, XeOF$_4$) et quelques composés du krypton (par exemple, KrF$_2$) [*figure 6.21*]. Malgré le grand intérêt que suscite la chimie des gaz rares, leurs composés n'ont aucune application commerciale, et ne participent à aucun processus biologique. On ne connaît encore aucun composé de l'hélium, du néon ni de l'argon.

Les propriétés des oxydes dans une période

Une façon de comparer les propriétés des éléments représentatifs d'une même période consiste à examiner une série de composés similaires. Puisque l'oxygène se combine avec presque tous les éléments, nous comparerons les oxydes des éléments de la troisième période pour voir la différence entre les métaux, les métalloïdes et les non-métaux. Le tableau 6.5 dresse la liste de quelques caractéristiques générales de ces oxydes.

Nous avons vu plus tôt que l'oxygène a tendance à former des ions oxyde. Cette tendance est grandement favorisée dans les réactions avec les métaux dont l'énergie d'ionisation est basse, à savoir ceux des groupes 1A et 2A, ainsi que l'aluminium. Par conséquent, les composés Na$_2$O, MgO et Al$_2$O$_3$ sont ioniques, comme l'indiquent leurs points de fusion et d'ébullition élevés. Ce sont des structures tridimensionnelles formant de vastes réseaux où chaque cation est entouré par un nombre spécifique d'anions et inversement. À mesure que l'énergie d'ionisation des éléments augmente, de gauche à droite dans une période, la nature covalente des oxydes formés augmente elle aussi. Le silicium est un métalloïde; son oxyde (SiO$_2$) aussi forme un immense réseau tridimensionnel, qui ne comporte cependant aucun ion. Les oxydes de phosphore, de soufre et de chlore sont des solides moléculaires formés de petites unités distinctes. Les faibles attractions entre ces unités, les molécules de ces composés, expliquent leurs points de fusion et d'ébullition relativement bas.

La plupart des oxydes sont classés soit comme oxydes acides ou comme oxydes basiques, selon qu'ils produisent des acides ou des bases en se solubilisant dans l'eau ou qu'ils réagissent comme des acides ou des bases dans certains processus. Certains **oxydes** sont ***amphotères,*** ce qui signifie qu'ils *présentent à la fois les propriétés des acides et celles des bases.* Les deux premiers oxydes de la troisième période, Na$_2$O et MgO, sont des oxydes basiques. Par exemple, Na$_2$O réagit avec l'eau pour former de l'hydroxyde de sodium (qui est une base):

$$Na_2O(s) + H_2O(l) \longrightarrow 2NaOH(aq)$$

L'oxyde de magnésium est pratiquement insoluble; il ne réagit pas avec l'eau de façon appréciable. Cependant, il réagit avec les acides d'une manière qui ressemble à une réaction acido-basique:

$$MgO(s) + 2HCl(aq) \longrightarrow MgCl_2(aq) + H_2O(l)$$

TABLEAU 6.5   QUELQUES PROPRIÉTÉS D'OXYDES DES ÉLÉMENTS DE LA TROISIÈME PÉRIODE

	Na$_2$O	MgO	Al$_2$O$_3$	SiO$_2$	P$_4$O$_{10}$	SO$_3$	Cl$_2$O$_7$
Type du composé	← ionique →			← moléculaire covalent →			
Structure	← vaste réseau tridimensionnel →			← molécules distinctes →			
Point de fusion (°C)	1275	2800	2045	1610	580	16,8	−91,5
Point d'ébullition (°C)	?	3600	2980	2230	?	44,8	82
Propriétés acido-basiques	basique	basique	amphotère	← acide →			

Notez que les produits de cette réaction sont un sel ($MgCl_2$) et de l'eau, les produits habituels d'une neutralisation acido-basique.

L'oxyde d'aluminium est encore moins soluble que l'oxyde de magnésium; lui non plus ne réagit pas avec l'eau. Cependant, il présente des propriétés basiques en réagissant avec des acides:

$$Al_2O_3(s) + 6HCl(aq) \longrightarrow 2AlCl_3(aq) + 3H_2O(l)$$

Il présente également des propriétés acides en réagissant avec des bases:

$$Al_2O_3(s) + 2NaOH(aq) + 3H_2O(l) \longrightarrow 2NaAl(OH)_4(aq)$$

Ainsi, on considère Al_2O_3 comme un oxyde amphotère parce qu'il possède à la fois les propriétés des acides et celles des bases. Les oxydes ZnO, BeO et Bi_2O_3 sont aussi amphotères.

Le dioxyde de silicium est insoluble et ne réagit pas avec l'eau. Il a cependant des propriétés acides, car il réagit avec des bases très concentrées:

$$SiO_2(s) + 2NaOH(aq) \longrightarrow Na_2SiO_3(aq) + H_2O(l)$$

C'est pourquoi on ne doit pas entreposer des bases concentrées, comme $NaOH$, dans des contenants de verres comme le pyrex, les verres étant faits de SiO_2.

Les oxydes des autres éléments de la troisième période sont des oxydes acides, non pas parce qu'ils sont eux-mêmes des acides mais parce que leurs réactions avec l'eau donnent de l'acide phosphorique (H_3PO_4), de l'acide sulfurique (H_2SO_4) ou de l'acide perchlorique ($HClO_4$).

$$P_4O_{10}(s) + 6H_2O(l) \longrightarrow 4H_3PO_4(aq)$$

$$SO_3(g) + H_2O(l) \longrightarrow H_2SO_4(aq)$$

$$Cl_2O_7(s) + H_2O(l) \longrightarrow 2HClO_4(aq)$$

Cette brève étude des oxydes des éléments de la troisième période nous démontre que, à mesure que le caractère métallique des éléments diminue (de gauche à droite dans une période), les oxydes de ces éléments sont d'abord basiques, puis amphotères, puis acides. Normalement, les oxydes métalliques sont basiques et la plupart des oxydes non métalliques sont acides. Les propriétés intermédiaires des oxydes (qui sont celles des oxydes amphotères) se retrouvent chez les éléments situés au centre de la période. Notez également que, puisque le caractère métallique des éléments augmente de haut en bas dans un groupe donné d'éléments représentatifs, on devrait s'attendre à ce que les oxydes des éléments à numéro atomique élevé soient plus basiques que ceux des éléments plus légers du même groupe: c'est effectivement le cas.

Résumé

1. Newlands, Mendeleïev et Meyer sont à l'origine du tableau périodique actuel. Ils ont été les premiers à classer les éléments par ordre croissant de leurs masses atomiques. Cependant, cette première version posait quelques problèmes qui ont été résolus par Moseley. Celui-ci a classé les éléments par ordre croissant de leurs numéros atomiques.

2. Les configurations électroniques influent directement sur les propriétés des éléments. Le tableau périodique actuel classe les éléments selon leurs numéros atomiques, donc selon leurs configurations électroniques. La configuration électronique périphérique (les électrons de valence) influe directement sur les propriétés des atomes des éléments représentatifs.

3. Les variations périodiques dans les propriétés physiques des éléments reflètent leurs différences de structure atomique. Le caractère métallique des éléments diminue de gauche à droite dans une période (des métaux aux métalloïdes aux non-métaux), et il augmente de haut en bas dans un groupe donné d'éléments représentatifs.

4. La taille de l'atome, définie par le rayon atomique, varie aussi périodiquement. Elle diminue de gauche à droite dans une période et elle augmente de haut en bas dans un groupe.

5. L'énergie d'ionisation est une mesure de la tendance pour un atome à perdre un électron. Plus cette énergie est élevée, plus le noyau retient l'électron fortement. L'affinité électronique est une mesure de la tendance pour un atome à capter un électron. Plus l'affinité est grande, plus la tendance de l'atome à capter un électron est grande. En général, les métaux ont des valeurs d'énergie d'ionisation faibles (ils cèdent facilement un électron), et les non-métaux ont des valeurs d'affinités électroniques élevées (ils acceptent facilement un électron).

6. Les gaz rares sont très stables, car leurs sous-couches ns et np périphériques sont complètement remplies. Les métaux des éléments représentatifs (ceux des groupes 1A, 2A et 3A) ont tendance à perdre des électrons jusqu'à ce que leurs cations et le gaz rare qui les précède dans le tableau périodique soient isoélectroniques. Les non-métaux des éléments représentatifs (ceux des groupes 5A, 6A et 7A) ont tendance, pour leur part, à capter des électrons jusqu'à ce que leurs anions et le gaz rare qui les suit dans le tableau périodique soient isoélectroniques.

Mots clés

Affinité électronique, p. 192	Espèces isoélectroniques, p. 183	Rayon atomique, p. 185
Électrons de valence, p. 179	Gaz rare, p. 179	Rayon ionique, p. 187
Éléments représentatifs, p. 179	Oxyde amphotère, p. 202	
Énergie d'ionisation, p. 189	Parenté diagonale, p. 194	

Questions et problèmes

LE DÉVELOPPEMENT DU TABLEAU PÉRIODIQUE
Questions de révision

6.1 Décrivez brièvement l'importance du tableau périodique de Mendeleïev.

6.2 Quelle est la contribution de Moseley au tableau périodique moderne?

6.3 Donnez les grandes lignes de la manière dont sont disposés les éléments dans le tableau périodique moderne.

6.4 Quelle est, dans le tableau périodique, la relation la plus importante entre les éléments d'un même groupe?

LA CLASSIFICATION PÉRIODIQUE DES ÉLÉMENTS
Questions de révision

6.5 Dites si les éléments suivants sont des métaux, des non-métaux ou des métalloïdes: As, Xe, Fe, Li, B, Cl, Ba, P, I, Si.

6.6 Comparez les propriétés physiques et chimiques des métaux et celles des non-métaux.

6.7 Esquissez à grands traits un tableau périodique. Indiquez où se trouvent les métaux, les non-métaux et les métalloïdes.

6.8 Qu'est-ce qu'un élément représentatif? Nommez-en quatre et donnez leurs symboles.

6.9 Sans l'aide d'un tableau périodique, écrivez le nom et le symbole d'un élément faisant partie de chacun des groupes suivants: 1A, 2A, 3A, 4A, 5A, 6A, 7A, 8A et les métaux de transition.

6.10 Dites si les éléments suivants existent sous forme atomique, moléculaire ou sous forme de structure tridimensionnelle en vastes réseaux dans leur état le plus stable à 25 °C et à 1 atm; écrivez la formule empirique ou moléculaire de chacun d'eux: phosphore, iode, magnésium, néon, arsenic, soufre, bore, sélénium et oxygène.

6.11 On vous donne un solide noir et brillant et on vous demande s'il s'agit d'iode ou d'un élément métallique. Suggérez un test non destructif (c'est-à-dire qui ne change pas la nature du solide) qui permettrait de répondre à la question.

6.12 Définissez l'expression «électrons de valence». Le nombre d'électrons de valence d'un élément représentatif est égal au numéro de son groupe. Démontrez que cette affirmation est juste à l'aide des éléments suivants: Al, Sr, K, Br, P, S, C.

6.13 Un atome neutre d'un certain élément possède 17 électrons. Sans consulter un tableau périodique : a) donnez la configuration électronique de cet élément à l'état fondamental, b) classez cet élément, c) dites s'il est diamagnétique ou paramagnétique.

6.14 Dans le tableau périodique, on classe l'hydrogène tantôt avec les métaux alcalins (comme c'est le cas dans ce manuel), tantôt avec les halogènes. Expliquez comment l'hydrogène peut ressembler à la fois aux éléments du groupe 1A et à ceux du groupe 7A.

6.15 Donnez les configurations des électrons périphériques a) des métaux alcalins, b) des métaux alcalino-terreux, c) des halogènes, d) des gaz rares.

6.16 Utilisez les éléments de la première série des métaux de transition (de Sc à Cu) pour illustrer les caractéristiques des configurations électroniques des métaux de transition.

Problèmes

6.17 Regroupez par deux les configurations électroniques suivantes pour que dans chaque paire les atomes qu'elles représentent aient des propriétés chimiques similaires :
a) $1s^2 2s^2 2p^6 3s^2$
b) $1s^2 2s^2 2p^3$
c) $1s^2 2s^2 2p^6 3s^2 3p^6 4s^2 3d^{10} 4p^6$
d) $1s^2 2s^2$
d) $1s^2 2s^2 2p^6$
f) $1s^2 2s^2 2p^6 3s^2 3p^3$

6.18 Regroupez par deux les configurations électroniques suivantes pour que dans chaque paire les atomes qu'elles représentent aient des propriétés chimiques similaires.
a) $1s^2 2s^2 2p^5$
b) $1s^2 2s^1$
c) $1s^2 2s^2 2p^6$
d) $1s^2 2s^2 2p^6 3s^2 3p^5$
e) $1s^2 2s^2 2p^6 3s^2 3p^6 4s^1$
f) $1s^2 2s^2 2p^6 3s^2 3p^6 4s^2 3d^{10} 4p^6$

6.19 Sans consulter un tableau périodique, écrivez les configurations électroniques des éléments dont les numéros atomiques sont les suivants : a) 9, b) 20, c) 26, d) 33. Classez ensuite ces éléments selon les groupes d'éléments qui correspondent aux types de sous-couches en voie de remplissage.

6.20 Dites dans quel groupe du tableau périodique se trouve chacun des éléments suivants : a) $[Ne]3s^1$, b) $[Ne]3s^2 3p^3$, c) $[Ne]3s^2 3p^6$, d) $[Ar]4s^2 3d^8$.

6.21 Un ion M^{2+} dérivé d'un métal de la première série de métaux de transition possède quatre électrons dans sa couche externe et ces quatre électrons sont tous dans la sous-couche 3d. De quel élément s'agit-il ?

6.22 Un ion métallique de charge nette de 3+, dérivé d'un métal de la première série de métaux de transition, possède cinq électrons dans la sous-couche 3d. De quel ion métallique s'agit-il ?

LA CONFIGURATION ÉLECTRONIQUE DES IONS
Questions de révision

6.23 Quelle est la caractéristique de la configuration électronique des ions stables formés à partir des éléments représentatifs ?

6.24 Que veut-on dire quand on affirme que deux ions (ou un atome et un ion) sont isoélectroniques ?

6.25 Qu'y a-t-il de faux dans l'affirmation suivante : « Les atomes de l'élément X et les atomes de l'élément Y sont isoélectroniques » ?

6.26 Donnez trois exemples d'ions de métaux de transition de la première série (de Sc à Cu) dont les configurations électroniques sont représentées par une carcasse d'argon.

Problèmes

6.27 Donnez les configurations électroniques à l'état fondamental des ions suivants : a) Li^+, b) H^-, c) N^{3-}, d) F^-, e) S^{2-}, f) Al^{3+}, g) Se^{2-}, h) Br^-, i) Rb^+, j) Sr^{2+}, k) Sn^{2+}.

6.28 Donnez les configurations électroniques à l'état fondamental des ions suivants, qui jouent des rôles biochimiques importants dans le corps humain :
a) Na^+, b) Mg^{2+}, c) Cl^- d) K^+, e) Ca^{2+}, f) Fe^{2+}, g) Cu^{2+}, h) Zn^{2+}.

6.29 Donnez les configurations électroniques à l'état fondamental des ions suivants dérivés de métaux de transition : a) Sc^{3+}, b) Ti^{4+}, c) V^{5+}, d) Cr^{3+}, e) Mn^{2+}, f) Fe^{2+}, g) Fe^{3+}, h) Co^{2+}, i) Ni^{2+}, j) Cu^+, k) Cu^{2+}, l) Ag^+, m) Au^+, n) Au^{3+}, o) Pt^{2+}.

6.30 Nommez les ions de charge 3+ qui ont les configurations électroniques suivantes : a) $[Ar]3d^3$, b) $[Ar]$, c) $[Kr]4d^6$, d) $[Xe]4f^{14}5d^6$.

6.31 Formez, à partir des espèces suivantes, toutes les combinaisons de celles qui sont isoélectroniques : C, Cl^-, Mn^{2+}, B^-, Ar, Zn, Fe^{3+}, Ge^{2+}.

6.32 Regroupez les espèces qui sont isoélectroniques : Be^{2+}, F^-, Fe^{2+}, N^{3-}, He, S^{2-}, Co^{3+}, Ar.

LA VARIATION PÉRIODIQUE DES PROPRIÉTÉS PHYSIQUES
Questions de révision

6.33 Dites ce qu'est le rayon atomique. Est-ce que la taille d'un atome est une grandeur facilement évaluable à partir de son nuage électronique ?

6.34 De quelle façon varie le rayon atomique quand on va a) de gauche à droite dans une période et b) de haut en bas dans un groupe ?

6.35 Dites ce qu'est le rayon ionique. Comparez la taille d'un anion et celle de l'atome à partir duquel cet anion a été formé. Faites de même pour un cation.

6.36 Expliquez pourquoi, dans le cas d'ions isoélectroniques, les anions sont plus gros que les cations.

Problèmes

6.37 En vous basant sur sa position dans le tableau périodique, dites quel atome a le rayon le plus grand dans chacune des paires suivantes : a) Na, Cs ; b) Be, Ba ; c) N, Sb ; d) F, Br ; e) Ne, Xe.

6.38 Classez les atomes suivants par ordre décroissant de leurs rayons atomiques : Na, Al, P, Cl, Mg.

6.39 Quel est l'atome le plus gros du groupe 4A ?

6.40 Quel est l'atome le plus petit du groupe 7A ?

6.41 Pourquoi le rayon d'un atome de lithium est-il beaucoup plus grand que celui d'un atome d'hydrogène ?

6.42 Utilisez la deuxième période du tableau périodique pour illustrer le fait que la taille des atomes diminue quand on va de gauche à droite. Expliquez cette variation.

6.43 Dans chacune des paires suivantes, indiquez quelle espèce est la plus petite : a) Cl et Cl^- ; b) Na et Na^+ ; c) O^{2-} et S^{2-} ; d) Mg^{2+} et Al^{3+} ; e) Au^+ et Au^{3+}.

6.44 Classez les ions suivants par ordre croissant de leurs rayons : N^{3-}, Na^+, F^-, Mg^{2+}, O^{2-}.

6.45 Dites lequel de ces deux ions est le plus gros et pourquoi : Cu^+ et Cu^{2+}.

6.46 Dites lequel de ces deux anions est le plus gros et pourquoi : Se^{2-} et Te^{2-}.

6.47 Dites dans quel état physique (gazeux, liquide ou solide) se trouve chacun des éléments représentatifs suivants de la quatrième période à 1 atm et à 25 °C : K, Ca, Ga, Ge, As, Se et Br.

6.48 Les points d'ébullition du néon et du krypton sont respectivement −245,9 °C et −152,9 °C. À l'aide de ces données, estimez le point d'ébullition de l'argon. (*Indice* : les propriétés de l'argon sont intermédiaires entre celles du néon et du krypton.)

L'ÉNERGIE D'IONISATION
Questions de révision

6.49 Expliquez ce qu'est l'énergie d'ionisation. Pourquoi mesure-t-on habituellement l'énergie d'ionisation à l'état gazeux ? Pourquoi, pour tous les éléments, l'énergie de deuxième ionisation est-elle toujours supérieure à l'énergie de première ionisation ?

6.50 Faites un schéma du tableau périodique et montrez les tendances des énergies de première ionisation des éléments dans un groupe et dans une période. Pour quel type d'éléments l'énergie de première ionisation est-elle la plus élevée et pour quel type est-elle la moins élevée ?

Problèmes

6.51 Utilisez la troisième période du tableau périodique pour illustrer la variation, de gauche à droite, des énergies de première ionisation des éléments. Expliquez cette tendance.

6.52 Dans une période donnée, l'énergie d'ionisation augmente habituellement de gauche à droite. Alors, pourquoi l'énergie d'ionisation de l'aluminium est-elle plus basse que celle du magnésium ?

6.53 Les énergies de première et de deuxième ionisation de K sont respectivement de 419 kJ/mol et de 3052 kJ/mol ; celles de Ca sont de 590 kJ/mol et de 1145 kJ/mol. Comparez ces valeurs et expliquez leurs différences.

6.54 Deux atomes ont les configurations électroniques suivantes : $1s^2 2s^2 2p^6$ et $1s^2 2s^2 2p^6 3s^1$. L'énergie de première ionisation de l'un d'eux est de 2080 kJ/mol et celle de l'autre est de 496 kJ/mol. Associez chacune de ces énergies à l'une des configurations données. Justifiez votre réponse.

6.55 Un ion hydrogénoïde est un ion qui ne contient qu'un électron. L'énergie de l'électron dans un tel ion est donnée par

$$E_n = -(2,18 \times 10^{-18} \text{ J})Z^2\left(\frac{1}{n^2}\right)$$

où n est le nombre quantique principal et Z est le numéro atomique de l'élément. Calculez l'énergie d'ionisation (en kilojoules par mole) de l'ion He^+.

6.56 Le plasma est un état de la matière dans lequel un système gazeux est constitué d'ions positifs et d'électrons. À l'état de plasma, un atome de mercure serait dépossédé de ses 80 électrons et serait sous forme Hg^{80+}. À l'aide de l'équation donnée au problème 6.55, calculez l'énergie requise pour atteindre le dernier état d'ionisation, à savoir

$$Hg^{79+}(g) \longrightarrow Hg^{80+}(g) + e^-$$

L'AFFINITÉ ÉLECTRONIQUE
Questions de révision

6.57 a) Définissez l'expression « affinité électronique ». Pourquoi est-ce à l'état gazeux que l'on détermine habituellement l'affinité électronique des atomes ? b) Pourquoi l'énergie d'ionisation est-elle toujours une quantité positive, alors que l'affinité électronique peut être positive ou négative ?

6.58 Expliquez les tendances dans les affinités électroniques que l'on peut observer pour les éléments allant de l'aluminium au chlore (*voir* tableau 6.4).

Problèmes

6.59 Classez les éléments suivants par ordre croissant d'affinité électronique : a) Li, Na, K ; b) F, Cl, Br, I.

6.60 D'après vous, lequel des éléments suivants a la plus grande affinité électronique : He, K, Co, S, Cl ?

6.61 D'après les valeurs des affinités électroniques des métaux alcalins, croyez-vous qu'il soit possible que l'un de ces métaux forme un anion du type M^-, où M est un métal alcalin ?

6.62 Pourquoi les métaux alcalins ont-ils une plus grande affinité électronique que les métaux alcalino-terreux ?

LA VARIATION DES PROPRIÉTÉS CHIMIQUES

Questions de révision

6.63 Qu'entend-on par l'expression «parenté diagonale» ? Donnez deux paires d'éléments qui illustrent cette relation.

6.64 Quels éléments sont les plus susceptibles de former des oxydes acides ? des oxydes basiques ? des oxydes amphotères ?

Problèmes

6.65 À l'aide d'exemples choisis parmi les métaux alcalins et les métaux alcalino-terreux, démontrez comment on peut prédire les propriétés chimiques des éléments simplement d'après leurs configurations électroniques.

6.66 Selon vos connaissances en chimie des métaux alcalins, prédisez quelques propriétés chimiques du francium, le dernier élément de ce groupe.

6.67 Pourquoi les gaz rares constituent-ils un groupe d'éléments chimiquement très stables (seuls Kr et Xe forment quelques composés) ?

6.68 Pourquoi les éléments du groupe 1B sont-ils plus stables que ceux du groupe 1A, même s'ils semblent avoir la même configuration électronique périphérique ns^1, où n est le nombre quantique principal de la couche périphérique ?

6.69 Comment les propriétés chimiques des oxydes varient-elles de gauche à droite dans une période ? de haut en bas dans un groupe ?

6.70 Prédisez les réactions entre l'eau et chacun des oxydes suivants, et donnez-en l'équation équilibrée : a) Li_2O, b) CaO, c) CO_2.

6.71 Donnez les formules et les noms des composés binaires formés d'hydrogène et d'un élément de la deuxième période (de Li à F). Décrivez les variations des propriétés chimiques et physiques de ces composés à partir de celui qui est formé par Li jusqu'à celui formé par F (de gauche à droite dans la période).

6.72 Lequel des oxydes suivants est le plus basique, MgO ou BaO ? Justifiez votre réponse.

Problèmes variés

6.73 Indiquez si généralement, de gauche à droite dans une période et de haut en bas dans un groupe, chacune des propriétés suivantes des éléments représentatifs augmente ou diminue : a) le caractère métallique, b) la taille atomique, c) l'énergie d'ionisation, d) l'acidité des oxydes.

6.74 En vous aidant du tableau périodique, nommez : a) l'élément du groupe des halogènes de la quatrième période, b) un élément dont les propriétés chimiques sont semblables à celles du phosphore, c) le métal le plus réactif de la cinquième période, d) un élément dont le numéro atomique est inférieur à 20 et qui est semblable au strontium.

6.75 Pourquoi les éléments dont l'énergie d'ionisation est élevée ont-ils habituellement une grande affinité électronique ?

6.76 Classez les espèces isoélectroniques suivantes par ordre croissant a) de leurs rayons ioniques et b) de leurs énergies d'ionisation : O^{2-}, F^-, Na^+, Mg^{2+}.

6.77 Écrivez les formules empiriques (ou moléculaires) des composés que formeraient les éléments de la troisième période (du sodium au chlore) avec a) l'oxygène moléculaire et b) le chlore moléculaire. Pour chacun des cas, indiquez si le composé est ionique ou moléculaire covalent.

6.78 L'élément M est un métal brillant et très réactif (point de fusion : 63 °C) ; l'élément X est un non-métal très réactif (point de fusion : −7,2 °C). M et X réagissent entre eux pour former le composé MX, qui est un solide cassant incolore dont le point de fusion est 734 °C. Quand il est dissous dans l'eau ou quand il est fondu, le composé conduit l'électricité. Quand du chlore gazeux passe dans une solution aqueuse de MX, il y a apparition d'un liquide brun-rouge et formation d'ions Cl^-. À partir de ces données, identifiez M et X. (Pour vérifier votre réponse, vous aurez peut-être besoin de consulter un manuel de données de chimie où l'on trouve les points de fusion, par exemple le *Handbook of Chemistry and Physics*, CRC Press ed.)

6.79 Associez chacun des éléments de droite à sa description à gauche.

a) Liquide qui est rouge foncé.	Calcium (Ca)
b) Gaz incolore qui brûle dans l'oxygène gazeux.	Or (Au)
c) Métal réactif qui réagit avec l'eau.	Hydrogène (H_2)
d) Métal brillant qui est utilisé en joaillerie.	Argon (Ar)
e) Gaz qui est totalement inerte.	Brome (Br_2)

6.80 Classez les espèces suivantes en paires isoélectroniques : O^+, Ar, S^{2-}, Ne, Zn, Cs^+, N^{3-}, As^{3+}, N, Xe.

6.81 Dans lequel des ensembles suivants les espèces sont-elles inscrites par ordre décroissant de leurs rayons ? a) Be, Mg, Ba ; b) N^{3-}, O^{2-}, F^- ; c) Tl^{3+}, Tl^{2+}, Tl^+.

6.82 Lesquelles des propriétés suivantes présentent une variation périodique évidente ? a) L'énergie de première ionisation. b) La masse molaire des éléments. c) Le nombre d'isotopes par élément. d) Le rayon atomique.

6.83 Quand on fait passer du dioxyde de carbone dans une solution limpide d'hydroxyde de calcium, la solution devient laiteuse. Écrivez l'équation de cette réaction et expliquez en quoi cette réaction indique que CO_2 est un oxyde acide.

6.84 On vous donne quatre substances : un liquide rouge fumant, un solide foncé d'apparence métallique, un gaz jaune pâle et un gaz vert jaunâtre qui réagit avec le verre. On vous dit que ces substances sont les quatre premiers éléments du groupe 7A, les halogènes. Identifiez chaque halogène d'après les propriétés citées.

6.85 Pour chacune des paires d'éléments suivantes, donnez trois propriétés qui illustrent leurs ressemblances chimiques : a) le sodium et le potassium ; b) le chlore et le brome.

6.86 Quel élément forme, dans des conditions adéquates, des composés avec tous les autres éléments du tableau périodique sauf avec He, Ne et Ar ?

6.87 Expliquez pourquoi la première affinité électronique du soufre est de $+200$ kJ/mol, alors que sa deuxième est de -649 kJ/mol.

6.88 L'ion H^- et l'atome He ont chacun deux électrons $1s$. Laquelle de ces deux espèces est la plus grosse ? Justifiez votre réponse.

6.89 Les oxydes acides sont ceux qui réagissent avec l'eau pour former des solutions acides, tandis que les oxydes basiques réagissent avec l'eau pour former des solutions basiques. Les oxydes non-métalliques sont habituellement acides, tandis que les oxydes métalliques sont basiques. Prédisez les produits formés entre les oxydes suivants et l'eau : Na_2O, BaO, CO_2, N_2O_5, P_4O_{10}, SO_3. Écrivez l'équation de chacune de ces réactions.

6.90 Écrivez les formules et les noms des oxydes des éléments de la deuxième période (de Li à N). Dites si ces oxydes sont acides, basiques ou amphotères.

6.91 On fournit à une étudiante un échantillon contenant trois éléments : X, Y et Z. Ces éléments peuvent être soit un métal alcalin, soit un élément du groupe 4A, soit un élément du groupe 5A. Elle fait les observations suivantes : l'élément X a un éclat métallique et conduit l'électricité. Il réagit lentement avec l'acide chlorhydrique pour donner de l'hydrogène gazeux. L'élément Y est un solide légèrement jaunâtre qui ne conduit pas l'électricité. L'élément Z a un éclat métallique et conduit l'électricité. Lorsqu'il est exposé à l'air, l'élément Z forme lentement une poudre blanche. La mise en solution aqueuse de cette poudre blanche donne une solution basique. Identifiez chacun des éléments X, Y et Z.

6.92 Utilisez les points de fusion suivants pour prédire le point de fusion du francium, un élément radioactif.

Métal	Li	Na	K	Rb	Cs
Point de fusion (°C)	180,5	97,8	63,3	38,9	28,4

(Suggestion : tracez le graphique des points de fusion en fonction des numéros atomiques.)

6.93 Expliquez pourquoi l'affinité électronique de l'azote vaut presque zéro, alors que celles des éléments de chaque côté de l'azote dans le tableau périodique (le carbone et l'oxygène) ont des électroaffinités fortement positives.

6.94 Comme nous l'avons déjà fait remarquer au cours de ce chapitre, la masse atomique de l'argon est plus grande que celle du potassium. Cette observation posait problème au cours des ébauches des premiers tableaux périodiques parce qu'il fallait placer l'argon après le potassium. a) Comment cette difficulté a-t-elle été réglée ? b) Calculez les masses atomiques moyennes pour l'argon et le potassium d'après les données suivantes : Ar-36 (35,9675 u ; 0,337 %), Ar-38 (37,9627 u ; 0,063 %), Ar-40 (39,9624 u ; 99,60 %) ; K-39 (38,9637 u ; 93,258 %), K-40 (39,9640 u ; 0,0177 %), K-41 (40,9618 u ; 6,730 %).

6.95 Les quatre premières énergies d'ionisation d'un élément valent approximativement 738 kJ/mol, 1450 kJ/mol, $7,7 \times 10^3$ kJ/mol et $1,1 \times 10^4$ kJ/mol. À quel groupe du tableau périodique appartient cet élément ? Pourquoi ?

6.96 Associez chacun des éléments de la liste de droite à sa description à gauche.

a) Un gaz jaune verdâtre qui réagit avec l'eau.

b) Un métal mou qui réagit avec l'eau pour produire de l'hydrogène.

c) Un métalloïde qui est dur et dont le point d'ébullition est élevé.

d) Un gaz qui est incolore et inodore.

e) Un métal plus réactif que le fer et qui ne se corrode pas au contact de l'air.

L'azote (N_2)

Le bore (B)

L'aluminium (Al)

Le fluor (F_2)

Le sodium (Na)

Problème spécial

6.97 À la fin des années 1800, le physicien britannique Lord Rayleigh a déterminé précisément les masses atomiques de plusieurs éléments, mais il a obtenu un curieux résultat avec l'azote. Une de ses méthodes de préparation de l'azote se faisait par la décomposition thermique de l'ammoniac selon l'équation suivante :

$$2\ NH_3(g) \longrightarrow N_2(g) + 3\ H_2(g)$$

Une autre méthode de préparation consistait à débuter avec un échantillon d'air, puis à retirer l'oxygène, le dioxyde de carbone et la vapeur d'eau. Invariablement, l'azote séparé à partir de l'air était un peu plus dense (la masse volumique était plus grande d'environ 0,5 %) que celui qui était produit à partir de l'ammoniac.

Quelques années plus tard, le chimiste anglais Sir William Ramsey fit une expérience au cours de laquelle il a passé de l'azote, extrait de l'air selon la même méthode que celle qui avait été suivie par Rayleigh, au-dessus d'un morceau de magnésium chauffé au rouge afin de convertir l'azote en nitrure de magnésium :

$$3\ Mg(s) + N_2(g) \longrightarrow Mg_3N_2(s)$$

Après la réaction complète de l'azote avec le magnésium, Ramsey a constaté qu'il restait encore un gaz qui ne pouvait se combiner avec aucun autre élément. Il a ensuite trouvé sa masse atomique, soit 39,95. Il a appelé ce gaz argon, (d'*argos*, mot grec signifiant inactif).

a) Plus tard, Rayleigh et Ramsey, avec l'aide de Sir William Crookes, l'inventeur du tube cathodique, ont démontré que l'argon était un nouvel élément. Décrivez le genre d'expérience qu'ils ont dû faire pour parvenir à cette conclusion.

b) Pourquoi l'argon a-t-il été découvert si tardivement par rapport aux autres éléments ?

c) Une fois l'argon découvert, pourquoi a-t-il fallu peu de temps pour découvrir le reste des autres gaz rares ?

d) Pourquoi l'hélium a-t-il été le dernier gaz rare découvert sur la Terre ?

e) Le fluorure de radon, RnF, est le seul composé connu du radon. Donnez deux raisons pouvant expliquer le fait qu'il y ait si peu de composés du radon.

Réponses aux exercices : 6.1 a) $[Ar]4s^2$, b) élément représentatif, c) diamagnétique ; **6.2** $Li > Be > C$; **6.3** a) Li^+, b) Au^{3+}, c) N^{3-} ; **6.4** a) N, b) Mg ; **6.5** Non.

CHAPITRE 7

La liaison chimique I : la liaison covalente

Les points essentiels

La liaison covalente
Lewis a été le premier chimiste à concevoir la formation des liaisons covalentes, ces liaisons faisant le partage d'une ou de plusieurs paires d'électrons. La règle de l'octet permet de prédire correctement les structures de Lewis. Cette règle précise que les atomes, excepté l'hydrogène, tendent à former des liaisons jusqu'à ce qu'ils soient entourés de huit électrons de valence.

Les caractéristiques des structures de Lewis
Une structure de Lewis met en évidence non seulement les liaisons, mais aussi les paires d'électrons non liants (doublets libres) ainsi que les charges formelles. Celles-ci dépendent d'une sorte de comptabilité dans le partage des électrons à l'intérieur des liaisons. Une structure de résonance est l'une de deux ou de plusieurs structures de Lewis.

Les exceptions à la règle de l'octet
La règle de l'octet s'applique surtout aux éléments de la deuxième période. Il y a trois exceptions à cette règle : 1) lorsque l'octet est incomplet quand un atome dans une molécule possède moins que huit électrons de valence, 2) lorsque les molécules ont un nombre impair d'électrons de valence et 3) lorsqu'il y a plus de huit électrons de valence autour d'un atome, c'est-à-dire un octet étendu. Ces exceptions peuvent être expliquées grâce à des théories plus élaborées de la liaison chimique.

L'énergie des liaisons à la base de la thermochimie
Il est possible de prédire les échanges d'énergie (variations d'enthalpie) au cours d'une réaction à partir de la connaissance des forces des liaisons covalentes (énergies de liaisons).

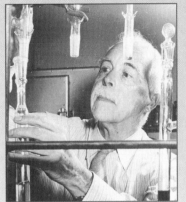

Le professeur Lewis dans son laboratoire.

C'est en donnant un cours d'introduction à la chimie que Gilbert N. Lewis aurait eu l'idée que les atomes forment des molécules en partageant des électrons. Cette hypothèse pouvait expliquer le fait que certains composés sont plus stables que les éléments les constituant. À partir de cette idée, Lewis développa la règle de l'octet, qui fut très utile pour expliquer les propriétés et les réactions des composés.

Né en 1875, Lewis grandit dans le Nebraska. Après avoir étudié à l'Université Harvard et en Europe, il enseigna au Massachusetts Institute of Technology, puis à l'Université de Californie, à Berkeley, en 1912. Il fit du département de chimie de cette université l'un des meilleurs établissements d'enseignement et de recherche du monde.

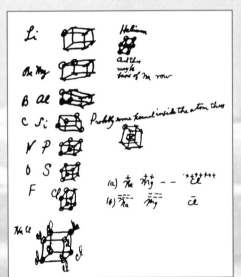

Lewis illustra pour la première fois le concept de la règle de l'octet à l'endos d'une enveloppe.

Bien qu'on le connaisse mieux pour son travail sur les liaisons chimiques, Lewis a aussi largement contribué à la connaissance des acides et des bases, de la thermodynamique et de la spectroscopie (étude de l'interaction entre la lumière et la matière). De plus, il fut le premier à préparer de l'eau lourde (D_2O) et à en étudier les propriétés. Malgré ses succès marqués, Lewis n'a jamais remporté de prix Nobel. Il est mort en 1946.

7.1 LA NOTATION DE LEWIS

Le développement du tableau périodique et le concept de configuration électronique ont permis aux chimistes d'expliquer la formation des molécules et des composés. Cette explication, conçue par le chimiste américain Gilbert Lewis, est basée sur le fait que les atomes réagissent entre eux pour arriver à une configuration électronique plus stable. Un atome acquiert le maximum de stabilité quand sa configuration électronique est celle d'un gaz rare.

Quand des atomes interagissent pour former une liaison chimique, seules leurs couches périphériques entrent en contact. C'est pourquoi, dans l'étude des liaisons chimiques, ce sont les électrons de valence qui nous intéressent. Pour rendre compte du comportement des électrons de valence dans une réaction chimique et s'assurer que le nombre total d'électrons ne change pas, les chimistes utilisent un système établi par Lewis, appelé **notation de Lewis**; *c'est une représentation d'un élément par son symbole entouré de points qui représentent les électrons de valence.* La figure 7.1 montre la notation de Lewis des éléments représentatifs des groupes 1A à 7A et celles des gaz rares. Notez que, à l'exception de l'hélium, le nombre d'électrons de valence dans chaque atome est équivalent au numéro de son groupe. Par exemple, Li appartient au groupe 1A et a un point pour son électron de valence; Be, du groupe 2A, a deux électrons de valence (deux points), etc. Comme les éléments d'un même groupe ont tous la même configuration électronique périphérique, ils ont donc la même notation de Lewis. Les métaux de transition, les lanthanides et les actinides, qui ont tous des couches internes incomplètes, ne peuvent généralement pas être représentés à l'aide de la notation de Lewis.

Dans ce chapitre, nous apprendrons à utiliser les configurations électroniques et le tableau périodique pour prédire le nombre de liaisons que peut former un atome d'une espèce d'élément, ainsi que la stabilité du produit.

7.2 LA LIAISON COVALENTE

Bien que le concept de molécule remonte au XVIIe siècle, ce n'est qu'au début du XXe siècle que les chimistes ont commencé à comprendre comment et pourquoi se forment les molécules. La première percée importante dans ce domaine fut la suggestion de Gilbert Lewis sur le partage d'électrons par les atomes dans une liaison chimique. Il fit le diagramme suivant pour illustrer la formation de la liaison chimique dans H_2:

$$H\cdot + \cdot H \longrightarrow H:H$$

Figure 7.1 *La notation de Lewis des éléments représentatifs et des gaz rares. Le nombre de points non appariés correspond au nombre de liaisons qu'un atome de cet élément peut former dans un composé.*

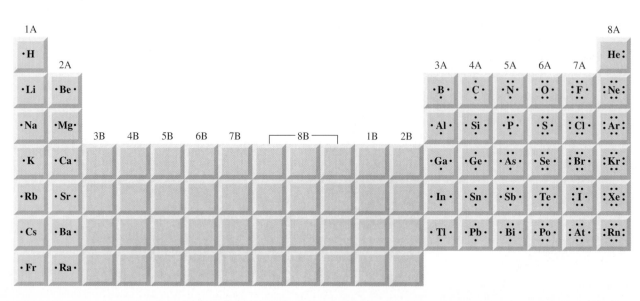

Ce type de doublet électronique représente une **liaison covalente,** *une liaison dans laquelle deux électrons sont partagés par deux atomes.* Pour simplifier, on représente souvent la paire d'électrons partagés par un petit trait. On peut alors représenter la liaison covalente dans la molécule d'hydrogène par H—H. Dans une liaison covalente, chaque électron du doublet partagé est attiré par les noyaux des deux atomes : c'est cette attraction qui maintient ensemble les deux atomes de H_2. On peut appliquer le même principe à la formation des liaisons covalentes dans les autres molécules.

Dans le cas des atomes polyélectroniques, la liaison covalente ne met en jeu que les électrons de valence. Prenons comme exemple la molécule de fluor, F_2 ; la configuration électronique de F est $1s^2 2s^2 2p^5$. Les électrons $1s$ sont à un niveau inférieur d'énergie et restent la plupart du temps près du noyau ; ils ne participent donc pas à la formation de la liaison. On dit alors que chaque atome F a sept électrons de valence (les électrons $2s$ et $2p$). À la figure 7.1, on voit que F n'a qu'un seul électron célibataire ; on peut donc représenter la formation de la molécule F_2 de la manière suivante :

$$: \overset{..}{\underset{..}{F}} \cdot \ + \ \cdot \overset{..}{\underset{..}{F}} : \ \longrightarrow \ : \overset{..}{\underset{..}{F}} : \overset{..}{\underset{..}{F}} : \qquad \text{ou} \qquad : \overset{..}{\underset{..}{F}} - \overset{..}{\underset{..}{F}} :$$

Notez qu'il n'y a que deux électrons de valence qui participent à la formation de F_2. Les *électrons qui ne participent pas à la formation d'une liaison covalente* s'appellent **électrons non liants** ; on dit aussi **doublets libres.** Ainsi, chaque atome dans F_2 a trois doublets d'électrons libres :

$$\text{doublets libres} \longrightarrow : \overset{..}{\underset{..}{F}} - \overset{..}{\underset{..}{F}} : \longleftarrow \text{doublets libres}$$

Les diagrammes utilisés pour représenter H_2 et F_2 s'appellent structures de Lewis. Une **structure de Lewis** est une *représentation des liaisons covalentes par la notation de Lewis où les doublets liants sont illustrés par de petits traits ou par des paires de points entre deux atomes ; quant aux doublets libres, ils sont illustrés par des paires de points associées à chacun des atomes.* Seuls les électrons de valence sont illustrés dans une structure de Lewis.

Maintenant, voyons la structure de Lewis de la molécule d'eau. La figure 7.1 montre que l'oxygène a deux électrons célibataires représentés par deux points isolés ; on peut donc s'attendre à ce que O forme deux liaisons covalentes. De son côté, l'atome d'hydrogène ne peut former qu'une liaison covalente puisqu'il n'a qu'un seul électron. Donc, la structure de Lewis de la molécule d'eau est

$$H : \overset{..}{\underset{..}{O}} : H \qquad \text{ou} \qquad H - \overset{..}{O} - H$$

Dans ce cas, l'atome O a deux doublets libres. L'atome d'hydrogène, lui, n'en a pas parce que son unique électron participe à la liaison covalente.

Dans les molécules F_2 et H_2O, les atomes F et O acquièrent la configuration stable des gaz rares en partageant des électrons :

$$: \overset{..}{\underset{..}{F}} (:) \overset{..}{\underset{..}{F}} : \qquad\qquad H (:) \overset{..}{O} (:) H$$
$$8e^- \quad 8e^- \qquad\qquad\quad 2e^- \ 8e^- \ 2e^-$$

La formation de ces molécules illustre la **règle de l'octet,** formulée par Lewis : *tout atome, sauf l'hydrogène, a tendance à former des liaisons jusqu'à ce qu'il soit entouré de huit électrons de valence.* Autrement dit, il se forme une liaison covalente chaque fois qu'un atome n'a pas assez d'électrons pour former un octet complet ; le partage d'électrons dans les liaisons covalentes permet donc aux deux atomes de compléter leurs octets. Dans le cas de l'hydrogène, il doit atteindre la configuration électronique de l'hélium, c'est-à-dire posséder deux électrons.

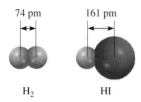

Figure 7.2 *La longueur de liaison est la distance qui sépare les noyaux de deux atomes qui forment cette liaison. La figure illustre les longueurs des liaisons (en picomètres) des molécules diatomiques H_2 et HI.*

La règle de l'octet vaut principalement pour les éléments de la deuxième période. Ces éléments n'ont que des sous-couches $2s$ et $2p$, qui peuvent contenir un total de huit électrons. Quand un atome de l'un de ces éléments forme un composé covalent, il peut acquérir la configuration électronique du gaz rare [Ne] en partageant des électrons avec les autres atomes de la molécule. Cependant, comme nous le verrons plus tard, il y a, à la règle de l'octet, nombre d'exceptions importantes que nous devrons expliquer plus loin par un modèle plus approfondi concernant la nature des liaisons chimiques.

Deux atomes maintenus ensemble par un doublet d'électrons sont dits associés par une *liaison simple.* Dans de nombreux composés, *deux atomes partagent deux ou plus de deux doublets d'électrons* : on parle alors de *liaison multiple.* Si *deux atomes partagent deux doublets d'électrons*, on dit qu'ils forment une *liaison double.* Par exemple, on trouve une liaison double dans la molécule du dioxyde de carbone (CO_2) :

$$\text{O} ::\text{C}:: \text{O} \qquad \text{ou} \qquad \text{O}=\text{C}=\text{O}$$
$$8e^- \quad 8e^- \quad 8e^-$$

et dans la molécule d'éthylène (ou éthène) (C_2H_4) :

$$8e^- \quad 8e^-$$

Quand *deux atomes partagent trois doublets d'électrons,* on dit qu'ils forment une *liaison triple,* comme dans la molécule d'azote (N_2) :

$$\text{N} ::: \text{N} \qquad \text{ou} \qquad :\text{N}\equiv\text{N}:$$
$$8e^- \quad 8e^-$$

La molécule d'acétylène (ou éthyne) (C_2H_2) possède également une liaison triple, entre les deux atomes de carbone :

$$\text{H}\;\text{C} ::: \text{C}\;\text{H} \qquad \text{ou} \qquad \text{H}-\text{C}\equiv\text{C}-\text{H}$$
$$8e^- \quad 8e^-$$

Nous verrons bientôt les règles d'écriture des structures de Lewis s'appliquant dans les cas des liaisons simples, doubles et triples.

Les liaisons covalentes multiples sont plus courtes que les liaisons simples. La **longueur de liaison** est la *distance mesurée entre les centres (noyaux) de deux atomes formant une liaison dans une molécule (figure 7.2).* On appelle rayon covalent la moitié de cette distance. Le tableau 7.1 liste quelques longueurs de liaisons déterminées expérimentalement. Pour une paire donnée d'atomes (par exemple, le carbone et l'azote), les liaisons triples sont plus courtes que les liaisons doubles, qui, elles, sont plus courtes que les liaisons simples. Plus courtes, les liaisons multiples sont également plus stables que les liaisons simples, comme nous le verrons plus tard.

7.3 L'ÉLECTRONÉGATIVITÉ

Comme nous le savons déjà, une liaison covalente consiste en un partage d'un doublet d'électrons par deux atomes. Dans une molécule comme H_2, où les deux atomes sont identiques, on peut s'attendre à ce que les électrons soient partagés de façon égale entre les deux atomes, c'est-à-dire qu'ils se trouvent en moyenne à égale distance des deux noyaux.

TABLEAU 7.1
LA LONGUEUR DE LIAISON MOYENNE DANS LE CAS DE QUELQUES LIAISONS SIMPLES, DOUBLES ET TRIPLES COURANTES

Type de liaison	Longueur de liaison (pm)
C—H	107
C—O	143
C=O	121
C—C	154
C=C	133
C≡C	120
C—N	143
C=N	138
C≡N	116
N—O	136
N=O	122
O—H	96

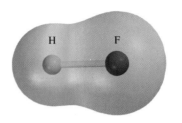

Figure 7.3 *Distribution du nuage électronique dans la molécule HF. La distribution varie selon les couleurs de l'arc-en-ciel. La région la plus riche en électron est rouge ; la plus pauvre est bleue.*

Cependant, dans une molécule comme HF, la situation est différente. Même si les atomes H et F sont aussi unis par une liaison covalente, ils ne partagent pas le doublet d'électrons de manière égale, car ce sont des atomes différents. C'est dire que les électrons passent *plus* de temps près d'un atome que de l'autre. Une telle liaison est dite *covalente polaire* ou plus simplement *polaire*.

Des mesures expérimentales nous portent à conclure que, dans la molécule HF, les électrons passent plus de temps près de l'atome F. On peut considérer ce partage inégal comme le résultat d'un transfert partiel d'électrons ou d'un déplacement du nuage électronique (comme on le décrit le plus souvent) de H vers F (*figure 7.3*). Ce phénomène se solde par une densité électronique relativement plus grande près de l'atome de fluor et, inversement, par une densité électronique plus petite près de l'hydrogène. On peut ainsi dire que la liaison dans HF et les autres liaisons polaires sont des intermédiaires entre une liaison covalente (non polaire), dans laquelle le partage des électrons est égal, et une **liaison ionique,** dans laquelle le *transfert d'électron(s) est presque complet*. On retrouve les liaisons ioniques dans les composés ioniques.

L'*électronégativité* est une caractéristique qui aide à distinguer une liaison polaire d'une liaison non polaire ; il s'agit de la *tendance qu'a un atome à attirer vers lui les électrons dans une liaison chimique*. Il s'agit d'une valeur relative qui, par conséquent, est sans unité. Plus l'électronégativité d'un élément est élevée, plus cet élément a tendance à attirer les électrons. Comme on peut s'y attendre, l'électronégativité est reliée à l'affinité électronique et à l'énergie d'ionisation. Dans un atome de fluor, par exemple, dont l'affinité électronique est forte (il capte des électrons facilement) et dont l'énergie d'ionisation est forte (il ne perd pas facilement ses électrons), l'électronégativité est forte. Par contre, le sodium a une faible affinité électronique, une faible énergie d'ionisation et, par conséquent, une faible électronégativité.

Le chimiste américain Linus Pauling a établi une méthode pour calculer l'électronégativité *relative,* donc sans unités, de la plupart des éléments. Ces valeurs sont données à la figure 7.4. Quand on examine bien ce tableau, on remarque que l'électronégativité est

Linus Pauling, (1901-1994)

Figure 7.4
Électronégativité des éléments courants.

Électronégativité croissante

Électronégativité croissante

1A																	8A
H 2.1	2A											3A	4A	5A	6A	7A	
Li 1.0	**Be** 1.5											**B** 2.0	**C** 2.5	**N** 3.0	**O** 3.5	**F** 4.0	
Na 0.9	**Mg** 1.2	3B	4B	5B	6B	7B	⌐ 8B ¬			1B	2B	**Al** 1.5	**Si** 1.8	**P** 2.1	**S** 2.5	**Cl** 3.0	
K 0.8	**Ca** 1.0	**Sc** 1.3	**Ti** 1.5	**V** 1.6	**Cr** 1.6	**Mn** 1.5	**Fe** 1.8	**Co** 1.9	**Ni** 1.9	**Cu** 1.9	**Zn** 1.6	**Ga** 1.6	**Ge** 1.8	**As** 2.0	**Se** 2.4	**Br** 2.8	
Rb 0.8	**Sr** 1.0	**Y** 1.2	**Zr** 1.4	**Nb** 1.6	**Mo** 1.8	**Tc** 1.9	**Ru** 2.2	**Rh** 2.2	**Pd** 2.2	**Ag** 1.9	**Cd** 1.7	**In** 1.7	**Sn** 1.8	**Sb** 1.9	**Te** 2.1	**I** 2.5	
Cs 0.7	**Ba** 0.9	**La-Lu** 1.0-1.2	**Hf** 1.3	**Ta** 1.5	**W** 1.7	**Re** 1.9	**Os** 2.2	**Ir** 2.2	**Pt** 2.2	**Au** 2.4	**Hg** 1.9	**Tl** 1.8	**Pb** 1.9	**Bi** 1.9	**Po** 2.0	**At** 2.2	
Fr 0.7	**Ra** 0.9																

Électronégativité croissante

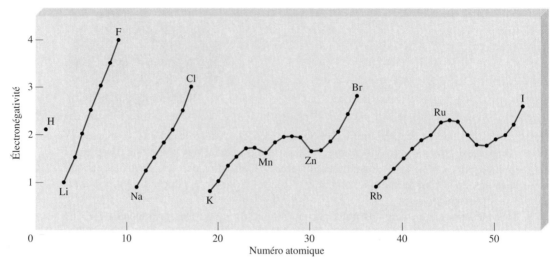

Figure 7.5 *Variation de l'électronégativité en fonction du numéro atomique. Les halogènes sont les plus électronégatifs, les métaux alcalins, les moins électronégatifs.*

une propriété périodique: en général, l'électronégativité augmente de gauche à droite dans une période, ce qui est en accord avec la diminution du caractère métallique des éléments; de plus, dans chaque groupe, elle diminue de haut en bas, ce qui indique une augmentation du caractère métallique. Notez qu'on ne trouve pas cette tendance chez les métaux de transition. Les éléments les plus électronégatifs (les halogènes, l'oxygène, l'azote et le soufre) se trouvent dans le coin supérieur droit du tableau périodique; les moins électronégatifs (les métaux alcalins et les alcalino-terreux), dans le coin inférieur gauche. La figure 7.5 illustre bien cette variation périodique de l'électronégativité.

Les atomes de deux éléments d'électronégativités très différentes ont tendance à former entre eux des liaisons ioniques (comme celles de NaCl et de CaO), car l'atome dont l'électronégativité est la plus faible donne un ou des électrons à l'autre atome. Une telle liaison met généralement en jeu un atome d'un élément métallique et un atome d'un élément non métallique. Par contre, les atomes dont les électronégativités sont peu différentes ont tendance à former des liaisons covalentes polaires entre eux, car le déplacement du nuage électronique est habituellement faible. La plupart des liaisons covalentes mettent en jeu des atomes d'éléments non métalliques. Seuls les atomes d'un même élément, qui ont évidemment la même électronégativité, peuvent s'unir par une liaison covalente pure. Ces tendances et ces caractéristiques sont conformes à ce que nous avons vu précédemment sur l'énergie d'ionisation et l'affinité électronique.

Il n'y a pas de véritable démarcation ou frontière entre une liaison polaire ou une liaison ionique. Seules des mesures expérimentales, comme la conductibilité électrique de solides fondus, permettent de savoir si une substance est constituée d'un type de liaison plutôt que d'un autre. Cependant, voici une règle générale qui permet de distinguer les deux types de liaison: une liaison ionique se forme quand la différence d'électronégativité entre les deux atomes en jeu est égale ou supérieure à 2,0. Cette règle s'applique à la plupart des composés ioniques. Quelquefois, les chimistes utilisent le *pourcentage du caractère ionique* pour décrire la nature d'une liaison. Par exemple, un caractère ionique à 100% correspond à une liaison ionique pure, tandis qu'un caractère ionique à 0% correspond à une liaison non polaire, ou covalente pure.

L'électronégativité et l'affinité électronique sont des concepts apparentés mais différents. Ces deux propriétés expriment la tendance d'un atome à attirer les électrons. Cependant, l'affinité électronique concerne l'attraction qu'a un atome isolé pour un électron additionnel, tandis que l'électronégativité exprime l'attraction qu'exerce un atome dans une liaison chimique sur les électrons partagés. De plus, l'affinité électronique est une grandeur mesurable, tandis que l'électronégativité est une grandeur relative, non mesurable de manière absolue.

NOTE

En général, une liaison ionique se produit entre un atome d'un élément métallique et un autre atome d'un élément non métallique, et une liaison covalente se produit entre deux atomes d'éléments non métalliques.

EXEMPLE 7.1   La classification des liaisons chimiques

Dites si les liaisons suivantes sont ioniques, covalentes polaires ou covalentes :
a) la liaison dans HCl, b) la liaison dans KF, c) la liaison CC dans H_3CCH_3.

Réponse : a) D'après la figure 7.4, on sait que la différence d'électronégativité entre H et Cl est de 0,9, ce qui est appréciable, mais pas assez élevé (selon la règle du 2,0) pour qualifier HCl de composé ionique. Ainsi, la liaison entre H et Cl est covalente polaire.

b) La différence d'électronégativité entre K et F est de 3,2, donc bien supérieure à 2,0 ; la liaison entre K et F est donc ionique.

c) Les deux atomes C sont identiques en tous points (ils sont liés entre eux et chacun est lié à 3 atomes H) ; la liaison entre eux est donc covalente.

EXERCICE

Précisez si les liaisons suivantes sont covalentes, covalentes polaires ou ioniques :
a) la liaison dans CsCl, b) la liaison dans H_2S, c) la liaison NN dans H_2NNH_2.

Les éléments les plus électronégatifs sont les non-métaux (en orangé), et les moins électronégatifs sont les métaux alcalins et les alcalino-terreux (en vert). Le béryllium, le premier membre du groupe 2A, forme surtout des composés covalents.

Problèmes semblables :
7.17 et 7.18

7.4 LES RÈGLES D'ÉCRITURE DES STRUCTURES DE LEWIS

Même si la règle de l'octet et les structures de Lewis ne donnent pas une image complète de la liaison covalente, elles permettent d'expliquer l'agencement des liaisons dans de nombreux composés, de même que les propriétés et les réactions des molécules. C'est pourquoi il est important d'apprendre à écrire les structures de Lewis des composés. Les étapes de base sont les suivantes :

1. Établir la structure squelettique du composé en utilisant les symboles chimiques et en plaçant côte à côte les atomes liés. Pour les composés simples, cette étape est facile. Pour ce qui est des composés plus complexes, si l'information ne nous est pas donnée, on utilise l'hypothèse la plus plausible. En général, l'atome le moins électronégatif occupe la position centrale. L'hydrogène et le fluor sont habituellement placés aux extrémités de la structure de Lewis.

2. Compter le nombre total d'électrons de valence, en consultant si nécessaire la figure 7.1. Dans le cas d'un anion polyatomique, ajouter le nombre de charges négatives au total (par exemple, pour l'ion CO_3^{2-}, il faut ajouter deux électrons parce que la charge −2 indique qu'il y a deux électrons de plus que dans le composé neutre). Dans le cas d'un cation polyatomique, soustraire le nombre de charges positives du total (par exemple, pour NH_4^+, il faut soustraire un électron parce que la charge +1 indique que le composé neutre a perdu un électron).

3. Tracer une liaison simple covalente entre l'atome central et chacun des atomes qui l'entourent. Compléter les octets des atomes liés à l'atome central. (Ne pas oublier que la couche de valence de l'atome d'hydrogène est complète avec seulement deux électrons.) Les électrons qui appartiennent à l'atome central ou aux atomes qui y sont liés et qui ne participent pas aux liaisons doivent être illustrés sous forme de doublets libres. Le nombre total d'électrons illustrés doit être celui qui a été déterminé à l'étape 2.

4. Si la règle de l'octet n'est pas encore respectée dans le cas de l'atome central, essayer de faire des liaisons doubles ou triples entre celui-ci et les atomes voisins, en utilisant les doublets libres de ces derniers.

NF₃

NOTE

Dans le cas des éléments
représentatifs, le nombre
d'électrons de la couche
périphérique est égal au
numéro du groupe auquel
ils appartiennent.

Problème semblable: 7.21

EXEMPLE 7.2   La technique d'écriture d'une structure de Lewis

Écrivez la structure de Lewis du trifluorure d'azote (NF₃), où les trois atomes F sont
liés à l'atome N.

Réponse:

Étape 1: La structure squelettique de NF₃ est

$$F \quad N \quad F$$
$$F$$

Étape 2: Les configurations électroniques des couches périphériques de N et de F sont
respectivement $2s^2 2p^3$ et $2s^2 2p^5$. Ainsi, il y a $[5 + (3 \times 7)]$, ou 26, électrons
de valence dans NF₃.

Étape 3: On trace une liaison covalente simple entre N et chaque atome F et on complète les octets des atomes F. Ensuite, on place les électrons qui restent sur N:

$$:\ddot{F}—\ddot{N}—\ddot{F}:$$
$$|$$
$$:\ddot{F}:$$

Puisque cette structure respecte la règle de l'octet pour tous ses atomes, l'étape 4 n'est
pas nécessaire. Pour vérifier, il faut compter combien NF₃ a d'électrons de valence (dans
les liaisons chimiques et dans les doublets libres); la réponse est 26, ce qui est aussi le
nombre d'électrons de valence contenus dans trois atomes F et un atome N.

EXERCICE

Écrivez la structure de Lewis du disulfure de carbone (CS₂).

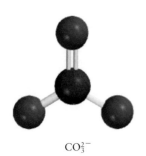

CO₃²⁻

EXEMPLE 7.3   La technique d'écriture d'une structure de Lewis dans le
cas d'un anion polyatomique

Écrivez la structure de Lewis de l'ion carbonate (CO₃²⁻).

Réponse:

Étape 1: Sachant que C est moins électronégatif que O, on peut en déduire qu'il occu-
pera la position centrale dans la structure squelettique:

$$O$$
$$O \quad C \quad O$$

Étape 2: Les configurations électroniques des couches périphériques de C et de O sont
respectivement $2s^2 2p^2$ et $2s^2 2p^4$, et l'ion a deux charges négatives. Ainsi, le
nombre total d'électrons est $[4 + (3 \times 6) + 2]$, soit 24.

Étape 3: On trace une liaison covalente simple entre C et chaque O et on complète les
octets des atomes O:

$$:\ddot{O}:$$
$$|$$
$$:\ddot{O}—C—\ddot{O}:$$

Cette structure montre les 24 électrons.

Étape 4: Même si la règle de l'octet est respectée dans le cas des atomes O, elle ne l'est pas pour l'atome C. On déplace donc un doublet libre de l'un des atomes O pour qu'il forme une autre liaison avec C. Alors, la règle de l'octet est également respectée pour l'atome C:

$$
\begin{bmatrix} & \ddot{\text{O}} : & \\ & \| & \\ : \ddot{\text{O}} - \text{C} - \ddot{\text{O}} : & \end{bmatrix}^{2-}
$$

Comme vérification finale, on s'assure que la structure de Lewis de l'ion carbonate possède 24 électrons de valence.

EXERCICE

Écrivez la structure de Lewis de l'ion nitrite [(NO_2^-)].

NOTE

Les parenthèses en forme de crochets servent à indiquer que la charge -2 est répartie sur l'ensemble de la structure.

Problème semblable: 7.22

7.5 LA CHARGE FORMELLE ET LES STRUCTURES DE LEWIS

En comparant le nombre d'électrons contenus dans un atome isolé et le nombre d'électrons associés à ce même atome dans une structure de Lewis, on peut déterminer la distribution des électrons dans la molécule et établir la structure la plus plausible. Voici la façon de procéder: pour un atome isolé, le nombre d'électrons qui lui sont associés correspond au nombre d'électrons de valence qu'il possède (comme toujours, on ne s'occupe pas des électrons des couches inférieures); dans une molécule, les électrons associés à chaque atome sont ceux qui font partie des doublets libres et ceux qui font partie des doublets liant l'atome aux autres atomes. Cependant, puisque, dans une liaison, les électrons sont partagés, il faut diviser les électrons d'un doublet liant de manière égale entre les atomes qui forment cette liaison. La *différence entre le nombre d'électrons de valence contenus dans un atome isolé et le nombre d'électrons associés à ce même atome dans une structure de Lewis* est appelée **charge formelle** de l'atome. On peut calculer la charge formelle d'un atome contenu dans une molécule à l'aide de l'équation suivante:

$$
\begin{pmatrix} \text{charge formelle} \\ \text{d'un atome dans} \\ \text{une structure} \\ \text{de Lewis} \end{pmatrix} = \begin{pmatrix} \text{nombre total} \\ \text{d'électrons de} \\ \text{valence dans} \\ \text{l'atome isolé} \end{pmatrix} - \begin{pmatrix} \text{nombre} \\ \text{total} \\ \text{d'électrons} \\ \text{non liants} \end{pmatrix} - \frac{1}{2} \begin{pmatrix} \text{nombre} \\ \text{total} \\ \text{d'électrons} \\ \text{liants} \end{pmatrix} \quad (7.1)
$$

Voyons le concept de charge formelle à l'aide de la molécule d'ozone (O_3). Procédons par étapes, comme nous l'avons fait pour les exemples 7.2 et 7.3; établissons d'abord la structure squelettique de O_3, puis ajoutons-y les liaisons et les électrons afin de respecter la règle de l'octet pour les atomes des deux extrémités:

$$: \ddot{\text{O}} - \ddot{\text{O}} - \ddot{\text{O}} :$$

Vous devez noter que, même si tous les électrons disponibles sont utilisés, la règle de l'octet n'est pas respectée dans le cas de l'atome central. Pour pallier cette irrégularité, nous utilisons un doublet libre de l'un des atomes latéraux pour former une seconde liaison entre ce dernier et l'atome central:

$$\ddot{\text{O}} = \ddot{\text{O}} - \ddot{\text{O}} :$$

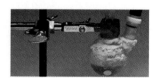

De l'ozone liquide en-dessous de son point d'ébullition (–111,3 °C). L'ozone gazeux est bleu pâle et odorant. Il irrite aussi les poumons.

Nous pouvons maintenant utiliser l'équation (7.1) pour calculer les charges formelles des atomes O:

- *L'atome O central.* Un atome O isolé a six électrons de valence; dans la structure de Lewis illustrée ci-dessus, il a un doublet libre (ou deux électrons libres) et trois liaisons (ou six électrons liants). En utilisant ces données dans l'équation (7.1), nous obtenons:

$$\text{charge formelle} = 6 - 2 - \tfrac{1}{2}(6) = +1$$

- *L'atome O latéral dans O $=$ O.* Un atome O isolé a six électrons de valence; dans la structure, il a deux doublets libres (ou quatre électrons libres) et deux liaisons (ou quatre électrons liants). Ainsi, nous obtenons:

$$\text{charge formelle} = 6 - 4 - \tfrac{1}{2}(4) = 0$$

- *L'atome O latéral dans O $-$ O.* Un atome O isolé a six électrons de valence; dans la structure, il a trois doublets libres (ou six électrons libres) et une liaison (ou deux électrons liants). Ainsi, nous obtenons:

$$\text{charge formelle} = 6 - 6 - \tfrac{1}{2}(2) = -1$$

Nous pouvons maintenant écrire la structure de Lewis de l'ozone avec les charges formelles:

$$\ddot{O}\!=\!\overset{+}{\ddot{O}}\!-\!\ddot{O}\!:^{-}$$

Pour déterminer les charges formelles, les règles suivantes sont utiles:

- Dans le cas d'une molécule neutre, la somme des charges formelles doit être de zéro. (Cette règle s'applique, par exemple, à la molécule O_3.)
- Dans le cas d'un cation, la somme des charges formelles doit être égale à la charge positive de l'ion.
- Dans le cas d'un anion, la somme des charges formelles doit être égale à la charge négative de l'ion.

Il faut se rappeler que les charges formelles ne représentent pas la distribution réelle des charges dans une molécule. Par exemple, dans une molécule O_3, rien ne prouve que l'atome central a une charge nette de $+1$ ni que l'un des autres atomes a une charge de -1. Le fait d'écrire ces charges près des atomes dans la structure de Lewis permet simplement de repérer les électrons de valence dans la molécule.

EXEMPLE 7.4   La détermination des charges formelles dans un ion polyatomique

Déterminez les charges formelles dans l'ion carbonate.

Réponse: La structure de Lewis de l'ion carbonate a été établie à l'exemple 7.3:

$$\left[\begin{array}{c} :\!\ddot{O}\!: \\ \| \\ :\!\ddot{O}\!-\!C\!-\!\ddot{O}\!: \end{array}\right]^{2-}$$

Nous pouvons calculer les charges formelles des atomes de la manière suivante:

l'atome C: charge formelle $= 4 - 0 - \tfrac{1}{2}(8) = 0$
l'atome O dans C$=$O: charge formelle $= 6 - 4 - \tfrac{1}{2}(4) = 0$
l'atome O dans C$-$O: charge formelle $= 6 - 6 - \tfrac{1}{2}(2) = -1$

Ainsi, la structure de Lewis de CO_3^{2-} comprenant les charges formelles est présentée ci-après.

$$\overset{\displaystyle :\overset{..}{O}:}{\underset{\displaystyle }{\overset{\displaystyle \|}{}}}$$

$$^-:\overset{..}{\underset{..}{O}}-C-\overset{..}{\underset{..}{O}}:^-$$

Problème semblable : 7.22

Notez que la somme des charges formelles est de -2, ce qui équivaut à la charge de l'ion carbonate.

EXERCICE

Inscrivez les charges formelles dans la structure de Lewis de l'ion nitrite (NO_2^-).

Quelquefois, les règles sur la façon de tracer les structures de Lewis mènent à plus d'un schéma acceptable. Dans de tels cas, ce sont les charges formelles qui permettent de choisir la structure la plus vraisemblable pour un composé donné. Les règles à suivre sont résumées ainsi :

- Dans le cas d'une molécule neutre, une structure de Lewis qui ne comprend aucune charge formelle est préférable à une autre qui en comprend.
- Une structure de Lewis qui comprend des charges formelles élevées ($+2$, $+3$ et/ou -2, -3, etc.) est moins plausible qu'une autre dans laquelle ces charges sont plus petites.
- Si les structures de Lewis ont une distribution similaire de charges formelles, la plus plausible est celle dans laquelle les charges formelles négatives sont placées sur les atomes les plus électronégatifs.

EXEMPLE 7.5   **Le choix de la structure de Lewis la plus vraisemblable à l'aide des charges formelles**

On utilise traditionnellement le formaldéhyde, un liquide à odeur désagréable, pour conserver les cadavres d'animaux. Sa formule moléculaire est CH_2O. Écrivez la structure de Lewis la plus vraisemblable de ce composé.

Réponse : Les deux squelettes possibles sont illustrés.

$$H \quad C \quad O \quad H \qquad\qquad \begin{array}{c} H \\ \quad \quad C \quad O \\ H \end{array}$$

$$\text{a)} \qquad\qquad\qquad\qquad \text{b)}$$

En suivant les méthodes utilisées dans les exemples précédents, nous pouvons écrire une structure de Lewis pour chacune de ces possibilités :

$$H-\overset{-}{\underset{..}{C}}=\overset{+}{\underset{..}{O}}-H \qquad\qquad \begin{array}{c} H \\ \quad \diagdown \\ \quad \quad C=\overset{..}{\underset{..}{O}} \\ \quad \diagup \\ H \end{array}$$

$$\text{a)} \qquad\qquad\qquad \text{b)}$$

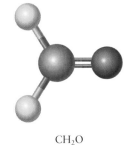

CH_2O

Problème semblable : 7.23

Puisque b) ne comprend aucune charge formelle, c'est la structure la plus vraisemblable. Ce choix est confirmé expérimentalement.

EXERCICE

Écrivez la structure de Lewis la plus plausible d'une molécule qui contient un atome N, un atome C et un atome H.

7.6 LE CONCEPT DE RÉSONANCE

En écrivant la structure de Lewis de l'ozone (O_3), nous avons respecté la règle de l'octet pour l'atome central en plaçant une liaison double entre celui-ci et l'un des deux atomes latéraux. En fait, on peut tracer cette liaison double de n'importe quel côté de la molécule, comme le montrent les deux diagrammes suivants, qui sont équivalents:

$$\ddot{O}\!=\!\overset{+}{\ddot{O}}\!-\!\ddot{\underset{..}{O}}\!:^- \qquad {}^-:\ddot{\underset{..}{O}}\!-\!\overset{+}{\ddot{O}}\!=\!\ddot{O}$$

Le choix arbitraire de l'une de ces deux structures pose toutefois un problème: il rend difficile l'explication des longueurs connues des liaisons dans O_3.

Puisque les liaisons doubles sont plus courtes que les liaisons simples, on peut s'attendre à ce que la liaison O—O soit plus longue que la liaison O=O. Cependant, des mesures expérimentales ont démontré que les deux liaisons oxygène-oxygène sont d'égale longueur (128 pm). C'est pourquoi aucune de ces deux structures de Lewis ne représente exactement la molécule. Pour résoudre ce problème, on les utilise toutes les deux pour représenter O_3:

$$\ddot{O}\!=\!\overset{+}{\ddot{O}}\!-\!\ddot{\underset{..}{O}}\!:^- \longleftrightarrow {}^-:\ddot{\underset{..}{O}}\!-\!\overset{+}{\ddot{O}}\!=\!\ddot{O}$$

Chacune de ces deux structures est appelée **structure de résonance.** Une structure de résonance, c'est donc l'*une des structures de Lewis d'une molécule qui sont nécessaires pour décrire de façon adéquate cette molécule.* Le symbole $\longleftrightarrow$ indique que les structures illustrées sont des structures de résonance.

Le terme « **résonance** » désigne donc l'*utilisation de deux ou de plusieurs structures de Lewis pour représenter une molécule donnée.* Un peu comme les voyageurs du Moyen Âge décrivaient le rhinocéros comme un croisement entre un griffon et une licorne, deux animaux familiers mais imaginaires, on décrit l'ozone, une molécule réelle, par deux molécules familières mais inexistantes en réalité.

Il ne faut pas croire — et c'est pourtant une erreur courante — qu'une molécule comme l'ozone passe successivement et rapidement de l'une à l'autre de ses structures de résonance. Il faut se rappeler qu'*aucune* de ces structures ne représente adéquatement la molécule réelle, qui a sa propre structure unique et stable. La résonance est une invention humaine, conçue pour tenter de vaincre les limites de structures trop simplistes qui n'arrivent pas à décrire correctement les liaisons. Pour reprendre l'analogie, le rhinocéros est un animal distinct, non pas une sorte d'oscillation entre le griffon et la licorne !

L'ion carbonate fournit un autre exemple de résonance:

$$
{}^-:\ddot{\underset{..}{O}}\!-\!\overset{\displaystyle :\!O\!:}{\underset{\displaystyle \|}{C}}\!-\!\ddot{\underset{..}{O}}\!:^- \longleftrightarrow \ddot{O}\!=\!\overset{\displaystyle :\!\ddot{O}\!:^-}{\underset{\displaystyle |}{C}}\!-\!\ddot{\underset{..}{O}}\!:^- \longleftrightarrow {}^-:\ddot{\underset{..}{O}}\!-\!\overset{\displaystyle :\!\ddot{O}\!:^-}{\underset{\displaystyle |}{C}}\!=\!\ddot{O}
$$

Selon les résultats expérimentaux, toutes les liaisons carbone-oxygène dans l'ion CO_3^{2-} sont équivalentes. Les caractéristiques de l'ion carbonate sont donc mieux représentées si l'on tient compte à la fois de ses trois structures de résonance:

La résonance s'applique également aux molécules organiques. La molécule de benzène (C_6H_6) en est un exemple bien connu:

La structure hexagonale du benzène fut d'abord proposée par le chimiste allemand August Kékulé (1829-1896).

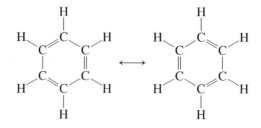

Si l'une de ces structures de résonance correspondait à la structure réelle du benzène, les liaisons entre les atomes C seraient de deux longueurs différentes : la première pour les liaisons simples, et la seconde, pour les liaisons doubles. En fait, la distance entre tous les atomes C adjacents dans cette molécule est de 140 pm, ce qui se situe entre la longueur d'une liaison C—C (154 pm) et celle d'une liaison C=C (133 pm).

Pour représenter la molécule de benzène ou tout autre composé qui contient un noyau benzénique, on prend un raccourci : on ne dessine que le squelette et non les atomes de carbone et d'hydrogène. Selon cette convention, les structures de résonance sont

Notez que les atomes C se situent aux sommets des angles de l'hexagone et que les atomes H ne sont pas illustrés, même s'il est entendu qu'ils existent. Seules les liaisons entre les atomes C sont illustrées.

Pour écrire des structures de résonance, souvenez-vous de la règle suivante : la position des électrons — mais non celle des atomes — peut être réarrangée dans les différentes structures de résonance. Autrement dit, pour une espèce donnée, les atomes sont disposés de la même manière, peu importe la structure de résonance.

EXEMPLE 7.6   La technique d'écriture des structures de résonance

Écrivez les structures de résonance (avec les charges formelles) de l'ion nitrate, NO_3^-, dont le squelette est :

$$O$$
$$O \quad N \quad O$$

Réponse : Puisque l'azote a cinq électrons de valence, que l'oxygène en a six et qu'il y a une charge négative nette, le nombre total d'électrons de valence est $[5 + (3 \times 6) + 1] = 24$. Les trois structures de résonance suivantes sont équivalentes.

EXERCICE

Écrivez les structures de résonance de l'ion nitrite (NO_2^-).

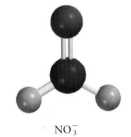

NO_3^-

Problème semblable : 7.34

NOTE

Gardez bien à l'esprit qu'aucune de ces structures de résonance n'existe comme telle en réalité.

Un dernier mot sur la résonance. Même s'il est plus exact de représenter une molécule à l'aide de toutes ses structures de résonance, on utilise souvent, pour simplifier, une seule structure de Lewis.

7.7 LES EXCEPTIONS À LA RÈGLE DE L'OCTET

Comme nous l'avons déjà mentionné, la règle de l'octet s'applique principalement aux éléments de la deuxième période. Il existe trois cas d'exception à cette règle : 1) lorsqu'il y a présence d'un octet incomplet, 2) lorsqu'il y a présence d'un nombre impair d'électrons et 3) lorsqu'il y a présence de plus de huit électrons autour de l'atome central. Voyons maintenant chacun de ces cas.

L'octet incomplet

Dans certains composés, le nombre d'électrons qui entourent l'atome central d'une molécule stable est inférieur à huit. Prenons comme exemple le béryllium, qui est un élément du groupe 2A (et de la deuxième période). Sa configuration électronique est $1s^2 2s^2$; son orbitale $2s$ comporte deux électrons de valence. À l'état gazeux, l'hydrure de béryllium (BeH_2) existe sous forme de molécules distinctes. La structure de Lewis de BeH_2 est

$$H-Be-H$$

Comme on peut le voir, seulement quatre électrons entourent l'atome Be, et il n'y a aucune façon de respecter la règle de l'octet pour le béryllium dans cette molécule.

Les éléments du groupe 3A aussi, notamment le bore et l'aluminium, ont tendance à former des composés dans lesquels ils sont entourés de moins de huit électrons. Prenons l'exemple du bore: sa configuration électronique étant $1s^2 2s^2 2p^1$, il a donc un total de trois électrons de valence. Les composés formés par le bore et un halogène ont la formule suivante: BX_3, où X est un halogène. Donc, dans le trifluorure de bore, il n'y a que six électrons autour de l'atome de bore:

$$:\ddot{F}-\overset{\displaystyle :\ddot{F}:}{\underset{\displaystyle :\ddot{F}:}{B}}$$

Pour que la règle de l'octet soit respectée, on pourrait tracer une structure de résonance comprenant une liaison double entre B et F, mais une structure de Lewis ne comprenant que des liaisons simples explique mieux les propriétés de BF_3.

Même si le trifluorure de bore est stable, il a tendance à capter un doublet d'électrons libres provenant d'un autre composé, comme dans sa réaction avec l'ammoniac:

$$:\ddot{F}-\overset{:\ddot{F}:}{\underset{:\ddot{F}:}{B}} \;+\; :\overset{H}{\underset{H}{N}}-H \;\longrightarrow\; :\ddot{F}-\overset{:\ddot{F}:}{\underset{:\ddot{F}:}{B}}{}^{-}-\overset{H}{\underset{H}{N}}{}^{+}-H$$

Cette structure respecte la règle de l'octet pour les atomes B, N et F.

La liaison B—N de ce composé est différente des liaisons covalentes déjà vues, en ce sens que les deux électrons sont fournis par l'atome N. On appelle **liaison de coordinence** une *liaison covalente dans laquelle l'un des atomes fournit les deux électrons*. Bien que les propriétés d'une telle liaison ne soient pas différentes de celles d'une liaison covalente normale (parce que tous les électrons sont semblables indépendamment de leur provenance), il est utile de faire cette distinction pour repérer les électrons de valence et pour attribuer les charges formelles aux atomes.

Les molécules à nombre impair d'électrons

Certaines molécules, par exemple le monoxyde d'azote (NO) et le dioxyde d'azote (NO_2), contiennent un nombre impair d'électrons:

$$\dot{N}=\ddot{O} \qquad \ddot{O}=\overset{+}{N}-\ddot{O}:{}^{-}$$

Puisqu'il faut un nombre pair d'électrons pour que la règle de l'octet soit respectée, quand une molécule contient un nombre impair d'électrons, il est impossible que la règle soit respectée pour tous ses atomes.

LA CHIMIE EN ACTION

LE NO, UNE SI PETITE MOLÉCULE POUR DE SI GRANDES PROUESSES!

Le monoxyde d'azote, NO, l'oxyde d'azote le plus simple, est une molécule avec un nombre impair d'électrons, donc il est paramagnétique. Ce gaz incolore (avec un point d'ébullition de $-152\,°C$) peut être préparé en laboratoire en faisant réagir du nitrite de sodium, $NaNO_2$, avec un agent réducteur tel le Fe^{2+}, dans un milieu acide.

$$NO_2^-(aq) + Fe^{2+}(aq) + 2H^+(aq) \longrightarrow NO(g) + Fe^{3+}(aq) + H_2O(l)$$

Il existe plusieurs sources de NO dans notre environnement. Les carburants fossiles contiennent des composés azotés qui, en brûlant, produisent du NO. De plus, les moteurs à essence en produisent à haute température simplement du fait que dans un moteur chaud, l'azote de l'air qui y est admis se met à réagir avec l'oxygène:

$$N_2(g) + O_2(g) \longrightarrow 2NO(g)$$

Par temps orageux, les éclairs sont aussi une autre source de NO dans l'atmosphère. Exposé à l'air, le monoxyde d'azote forme rapidement du bioxyde d'azote, un gaz rouge brunâtre:

$$2NO(g) + O_2(g) \longrightarrow 2NO_2(g)$$

Ce bioxyde d'azote est un des constituants majeurs du smog.

Par ailleurs, voilà une quinzaine d'années, des chercheurs qui étudiaient les relaxations musculaires ont découvert que le corps humain fabrique du monoxyde d'azote pour s'en servir comme neurotransmetteur. Un neurotransmetteur est une petite molécule qui facilite les communications intercellulaires, en particulier la transmission de l'influx nerveux.

On a maintenant détecté la présence du NO dans au moins une douzaine de types de cellules à l'intérieur de différents organes du corps. On sait maintenant que les cellules du cerveau ainsi que celles du foie, du pancréas, du système digestif et des vaisseaux sanguins sont capables de synthétiser du monoxyde d'azote. En plus de son rôle de neurotransmetteur, cette molécule agit aussi comme une toxine en tuant des bactéries nocives. Et ce n'est pas tout! En 1996, il a été prouvé que cette molécule se lie à l'hémoglobine, cette protéine de transport de l'oxygène dans le sang. Il n'y a plus de doute, le NO contribue à régulariser la pression sanguine.

Cette dernière découverte du rôle biologique du monoxyde d'azote a jeté une lumière nouvelle sur le mode d'action médicamenteuse de la nitroglycérine ($C_3H_5N_3O_9$) et d'autres dérivés nitrés prescrits à des patients cardiaques souffrant d'angine de poitrine (douleurs dues à une mauvaise circulation sanguine dans les artères près du cœur). On croit maintenant que la nitroglycérine agit comme source de monoxyde d'azote qui cause une relaxation musculaire et une dilatation des artères.

Le rôle du NO comme messager biologique est tout à fait adéquat. Il s'agit d'une petite molécule, ce qui lui permet de diffuser rapidement d'une cellule à l'autre. De plus, elle est stable, mais dans certaines circonstances elle est très réactive, ce qui explique son rôle protecteur. L'enzyme responsable de la relaxation musculaire contient du fer avec lequel le monoxyde d'azote a une grande affinité. C'est cette fixation du NO au fer qui active l'enzyme. Dans les cellules, les effecteurs biologiques sont habituellement de très grosses molécules. Il est donc très surprenant de constater toute la puissance d'envahissement et de contrôle que la nature a confié à une si petite molécule.

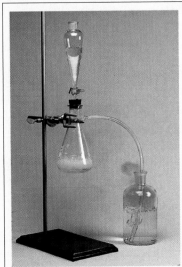

Production de monoxyde d'azote gazeux incolore par la réaction de Fe^{2+} avec une solution de nitrite de sodium acidifiée. Le gaz produit n'est pas très soluble dans l'eau et se dégage dans l'air où il réagit immédiatement avec l'oxygène, formant ainsi un gaz rouge brunâtre, le bioxyde d'azote, NO_2.

L'octet étendu

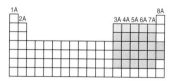

Les éléments de la deuxième période (en jaune) ne peuvent pas avoir d'octet étendu. Les éléments de la troisième période (en bleu) et des périodes suivantes peuvent avoir un octet étendu. En général, il existe une seule possibilité de liaison pour les gaz rares (en vert), c'est d'avoir un octet étendu.

Dans de nombreux composés, l'atome central est entouré de plus de huit électrons de valence; ce type d'atome n'existe qu'à partir des éléments de la troisième période du tableau périodique. En plus des orbitales $3s$ et $3p$, les éléments de la troisième période du tableau périodique ont des orbitales $3d$ qui peuvent participer à une liaison. L'hexafluorure de soufre, qui est très stable, est un exemple de composé dans lequel il y a un octet étendu. La configuration électronique du soufre est $[Ne]3s^2 3p^4$. Dans une molécule SF_6, chacun des 6 électrons de valence du soufre forme une liaison covalente avec un atome de fluor, de sorte qu'il y a 12 électrons autour de l'atome central (soufre):

Au prochain chapitre, nous verrons que ces 12 électrons, ou ces 6 doublets liants, occupent 6 orbitales: une orbitale $3s$, 3 orbitales $3p$ et 2 des 5 orbitales $3d$. Cela dit, le soufre forme également de nombreux composés dans lesquels la règle de l'octet est respectée. Par exemple, dans le dichlorure de soufre, S est entouré de 8 électrons et respecte ainsi la règle de l'octet:

EXEMPLE 7.7   **La structure de Lewis d'une molécule qui ne respecte pas la règle de l'octet**

Quelle est la structure de Lewis du pentafluorure de phosphore (PF_5), dans laquelle les cinq atomes F sont directement liés à l'atome P?

Réponse: Les configurations électroniques périphériques de P et de F sont respectivement $3s^2 3p^3$ et $2s^2 2p^5$; le nombre total d'électrons de valence est donc $[5 + (5 \times 7)]$, soit 40. La structure de Lewis de PF_5 est

Notez que, même si les atomes F respectent la règle de l'octet, l'atome P est entouré, lui, de 10 électrons de valence, ce qui forme un octet étendu.

EXERCICE

Quelle est la structure de Lewis du triiodure d'aluminium (AlI_3)?

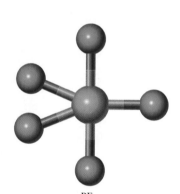

PF$_5$

Problème semblable: 7.42

7.8   LA FORCE DE LA LIAISON COVALENTE

NOTE

Dans $\Delta H°$, le petit symbole « ° » en exposant indique que les mesures ont été prises à l'état standard, soit à une pression de 1 atm, d'où l'expression enthalpie standard.

La force d'une liaison covalente est définie comme étant l'énergie nécessaire pour la rompre. Pour évaluer la stabilité d'une molécule, on mesure l'***énergie de dissociation de la liaison*** (ou ***énergie de liaison***), c'est-à-dire la *variation d'enthalpie requise pour rompre une liaison particulière dans une mole de molécules à l'état gazeux*. Par exemple, la valeur de l'énergie de dissociation de la liaison, dans le cas de la molécule d'hydrogène diatomique, a été obtenue expérimentalement et est

$$H_2(g) \longrightarrow H(g) + H(g) \qquad \Delta H° = 436,4 \text{ kJ}$$

Cette équation indique que, pour rompre les liaisons covalentes de une mole de molécules H_2 à l'état gazeux, il faut fournir 436,4 kJ.

De même, pour la molécule de chlore, qui est moins stable :

$$Cl_2(g) \longrightarrow Cl(g) + Cl(g) \qquad \Delta H^o = 242,7 \text{ kJ}$$

Cette énergie de liaison peut également se mesurer directement dans les cas de molécules diatomiques contenant des éléments différents, comme HCl :

$$HCl(g) \longrightarrow H(g) + Cl(g) \qquad \Delta H^o = 431,9 \text{ kJ}$$

C'est aussi le cas pour les molécules qui comprennent des liaisons doubles ou triples :

$$O_2(g) \longrightarrow O(g) + O(g) \qquad \Delta H^o = 498,7 \text{kJ}$$
$$N_2(g) \longrightarrow N(g) + N(g) \qquad \Delta H^o = 941,4 \text{ kJ}$$

Dans le cas des molécules polyatomiques, il est plus compliqué de déterminer la force des liaisons covalentes. Par exemple, les mesures montrent qu'il faut plus d'énergie pour rompre la première liaison O—H dans H_2O qu'il en faut pour rompre la deuxième :

$$H_2O(g) \longrightarrow H(g) + OH(g) \qquad \Delta H^o = 502 \text{ kJ}$$
$$OH(g) \longrightarrow H(g) + O(g) \qquad \Delta H^o = 427 \text{ kJ}$$

Dans chaque cas, la liaison rompue est une liaison O—H, mais la première étape est plus endothermique que la seconde. Cette différence suggère que la disparition de la première liaison O—H rend la seconde plus facile à rompre. En fait, l'énergie de la liaison O—H varie légèrement d'une molécule à l'autre, car l'environnement chimique est différent. Cela n'est pas seulement vrai pour la liaison O—H, mais pour toute liaison entre deux atomes d'éléments donnés contenus dans des molécules polyatomiques différentes. C'est pourquoi, dans le cas de telles molécules, il est plus commode d'utiliser l'*énergie de liaison moyenne* dans les calculs. Par exemple, on peut mesurer l'énergie de dissociation de la liaison O—H

TABLEAU 7.2 LES ÉNERGIES DE DISSOCIATION DE MOLÉCULES DIATOMIQUES* ET LES ÉNERGIES DE LIAISON MOYENNES

Liaison	Énergie de liaison (kJ/mol)	Liaison	Énergie de liaison (kJ/mol)
H—H	436,4	C—S	255
H—N	393	C=S	477
H—O	460	N—N	193
H—S	368	N=N	418
H—P	326	N≡N	941,4
H—F	568,2	N—O	176
H—Cl	431,9	N—P	209
H—Br	366,1	O—O	142
H—I	298,3	O=O	498,7
C—H	414	O—P	502
C—C	347	O=S	469
C=C	620	P—P	197
C≡C	812	P=P	489
C—N	276	S—S	268
C=N	615	S=S	352
C≡N	891	F—F	156,9
C—O	351	Cl—Cl	242,7
C=O**	745	Br—Br	192,5
C—P	263	I—I	151,0

* Les énergies de liaison des molécules diatomiques (en rouge) ont plus de chiffres significatifs que celles des molécules polyatomiques parce que les énergies de dissociation des molécules diatomiques sont des grandeurs directement mesurables, contrairement à celles des molécules polyatomiques, qui sont des moyennes obtenues à partir de plusieurs composés possédant ces liaisons.

** L'énergie de la liaison C=O dans CO_2 est de 799 kJ/mol.

dans 10 molécules polyatomiques différentes et obtenir l'énergie de liaison moyenne de O—H en divisant leur somme par 10. Le tableau 7.2 dresse la liste des énergies de liaison moyennes d'un certain nombre de liaisons qui existent dans des molécules polyatomiques, ainsi que les énergies de liaison de plusieurs molécules diatomiques.

L'utilisation des énergies de liaison en thermochimie

Si l'on compare les variations d'enthalpies de plusieurs réactions, on remarque des différences frappantes entre ces valeurs. Par exemple, la combustion de l'hydrogène dans l'oxygène est exothermique :

$$H_2(g) + \tfrac{1}{2}O_2(g) \longrightarrow H_2O(l) \qquad \Delta H° = -285,8 \text{ kJ}$$

Par contre, la formation du glucose ($C_6H_{12}O_6$) par photosynthèse à partir d'eau et de dioxyde de carbone est très endothermique :

$$6CO_2(g) + 6H_2O(l) \longrightarrow C_6H_{12}O_6(s) + 6O_2(g) \qquad \Delta H° = 2801 \text{ kJ}$$

Ces valeurs de variations d'enthalpie peuvent être obtenues directement par calorimétrie (*figure 7.6*). Toute la chaleur produite par la réaction étudiée est récupérée le plus complètement possible au contact d'une masse d'eau connue qui subit ici une augmentation de température. La chaleur dégagée sera donc $Q = \Delta t \times m_{eau} \times 4,18 \text{ J/g} \cdot °C$. Cette quantité, une fois convertie en kilojoules et affectée du bon signe, nous donne le ΔH recherché. Il est important de comprendre que la valeur mesurée ainsi représente le bilan global qui résulte de la différence entre l'énergie nécessaire pour briser les liaisons et celle qui est dégagée lors de la formation des nouvelles liaisons. On peut donc aussi faire la démarche inverse et essayer de prédire des chaleurs de réaction à partir de valeurs d'énergies de liaison déjà compilées dans des tables.

NOTE

$\Delta t = t_{finale} - t_{initiale}$
où t = température (°C)

Figure 7.6 *Bombe calorimétrique à volume constant. On remplit la bombe d'oxygène avant de la placer dans le contenant d'eau. On enflamme électriquement l'échantillon, et la chaleur produite par la réaction peut être mesurée de façon exacte grâce à l'augmentation de température de l'eau dont on connaît la masse exacte.*

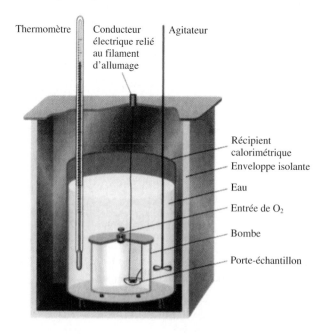

Thermomètre   Conducteur électrique relié au filament d'allumage   Agitateur

Récipient calorimétrique
Enveloppe isolante
Eau
Entrée de O_2
Bombe
Porte-échantillon

Ces différentes valeurs témoignent de la stabilité relative qui existe entre les réactifs et les produits. La plupart des réactions chimiques impliquent la formation et la rupture de liaisons ; ainsi, les énergies de liaison et, par conséquent, la stabilité des molécules, constituent une source d'informations concernant la nature thermochimique des réactions impliquant ces molécules.

Dans de nombreux cas, il est possible de prédire l'enthalpie approximative d'une réaction en utilisant les énergies de liaison moyennes. Puisqu'il faut toujours de l'énergie pour rompre une liaison chimique, et que la formation d'une liaison est toujours accompagnée d'un dégagement d'énergie, pour estimer l'enthalpie d'une réaction, il faut d'abord compter le nombre total de liaisons rompues et formées, et ensuite en faire le bilan. L'enthalpie de réaction à l'*état gazeux* est donc donnée par

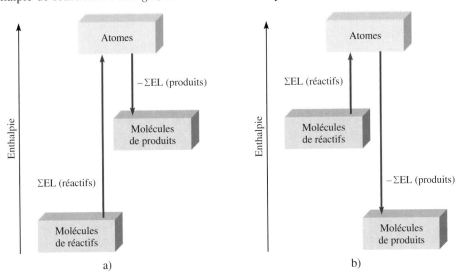

Figure 7.7 *Variations de l'énergie de liaison dans a) une réaction endothermique et b) une réaction exothermique.*

$$\Delta H^\circ = \sum EL \text{ (réactifs)} - \sum EL \text{ (produits)}$$

$$= \text{énergie totale absorbée} - \text{énergie totale libérée} \qquad (7.2)$$

où EL représente l'énergie de liaison moyenne et $\sum$ indique qu'il s'agit d'une sommation. L'équation (7.2) respecte la convention des signes pour ΔH°. En effet, si l'énergie totale absorbée est supérieure à l'énergie totale libérée, la valeur de ΔH° est positive et la réaction, endothermique. Par contre, s'il y a plus d'énergie libérée qu'il y en a d'absorbée, la valeur de ΔH° est négative et la réaction est exothermique (*figure 7.7*). Notez que si les réactifs et les produits sont tous des molécules diatomiques, l'équation (7.2) donne des résultats exacts, car les énergies de dissociation des molécules diatomiques sont les vraies valeurs. Si, parmi les réactifs ou les produits, il y a des molécules polyatomiques, l'équation (7.2) ne donnera des résultats qu'approximatifs parce qu'on aura utilisé des énergies de dissociation moyennes dans le calcul.

EXEMPLE 7.8   **L'utilisation de l'énergie de liaison pour estimer l'enthalpie d'une réaction**

Estimez la variation d'enthalpie au moment de la combustion de l'hydrogène gazeux :

$$2H_2(g) + O_2(g) \longrightarrow 2H_2O(g)$$

Réponse : La première étape consiste à compter les liaisons rompues et les liaisons formées. La façon la plus simple est de construire un tableau.

Type de liaison rompue	Nombre de liaisons rompues	Énergie de liaison (kJ/mol)	Variation d'énergie (kJ)
H—H (H_2)	2	436,4	872,8
O=O (O_2)	1	498,7	498,7

Type de liaison formée	Nombre de liaisons formées	Énergie de laison (kJ/mol)	Variation d'énergie (kJ)
O—H (H_2O)	4	460	1840

Puis on calcule l'énergie totale absorbée et l'énergie totale libérée:

$$\text{énergie totale absorbée} = 872,8 \text{ kJ} + 498,7 \text{ kJ} = 1372 \text{ kJ}$$

$$\text{énergie totale libérée} = 1840 \text{ kJ}$$

D'après l'équation (7.2), nous avons

$$\Delta H° = 1372 \text{ kJ} - 1840 \text{ kJ} = -468 \text{ kJ}$$

Problème semblable: 7.50

Ce résultat n'est qu'une estimation, car l'énergie de liaison de O—H est une valeur moyenne. Par ailleurs, les mesures calorimétriques donnent une valeur de $-483,6$ kJ.

EXERCICE

Soit la réaction

$$H_2(g) + C_2H_4(g) \longrightarrow C_2H_6(g)$$

Estimez l'enthalpie de la réaction en utilisant les énergies de liaison données au tableau 7.2.

Notez que la valeur estimée à partir des énergies de liaison moyennes est très près de celle qui est mesurée par calorimétrie. En général, l'équation (7.2) donne de meilleurs résultats si les réactions sont très endothermiques ou très exothermiques, c'est-à-dire pour des $\Delta H° > 100$ kJ ou < -100 kJ.

Résumé

1. La notation de Lewis permet d'indiquer le nombre d'électrons de valence que possède un atome d'un élément donné. Cette notation est principalement utile pour les éléments représentatifs (groupes 1A à 7A).

2. Dans une liaison covalente, deux électrons (une paire) sont partagés entre deux atomes. Dans une liaison covalente multiple, deux ou trois paires d'électrons sont partagés entre deux atomes. Certains atomes qui participent à des liaisons ont des doublets libres, c'est-à-dire des paires d'électrons de valence qui ne participent pas à une liaison. Les structures de Lewis représentent la disposition des électrons liants et des doublets libres autour de chaque atome dans une molécule.

3. Selon la règle de l'octet, les atomes forment assez de liaisons covalentes pour que chacun d'eux s'entoure de huit électrons. Dans une liaison covalente, quand un atome fournit à lui seul les deux électrons, la structure de Lewis peut inclure la charge formelle de chaque atome, ce qui permet de mieux repérer les électrons de valence. Il y a des exceptions à la règle de l'octet, notamment dans les cas suivants: les composés covalents du béryllium, les éléments du groupe 3A, les éléments de la troisième période et des périodes suivantes dans le tableau périodique.

4. L'électronégativité est une grandeur qui exprime la capacité d'un atome d'attirer les électrons dans une liaison chimique.

5. Pour représenter certains ions et certaines molécules polyatomiques, deux ou plusieurs structures de Lewis, basées sur le même squelette et respectant la règle de l'octet, peuvent être nécessaires pour que la structure soit vraisemblable chimiquement. C'est l'ensemble de ces structures (appelées structures de résonance) qui représente le mieux la molécule ou l'ion. Toutes ces structures n'ont pas nécessairement un poids égal, certaines contribuant de façon plus importante à la structure globale.

6. La force d'une liaison covalente est mesurée par son énergie de dissociation (ou énergie de liaison). On peut utiliser les énergies de liaison pour estimer des chaleurs de réaction exprimées par des variations d'enthalpie.

Équations clés

$$\begin{matrix} \text{charge formelle} \\ \text{d'un atome dans} \\ \text{une structure} \\ \text{de Lewis} \end{matrix} = \begin{matrix} \text{nombre total} \\ \text{d'électrons de} \\ \text{valence dans} \\ \text{l'atome isolé} \end{matrix} - \begin{matrix} \text{nombre} \\ \text{total} \\ \text{d'électrons} \\ \text{non liants} \end{matrix} - \frac{1}{2}\begin{pmatrix} \text{nombre} \\ \text{total} \\ \text{d'électrons} \\ \text{liants} \end{pmatrix} \qquad (7.1)$$

$$\Delta H° = \sum EL \text{ (réactifs)} - \sum EL \text{ (produits)} = \text{énergie totale absorbée} - \text{énergie totale libérée} \qquad (7.2)$$

Mots clés

Charge formelle, p. 219
Doublet libre, p. 213
Électronégativité, p. 215
Électron non liant, p. 213
Énergie de dissociation de
    la liaison, p. 226
Énergie de liaison, p. 226

Liaison covalente, p. 213
Liaison de coordinence, p. 224
Liaison double, p. 214
Liaison ionique, p. 215
Liaison multiple, p. 214
Liaison simple, p. 214
Liaison triple, p. 214

Longueur de liaison, p. 214
Notation de Lewis, p. 212
Règle de l'octet, p. 213
Résonance, p. 222
Structure de Lewis, p. 213
Structure de résonance, p. 222

Questions et problèmes

LA NOTATION DE LEWIS
Questions de révision

7.1 Qu'est-ce que la notation de Lewis? Avec quels éléments cette notation est-elle surtout utile?

7.2 Utilisez le deuxième élément des groupes 1A à 7A pour démontrer que le nombre d'électrons de valence d'un atome équivaut au numéro de son groupe.

7.3 Sans l'aide de la figure 7.1, représentez les atomes des éléments suivants à l'aide de la notation de Lewis: a) Be, b) K, c) Ca, d) Ga, e) O, f) Br, g) N, h) I, i) As, j) F.

7.4 Représentez, à l'aide de la notation de Lewis, chacun des ions suivants: a) Li^+, b) Cl^-, c) S^{2-}, d) Mg^{2+}, e) N^{3-}.

7.5 Utilisez la notation de Lewis, pour représenter chacun des atomes ou ions suivants: a) I, b) I^-, c) S, d) S^{2-}, e) P, f) P^{3-}, g) Na, h) Na^+, i) Mg, j) Mg^{2+}, k) Al, l) Al^{3+}, m) Pb, n) Pb^{2+}.

LA LIAISON COVALENTE
Questions de révision

7.6 Quelle a été la contribution de Lewis à la compréhension de la liaison covalente?

7.7 Définissez les termes suivants: doublet libre, structure de Lewis, règle de l'octet, longueur de liaison.

7.8 Quelle est la différence entre une notation de Lewis et une structure de Lewis?

7.9 Combien y a-t-il de doublets libres dans les atomes soulignés suivants? HBr, H₂S, CH₄.

7.10 Faites la distinction entre liaison simple, liaison double et liaison triple dans une molécule et donnez un exemple de chacune.

L'ÉLECTRONÉGATIVITÉ ET LES TYPES DE LIAISON
Questions de révision

7.11 Définissez le terme «électronégativité»; dites en quoi l'électronégativité diffère de l'affinité électronique. En général, comment varie l'électronégativité des éléments en fonction de leur position dans le tableau périodique?

7.12 Qu'est-ce qu'une liaison covalente polaire? Nommez deux composés qui contiennent deux ou plusieurs liaisons covalentes polaires.

Problèmes

7.13 Classez les liaisons suivantes par ordre croissant de leur caractère ionique: la liaison entre le lithium et le fluor dans LiF, la liaison entre le potassium et l'oxygène dans K₂O, la liaison entre les atomes d'azote dans N₂, la liaison entre le soufre et l'oxygène dans SO₂, la liaison entre le chlore et le fluor dans ClF₃.

7.14 Classez les liaisons suivantes par ordre croissant de leur caractère ionique: entre carbone et hydrogène; entre fluor et hydrogène; entre brome et hydrogène;

entre sodium et iode ; entre potassium et fluor ; entre lithium et chlore.

7.15 Soit les éléments hypothétiques D, E, F et G, dont l'électronégativité est respectivement de 3,8, de 3,3, de 2,8 et de 1,3. Si les atomes de ces éléments forment les molécules DE, DG, EG et DF, comment classeriez-vous ces molécules selon l'ordre croissant du caractère covalent de leurs liaisons ?

7.16 Classez les liaisons entre les atomes suivants par ordre croissant de leur caractère ionique : césium et fluor ; chlore et chlore ; brome et chlore ; silicium et carbone.

7.17 Précisez si les liaisons suivantes sont ioniques, covalentes polaires ou covalentes. Justifiez votre réponse. a) La liaison entre C et C dans H_3CCH_3 ; b) la liaison entre K et I dans KI ; c) la liaison entre N et B dans H_3NBCl_3 ; d) la liaison entre Cl et O dans ClO_2.

7.18 Précisez si les liaisons suivantes sont ioniques, covalentes polaires ou covalentes. Justifiez votre réponse. a) La liaison entre Si et Si dans $Cl_3SiSiCl_3$; b) la liaison entre Si et Cl dans $Cl_3SiSiCl_3$; c) la liaison entre Ca et F dans CaF_2 ; d) la liaison entre N et H dans NH_3.

LES STRUCTURES DE LEWIS ET LA RÈGLE DE L'OCTET

Questions de révision

7.19 Décrivez dans ses grandes lignes la règle de l'octet. Pourquoi la règle de l'octet s'applique-t-elle principalement aux éléments de la deuxième période ?

7.20 Expliquez le concept de charge formelle. Est-ce que les charges formelles représentent la distribution réelle des charges ?

Problèmes

7.21 Écrivez les structures de Lewis des molécules suivantes : a) ICl, b) PH_3, c) P_4 (chaque atome P est lié à trois autres atomes P), d) H_2S, e) N_2H_4, f) $HClO_3$, g) $COBr_2$ (l'atome C est lié à l'atome O et à l'atome Br).

7.22 Écrivez les structures de Lewis des ions suivants : a) O_2^{2-}, b) C_2^{2-}, c) NO^+, d) NH_4^+. Indiquez les charges formelles.

7.23 Les structures de Lewis suivantes sont incorrectes. Dites pourquoi et corrigez-les. (Les positions relatives des atomes sont bonnes.)

a) $H-\ddot{C}\equiv\ddot{N}$

b) $H=C=C=H$

c) $\ddot{\underset{..}{O}}-Sn-\ddot{\underset{..}{O}}$

d)

e) $H-\ddot{O}=\ddot{F}:$

f)

g)

7.24 La disposition des atomes dans l'acide acétique ci-dessous est correcte. Cependant certaines des liaisons sont fausses. a) Indiquez lesquelles et expliquez pourquoi. b) Corrigez la structure de Lewis.

LA RÉSONANCE

Questions de révision

7.25 Définissez les termes suivants : longueur de liaison, résonance et structure de résonance.

7.26 Est-il possible d'isoler une structure de résonance d'un composé pour l'étudier ? Pourquoi ?

7.27 On fait quelquefois une analogie entre le concept de résonance et un mulet, qui est le produit du croisement d'un cheval et d'une ânesse. Comparez cette analogie à celle utilisée dans ce chapitre, qui décrivait le rhinocéros comme un croisement entre un griffon et une licorne. Quelle analogie est la plus appropriée ? Pourquoi ?

7.28 Donnez les règles générales qui permettent d'écrire des structures de résonance plausibles. Donnez les deux autres raisons de choisir b) dans l'exemple 7.5.

Problèmes

7.29 Écrivez les structures de Lewis des espèces suivantes ; donnez toutes les structures de résonance, et indiquez les charges formelles : a) HCO_2^-,

b) $CH_2NO_2^-$. Les positions relatives des atomes sont les suivantes :

7.30 Donnez trois structures de résonance représentant l'ion chlorate, ClO_3^-. Indiquez les charges formelles.

7.31 Donnez trois structures de résonance représentant l'acide hydrazoïque, HN_3. La disposition atomique est HNNN. Indiquez les charges formelles.

7.32 Donnez deux structures de résonance du diazométhane, CH_2N_2. Indiquez les charges formelles. Le squelette de la molécule est

$$\begin{array}{ccc} H & & \\ & C \quad N \quad N \\ H & & \end{array}$$

7.33 Proposez trois structures de résonance vraisemblables pour l'ion OCN^-. Indiquez les charges formelles.

7.34 Donnez trois structures de résonance de la molécule N_2O, dans laquelle la disposition des atomes est NNO. Indiquez les charges formelles.

LES EXCEPTIONS À LA RÈGLE DE L'OCTET
Questions de révision

7.35 Pourquoi la règle de l'octet ne s'applique-t-elle pas à de nombreux composés contenant des élément de la troisième période ou des périodes suivantes du tableau périodique ?

7.36 Donnez trois exemples de composés qui ne respectent pas la règle de l'octet. Donnez une structure de Lewis pour chacun d'eux.

7.37 Puisque le fluor a sept électrons de valence ($2s^22p^5$), il pourrait se former, en principe, sept liaisons covalentes autour de l'atome : les composés FH_7 ou FCl_7 sont donc théoriquement possibles. Pourquoi alors n'a-t-on jamais pu préparer ces composés ?

7.38 Qu'est-ce qu'une liaison de coordinence ? Diffère-t-elle d'une liaison covalente normale ?

Problèmes

7.39 Dans la molécule AlI_3, l'octet autour de Al est incomplet. Donnez trois structures de résonance de cette molécule dans lesquelles les atomes Al et I respectent la règle de l'octet. Indiquez les charges formelles.

7.40 En phase gazeuse, le chlorure de béryllium est constitué de molécules $BeCl_2$ distinctes. Est-ce que la règle de l'octet est respectée dans le cas de Be dans ce composé ? Sinon, pouvez-vous former un octet autour de Be en dessinant une autre structure de résonance ? Cette structure est-elle plausible ?

7.41 Parmi les gaz rares, seuls Kr, Xe et Rn forment quelques composés avec O et F. Ces composés sont tous covalents. Sans examiner les formules de ces composés, on peut conclure que ni Kr ni Xe ne respectent la loi de l'octet dans ces composés. Expliquez pourquoi.

7.42 Écrivez la structure de Lewis de $SbCl_5$. La règle de l'octet est-elle respectée ?

7.43 Écrivez les structures de Lewis de SeF_4 et de SeF_6. Est-ce que la règle de l'octet est respectée pour ce qui est de Se ?

7.44 Illustrez la réaction suivante à l'aide de structures de Lewis : $AlCl_3 + Cl^- \longrightarrow AlCl_4^-$

Dans le produit, quel type de liaison y a-t-il entre Al et Cl ?

LES ÉNERGIES DE LIAISON
Questions de révision

7.45 Dites ce qu'est l'énergie de dissociation d'une liaison. Pourquoi les énergies de liaison dans les molécules polyatomiques sont-elles des valeurs moyennes ?

7.46 Dites pourquoi on définit habituellement l'énergie de liaison d'une molécule en se basant sur des données obtenues à l'état gazeux. Pourquoi la rupture d'une liaison est-elle toujours endothermique et la formation d'une liaison, toujours exothermique ?

Problèmes

7.47 À partir des données suivantes, calculez l'énergie de liaison moyenne de la liaison N—H :

$$NH_3(g) \longrightarrow NH_2(g) + H(g) \quad \Delta H^o = 435 \text{ kJ}$$
$$NH_2(g) \longrightarrow NH(g) + H(g) \quad \Delta H^o = 381 \text{ kJ}$$
$$NH(g) \longrightarrow N(g) + H(g) \quad \Delta H^o = 360 \text{ kJ}$$

7.48 Soit la réaction

$$O(g) + O_2(g) \longrightarrow O_3(g) \quad \Delta H^o = 107,2 \text{kJ}$$

Calculez l'énergie de liaison moyenne dans O_3.

7.49 L'énergie de liaison de $F_2(g)$ est de 156,9 kJ/mol. Calculez ΔH_f^o de F(g). (Le petit f en indice du ΔH signifie la formation, donc une enthalpie standard de formation.)

7.50 Soit la réaction

$$2C_2H_6(g) + 7O_2(g) \longrightarrow 4CO_2(g) + 6H_2O(g)$$

Prédisez l'enthalpie de la réaction à partir des énergies de liaison moyennes données au tableau 7.2.

Problèmes variés

7.51 Associez chacun des types d'énergie suivants à une réaction : énergie d'ionisation, affinité électronique, énergie de dissociation d'une liaison, enthalpie standard de formation.

a) $F(g) + e^- \longrightarrow F^-(g)$

b) $F_2(g) \longrightarrow 2F(g)$

c) $Na(g) \longrightarrow Na^+(g) + e^-$

d) $Na(s) + \frac{1}{2}F_2(g) \longrightarrow NaF(s)$

7.52 Les formules des fluorures des éléments de la troisième période sont NaF, MgF$_2$, AlF$_3$, SiF$_4$, PF$_5$, SF$_6$ et ClF$_3$. Dites si ces composés sont covalents ou ioniques.

7.53 Utilisez les valeurs d'énergie d'ionisation et d'affinité électronique données dans le manuel (*tableaux 6.3 et 6.4*) pour calculer la variation d'énergie (en kilojoules) dans les réactions suivantes:

a) $Li(g) + I(g) \longrightarrow Li^+(g) + I^-(g)$

b) $Na(g) + F(g) \longrightarrow Na^+(g) + F^-(g)$

c) $K(g) + Cl(g) \longrightarrow K^+(g) + Cl^-(g)$

7.54 Nommez quelques caractéristiques d'un composé ionique comme KF qui pourraient le distinguer d'un composé comme CO$_2$.

7.55 Donnez les structures de Lewis de BrF$_3$, ClF$_5$ et IF$_7$. Dites où la règle de l'octet n'est pas respectée.

7.56 Donnez trois structures de résonance possibles de l'ion triazoture (azide) N$_3^-$, dans lequel la disposition des atomes est NNN. Indiquez les charges formelles.

7.57 Le groupement amide joue un rôle important dans la structure d'une protéine.

$$
\begin{array}{c}
: \ddot{O} : \\
\| \\
-\ddot{N}-C- \\
| \\
H
\end{array}
$$

Donnez une autre structure de résonance de ce groupement. Indiquez les charges formelles.

7.58 Donnez un exemple d'ion ou de molécule contenant un atome Al qui: a) respecte la règle de l'octet, b) a un octet étendu, c) a un octet incomplet.

7.59 Tracez quatre structures de résonance plausibles de l'ion PO$_3$F^{2-}. L'atome central P est lié aux trois atomes O et à l'atome F. Indiquez les charges formelles.

7.60 Toutes les tentatives pour synthétiser des espèces stables à partir des composés suivants ont échoué dans les conditions atmosphériques. Suggérez des raisons qui expliquent cet échec.

$$CF_2 \quad CH_5 \quad FH_2^- \quad PI_5$$

7.61 Tracez des structures de résonance plausibles des ions suivants à base de soufre: a) HSO$_4^-$, b) SO$_4^{2-}$, c) HSO$_3^-$, d) SO$_3^{2-}$.

7.62 Vrai ou faux? a) Les charges formelles représentent la distribution réelle des charges. b) On peut estimer ΔH_f° à partir des énergies de liaison des réactifs et des produits. c) Tous les éléments de la deuxième période respectent la règle de l'octet dans leurs composés. d) Les structures de résonance d'une molécule correspondent à différentes formes de la molécule qui peuvent être séparées (isolées) les unes des autres.

7.63 L'une des règles d'écriture des structures de Lewis plausibles impose que l'atome central soit invariablement moins électronégatif que les atomes qui l'entourent. Dites pourquoi.

7.64 On sait que

$$C(s) \longrightarrow C(g) \qquad \Delta H_{\text{réaction}}^\circ = 716 \text{ kJ}$$
$$2H_2(g) \longrightarrow 4H(g) \qquad \Delta H_{\text{réaction}}^\circ = 872,8 \text{ kJ}$$

On sait aussi que l'énergie de liaison moyenne de C—H est de 414 kJ/mol. Estimez l'enthalpie standard de formation du méthane (CH$_4$).

7.65 Si l'on ne tient compte que du point de vue énergétique, laquelle des deux réactions suivantes se produira plus facilement?

a) $Cl(g) + CH_4(g) \longrightarrow CH_3Cl(g) + H(g)$

b) $Cl(g) + CH_4(g) \longrightarrow CH_3(g) + HCl(g)$

(*Note*: aidez-vous du tableau 7.2 et considérez que l'énergie de liaison moyenne de C—Cl est de 338 kJ/mol.)

7.66 Dans laquelle des molécules suivantes la liaison azote-azote est-elle la plus courte? Justifiez votre réponse.

$$N_2H_4 \quad N_2O \quad N_2 \quad N_2O_4$$

7.67 La plupart des acides organiques sont représentés par la formule RCOOH, où COOH est le groupement carboxyle et R, le reste de la molécule (par exemple, dans le cas de l'acide acétique, CH$_3$COOH, R est CH$_3$). a) Donnez la structure de Lewis du groupement carboxyle. b) Au cours de l'ionisation, le groupement carboxyle est transformé en groupement carboxylate, COO$^-$. Donnez les structures de résonance du groupement carboxylate.

7.68 Lesquels des molécules ou des ions suivants sont isoélectroniques? NH$_4^+$, C$_6$H$_6$, CO, CH$_4$, N$_2$, B$_3$N$_3$H$_6$.

7.69 On a pu observer dans l'espace des traces des espèces suivantes: a) CH, b) OH, c) C$_2$, d) HNC, e) HCO. Donnez les structures de Lewis de ces espèces et dites si elles sont diamagnétiques ou paramagnétiques.

7.70 L'ion amidure, NH$_2^-$, est une base de Bronsted. Représentez, à l'aide de structures de Lewis, la réaction entre l'ion amidure et l'eau.

7.71 Donnez les structures de Lewis des molécules organiques suivantes: a) tétrafluoroéthylène (C$_2$F$_4$), b) propane (C$_3$H$_8$), c) butadiène (CH$_2$CHCHCH$_2$),

d) propyne (CH₃CCH), e) acide benzoïque (C₆H₅COOH) (pour la structure de C₆H₅COOH, remplacez un atome H par un groupement COOH dans le benzène).

7.72 L'ion triiodure (I₃⁻), dans lequel la disposition des atomes I est III, est stable ; pourquoi alors l'ion F₃⁻ correspondant n'existe-t-il pas ?

7.73 Comparez l'énergie de dissociation de la liaison de F₂ à la variation d'énergie dans la réaction suivante :

$$F_2(g) \longrightarrow F^+(g) + F^-(g)$$

D'un point de vue énergétique, laquelle des dissociations de F₂ est la plus facile à réaliser ?

7.74 On utilise l'isocyanate de méthyle, CH₃NCO, pour fabriquer certains pesticides. En décembre 1984, à Bhopāl, en Inde, de l'eau s'infiltra dans un réservoir contenant cette substance dans une usine de produits chimiques. Il se forma alors un nuage toxique qui provoqua la mort de milliers de gens. Tracez les structures de Lewis de ce composé, en indiquant les charges formelles.

7.75 On croit que la molécule de nitrate de chlore (ClONO₂) est l'une des molécules responsables de la destruction de l'ozone dans la stratosphère antarctique. Donnez une structure de Lewis plausible de cette molécule.

7.76 Parmi les structures de résonance de la molécule CO₂ suivantes, certaines représentent moins bien que les autres les liaisons de cette molécule. Trouvez lesquelles et dites pourquoi il en est ainsi.

a) $\ddot{O}{=}C{=}\ddot{O}$

b) $: \overset{+}{O}{\equiv}C{-}\overset{-}{\ddot{O}} :$

c) $: \overset{+}{O}{\equiv}\overset{..}{C} \quad \overset{-}{\ddot{O}} :$

d) $\overset{-}{\ddot{O}}{-}\overset{2+}{C}{-}\overset{-}{\ddot{O}}$

7.77 Écrivez la structure de Lewis de chacune des molécules organiques suivantes, dans lesquelles les atomes de carbone sont liés entre eux par des liaisons simples : C₂H₆, C₄H₁₀, C₅H₁₂.

7.78 Écrivez les structures de Lewis des chlorofluorocarbures (CFC) suivants, qui sont en partie responsables de la destruction de la couche d'ozone : CFCl₃, CF₂Cl₂, CHF₂Cl, CF₃CHF₂.

7.79 Donnez les structures de Lewis des molécules organiques suivantes ; chacune renferme une liaison C=C, et les autres atomes de carbone sont liés par des liaisons C—C : C₂H₃F, C₃H₆, C₄H₈.

7.80 Calculez ΔH° de la réaction suivante :

$$H_2(g) + I_2(g) \longrightarrow 2HI(g)$$

à l'aide de l'équation (7.2).

7.81 Écrivez les structures de Lewis des molécules organiques suivantes : a) le méthanol (CH₃OH) ; b) l'éthanol (CH₃CH₂OH) ; c) le tétraéthyle de plomb [Pb(CH₂CH₃)₄], un constituant de l'essence au plomb ; d) la méthylamine (CH₃NH₂) ; e) le gaz moutarde (ClCH₂CH₂SCH₂CH₂Cl), un gaz toxique utilisé durant la Première Guerre mondiale ; f) l'urée [(NH₂)₂CO], un engrais ; g) la glycine (NH₂CH₂COOH), un acide aminé.

7.82 Dessinez les structures de Lewis des quatre espèces isoélectroniques suivantes : a) CO, b) NO⁺, c) CN⁻, d) N₂. Indiquez les charges formelles.

7.83 L'oxygène forme trois types de composés ioniques dans lesquels les anions sont l'oxyde (O²⁻), le peroxyde (O₂²⁻) et le superoxyde (O₂⁻). Quelles sont les structures de Lewis de ces ions ?

7.84 Commentez la justesse de l'affirmation suivante : tous les composés qui contiennent un gaz rare dérogent à la règle de l'octet.

7.85 On sait que

$$F_2(g) \longrightarrow 2F(g) \qquad \Delta H^\circ_{\text{réaction}} = 156,9 \text{ kJ}$$
$$F^-(g) \longrightarrow F(g) + e^- \qquad \Delta H^\circ_{\text{réaction}} = 333 \text{ kJ}$$
$$F_2^-(g) \longrightarrow F_2(g) + e^- \qquad \Delta H^\circ_{\text{réaction}} = 290 \text{ kJ}$$

a) Calculez l'énergie de liaison de l'ion F₂⁻. b) Expliquez la différence entre les énergies de liaison de F₂ et de F₂⁻.

7.86 Donnez trois structures de résonance de l'ion isocyanate (NCO⁻). Classez-les par ordre d'importance (la plus vraisemblable en premier).

Problème spécial

7.87 Le chlorure de vinyle (C₂H₃Cl), qui diffère de l'éthylène (C₂H₄) parce que l'un des atomes H y est remplacé par un atome Cl, est utilisé dans la préparation du chlorure de polyvinyle, un important polymère entrant dans la fabrication de tuyaux. a) Écrivez la structure de Lewis du chlorure de vinyle. b) L'unité qui se répète, ou monomère, dans le chlorure de polyvinyle est —CH₂—CHCl—. Représentez une partie de la molécule qui contient trois unités semblables. c) Calculez la variation d'enthalpie qui se produit quand 1,0 × 10³ kg de chlorure de vinyle réagissent pour former du chlorure de polyvinyle.

Réponses aux exercices:

7.1 a) Ionique, b) Covalente

polaire, c) Covalente

7.2 $\ddot{S}=C=\ddot{S}$ **7.3** $[\ddot{O}=\dot{N}-\ddot{O}:]^{-}$

7.4 $\ddot{O}=\dot{N}-\ddot{O}:^{-}$ **7.5** $H-C\equiv N:$

7.6 $\ddot{O}=\dot{N}-\ddot{O}:^{-} \longleftrightarrow {}^{-}:\ddot{O}-\dot{N}=\ddot{O}$

7.7 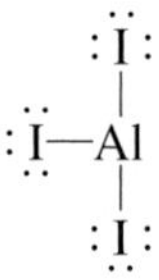
$$
\begin{array}{c}
:\ddot{I}: \\
| \\
:\ddot{I}-Al \\
| \\
:\ddot{I}:
\end{array}
$$
          7.8 -119 kJ

| | | | | | | 18 |
| | | | | | | 8A |

					2
					He
13	14	15	16	17	4.003
3A	4A	5A	6A	7A	

5	6	7	8	9	10
B	C	N	O	F	Ne
10,81	12,01	14,01	16,00	19,00	20,18

13	14	15	16	17	18
Al	Si	P	S	Cl	Ar
26,98	28,09	30,97	32,07	35,45	39,95

21	22	23	24	25	26	27	28	29	30	31	32	33	34	35	36
Sc	Ti	V	Cr	Mn	Fe	Co	Ni	Cu	Zn	Ga	Ge	As	Se	Br	Kr
44,96	47,88	50,94	52,00	54,94	55,85	58,93	58,69	63,55	65,39	69,72	72,59	74,92	78,96	79,90	83,80

39	40	41	42	43	44	45	46	47	48	49	50	51	52	53	54
Y	Zr	Nb	Mo	Tc	Ru	Rh	Pd	Ag	Cd	In	Sn	Sb	Te	I	Xe
88,91	91,22	92,91	95,94	(98)	101,1	102,9	106,4	107,9	112,4	114,8	118,7	121,8	127,6	126,9	131,3

57	72	73	74	75	76	77	78	79	80	81	82	83	84	85	86
La	Hf	Ta	W	Re	Os	Ir	Pt	Au	Hg	Tl	Pb	Bi	Po	At	Rn
138,9	178,5	180,9	183,9	186,2	190,2	192,2	195,1	197,0	200,6	204,4	207,2	209,0	(210)	(210)	(222)

89	104	105	106	107	108	109	110	111	112
Ac	Rf	Db	Sg	Bh	Hs	Mt			
(227)	(257)	(260)	(263)	(262)	(265)	(266)			

58	59	60	61	62	63	64	65	66	67	68	69	70	71
Ce	Pr	Nd	Pm	Sm	Eu	Gd	Tb	Dy	Ho	Er	Tm	Yb	Lu
140,1	140,9	144,2	(147)	150,4	152,0	157,3	158,9	162,5	164,9	167,3	168,9	173,0	175,0

90	91	92	93	94	95	96	97	98	99	100	101	102	103
Th	Pa	U	Np	Pu	Am	Cm	Bk	Cf	Es	Fm	Md	No	Lr
232,0	(231)	238,0	(237)	(242)	(243)	(247)	(247)	(249)	(254)	(253)	(256)	(254)	(257)

CHAPITRE 8

La liaison chimique II : la forme des molécules et l'hybridation des orbitales atomiques

Les points essentiels

La géométrie des molécules
La géométrie moléculaire décrit les différents types d'arrangements tridimensionnels des atomes dans les molécules. Pour ce qui est des molécules relativement petites (dans lesquelles l'atome central ne fait que de deux à six liaisons), les formes géométriques peuvent être prédites avec assez de justesse grâce au modèle RPEV ou modèle de la répulsion des paires d'électrons de valence. Ce modèle est basé sur la supposition suivante : les paires d'électrons liés ainsi que les paires d'électrons non liés tendent à se positionner le plus loin possible les unes des autres de manière à réduire au minimum les répulsions entre les électrons.

Les moments dipolaires
Dans le cas d'une molécule diatomique, si les deux atomes liés ont une certaine différence d'électronégativité, la liaison est polaire et la molécule a un moment dipolaire. Dans les autres cas où la molécule est constituée de trois atomes ou plus, l'existence d'un moment dipolaire dépend à la fois de la polarité des liaisons et de la forme géométrique de la molécule.

La théorie de la liaison de valence (LV)
La formation de liaisons covalentes s'explique grâce à deux modèles basés sur la mécanique quantique : la théorie de la liaison de valence (LV) et la théorie des orbitales moléculaires (OM). La théorie de liaison de valence fait appel au concept de l'hybridation.

L'hybridation des orbitales atomiques
L'hybridation correspond à une conception de la liaison chimique selon l'approche de la mécanique quantique. Ainsi, différentes espèces d'orbitales atomiques d'un atome sont hybridées ou mélangées de manière à obtenir des orbitales hybrides qui sont équivalentes. Ces orbitales interagissent ensuite avec d'autres orbitales atomiques pour former des liaisons chimiques. Ce procédé permet d'expliquer les formes géométriques d'un grand nombre de molécules. Ce concept de l'hybridation permet aussi d'expliquer les exceptions à la règle de l'octet ainsi que la formation des liaisons doubles et des liaisons triples.

La théorie des orbitales moléculaires (OM)
La théorie des orbitales moléculaires (OM) décrit les liaisons comme étant des combinaisons et des réarrangements d'orbitales atomiques qui forment des orbitales associées à toute la molécule. Les orbitales liantes accroissent la densité électronique entre les noyaux et correspondent à un abaissement du niveau d'énergie par rapport à celui des orbitales atomiques considérées individuellement.

Les configurations électroniques des orbitales moléculaires
Les configurations électroniques des orbitales moléculaires s'écrivent de manière semblable aux configurations électroniques des atomes : on remplit d'abord les orbitales moléculaires ayant un niveau d'énergie plus bas. Le nombre d'orbitales moléculaires est égal au nombre d'orbitales atomiques combinées au départ. La stabilité de la molécule formée dépend du surplus d'orbitales liantes par rapport aux orbitales antiliantes.

Les orbitales moléculaires délocalisées
Les orbitales moléculaires délocalisées sont formées par les électrons d'orbitales p d'atomes adjacents et donnent une plus grande stabilité.

En 1985, pour tenter de créer des molécules bizarres dont ils soupçonnaient l'existence dans l'espace, les chimistes de l'Université Rice vaporisèrent du graphite à l'aide d'un puissant rayon laser. Parmi les produits formés au cours de cette expérience se trouvait une espèce dont la masse molaire correspondait à la formule C_{60}. Étant donné sa taille et sa composition — elle ne comportait qu'un seul type d'atome, une telle molécule avait nécessairement une forme un peu étrange. Avec du papier, des ciseaux et du ruban gommé, les chercheurs construisirent une sphère fermée constituée de 20 hexagones et de 12 pentagones, comportant 60 sommets qui correspondaient aux 60 atomes.

À cause de sa forme, les chimistes nommèrent cette nouvelle molécule « buckminsterfullerène » en l'honneur de l'ingénieur et architecte Richard Buckminster Fuller dont les travaux prenaient souvent la forme de dômes géodésiques. Cette molécule sphérique ressemblait donc à un ballon de soccer; des études spectroscopiques et des analyses aux rayons X le confirmèrent d'ailleurs par la suite.

La découverte de cette molécule suscita un très grand intérêt dans la communauté scientifique, et ce, pour plusieurs raisons. D'abord, il s'agissait d'une nouvelle forme allotropique stable du carbone, comme le graphite et le diamant. Il s'avéra aussi par la suite qu'elle pouvait être obtenue dans des conditions moins extrêmes; on a aussi découvert qu'il s'agissait d'une des composantes naturelles de la suie. De plus, du point de vue structural, c'est la molécule la plus symétrique connue.

Depuis sa découverte, les chimistes ont créé des molécules de structures en cages semblables (appelées fullerènes), mais qui sont formées de plus de 60 atomes de carbone. En outre, en 1992, on a découvert des molécules C_{60} et C_{70} dans un échantillon rocheux recueilli près de la ville russe de Shungite, située à environ 400 km au nord-est de Saint-Pétersbourg.

La famille des fullerènes représente un tout nouveau concept en architecture moléculaire. Des études ont déjà démontré que ces molécules (et leurs composés) peuvent agir comme supraconducteur à haute température et comme lubrifiants. Elles pourraient également servir de catalyseur ou dans des médicaments antiviraux.

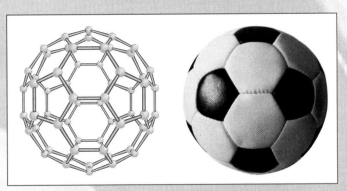

La molécule C_{60} ressemble à un ballon de soccer.

8.1 LA GÉOMÉTRIE MOLÉCULAIRE

L'étude de la géométrie moléculaire permet de connaître la disposition tridimensionnelle des atomes qui forment une molécule, disposition qui a une influence sur de nombreuses propriétés chimiques et physiques, comme le point de fusion, le point d'ébullition, la masse volumique et les types de réactions auxquelles la molécule participe. En général, on peut déterminer expérimentalement la longueur et les angles des liaisons que comporte une molécule; cependant, un raisonnement simple et efficace permet de prédire l'allure générale de la géométrie d'une molécule si l'on connaît le nombre d'électrons qui entourent l'atome central dans sa structure de Lewis. Ce procédé est basé sur la supposition que les doublets d'électrons situés dans la couche de valence d'un atome se repoussent entre eux. La **couche de valence** d'un atome, c'est la *couche la plus externe, la couche de nombre quantique principal* n *le plus élevé, qui contient les électrons périphériques, électrons participant habituellement aux liaisons.* Dans une liaison covalente, une paire d'électrons (souvent appelée doublet liant) maintient deux atomes ensemble. Par ailleurs, dans une molécule polyatomique, où l'atome central est lié à deux ou à plusieurs atomes, les différents doublets liants et non liants se repoussent et adoptent des positions aussi éloignées que possible les unes des autres; la forme géométrique de la molécule, c'est-à-dire la figure résultant des positions relatives de l'ensemble de ses atomes, est en fait celle qui permet de minimiser cette répulsion. Cette approche de la géométrie moléculaire est appelée **modèle RPEV** (répulsion des paires d'électrons de valence), car ce modèle *permet d'expliquer la disposition des paires d'électrons de valence autour d'un atome central en tenant compte de leur répulsion mutuelle.*

NOTE

L'expression «atome central» désigne l'atome qui n'est pas situé à l'une ou l'autre des extrémités dans une molécule polyatomique.

Deux règles générales gouvernent l'utilisation de ce modèle:

- Tant que l'on ne s'intéresse qu'à la répulsion entre les paires d'électrons, on peut dire que les liaisons doubles et triples équivalent à des liaisons simples. Cette approximation vaut pour une analyse qualitative. Cependant, il faut tenir compte du fait que, en réalité, les liaisons multiples sont plus «volumineuses» que les liaisons simples: lorsqu'il y a deux ou trois liaisons entre deux atomes, le nuage électronique occupe un plus grand volume.

- S'il est nécessaire d'écrire plusieurs structures de résonance pour décrire correctement une molécule, le modèle RPEV est valable pour n'importe laquelle de ces structures. On n'indique habituellement pas les charges formelles.

Voyons maintenant comment prédire la forme des molécules grâce à ce modèle. Pour cela, partageons les molécules en deux types, selon que l'atome central a des doublets libres ou non.

La forme des molécules dont l'atome central n'a aucun doublet libre

Pour simplifier, intéressons-nous d'abord aux molécules formées de seulement deux éléments, disons A et B, A étant l'atome central. La formule générale de ces molécules est AB_x, où x est un nombre entier: 2, 3, 4, ... (Si $x = 1$, la molécule est diatomique et donc, par définition, linéaire.) Dans la grande majorité des cas, la valeur de x va de 2 à 6.

TABLEAU 8.1 L'ARRANGEMENT DES PAIRES D'ÉLECTRONS AUTOUR D'UN ATOME CENTRAL (A) DANS UNE MOLÉCULE ET LA FORME DE QUELQUES MOLÉCULES ET IONS SIMPLES DONT L'ATOME CENTRAL N'A PAS DE DOUBLETS LIBRES

Nombre de paires d'électrons	Arrangement des paires d'électrons*	Géométrie moléculaire* Forme	Exemples
2	180° :—A—: Linéaire	B—A—B Linéaire	$BeCl_2$, $HgCl_2$
3	120° A Trigonal plan	B A Trigonale plane	BF_3
4	109,5° A Tétraédrique	B B A B Tétraédrique	CH_4, NH_4^+
5	90° 120° A Trigonal bipyramidal	B B B A B Trigonale bipyramidale	PCl_5
6	90° 90° A Octaédrique	B B B A B B Octaédrique	SF_6

* Les lignes de couleur ne servent qu'à illustrer la forme générale ; elles ne représentent pas des liaisons.

Le tableau 8.1 montre cinq arrangements possibles des doublets autour de l'atome central A. Ces doublets, à cause de la répulsion qu'ils exercent les uns sur les autres, ont tendance à occuper des positions les plus éloignées possible les unes des autres. On obtient ainsi une position d'équilibre qui résulte du bilan des attractions et des répulsions. Notez que la deuxième colonne du tableau illustre la disposition des doublets d'électrons, non la position des atomes avoisinants. Les doublets liants des molécules de cette catégorie (celles dont l'atome central n'a pas de doublets libres) peuvent être disposés de cinq façons différentes. Voyons maintenant plus en détail la forme des molécules dont les formules sont AB_2, AB_3, AB_4, AB_5 et AB_6.

AB₂: le chlorure de béryllium (BeCl₂)

La structure de Lewis de $BeCl_2$ (à l'état gazeux) est

$$\ddot{:}\underset{\cdot\cdot}{Cl}-Be-\underset{\cdot\cdot}{Cl}\ddot{:}$$

Dans ce cas-ci, à cause de leur répulsion mutuelle, les doublets liants, pour être le plus loin possible les uns des autres, doivent occuper les extrémités d'une ligne droite. Alors l'angle formé par ClBeCl est de 180° ; la molécule est donc linéaire (*tableau 8.1*) :

Pour représenter cette molécule, on a utilisé le modèle dit de boules et de bâtonnets.

AB₃: le trifluorure de bore (BF₃)

Le trifluorure de bore comporte trois liaisons covalentes (ou doublets liants). Dans leur disposition la plus stable, les trois liaisons BF sont orientées, à partir du centre (B) d'un triangle équilatéral, vers chacun des sommets (F).

$$\begin{array}{c} \ddot{:}\overset{\cdot\cdot}{F}: \\ | \\ B \\ \diagup \quad \diagdown \\ :\underset{\cdot\cdot}{F} \qquad \underset{\cdot\cdot}{F}: \end{array}$$

Selon le tableau 8.1, BF_3 est une molécule *trigonale plane* parce que les trois atomes périphériques sont situés aux sommets d'un triangle équilatéral :

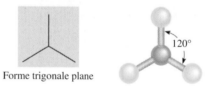

Forme trigonale plane

Chacun des trois angles formés par FBF est de 120°, et les quatre atomes sont dans un même plan.

AB₄: le méthane (CH₄)

La structure de Lewis du méthane est

$$\begin{array}{c} H \\ | \\ H-C-H \\ | \\ H \end{array}$$

Puisqu'il y a quatre doublets liants, la molécule CH_4 est tétraédrique (*tableau 8.1*). Un *tétraèdre* est formé de quatre faces (le préfixe « tétra » signifie « quatre »), chacune d'elles étant un triangle équilatéral. Dans une molécule tétraédrique, l'atome central (dans ce cas-ci, C) se trouve au centre du tétraèdre ; les quatre autres atomes, aux sommets. Les angles formés par les liaisons sont tous de 109,5°.

Forme tétraédrique

AB_5 : le pentachlorure de phosphore (PCl_5)

La structure de Lewis du pentachlorure de phosphore (à l'état gazeux) est

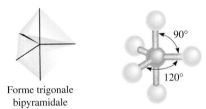

La seule façon de réduire au minimum les forces répulsives entre les cinq doublets liants est de disposer les liaisons PCl de manière à former une bipyramide trigonale (*tableau 8.1*), constituée en fait de deux tétraèdres partageant une base commune.

Forme trigonale
bipyramidale

L'atome central (dans ce cas-ci, P) se trouve au centre de la base triangulaire commune ; les cinq autres atomes sont situés aux cinq sommets de la bipyramide. On dit des atomes situés en dessous et au-dessus du plan du triangle qu'ils sont en position *axiale* ; de ceux qui sont dans le plan du triangle, qu'ils sont en position *équatoriale*. L'angle formé par deux liaisons équatoriales est de 120° ; celui formé par une liaison axiale et une liaison équatoriale est de 90° ; et celui formé par les deux liaisons axiales est de 180°.

AB_6 : l'hexafluorure de soufre (SF_6)

La structure de Lewis de l'hexafluorure de soufre est

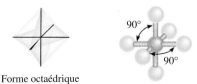

La disposition la plus stable des six doublets liants de SF_6 est *octaédrique* (*tableau 8.1*). Un octaèdre possède huit faces (le préfixe « octa » signifie « huit »). On peut en former un en joignant les bases carrées de deux pyramides à bases carrées. L'atome central (dans ce cas-ci, S) est situé au centre de la face commune ; les six autres atomes, aux six sommets des pyramides unies. Tous les angles sont de 90°, sauf ceux formés par l'atome central et deux atomes diamétralement opposés ; l'angle formé est alors de 180°. Puisque dans une molécule octaédrique les six liaisons sont équivalentes — contrairement à celles d'une molécule trigonale bipyramidale —, on ne parle pas d'atomes axiaux ou équatoriaux.

Forme octaédrique

Le tableau 8.1 montre la forme de quelques molécules simples selon le modèle RPEV.

La forme des molécules dont l'atome central a un ou plusieurs doublets libres

Il est plus difficile de déterminer la forme géométrique d'une molécule si son atome central a à la fois des doublets liants et des doublets libres. Dans de telles molécules, il y a trois types de forces répulsives selon qu'elles s'exercent entre les doublets liants, entre les doublets libres, et entre un doublet liant et un doublet libre. En général, selon le modèle RPEV, les forces répulsives décroissent dans l'ordre suivant:

répulsion doublet libre — doublet libre > répulsion doublet libre — doublet liant > répulsion doublet liant — doublet liant

Les électrons d'une liaison sont retenus l'un près de l'autre par les forces attractives exercées par les noyaux des deux atomes liés. Ces électrons constituent un nuage électronique moins diffus et préférentiellement orienté, c'est-à-dire qu'ils occupent moins d'espace que les électrons d'un doublet libre, qui eux ne sont associés qu'à un atome. Dans une molécule, les électrons des doublets libres sont plus délocalisés et occupent donc plus de place que ceux des doublets liants; par conséquent ils sont soumis à une répulsion plus importante de la part des doublets voisins, liants ou non liants. Pour pouvoir tenir compte de tous les doublets, liants ou non, on désigne une molécule ayant des doublets libres de la manière suivante: AB_xE_y, où A est l'atome central, B un atome situé autour de A, et E un doublet libre de A. Les indices x et y sont des nombres entiers, $x = 2, 3, \ldots$ et $y = 1, 2, \ldots$ Ainsi, les valeurs de x et de y indiquent respectivement le nombre d'atomes situés autour de l'atome central et le nombre de doublets libres de l'atome central. La molécule la plus simple de ce type serait une molécule triatomique dont l'atome central a un seul doublet libre, soit AB_2E.

Dans le cas de molécules ayant un ou plusieurs doublets libres, il faut faire une distinction entre l'arrangement géométrique général des doublets d'électrons (figure de répulsion) et la forme de la molécule (géométrie moléculaire). L'arrangement général des doublets d'électrons correspond à la disposition de *tous* les doublets de l'atome central, tant les doublets libres que les doublets liants. Par contre, la forme de la molécule dépend seulement de l'arrangement de ses atomes et, par conséquent, seule la disposition des doublets liants doit être considérée. Donc, comme nous le confirmerons plus loin, si l'atome central contient des doublets libres, l'arrangement général des doublets d'électrons *ne correspond pas* à la forme de la molécule.

Les exemples suivants devraient vous aider à mieux comprendre cette distinction entre l'arrangement des doublets d'électrons et la forme de la molécule.

AB₂E: le dioxyde de soufre (SO₂)

La structure de Lewis du dioxyde de soufre est celle-ci:

$$\ddot{O}=\ddot{S}-\ddot{O}:$$

Puisque, dans les règles déjà énoncées (*p. 240*), on considère les liaisons doubles comme des liaisons simples, on peut considérer que, dans la molécule SO_2, il y a trois doublets d'électrons associés à l'atome central S. De ces doublets, deux sont liants et l'autre est libre. Au tableau 8.1, on note que l'arrangement général de trois doublets d'électrons est trigonal plan. Quant à sa forme, à cause du doublet libre de S, elle est dite «pliée» (ou coudée).

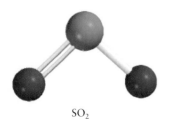

SO₂

$$\underset{:\ddot{O} \quad \ddot{O}:}{\overset{\ddot{S}}{\diagdown\!\!\diagup}}$$

Puisque la répulsion qui s'exerce entre un doublet libre et un doublet liant est plus forte que celle qui s'exerce entre deux doublets liants, les deux liaisons soufre-oxygène sont légèrement poussées l'une vers l'autre; par conséquent, l'angle formé par OSO est inférieur à 120°, ce qui est conforme à l'angle mesuré, soit 119,5° (*voir* problème 8.84).

AB₃E: l'ammoniac (NH₃)

La molécule d'ammoniac contient trois doublets liants et un doublet libre:

$$H-\overset{\displaystyle ..}{N}-H$$
$$|$$
$$H$$

Au tableau 8.1, on note que l'arrangement adopté par quatre doublets d'électrons est tétraédrique. Cependant, dans NH$_3$, l'un de ces doublets est libre ; NH$_3$ est donc trigonale pyramidale (on l'appelle ainsi parce qu'elle ressemble à une pyramide, l'atome N étant au sommet). Parce que le doublet libre les repousse plus fortement, les trois doublets liants sont
poussés les uns vers les autres ; les angles HNH dans la molécule d'ammoniac sont donc
plus petits que ceux d'un tétraèdre régulier, qui sont de 109,5° (*figure 8.1*).

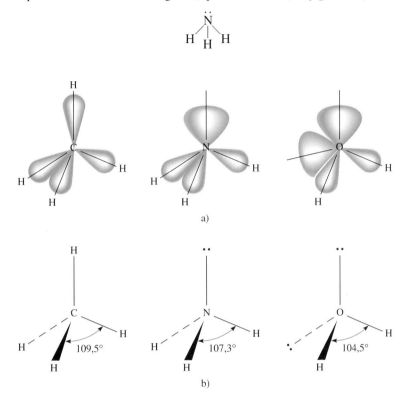

a)

b)

Figure 8.1 *a) La taille relative des doublets liants et des doublets libres dans CH$_4$, NH$_3$ et H$_2$O. b) Les angles des liaisons dans CH$_4$, NH$_3$ et H$_2$O. Les lignes pointillées indiquent que l'axe de liaison se situe derrière le plan de la page ; les lignes plus larges, que l'axe de la liaison se trouve devant le plan de la page ; et les lignes minces et unies, que la liaison est dans le plan de la page.*

AB$_2$E$_2$: l'eau (H$_2$O)

Une molécule d'eau contient deux doublets liants et deux doublets libres :

$$H—\overset{..}{\underset{..}{O}}—H$$

L'arrangement général des quatre doublets d'électrons dans la molécule d'eau est le même
que celui que l'on trouve dans la molécule d'ammoniac : tétraédrique. Cependant, contrairement à l'ammoniac, l'atome central (ici O) de la molécule d'eau a deux doublets libres.
Ceux-ci ont tendance à rester le plus loin possible l'un de l'autre. Par conséquent, les deux
doublets liants des OH sont poussés l'un vers l'autre, et on peut prédire que dans le cas de
H$_2$O, qu'il y aura une plus grande déviation de l'angle tétraédrique que dans le cas de NH$_3$.
Comme le montre la figure 8.1, l'angle formé par HOH est de 104,5°. H$_2$O est donc une
molécule « pliée ».

AB₄E: le tétrafluorure de soufre (SF₄)

La structure de Lewis de SF_4 est

L'atome central S est associé à cinq doublets d'électrons dont l'arrangement, selon le tableau 8.1, est trigonal bipyramidal. Cependant, comme l'un de ces doublets est libre, la molécule doit avoir l'une des formes suivantes:

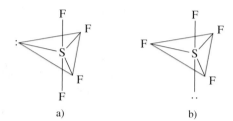

a)   b)

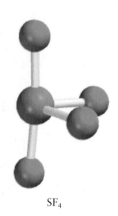

SF₄

En a), le doublet libre est en position équatoriale; en b), il est en position axiale. En b), il y a pour le doublet libre trois doublets liants voisins à 90° et un autre à 180°; en a), il y a deux doublets liants voisins à 90° et deux autres à 120°. La répulsion qui s'exerce en a) est plus faible; c'est d'ailleurs cette structure, qu'on appelle parfois tétraèdre déformé (ou bascule) qui a été trouvée expérimentalement. En réalité, l'angle mesuré formé par les atomes F axiaux et l'atome S est de 186°; celui qui est formé par les atomes F équatoriaux et l'atome S est de 116°.

Le tableau 8.2 montre quelques formes de molécules simples dont l'atome central possède un ou plusieurs doublets libres. Il en existe d'autres.

La forme des molécules ayant plus de un atome central

Jusqu'à maintenant, nous n'avons étudié que les molécules qui ont un seul atome central. La forme générale des molécules qui ont plus de un atome central est, dans la plupart des cas, difficile à décrire. Souvent, on ne peut que décrire les formes autour des atomes centraux. Voyons, par exemple, le méthanol, dont la structure de Lewis est

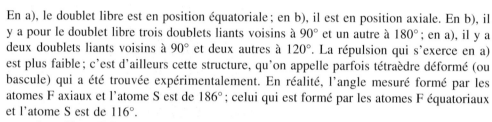

Figure 8.2 *La forme de CH₃OH*

Les deux atomes centraux dans le méthanol sont C et O. On peut dire que les doublets liants des trois liaisons de C—H et celui de la liaison C—O sont disposés en tétraèdre autour de l'atome C. Les angles HCH et OCH sont d'environ 109°. L'atome O dans cette molécule rappelle celui de la molécule d'eau, c'est-à-dire qu'il possède deux doublets libres et deux doublets liants. C'est pourquoi la partie HOC de la molécule est «pliée» et forme un angle d'environ 105° (*figure 8.2*).

Les règles à suivre pour appliquer le modèle RPEV

Maintenant que nous avons vu la forme des molécules de deux types (celles qui ont un atome central: avec doublets libres, sans doublets libres), abordons certaines règles utiles pour appliquer le modèle RPEV à tous les types de molécules:

- Écrire la structure de Lewis de la molécule, en ne tenant compte que des doublets d'électrons qui entourent l'atome central (c'est-à-dire l'atome non terminal, lié à plus d'un autre atome).

TABLEAU 8.2 LA FORME DES IONS ET DES MOLÉCULES SIMPLES DONT L'ATOME CENTRAL A UN OU PLUSIEURS DOUBLETS LIBRES

Classe de molécules	Nombre total de paires d'électrons	Nombre de doublets liants	Nombre de doublets libres	Arrangement des paires d'électrons*	Forme	Exemples
AB_2E	3	2	1	Trigonal plan	« Pliée »	SO_2
AB_3E	4	3	1	Tétraédrique	Trigonale pyramidale	NH_3
AB_2E_2	4	2	2	Tétraédrique	« Pliée »	H_2O
AB_4E	5	4	1	Trigonal bipyramidal	Tétraédrique irrégulière (bascule)	SF_4
AB_3E_2	5	3	2	Trigonal bipyramidal	En T	ClF_3
AB_2E_3	5	2	3	Trigonal bipyramidal	Linéaire	I_3^-
AB_5E	6	5	1	Octaédrique	Pyramidale à base carrée	BrF_5
AB_4E_2	6	4	2	Octaédrique	Plane carrée	XeF_4

* Les lignes de couleur indiquent la forme générale ; elles n'indiquent pas des liaisons.

- Compter les doublets d'électrons autour de l'atome central (les doublets liants et les doublets libres). Considérer les liaisons doubles et triples comme des liaisons simples. Consulter le tableau 8.1 pour prédire l'arrangement général des doublets.
- Consulter les tableaux 8.1 et 8.2 pour prédire la forme de la molécule.
- Pour prédire les angles des liaisons, se rappeler qu'un doublet libre (DL) repousse un autre doublet libre ou un doublet liant (PL) plus fortement qu'un doublet liant repousse un autre doublet liant: (DL, DL) > (DL, PL) > (PL, PL).

Se rappeler également qu'il est impossible de prédire exactement les angles des liaisons quand l'atome central possède un ou plusieurs doublets libres.

Le modèle RPEV permet de prédire de façon assez juste la forme de nombreuses molécules. Les chimistes adoptent cette approche à cause de sa simplicité et de son efficacité. Même si certaines considérations théoriques laissent entendre que la « répulsion entre les doublets » ne détermine peut-être pas la forme de la molécule, force est de reconnaître que cette méthode permet des prédictions utiles (et généralement correctes). À cette étape de notre étude, on peut considérer que ce modèle est plutôt un procédé de raisonnement basé sur le modèle de la liaison tel que conçu par Lewis.

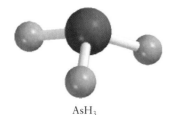

AsH₃

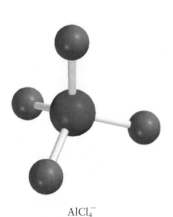

AlCl₄⁻

NOTE
L'ion I₃⁻ est l'une des rares structures dont l'angle de liaison (180°) peut être prédit précisément, même si l'atome central a des paires non liantes.

EXEMPLE 8.1   L'application du modèle RPEV aux molécules et aux ions

À l'aide du modèle RPEV, prédisez la forme des molécules et des ions suivants: a) AsH_3, b) OF_2, c) $AlCl_4^-$, d) I_3^-, e) C_2H_4.

Réponses: a) La structure de Lewis de AsH_3 est

$$H-\overset{\cdot\cdot}{\underset{|}{As}}-H$$
$$H$$

Cette molécule a trois doublets liants et un doublet libre, une combinaison semblable à celle de l'ammoniac. Alors, AsH_3, comme NH_3, a une forme trigonale pyramidale. On ne peut prédire exactement la valeur de l'angle HAsH, mais elle doit être inférieure à 109,5°, car la répulsion exercée par le doublet libre sur les doublets liants est supérieure à celle qui s'exerce entre les doublets liants.

b) La structure de Lewis de OF_2 est $:\overset{\cdot\cdot}{\underset{\cdot\cdot}{F}}-\overset{\cdot\cdot}{\underset{\cdot\cdot}{O}}-\overset{\cdot\cdot}{\underset{\cdot\cdot}{F}}:$. Puisque l'atome O possède deux doublets libres, la molécule OF_2 est « pliée », comme la molécule H_2O. Encore une fois, tout ce que l'on peut dire de la valeur de son angle FOF est qu'elle doit être inférieure à 109,5° parce que la force répulsive qu'exercent les doublets libres sur les doublets liants est plus grande que celle qui s'exerce entre les doublets liants eux-mêmes.

c) La structure de Lewis de $AlCl_4^-$ est

$$\left[\begin{array}{c}:\overset{\cdot\cdot}{Cl}:\\|\\:\overset{\cdot\cdot}{Cl}-\underset{|}{Al}-\overset{\cdot\cdot}{Cl}:\\:\overset{\cdot\cdot}{Cl}:\end{array}\right]^-$$

Puisque l'atome central Al n'a pas de doublet libre et que les quatre liaisons AlCl sont équivalentes, l'ion $AlCl_4^-$ doit être tétraédrique; les angles ClAlCl sont tous de 109,5°.

d) La structure de Lewis de I_3^- est

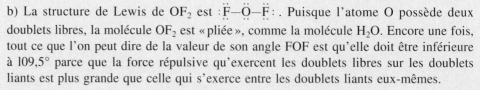

L'atome central I possède deux doublets liants et trois doublets libres. Au tableau 8.2, on voit que les trois doublets libres occupent un plan triangulaire et par conséquent l'ion I_3^- devrait être linéaire.

Problèmes semblables :
8.7, 8.8 et 8.9

e) La structure de Lewis de C_2H_4 est

$$\begin{array}{ccc} H & & H \\ & C{=}C & \\ H & & H \end{array}$$

La liaison C=C est considérée comme une liaison simple. Puisqu'il n'y a aucun doublet libre, l'arrangement autour de chaque atome C est trigonal plan, comme dans BF_3. Les angles des liaisons dans C_2H_4 (HCH et HCC) devraient donc tous être de 120°.

EXERCICE

À l'aide du modèle RPEV, prédisez la forme de : a) $SiBr_4$, b) CS_2 et c) NO_3^-.

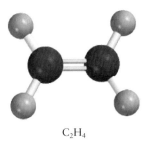

C_2H_4

8.2 LES MOMENTS DIPOLAIRES

À la section 7.3, nous avons vu que, dans la molécule de fluorure d'hydrogène, la paire d'électrons mise en commun est inégalement partagée entre H et F ; elle est davantage localisée du côté de F qui est un atome plus électronégatif que l'atome H. On représente ce déplacement par une flèche barrée ($\longmapsto$) au-dessus de la structure de Lewis ; ce symbole est la représentation vectorielle du déplacement. Par exemple,

$$\overset{\longmapsto}{H{-}\ddot{\underset{\cdot\cdot}{F}}:}$$

On peut aussi représenter cette distribution des charges dans une molécule de la façon suivante :

$$\overset{\delta^+ \quad \delta^-}{H{-}\ddot{\underset{\cdot\cdot}{F}}:}$$

où δ est le symbole d'une charge partielle. C'est le comportement des molécules en présence d'un champ électrique externe qui est à l'origine de cette notion de charges partielles (*figure 8.3*). Dans un champ électrique, les molécules HF orientent leurs régions négatives vers la plaque positive, et leurs régions positives vers la plaque négative. Cet alignement des molécules se mesure expérimentalement. Les molécules qui, comme le fluorure d'hydrogène et bien d'autres, *ont des régions positives et négatives* sont appelées **molécules polaires.**

Figure 8.3
Le comportement des molécules polaires : a) en l'absence et b) en présence d'un champ électrique extérieur. Les molécules non polaires ne subissent pas l'influence d'un champ électrique.

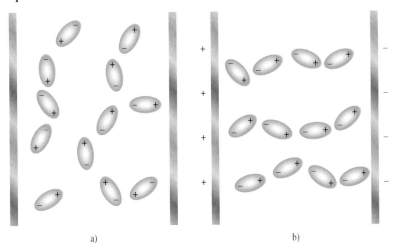

a)   b)

Peter Debye (1884-1966)

Le **moment dipolaire,** μ, c'est-à-dire le *produit de la charge Q par la distance* d *entre les charges* est une mesure quantitative de la polarité d'une liaison:

$$\mu = Q \times d \tag{8.1}$$

La molécule étant toujours globalement neutre, les charges des deux régions d'une molécule diatomique doivent être égales en valeur absolue mais de signes opposés. Toutefois, la grandeur Q dans l'équation (8.1) ne concerne que la valeur absolue et non le signe, μ est donc toujours positif. Les moments dipolaires sont habituellement exprimés en *debyes* (D), une unité appelée ainsi en l'honneur du chimiste hollandais Peter Debye:

$$1 \text{ D} = 3,33 \times 10^{-30} \text{ C} \bullet \text{m}$$

où C est le symbole de coulomb, et m celui de mètre.

Les molécules diatomiques formées d'atomes d'un *même* élément (par exemple, H_2, O_2 et F_2) *n'ont pas de moment dipolaire*; ce sont donc des **molécules non polaires.** Par contre, les molécules diatomiques formées d'atomes d'éléments *différents* (par exemple, HCl, CO et NO) ont un moment dipolaire. Dans le cas des molécules formées de trois atomes ou plus, le moment dipolaire dépend à la fois de la polarité des liaisons et de la géométrie de la molécule; autrement dit, une molécule ayant des liaisons polaires n'a pas nécessairement de moment dipolaire. Voyons un exemple: la molécule de dioxyde de carbone, une molécule triatomique, est-elle linéaire ou «pliée»?

Ce modèle du CO_2 montre la densité électronique grâce à un procédé de couleurs (l'échelle des couleurs de l'arc-en-ciel, où plus on va vers le rouge, plus la densité électronique est grande). Chacune des liaisons carbone-oxygène est polaire, la densité électronique étant plus grande du côté de l'atome le plus électronégatif, l'oxygène. Toutefois, cette molécule n'est pas polaire car, sa forme géométrique étant linéaire, les moments polaires opposés et égaux s'annulent.

Molécule linéaire
(n'a pas de moment dipolaire)

Moment dipolaire résultant

Molécule «pliée»
(a un moment dipolaire)

Les flèches indiquent le sens du déplacement du nuage électronique de l'atome de carbone, qui est moins électronégatif, vers l'atome d'oxygène, qui est plus électronégatif. Dans chacun de ces cas, le moment dipolaire de la molécule entière est constitué de deux *moments de liaison,* c'est-à-dire des moments dipolaires individuels des deux liaisons polaires C═O. Le moment de liaison est une *grandeur vectorielle,* c'est-à-dire une grandeur qui a une valeur et une direction. Le moment dipolaire mesuré est une résultante qui est égale à la somme des vecteurs des moments de liaison. Les deux moments de liaison dans CO_2 sont d'égale valeur. Si la molécule est linéaire, ils sont dans des sens opposés et la résultante ou la somme des vecteurs donne un moment dipolaire égal à zéro. Par contre, si la molécule CO_2 est «pliée», les deux moments de liaison se renforcent partiellement l'un l'autre, de sorte que la molécule doit avoir un moment dipolaire. Expérimentalement, on n'observe aucun moment dipolaire dans le dioxyde de carbone: la molécule de dioxyde de carbone est donc linéaire. La nature linéaire de cette molécule a effectivement été confirmée par différents types de mesures.

Étudions maintenant deux autres molécules, NH_3 et NF_3 (*figure 8.4*). Dans ces deux cas, l'atome central N a une paire non liante, dont la densité électronique s'éloigne de l'atome N. D'après la figure 7.4, nous savons que N est plus électronégatif que H, et que F est plus électronégatif que N. Pour cette raison, le déplacement de la densité électronique dans NH_3 se fait vers N et provoque un fort moment dipolaire. Cependant, les moments dipolaires des liaisons NF sont dirigés en s'éloignant de l'atome N, et ils contribuent ensemble à réduire l'effet du moment dipolaire de la paire non liante. Donc, le moment dipolaire résultant est plus grand dans le cas de NH_3 que dans le cas de NF_3.

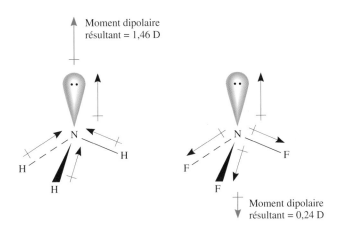

Moment dipolaire
résultant = 1,46 D

Moment dipolaire
résultant = 0,24 D

FIGURE 8.4 *Les moments des liaisons et les moments dipolaires résultants dans NH₃ et NF₃*

Le moment dipolaire peut servir à différencier deux *isomères,* c'est-à-dire des molécules qui ont une même formule mais des structures différentes. Par exemple, les deux molécules suivantes existent bel et bien ; elles ont la même formule moléculaire ($C_2H_2Cl_2$), le même nombre et les mêmes types de liaisons, mais une structure moléculaire différente :

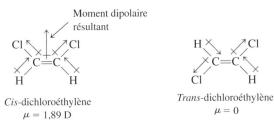

Moment dipolaire
résultant

Cis-dichloroéthylène
$\mu = 1,89$ D

Trans-dichloroéthylène
$\mu = 0$

Le *cis*-dichloroéthylène est une molécule polaire et le *trans*-dichloroéthylène, une molécule non polaire : on peut les différencier en mesurant leur moment dipolaire.

Le tableau 8.3 fournit le moment dipolaire de plusieurs molécules polaires.

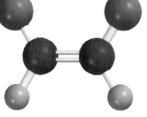

Cis-dichloroéthylène

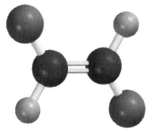

Trans-dichloroéthylène

TABLEAU 8.3	LE MOMENT DIPOLAIRE DE QUELQUES MOLÉCULES POLAIRES	
Molécule	**Forme**	**Moment dipolaire (D)**
HF	Linéaire	1,92
HCl	Linéaire	1,08
HBr	Linéaire	0,78
HI	Linéaire	0,38
H_2O	« Pliée »	1,87
H_2S	« Pliée »	1,10
NH_3	Pyramidale	1,46
SO_2	« Pliée »	1,60

EXEMPLE 8.2 La prédiction du moment dipolaire

Prédisez si chacune des molécules suivantes a un moment dipolaire : a) IBr, b) BF_3 (trigonale plane), c) CH_2Cl_2 (tétraédrique).

Réponse : a) Puisque IBr (bromure d'iode) est diatomique, sa forme est linéaire. Le brome est plus électronégatif que l'iode (*figure 7.4*) ; IBr est donc polaire, et le brome est du côté négatif.

I—Br

Par conséquent, la molécule a un moment dipolaire.

LA CHIMIE EN ACTION

LES FOURS À MICRO-ONDES —
LES MOMENTS DIPOLAIRES AU TRAVAIL

Au cours des 20 dernières années, le four à micro-ondes est devenu un appareil ménager très courant. La technologie des micro-ondes nous permet de décongeler et de faire cuire les aliments beaucoup plus rapidement que ne le font les autres appareils. Comment les micro-ondes font-elles pour chauffer si vite les aliments ?

Au chapitre 5, nous avons vu que les micro-ondes sont des rayonnements électromagnétiques (*figure 5.3*). Les micro-ondes sont générées par un magnétron, dispositif inventé durant la Seconde Guerre mondiale au cours de recherches concernant la mise au point du radar. Le magnétron est constitué d'un tube cylindrique placé à l'intérieur d'un aimant en forme de fer à cheval. Une cathode en forme de bâtonnet est placée au centre du cylindre. Les parois du cylindre agissent comme une anode. Lorsque la cathode est chauffée, elle émet des électrons qui voyagent vers l'anode. Le champ magnétique force les électrons à se déplacer dans un mouvement circulaire. Ce mouvement de particules chargées génère des micro-ondes, qui sont réglées à une fréquence de 2,45 GHz ($2,45 \times 10^9$ Hz), ce qui permet la cuisson. Un guide d'ondes dirige les micro-ondes dans le compartiment de cuisson. Des ailettes semblables à celles d'un ventilateur réfléchissent les micro-ondes dans toutes les parties du four.

La cuisson aux micro-ondes résulte de l'interaction entre la composante du champ électrique de l'onde avec les molécules polaires, principalement l'eau des aliments. À la température de la pièce, toutes les molécules tournent sur elles-mêmes (énergie de rotation). Si la fréquence des micro-ondes et celle des rotations moléculaires sont égales, il peut y avoir transfert d'énergie des micro-ondes vers les molécules polaires. Ainsi, les molécules vont tourner encore plus vite. Ce phénomène se produit à l'état gazeux. Dans les solides (par exemple les aliments), une molécule ne peut pas tourner librement. Cependant, elle

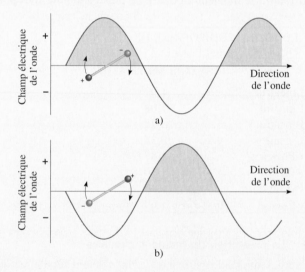

Interaction entre la composante du champ électrique de la micro-onde et une molécule polaire.
a) L'extrémité négative du dipôle suit la propagation de l'onde (la région positive) et tourne dans le sens des aiguilles d'une montre. b) Après que la molécule a tourné dans sa nouvelle position, si l'onde s'est aussi déplacée pour arriver à son demi-cycle suivant, l'extrémité positive du dipôle se déplacera vers la région négative de l'onde alors que l'extrémité négative va être poussée vers le haut. Ainsi, la molécule tournera plus vite. Une telle interaction ne peut se produire avec des molécules non polaires.

subit tout de même un moment de rotation qui tend à faire aligner son moment dipolaire avec le champ oscillant de l'onde (micro-onde). Les molécules d'eau sont ainsi sans cesse agitées et se frottent les unes contre les autres, ce qui provoque un réchauffement de l'aliment. La raison pour laquelle les fours à micro-ondes réchauffent si rapidement les aliments est que ce rayonnement, n'étant pas absorbé par les molécules non polaires, peut donc pénétrer dans différentes régions de l'aliment en même temps. (Selon la quantité d'eau présente, les micro-ondes peuvent pénétrer les aliments à une profondeur de plusieurs centimètres.) Dans un four conventionnel, la chaleur ne peut atteindre le centre des aliments que par convection (c'est-à-dire par transfert de chaleur d'abord des molécules d'air chaud aux molécules plus froides à la surface de l'aliment, puis ensuite en pénétrant couche après couche), ce qui est un processus beaucoup plus lent.

Les points suivants permettent d'expliquer quelques faits concernant le mode d'emploi des fours à micro-ondes. La vaisselle en matière plastique, en porcelaine ou en verre (Pyrex) ne sont pas faites de molécules polaires et ne subissent donc pas l'influence des micro-ondes. (Les objets en mousse de polystyrène et en certaines matières plastiques ne peuvent pas être utilisés dans les fours à micro-ondes, car ils fondent à la température atteinte par les aliments.) Les métaux, quant à eux, réfléchissent les micro-ondes, agissant comme un écran pour les aliments ; ils peuvent retourner assez d'énergie à l'émetteur pour le surcharger. Aussi, du fait que les micro-ondes peuvent induire un courant électrique dans un métal, il peut en résulter des décharges (arcs électriques) entre le contenant et les parois du four. Enfin, même si les molécules d'eau ne bougent pas librement dans la glace (elles ne peuvent donc pas tourner sur elles-mêmes ou pivoter), on utilise pourtant beaucoup le four à micro-ondes pour décongeler les aliments. Cela s'explique par le fait qu'à la température de la pièce, il y a toujours formation d'un mince film d'eau liquide à la surface des aliments congelés, et ces molécules mobiles du film peuvent absorber les rayons micro-ondes pour amorcer le dégel.

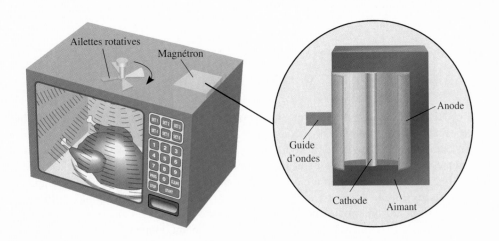

Un four à micro-ondes. Les micro-ondes produites par le magnétron sont réfléchies partout dans le four grâce à de petites ailettes rotatives.

NOTE

Par analogie, on peut penser à un objet qui est tiré dans les trois directions indiquées par les moments des liaisons. Si les forces sont égales, l'objet ne se déplacera pas.

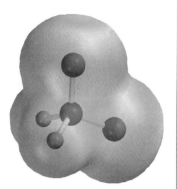

La densité électronique dans CH$_2$Cl$_2$ est déplacée du côté des atomes les plus électronégatifs, soit les atomes de chlore.

Problèmes semblables: 8.19, 8.21 et 8.22

b) Puisque le fluor est plus électronégatif que le bore, chaque liaison B—F dans BF$_3$ (trifluorure de bore) est polaire, et les trois moments de liaison sont égaux. Mais la forme symétrique de la molécule trigonale plane fait en sorte que ces trois moments de liaison s'annulent:

Par conséquent, BF$_3$ n'a pas de moment dipolaire: c'est une molécule non polaire.

c) La structure de Lewis de CH$_2$Cl$_2$ (chlorure de méthylène) est

Cette molécule rappelle celle de CH$_4$, car elle a aussi la forme d'un tétraèdre. Cependant, puisque ses liaisons ne sont pas toutes identiques, elles forment trois angles différents: HCH, HCCl et ClCCl. Ces angles ne valent pas 109,5°, mais ils s'en approchent. Le chlore étant plus électronégatif que le carbone, qui, lui, est plus électronégatif que l'hydrogène, les moments de liaison ne s'annulent pas entre eux, ce qui veut dire que la molécule a un moment dipolaire:

Moment dipolaire résultant

CH$_2$Cl$_2$ est une molécule polaire.

EXERCICE

La molécule SO$_2$ a-t-elle un moment dipolaire?

8.3 LA THÉORIE DE LA LIAISON DE VALENCE (LV)

Le modèle RPEV, basé principalement sur les structures de Lewis, constitue une méthode relativement simple et directe de prédiction des formes géométriques des molécules. Cependant, comme nous l'avons déjà mentionné, la théorie de Lewis concernant la liaison chimique n'explique pas clairement l'existence des liaisons. Le fait de relier la formation d'une liaison covalente au partage d'un doublet d'électrons a sans doute été une étape dans la bonne direction, mais cette explication demeure incomplète. Par exemple, la théorie de Lewis décrit la liaison simple entre les deux atomes d'hydrogène dans H$_2$ et celle entre les deux atomes de fluor dans F$_2$, essentiellement de la même manière, comme le partage de deux électrons. Toutefois dans ces deux molécules, les énergies et les longueurs des liaisons sont bien différentes (436,4 kJ/mol et 74 pm pour H$_2$, et 150,6 kJ/mol et 142 pm pour F$_2$). Ces faits et bien d'autres encore ne peuvent pas être expliqués à l'aide de la théorie de Lewis qui traite toutes les liaisons covalentes de la même manière. Pour mieux comprendre la formation des liaisons, il faut se référer à la mécanique quantique. De plus, cette approche donne une meilleure compréhension de la géométrie moléculaire.

Actuellement, il existe deux théories basées sur la mécanique quantique permettant de décrire la formation de liaisons covalentes et la structure électronique des molécules.

La première, *la théorie de la liaison de valence (LV)*, suppose que les électrons dans une molécule occupent les orbitales atomiques des atomes individuels. Elle nous permet d'avoir une image des atomes individuels participant à la formation d'une liaison. La deuxième théorie, appelée *théorie des orbitales moléculaires (OM)*, suppose la formation d'orbitales moléculaires à partir des orbitales atomiques. En fait, aucune de ces deux théories n'explique parfaitement tous les aspects de la liaison, mais chacune a apporté sa contribution à une meilleure compréhension des propriétés moléculaires observées.

Commençons notre exposé de la théorie de la liaison de valence en considérant la formation de la molécule d'hydrogène, H_2, à partir de deux atomes d'hydrogène, H. Dans le cadre de la théorie de la liaison de valence, la liaison covalente H—H est formée par le *recouvrement* de deux orbitales $1s$ d'atomes H. Par recouvrement (ou chevauchement), on veut dire que les deux orbitales partagent une région commune de l'espace.

Qu'arrive-t-il quand les deux atomes d'hydrogène s'approchent pour former une liaison? Au début, lorsqu'ils sont éloignés, il n'y a pas d'interaction. On dit alors que l'énergie potentielle du système (c'est-à-dire les deux atomes H) est de zéro. Lorsque les deux atomes s'approchent davantage l'un de l'autre, chaque électron est attiré par le noyau de l'autre atome et, en même temps, les électrons se repoussent et les noyaux se repoussent aussi. Tant que les atomes sont encore séparés, les attractions sont plus fortes que les répulsions, de sorte que l'énergie potentielle du système *décroît* (c'est-à-dire qu'elle devient négative selon les conventions déjà établies) à mesure que les atomes s'approchent (*figure 8.5*). Cette tendance continue jusqu'à ce que l'énergie potentielle atteigne une valeur minimale, ce qui correspond à l'état le plus stable du système. À ce moment-là, il y a recouvrement substantiel des orbitales $1s$ et formation d'une molécule de H_2 stable. Si la distance entre les noyaux diminuait encore, l'énergie potentielle monterait abruptement et deviendrait positive à la suite des répulsions accrues électrons-électrons et noyaux-noyaux. En accord avec la loi de la conservation de l'énergie, la diminution d'énergie potentielle due à la formation de H_2 doit s'accompagner d'un dégagement d'énergie. Les résultats des mesures expérimentales prises au cours de la formation de H_2 corroborent ce fait par l'observation d'un fort dégagement de chaleur. L'inverse est aussi vrai: pour briser la liaison H—H, il faut fournir de l'énergie à la molécule. La figure 8.6 illustre une autre manière de voir la formation d'une molécule de H_2.

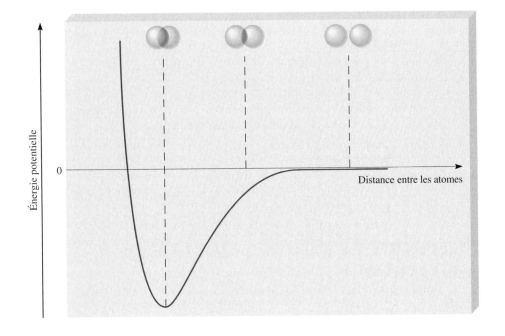

Figure 8.5 *La variation de l'énergie potentielle de deux atomes H en fonction de la distance qui les sépare. Au niveau d'énergie potentielle minimale, la molécule H_2 est à son état le plus stable; la longueur de sa liaison est de 74 pm.*

Figure 8.6 *De haut en bas: durant l'approche progressive de deux atomes d'hydrogène, les orbitales 1s commencent à interagir et chaque électron commence à ressentir l'attraction de l'autre proton. Peu à peu la densité électronique augmente dans la région comprise entre les deux noyaux (en rouge). La molécule stable de H_2 est obtenue lorsque la distance entre les noyaux est de 74 pm.*

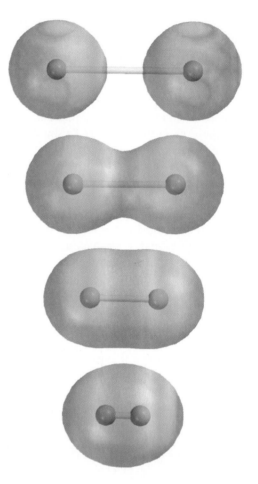

La théorie de la liaison de valence nous donne une image plus claire de la formation des liaisons par rapport à la théorie de Lewis. La théorie de liaison de valence précise qu'il y a formation d'une molécule stable entre des atomes en réaction lorsque le système a atteint son plus bas niveau d'énergie potentielle, alors que la théorie de Lewis ignore les changements d'énergie au cours de la formation des liaisons. Le concept de recouvrement des orbitales atomiques s'applique aussi bien dans le cas d'autres molécules diatomiques que dans celui de la molécule d'hydrogène. Ainsi, il y a formation d'une molécule stable de F_2 lorsque les orbitales $2p$ (contenant les électrons non appariés) de deux atomes F se recouvrent pour former une liaison covalente. De même, la formation de la molécule HF peut s'expliquer par le recouvrement de l'orbitale $1s$ de H avec l'orbitale $2p$ de F. Dans ces deux cas, la théorie LV tient compte des changements d'énergie potentielle lorsque les atomes en réaction s'approchent. Puisque les orbitales en question ne sont pas du même type dans tous les cas, on peut comprendre pourquoi les valeurs d'énergie de liaisons et de longueurs des liaisons diffèrent par exemple dans H_2, F_2 et HF. Comme nous l'avons déjà mentionné, la théorie de Lewis traite *toutes* les liaisons de la même manière et n'explique pas les différences observées entre les liaisons covalentes.

8.4   L'HYBRIDATION DES ORBITALES ATOMIQUES

Le concept de la liaison par recouvrement des orbitales atomiques peut également s'appliquer aux molécules polyatomiques. Cependant, l'arrangement des paires d'électrons liants (ou schéma de liaison) n'est satisfaisant que s'il est conforme à la géométrie moléculaire observée pour ces molécules. Voyons trois exemples d'application du modèle LV dans des molécules polyatomiques.

L'hybridation sp^3

Examinons le cas de la molécule CH_4. Si on commence par porter attention à la configuration électronique des électrons de valence du carbone, on a

Puisque, à l'état fondamental, l'atome de carbone a deux électrons célibataires (un dans chacune des deux orbitales $2p$ occupées), il ne peut donc former que deux liaisons avec l'hydrogène. On connaît l'espèce CH_2, mais celle-ci est très instable. Pour expliquer les quatre liaisons C—H du méthane, on transfère (ce qui correspond à une excitation énergétique) un électron de l'orbitale $2s$ à l'orbitale $2p$ ainsi :

Nous avons maintenant quatre électrons non appariés sur le C, lequel peut maintenant former quatre liaisons C—H. Cependant, on obtiendrait ainsi une forme géométrique incorrecte parce que trois des angles des liaisons HCH seraient à 90° (rappelez-vous que les orbitales $2p$ du carbone sont mutuellement perpendiculaires), alors que *tous* les angles HCH mesurés dans cette molécule sont identiques et mesurent 109,5°.

Pour expliquer ces quatre liaisons équivalentes dans le méthane, la théorie LV se sert du concept des **orbitales hybrides,** qui sont *des orbitales atomiques obtenues lorsque deux ou plus de deux orbitales atomiques non équivalentes d'un même atome se combinent en vue de former des liaisons covalentes.* On appelle **hybridation** ce *mélange d'orbitales atomiques d'un atome (habituellement un atome central) afin de générer un ensemble d'orbitales hybrides.* Ainsi, pour le carbone, on peut générer quatre orbitales hybrides équivalentes par le mélange de l'orbitale $2s$ avec les trois orbitales $2p$.

Orbitales sp^3

Du fait que ces nouvelles orbitales sont formées d'une orbitale s et de trois orbitales p, on les appelle sp^3. La figure 8.7 nous montre la forme et l'orientation des orbitales sp^3. Ces quatre orbitales hybrides sont orientées vers les quatre sommets d'un tétraèdre régulier. La figure 8.8 montre la formation des quatre liaisons covalentes entre les orbitales hybridées sp^3 du carbone et les orbitales $1s$ des atomes d'hydrogène dans CH_4. Ainsi, CH_4 a une

NOTE

sp^3 se prononce « s-p-trois ».

Figure 8.7 *La formation des orbitales hybrides* sp³

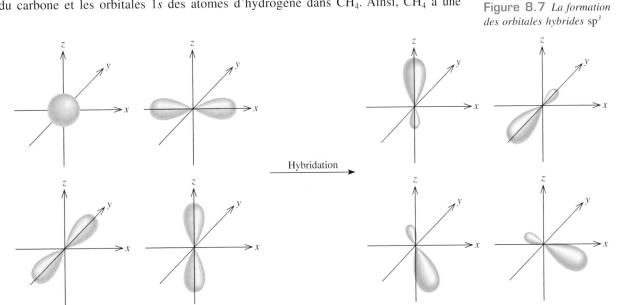

Hybridation

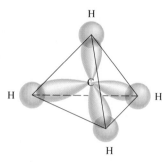

Figure 8.8 *Formation, dans CH₄, de quatre liaisons entre les orbitales hybrides sp³ du carbone et les orbitales 1s de l'hydrogène.*

forme tétraédrique, et tous les angles HCH valent 109,5°. Il faut noter que, même si on doit fournir de l'énergie au moment de l'hybridation, cette énergie est largement compensée par l'énergie libérée grâce à la formation des liaisons C—H. (La formation d'une liaison est un processus exothermique.)

L'analogie suivante peut être utile pour comprendre l'hybridation. Supposons que, dans un bécher, nous avons une solution contenant un colorant rouge et que, dans trois autres béchers, nous avons du colorant bleu (tous les béchers contiennent 50 mL de solution). La solution rouge correspond à une orbitale $2s$, les solutions bleues représentent les trois orbitales $2p$, et chacun des quatre volumes symbolisent chacune des quatre orbitales considérées séparément. En mélangeant les solutions, on obtient 200 mL d'une solution violette, laquelle peut être séparée en quatre portions égales de 50 mL (car le processus de l'hybridation génère quatre orbitales sp^3). De la même manière que la teinte de violet du mélange résulte des composantes de rouge et de bleu des solutions de départ, les orbitales hybrides ont à la fois des caractéristiques des orbitales s et des orbitales p.

L'ammoniac (NH_3) est un autre exemple d'hybridation sp^3. Le tableau 8.1 montre que la disposition de quatre paires d'électrons est tétraédrique; on peut alors expliquer la liaison dans NH_3 en supposant que N ici, comme C dans CH_4, subit une hybridation sp^3. La configuration électronique de N à l'état fondamental est $1s^2 2s^2 2p^3$; alors, sa configuration à l'état d'hybridation sp^3 est

Orbitales sp^3

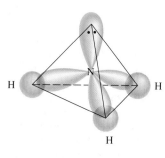

Figure 8.9 *Dans NH₃, l'atome N a subi une hybridation sp³. Il forme trois liaisons avec les atomes H. Le doublet libre occupe l'une des orbitales hybrides sp³*

Trois des quatre orbitales hybrides forment les liaisons N—H covalentes; la quatrième loge le doublet libre de l'azote (*figure 8.9*). La répulsion entre les électrons du doublet libre et ceux des paires liantes fait en sorte que les angles HNH sont de 107,3° plutôt que de 109,5°.

L'atome O dans H_2O a aussi quatre paires d'électrons. On peut alors s'attendre qu'il ait subi une hybridation sp^3. Cependant, des mesures spectroscopiques suggèrent fortement que les orbitales de O utilisées pour former les liaisons O—H sont des orbitales $2p$ et non des orbitales hybrides sp^3. Cela signifie que l'atome O dans H_2O n'a pas subi d'hybridation. Si c'est le cas, pourquoi l'angle HOH n'est-il pas de 90°, puisque les orbitales p sont perpendiculaires entre elles? C'est parce que, dans la molécule H_2O, les deux liaisons O—H doivent être à une certaine distance l'une de l'autre pour que les atomes H ne soient pas trop près l'un de l'autre. Par conséquent, l'angle des liaisons est de 104,5° plutôt que de 90°.

Il est important de comprendre la relation entre l'hybridation et le modèle RPEV. On recourt à l'hybridation pour décrire le schéma de liaisons seulement après avoir prédit l'arrangement des paires d'électrons à l'aide du modèle RPEV. Si le modèle prédit une disposition tétraédrique des paires d'électrons, on suppose alors qu'une orbitale s et trois orbitales p s'hybrident pour former quatre orbitales hybrides sp^3. Voyons maintenant quelques exemples d'autres types d'hybridation.

L'hybridation *sp*

Le modèle RPEV prédit que la molécule $BeCl_2$ (chlorure de béryllium) est linéaire. Représentons la configuration électronique des électrons de valence de Be à l'aide des cases quantiques.

$2s$ $\quad$ $2p$

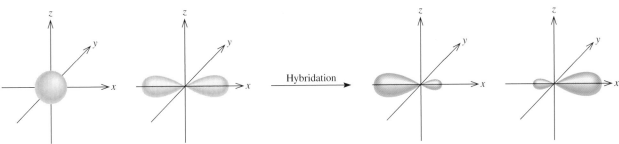

Figure 8.10 *Formation des orbitales hybrides* sp.

On sait que, à l'état fondamental, Be ne forme pas de liaisons covalentes avec Cl parce que ses électrons forment une paire dans l'orbitale 2s. Alors, on doit faire appel à l'hybridation pour expliquer le comportement liant de Be. D'abord, un électron 2s est transféré à une orbitale 2p, ce qui donne

$$\boxed{\uparrow}\qquad\boxed{\uparrow\;|\;|\;}$$
$$2s\qquad\qquad 2p$$

L'atome Be possède donc alors deux orbitales susceptibles de former une liaison, les orbitales 2s et 2p. Cependant, si deux atomes Cl devaient se combiner à un atome Be excité, un atome Cl partagerait un électron 2s et l'autre partagerait un électron 2p, ce qui formerait deux liaisons BeCl non équivalentes. Des résultats expérimentaux prouvent le contraire : les deux liaisons BeCl dans BeCl$_2$ sont identiques en tous points.

Il faut donc hybrider les orbitales 2s et 2p pour former deux orbitales hybrides équivalentes.

$$\boxed{\uparrow\;|\;\uparrow}\qquad\qquad\boxed{\;|\;}$$
Orbitales *sp*   Orbitales
                    2p vides

Figure 8.11 *La forme linéaire de BeCl$_2$ peut s'expliquer si l'on admet que Be est dans l'état d'hybridation* sp. *Les deux orbitales hybrides* sp *et les deux orbitales* 3p *du chlore se recouvrent pour former des liaisons covalentes.*

La figure 8.10 montre la forme et l'orientation des orbitales *sp*. Ces deux orbitales hybrides sont orientées dans un même axe, celui des x; l'angle qu'elles forment est donc de 180°. Chacune des liaisons Be—Cl est alors formée par le recouvrement d'une orbitale hybride *sp* de Be et d'une orbitale 3p de Cl; la molécule BeCl$_2$ qui en résulte a une forme linéaire (*figure 8.11*).

L'hybridation sp^2

Voyons maintenant la molécule BF$_3$ (trifluorure de bore) qui, selon le modèle RPEV, a une forme plane. Si l'on ne considère que les électrons de valence, la configuration électronique de B est

$$\boxed{\uparrow\downarrow}\qquad\boxed{\uparrow\;|\;|\;}$$
$$2s\qquad\qquad 2p$$

D'abord, on transfère un électron 2s à une orbitale 2p vide.

$$\boxed{\uparrow}\qquad\boxed{\uparrow\;|\;\uparrow\;|\;}$$
$$2s\qquad\qquad 2p$$

La combinaison de l'orbitale 2s et des deux orbitales 2p donne trois orbitales hybrides sp^2.

$$\boxed{\uparrow\;|\;\uparrow\;|\;\uparrow}\qquad\qquad\boxed{\;}$$
Orbitales sp^2 Orbitale
                      2p vide

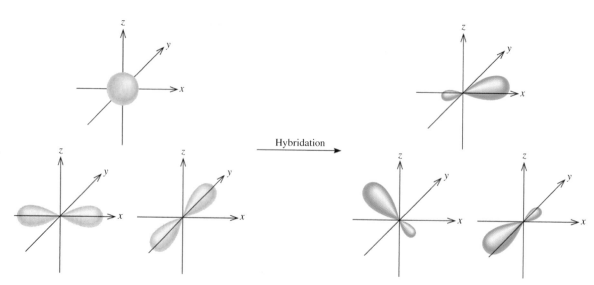

Figure 8.12 *Formation des orbitales hybrides* sp².

Figure 8.13
Recouvrement des orbitales hybrides sp² *de l'atome de bore et des orbitales* 2p *des atomes de fluor. La molécule BF₃ est plane, et tous les angles FBF sont de 120°.*

Ces trois orbitales *sp²* sont situées dans un même plan, et les angles qu'elles forment sont de 120° (*figure 8.12*). Chacune des liaisons B—F est formée par le recouvrement d'une orbitale hybride *sp²* du bore et d'une orbitale 2*p* du fluor (*figure 8.13*). La molécule BF₃ est plane et tous les angles FBF sont de 120°. Ce résultat est conforme aux résultats expérimentaux et aux prédictions faites à l'aide du modèle RPEV.

Vous avez peut-être remarqué le rapport qu'il y a entre l'hybridation et la règle de l'octet. Peu importe le type d'hybridation, un atome qui, au départ, a une orbitale *s* et trois orbitales *p* aura toujours quatre orbitales, ce qui est suffisant pour contenir un total de huit électrons en formant un composé. Chez les éléments de la deuxième période, la couche de valence peut contenir un maximum de huit électrons. C'est la raison pour laquelle la règle de l'octet est habituellement respectée par ces éléments. Il y a cependant des exceptions importantes : le béryllium et le bore forment quelquefois des liaisons avec seulement quatre et six électrons de valence, respectivement.

Dans le cas des éléments de la troisième période, la règle de l'octet s'applique si l'on utilise seulement les orbitales 3*s* et 3*p* de ces atomes pour former des orbitales hybrides dans une molécule. Cependant, ces mêmes atomes peuvent, dans certaines molécules, utiliser une ou plusieurs orbitales 3*d,* en plus des orbitales 3*s* et 3*p,* pour former des orbitales hybrides. Dans ce cas, la règle de l'octet ne s'applique plus. Nous verrons bientôt des exemples faisant intervenir les orbitales 3*d* dans l'hybridation.

La méthode à suivre pour hybrider des orbitales atomiques

Résumons ce que nous avons vu jusqu'à présent et ce que nous devons savoir pour appliquer le concept de liaison dans les molécules polyatomiques. Essentiellement, l'hybridation est simplement un prolongement de la théorie de Lewis et du modèle RPEV. Pour commencer, il faut avoir une idée de la forme de la molécule. En écrivant la structure de Lewis de celle-ci et en prédisant la disposition générale des doublets d'électrons (liants et libres) à l'aide du modèle RPEV (*tableau 8.1*), on peut déduire le type d'hybridation de l'atome central en faisant coïncider la disposition des doublets d'électrons avec celle des orbitales hybrides illustrées au tableau 8.4.

L'hybridation repose sur les principes suivants :

- Le concept d'hybridation ne s'applique pas aux atomes isolés. On l'utilise seulement pour expliquer le schéma des liaisons dans une molécule.

TABLEAU 8.4	LES ORBITALES HYBRIDES IMPORTANTES ET LEUR FORME			
Orbitales atomiques pures de l'atome central	**Hybridation de l'atome central**	**Nombre d'orbitales hybrides**	**Forme des orbitales hybrides**	**Exemples**
s, p	sp	2	180° Linéaire	$BeCl_2$
s, p, p	sp^2	3	120° Trigonale plane	BF_3
s, p, p, p	sp^3	4	109,5° Tétraédrique	CH_4, NH_4^+
s, p, p, p, d	sp^3d	5	90° 120° Trigonale bipyramidale	PCl_5
s, p, p, p, d, d	sp^3d^2	6	90° 90° Octaédrique	SF_6

- L'hybridation est la combinaison d'au moins deux orbitales atomiques non équivalentes, par exemple des orbitales s et p. Ainsi, une orbitale hybride n'est pas une orbitale atomique pure. Les orbitales hybrides et les orbitales atomiques pures ont des formes très différentes.

- Le nombre d'orbitales hybrides formées est égal au nombre d'orbitales atomiques pures qui participent à l'hybridation.

- L'hybridation nécessite un apport d'énergie ; cependant, l'énergie libérée par le système durant la formation des liaisons est supérieure à l'énergie nécessaire à l'hybridation.

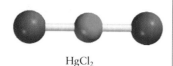

HgCl$_2$

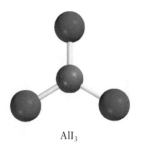

AlI$_3$

• Les liaisons covalentes dans les molécules polyatomiques sont formées par le recouvrement d'orbitales hybrides, ou d'orbitales hybrides et d'orbitales non hybrides. Ainsi, le schéma des liaisons obtenu à la suite de l'hybridation ne s'écarte pas du modèle de la liaison de valence (LV); dans une molécule, on suppose que les électrons occupent les orbitales hybrides des atomes individuels.

EXEMPLE 8.3   La déduction de l'état d'hybridation d'un atome

Déduisez l'état d'hybridation de l'atome central (souligné) dans chacune des molécules suivantes: a) $\underline{Hg}Cl_2$, b) $\underline{Al}I_3$, c) $\underline{P}F_3$. Dans chaque cas, décrivez le processus d'hybridation ainsi que la géométrie moléculaire.

Réponses: a) Au tableau 5.3, on voit que la configuration électronique de Hg à l'état fondamental est $[Xe]6s^2 4f^{14} 5d^{10}$; l'atome Hg a donc deux électrons de valence (les électrons $6s$). La structure de Lewis de $HgCl_2$ est

$$:\!\ddot{Cl}\!-\!Hg\!-\!\ddot{Cl}\!:$$

L'atome Hg n'a pas de doublets libres; la disposition des deux paires d'électrons est donc linéaire (*tableau 8.4*). D'après le tableau 8.4, on déduit que Hg a subi une hybridation *sp,* car la forme linéaire est celle associée à deux orbitales hybrides *sp*. On peut imaginer le processus d'hybridation de la manière suivante. On écrit d'abord la configuration électronique des électrons de valence de Hg à l'état fondamental.

En transférant un électron $6s$ à une orbitale $6p$, on obtient l'état excité suivant:

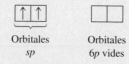

Les orbitales $6s$ et $6p$ se combinent alors pour former deux orbitales hybrides *sp*.

Orbitales   Orbitales
sp $6p$ vides

Les deux liaisons Hg—Cl sont formées par le recouvrement des orbitales hybrides *sp* de Hg et des orbitales $3p$ des atomes Cl. $HgCl_2$ est donc une molécule linéaire.

b) La configuration électronique de Al à l'état fondamental est $[Ne]3s^2 3p^1$. Al a donc trois électrons de valence. La structure de Lewis de AlI_3 est

$$
\begin{array}{c}
:\!\ddot{I}\!: \\
| \\
:\!\ddot{I}\!-\!Al \\
\ddot{}\ \ | \\
:\!\ddot{I}\!:
\end{array}
$$

Il y a trois doublets liants et aucun doublet libre associé à l'atome Al. Au tableau 8.1, on voit que la forme adoptée par trois doublets d'électrons est trigonale plane; selon le tableau 8.4, on conclut que Al doit avoir subi une hybridation sp^2 dans AlI_3. Les cases quantiques de l'atome Al à l'état fondamental sont les suivantes:

3s   3p

En transférant un électron 3s à une orbitale 3p, on obtient l'état excité suivant :

3s   3p

Les orbitales 3s et 3p se combinent alors pour former trois orbitales hybrides sp^2 :

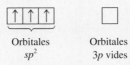

Orbitales   Orbitales
sp^2 3p vides

Les orbitales hybrides sp^2 et les orbitales 5p de I se recouvrent pour former trois liaisons Al—I covalentes. On peut donc prédire que la molécule AlI_3 est plane et que tous les angles IAlI sont de 120°.

c) La configuration électronique de P à l'état fondamental est $[Ne]3s^23p^3$. L'atome P a donc cinq électrons de valence et la structure de Lewis de PF_3 est

$$F{-}\overset{\cdot\cdot}{\underset{|}{P}}{-}F$$
$$F$$

Trois doublets liants et un doublet libre sont associés à l'atome P. Au tableau 8.1, on voit que l'arrangement des quatre doublets d'électrons est tétraédrique et par conséquent, selon le tableau 8.4, P a dû subir une hybridation sp^3. La configuration électronique des électrons de valence de P à l'état fondamental est

3s   3p

En combinant les orbitales 3s et 3p, on obtient quatre orbitales hybrides sp^3.

Orbitales sp^3

Comme dans le cas de NH_3, l'une des orbitales hybrides sp^3 est utilisée pour contenir le doublet libre de P. Les trois autres orbitales hybrides forment, avec les orbitales 2p de F, des liaisons P—F covalentes. On peut prédire que la molécule est pyramidale ; l'angle FPF doit être légèrement inférieur à 109,5°.

EXERCICE

Déterminez l'état d'hybridation des atomes soulignés dans les composés suivants :
a) $\underline{Si}Br_4$, b) $\underline{B}Cl_3$.

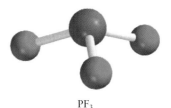

PF_3

Problèmes semblables :
8.31 et 8.32

L'hybridation des orbitales *s*, *p* et *d*

Nous avons vu que l'hybridation explique clairement les liaisons qui mettent en jeu des orbitales *s* et *p*. Toutefois, dans le cas des éléments de la troisième période et au-delà, on ne peut pas toujours expliquer la géométrie moléculaire seulement par l'hybridation des orbitales *s* et *p*. Pour comprendre la formation des molécules trigonales bipyramidales ou octaédriques par exemple, on doit faire intervenir les orbitales *d* dans l'hybridation.

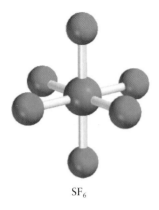

SF$_6$

Prenons par exemple la molécule SF$_6$. À la section 8.1, nous avons vu que cette molécule est octaédrique, ce qui correspond également à la disposition des six doublets d'électrons. Au tableau 8.4, on voit que l'atome S dans SF$_6$ doit avoir subi une hybridation sp^3d^2. La configuration électronique de S à l'état fondamental est [Ne]$3s^23p^4$.

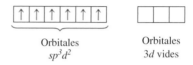

Puisque l'énergie du niveau 3d est très proche de celles des niveaux 3s et 3p, on peut transférer des électrons 3s et 3p à deux des orbitales 3d.

La combinaison de l'orbitale 3s, des trois orbitales 3p et des deux orbitales 3d crée six orbitales hybrides sp^3d^2:

Les six liaisons S—F se forment par le recouvrement des orbitales hybrides de l'atome S et des orbitales 2p des atomes F. Étant donné qu'il y a 12 électrons autour de l'atome S, la règle de l'octet n'est pas respectée. *L'utilisation d'orbitales* d *en plus des orbitales* s *et* p *pour former des liaisons covalentes* est un exemple de **couche de valence étendue,** qui correspond à l'octet étendu dont nous avons parlé à la section 7.7. Les éléments de la deuxième période, contrairement à ceux de la troisième période, n'ont pas de niveaux 2d; ils ne peuvent donc jamais élargir leurs couches de valence. Autrement dit, les atomes des éléments de la deuxième période ne sont jamais entourés de plus de huit électrons dans leurs composés.

EXEMPLE 8.4   **La déduction de l'état d'hybridation d'un élément de la troisième période**

Décrivez l'état d'hybridation du phosphore dans le pentabromure de phosphore (PBr$_5$).

Réponse: La structure de Lewis de PBr$_5$ est

Le tableau 8.1 indique que l'arrangement de cinq doublets d'électrons est trigonal bipyramidal. Le tableau 8.4 indique que cela correspond à la forme adoptée par cinq orbitales hybrides sp^3d. Ainsi, P dans PBr$_5$ doit avoir subi une hybridation sp^3d. La configuration électronique de P à l'état fondamental est [Ne]$3s^23p^3$. Pour décrire l'hybridation, on écrit d'abord la configuration des électrons de valence de P à l'état fondamental à l'aide des cases quantiques.

Le transfert d'un électron 3s à une orbitale 3d se solde par l'état d'excitation suivant:

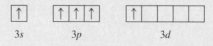

PBr$_5$

La combinaison de l'orbitale 3*s*, des trois orbitales 3*p* et de l'orbitale 3*d* crée cinq orbitales hybrides *sp³d* :

Orbitales *sp³d*   Orbitales 3*d* vides

Problème semblable : 8.40

Ces orbitales hybrides et les orbitales 4*p* de Br se recouvrent pour former cinq liaisons P—Br covalentes. Puisque aucun doublet libre n'est associé à l'atome P, la forme de PBr₅ est trigonale bipyramidale.

EXERCICE

Décrivez l'état d'hybridation de Se dans SeF₆.

8.5 L'HYBRIDATION DANS LES MOLÉCULES QUI CONTIENNENT DES LIAISONS DOUBLES ET TRIPLES

Le concept d'hybridation est également utile dans le cas des molécules qui ont des liaisons doubles et triples. Prenons, par exemple, la molécule d'éthylène, C_2H_4. Dans l'exemple 8.1, nous avons vu que, dans C_2H_4, il y a une liaison double entre les deux atomes de carbone, et que la molécule est plane. Cette forme et cette liaison s'expliquent si l'on considère que chaque atome de carbone a subi une hybridation sp^2. La figure 8.14 montre les cases quantiques de cette hybridation. On considère que seules les orbitales $2p_x$ et $2p_y$ se combinent à l'orbitale $2s$ et que l'orbitale $2p_z$ ne change pas. La figure 8.15 montre que l'orbitale $2p_z$ est perpendiculaire au plan des orbitales hybrides. Maintenant, comment peut-on expliquer la liaison des atomes C ? Comme le montre la figure 8.16 a), chaque atome de carbone utilise les trois orbitales hybrides sp^2 pour former deux liaisons avec les orbitales 1*s* des deux atomes d'hydrogène et une liaison avec l'orbitale hybride sp^2 de l'atome C adjacent. De plus, les deux orbitales non hybrides $2p_z$ des atomes C forment une autre liaison en se recouvrant de façon latérale (*figure 8.16 b*).

On fait une distinction entre les deux types de liaisons covalentes dans C_2H_4. *Dans une liaison covalente formée par le recouvrement des extrémités des orbitales, (recouvrement axial) comme le montre la figure 8.16 a), le nuage électronique se concentre entre les noyaux des atomes liés* ; on a alors une **liaison sigma (liaison σ).** Les trois liaisons formées par chacun des atomes C illustrées à la figure 8.16 a) sont toutes des liaisons sigma. Par ailleurs, *une liaison covalente formée par le recouvrement latéral des orbitales de sorte que le nuage électronique se concentre au-dessus et au-dessous du plan dans lequel sont situés les noyaux des atomes qui sont liés* est appelée **liaison pi (liaison π).** Les deux atomes C forment une liaison pi, comme le montre la figure 8.16 b). La figure 8.16 c) montre l'orientation des liaisons sigma et pi. La figure 8.17 présente une autre façon d'illustrer la molécule plane C_2H_4 et la liaison pi. Même si on représente habituellement la double liaison carbone-carbone comme C=C (comme dans une structure de Lewis), il est important de se rappeler que ces deux liaisons sont de types différents : l'une est une liaison sigma ; l'autre, une liaison pi.

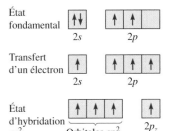

Figure 8.14 *L'hybridation* sp^2 *d'un atome de carbone. L'orbitale 2s se combine à seulement deux orbitales 2p pour former trois orbitales hybrides* sp² *équivalentes. Ce processus laisse un électron dans l'orbitale non hybride, l'orbitale* $2p_z$.

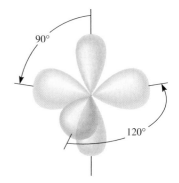

Figure 8.15 *Chaque atome de carbone de la molécule* C_2H_4 *a trois orbitales hybrides* sp² *et une orbitale non hybride* $2p_z$, *qui est perpendiculaire au plan des orbitales hybrides.*

Figure 8.16 *Les liaisons de l'éthylène, C₂H₄*
a) Vue supérieure des liaisons sigma entre les atomes de carbone et entre les atomes de carbone et ceux d'hydrogène. Tous les atomes sont dans un même plan, faisant de C₂H₄ une molécule plane.
b) Vue de profil qui montre comment se produit le recouvrement des deux orbitales 2pz: des atomes de carbone pour former une liaison pi.
c) Les liaisons sigma et pi dans la molécule d'éthylène. Notez que les liaisons pi se situent au-dessus et au-dessous du plan de la molécule.

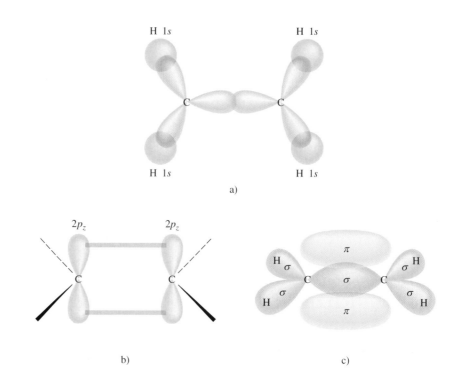

Figure 8.17 *Une autre façon d'illustrer la formation des liaisons pi dans la molécule C₂H₄. Notez que les six atomes sont tous dans un même plan. C'est le recouvrement des orbitales 2pz qui confère à la molécule sa structure plane.*

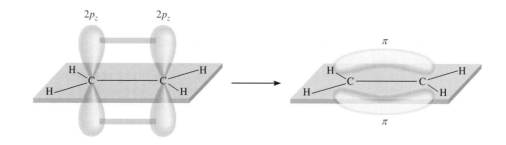

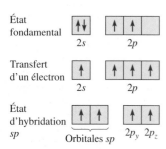

Figure 8.18 *L'hybridation sp d'un atome de carbone. L'orbitale 2s se combine à une seule orbitale 2p pour former deux orbitales hybrides sp. Ce processus laisse un électron dans chacune des deux orbitales non hybrides 2p, à savoir les orbitales 2py et 2pz.*

La molécule d'acétylène (C₂H₂) contient une liaison carbone-carbone triple. Cette molécule étant linéaire, on peut expliquer sa forme et ses liaisons en supposant que chaque atome C a subi une hybridation *sp* (*figure 8.18*). Comme le montre la figure 8.19, les deux orbitales hybrides *sp* de chaque atome C forment une liaison sigma avec l'orbitale 1s d'un atome H et une autre liaison sigma avec l'autre atome C. De plus, il se forme deux liaisons pi par recouvrement latéral des orbitales non hybrides $2p_y$ et $2p_z$. Donc, la liaison C≡C est en réalité une liaison sigma et deux liaisons pi.

La règle suivante aide à prédire le type d'hybridation dans les molécules qui contiennent des liaisons multiples: si l'atome central forme une liaison double, il a subi une hybridation sp^2; s'il forme deux liaisons doubles ou une liaison triple, il a subi une hybridation *sp*. Notez que cette règle ne s'applique qu'aux atomes des éléments de la deuxième période. Les atomes des éléments de la troisième période et au-delà qui forment des liaisons multiples présentent un problème plus complexe que nous n'aborderons pas ici.

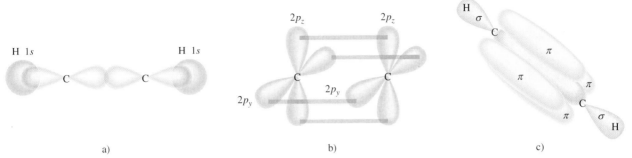

a)   b)   c)

Figure 8.19 *Les liaisons dans l'acétylène, C_2H_2 a) Vue supérieure montrant les liaisons sigma entre les atomes de carbone et entre les atomes de carbone et ceux d'hydrogène. Tous les atomes sont dans un même axe; la molécule d'acétylène est donc linéaire. b) Vue latérale montrant le recouvrement des deux orbitales $2p_y$ et des deux orbitales $2p_z$ des deux atomes de carbone pour former les deux liaisons pi. c) Schéma montrant les liaisons sigma et les liaisons pi.*

EXEMPLE 8.5   Les liaisons dans une molécule polyatomique

Décrivez les liaisons de la molécule de formaldéhyde. Sa structure de Lewis est

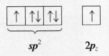

Considérez que l'atome O a subi une hybridation sp^2.

Réponse: On note que l'atome C (un élément de la deuxième période) a une liaison double; il a donc subi une hybridation sp^2. Les cases quantiques de l'atome O sont les suivantes:

↑	↑↓	↑↓		↑

sp^2 $2p_z$

Deux des orbitales sp^2 de l'atome C forment deux liaisons sigma avec les atomes H; la troisième orbitale sp^2 forme une liaison sigma avec une orbitale sp^2 de l'atome O. L'orbitale $2p_z$ de l'atome C et l'orbitale $2p_z$ de l'atome O se recouvrent pour former une liaison pi. Les deux doublets libres de l'atome O occupent ses deux orbitales sp^2 résiduelles (*figure 8.20*).

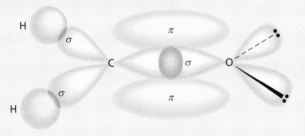

EXERCICE

Décrivez les liaisons de la molécule de cyanure d'hydrogène, HCN. Considérez que N a subi une hybridation sp.

Problèmes semblables:
8.36 et 8,85

Figure 8.20 *Les liaisons dans la molécule de formaldéhyde. Une liaison sigma est formée par le recouvrement d'une orbitale hybride sp² du carbone et d'une orbitale hybride sp² de l'oxygène; une liaison pi est formée par le recouvrement des orbitales 2p_z du carbone et de l'oxygène. Les deux doublets libres de l'oxygène occupent les deux autres orbitales sp² de l'oxygène.*

8.6 LA THÉORIE DES ORBITALES MOLÉCULAIRES (OM)

La théorie de la liaison de valence est l'une des deux approches de la mécanique quantique qui explique les liaisons dans les molécules. Elle rend compte, au moins qualitativement, de la stabilité du lien covalent en ce qui concerne le recouvrement des orbitales atomiques.

LA CHIMIE EN ACTION

LES ORBITALES EXISTENT-ELLES RÉELLEMENT?

Les orbitales sont essentielles à toute théorie de la liaison telle l'hybridation. Cependant, comme nous le savons, les orbitales sont des fonctions d'onde qui ne peuvent pas être observées directement. Dans ce cas, les orbitales ne sont-elles qu'un modèle théorique sans aucune signification physique? Une expérience importante qui a eu lieu à l'Université de l'Arizona (ASU) en 1999 a fourni une réponse à cette question.

Les chercheurs de cette université ont étudié la nature de la liaison dans l'oxyde de cuivre (I), Cu_2O, à l'état solide. La configuration électronique du Cu est $4s^1 3d^{10}$. Si on décrit les atomes centraux métalliques de cuivre placés entre des atomes d'oxygène seulement comme étant des ions +1 avec la configuration $3d^{10}$ pour Cu^+ (ce qui équivaut à dire que la liaison aurait simplement un caractère ionique), on ne respecte pas la distance Cu-Cu plus courte qui est observée, ce qui suggère la présence de liaisons covalentes entre les atomes métalliques. Donc, une explication logique serait de supposer que les orbitales $3d$ du cuivre forment des orbitales hybrides avec les orbitales $4s$. L'hybridation enlèverait des électrons des orbitales $3d$ en y laissant des trous, et il en résulterait de nouvelles orbitales qui pourraient participer à des liens covalents.

Pour vérifier cette hypothèse, les chercheurs de l'ASU ont mesuré la densité électronique dans ce composé en utilisant les techniques combinées de la diffraction électronique et de la diffraction par rayons X. Ils ont ensuite calculé la distribution de la densité électronique en supposant un modèle ionique de la densité électronique mesurée. Ils ont ainsi obtenu une cartographie de la différence de densité électronique (*voir* figure) qui indique un trou de la densité électronique ayant justement l'apparence d'une orbitale $3d_{z^2}$ (*voir* chapitre 5, figure 5.21).

Que signifie ce résultat? S'il y avait seulement présence de liaisons ioniques, alors chaque atome de Cu serait entouré d'un nuage sphérique d'électrons et la cartographie de la différence indiquerait zéro partout (serait vide). Mais ce qu'on obtient, c'est que les atomes de cuivre montrent une certaine densité électronique due à leurs orbitales $3d_{z^2}$ et la partagent avec des atomes de cuivre voisins en formant des liaisons covalentes. Donc, même si cette expérience n'a pas produit une image directe de l'orbitale $3d_{z^2}$ elle-même, les résultats ne laissent pas beaucoup de doute quant à l'existence des orbitales $3d_{z^2}$. Donc les orbitales existent après tout.

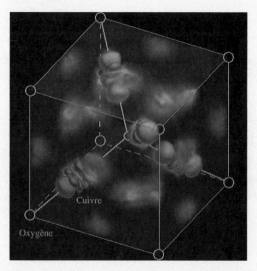

Cartographie de la densité électronique du Cu_2O. Les régions de faible densité électronique (en bleu) apparaissent sur les atomes de Cu et ressemblent à l'orbitale $3d_{z^2}$, alors que les régions de densité électronique plus élevée (en rouge) apparaissent entre les atomes de Cu, indiquant une liaison covalente.

En utilisant le concept de l'hybridation, la théorie de liaison de valence permet d'expliquer les formes géométriques des molécules prédites par le modèle RPEV. Cependant, la supposition que les électrons dans une molécule occupent les orbitales atomiques des atomes individuels ne peut être qu'une approximation. En effet, chaque électron de liaison dans une molécule doit être dans une orbitale qui est caractéristique de la molécule considérée comme un tout.

Dans certains cas, la théorie de la liaison de valence ne permet pas d'expliquer de manière satisfaisante les propriétés qu'on a observées au sujet des molécules. Considérons par exemple la molécule d'oxygène, dont la structure de Lewis est

$$\ddot{O}=\ddot{O}$$

Selon cette description, tous les électrons dans O_2 sont appariés et la molécule devrait donc être diamagnétique. Toutefois, des expériences ont démontré que la molécule d'oxygène est paramagnétique, avec deux électrons non appariés (*figure 8.21*). Cette observation suggère qu'il existe une déficience fondamentale dans la théorie de la liaison de valence au point de justifier la recherche d'une autre approche pour expliquer la liaison. Cette approche devrait rendre compte des propriétés de O_2 et des autres molécules ne correspondant pas aux prédictions de la théorie de la liaison de valence.

Les propriétés magnétiques et les autres propriétés des molécules sont parfois mieux expliquées à l'aide d'une autre approche de la mécanique quantique appelée *théorie des orbitales moléculaires (OM)*. Cette théorie décrit les liaisons à l'aide des **orbitales moléculaires** qui *résultent de l'interaction des orbitales atomiques des atomes liants et qui sont associées à la molécule entière*. La différence entre une orbitale moléculaire et une orbitale atomique, c'est que l'orbitale atomique est associée à un seul atome.

Les orbitales moléculaires liantes et antiliantes

Selon la théorie OM, le recouvrement des orbitales $1s$ de deux atomes d'hydrogène mène à la formation de deux orbitales moléculaires : une orbitale moléculaire liante et une orbitale moléculaire antiliante. Une **orbitale moléculaire liante** possède *une énergie plus basse et une stabilité plus grande que les orbitales atomiques à partir desquelles elle a été formée*. Une **orbitale moléculaire antiliante** possède *une énergie plus grande et une stabilité plus petite que les orbitales atomiques à partir desquelles elle a été formée*. Comme les qualificatifs « liante » et « antiliante » le suggèrent, le fait de placer des électrons dans une orbitale moléculaire liante entraîne la formation d'un lien covalent stable, alors que le fait de placer des électrons dans une orbitale moléculaire antiliante crée un lien instable.

Dans l'orbitale moléculaire liante, la densité électronique est la plus grande entre les noyaux des atomes liés. Par contre, dans l'orbitale moléculaire antiliante, la densité électronique décroît jusqu'à zéro entre les noyaux. Nous pouvons comprendre cette distinction si nous nous rappelons que les électrons dans les orbitales ont des caractéristiques ondulatoires. Une propriété unique des ondes permet à des ondes du même type d'interagir d'une manière telle que l'onde résultante a soit une amplitude agrandie, soit une amplitude diminuée. Dans le premier cas, nous parlons d'une interaction d'*interférence constructive* ; dans l'autre cas, d'une interaction d'*interférence destructive* (*figure 8.22*).

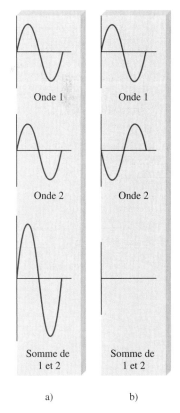

Onde 1 — Onde 1

Onde 2 — Onde 2

Somme de 1 et 2 — Somme de 1 et 2

a)   b)

Figure 8.22 *Pour deux ondes de même longueur d'onde et de même amplitude a) une interférence constructive b) une interférence destructive.*

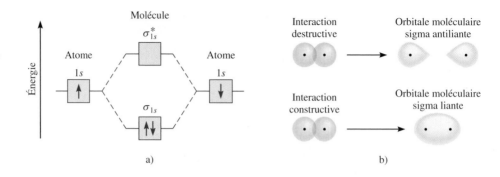

La formation d'une orbitale moléculaire liante correspond à une interférence constructive (l'augmentation d'amplitude est analogue à l'accroissement de la densité électronique entre les deux noyaux). La formation d'orbitales moléculaires antiliantes correspond à une interférence destructive (la diminution de l'amplitude est analogue à la diminution de la densité électronique entre les deux noyaux). Les interactions constructive et destructive entre les deux orbitales 1s dans la molécule H_2 donnent lieu à la formation d'une orbitale moléculaire sigma liante (σ_{1s}) et d'une orbitale moléculaire sigma antiliante (σ_{1s}^*):

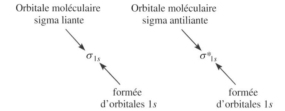

où l'astérisque désigne une orbitale moléculaire antiliante.

Dans une ***orbitale moléculaire sigma*** (liante ou antiliante), *la densité électronique est concentrée symétriquement autour d'un axe situé entre les deux noyaux des atomes liés.* Deux électrons dans une orbitale moléculaire sigma forment une liaison sigma (*voir* section 8.5). Rappelez-vous qu'une simple liaison covalente (telle que H—H ou F—F) est toujours une liaison sigma.

La figure 8.23 montre le *diagramme des niveaux d'énergie des orbitales moléculaires*, c'est à dire des niveaux d'énergie relatifs produits au cours de la formation de la molécule H_2 et les interactions constructive et destructive entre les deux orbitales 1s. Remarquez que dans l'orbitale moléculaire antiliante il y a un *nœud* entre les noyaux, ce qui signifie que la densité électronique est de zéro. Les noyaux se repoussent l'un l'autre à cause de leur charge positive au lieu de se retenir ensemble. Les électrons dans l'orbitale moléculaire antiliante ont une énergie plus élevée (et moins de stabilité) qu'ils en auraient dans des atomes isolés. D'un autre côté, les électrons dans l'orbitale moléculaire liante ont moins d'énergie (et de là une plus grande stabilité) qu'ils en auraient dans des atomes isolés.

Même si nous avons donné comme exemple la molécule d'hydrogène pour illustrer la formation d'orbitales moléculaires, le concept s'applique de la même manière aux autres molécules. Dans la molécule H_2, nous considérons seulement l'interaction entre les orbitales 1s, alors que dans le cas de molécules plus complexes nous devons considérer aussi les orbitales atomiques additionnelles. Néanmoins, pour toutes les orbitales s, le procédé est le même que pour les orbitales 1s. Ainsi, l'interaction entre deux orbitales 2s ou 3s peut être comprise sous la forme d'un diagramme de niveaux d'énergie d'orbitales moléculaires et de formation d'orbitales moléculaires liante et antiliante (*figure 8.23*).

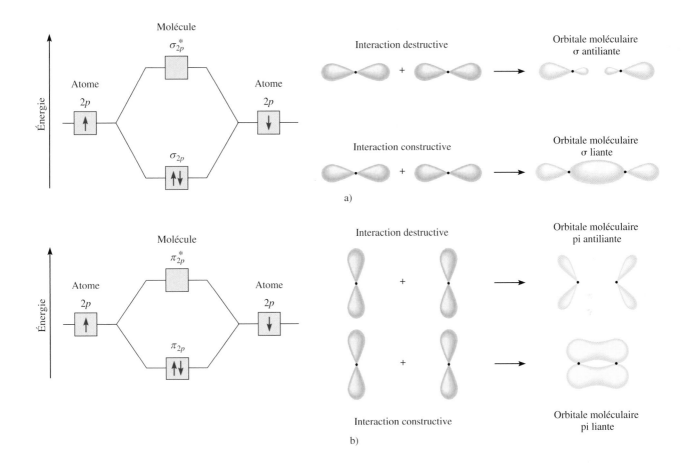

Figure 8.24 *Les deux interactions possibles entre deux orbitales* p *équivalentes et les orbitales moléculaires correspondantes. a) Lorsque des orbitales* p *se recouvrent par leur extrémité, il y a formation d'une orbitale moléculaire sigma liante et d'une orbitale moléculaire sigma antiliante. b) Lorsque des orbitales* p *se recouvrent par le côté, une orbitale moléculaire pi liante et une autre pi antiliante se forment. Normalement, une orbitale moléculaire sigma liante est plus stable qu'une orbitale moléculaire pi liante, car l'interaction côte à côte donne un plus petit recouvrement des orbitales* p *que celui qui est obtenu par le recouvrement des extrémités. Nous convenons que les orbitales* $2p_x$ *prennent part à la formation de l'orbitale moléculaire sigma. Les orbitales* $2p_y$ *et* $2p_z$ *ne peuvent alors interagir que pour former des orbitales moléculaires* π. *Le comportement montré en b) illustre l'interaction entre deux orbitales* $2p_y$ *ou* $2p_z$.*

Pour les orbitales *p*, le procédé est plus complexe parce qu'elles peuvent interagir l'une avec l'autre de deux manières différentes. Par exemple, deux orbitales $2p$ peuvent s'approcher l'une de l'autre par leur extrémité pour produire une orbitale moléculaire sigma liante et une orbitale moléculaire sigma antiliante (*figure 8.24 a*). Alternativement, les deux orbitales *p* peuvent se recouvrir de côté pour générer une orbitale moléculaire liante pi et une orbitale moléculaire antiliante pi (*figure 8.24 b*).

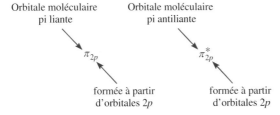

Dans une ***orbitale moléculaire pi*** (liante ou antiliante), *la densité électronique est concentrée au-dessus et au-dessous d'une ligne imaginaire joignant les deux noyaux des atomes liés.* Deux électrons dans une orbitale moléculaire pi forment une liaison pi (*voir* section 8.5). Une liaison double est toujours constituée d'une liaison sigma et d'une liaison pi, alors qu'une liaison triple est toujours constituée d'une liaison sigma et de deux liaisons pi.

8.7 LES CONFIGURATIONS ÉLECTRONIQUES DES ORBITALES MOLÉCULAIRES

Pour comprendre les propriétés d'une molécule, nous devons savoir comment les électrons sont distribués dans les orbitales moléculaires. La méthode permettant de déterminer la configuration électronique d'une molécule est analogue à celle que nous avons utilisée pour déterminer les configurations électroniques des atomes (*voir* section 7.8).

Les règles gouvernant la configuration électronique moléculaire et la stabilité

Pour écrire la configuration électronique d'une molécule, nous devons d'abord classer les orbitales moléculaires par ordre croissant d'énergie. Ensuite, nous pouvons utiliser les principes directeurs suivants pour remplir les orbitales moléculaires d'électrons. Ces règles nous aident aussi à comprendre la stabilité relative des orbitales moléculaires.

- Le nombre d'orbitales moléculaires formées est toujours égal au nombre d'orbitales atomiques combinées.
- Plus l'orbitale moléculaire liante est stable, moins l'orbitale moléculaire antiliante est stable.
- Le remplissage des orbitales moléculaires se fait à partir des énergies plus faibles vers les énergies plus élevées. Dans une molécule stable, le nombre d'électrons dans les orbitales moléculaires liantes est toujours plus grand que celui dans les orbitales moléculaires antiliantes, car nous plaçons d'abord les électrons dans les orbitales moléculaires liantes de plus faible énergie.
- Comme une orbitale atomique, chaque orbitale moléculaire peut contenir deux électrons de spins contraires, selon le principe d'exclusion de Pauli.
- Lorsque les électrons sont ajoutés aux orbitales moléculaires de même énergie, l'arrangement le plus stable est prédit par la règle de Hund, c'est-à-dire que les électrons occupent ces orbitales moléculaires avec des spins parallèles.
- Le nombre d'électrons dans les orbitales moléculaires est égal à la somme de tous les électrons des atomes liants.

Les molécules d'hydrogène et d'hélium

Plus loin dans cette section, nous étudierons des molécules formées par des atomes d'éléments de la deuxième période. Mais avant, il sera instructif de prédire les stabilités relatives d'espèces simples comme H_2^+, H_2, He_2^+ et He_2, en utilisant les diagrammes de niveaux d'énergie montrés à la figure 8.25. Les orbitales σ_{1s} et σ_{1s}^* peuvent contenir ensemble un maximum de quatre électrons. Le nombre total d'électrons s'accroît de un pour H_2^+ à quatre pour He_2. Le principe d'exclusion de Pauli stipule que chaque orbitale moléculaire peut contenir un maximum de deux électrons de spins opposés. Il s'agit ici des configurations électroniques à leur état fondamental.

Pour évaluer la stabilité de ces espèces il faut déterminer leur ***ordre de liaison***, défini ainsi :

$$\text{ordre de liaison} = \frac{1}{2} \left(\begin{array}{c} \textbf{nombre d'électrons} \\ \textbf{dans les OM liantes} \end{array} - \begin{array}{c} \textbf{nombre d'électrons} \\ \textbf{dans les OM antiliantes} \end{array} \right) \quad (8.2)$$

L'ordre de liaison est un indice de la force d'une liaison covalente. Par exemple, s'il y a deux électrons dans une orbitale moléculaire liante et aucun dans une orbitale moléculaire antiliante, l'ordre de liaison vaut un, ce qui veut dire qu'il y a une liaison covalente et que la molécule est stable. Remarquez que l'ordre de liaison peut être une fraction, mais un ordre de liaison de zéro (ou une valeur négative) signifie que la liaison est instable et que

NOTE

L'énergie de liaison est la mesure quantitative de la force d'une liaison (*section 7.8*)

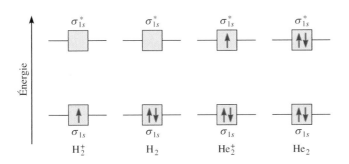

cette molécule ne peut pas exister. L'ordre de liaison ne peut être utilisé qu'à des fins qualitatives de comparaison. Par exemple, une orbitale moléculaire liante sigma contenant deux électrons et une orbitale moléculaire liante pi contenant deux électrons pourraient toutes les deux avoir un ordre de liaison égal à un. Cependant, ces deux liaisons ont certainement des forces différentes (et des longueurs différentes) à cause des différences d'étendues de recouvrement des orbitales atomiques.

Nous sommes maintenant prêts à faire des prédictions concernant la stabilité de H_2^+, H_2, He_2^+ et He_2 (*voir* figure 8.25). L'ion moléculaire H_2^+ a seulement un électron, dans l'orbitale σ_{1s}. Puisqu'une liaison covalente est constituée de deux électrons dans une orbitale moléculaire liante, H_2^+ a seulement la moitié d'une liaison, soit une liaison d'ordre $\frac{1}{2}$. Ainsi, nous prédisons que la molécule H_2^+ peut être une espèce stable. La configuration électronique de H_2^+ s'écrit $(\sigma_{1s})^1$.

La molécule H_2 a deux électrons, tous deux dans l'orbitale σ_{1s}. Selon notre schéma, deux électrons donnent une liaison complète ; donc la molécule H_2 a un ordre de liaison de un, soit une liaison covalente complète. La configuration électronique de H_2 est $(\sigma_{1s})^2$.

Comme dans le cas de l'ion moléculaire He_2^+, nous plaçons les deux premiers électrons dans l'orbitale σ_{1s} et le troisième électron dans l'orbitale σ_{1s}^*. Parce que l'orbitale moléculaire antiliante est déstabilisante, on s'attend à ce que H_2^+ soit moins stable que H_2. En gros on peut dire que l'instabilité résultant de l'électron dans l'orbitale σ_{1s}^* est compensée par un des électrons σ_{1s}. L'ordre de liaison est $\frac{1}{2}$ (2-1) = $\frac{1}{2}$ et la stabilité résultante de He_2^+ est semblable à celle de la molécule H_2^+. La configuration électronique de He_2^+ est $(\sigma_{1s})^2 (\sigma_{1s}^*)^1$.

Dans He_2 il devrait y avoir deux électrons dans l'orbitale σ_{1s} et deux électrons dans l'orbitale σ_{1s}^*, la molécule aura donc un ordre de liaison égal à zéro et pas de stabilité nette. La configuration électronique de He_2 serait $(\sigma_{1s})^2 (\sigma_{1s}^*)^2$.

En guise de résumé, nous pouvons classer nos exemples par ordre de stabilité décroissante :

$$H_2 > H_2^+ > He_2^+ > He_2$$

Nous savons que la molécule d'hydrogène est une molécule stable. Avec cette méthode simple des orbitales moléculaires on prédit que H_2^+ et He_2^+ possèdent aussi une certaine stabilité, puisque les deux ont un ordre de liaison de $\frac{1}{2}$. En fait, leur existence a été confirmée expérimentalement. Il s'avère que H_2^+ est quelque peu plus stable que He_2^+, parce qu'il y a un seul électron dans l'ion hydrogène moléculaire et donc pas de répulsion électron-électron. De plus, il y a aussi moins de répulsion nucléaire dans H_2^+ que dans He_2^+. Notre prédiction quant à He_2 serait qu'elle n'a pas de stabilité, mais en 1993 on a prouvé l'existence de He_2 gazeux. La « molécule » est extrêmement instable et n'a qu'une existence transitoire dans des conditions bien spéciales.

Les molécules homonucléaires diatomiques des éléments de la deuxième période

Nous sommes maintenant prêts à aborder l'étude des configurations électroniques à l'état fondamental des molécules constituées d'éléments de la deuxième période. Nous considérerons seulement le cas le plus simple, celui des **molécules diatomiques homonucléaires,** c'est-à-dire de *molécules diatomiques contenant des atomes des mêmes éléments.*

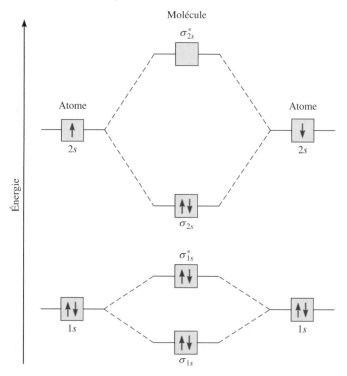

La *figure 8.26* montre le diagramme des niveaux d'énergie pour la molécule du premier élément de la seconde période, Li₂. Ces orbitales moléculaires sont formées par le recouvrement des orbitales 1s et 2s. Nous allons utiliser ce diagramme pour construire toutes les molécules diatomiques, comme nous le verrons plus loin.

La situation est plus complexe lorsque la liaison implique aussi des orbitales *p*. Deux orbitales *p* peuvent soit former une liaison sigma soit une liaison pi. Parce qu'il y a trois orbitales *p* pour chaque atome d'un élément de la deuxième période, nous savons qu'une orbitale moléculaire sigma et deux orbitales pi vont donner une interaction constructive. L'orbitale moléculaire sigma est formée du recouvrement des orbitales $2p_x$ le long de l'axe internucléaire, c'est-à-dire l'axe des *x*. Les orbitales $2p_y$ et $2p_z$ *sont perpendiculaires à l'axe des* x, et elles se recouvriront par le côté pour donner deux orbitales moléculaires pi. Ces orbitales moléculaires se nomment orbitales σ_{2p_x}, π_{2p_y}, et π_{2p_z}, les indices indiquant quelles orbitales atomiques prennent part à la formation des orbitales moléculaires. Comme montré à la figure 8.24, le recouvrement des deux orbitales *p* est normalement plus grand dans une orbitale moléculaire σ que dans une orbitale moléculaire π; on s'attendrait donc à ce que la première soit d'un niveau d'énergie inférieur. Cependant l'ordre croissant des niveaux d'énergie des orbitales moléculaires est en réalité le suivant:

$$\sigma_{1s} < \sigma_{1s}^* < \sigma_{2s} < \sigma_{2s}^* < \pi_{2p_y} = \pi_{2p_z} < \sigma_{2p_x} < \pi_{2p_y}^* = \pi_{2p_z}^* < \sigma_{2p_x}^*$$

L'inversion de l'orbitale σ_{2p_x} et de π_{2p_y} est due à la complexité de l'interaction entre les orbitales 2s et 2p. Il s'avère que l'orbitale σ_{2px} est plus élevée en énergie que les orbitales π_{2p_y} et π_{2p_z} dans le cas des molécules plus légères B₂, C₂ et N₂, mais plus faible en énergie que les orbitales π_{2p_y} et π_{2p_z} pour O₂ et F₂.

Avec ces concepts et avec l'aide de la figure 8.27, laquelle nous indique l'ordre énergétique croissant des orbitales moléculaires, nous pouvons écrire les configurations électroniques et prédire les propriétés magnétiques ainsi que les ordres de liaison des molécules diatomiques homonucléaires des éléments de la deuxième période. En voici quelques exemples.

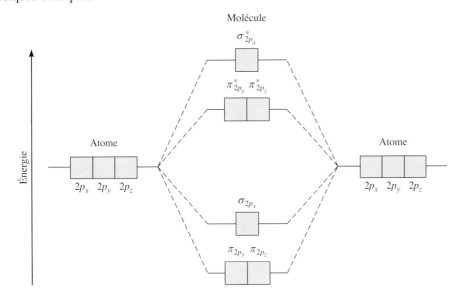

FIGURE 8.27 *Diagramme général des niveaux d'énergie des orbitales moléculaires pour les molécules diatomiques* Li_2, Be_2, B_2, C_2 *et* N_2. *Pour simplifier, les orbitales* σ_{1s} *et* σ_{2s} *ont été omises. Notez que dans ces molécules l'orbitale* σ_{2p_x} *est d'un niveau d'énergie plus élevé que celui des orbitales* π_{2p_y} *ou* π_{2p_z}. *Cela signifie que les électrons des orbitales* σ_{2p_x} *sont moins stables que ceux dans* π_{2p_y} *et* π_{2p_z}. *Pour* O_2 *et* F_2, *l'orbitale* σ_{2p_x} *est plus faible en énergie que* π_{2p_y} *et* π_{2p_z}.

La molécule de lithium (Li_2)

La configuration électronique du Li est $1s^2 2s^1$, donc Li_2 a un total de six électrons. Selon la figure 8.26 ces électrons sont placés (deux à la fois) dans les orbitales moléculaires σ_{1s}, σ_{1s}^*, et σ_{2s}. Les électrons de σ_{1s} et σ_{1s}^* n'ont pas d'effet sur la liaison dans Li_2. Ainsi la configuration électronique des orbitales moléculaires dans Li_2 est $(\sigma_{1s})^2(\sigma_{1s}^*)^2(\sigma_{2s})^2$. Puisqu'il y a deux électrons de plus dans les orbitales moléculaires liantes que dans les antiliantes, l'ordre de liaison est de 1 [*voir* l'équation (8.2)]. Nous pouvons conclure que Li_2 est une molécule stable et que vu qu'elle n'a pas d'électrons avec des spins non appariés elle devrait être diamagnétique. En fait, des molécules de Li_2 ont été détectées à l'état gazeux.

La molécule de carbone (C_2)

L'atome de carbone a la configuration électronique $1s^2 2s^2 2p^2$; il y a donc 12 électrons dans la molécule de C_2. À partir du schéma de liaison de Li_2, nous plaçons quatre électrons additionnels pour le carbone dans les orbitales π_{2py} et π_{2pz}. C_2 a donc la configuration

$$(\sigma_{2s})^2(\sigma_{1s}^*)^2(\sigma_{2s})^2(\sigma_{2s}^*)^2(\pi_{2p_y})^2(\pi_{2p_z})^2$$

Son ordre de liaison vaut 2, et la molécule devrait être diamagnétique. Dans ce cas-ci aussi, des molécules de C_2 diamagnétiques ont été détectées à l'état gazeux. Notez que les liaisons doubles dans C_2 sont toutes deux des liaisons pi à cause de la présence des quatre électrons dans les deux orbitales moléculaires pi. Dans la plupart des autres molécules, une liaison double est constituée d'une liaison sigma et d'une liaison pi.

La molécule d'oxygène (O_2)

Comme nous l'avons déjà dit, la théorie de la liaison de valence ne rend pas compte des propriétés magnétiques de l'oxygène. Pour montrer les deux électrons non appariés sur O_2, il nous faut une alternative à la structure de résonance décrite à la page 269.

$$\cdot \ddot{O}\!-\!\ddot{O} \cdot$$

Cette structure est déficiente pour deux raisons. Premièrement, elle implique la présence d'une seule liaison covalente alors que les mesures expérimentales montrent qu'il y a une liaison double dans cette molécule. Deuxièmement, elle a sept électrons de valence autour de chaque atome d'oxygène, ce qui contrevient à la règle de l'octet.

La configuration électronique de O dans son état fondamental est $1s^2 2s^2 2p^4$; il y a donc 16 électrons dans O_2. En respectant l'ordre croissant d'énergie des orbitales moléculaires déjà présenté, la configuration de O_2 dans son état fondamental s'écrit:

$$(\sigma_{1s})^2(\sigma_{1s}^*)^2(\sigma_{2s})^2(\sigma_{2s}^*)^2(\sigma_{2p_x})^2(\pi_{2p_y})^2(\pi_{2p_z})^2(\pi_{2p_y}^*)^2(\pi_{2p_z}^*)^2$$

Selon la règle de Hund, les deux derniers électrons vont dans les orbitales $\pi_{2p_y}^*$ et $\pi_{2p_z}^*$ avec des spins parallèles. En ne tenant pas compte des orbitales σ_{1s} et σ_{2s} (puisque leurs effets nets sur la liaison vaut zéro) calculons l'ordre de liaison de O_2 à l'aide de l'équation (8.2):

$$\text{ordre de liaison} = \frac{1}{2}(6-2) = 2$$

La molécule d'oxygène a donc un ordre de liaison de 2 et elle est paramagnétique, prédiction en accord avec les observations expérimentales.

Le tableau 8.5 résume les propriétés générales des molécules diatomiques stables de la deuxième période.

TABLEAU 8.5   LES PROPRIÉTÉS DES MOLÉCULES DIATOMIQUES HOMONUCLÉAIRES DES ÉLÉMENTS DE LA DEUXIÈME PÉRIODE

	Li_2	B_2	C_2	N_2	O_2	F_2	
$\sigma_{2p_x}^*$	☐	☐	☐	☐	☐	☐	$\sigma_{2p_x}^*$
$\pi_{2p_y}^*,\ \pi_{2p_z}^*$	☐ ☐	☐ ☐	☐ ☐	☐ ☐	↑ ↑	↑↓ ↑↓	$\pi_{2p_y}^*,\ \pi_{2p_z}^*$
σ_{2p_x}	☐	☐	☐	↑↓	↑↓ ↑↓	↑↓ ↑↓	$\pi_{2p_y},\ \pi_{2p_z}$
$\pi_{2p_y},\ \pi_{2p_z}$	☐ ☐	↑ ↑	↑↓ ↑↓	↑↓ ↑↓	↑↓	↑↓	σ_{2p_x}
σ_{2s}^*	☐	↑↓	↑↓	↑↓	↑↓	↑↓	σ_{2s}^*
σ_{2s}	↑↓	↑↓	↑↓	↑↓	↑↓	↑↓	σ_{2s}
Ordre de liaison	1	1	2	3	2	1	
Longueur de liaison (pm)	267	159	131	110	121	142	
Énergie de liaison (kJ/mol)	104,6	288,7	627,6	941,4	498,7	156,9	
Propriétés magnétiques	Diamagnétique	Paramagnétique	Diamagnétique	Diamagnétique	Paramagnétique	Diamagnétique	

* Pour simplifier, nous avons omis les orbitales σ_{1s} et σ_{1s}^*. Ces deux orbitales contiennent en tout quatre électrons. Rappelez-vous aussi que pour O_2 et F_2, l'énergie de σ_{2p_x} est inférieure à celle de π_{2p_y} et de π_{2p_z}.

EXEMPLE 8.6   Comment la théorie OM peut nous aider à prédire des propriétés moléculaires d'ions

L'ion N_2^+ peut s'obtenir par le bombardement de molécules de N_2 avec des électrons se déplaçant à hautes vitesses. Prédisez les propriétés suivantes de N_2^+ : a) sa configuration électronique b) son ordre de liaison c) son caractère magnétique d) sa longueur de liaison comparativement à celle de N_2 (plus courte ou plus longue ?).

Réponse : a) Parce que N_2^+ a un électron de moins que N_2, sa configuration électronique est

$$(\sigma_{1s})^2(\sigma_{1s}^*)^2(\sigma_{2s})^2(\sigma_{2s}^*)^2(\pi_{2p_y})^2(\pi_{2p_z})^2(\pi_{2p_x})^2$$

b) L'ordre de liaison de N_2^+ selon l'équation (8.2) est

$$\text{ordre de liaison} = \frac{1}{2}(9 - 4) = 2,5$$

c) N_2^+ a un électron non apparié, il est donc paramagnétique.

d) Parce que les électrons des orbitales moléculaires liantes font que les atomes se tiennent ensemble, N_2^+ devrait avoir une liaison plus faible de même qu'une longueur de liaison plus grande que dans le cas de N_2. (En fait, la longueur de liaison de N_2^+ vaut 112 pm alors que celle de N_2 vaut 110 pm.)

EXERCICE

Laquelle des espèces suivantes a la liaison la plus longue : F_2 ou F_2^- ?

Problèmes semblables :
8.55 et 8.56

8.8   LES ORBITALES MOLÉCULAIRES DÉLOCALISÉES

Jusqu'ici nous avons discuté la liaison chimique seulement par rapport aux paires d'électrons. Cependant, les propriétés moléculaires ne peuvent pas toujours être expliquées correctement à l'aide d'une seule structure. Un cas typique est celui de la molécule d'ozone, O_3, molécule déjà présentée à la section 7.6. Nous avions alors résolu le problème en introduisant le concept de la résonance. Nous allons maintenant aborder le problème d'une autre manière, en appliquant cette fois l'approche avec les orbitales moléculaires. Aussi, comme dans la section 7.6, nous choisirons les mêmes exemples, soit la molécule de benzène et l'ion bicarbonate. Notez qu'en discutant des liaisons dans les molécules et les ions polyatomiques, il convient de bien déterminer d'abord l'état d'hybridation des atomes présents (selon l'approche de la théorie LV) pour ensuite procéder à la formation des orbitales moléculaires appropriées.

La molécule de benzène

Le benzène est une molécule hexagonale plane dont les atomes de carbone sont situés aux six sommets de l'hexagone. Toutes les liaisons carbone-carbone sont égales en longueur et en force, et il en est de même pour toutes les liaisons carbone-hydrogène ; les angles des liaisons CCC et HCC valent tous 120°. Chaque atome de carbone est donc hybridé sp^2 ; chacun forme trois liaisons sigma avec deux atomes de carbone adjacents et un atome d'hydrogène (*figure 8.28*). Cet arrangement laisse une orbitale $2p_z$ non hybridée sur chaque atome de carbone, perpendiculaire au plan de la molécule de benzène ou comme on l'appelle souvent l'*anneau de benzène*. Cette description ressemble beaucoup à celle de la configuration de l'éthylène, C_2H_4, déjà présentée à la section 8.5 sauf que, dans ce cas-ci, six orbitales $2p_z$ forment un arrangement cyclique.

À cause de leur forme et de leur orientation similaire, chaque orbitale $2p_z$ en recouvre deux autres, une sur chacun des atomes de carbone adjacents. Selon les règles énoncées à la page 272, l'interaction des six orbitales $2p_z$ mène à la formation de six orbitales moléculaires pi, certaines étant liantes et d'autre antiliantes. Une molécule de

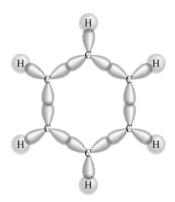

Figure 8.28 *Schéma des liaisons sigma dans la molécule de benzène. Chaque atome de carbone est hybridé* sp^2 *et forme des liaisons sigma avec deux atomes de carbone adjacents et une autre liaison sigma avec un atome d'hydrogène.*

Figure 8.29 *a) Les six orbitales* 2p$_z$ *sur les atomes de carbone du benzène. b) L'orbitale moléculaire délocalisée formée par le recouvrement des orbitales* 2p$_z$. *L'orbitale moléculaire délocalisée a une symétrie pi et se situe au-dessus et au-dessous du plan de l'anneau de benzène. Ces orbitales* 2p$_z$ *peuvent se combiner de six manières différentes pour donner trois orbitales moléculaires liantes et trois orbitales moléculaires antiliantes. Celles qui sont montrées ici sont les plus stables.*

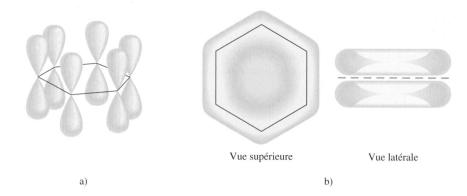

Vue supérieure   Vue latérale

a)   b)

benzène dans son état fondamental a six électrons dans trois orbitales moléculaires liantes pi, chaque orbitale ayant deux électrons de spins appariés (*figure 8.29*).

Contrairement aux orbitales moléculaires pi liantes dans l'éthylène, celles dans le benzène forment des **orbitales moléculaires délocalisées**. Celles-ci *ne sont pas confinées entre deux atomes adjacents liés, mais elles s'étendent plutôt sur trois atomes et plus*. Par conséquent, les électrons occupant l'une ou l'autre de ces orbitales sont libres de se déplacer autour de l'atome de benzène. C'est pour cette raison que la structure du benzène est souvent représentée ainsi :

Dans cette représentation, le cercle indique que les liaisons pi entre les atomes de carbone ne sont pas confinées entre les paires d'atomes individuels. À la place, les densités électroniques des électrons pi sont également distribuées dans toute la molécule de benzène. Les atomes de carbone et d'hydrogène ne sont pas montrés dans le schéma simplifié présenté ici.

Nous pouvons donc dire maintenant que chaque lien carbone-carbone dans le benzène est constitué d'une liaison sigma et d'une liaison « partielle » pi. L'ordre de liaison entre deux atomes de carbone adjacents est donc entre 1 et 2. La théorie des orbitales moléculaires offre donc un autre choix que le recours à l'approche avec la résonance, qui est basée sur la théorie de la liaison de valence. (Les structures de résonance du benzène sont montrées à la page 222.)

L'ion carbonate

Les composés cycliques comme le benzène ne sont pas les seuls à avoir des orbitales moléculaires délocalisées. Jetons un coup d'œil aux liaisons dans l'ion CO_3^{2-}. La théorie RPEV prédit une forme trigonale plane pour l'ion carbonate, comme pour le BF_3. La structure planaire de l'ion carbonate peut être expliquée en supposant que l'atome de carbone est hybridé sp^2. L'atome de carbone forme des liaisons sigma avec trois atomes O. Ainsi, les orbitales $2p_z$ de l'atome C peuvent recouvrir simultanément les orbitales $2p_z$ des trois atomes d'oxygène (*figure 8.30*). Il en résulte une orbitale moléculaire délocalisée qui s'étend tout autour des quatre noyaux de manière à ce que les densités électroniques (et de là les ordres de liaison) dans les liaisons carbone-oxygène soient toutes identiques. La théorie des orbitales moléculaires fournit donc une autre explication des propriétés de l'ion carbonate comparativement aux structures de résonance de l'ion montrées à la page 222.

Remarquons que les molécules ayant des orbitales moléculaires délocalisées sont généralement plus stables que celles ayant des orbitales moléculaires localisées seulement entre deux atomes. Par exemple, la molécule de benzène, qui contient des orbitales moléculaires délocalisées, est chimiquement moins réactive (donc plus stable) que les molécules contenant des liaisons C=C « localisées », comme l'éthylène.

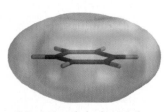

Répartition de la densité électronique (le rouge indique une forte densité) au-dessus et au-dessous du plan d'une molécule de benzène. Pour simplifier, seulement le squelette de la molécule est illustré.

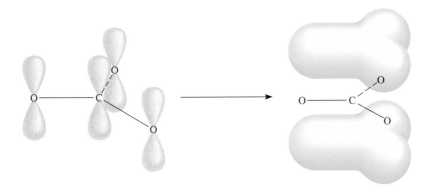

Figure 8.30 *Les liaisons dans l'ion carbonate. L'atome de carbone forme trois liaisons sigma avec les trois atomes d'oxygène. De plus, les orbitales 2p$_z$ des atomes de carbone et d'oxygène se recouvrent pour former des orbitales moléculaires délocalisées, ce qui correspond à une liaison pi partielle entre l'atome de carbone et chacun des trois atomes d'oxygène.*

Résumé

1. Le modèle RPEV utilisé pour prédire la forme des molécules est fondé sur l'hypothèse que les doublets d'électrons de valence se repoussent mutuellement de manière à être le plus loin possible les uns des autres.

2. D'après le modèle RPEV, on peut prédire la géométrie moléculaire à partir du nombre de doublets d'électrons liants et du nombre de doublets libres. Les doublets libres se repoussent entre eux plus fortement que ne le font les doublets liants, ce qui a pour effet de modifier la valeur prévue des angles des liaisons.

3. Le moment dipolaire est une mesure de la séparation des charges dans une molécule qui contient des atomes ayant des électronégativités différentes. Le moment dipolaire d'une molécule est la somme algébrique de ses moments de liaison ; il peut fournir des renseignements sur la forme de la molécule.

4. Dans le modèle de la liaison de valence, LV, les orbitales atomiques hybrides sont formées par la combinaison et le réarrangement d'orbitales contenues dans un même atome. Les orbitales hybrides ont toutes une énergie et une densité électronique égales ; le nombre d'orbitales hybrides est égal au nombre d'orbitales atomiques pures qui se combinent.

5. La couche de valence étendue (octet étendu) peut s'expliquer grâce à l'hybridation des orbitales *s*, *p* et *d*.

6. Dans l'hybridation *sp*, les deux orbitales hybrides se situent sur un même axe. Dans l'hybridation *sp*^{2}, les trois orbitales hybrides se dirigent vers les trois sommets d'un triangle. Dans l'hybridation *sp*^{3}, les quatre orbitales hybrides sont orientées vers les sommets d'un tétraèdre. Dans l'hybridation *sp*^{3}*d*, les cinq orbitales hybrides sont orientées vers les sommets d'une bipyramide trigonale. Dans l'hybridation *sp*^{3}*d*^{2}, les six orbitales hybrides sont orientées vers les sommets d'un octaèdre.

7. Dans un atome ayant subi une hybridation *sp*^{2} (par exemple un atome de carbone), l'orbitale *p* non hybridée peut former une liaison pi avec une autre orbitale *p*. Une liaison double carbone-carbone est constituée d'une liaison sigma et d'une liaison pi. Dans un atome de carbone ayant subi une hybridation *sp*, les deux orbitales *p* non hybridées peuvent former deux liaisons pi avec deux orbitales *p* d'un autre atome (ou de deux autres atomes). Une liaison triple carbone-carbone est constituée d'une liaison sigma et de deux liaisons pi.

8. La théorie des orbitales moléculaires décrit la liaison en ce qui concerne la combinaison et le réarrangement d'orbitales atomiques pour former des orbitales associées à une molécule entière.

9. Les orbitales moléculaires liantes font augmenter la densité électronique entre les noyaux, et elles ont des niveaux d'énergie inférieurs aux niveaux d'énergie des orbitales atomiques additionnées une à la fois.

10. Les configurations électroniques des orbitales moléculaires s'écrivent de manière semblable aux configurations électroniques des orbitales atomiques, c'est-à-dire en remplissant progressivement d'électrons les orbitales par ordre croissant de niveau d'énergie. Le nombre d'orbitales moléculaires est toujours égal au nombre d'orbitales atomiques qui ont été combinées. Le principe d'exclusion de Pauli et la règle de Hund s'appliquent dans le remplissage des orbitales moléculaires.

11. Une molécule est stable si le nombre d'électrons qui occupent ses orbitales moléculaires liantes est supérieur au nombre d'électrons qui occupent ses orbitales moléculaires antiliantes. Le calcul de l'ordre de liaison donne un indice de la force d'une liaison.

12. Les orbitales moléculaires délocalisées, dans lesquelles les électrons sont libres de se déplacer tout autour d'une molécule ou autour d'un groupe d'atomes, sont formées par les électrons d'orbitales p d'atomes adjacents. Les orbitales moléculaires délocalisées offrent une solution de remplacement aux structures de résonance pour expliquer les propriétés moléculaires observées.

Équations clés

• $\mu = Q \times r$ Relation décrivant le moment dipolaire à partir de la charge(Q)
et de la distance (r) qui sépare les charges.   (8.1)

• Ordre de liaison = $\frac{1}{2}$ (nombre d'électrons dans les OM liantes − nombre d'électrons dans les OM antiliantes)   (8.2)

Mots clés

Couche de valence, p. 240
Couche de valence étendue,
    p. 264
Hybridation, p. 257
Liaison pi (liaison π), p. 265
Liaison sigma (liaison σ), p. 265
Modèle de la répulsion des paires
    d'électrons de valence
    (RPEV), p. 240

Molécule diatomique
    homonucléaire, p. 274
Molécule non polaire, p. 250
Molécule polaire, p. 249
Moment dipolaire (μ), p. 250
Orbitales hybrides, p. 257
Orbitale moléculaire, p. 269
Orbitale moléculaire antiliante,
    p. 269

Orbitale moléculaire liante,
    p. 269
Orbitale moléculaire π, p. 271
Orbitale moléculaire σ, p. 270
Orbitales moléculaires
    délocalisées, p. 278
Ordre de liaison, p. 272

Questions et problèmes

LES FORMES GÉOMÉTRIQUES SIMPLES
Questions de révision

8.1   Que signifie l'expression «géométrie moléculaire»? Pourquoi l'étude de la géométrie moléculaire est-elle importante?

8.2   Dessinez la forme d'une molécule triatomique linéaire, d'une molécule trigonale plane qui contient quatre atomes, d'une molécule tétraédrique, d'une molécule trigonale bipyramidale et d'une molécule octaédrique. Donnez la valeur des angles de liaison dans chacun des cas.

8.3   Combien d'atomes sont directement liés à l'atome central dans une molécule tétraédrique, dans une molécule trigonale bipyramidale et dans une molécule octaédrique?

LE MODÈLE RPEV
Questions de révision

8.4   Énoncez les principales caractéristiques du modèle RPEV. Dites pourquoi la répulsion décroît dans l'ordre suivant: doublet libre-doublet libre > doublet libre-doublet liant > doublet liant-doublet liant.

8.5   Dans l'arrangement de la forme trigonale bipyramidale, pourquoi un doublet libre occupe-t-il une position équatoriale plutôt qu'axiale?

8.6   On pourrait penser que CH_4 est une molécule de forme plane carrée, les quatre atomes occupant les quatre coins du carré, et l'atome C, le centre. Dessinez cette forme et comparez sa stabilité avec celle de la molécule CH_4 de forme tétraédrique.

Problèmes

8.7 À l'aide du modèle RPEV, prédisez la géométrie des molécules suivantes : a) PCl_3, b) $CHCl_3$, c) SiH_4, d) $TeCl_4$.

8.8 Quelle est la forme des espèces suivantes? a) $AlCl_3$, b) $ZnCl_2$, c) $ZnCl_4^{2-}$.

8.9 À l'aide du modèle RPEV, prédisez la forme des espèces suivantes : a) $HgBr_2$, b) N_2O (l'arrangement des atomes est NNO), c) SCN^- (l'arrangement des atomes est SCN).

8.10 Quelle est la forme des ions suivants? a) NH_4^+, b) NH_2^-, c) CO_3^{2-}, d) ICl_2^-, e) ICl_4^-, f) AlH_4^-, g) $SnCl_5^-$, h) H_3O^+, i) BeF_4^{2-}.

8.11 Décrivez la géométrie de chacun des trois atomes centraux dans la molécule CH_3COOH.

8.12 Lesquelles des espèces suivantes sont tétraédriques? $SiCl_4$, SeF_4, XeF_4, CI_4, $CdCl_4^{2-}$.

LES MOMENTS DIPOLAIRES ET LA GÉOMÉTRIE MOLÉCULAIRE
Questions de révision

8.13 Définissez l'expression « moment dipolaire ». Quels en sont les unités et le symbole?

8.14 Quelle est la relation entre moment dipolaire et moment de liaison? Comment une molécule peut-elle avoir des moments de liaison tout en étant non polaire?

8.15 Dites pourquoi un atome ne peut avoir de moment dipolaire permanent.

8.16 Les liaisons dans la molécule d'hydrure de béryllium (BeH_2) sont polaires, mais le moment dipolaire de la molécule est de zéro. Expliquez.

Problèmes

8.17 Classez les molécules suivantes par ordre croissant de leur moment dipolaire : H_2O, H_2S, H_2Te, H_2Se (*tableau 8.3*).

8.18 Le moment dipolaire des halogénures d'hydrogène décroît de HF à HI (*tableau 8.3*). Expliquez cette tendance.

8.19 Classez les molécules suivantes par ordre croissant de leur moment dipolaire : H_2O, CBr_4, H_2S, HF, NH_3, CO_2.

8.20 Le moment dipolaire de OCS est-il supérieur ou inférieur à celui de CS_2?

8.21 Laquelle de ces deux molécules a le moment dipolaire le plus élevé?

a)   b)

8.22 Classez les composés suivants par ordre croissant de leur moment dipolaire :

a)   b)   c)   d)

LA THÉORIE DE LA LIAISON DE VALENCE

8.23 Qu'est-ce que le modèle de la liaison de valence? Comment diffère-t-il du modèle de Lewis de la liaison chimique?

8.24 À l'aide du modèle de la liaison de valence, expliquez les liaisons dans Cl_2 et HCl. Indiquez les recouvrements des orbitales atomiques dans ces liaisons.

8.25 Tracez une courbe d'énergie potentielle relative à la formation de la liaison de HCl.

L'HYBRIDATION
Questions de révision

8.26 Qu'est-ce que l'hybridation des orbitales atomiques? Pourquoi est-il impossible à un atome isolé d'avoir des orbitales hybrides?

8.27 En quoi une orbitale hybride diffère-t-elle d'une orbitale atomique pure? Est-ce que deux orbitales $2p$ d'un même atome peuvent se combiner entre elles pour donner deux orbitales hybrides?

8.28 Quel est l'angle formé par les deux orbitales hybrides suivantes dans un même atome? a) Les orbitales hybrides sp et sp. b) Les orbitales hybrides sp^2 et sp^2. c) Les orbitales hybrides sp^3 et sp^3.

8.29 Quelle est la différence entre une liaison sigma et une liaison pi?

8.30 Lesquelles des paires d'orbitales atomiques suivantes, chacune des orbitales appartenant à des atomes adjacents, peuvent se recouvrir pour former une liaison sigma? Lesquelles peuvent former une liaison pi? Lesquelles ne peuvent pas se recouvrir (aucune liaison)? Considérez l'axe des x comme l'axe internucléaire (ligne qui joint les noyaux des deux atomes). a) $1s$ et $1s$; b) $1s$ et $2p_x$; c) $2p_x$ et $2p_y$; d) $3p_y$ et $3p_y$; e) $2p_x$ et $2p_x$; f) $1s$ et $2s$.

Problèmes

8.31 Décrivez les liaisons dans la molécule AsH_3 à l'aide de l'hybridation.

8.32 Quel est l'état d'hybridation de Si dans SiH_4 et dans H_3Si—SiH_3?

8.33 Décrivez le changement de l'état d'hybridation (s'il y a lieu) de l'atome Al dans la réaction suivante:

$$AlCl_3 + Cl^- \longrightarrow AlCl_4^-$$

8.34 Soit la réaction

$$BF_3 + NH_3 \longrightarrow F_3B—NH_3$$

Décrivez les changements d'états d'hybridation (s'il y a lieu) des atomes B et N dans cette réaction.

8.35 Quelles orbitales hybrides sont utilisées par les atomes d'azote dans les espèces suivantes? a) NH_3, b) H_2N—NH_2, c) NO_3^-.

8.36 Quelles sont les orbitales hybrides des atomes de carbone dans les molécules suivantes?

a) H_3C—CH_3

b) H_3C—$CH=CH_2$

c) CH_3—CH_2—OH

d) $CH_3CH{=}0$

e) CH_3COOH

8.37 Quelles sont les orbitales hybrides des atomes de carbone dans les espèces suivantes? a) CO, b) CO_2, c) CN^-.

8.38 Quelle est l'état d'hybridation de l'atome central dans l'ion triazoture (azide), N_3^-? (L'arrangement des atomes est NNN.)

8.39 La molécule d'allène $H_2C=C=CH_2$ est linéaire (les trois atomes C sont dans le même axe). Quels sont les états d'hybridation des atomes de carbone? Faites un diagramme qui montre la formation des liaisons sigma et des liaisons pi dans la molécule d'allène.

8.40 Décrivez l'hybridation du phosphore dans PF_5.

8.41 Quel est le nombre total de liaisons sigma et de liaisons pi dans chacune des molécules suivantes?

8.42 Combien y a-t-il de liaisons sigma et de liaisons pi dans la molécule de tétracyanoéthylène?

LA THÉORIE DES ORBITALES MOLÉCULAIRES
Questions de révision

8.43 Qu'est-ce que la théorie des orbitales moléculaires? Comment diffère-t-elle de la théorie de la liaison de valence?

8.44 Définissez les termes suivants: orbitale moléculaire liante, orbitale moléculaire antiliante, orbitale moléculaire pi, orbitale moléculaire sigma.

8.45 Dessinez la forme des orbitales moléculaires suivantes: σ_{1s}, σ_{1s}^*, π_{2p} et π_{2p}^*. Comment leurs énergies se comparent-elles?

8.46 Expliquez ce que signifie l'ordre de liaison. Est-ce que l'ordre de liaison peut être utilisé pour des comparaisons quantitatives des forces des liaisons?

Problèmes

8.47 Expliquez, par rapport aux orbitales moléculaires, les changements de distances internucléaires H—H qui se produisent lorsque H_2 moléculaire est d'abord ionisée en H_2^+ et ensuite en H_2^{2+}.

8.48 La formation de H_2 à partir de deux atomes H est un processus énergétiquement favorable mais, statistiquement parlant, il y a moins de 100% de chance que deux atomes H entrent en réaction. À part des considérations d'ordre énergétique, comment pouvez-vous expliquer ce fait en vous basant sur les spins des électrons de ces deux atomes H?

8.49 Dessinez un diagramme des niveaux d'énergie pour chacune des espèces suivantes: He_2, HHe, He_2^+. Comparez leur stabilité relative en ce qui concerne l'ordre de liaison. (Considérez le cas de HHe comme celui d'une molécule diatomique avec trois électrons.)

8.50 Classez les espèces suivantes par ordre de stabilité croissante: Li_2, Li_2^+, Li_2^-. Justifiez votre choix en traçant un diagramme des niveaux d'énergie des orbitales moléculaires.

8.51 Expliquez, à l'aide de la théorie des orbitales moléculaires, pourquoi la molécule Be_2 ne peut pas exister.

8.52 Laquelle des espèces suivantes a une liaison plus longue: B_2 ou B_2^+? Expliquez votre réponse à l'aide de la théorie des orbitales moléculaires.

8.53 L'acétylène, C_2H_2, a une tendance à perdre deux protons H^+ et à former l'ion carbure C_2^{2-}, qui existe dans des composés ioniques, tels que CaC_2 et MgC_2. Décrivez le schéma de liaison dans l'ion C_2^{2-} relativement à la théorie des orbitales moléculaires. Comparez l'ordre de liaison dans C_2^{2-} avec celui dans C_2.

8.54 Comparez ces deux manières de décrire la molécule d'oxygène: selon Lewis et selon la théorie des orbitales moléculaires.

8.55 Expliquez pourquoi l'ordre de liaison de N_2 est supérieur à celui de N_2^+, alors que l'ordre de liaison de O_2 est inférieur à celui de O_2^+.

8.56 Comparez les stabilités relatives des espèces suivantes et mentionnez leurs propriétés magnétiques (elles sont soit diamagnétiques, soit paramagnétiques) : O_2, O_2^+, O_2^- (l'ion superoxyde), O_2^{2-} (l'ion peroxyde).

8.57 Utilisez la théorie des orbitales moléculaires pour comparer les stabilités relatives de F_2 et de F_2^+.

8.58 Une liaison simple équivaut presque toujours à une liaison sigma, et une liaison double, à une liaison sigma et une liaison pi. Il y a très peu d'exceptions à cette règle. Prouvez que les molécules B_2 et C_2 sont deux exemples de ces exceptions.

LES ORBITALES MOLÉCULAIRES DÉLOCALISÉES
Questions de révision

8.59 Comment une orbitale moléculaire délocalisée diffère-t-elle d'une orbitale moléculaire comme celles qui sont trouvées dans H_2 ou C_2H_2? Quelles sont les conditions minimales (par exemple le nombre d'atomes et le type d'orbitales) permettant de former une orbitale moléculaire délocalisée?

8.60 Au chapitre 8, nous avons vu que le concept de résonance est utile pour décrire certaines molécules et certains ions comme le benzène et l'ion carbonate. Comment la théorie des orbitales moléculaires permet-elle de décrire ces substances?

Problèmes

8.61 L'éthylène, C_2H_4, et le benzène, C_2H_6, ont toutes deux des liaisons doubles $C=C$. La réactivité de l'éthylène est plus grande que celle du benzène. Par exemple, l'éthylène réagit facilement avec le brome moléculaire, alors que le benzène est presque inerte avec le brome et plusieurs autres réactifs. Expliquez cette différence de réactivité.

8.62 Expliquez pourquoi la représentation de gauche est meilleure que celle de droite pour décrire une molécule de benzène.

8.63 Laquelle de ces molécules a une orbitale davantage délocalisée? Justifiez votre choix.

(*Indice* : les deux molécules contiennent chacune deux anneaux de benzène. Dans la naphtalène, à droite, les deux anneaux sont fusionnés ensemble. Dans le biphényl, à gauche, les deux anneaux sont joints par une seule liaison, ce qui permet aux deux anneaux de pouvoir tourner librement l'un par rapport à l'autre.)

8.64 Le fluorure de nitryl, FNO_2, est une molécule très réactive. Les atomes de fluor et d'oxygène sont liés à l'atome d'azote. a) Écrivez une structure de Lewis pour FNO_2. b) Quel est le type d'hybridation pour l'atome d'azote? c) Décrivez les liaisons relativement à la théorie des orbitales moléculaires. Où vous attendez-vous à trouver des orbitales moléculaires délocalisées?

8.65 Décrivez les liaisons dans l'ion nitrate, NO_3^-, relativement aux orbitales délocalisées.

8.66 Quel est l'état d'hybridation de l'atome central O dans O_3? Décrivez les liaisons dans O_3 relativement aux orbitales moléculaires délocalisées.

Problèmes variés

8.67 Laquelle des espèces suivantes n'est pas susceptible d'avoir une forme tétraédrique? a) $SiBr_4$, b) NF_4^+, c) SF_4, d) $BeCl_4^{2-}$ e) BF_4^-, f) $AlCl_4^-$.

8.68 Écrivez la structure de Lewis du bromure de mercure(II). Cette molécule est-elle linéaire ou «pliée»? Comment serait-il possible de confirmer sa forme expérimentalement?

8.69 Tracez les moments des liaisons et les moments dipolaires résultants des molécules suivantes: H_2O, PCl_3, XeF_4, PCl_5.

8.70 Bien que le silicium soit, comme le carbone, dans le groupe 4A, on connaît très peu de liaisons $Si=Si$. Expliquez l'instabilité de la liaison double silicium-silicium en général. (*Indice* : comparez, à l'aide de la figure 6.4, les rayons atomiques de C et de Si. Quel est l'effet de la taille sur la formation des liaisons pi?)

8.71 Prédisez la forme du dichlorure de soufre (SCl_2) et l'hybridation de l'atome de soufre dans ce composé.

8.72 Le pentafluorure d'antimoine, SbF_5, réagit avec XeF_4 et XeF_6 pour former les composés ioniques $XeF_3^+SbF_6^-$ et $XeF_5^+SbF_6^-$. Décrivez la forme des cations et de l'anion dans ces deux composés.

8.73 Écrivez les structures de Lewis des molécules suivantes et donnez les renseignements demandés : a) BF_3. Forme plane ou non? b) ClO_3^-. Forme plane ou non? c) H_2O. Indiquez la direction du moment dipolaire résultant. d) OF_2. Molécule polaire ou non? e) NO_2. Estimez l'angle ONO.

8.74 Prédisez les angles des liaisons dans les molécules suivantes : a) $BeCl_2$, b) BCl_3, c) CCl_4, d) CH_3Cl, e) Hg_2Cl_2 (l'arrangement des atomes est ClHgHgCl), f) $SnCl_2$, g) SCl_2, h) H_2O_2, i) SnH_4.

8.75 Indiquez les liens entre modèle RPEV et hybridation dans l'étude de la géométrie moléculaire.

8.76 Décrivez l'état d'hybridation de l'arsenic dans le pentafluorure d'arsenic (AsF_5).

8.77 Écrivez les structures de Lewis des espèces suivantes et donnez les renseignements demandés: a) SO_3. Molécule polaire ou non? b) PF_3. Molécule polaire ou non? c) F_3SiH. Indiquez la direction du moment dipolaire résultant. d) SiH_3^-. Forme plane ou pyramidale? e) Br_2CH_2. Molécule polaire ou non?

8.78 Lesquelles des espèces suivantes sont linéaires? ICl_2^-, IF_2^+, OF_2, SnI_2, $CdBr_2$.

8.79 Écrivez la structure de Lewis de l'ion $BeCl_4^{2-}$. Prédisez sa forme et décrivez l'état d'hybridation de l'atome Be.

8.80 La molécule de formule N_2F_2 existe sous les deux formes suivantes:

a) Quelle est l'hybridation de N dans la molécule?

b) Laquelle des deux formes a un moment dipolaire?

8.81 Le cyclopropane (C_3H_6) a une forme triangulaire, dans laquelle, à chaque angle, un atome C est lié à deux atomes H et à deux autres atomes C. Le cubane (C_8H_8) a une forme cubique, dans laquelle, à chaque coin, un atome C est lié à un atome H et à trois autres atomes C. a) Dessinez les structures de ces molécules. b) Comparez les angles CCC dans ces molécules à ceux qui sont prédits pour un atome C ayant subi une hybridation sp^3. c) D'après vous, ces molécules sont-elles faciles à préparer en laboratoire?

8.82 Le composé dichloro-1,2 éthane ($C_2H_4Cl_2$) est non polaire, alors que le cis-dichloroéthylène ($C_2H_2Cl_2$) a un moment dipolaire:

Dichloro-1,2 éthane   Cis-dichloroéthylène

Cette différence s'explique par le fait qu'il y a libre rotation des groupes liés par une liaison simple autour de l'axe de cette liaison, contrairement aux groupes liés par une liaison double. En utilisant ce que vous savez sur les liaisons, dites pourquoi il y a libre rotation dans la molécule de dichloro-1,2 éthane, alors qu'il n'y en a pas dans le cis-dichloro-éthylène.

8.83 La molécule suivante a-t-elle un moment dipolaire?

(*Indice*: *voir* la réponse au problème 8.39.)

8.84 L'angle de liaison dans SO_2 est très près de 120° (*voir* page 244), même si S possède un doublet libre. Expliquez.

8.85 L'azidothymidine, connue sous l'abréviation AZT, est un médicament utilisé dans le traitement du syndrome d'immuno-déficience acquise (SIDA). Quels sont les états d'hybridation des atomes C et N dans cette molécule?

8.86 Les gaz qui contribuent au réchauffement de la planète (gaz à effet de serre) ont un moment dipolaire ou peuvent en produire un en se déformant sous l'effet de la lumière. Lesquels des gaz suivants entrent dans cette catégorie? N_2, O_2, O_3, CO, CO_2, NO_2, $CFCl_3$.

8.87 Toutes les formes moléculaires abordées dans ce chapitre sont telles que l'on peut assez facilement déduire la valeur des angles de leurs liaisons. Le tétraèdre, dont les angles sont difficiles à visualiser, est la seule exception. Prenons la molécule CCl_4, qui est tétraédrique et non polaire. En comparant le moment d'une liaison C—Cl donnée à la résultante des moments de liaison des trois autres liaisons C—Cl orientées dans des directions différentes, démontrez que tous les angles des liaisons sont de 109,5°.

8.88 Écrivez la configuration électronique à l'état fondamental de B_2. S'agit-il d'une molécule diamagnétique ou paramagnétique?

8.89 Utilisez la théorie des orbitales moléculaires pour expliquer la différence entre les énergies des liaisons de F_2 et de F_2^- (*voir* le problème 7.85).

8.90 En vous référant au tableau 7.2, expliquez pourquoi l'énergie de liaison pour Cl_2 est plus grande que celle pour F_2. (*Note*: les longueurs des liaisons pour F_2 et Cl_2 sont respectivement de 142 pm et de 199 pm.)

8.91 Utilisez la théorie des orbitales moléculaires pour expliquer les liaisons dans l'ion azure, N_3^-. (L'arrangement des atomes est NNN.)

8.92 Le pourcentage de caractère ionique d'une liaison dans une molécule diatomique peut s'évaluer par la relation suivante:

$$\frac{\mu}{ed} \times 100\%$$

où μ est la valeur expérimentale du moment dipolaire (en C•m), e la charge de l'électron et d la longueur de la liaison (en mètres). (La quantité ed est le moment dipolaire hypothétique qui serait obtenu dans le cas du transfert complet d'un électron à partir d'un atome moins électronégatif vers un atome plus électronégatif.) Sachant que le moment dipolaire et la longueur de liaison pour HF sont respectivement de 1,92 D et de 91,7 pm, calculez le pourcentage de caractère ionique dans cette molécule.

8.93 Une seule des deux molécules suivantes (contenant seulement des atomes C et H) existe. Laquelle? Pourquoi?

Les atomes C occupent les sommets, et les atomes H ne sont pas montrés.

Problème spécial

8.94 La progestérone est une hormone femelle responsable des caractères sexuels féminins. On écrit habituellement la structure d'une telle molécule de la manière abrégée suivante: il y a un atome C à chaque endroit où des traits de lignes se rencontrent, et la plupart des atomes H ne sont pas indiqués. Dessinez la structure complète de cette molécule en montrant tous les atomes C et H. Indiquez pour chacun des atomes C son état d'hybridation.

Réponses aux exercices: 8.1 a) Tétraédrique, b) Linéaire, c) Trigonale plane; **8.2** Oui; **8.3** a) sp^3, b) sp^2; **8.4** sp^3d^2; **8.5** L'atome C est hybridé sp; il forme une liaison sigma avec l'atome H et une autre liaison sigma avec l'atome N; les deux orbitales p non hybridées de l'atome C forment deux liaisons pi avec l'atome N; le doublet libre de l'atome N occupe une orbitale sp; **8.6** F_2^-.

CHAPITRE 9

Les forces intermoléculaires, les liquides et les solides

Les points essentiels

Les forces intermoléculaires
Les forces intermoléculaires, ces mêmes forces qui sont responsables du comportement non idéal des gaz, sont aussi responsables de l'existence des états condensés de la matière, c'est-à-dire les liquides et les solides. Ces forces existent entre les molécules polaires, entre les ions et les molécules polaires et entre les molécules non polaires. Un type spécial de force intermoléculaire, appelé liaison hydrogène, décrit l'interaction entre l'atome d'hydrogène dans une liaison polaire et un atome électronégatif tel que O, N ou F. Le point de fusion et le point d'ébullition d'une substance sont des mesures révélatrices de la grandeur des forces intermoléculaires.

L'état liquide
Les liquides ont tendance à prendre la forme de leur contenant. La tension de surface d'un liquide est l'énergie requise pour accroître sa surface. Elle se manifeste dans l'action capillaire, responsable de la montée ou de la descente d'un liquide dans un tube étroit. La viscosité, une autre caractéristique des liquides, est une mesure de la résistance d'un liquide à l'écoulement. Elle diminue toujours avec une augmentation de la température. La structure de l'eau est unique en ce sens que dans son état solide (glace), elle est moins dense que dans son état liquide. Ce comportement est dû au fait que chaque molécule d'eau a la possibilité de faire quatre liaisons hydrogène avec ses voisines.

Les structures cristallines
Un solide cristallin possède un ordre rigide sur une grande étendue. En empilant des sphères identiques de différentes manières il est possible de créer plusieurs types de structures cristallines.

Les liaisons dans les solides cristallins
Dans un solide, les atomes, les molécules ou les ions sont retenus ensemble par différents types de liaisons. Les liaisons ioniques et les forces électrostatiques se retrouvent dans les solides ioniques, les forces intermoléculaires, dans les solides moléculaires et les liaisons covalentes, dans les solides covalents. Un type spécial d'interaction, qui met en cause des électrons délocalisés dans tout le cristal, permet d'expliquer l'existence des métaux ainsi que leurs propriétés voulant qu'ils soient de bons conducteurs de chaleur et d'électricité.

Les changements de phase
Les états de la matière sont interconvertibles par chauffage ou refroidissement. Deux phases sont en équilibre lorsqu'elles sont à une température de transition, comme c'est le cas à l'ébullition ou à la congélation. Les solides peuvent aussi être convertis directement en vapeur par sublimation. Au-dessus d'une certaine température, appelée température critique, la phase gazeuse d'une substance ne peut pas passer à l'état liquide.

Les diagrammes de phase
Les relations entre la température, la pression et les différentes phases solide, liquide et vapeur se décrivent bien à l'aide d'un diagramme de phases. Celui-ci montre les conditions dans lesquelles une substance peut exister dans une, deux ou trois phases.

Bien que le cuivre et l'aluminium soient de bons conducteurs d'électricité, ils possèdent quand même une certaine résistance. En fait, lorsqu'on utilise ces métaux comme câbles de lignes de transmission d'électricité, on peut observer une perte, sous forme de chaleur, de 20 % de l'électricité transportée. Ne serait-il pas merveilleux de pouvoir fabriquer des câbles qui ne posséderaient aucune résistance électrique ?

On sait depuis de nombreuses années que certains métaux et alliages perdent totalement leur résistance quand ils sont à des températures très basses (autour du point d'ébullition de l'hélium liquide, soit 4 K). Cependant, l'utilisation de ces substances, appelées supraconducteurs, pour transporter l'électricité n'est pas commode à cause des coûts de leur maintien à une température aussi basse.

En 1986, en Suisse, deux physiciens ont découvert une nouvelle classe de substances qui sont des supraconducteurs à des températures avoisinant les 30 K. Bien que cette température reste très basse, le progrès accompli en passant de 4 K à 30 K est si important que leurs travaux ont suscité un immense intérêt et déclenché de nombreuses recherches. En quelques mois, les scientifiques ont synthétisé des composés contenant du cuivre, du baryum et une terre rare. Ces composés se sont révélés des supraconducteurs autour de 95 K, ce qui est très au-dessus du point d'ébullition de l'azote liquide (77 K). La figure montre la structure cristalline de l'un de ces composés, un oxyde mixte d'yttrium, de baryum et de cuivre ayant comme formule $YBa_2Cu_3O_x$ (où $x = 6$ ou 7). L'autre figure montre un aimant qui flotte par lévitation au-dessus d'un tel supraconducteur, lequel est immergé dans de l'azote liquide.

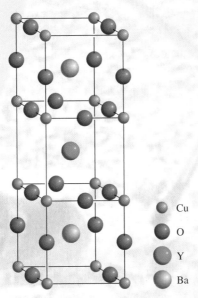

Cu
O
Y
Ba

Modèle de la structure cristalline du $YBa_2Cu_3O_7$

Un train expérimental à lévitation circulant au-dessus d'un supraconducteur à la température de l'hélium liquide.

Ces découvertes offrent des possibilités intéressantes. À cause du coût peu élevé de l'azote liquide (1 L d'azote liquide est moins cher que 1 L de lait!), on peut envisager le transport d'électricité sur des centaines de kilomètres sans perte d'énergie. On peut utiliser l'effet de lévitation (l'une des propriétés particulières des supraconducteurs est la capacité de soulever un objet aimanté dans les airs) pour concevoir un train qui circulerait au-dessus des rails (sans les toucher); un tel train serait rapide, silencieux et ne subirait aucune secousse. On peut également utiliser les supraconducteurs dans la fabrication d'ordinateurs très rapides, appelés superordinateurs, dont la vitesse n'est limitée que par celle du courant électrique. Les énormes champs magnétiques créés par ces supraconducteurs permettront la construction d'accélérateurs de particules plus puissants, de dispositifs efficaces pour la fusion nucléaire et d'appareils d'imagerie médicale par résonance magnétique à plus haute résolution.

Malgré tout ce potentiel, l'exploitation commerciale des supraconducteurs à haute température n'est pas pour demain. De nombreux problèmes techniques subsistent. De plus, les scientifiques n'ont pas encore réussi à fabriquer des câbles durables avec ce type de matériau. Néanmoins, les enjeux sont si importants que l'étude des supraconducteurs à haute température est actuellement l'un des secteurs de pointe en chimie et en physique.

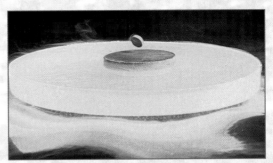

La lévitation d'un aimant au-dessus d'un supraconducteur à haute température immergé dans de l'azote liquide.

9.1 LA THÉORIE CINÉTIQUE DES LIQUIDES ET DES SOLIDES

Au chapitre 4, nous avons utilisé la théorie cinétique pour expliquer le comportement des gaz. Cette explication est fondée sur le fait qu'un système gazeux est un ensemble de molécules en mouvement constant et aléatoire. Dans un gaz, les molécules sont séparées par des distances si grandes (comparées à leurs diamètres) que, à température et à pression ordinaires (disons, à 25 °C et à 1 atm), il n'y a pas d'interaction appréciable entre elles. Cette simple description explique plusieurs propriétés spécifiques des gaz. Puisqu'il y a beaucoup d'espace vide dans un gaz, c'est-à-dire de l'espace où il n'y a pas de molécules, les gaz peuvent être comprimés facilement. Par contre, ils peuvent également se dilater pour occuper tout le volume de leur contenant, puisqu'aucune force importante ne s'exerce entre leurs particules. Cette grande distance entre les molécules explique également pourquoi les masses volumiques des gaz sont très basses dans des conditions ordinaires.

Pour ce qui est des solides et des liquides, c'est une tout autre chose. La principale différence entre un état condensé (liquide ou solide) et l'état gazeux, c'est la distance entre les molécules. Dans un liquide, les molécules sont si près les unes des autres qu'il reste très peu d'espace vide. Les liquides sont donc beaucoup plus difficiles à comprimer et, dans des conditions ordinaires, ils ont des masses volumiques plus grandes que celles des gaz. Dans un liquide, les molécules sont maintenues ensemble par un ou plusieurs types de forces attractives, dont nous parlerons à la prochaine section. Un liquide a un volume bien défini, puisque ses molécules ne peuvent pas se défaire facilement de leur emprise mutuelle. Cependant, les molécules peuvent glisser librement les unes contre les autres : c'est pourquoi un liquide peut couler, se déverser et prendre la forme de son contenant.

Dans un solide, les molécules sont maintenues fermement en place presque sans liberté de mouvement; elles ne peuvent que vibrer en faisant du surplace. Beaucoup de solides sont structurés de manière ordonnée sur de longues distances, c'est-à-dire que leurs molécules sont disposées tridimensionnellement d'une façon régulière et répétitive. Il y a encore moins d'espace vide entre les molécules d'un solide que dans un liquide. Les solides sont donc presque incompressibles et ont une forme et un volume bien définis. Sauf quelques exceptions (le cas de l'eau étant le plus important), la masse volumique d'une substance est plus grande à l'état solide qu'à l'état liquide. Le tableau 9.1 résume quelques caractéristiques des trois états de la matière.

TABLEAU 9.1   LES PROPRIÉTÉS CARACTÉRISTIQUES DES GAZ, DES LIQUIDES ET DES SOLIDES

État de la matière	Volume/forme	Masse volumique	Compressibilité	Mouvement des molécules
Gaz	Prend le volume et la forme de son contenant.	Basse	Élevée	Bougent très librement.
Liquide	A un volume défini, mais prend la forme de son contenant.	Élevée	Très légère	Glissent librement les unes contre les autres.
Solide	A un volume et une forme définis.	Élevée	Pratiquement nulle	Vibrent dans une position fixe.

9.2 LES FORCES INTERMOLÉCULAIRES

On appelle *forces intermoléculaires* les *forces attractives qui s'exercent entre les molécules*; elles sont responsables du comportement non idéal des gaz décrit au chapitre 4. Elles expliquent également l'existence des états condensés (liquide et solide) de la matière. Par exemple, quand la température d'un gaz baisse, l'énergie cinétique moyenne de ses molécules baisse également. Si la température baisse suffisamment, les molécules n'ont plus assez d'énergie pour échapper à l'attraction qu'elles exercent les unes sur les autres. Les molécules s'agglutinent alors pour former de petites gouttes de liquide. Ce phénomène s'appelle *condensation*.

Par contre, on appelle ***forces intramoléculaires*** les *forces attractives qui maintiennent les atomes ensemble dans une molécule.* (Les liaisons chimiques, déjà étudiées aux chapitres 7 et 8, mettent en jeu de telles forces.) Autrement dit, les forces intramoléculaires permettent l'existence de molécules individuelles, tandis que les forces intermoléculaires sont principalement responsables des caractéristiques macroscopiques des substances (par exemple, le point de fusion et le point d'ébullition).

Généralement, les forces intermoléculaires sont beaucoup plus faibles que les forces intramoléculaires. C'est pourquoi il faut moins d'énergie pour évaporer un liquide que pour rompre les liaisons à l'intérieur des molécules de ce même liquide. Par exemple, il faut fournir environ 41 kJ pour évaporer une mole d'eau à son point d'ébullition, alors qu'il faut fournir environ 930 kJ pour rompre les liaisons O—H dans une mole de molécules d'eau. Le point d'ébullition d'une substance traduit souvent l'importance de ses forces intermoléculaires. Au point d'ébullition, il faut, pour qu'une substance puisse s'évaporer, fournir l'énergie nécessaire pour rompre les forces attractives entre ses molécules. S'il faut plus d'énergie pour évaporer une substance A qu'il n'en faut pour une substance B, c'est donc parce que les molécules de A sont maintenues ensemble par des forces intermoléculaires supérieures à celles de la substance B : le point d'ébullition de A est plus élevé que celui de B. Le même principe s'applique au point de fusion. En général, plus les forces intermoléculaires sont importantes, plus le point de fusion est élevé.

Pour comprendre les propriétés de la matière condensée, il faut connaître les trois types suivants de forces intermoléculaires appelées globalement ***forces de van der Waals :*** *les forces (ou interactions) dipôle-dipôle, dipôle-dipôle induit et de dispersion.* Pour ce qui est des ions et des dipôles, les forces électrostatiques qui les attirent sont appelées *forces ion-dipôle* et ne sont pas considérées comme des forces de van der Waals. La *liaison hydrogène* est un type particulièrement fort d'interaction dipôle-dipôle. Puisqu'il n'y a que peu d'éléments qui peuvent participer à une liaison hydrogène, celle-ci est considérée comme une catégorie particulière. Selon l'état physique (gazeux, solide ou liquide) d'une substance, la nature des liaisons chimiques et le type d'éléments présents, toutes ces forces peuvent agir en même temps et c'est de cette superposition de plusieurs types de forces attractives que résultent les forces d'attraction intermoléculaires.

Les forces dipôle-dipôle

Les ***forces dipôle-dipôle*** (ou forces de Keesom) sont celles *qui agissent entre les molécules polaires,* c'est-à-dire entre les molécules qui possèdent des moments dipolaires (*section 8.2*). Elles sont de nature électrostatique et elles obéissent à la loi de Coulomb. Plus le moment dipolaire est élevé, plus la force est importante. La figure 9.1 montre l'orientation des molécules polaires dans un solide. Dans un liquide, les molécules ne sont pas maintenues aussi fermement ; elles ont toutefois tendance à s'aligner pour que, en moyenne, l'interaction attractive soit à son maximum.

Figure 9.1 *Les molécules qui ont un moment dipolaire permanent ont tendance à s'aligner à l'état solide pour permettre une attraction mutuelle maximale.*

Les forces ion-dipôle

La loi de Coulomb explique également les ***forces ion-dipôle,*** qui *s'exercent entre un ion (un cation ou un anion) et une molécule polaire* (*figure 9.2*). L'importance de cette interaction dépend de la charge et de la taille de l'ion, ainsi que de la valeur du moment dipolaire et de la taille de la molécule. Les charges d'un cation sont généralement plus concentrées, car les cations sont généralement plus petits que les anions. C'est pourquoi, pour un nombre égal de charges, les interactions cation-dipôle sont plus fortes que les interactions anion-dipôle.

Figure 9.2 *Deux types d'interactions ion-dipôle.*

Figure 9.3 *Hydratation des ions Na⁺ et Cl⁻.*

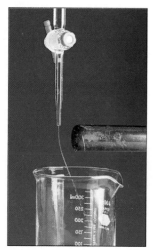

Figure 9.4 *Déviation d'un filet d'eau causée par une tige d'ébonite chargée.*

L'*hydratation,* processus par lequel des molécules d'eau sont disposées d'une manière particulière autour des ions, est un exemple d'interaction ion-dipôle. Dans une solution aqueuse de NaCl, par exemple, les ions Na⁺ et Cl⁻ sont entourés de molécules d'eau, qui ont un moment dipolaire important (1,87 D). Quand un composé ionique, comme le NaCl, se dissout, les molécules d'eau agissent comme un isolant électrique qui sépare les ions (*figure 9.3*). Par contre, les molécules non polaires, comme le tétrachlorure de carbone (CCl_4), ne peuvent pas participer à une interaction ion-dipôle. En fait, le tétrachlorure de carbone, comme la plupart des liquides non polaires, est un mauvais solvant pour les composés ioniques.

La figure 9.4 illustre bien l'attraction ion-dipôle. De l'eau s'écoule d'une burette dans un bécher. Si l'on approche un objet chargé négativement (par exemple, une tige d'ébonite qu'on a frottée sur de la fourrure) du filet d'eau, celui-ci est attiré par la tige et dévié. Si l'on remplace cette tige par une autre qui est chargée positivement (par exemple, une tige de verre qu'on a frottée sur la soie), le filet d'eau est là aussi dévié. En présence de la tige d'ébonite, les molécules d'eau orientent leur région positive vers la tige, de sorte qu'elles sont attirées par la charge négative de celle-ci. Dans le cas du verre, c'est la région négative des dipôles qui est orientée vers la tige. On peut aussi observer un tel phénomène avec d'autres liquides polaires. Cependant, on ne perçoit aucune déviation quand on utilise un liquide non polaire, l'hexane (C_6H_{14}) par exemple.

Les forces de dispersion

Jusqu'à maintenant, nous n'avons parlé que des espèces ioniques et des molécules polaires. Quel type d'interaction attractive s'exerce entre les molécules non polaires? Pour connaître la réponse, examinez la figure 9.5. Si l'on place un ion ou une molécule polaire près d'un atome (ou d'une molécule non polaire), le nuage électronique de l'atome (ou de la molécule) est déformé par la force qu'exerce l'ion ou la molécule polaire. Le dipôle qui en résulte dans l'atome (ou la molécule) est appelé *dipôle induit,* car *la séparation des charges positives et négatives dans l'atome (ou la molécule non polaire) est causée par la proximité d'un ion ou d'une molécule polaire.* L'interaction attractive entre un ion et un dipôle induit est appelée *interaction ion-dipôle induit*; celle entre une molécule polaire et un dipôle induit, *interaction dipôle-dipôle induit* (ou forces de Debye).

La possibilité qu'un moment dipolaire soit induit dans un cas donné dépend non seulement de la charge de l'ion ou de la force du dipôle, mais aussi de la polarisabilité de l'atome ou de la molécule. La *polarisabilité* indique *la facilité avec laquelle le nuage électronique dans un atome (ou une molécule) peut être déformé.* Généralement, plus il y a d'électrons et plus le nuage électronique de l'atome ou de la molécule est diffus, plus la polarisabilité est élevée. Par *nuage diffus,* on entend ici un nuage électronique qui occupe un volume appréciable, ce qui signifie que les électrons ne sont pas retenus fermement près du noyau; ils sont plus délocalisés.

La polarisabilité permet aux gaz qui contiennent des atomes ou des molécules non polaires (par exemple, He et N_2) de se condenser. Dans un atome d'hélium, les électrons se meuvent à une certaine distance du noyau. À chaque instant, c'est comme si l'atome avait un moment dipolaire créé par les positions spécifiques de ses électrons. Ce moment dipolaire est appelé *dipôle instantané* (ou temporaire) parce qu'il ne dure qu'une infime fraction de seconde. L'instant d'après, les électrons sont à des endroits différents et l'atome a un nouveau dipôle instantané, et ainsi de suite. Durant leur très brève existence, si on essaie de mesurer ces moments dipolaires, on obtiendra en fait une moyenne égale à zéro,

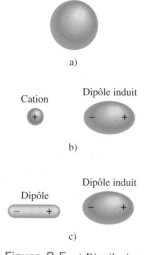

Figure 9.5 *a) Distribution sphérique des charges dans un atome d'hélium. Déformation causée par b) la proximité d'un cation et c) la proximité d'un dipôle.*

a)

Cation   Dipôle induit

b)

Dipôle   Dipôle induit

c)

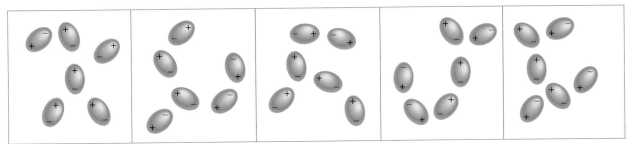

car pendant le temps de mesure, ces dipôles se font et se défont constamment dans toutes les directions : l'atome n'a donc pas de moment dipolaire. Dans un groupe d'atomes He, un dipôle instantané dans un atome peut induire un dipôle dans chacun de ses plus proches voisins (*figure 9.6*). À l'instant suivant, un dipôle instantané différent peut créer d'autres dipôles temporaires dans les atomes environnants. Ce qu'il est important de retenir, c'est que ce type d'interaction se solde par une attraction entre les atomes He. À une température très basse (à des vitesses atomiques réduites), cette attraction devient assez forte pour maintenir les atomes ensemble et provoquer la condensation de l'hélium. On peut expliquer de la même manière l'attraction entre des molécules non polaires.

En 1930, un physicien allemand, Fritz London, donna une interprétation des dipôles instantanés en recourant à la mécanique quantique. Il démontra que l'importance de cette interaction attractive était directement proportionnelle à la polarisabilité de l'atome ou de la molécule. Comme on peut s'y attendre, les *forces d'attraction qui résultent de dipôles temporaires induits dans les atomes ou les molécules,* qu'on appelle **forces de dispersion,** ou forces de London, peuvent être assez faibles. C'est certainement le cas pour l'hélium, dont le point d'ébullition n'est que de 4,2 K, ou $-269\,°C$. (Notez que l'hélium n'a que deux électrons, qui sont fermement maintenus dans l'orbitale $1s$. Ainsi, l'atome d'hélium a une polarisabilité faible.)

Les forces de dispersion augmentent généralement avec la masse molaire, puisque les molécules de masse plus élevée ont un plus grand nombre d'électrons et que les forces de dispersion augmentent avec le nombre d'électrons. De plus, dans le cas de composés similaires, une masse molaire plus élevée va de pair avec des atomes plus volumineux dont les nuages électroniques peuvent être facilement déformés parce que plus faiblement retenus par les noyaux. Le tableau 9.2 compare les points de fusion de quelques substances similaires formées de molécules non polaires. Comme on peut s'y attendre, le point de fusion augmente avec le nombre d'électrons dans la molécule. Puisqu'il ne s'agit que de molécules non polaires, les seules forces attractives intermoléculaires présentes sont les forces de dispersion.

Dans bien des cas, les forces de dispersion sont comparables, voire supérieures, aux forces dipôle-dipôle qui s'exercent entre les molécules polaires. Comme exemple saisissant, comparons les points de fusion de CH_3F ($-141,8\,°C$) et de CCl_4 ($-23\,°C$). Bien que CH_3F ait un moment dipolaire de 1,8 D, son point de fusion est bien inférieur à celui de CCl_4, qui est non polaire. Le point de fusion de CCl_4 est supérieur tout simplement parce que cette molécule contient plus d'électrons. Les forces de dispersion entre les molécules CCl_4 sont par conséquent plus grandes que les forces de dispersion combinées aux forces dipôle-dipôle qui s'exercent entre les molécules CH_3F. (N'oubliez pas que les forces de dispersion existent dans toutes les espèces, neutres ou porteuses d'une charge, polaires ou non polaires.)

L'exemple suivant démontre que, si l'on connaît le type des espèces présentes, on peut facilement déterminer le type de forces intermoléculaires qui s'exercent entre ces espèces.

TABLEAU 9.2

LES POINTS DE FUSION DE COMPOSÉS NON POLAIRES SIMILAIRES

Composé	Point de fusion (°C)
CH_4	$-182,5$
CF_4	$-150,0$
CCl_4	$-23,0$
CBr_4	$90,0$
CI_4	$171,0$

NOTE

Les forces de dispersion
sont présentes dans toutes
les espèces.

Problème semblable : 9.10

EXEMPLE 9.1   La détermination des forces intermoléculaires

Quel(s) type(s) de forces intermoléculaires s'exerce(nt) entre les paires des espèces suivantes ? a) HBr et H_2S, b) Cl_2 et CBr_4, c) I_2 et NO_3^-, d) NH_3 et C_6H_6.

Réponse : a) Les molécules HBr et H_2S sont toutes deux polaires ; les forces qui s'exercent entre elles sont donc de type dipôle-dipôle ; il y a également des forces de dispersion.

b) Les molécules Cl_2 et CBr_4 sont toutes deux non polaires ; il n'y a donc que des forces de dispersion qui agissent entre ces molécules.

c) La molécule I_2 est non polaire ; les forces qui s'exercent entre elle et l'ion NO_3^- sont des forces ion-dipôle induit et des forces de dispersion.

d) La molécule NH_3 est polaire, et la molécule C_6H_6 est non polaire. Les forces sont de types dipôle-dipôle induit et de dispersion.

EXERCICE

Dites quel(s) type(s) de forces intermoléculaires s'exerce(nt) entre les molécules (ou les unités de base) de chacune des espèces suivantes : a) LiF, b) CH_4, c) SO_2.

La liaison hydrogène

La *liaison hydrogène* constitue un *type spécial d'interaction dipôle-dipôle entre l'atome d'hydrogène participant déjà à une liaison polaire (N—H, O—H ou F—H), et un atome O, N ou F électronégatif.* On écrit cette interaction de la façon suivante :

$$A — H \cdots B \qquad \text{ou} \qquad A — H \cdots A$$

Les trois éléments les plus électronégatifs qui sont impliqués dans la liaison hydrogène.

où A et B représentent O, N ou F ; A—H est une molécule ou une partie de molécule, et B, une partie d'une autre molécule ; le pointillé représente la liaison hydrogène. Habituellement, les trois atomes sont bien alignés, mais l'angle AHB (ou AHA) peut dévier jusqu'à 30° de la ligne droite. Ce type d'interaction se rapproche tellement d'une liaison intramoléculaire qu'on le nomme « liaison » hydrogène (ou pont hydrogène car il implique toujours H).

Pour une interaction dipôle-dipôle, la liaison hydrogène a une énergie moyenne élevée (jusqu'à 40 kJ/mol). Ainsi, les liaisons hydrogène constituent une force importante dans le maintien de la structure et dans les propriétés de nombreux composés. La figure 9.7 montre plusieurs exemples de liaisons hydrogène.

C'est en comparant les points d'ébullition de divers composés que l'on a d'abord mis en évidence la liaison hydrogène. Normalement, le point d'ébullition d'une série de composés similaires contenant des éléments d'un même groupe augmente avec la masse molaire.

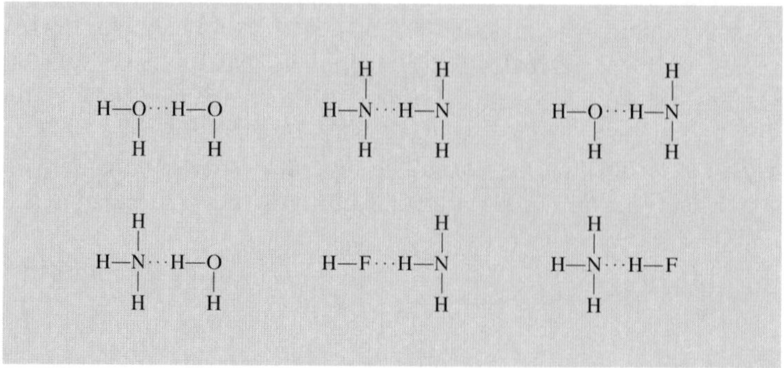

Figure 9.7 *La liaison hydrogène dans l'eau, l'ammoniac et le flluorure d'hydrogène. Les lignes pleines représentent les liaisons covalentes ; les lignes pointillées, les liaisons hydrogène.*

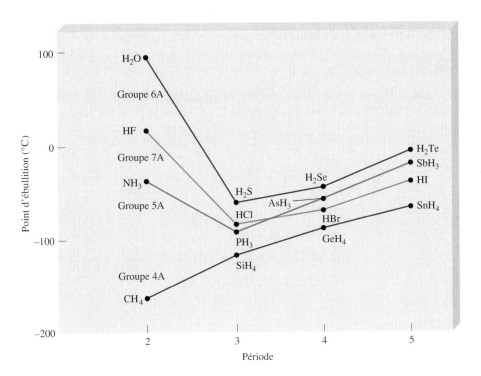

Figure 9.8 *Points d'ébullition des composés de l'hydrogène et des éléments des groupes 4A, 5A, 6A et 7A. Bien que l'on s'attende normalement à ce que le point d'ébullition s'élève à mesure que l'on descend dans un groupe, on voit que trois composés (NH_3, H_2O et HF) font exception. Cette anomalie s'explique par la présence de liaisons hydrogène intermoléculaires.*

Cependant, comme le montre la figure 9.8, les composés de l'hydrogène correspondant aux éléments des groupes 5A, 6A et 7A ne respectent pas cette tendance. Dans chacune de ces séries, le composé le plus léger (NH_3, H_2O et HF) a le point d'ébullition le plus élevé, contrairement à ce que prévoit la tendance basée sur la masse molaire. L'explication réside dans la présence de liaisons hydrogène entre les molécules de ces composés. Par exemple, dans HF solide, les molécules n'existent pas de manière individuelle, elles forment plutôt de longues chaînes en zigzag maintenues par des liaisons hydrogène :

À l'état liquide, les chaînes en zigzag sont brisées, mais les molécules sont toujours unies par des liaisons hydrogène. Dans un tel cas, les molécules sont plus difficiles à séparer ; c'est pourquoi HF a un point d'ébullition particulièrement élevé.

La force d'une liaison hydrogène dépend de l'interaction coulombienne entre les électrons libres de l'atome électronégatif et le noyau de l'hydrogène. Il peut sembler étrange que le point d'ébullition de HF soit inférieur à celui de l'eau, car, le fluor étant plus électronégatif que l'oxygène, on devrait s'attendre à ce que la liaison hydrogène soit plus forte dans HF liquide que dans H_2O. Cependant, H_2O est un cas unique, car chacune de ses molécules peut participer jusqu'à *quatre* liaisons hydrogène intermoléculaires ; c'est pourquoi les molécules d'eau sont maintenues ensemble plus fortement. À la section suivante, nous reviendrons sur cette importante caractéristique de l'eau. L'exemple qui suit montre les types d'espèces qui peuvent former des liaisons hydrogène avec l'eau.

Problème semblable : 9.12

EXEMPLE 9.2   La détermination des liaisons hydrogène

Lesquelles des espèces suivantes peuvent former des liaisons hydrogène avec l'eau ? CH_3OCH_3, CH_4, F^-, HCOOH, Na^+.

Réponse : On ne retrouve pas les éléments électronégatifs requis (F, O ou N) dans CH_4 ni dans Na^+. Alors, seuls CH_3OCH_3, F^- et HCOOH peuvent former des liaisons hydrogène avec l'eau.

EXERCICE

Parmi les molécules suivantes, lesquelles peuvent former des liaisons hydrogène entre elles ? a) H_2S, b) C_6H_6, c) CH_3OH.

Toutes les forces intermoléculaires dont nous venons de parler sont de nature attractive. Cependant, il faut se rappeler que les molécules exercent aussi des forces répulsives entre elles. Ainsi, quand deux molécules sont mises en contact, les répulsions entre les électrons et entre les noyaux se manifestent. Ces répulsions augmentent très rapidement à mesure que la distance qui sépare les molécules dans un état condensé diminue. Voilà pourquoi les liquides et les solides sont si difficiles à comprimer. Dans ces états, les molécules sont déjà très proches les unes des autres ; elles s'opposent donc fortement à une plus grande compression.

9.3   L'ÉTAT LIQUIDE

Comme nous le verrons dans les prochains chapitres, beaucoup de réactions chimiques intéressantes et importantes ont lieu dans l'eau ou dans d'autres solvants liquides. Dans cette section, nous verrons deux phénomènes associés aux liquides : la tension superficielle et la viscosité, toutes deux attribuables aux forces intermoléculaires. Nous parlerons également de la structure et des propriétés de l'eau.

La tension superficielle

Nous avons vu que les liquides ont tendance à prendre la forme de leur contenant. Alors, pourquoi, au lieu de former une couche uniforme, l'eau perle-t-elle sur une voiture fraîchement cirée ? Ce sont les forces intermoléculaires qui expliquent ce phénomène.

Dans un liquide, les molécules ne sont pas attirées dans un seul et même sens, mais dans tous les sens par les forces intermoléculaires. Cependant, les molécules situées à la surface sont attirées vers le bas et vers les côtés par les autres molécules, jamais vers le haut, hors du liquide (*figure 9.9*). Ces forces d'attraction intermoléculaire attirent donc les molécules à l'intérieur du liquide et provoquent un « resserrement » à la surface, formant ainsi un genre de film élastique. Pour en revenir à l'exemple de l'eau et de la voiture, étant donné qu'il n'y a que peu ou pas d'attractions entre les molécules d'eau (polaires) et les molécules de cire (essentiellement non polaires), une goutte d'eau sur une auto fraîchement cirée prend la forme d'une petite « perle » (*figure 9.10*).

Figure 9.9 *Les forces intermoléculaires s'exerçant sur une molécule située à la surface du liquide et sur une autre dans le liquide.*

Figure 9.10 *L'eau perle sur une pomme cirée.*

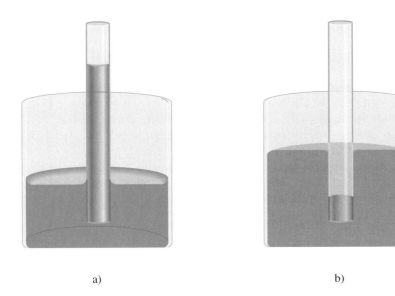

a)   b)

Figure 9.11 *a) Quand les forces d'adhésion sont supérieures aux forces de cohésion, le liquide (par exemple, l'eau) monte dans le tube capillaire. b) Quand les forces de cohésion sont supérieures aux forces d'adhésion, comme dans le cas du mercure, il y a dépression du niveau du liquide dans le tube capillaire.*

La tension superficielle est une mesure de la force élastique qui s'exerce à la surface d'un liquide. La **tension superficielle** est la *quantité d'énergie requise par unité de surface pour étirer ou augmenter la surface d'un liquide*. Les liquides dans lesquels les forces intermoléculaires sont grandes ont des tensions superficielles élevées. Par exemple, à cause des liaisons hydrogène, la tension superficielle de l'eau est considérablement plus élevée que celle de la plupart des liquides courants.

La tension superficielle se manifeste également d'une autre manière : la *capillarité*. La figure 9.11 a) illustre la montée spontanée de l'eau dans un tube capillaire. Une mince couche d'eau adhère à la paroi du tube de verre. La tension superficielle de l'eau provoque la contraction de cette couche et, ce faisant, fait monter l'eau dans le tube. Ce phénomène est causé par deux types de forces : d'une part, la **force de cohésion**, qui est *l'attraction entre des molécules semblables* (dans ce cas-ci les molécules d'eau) et d'autre part la **force d'adhésion**, qui est *l'attraction entre molécules différentes* (ici l'attraction qui s'exerce entre les molécules d'eau et celles du tube de verre). Si la force d'adhésion est supérieure à la force de cohésion, le liquide sera attiré par le verre, ce qui aura pour effet de le faire monter dans le tube, comme le montre la figure 9.11 a). Ce processus s'arrête quand la force d'adhésion et le poids de l'eau contenue dans le tube sont en équilibre. Ce phénomène ne se produit pas avec tous les liquides, comme le montre la figure 9.11 b). Prenons le mercure : la force de cohésion y est supérieure à la force d'adhésion qui s'exerce entre le mercure et le verre ; il se crée donc une dépression du niveau du liquide quand on y plonge un tube capillaire.

TABLEAU 9.3	LA VISCOSITÉ DE CERTAINS LIQUIDES COURANTS À 20 °C
Liquide	**Viscosité (N • s/m²)***
Acétone (C_3H_6O)	$3,16 \times 10^{-4}$
Benzène (C_6H_6)	$6,25 \times 10^{-4}$
Tétrachlorure de carbone (CCl_4)	$9,69 \times 10^{-4}$
Éthanol (C_2H_5OH)	$1,20 \times 10^{-3}$
Éther éthylique ($C_2H_5OC_2H_5$)	$2,33 \times 10^{-4}$
Glycérol ($C_3H_8O_3$)	1,49
Mercure (Hg)	$1,55 \times 10^{-3}$
Eau (H_2O)	$1,01 \times 10^{-3}$
Sang	4×10^{-3}

* Le newton-seconde par mètre carré est l'unité SI qui exprime la viscosité.

La viscosité

La **viscosité** est la *grandeur qui exprime la résistance d'un liquide à l'écoulement*. Plus le liquide s'écoule lentement, plus la viscosité est élevée. La viscosité d'un liquide diminue habituellement quand sa température augmente ; par exemple, de l'huile végétale chauffée dans un chaudron devient beaucoup moins visqueuse qu'à la température de la pièce.

Les liquides dont les forces intermoléculaires sont importantes ont une viscosité plus élevée que ceux dont ces forces sont faibles (*tableau 9.3*). On voit dans le tableau que la viscosité de l'eau est plus élevée que celle de nombreux autres liquides à cause des liaisons hydrogène qui se forment dans l'eau. Fait intéressant, on note que la viscosité du glycérol est de beaucoup plus élevée que celle des autres liquides. Voici la formule du glycérol :

$$CH_2-OH$$
$$|$$
$$CH-OH$$
$$|$$
$$CH_2-OH$$

Le glycérol est un liquide translucide, inodore et sirupeux utilisé dans la fabrication d'explosifs, d'encres et de lubrifiants.

Comme l'eau, le glycérol peut former des liaisons hydrogène. Chacune de ses molécules a trois groupes —OH qui peuvent participer à des liaisons hydrogène avec d'autres molécules de glycérol. De plus, à cause de leur forme, ces molécules ont tendance à s'imbriquer plutôt qu'à glisser les unes contre les autres comme dans les liquides moins visqueux. Ces interactions contribuent à la viscosité élevée du glycérol.

La structure et les propriétés de l'eau

L'eau est une substance si courante sur la Terre qu'on oublie souvent sa nature unique. Toute manifestation de la vie met en jeu de l'eau. L'eau est un excellent solvant pour de nombreux composés ioniques comme pour de nombreuses autres substances capables de former des liaisons hydrogène avec elle.

Comme le montre le tableau 9.4, la **chaleur spécifique** de l'eau est élevée. C'est parce que, pour élever la température de l'eau (autrement dit, pour augmenter l'énergie cinétique moyenne des molécules d'eau), il faut d'abord rompre les nombreuses liaisons hydrogène intermoléculaires. Ainsi, l'eau peut absorber une bonne quantité de chaleur avant que sa température augmente de quelques degrés. L'inverse est aussi vrai : l'eau peut libérer beaucoup de chaleur alors que sa température ne diminue que faiblement. C'est pourquoi les énormes quantités d'eau contenues dans les lacs et les océans peuvent rendre le climat des terres adjacentes modéré en absorbant de la chaleur l'été et en en libérant l'hiver, tout en ne subissant que de faibles changements de température. L'eau joue donc un rôle de régulateur thermique dans la nature.

La caractéristique la plus frappante de l'eau est que sa masse volumique à l'état solide est inférieure à sa masse volumique à l'état liquide : la glace flotte sur l'eau. C'est une propriété qui lui est quasiment propre. La masse volumique de presque toutes les autres substances est plus grande à l'état solide qu'à l'état liquide (*figure 9.12*).

Pour comprendre cette particularité de l'eau, il faut examiner la structure électronique de sa molécule. Comme nous l'avons vu au chapitre 7, il y a deux doublets d'électrons libres sur l'atome d'oxygène :

Même si de nombreux composés peuvent former des liaisons hydrogène intermoléculaires, la différence entre la molécule H_2O et les autres molécules polaires, comme NH_3 et HF, est que, dans le cas de l'eau, chaque atome d'oxygène peut former *deux* liaisons hydrogène, c'est-à-dire autant qu'il y a de doublets libres sur l'atome d'oxygène. Les molécules d'eau sont donc maintenues ensemble dans un réseau tridimensionnel illimité où chaque atome

NOTE

Sans cette capacité à former des liaisons hydrogène, l'eau serait un gaz à la température de la pièce.

NOTE

La chaleur spécifique (ou chaleur massique) *s* d'une substance est la quantité de chaleur requise pour élever de 1 °C la température de 1 g de cette substance.

Figure 9.12 *(Gauche) Des cubes de glace flottent sur l'eau. (Droite) Des cubes de benzène solide calent dans du benzène liquide.*

d'oxygène est lié d'une manière presque tétraédrique à quatre atomes d'hydrogène : deux par des liaisons covalentes et deux par des liaisons hydrogène. Cette égalité entre le nombre d'atomes d'hydrogène et le nombre de doublets libres ne se retrouve ni dans NH_3, ni dans HF, ni dans d'autres molécules pouvant former des liaisons hydrogène. Par conséquent, ces autres molécules peuvent former des anneaux ou des chaînes, mais pas des structures tridimensionnelles.

La structure tridimensionnelle très ordonnée de la glace (*figure 9.13*) empêche les molécules de trop s'approcher les unes des autres. Voyez toutefois ce qui arrive quand la glace fond. Au point de fusion, certaines molécules d'eau ont assez d'énergie cinétique pour se libérer des liaisons hydrogène intermoléculaires. Ces molécules sont alors « emprisonnées » dans les cavités de la structure tridimensionnelle, qui se brise en petits amas. Ainsi, par unité de volume, il y a plus de molécules dans l'eau liquide que dans la glace. Puisque « masse volumique = masse/volume », la masse volumique de l'eau est donc supérieure à celle de la glace. Si l'on augmente légèrement la température, un peu plus de

TABLEAU 9.4

LA CHALEUR SPÉCIFIQUE (*S*) DE QUELQUES SUBSTANCES COURANTES

Substance	s (J/g • °C)
Al	0,900
Au	0,129
C (graphite)	0,720
C (diamant)	0,502
Cu	0,385
Fe	0,444
Hg	0,139
H_2O	4,184
C_2H_5OH (éthanol)	2,46

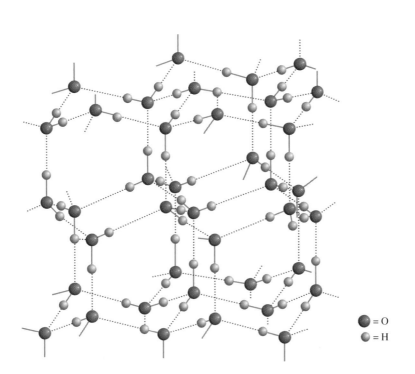

● = O
● = H

Figure 9.13 *Structure tridimensionnelle de la glace. Chaque atome O est lié à quatre atomes H. Les liaisons covalentes sont illustrées par des lignes courtes et unies ; les liaisons hydrogène, plus faibles, par de longues lignes pointillées entre atomes O et H. Les cavités dans la structure expliquent la faible masse volumique de la glace par rapport à celle de l'eau liquide.*

LA CHIMIE EN ACTION

POURQUOI LES LACS GÈLENT-ILS DE HAUT EN BAS ?

Le fait que la masse volumique de la glace soit inférieure à celle de l'eau liquide a une très grande importance écologique. Observons, par exemple, le refroidissement de l'eau douce d'un lac à l'arrivée de l'hiver. Au fur et à mesure que l'eau à la surface du lac se refroidit, la masse volumique de cette eau de surface s'accroît. Ensuite, cette couche d'eau refroidie plonge vers le fond et est remplacée par de l'eau plus chaude. Ce mouvement de convection normal se produit jusqu'à ce que toute l'eau ait atteint la température de 4 °C. Au-dessous de cette température la masse volumique de l'eau commence à diminuer avec la diminution de la température (*figure 9.14*), de sorte qu'elle ne coule plus vers le fond. En se refroidissant davantage, l'eau commence à geler à la surface. Cette couche de glace ne cale pas parce qu'elle est moins dense que son liquide ; elle agit même comme isolant thermique pour la masse d'eau au-dessous d'elle. Si la masse volumique de la glace était plus grande que celle de son liquide, elle calerait au fond du lac aussitôt qu'elle serait formée et le lac pourrait éventuellement geler complètement à partir du fond jusqu'en haut, d'un travers à l'autre. La plupart des organismes aquatiques ne pourraient pas survivre dans de telles conditions et mourraient gelés. Heureusement, grâce à cette propriété exceptionnelle de l'eau, les lacs ne gèlent pas de bas en haut. C'est ce qui rend possible la pêche sur la glace !

molécules d'eau se libèrent des liaisons hydrogène intermoléculaires, de sorte que, juste au-dessus du point de fusion, la masse volumique de l'eau augmente avec la température. Bien sûr, en même temps, l'eau se dilate avec la chaleur et, par conséquent, sa masse volumique diminue. Ces deux phénomènes (l'emprisonnement des molécules d'eau libres dans les cavités et la dilatation thermique) agissent en sens opposés. De 0 °C à 4 °C, l'emprisonnement prévaut et la masse volumique de l'eau augmente graduellement. Cependant, au-dessus de 4 °C, la dilatation thermique prédomine ; la masse volumique de l'eau diminue alors avec la température (*figure 9.14*).

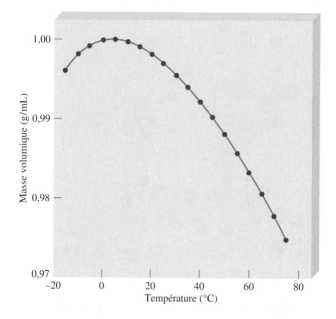

Figure 9.14 *Variation de la masse volumique de l'eau liquide en fonction de la température. La masse volumique de l'eau liquide atteint sa valeur maximale à 4 °C. La masse volumique de la glace à 0 °C est d'environ 0,92 g/cm³.*

9.4 LES STRUCTURES CRISTALLINES

On peut diviser les solides en deux catégories : les solides cristallins et les solides amorphes. Un **solide cristallin** a une *structure ordonnée, rigide et répétitive dans tout le solide ; ses atomes, ses molécules ou ses ions occupent des positions déterminées.* Dans un tel solide, les atomes, les molécules ou les ions sont disposés de manière à ce que les forces intermoléculaires attractives soient à leur maximum. Les forces responsables de la stabilité d'un cristal peuvent être des forces ioniques, des liaisons covalentes, des forces de van der Waals, des liaisons hydrogène, seules ou combinées. Les molécules des *solides amorphes*, comme le verre, n'ont pas cette structure ordonnée et répétitive dans l'espace. Dans cette section, nous étudierons seulement les solides cristallins.

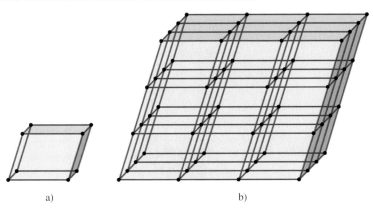

a)   b)

Figure 9.15 *a) Une maille élémentaire et b) un réseau formé par ce type de mailles. Les points noirs (nœuds) représentent des atomes ou des molécules.*

On appelle **maille élémentaire** l'*unité structurale (cellule) de base qui se répète dans un solide cristallin.* La figure 9.15 montre une maille élémentaire et un empilement tridimensionnel de mailles formant un réseau. Chaque *point représente un atome, un ion ou une molécule* et s'appelle **nœud** du réseau cristallin. Dans de nombreux cristaux, le nœud ne contient pas vraiment un atome, un ion ou une molécule ; il peut être constitué de plusieurs atomes, ions ou molécules disposés de manière identique d'un nœud à l'autre. Cependant, pour simplifier, imaginons pour le moment que chaque nœud est occupé par un seul atome. Toutes les structures cristallines se ramènent à l'un ou l'autre des sept types ou systèmes illustrés à la figure 9.16. Quatorze sortes de réseaux dérivent de ces sept systèmes. La forme de la maille cubique est particulièrement simple parce que toutes ses arêtes et tous ses angles sont égaux. Lorsque l'*une de ces mailles se répète dans l'espace tridimensionnel,* il y a formation d'un **réseau** caractéristique d'un solide cristallin.

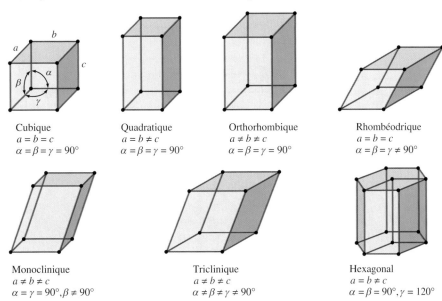

Cubique
$a = b = c$
$\alpha = \beta = \gamma = 90°$

Quadratique
$a = b \neq c$
$\alpha = \beta = \gamma = 90°$

Orthorhombique
$a \neq b \neq c$
$\alpha = \beta = \gamma = 90°$

Rhombéodrique
$a = b = c$
$\alpha = \beta = \gamma \neq 90°$

Monoclinique
$a \neq b \neq c$
$\alpha = \gamma = 90°, \beta \neq 90°$

Triclinique
$a \neq b \neq c$
$\alpha \neq \beta \neq \gamma \neq 90°$

Hexagonal
$a = b \neq c$
$\alpha = \beta = 90°, \gamma = 120°$

Figure 9.16 *Les sept systèmes cristallins connus. L'angle α est défini par les arêtes b et c ; l'angle β, par les arêtes a et c ; et l'angle γ, par les arêtes a et b.*

L'empilement de sphères

On peut comprendre les exigences géométriques générales liées à la formation d'un cristal en essayant d'empiler de différentes façons un certain nombre de sphères identiques (par exemple, des balles de tennis) pour former une structure tridimensionnelle ordonnée. Ce sont ces différentes manières de disposer les sphères dans les couches qui déterminent le type de maille en jeu.

Dans le cas le plus simple, les sphères peuvent être disposées comme le montre la figure 9.17 a). On peut alors créer une structure tridimensionnelle en superposant des couches de telle sorte que les sphères soient placées directement les unes sur les autres. On peut alors répéter ce procédé pour former de nombreuses couches, comme c'est le cas dans un cristal. Si l'on regarde la sphère marquée d'un « *x* », on voit qu'elle est en contact avec quatre autres sphères de sa propre couche et avec une sphère de la couche supérieure et une sphère de la couche inférieure. Dans un tel cas, on dit que chaque sphère a un indice de coordination de 6 parce qu'elle a six sphères immédiatement voisines. L'**indice de coordination** (coordinence) indique le *nombre d'atomes (ou d'ions) qui sont dans le voisinage immédiat d'un atome (ou un ion) dans un réseau cristallin*. L'unité de base répétitive correspondant à cet arrangement est appelée *maille cubique simple* [*figure 9.17 b*)].

Figure 9.17
La disposition de sphères identiques dans une maille cubique simple.
a) Vue supérieure d'une couche de sphères.
b) Représentation d'une maille cubique simple.
c) Puisque chaque sphère appartient à huit mailles adjacentes et qu'il y a huit coins dans un cube, il y a l'équivalent d'une sphère complète par maille cubique simple.

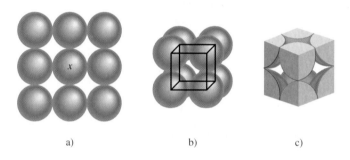

a)   b)   c)

Les autres types de mailles cubiques sont la *maille centrée I* et *la maille centrée F* (*figure 9.18*). La différence entre une maille cubique simple et une maille centrée I est que, dans ce dernier cas, les nœuds de la deuxième couche se logent dans les dépressions de la première couche, et ceux de la troisième couche se logent dans les dépressions de la deuxième (*figure 9.19*). On remarque aussi le nœud à l'*intérieur* au centre du cube (*figure 9.18*), d'où son appellation I. Dans cette structure, l'indice de coordination de chaque nœud est de 8 (chacun d'eux est en contact avec quatre nœuds de la couche supérieure et quatre nœuds de la couche inférieure). Pour sa part, la maille cubique centrée F possède un nœud au centre de chacune des *faces* (d'où son appellation F) du cube, en plus des huit nœuds situés aux quatre coins.

Figure 9.18 *Trois types de mailles cubiques. En réalité, les sphères qui représentent des atomes, des molécules ou des ions sont en contact entre elles dans ces mailles.*

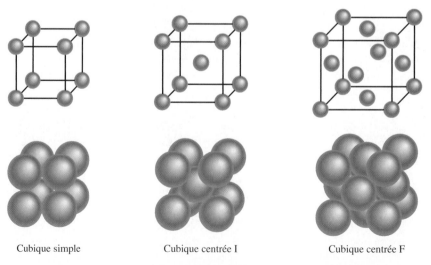

Cubique simple   Cubique centrée I   Cubique centrée F

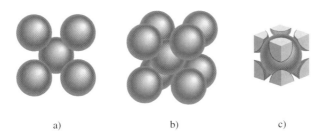

a) b) c)

Figure 9.19 *Disposition de sphères identiques dans un cube centré I. a) Vue supérieure. b) Représentation d'une maille cubique centrée I. c) Il y a l'équivalent de deux sphères complètes par maille cubique centrée I.*

Puisque chaque maille d'un solide cristallin est adjacente à d'autres mailles, la plupart des atomes d'une maille font aussi partie des mailles voisines. Par exemple, dans tous les types de mailles cubiques, chaque atome de coin appartient à huit mailles [*figure 9.20 a)*] et un atome situé au centre d'une face appartient à deux mailles élémentaires [*figure 9.20 b)*]. Puisque chacun des nœuds de coin appartient à huit mailles et qu'il y a huit coins dans un cube, une maille cubique simple renferme donc l'équivalent d'un seul nœud complet [*figure 9.17 c)*]. Une maille cubique centrée I contient l'équivalent de deux nœuds complets : un au centre et un venant des huit nœuds de coin [*figure 9.19 c)*]. Une maille cubique centrée F contient l'équivalent de quatre nœuds complets : trois venant des six nœuds de face et un venant des huit nœuds de coin.

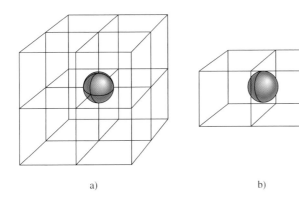

a) b)

Figure 9.20 *a) Un atome de coin dans tous les types de mailles appartient à huit mailles adjacentes. b) Un atome de face dans une maille cubique appartient à deux mailles adjacentes.*

La figure 9.21 résume le rapport entre le rayon atomique r et la longueur de l'arête a dans une maille cubique simple, une maille cubique centrée I et une maille cubique centrée F. Ce rapport peut servir à déterminer la masse volumique d'un cristal, comme le démontre l'exemple suivant.

Figure 9.21 *Le rapport entre l'arête et le rayon des atomes dans une maille cubique simple, dans une maille cubique centrée I et dans une maille cubique centrée F.*

Maille cubique simple

$$a = 2r$$

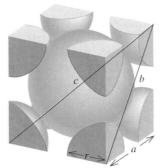

Maille cubique centrée I

$$b^2 = a^2 + a^2$$
$$c^2 = a^2 + b^2$$
$$= 3a^2$$
$$c = \sqrt{3}a = 4r$$
$$a = \frac{4r}{\sqrt{3}}$$

Maille cubique centrée F

$$b^2 = a^2 + a^2$$
$$b = 4r$$
$$16r^2 = 2a^2$$
$$a = \sqrt{8}r$$

EXEMPLE 9.3   Le calcul de la masse volumique d'un métal à partir de sa structure cristalline et de son rayon atomique

Sachant que les cristaux d'or sont constitués de mailles cubiques centrées F et que le rayon atomique de l'or est de 144 pm, calculez la masse volumique de l'or.

Réponse: À la figure 9.21, on voit que le rapport entre l'arête a et le rayon atomique r d'une maille cubique centrée F est $a = \sqrt{8}r$. Alors

$$a = \sqrt{8}(144 \text{ pm}) = 407 \text{ pm}$$

Le volume de la maille élémentaire est

$$V = a^3 = (407 \text{ pm})^3 \left(\frac{1 \times 10^{-12} \text{ m}}{1 \text{ pm}}\right)^3 \left(\frac{1 \text{ cm}}{1 \times 10^{-2} \text{ m}}\right)^3$$

$$= 6,74 \times 10^{-23} \text{ cm}^3$$

Problème semblable: 9.45

Chaque maille élémentaire a huit coins et six faces. Alors, le nombre total d'atomes dans une telle maille est, selon la figure 9.20, $(8 \times \frac{1}{8}) + (6 \times \frac{1}{2}) = 4$. La masse d'une maille est

$$m = \frac{4 \text{ atomes}}{1 \text{ maille}} \times \frac{1 \text{ mol}}{6,022 \times 10^{23} \text{ atomes}} \times \frac{197,0 \text{ g}}{1 \text{ mol}}$$

$$= 1,31 \times 10^{-21} \text{ g/maille}$$

Finalement, la masse volumique de l'or est donnée par

$$\rho = \frac{m}{V} = \frac{1,31 \times 10^{-21} \text{ g}}{6,74 \times 10^{-23} \text{ cm}^3} = 19,4 \text{ g/cm}^3$$

EXERCICE

Quand l'argent cristallise, il forme des mailles cubiques centrées F. L'arête de la maille est de 408,7 pm. Calculez la masse volumique de l'argent.

9.5 LES LIAISONS DANS LES SOLIDES CRISTALLINS

La structure et les propriétés des solides cristallins, comme le point de fusion, la masse volumique et la dureté, sont déterminées par les forces attractives qui maintiennent les particules ensemble. On peut classer les cristaux selon les types d'attractions qui s'exercent entre leurs particules: ioniques, moléculaires, covalents et métalliques.

Les solides ioniques

Les solides cristallins ioniques sont constitués d'ions maintenus ensemble par des liaisons ioniques. La structure d'un tel cristal dépend des charges des cations et des anions, ainsi que de leurs rayons. Nous avons déjà vu la structure du chlorure de sodium, qui est formé de mailles cubiques centrées F (*figure 2.13, p. 46*). Voyons maintenant la figure 9.22, qui illustre la structure de trois autres solides ioniques: CsCl, ZnS et CaF$_2$. Puisque Cs$^+$ est considérablement plus gros que Na$^+$, CsCl est formé de mailles cubiques simples. Quant au solide ZnS, il a une structure appelée *zincblende* qui est basée sur un réseau de mailles cubiques centrées F. Si on situe les ions S^{2-} aux nœuds, les ions Zn^{2+} seront alors situés au quart de chaque diagonale de la maille.

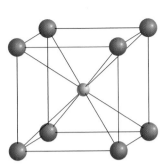
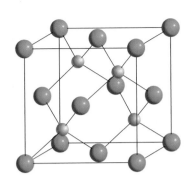
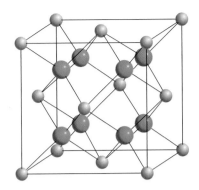

Parmi les autres composés ioniques qui présentent une structure semblable, on trouve CuCl, BeS, CdS et HgS. Dans le cas du solide CaF_2, la structure s'appelle *fluorine*. En situant les ions Ca^{2+} aux nœuds, chaque ion F^- sera situé au centre d'un tétraèdre formé par quatre ions Ca^{2+}. Les composés SrF_2, BaF_2, $BaCl_2$ et PbF_2 ont ce même type d'arrangement.

Les points de fusion des solides ioniques sont élevés, ce qui traduit les grandes forces de cohésion qui maintiennent les ions ensemble. Ces solides ne conduisent pas l'électricité parce que leurs ions ont une position fixe. Cependant, à l'état liquide ou dissous dans l'eau, leurs ions circulent librement, alors la solution qui en résulte est conductrice d'électricité.

Figure 9.22 *Structures de solides ioniques : a) CsCl, b) ZnS, et c) CaF₂. Dans chaque cas, le cation est représenté par la sphère la plus petite.*

EXEMPLE 9.4   Le décompte des ions dans une maille élémentaire

Combien y a-t-il d'ions Na^+ et Cl^- dans chaque maille élémentaire de NaCl ?

Réponse : La structure de NaCl est constituée de mailles cubiques centrées F. Comme le montre la figure 2.13 (p. 46), il y a 1 ion Na^+ entier au centre de la maille et 12 ions Na^+ sur les arêtes. Puisque chacun des ions Na^+ situés sur les arêtes est partagé entre quatre mailles, le nombre total d'ions Na^+ est $1 + (12 \times \frac{1}{4}) = 4$. Par ailleurs, il y a six ions Cl^- au centre des faces et huit aux coins. Chaque ion de face est partagé entre deux mailles, et chaque ion de coin est partagé entre huit mailles (*figure 9.20*) ; le nombre total d'ions Cl^- est donc $(6 \times \frac{1}{2}) + (8 \times \frac{1}{8}) = 4$. Il y a donc quatre ions Na^+ et quatre ions Cl^- dans chaque maille de NaCl. La figure 9.23 montre les portions d'ions Na^+ et Cl^- dans une maille élémentaire.

EXERCICE

Combien y a-t-il d'atomes dans un cube centré I, si tous les atomes occupent les nœuds ?

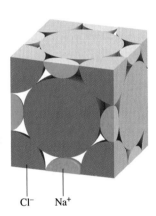

Cl^- Na^+

Figure 9.23 *Parties d'ions Na⁺ et Cl⁻ dans une maille cubique centrée F.*

Problème semblable : 9.47

Les solides moléculaires

Les solides moléculaires sont constitués d'atomes ou de molécules maintenus ensemble par des forces de van der Waals et/ou des liaisons hydrogène. Le dioxyde de soufre (SO_2) solide en est un bon exemple ; la force attractive qui y prédomine est l'interaction dipôle-dipôle. Dans le cas de la glace, un autre exemple de solide formé de cristaux moléculaires, ce sont les liaisons hydrogène intermoléculaires qui sont principalement responsables du réseau tridimensionnel (*figure 9.13*). Les solides I_2, P_4 et S_8 sont d'autres exemples de solides moléculaires.

En général, sauf dans le cas de la glace, les molécules des solides moléculaires sont empilées aussi près les unes des autres que le leur permettent leur taille et leur forme. Puisque les forces de van der Waals et les liaisons hydrogène sont généralement plus faibles que les liaisons ioniques ou les liaisons covalentes, les cristaux des solides moléculaires sont plus faciles à briser que ceux des solides ioniques ou covalents : la plupart des solides moléculaires fondent sous les 200 °C.

Du soufre (S₈).

Figure 9.24
*a) La structure du diamant.
Chaque atome de carbone
est au centre d'un tétraèdre
formé de quatre autres atomes
de carbone. b) La structure
du graphite. La distance qui
sépare deux couches est de
335 pm.*

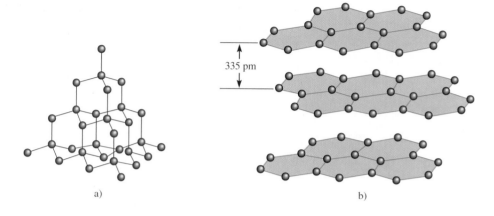

335 pm

a)   b)

Les solides covalents

Du quartz.

Dans les solides covalents, les atomes sont maintenus ensemble seulement par des liaisons covalentes dans un réseau cristallin tridimensionnel illimité. Il n'y a pas de molécules distinctes, comme dans les solides moléculaires. Les deux formes allotropiques du carbone, le diamant et le graphite (*figure 6.15, p. 197*), en sont des exemples bien connus. Dans le diamant, chaque atome de carbone est au centre d'un tétraèdre formé de quatre autres atomes de carbone [*figure 9.24 a)*]. Les puissantes liaisons covalentes orientées dans les trois dimensions expliquent l'extraordinaire dureté du diamant (la substance la plus dure connue) et son point de fusion élevé (3550 °C). Dans le graphite [*figure 9.24 b)*], les atomes de carbone sont disposés en anneaux formés de six atomes. Ces atomes ont tous subi une hybridation sp^2; étant trigonal, chacun d'eux est lié par une liaison covalente à trois autres atomes. L'orbitale non hybride $2p$ forme une liaison pi. En fait, les électrons contenus dans les orbitales $2p$ peuvent se mouvoir librement dans une direction parallèle aux plans des atomes de carbones liés entre eux, faisant du graphite un bon conducteur d'électricité. Les couches sont maintenues ensemble par de faibles forces de van der Waals. D'une part, les liaisons covalentes expliquent la dureté du graphite; d'autre part, sa structure en couches qui peuvent se mouvoir l'une par rapport à l'autre fait qu'il est glissant au toucher et est efficace comme lubrifiant. On l'utilise également dans les crayons et dans les rubans de machines à écrire et de certaines imprimantes.

Le quartz (SiO_2) représente un autre type de solide covalent. La disposition des atomes de silicium dans le quartz est semblable à celle des atomes de carbone dans le diamant, mais, dans le quartz, il y a un atome d'oxygène entre chaque paire d'atomes Si. Étant donné que Si et O ont des électronégativités différentes (*figure 7.4, p. 215*), la liaison Si—O est polaire. Néanmoins, SiO_2 ressemble au diamant sous plusieurs aspects: il est très dur et son point de fusion est élevé (1610 °C).

TABLEAU 9.5   LES TYPES DE SOLIDES CRISTALLINS ET LEURS CARACTÉRISTIQUES GÉNÉRALES

Type de solide	Force(s) unissant les unités	Caractéristiques générales	Exemples
Ionique	Attraction électrostatique	Dur ; cassant ; point de fusion élevé ; mauvais conducteur de chaleur et d'électricité.	NaCl, LiF, MgO, CaCO₃
Moléculaire*	Forces de dispersion, forces dipôle-dipôle, liaisons hydrogène	Mou ; point de fusion bas ; mauvais conducteur de chaleur et d'électricité.	Ar, CO_2, I_2, H_2O, $C_{12}H_{22}O_{11}$ (saccharose)
Covalent	Liaisons covalentes	Dur ; point d'ébullition élevé ; mauvais conducteur de chaleur et d'électricité.	C (diamant) †, SiO_2 (quartz)
Métallique	Liaisons métalliques	Mou à dur ; point d'ébullition variable ; de bas à élevé ; bon conducteur de chaleur et d'électricité.	Tous les métaux ; par exemple, Na, Mg, Fe, Cu.

* Cette catégorie inclut des solides formés d'un seul type d'atomes.

† Le diamant est un bon conducteur de chaleur.

Les solides métalliques

Dans un sens, la structure des solides métalliques est la plus simple à comprendre, puisque chaque nœud du cristal est occupé par un atome du même métal. Dans les métaux, les liaisons sont différentes de celles qui existent dans les autres types de cristaux : les électrons liants sont distribués (ou *délocalisés*) dans le cristal tout entier. En fait, on peut imaginer les atomes métalliques dans un cristal comme un assemblage d'ions positifs baignant dans une mer d'électrons de valence délocalisés (*figure 9.25*). La grande force de cohésion qui résulte de cette délocalisation est responsable de la ténacité (résistance à la rupture) du métal, qui augmente avec le nombre d'électrons disponibles pour les liaisons. Par exemple, le point de fusion du sodium, qui a un électron de valence, est 97,6 °C, tandis que celui de l'aluminium, qui en a trois, est 660 °C. La mobilité des électrons délocalisés rend les métaux bons conducteurs de chaleur et d'électricité.

Le tableau 9.5 présente tous les types de solides étudiés dans cette section ainsi que leurs caractéristiques générales.

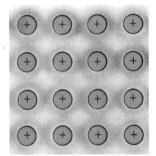

Figure 9.25 *Section transversale d'un solide métallique. Chaque cercle marqué d'un signe positif représente le noyau et les électrons internes d'un atome métallique. La région grise qui entoure les ions métalliques positifs représente la « mer » d'électrons mobiles.*

9.6 LES CHANGEMENTS DE PHASE

Au chapitre 4 et jusqu'à maintenant dans le présent chapitre, nous avons vu les principales caractéristiques des trois états de la matière : l'état gazeux, l'état liquide et l'état solide. On parle souvent de ces états comme des *phases ; une **phase** est une partie homogène d'un système en contact avec d'autres parties du même système, séparée de celles-ci par une frontière bien définie.* Par exemple, dans le cas de la glace qui flotte sur l'eau, le système est constitué de deux phases, la phase solide (la glace) et la phase liquide (l'eau). Les **changements de phase,** *passages d'une phase à une autre,* se produisent quand de l'énergie (habituellement sous forme de chaleur) est fournie ou retirée au système. Ces passages sont des transformations physiques qui sont caractérisées par un changement dans l'agencement des molécules ; c'est à l'état solide que les molécules sont le plus ordonnées et à l'état gazeux qu'elles le sont le moins. Si l'on garde en tête cette relation entre les échanges d'énergie et l'augmentation ou la diminution de l'ordre des molécules, on comprendra facilement le processus des changements de phase.

L'équilibre liquide-vapeur

La pression de vapeur

Dans un liquide, les molécules ne font pas partie d'un réseau rigide. Même si elles n'ont pas la même « liberté » de mouvement que les molécules gazeuses, elles sont toujours en mouvement. Puisque les liquides ont des masses volumiques plus grandes que celles des gaz, les collisions entre molécules y sont plus nombreuses. *À toute température, il y a un certain nombre de molécules dans un liquide qui possèdent assez d'énergie cinétique pour s'échapper de la surface.* Ce processus s'appelle **évaporation** ou **vaporisation.**

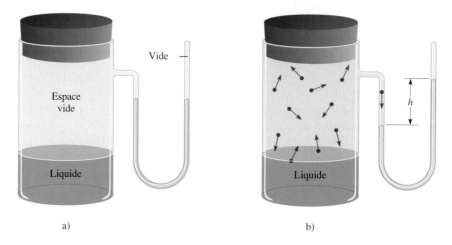

Figure 9.26 *Appareil servant à mesurer la pression de vapeur d'un liquide : a) avant le début de l'évaporation et b) à l'état d'équilibre. En b), le nombre de molécules qui s'échappent du liquide est égal au nombre de molécules qui y retournent. La différence de niveaux du mercure (h) indique la pression de vapeur à l'équilibre du liquide à une température donnée.*

Quand un liquide s'évapore, ses molécules gazeuses exercent une pression appelée pression de vapeur. Voyez l'appareil illustré à la figure 9.26. Avant le processus d'évaporation, les niveaux de mercure dans le manomètre en U sont égaux. Dès que quelques molécules s'échappent du liquide, il se forme une phase vapeur, et la pression de cette vapeur devient mesurable quand il y en a une bonne quantité. Cependant, cette pression n'augmente pas indéfiniment. À un certain moment, les niveaux dans les colonnes de mercure se stabilisent ; on observe plus de changements.

Que se passe-t-il au niveau moléculaire durant ce phénomène ? Au début, la circulation est à sens unique : du liquide vers l'espace vide. Très tôt, les molécules au-dessus du liquide établissent une phase vapeur. *Comme la concentration de molécules en phase vapeur augmente, certaines molécules retournent à la phase liquide :* c'est la **condensation.** Celle-ci se produit parce que les molécules qui heurtent la surface du liquide sont retenues par les forces intermoléculaires.

La vitesse d'évaporation est constante à une température donnée, tandis que la vitesse de condensation augmente avec la concentration des molécules en phase vapeur. Un état d'**équilibre dynamique,** dans lequel la *vitesse d'un processus est exactement la même que celle du processus inverse,* est atteint quand les vitesses de condensation et d'évaporation sont égales (*figure 9.27*). *La pression de vapeur mesurée quand il y a équilibre entre la condensation et l'évaporation* s'appelle **pression de vapeur (ou tension de vapeur) à l'équilibre.** Souvent on dit seulement de manière abrégée « pression de vapeur » ; c'est acceptable en autant qu'on s'entend pour dire qu'il s'agit de l'expression abrégée.

Il est important de noter que la pression de vapeur à l'équilibre est la pression de vapeur *maximale* qu'exerce la vapeur d'un liquide à une température donnée, et qu'elle est constante à température constante. Cependant, elle change avec la température.

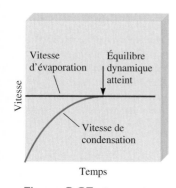

Figure 9.27 *Comparaison des vitesses d'évaporation et de condensation à température constante.*

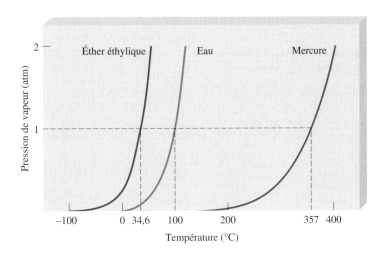

Figure 9.28 *Augmentation de la pression de vapeur de trois liquides en fonction de la température. Les points d'ébullition normaux des liquides (à 1 atm) sont indiqués sur l'axe des x.*

La figure 9.28 montre la variation de la pression de vapeur en fonction de la température pour trois liquides différents. On sait que le nombre de molécules ayant une énergie cinétique élevée augmente avec la température; il en est donc de même pour la vitesse d'évaporation. C'est pourquoi la pression de vapeur d'un liquide augmente toujours avec la température. Par exemple, la pression de vapeur de l'eau est de 17,5 mm Hg à 20 °C, mais elle passe à 760 mm Hg à 100 °C (*figure 4.18, p. 115*).

La chaleur de vaporisation et le point d'ébullition

Une des manières d'évaluer les forces qui maintiennent les molécules dans un liquide est de mesurer la ***chaleur molaire de vaporisation*** (ΔH_{vap}), c'est-à-dire l'*énergie* (habituellement donnée en kilojoules) *requise pour vaporiser une mole d'un liquide*. Cette grandeur est directement reliée aux forces intermoléculaires présentes dans le liquide. Si l'attraction intermoléculaire est forte, il faut beaucoup d'énergie pour libérer les molécules de la phase liquide. Par conséquent, un tel liquide a une pression de vapeur relativement basse et une chaleur molaire de vaporisation élevée.

L'équation de Clausius-Clapeyron relie de manière quantitative la pression de vapeur P d'un liquide à sa température absolue T. Cette équation s'écrit

$$\ln P = -\frac{\Delta H_{\text{vap}}}{RT} + C \tag{9.1}$$

où ln est le logarithme naturel, R la constante des gaz (8,314 J/K • mol) et C une constante. L'équation de Clausius-Clapeyron correspond à l'équation d'une droite de la forme $y = mx + b$.

$$\ln P = \left(-\frac{\Delta H_{\text{vap}}}{R}\right)\left(\frac{1}{T}\right) + C$$

$$\underset{y}{\updownarrow} = \underset{m}{\updownarrow} \quad \underset{x}{\updownarrow} + \underset{b}{\updownarrow}$$

En mesurant la pression de vapeur d'un liquide à différentes températures et en traçant le graphe de ln P en fonction de $1/T$, on peut évaluer la pente de la droite correspondant à l'équation; cette pente est égale à $-\Delta H_{\text{vap}}/R$. (On suppose que ΔH_{vap} est indépendante de la température.) C'est ainsi que la plupart des chaleurs de vaporisation sont déterminées. La figure 9.29 montre les graphes de ln P en fonction de $1/T$ pour l'eau et l'éther diéthylique ($C_2H_5OC_2H_5$). Il faut noter que la pente de la droite dans le cas de l'eau est plus raide que celle de l'éther parce que l'eau a une valeur de ΔH_{vap} plus élevée.

Par contre, si on connaît les valeurs de ΔH_{vap} et de P d'un liquide à une température donnée, on peut utiliser l'équation de Clausius-Clapeyron pour calculer la pression de ce liquide à une autre température. Aux températures T_1 et T_2, si les pressions de vapeur correspondantes sont de P_1 et de P_2, on peut alors écrire, à partir de l'équation (9.1),

$$\ln P_1 = -\frac{\Delta H_{vap}}{RT_1} + C \tag{9.2}$$

$$\ln P_2 = -\frac{\Delta H_{vap}}{RT_2} + C \tag{9.3}$$

En soustrayant l'équation (9.3) de l'équation (9.2), on obtient

$$\ln P_1 - \ln P_2 = -\frac{\Delta H_{vap}}{RT_1} - \left(-\frac{\Delta H_{vap}}{RT_2}\right)$$

$$= \frac{\Delta H_{vap}}{R}\left(\frac{1}{T_2} - \frac{1}{T_1}\right)$$

d'où

$$\ln \frac{P_1}{P_2} = \frac{\Delta H_{vap}}{R}\left(\frac{1}{T_2} - \frac{1}{T_1}\right)$$

$$= \frac{\Delta H_{vap}}{R}\left(\frac{T_1 - T_2}{T_1 T_2}\right) \tag{9.4}$$

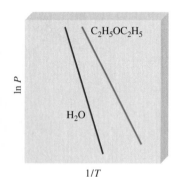

Figure 9.29 *Graphes de* ln P *en fonction de 1/T pour l'eau et l'éther diéthylique.*

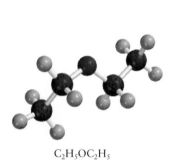

$C_2H_5OC_2H_5$

Problème semblable : 9.80

EXEMPLE 9.5   Le calcul de la pression de vapeur à une température donnée

L'éther diéthylique (ou diéthyléther) est un liquide organique volatil très inflammable, surtout utilisé comme solvant. La pression de vapeur de l'éther diéthylique est de 401 mm Hg à 18 °C. Calculez sa pression de vapeur à 32 °C. La chaleur molaire de vaporisation du diéthyléther est de 26,0 kJ/mol.

Réponse: ΔH_{vap} = 26,0 kJ/mol = 26 000 J/mol. Les données sont

$$P_1 = 401 \text{ mm Hg} \qquad P_2 = ?$$

$$T_1 = 18 \,°C = 291 \text{ K} \qquad T_2 = 32 \,°C = 305 \text{ K}$$

Selon l'équation (9.4), nous avons

$$\ln \frac{401}{P_2} = \frac{26\,000 \text{ J/mol}}{8,314 \text{ J/K} \cdot \text{mol}}\left[\frac{291 \text{ K} - 305 \text{ K}}{(291 \text{ K})(305 \text{ K})}\right]$$

et, en prenant l'antilogarithme des deux membres (*voir* appendice 2), nous obtenons

$$\frac{401}{P_2} = 0,6106$$

d'où $\qquad\qquad\qquad P_2 = 657 \text{ mm Hg}$

EXERCICE

La pression de vapeur de l'éthanol est de 100 mm Hg à 34,9 °C. Quelle est sa pression de vapeur à 63,5 °C ? (La ΔH_{vap} de l'éthanol est de 39,3 kJ/mol.)

Pour comprendre de façon simple ce qu'est en pratique la chaleur de vaporisation, frottez de l'alcool sur vos mains. La chaleur de vos mains augmente l'énergie cinétique des molécules d'alcool. L'alcool s'évapore alors rapidement, retirant la chaleur de vos mains, ce qui les refroidit. Ce processus est semblable à celui de la transpiration, qui est un moyen qu'utilise l'organisme pour maintenir sa température constante. À cause des fortes liaisons intermoléculaires dues aux ponts hydrogène qui existent dans l'eau, il faut une quantité considérable d'énergie pour évaporer la sueur de la surface du corps. Cette énergie provient de la chaleur générée par les différents processus du métabolisme.

Une bouteille d'isopropanol (alcool à friction).

Vous savez déjà que la pression de vapeur d'un liquide augmente avec la température. Chaque liquide commence à bouillir à une température spécifique. Cette température est le ***point d'ébullition,*** c'est-à-dire la *température à laquelle la pression de vapeur d'un liquide est égale à la pression extérieure*. Le point d'ébullition normal d'un liquide est celui qui est mesuré quand la pression extérieure est de 1 atm.

Au point d'ébullition, des bulles apparaissent dans le liquide. En se formant, ces bulles repoussent le liquide qui occupait l'espace qu'elles prennent ; par conséquent, le niveau du liquide monte dans le contenant. La pression qui s'exerce *sur* la bulle est principalement la pression atmosphérique plus une certaine *pression hydrostatique* (pression causée par la présence du liquide). Par contre, la pression *dans* la bulle est seulement due à la pression de vapeur du liquide. Quand cette dernière est égale à la pression extérieure, la bulle monte à la surface et éclate. Si la pression dans la bulle est inférieure à la pression extérieure, la bulle disparaît avant de pouvoir s'élever. On peut donc en conclure que le point d'ébullition d'un liquide dépend de la pression extérieure. (On néglige habituellement la faible contribution de la pression hydrostatique.) Par exemple, à 1 atm, l'eau bout à 100 °C, mais si la pression est réduite à 0,5 atm, l'eau bout à seulement 82 °C.

Puisque le point d'ébullition est défini en relation avec la pression de vapeur, on peut s'attendre à ce qu'il soit aussi relié à la chaleur molaire de vaporisation : plus ΔH_{vap} est élevé, plus le point d'ébullition est élevé. Les données du tableau 9.6 confirment en gros ces prédictions. Finalement, on peut dire que le point d'ébullition et ΔH_{vap} dépendent tous deux de la valeur des forces intermoléculaires. Par exemple, l'argon (Ar) et le méthane (CH$_4$), qui ont des forces de dispersion faibles, ont des points d'ébullition et des chaleurs molaires de vaporisation bas. L'éther éthylique (C$_2$H$_5$OC$_2$H$_5$) a un moment dipolaire, et ses forces dipôle-dipôle expliquent son point d'ébullition et sa valeur de ΔH_{vap} moyennement élevés. L'éthanol (C$_2$H$_5$OH) et l'eau ont des liaisons hydrogène fortes, c'est ce qui explique leurs points d'ébullition et leurs valeurs de ΔH_{vap} élevés. Les liaisons métalliques fortes font que le mercure a le point d'ébullition et la valeur de ΔH_{vap} les plus élevés de ce groupe de liquides. Fait intéressant, le point d'ébullition du benzène, une substance non polaire, est comparable à celui de l'éthanol. Le benzène a une grande polarisabilité et, par conséquent, les forces de dispersion parmi ses molécules peuvent être aussi fortes et même plus fortes que les forces dipôle-dipôle et/ou les liaisons hydrogène.

TABLEAU 9.6   CHALEUR MOLAIRE DE VAPORISATION DE CERTAINS LIQUIDES

Substance	Point d'ébullition* (°C)	ΔH_{vap} (kJ/mol)
Argon (Ar)	−186	6,3
Méthane (CH$_4$)	−164	9,2
Éther éthylique (C$_2$H$_5$OC$_2$H$_5$)	34,6	26,0
Éthanol (C$_2$H$_5$OH)	78,3	39,3
Benzène (C$_6$H$_6$)	80,1	31,0
Eau (H$_2$O)	100	40,79
Mercure (Hg)	357	59,0

* À 1 atm.

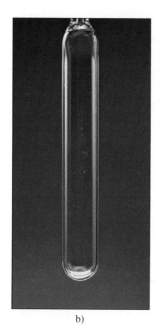

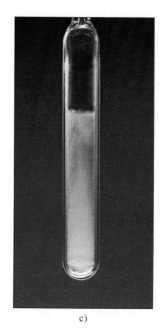

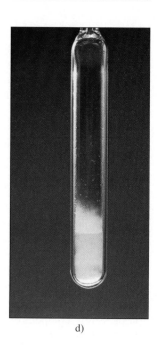

a)   b)   c)   d)

Figure 9.30
*Comportement de
l'hexafluorure de soufre
autour de sa température
critique. a) Sous la
température critique.
b) Au-dessus de la
température critique.
Notez que la phase liquide
disparaît. c) La substance
est refroidie juste sous sa
température critique.
La buée est causée par la
condensation de la vapeur.
d) Finalement, le retour
de la phase liquide.*

La température critique et la pression critique

Le processus inverse de l'évaporation est la condensation. En principe, on peut liquéfier un gaz en utilisant deux techniques. Ou bien on le refroidit : on diminue alors l'énergie cinétique de ses molécules et finalement celles-ci s'agglomèrent pour former de petites gouttes de liquide. Ou bien on augmente la pression : la distance moyenne entre les molécules est alors réduite, au point que leur attraction mutuelle devient efficace. La liquéfaction industrielle fait appel à ces deux méthodes.

Chaque substance a sa ***température critique*** **(T$_c$)** ***(ou point critique)***, c'est-à-dire la *température au-dessus de laquelle un gaz ne peut être liquéfié, quelle que soit la valeur de la pression appliquée.* C'est également la *température la plus élevée à laquelle une substance donnée peut exister à l'état liquide.* La ***pression critique*** **(P$_c$)** est la *pression minimale qu'il faut appliquer pour liquéfier un gaz à sa température critique.* On peut expliquer qualitativement l'existence de la température critique de la manière suivante. Pour toute substance, l'attraction intermoléculaire est une grandeur finie. En dessous de T_c, cette attraction est suffisamment forte pour maintenir les molécules ensemble (sous une pression appropriée) dans un liquide. Au delà de T_c, le mouvement moléculaire devient si fort que les molécules peuvent toujours échapper à cette attraction. La figure 9.30 montre ce qui arrive quand on chauffe de l'hexafluorure de soufre au delà de sa température critique (45,5 °C) puis qu'on le refroidit sous les 45,5 °C.

Le tableau 9.7 donne la température et la pression critiques de certaines substances courantes. Le benzène, l'éthanol, le mercure et l'eau, dont les forces intermoléculaires sont grandes, ont des températures critiques élevées comparativement à celles des autres substances énumérées.

L'équilibre liquide-solide

Le passage de l'état liquide à l'état solide s'appelle *congélation* (ou solidification) ; le processus inverse est la fusion. Le ***point de fusion*** d'un solide (ou le point de congélation d'un liquide) est la *température à laquelle les phases solide et liquide coexistent en équilibre.* Le point de fusion *normal* (ou le point de congélation *normal*) d'une substance est celui qui est mesuré à une pression de 1 atm. Généralement, on néglige de dire « normal » quand on parle du point de fusion d'une substance à 1 atm.

TABLEAU 9.7	TEMPÉRATURE ET PRESSION CRITIQUES DE CERTAINES SUBSTANCES	
Substance	T_c (°C)	P_c (atm)
Ammoniac (NH_3)	132,4	111,5
Argon (Ar)	-186	6,3
Benzène (C_6H_6)	288,9	47,9
Dioxyde de carbone (CO_2)	31,0	73,0
Éthanol (C_2H_5OH)	243	63,0
Éther éthylique ($C_2H_5OC_2H_5$)	192,6	35,6
Mercure (Hg)	1462	1036
Méthane (CH_4)	$-83,0$	45,6
Hydrogène moléculaire (H_2)	$-239,9$	12,8
Azote moléculaire (N_2)	$-147,1$	33,5
Oxygène moléculaire (O_2)	$-118,8$	49,7
Hexafluorure de soufre (SF_6)	45,5	37,6
Eau (H_2O)	374,4	219,5

L'équilibre liquide-solide le plus connu est celui de l'eau et de la glace. À 0 °C et à 1 atm, on représente l'équilibre dynamique de la manière suivante :

$$glace \rightleftharpoons eau$$

Un verre d'eau contenant des glaçons fournit une illustration concrète de cet équilibre dynamique. Alors que certains cubes de glace fondent pour former de l'eau, l'eau qui se trouve entre les glaçons peut geler et ainsi souder les cubes. Ce n'est toutefois pas un véritable équilibre dynamique, puisque la température du verre n'est pas maintenue à 0 °C ; toute la glace finira donc par fondre.

Les molécules étant retenues plus fortement à l'état solide qu'à l'état liquide, il faut fournir de la chaleur pour produire le changement de phase solide-liquide. En examinant la courbe de chauffage montrée à la figure 9.31, on peut voir que lorsqu'un solide est chauffé, sa température s'accroît jusqu'à ce qu'elle atteigne le point A où le solide commence à fondre. Durant cette période de fusion (A $\longrightarrow$ B), qui correspond au premier plateau sur la courbe, il y a absorption de chaleur par le système, même si la température demeure constante. Cette chaleur permet aux molécules de vaincre les forces attractives dans le solide. Lorsque le solide a complètement fondu (point B), la chaleur absorbée accroît l'énergie cinétique moyenne des molécules à l'état liquide, ce qui cause une augmentation de la température du liquide (B $\longrightarrow$ C). On peut expliquer l'étape de la vaporisation (C $\longrightarrow$ D) de façon similaire. La température reste constante tant que l'accroissement de l'énergie cinétique sert à vaincre les forces de cohésion à l'intérieur du liquide. Lorsque toutes les molécules sont passées à l'état gazeux, la température recommence à monter.

Iode solide en équilibre avec sa vapeur.

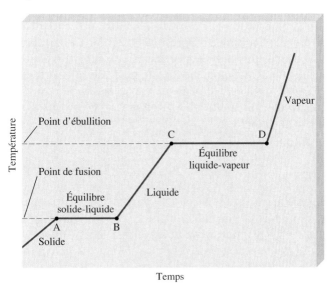

Figure 9.31 *Courbe type de chauffage d'une substance, de la phase solide à la phase liquide à la phase gazeuse. Du fait que la ΔH_{fus} est plus petite que la ΔH_{vap}, la durée du temps de fusion est plus petite que celle de l'ébullition. Cela explique pourquoi le segment AB est plus court que le segment CD. Les valeurs des pentes des différentes droites pour le solide, le liquide et la vapeur dépendent des chaleurs spécifiques de la substance dans chaque état.*

TABLEAU 9.8	CHALEUR MOLAIRE DE FUSION DE CERTAINES SUBSTANCES	
Substance	Point de fusion* (°C)	ΔH_{fus} (kJ/mol)
Argon (Ar)	−190	1,3
Méthane (CH$_4$)	−183	0,84
Éther éthylique (C$_2$H$_5$OC$_2$H$_5$)	−116,2	6,90
Éthanol (C$_2$H$_5$OH)	−117,3	7,61
Benzène (C$_6$H$_6$)	5,5	10,9
Eau (H$_2$O)	0	6,01
Mercure (Hg)	−39	23,4

* À 1 atm.

On appelle **chaleur molaire de fusion** (ΔH_{fus}) l'*énergie* (habituellement donnée en kilojoules) *requise pour fondre une mole d'un solide*. Le tableau 9.8 montre la chaleur molaire de fusion des substances nommées au tableau 9.6. Si l'on compare les données de ces deux tableaux, on remarque que, pour chaque substance, ΔH_{fus} est inférieur à ΔH_{vap}. Cela est en accord avec le fait que, dans un liquide, les molécules restent relativement près les unes des autres. Il faut donc beaucoup moins d'énergie pour faire passer ces molécules de la phase solide à la phase liquide qu'il n'en faut pour rompre les attractions inter-moléculaires et les séparer les unes des autres afin de les faire passer à la phase vapeur.

L'équilibre solide-vapeur

Les solides aussi subissent une évaporation, ils ont ainsi une pression de vapeur. Voyez l'équilibre dynamique suivant:

$$\text{solide} \rightleftharpoons \text{vapeur}$$

On appelle **sublimation** le *processus par lequel les molécules passent directement de la phase solide à la phase vapeur*. Le processus inverse (qui est le *passage direct de la phase vapeur à la phase solide*) s'appelle **déposition.** Le naphtalène (une substance utilisée pour éloigner les mites) a une pression de vapeur relativement élevée pour un solide (1 mm Hg à 53 °C); c'est pourquoi sa vapeur odorante remplit rapidement les espaces fermés. Généralement, puisque les molécules y sont maintenues plus fermement, la pression de vapeur d'une substance est de beaucoup moins élevée à l'état solide qu'à l'état liquide. L'*énergie nécessaire pour sublimer une mole d'un solide*, qu'on appelle **chaleur molaire de sublimation** (ΔH_{sub}) est donnée par la somme des chaleurs molaires de fusion et de vaporisation:

$$\Delta H_{sub} = \Delta H_{fus} + \Delta H_{vap} \tag{9.5}$$

À proprement parler, l'équation (9.5), qui est une illustration de la loi de Hess, n'est valable que si tous les changements de phase se produisent à la même température. L'enthalpie (ou variation d'énergie) du processus global reste la même, que la substance passe de la phase solide à la phase de vapeur ou qu'elle passe de solide à liquide puis à vapeur. La figure 9.32 résume les différents types de changements de phase abordés dans la présente section.

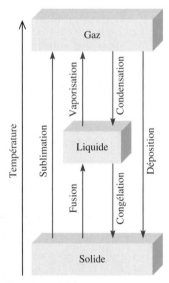

Figure 9.32 *Les différents changements de phase que peut subir une substance.*

9.7 LES DIAGRAMMES DE PHASES

La meilleure façon d'obtenir une vue d'ensemble des relations entre les phases solide, liquide et vapeur est de rassembler toutes ces données en un seul graphique appelé *diagramme de phases*. Un **diagramme de phases** décrit les *conditions de température et de pression dans lesquelles une substance se retrouve à l'état solide, liquide ou gazeux*. Dans cette section, nous aborderons brièvement les diagrammes de phases de l'eau et du dioxyde de carbone.

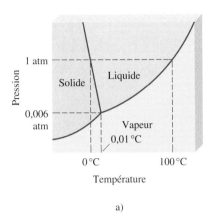

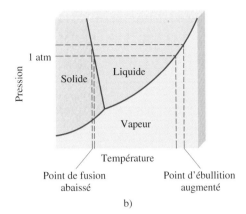

a)   b)

a) Le diagramme de phases de l'eau. Notez que la courbe liquide-vapeur s'arrête à la température critique de l'eau. b) Ce diagramme indique que l'augmentation de la pression exercée sur la glace abaisse son point de fusion et que l'augmentation de la pression exercée sur l'eau liquide élève son point d'ébullition.

L'eau

La figure 9.33 a) montre le diagramme de phases de l'eau. Ce graphique est divisé en trois surfaces appelées domaines, chacun représentant une seule phase. Les courbes qui délimitent deux domaines indiquent les conditions dans lesquelles les deux phases peuvent coexister en équilibre. Par exemple, la courbe située entre les phases liquide et vapeur montre la variation de la pression de vapeur à l'équilibre en fonction de la température. (Comparez cette courbe avec celle de la figure 9.28.) Les deux autres courbes indiquent, de la même manière, les conditions dans lesquelles il y a équilibre entre la glace et l'eau liquide, et entre la glace et la vapeur d'eau. (Notez que la courbe d'équilibre solide-liquide a une pente négative.) Le point où les trois courbes se rencontrent s'appelle ***point triple.*** Dans le cas de l'eau, les coordonnées de ce point, qui sont 0,01 °C et 0,006 atm, correspondent aux seules *température et pression où les trois phases sont en équilibre entre elles.* Le dernier point de la courbe liquide-vapeur s'appelle *point critique*; il a comme coordonnées les valeurs de P_c et T_c.

Les diagrammes de phases permettent de prédire les variations du point de fusion et du point d'ébullition d'une substance en fonction des modifications de la pression extérieure; ils permettent également de prédire le sens des changements de phase occasionnés par les variations de température et de pression. Les points de fusion et d'ébullition normaux de l'eau (mesurés à 1 atm) sont respectivement 0 °C et 100 °C. Qu'arriverait-il si on la faisait fondre et bouillir à une pression différente? La figure 9.33 b) montre qu'une augmentation de la pression au-dessus de 1 atm élève le point d'ébullition et abaisse le point de fusion. Une baisse de pression abaisse le point d'ébullition et élève le point de fusion.

Le dioxyde de carbone

Le diagramme de phases du dioxyde de carbone (*figure 9.34*) ressemble à celui de l'eau, à la différence que la pente de la courbe d'équilibre solide-liquide est positive. En fait, cela est vrai pour presque toutes les substances. L'eau se comporte différemment parce que la glace a une masse volumique inférieure à celle de l'eau liquide. Le point triple du dioxyde de carbone se situe à 5,2 atm et à −57 °C.

L'examen du diagramme de phases illustré à la figure 9.34 nous permet de faire une observation intéressante: comme toute la phase liquide est située bien au-dessus de la pression atmosphérique, il est impossible au dioxyde de carbone solide de fondre à 1 atm. À 1 atm, quand le CO_2 solide est chauffé à −78 °C, il passe directement à la phase vapeur. Dans le langage courant, on appelle glace sèche le dioxyde de carbone solide parce qu'il ressemble à de la glace et qu'il *ne fond pas* (*figure 9.35*). Cette propriété fait qu'on utilise la glace sèche comme agent refroidissant.

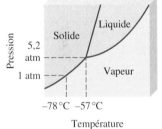

Le diagramme de phases du dioxyde de carbone. Notez que la courbe solide-liquide a une pente positive. La phase liquide n'est pas stable sous 5,2 atm. Ainsi, seules les phases solide et vapeur peuvent exister dans les conditions atmosphériques.

Dans les conditions atmosphériques, le dioxyde de carbone solide ne fond pas; il ne peut que sublimer. Le dioxyde de carbone gazeux froid (−78 °C) provoque la condensation de la vapeur d'eau, d'où le léger brouillard.

LA CHIMIE EN ACTION

LA CUISSON D'UN ŒUF À LA COQUE À HAUTE ALTITUDE, LES COCOTTES MINUTE ET LE PATINAGE SUR GLACE

La pression ambiante influe sur les équilibres de phases. Selon les conditions atmosphériques, les points d'ébullition et de congélation de l'eau peuvent dévier passablement de leurs valeurs habituelles respectives de 100 °C et de 0 °C, comme nous le verrons ici.

La cuisson d'un œuf à la coque à haute altitude

Supposons que vous venez tout juste d'escalader le mont Logan, le plus haut sommet des Rocheuses à 5959 m d'altitude, et que vous décidez de vous faire cuire un œuf à la coque. Vous êtes surpris de constater que l'eau s'est mise à bouillir rapidement mais, après 10 min d'ébullition, l'œuf n'est pas encore cuit. Si vous aviez eu la moindre connaissance des équilibres de phases, vous auriez pu éviter de casser la coquille de cet œuf non cuit (déception encore plus grande s'il s'agissait du seul œuf que vous aviez emporté !). À cette altitude, la pression atmosphérique est seulement de 0,5 atm. À la figure 9.33 b), on peut voir que le point d'ébullition de l'eau diminue si la pression diminue ; à cette faible pression, l'eau bout à environ 81 °C. Cependant, ce n'est pas le bouillonnement mais plutôt la quantité de chaleur transmise à l'œuf qui le fait cuire, et cette quantité de chaleur est proportionnelle à la température de l'eau. Il faudrait donc beaucoup plus de temps pour parvenir à faire cuire votre œuf, au-delà de 30 min.

Les cocottes minute

L'influence de la pression sur le point d'ébullition permet aussi d'expliquer pourquoi les autocuiseurs nous font gagner du temps en cuisant plus rapidement les aliments. Un autocuiseur est une marmite scellée qui laisse la vapeur s'échapper seulement si elle excède une certaine pression. La pression au-dessus de l'eau dans l'autocuiseur est la somme de la pression atmosphérique et de la pression de vapeur. Par conséquent, l'eau dans l'autocuiseur bouillira à une température supérieure à 100 °C et les aliments qu'il contient étant plus chauds, ils pourront cuire plus vite.

Le patinage sur glace

Intéressons-nous maintenant à l'équilibre glace-eau. La valeur négative de la pente de la courbe solide-liquide signifie que le point de fusion de la glace diminue quand la pression externe augmente [*figure 9.33 b*]. Ce phénomène rend possible le patinage sur glace. Du fait que les lames des patins sont très minces, une personne pesant 60 kg peut exercer une pression équivalant à 500 atm sur la glace. (Rappelez-vous que la pression est la force exercée par unité de surface.) Ainsi, à une température

La pression exercée par la patineuse sur la glace cause une diminution du point de fusion, et le film d'eau formé sous les lames agit comme lubrifiant entre les patins et la glace.

inférieure à 0 °C, la glace fond sous la lame et un mince film d'eau se forme, ce qui facilite le mouvement sur la glace. Des calculs démontrent que le point de fusion de la glace diminue de $7,4 \times 10^{-3}$ °C par accroissement de 1 atm. Donc, lorsque la pression exercée par le patineur sur la glace est de 500 atm, le point de fusion descend à $-(500 \times 7,4 \times 10^{-3})$ ou $-3,7$ °C. En fait, il faut aussi tenir compte de la chaleur causée par la friction des lames au contact de la glace, principal facteur de fonte de la glace. C'est ce qui explique pourquoi il est possible de faire du patin à l'extérieur même quand la température descend au-dessous de -20 °C.

Résumé

1. Toutes les substances existent sous la forme d'un des trois états : gazeux, liquide ou solide. La principale différence entre l'état gazeux et les états condensés est la distance qui sépare les molécules.

2. Les forces intermoléculaires s'exercent entre les molécules ou entre les molécules et les ions. En général, elles sont beaucoup plus faibles que les forces de liaison.

3. Les forces dipôle-dipôle et les forces ion-dipôle attirent les molécules qui ont des moments dipolaires vers les molécules polaires ou les ions.

4. Les forces de dispersion sont le résultat des moments dipolaires temporaires induits dans des molécules normalement non polaires. La valeur qu'un moment dipolaire induit peut avoir pour une molécule donnée dépend de sa polarisabilité. Les forces dipôle-dipôle, dipôle-dipôle induit et de dispersion s'appellent de façon globale, les forces de van der Waals.

5. La liaison hydrogène est une force dipôle-dipôle plutôt grande qui agit entre un atome d'hydrogène déjà lié par une liaison polaire et l'un des atomes électronégatifs O, N ou F appartenant à une autre liaison. Dans l'eau, les liaisons hydrogène qui s'exercent entre les molécules sont particulièrement fortes.

6. Les liquides ont tendance à adopter une forme qui leur assure un minimum de surface. La tension superficielle est l'énergie nécessaire pour agrandir la surface d'un liquide ; des attractions intermoléculaires fortes causent une tension superficielle élevée.

7. La viscosité est une grandeur qui exprime la résistance d'un liquide à l'écoulement ; elle diminue quand la température augmente.

8. Les molécules d'eau à l'état solide forment un réseau tridimensionnel dans lequel chaque atome d'oxygène est lié de manière covalente à deux atomes d'hydrogène et par des liaisons hydrogène à deux autres atomes d'hydrogène. Cette structure unique permet d'expliquer le fait que la glace a une masse volumique inférieure à celle de l'eau.

9. L'eau joue aussi un rôle écologique grâce à sa chaleur spécifique élevée, une autre caractéristique due à ses fortes liaisons hydrogène. Les grandes étendues d'eau peuvent rendre le climat modéré en libérant ou en absorbant de grandes quantités de chaleur, tout en ne subissant que de petites variations de température.

10. Les solides sont soit cristallins (structure ordonnée d'atomes, d'ions ou de molécules), soit amorphes (sans structure ordonnée).

11. L'unité structurale de base d'un solide cristallin est la maille élémentaire qui, en se répétant, forme un réseau cristallin tridimensionnel.

12. Il existe quatre types de solides cristallins : 1) ioniques, maintenus par des liaisons ioniques ; 2) moléculaires, maintenus par des forces de van der Waals ou des liaisons hydrogène ; 3) covalents, maintenus par des liaisons covalentes ; 4) métalliques, maintenus par des liaisons métalliques (*voir* aussi le tableau 9.5, p. 305).

13. Un liquide contenu dans un récipient fermé finit par atteindre un état d'équilibre dynamique entre l'évaporation et la condensation. La pression de vapeur du liquide dans ces conditions est définie comme la pression de vapeur à l'équilibre (appelée couramment pression de vapeur).

14. Au point d'ébullition, la pression de vapeur d'un liquide est égale à la pression extérieure. La chaleur molaire de vaporisation d'un liquide est l'énergie requise pour évaporer 1 mol de ce liquide. Elle peut être déterminée à l'aide de l'équation de Clausius-Clapeyron [équation (9.1)] à la suite des mesures de la pression de vapeur en fonction de la température. La chaleur molaire de fusion d'un solide est l'énergie requise pour fondre 1 mol de ce solide.

15. Chaque substance a sa température critique, c'est-à-dire la température au-dessus de laquelle on ne peut la faire passer de l'état gazeux à l'état liquide.

16. Les relations existant entre les différentes phases d'une même substance sont représentées par un diagramme de phases. Dans ce diagramme, chaque domaine représente une seule phase et les courbes qui délimitent les phases indiquent les valeurs de température et de pression pour lesquelles deux phases coexistent en équilibre. Au point triple, les trois phases sont en équilibre.

Équations clés

$$\ln P = -\frac{\Delta H_{vap}}{RT} + C$$ L'équation de Clausius-Clapeyron peut servir à déterminer la ΔH_{vap} d'un liquide.   (9.1)

$$\ln \frac{P_1}{P_2} = \frac{\Delta H_{vap}}{R}\left(\frac{T_1 - T_2}{T_1 T_2}\right)$$ Permet de calculer la ΔH_{vap}, la pression de vapeur ou le point d'ébullition d'un liquide.   (9.4)

$$\Delta H_{sub} = \Delta H_{fus} + \Delta H_{vap}$$ (9.5)

Mots clés

Chaleur molaire de fusion (ΔH_{fus}), p. 312
Chaleur molaire de sublimation (ΔH_{sub}), p 312
Chaleur molaire de vaporisation (ΔH_{vap}), p. 307
Chaleur spécifique, p. 296
Changements de phase, p. 305
Condensation, p. 306
Déposition, p. 312
Diagramme de phases, p. 312
Dipôle induit, p. 290
Équilibre dynamique, p. 306
Évaporation, p. 306
Force d'adhésion, p. 295

Force de cohésion, p. 295
Forces de dispersion, p. 291
Forces de van der Waals, p. 289
Forces dipôle-dipôle, p. 289
Forces intermoléculaires, p. 288
Forces intramoléculaires, p. 289
Forces ion-dipôle, p. 289
Hydratation, p. 290
Indice de coordination, p. 300
Liaison hydrogène, p. 292
Maille élémentaire, p. 299
Nœud, p. 299
Phase, p. 305
Point critique, p. 310
Point d'ébullition, p. 309

Point de fusion, p. 310
Point triple, p. 313
Polarisabilité, p. 290
Pression critique (P_c), p. 310
Pression de vapeur à l'équilibre, p. 306
Réseau, p. 299
Solide cristallin, p. 299
Sublimation, p. 312
Température critique (T_c), p. 310
Tension de vapeur à l'équilibre, p. 306
Tension superficielle, p. 295
Vaporisation, p. 306
Viscosité, p. 296

Questions et problèmes

LES FORCES INTERMOLÉCULAIRES
Questions de révision

9.1 Définissez les termes suivants et donnez un exemple pour chacun : a) forces dipôle-dipôle, b) forces dipôle-dipôle induit, c) forces ion-dipôle, d) forces de dispersion, e) forces de van der Waals.

9.2 Expliquez ce que signifie le terme «polarisabilité». Quels types de molécules ont tendance à avoir une polarisabilité élevée ? Quel rapport existe-t-il entre la polarisabilité et les forces intermoléculaires ?

9.3 Expliquez la différence entre le moment dipolaire temporaire induit d'une molécule et le moment dipolaire permanent d'une molécule polaire.

9.4 Nommez quelques phénomènes qui illustrent le fait que toutes les molécules exercent des forces attractives les unes sur les autres.

9.5 À quels types de caractéristiques physiques devriez-vous recourir pour comparer l'importance des forces intermoléculaires qui s'exercent dans les liquides et celles qui s'exercent dans les solides ?

9.6 Quels sont les éléments qui peuvent participer à une liaison hydrogène ?

Problèmes

9.7 Les molécules des substances Br_2 et ICl ont le même nombre d'électrons ; cependant Br_2 fond à $-7,2\,°C$, tandis que ICl fond à $27,2\,°C$. Expliquez cette différence.

9.8 Si vous viviez en Alaska, lequel des gaz naturels suivants garderiez-vous dans un réservoir extérieur en hiver : le méthane (CH_4), le propane (C_3H_8) ou le butane (C_4H_{10}) ? Justifiez votre choix.

9.9 Les composés binaires formés d'hydrogène et des éléments du groupe 4A (avec entre parenthèses leurs points d'ébullition) sont : CH_4 ($-162\,°C$), SiH_4 ($-112\,°C$), GeH_4 ($-88\,°C$) et SnH_4 ($-52\,°C$). Dites pourquoi le point d'ébullition augmente de CH_4 à SnH_4.

9.10 Nommez les forces intermoléculaires présentes dans chacune des espèces suivantes : a) le benzène (C_6H_6), b) CH_3Cl, c) PF_3, d) $NaCl$, e) CS_2.

9.11 L'ammoniac est à la fois un receveur et un donneur d'hydrogène dans une liaison hydrogène.

Illustrez à l'aide d'un diagramme les liaisons hydrogène entre une molécule d'ammoniac et deux autres molécules d'ammoniac.

9.12 Lesquelles des molécules suivantes peuvent former des liaisons hydrogène entre elles ?

a) C_2H_6, b) HI, c) KF, d) BeH_2, e) CH_3COOH

9.13 Classez les substances suivantes par ordre croissant de leur point d'ébullition : RbF, CO_2, CH_3OH, CH_3Br. Expliquez votre classement.

9.14 Le point d'ébullition de l'éther diéthylique est 34,5 °C, et celui du butan-1-ol, 117 °C.

éther diéthylique

butan-1-ol

Ces deux composés ont la même formule moléculaire (le même nombre et les mêmes types d'atomes). Dites pourquoi leurs points d'ébullition sont différents.

9.15 Dans chacune des paires suivantes, nommez la substance dont le point d'ébullition est le plus élevé : a) O_2 et N_2 ; b) SO_2 et CO_2 ; c) HF et HI.

9.16 Dans chacune des paires suivantes, nommez la substance dont le point d'ébullition est le plus élevé et expliquez votre choix : a) Ne et Xe ; b) CO_2 et CS_2 ; c) CH_4 et Cl_2 ; d) F_2 et LiF ; e) NH_3 et PH_3.

9.17 En utilisant le concept de forces intermoléculaires, dites pourquoi a) le point d'ébullition de NH_3 est supérieur à celui de CH_4, et b) le point de fusion de KCl est supérieur à celui de I_2.

9.18 Quel type de forces d'attraction faut-il rompre pour a) fondre de la glace, b) faire bouillir du brome moléculaire, c) fondre de l'iode solide et d) dissocier la molécule F_2 en atomes F ?

9.19 Les molécules non polaires suivantes ont le même nombre et les mêmes types d'atomes. Laquelle, selon vous, doit avoir le point d'ébullition le plus élevé ?

$CH_3-CH_2-CH_2-CH_3$ $CH_3-CH-CH_3$ avec CH_3

(*Indice* : les molécules qui peuvent s'imbriquer plus facilement subissent des attractions intermoléculaires plus fortes.)

9.20 Expliquez la différence entre les points de fusion des composés suivants :

Point de fusion 45 °C   Point de fusion 115 °C

(*Indice* : une seule de ces deux molécules peut former des liaisons hydrogène intramoléculaires.)

L'ÉTAT LIQUIDE
Questions de révision

9.21 Dites pourquoi les liquides, contrairement aux gaz, sont pratiquement incompressibles.

9.22 Dites ce qu'est la tension superficielle. Quelle est la relation entre la tension superficielle et les forces intermoléculaires dans un liquide ?

9.23 Même si la masse volumique de l'acier inoxydable est plus grande que celle de l'eau, une lame de rasoir en acier inoxydable peut flotter. Dites pourquoi.

9.24 Utilisez l'exemple de l'eau et du mercure pour expliquer ce que sont les forces d'adhésion et de cohésion.

9.25 Dites pourquoi, lorsqu'on remplit un verre légèrement au-dessus de son bord, l'eau ne déborde pas.

9.26 Faites des dessins expliquant la capillarité, dans trois tubes de différents diamètres, a) de l'eau et b) du mercure.

9.27 Qu'est-ce que la viscosité ? Quelle est la relation entre les forces intermoléculaires d'un liquide et sa viscosité ?

9.28 Pourquoi la viscosité d'un liquide diminue-t-elle quand la température augmente ?

9.29 Expliquez pourquoi la glace flotte sur l'eau.

9.30 Pourquoi en hiver dans les pays froids les conduites d'eau extérieures doivent-elles être vidées ou isolées ?

Problèmes

9.31 Lequel des liquides suivants a la tension superficielle la plus élevée : l'éthanol (C_2H_5OH) ou l'éther diméthylique (CH_3OCH_3) ?

9.32 Comparez la viscosité de l'éthylène glycol à celles de l'éthanol et du glycérol (*voir* tableau 9.3).

$$CH_2\text{—}OH$$
$$|$$
$$CH_2\text{—}OH$$

éthylène glycol

LES SOLIDES CRISTALLINS
Questions de révision

9.33 Définissez les termes suivants : solide cristallin, nœud, maille élémentaire, indice de coordination.

9.34 Décrivez la forme des mailles cubiques suivantes : maille cubique simple, maille cubique centrée I, maille cubique centrée F. Laquelle de ces mailles, si elles sont toutes formées du même type d'atome, aura la masse volumique la plus élevée ?

9.35 Décrivez à l'aide d'exemples les types de solides cristallins suivants : a) ionique, b) covalent, c) moléculaire, d) métallique.

9.36 On vous donne un solide dur, friable et qui ne conduit pas l'électricité. Toutefois, la même substance à l'état liquide et en solution aqueuse conduit l'électricité. De quel type de solide s'agit-il ?

9.37 Un solide mou a un point de fusion bas (sous les 100 °C). Cette substance ne conduit pas l'électricité, qu'elle soit à l'état solide ou liquide, ou en solution. De quel type de solide s'agit-il ?

9.38 Un solide est très dur et a un point de fusion élevé. Cette substance, qu'elle soit solide ou liquide, ne conduit pas l'électricité. De quel type de solide s'agit-il ?

9.39 Pourquoi les métaux sont-ils de bons conducteurs de chaleur et d'électricité ? Pourquoi la résistance électrique d'un métal augmente-t-elle quand la température augmente ?

9.40 Dites quel type de solide forme chacun des éléments de la deuxième période du tableau périodique.

9.41 Le point de fusion de chacun des oxydes des éléments de la troisième période est donné entre parenthèses : Na_2O (1275 °C), MgO (2800 °C), Al_2O_3 (2045 °C), SiO_2 (1610 °C), P_4O_{10} (580 °C), SO_3 (16,8 °C), Cl_2O_7 (−91,5 °C). Dans chaque cas, de quel type de solide s'agit-il ?

9.42 Lesquels de ces solides sont moléculaires et lesquels sont covalents ? Se_8, HBr, Si, CO_2, C, P_4O_6, B, SiH_4.

Problèmes

9.43 Quel est l'indice de coordination de chaque sphère dans a) un réseau cubique simple, b) un réseau cubique centré I, et c) un réseau cubique centré F ? Supposez que les sphères sont de taille égale.

9.44 Calculez le nombre de sphères contenues dans les mailles élémentaires suivantes : cubique simple, cubique centrée I et cubique centrée F. Supposez que les sphères sont toutes de même taille et qu'elles ne sont situées qu'aux nœuds.

9.45 Le fer cristallise en un réseau cubique. L'arête de la maille vaut 287 pm. La masse volumique du fer est de 7,87 g/cm^3. Combien d'atomes de fer y a-t-il dans une maille élémentaire ?

9.46 Le baryum cristallise en un réseau cubique centré I (les atomes Ba n'occupent que les nœuds). L'arête de la maille est de 502 pm ; la masse volumique de Ba est de 3,50 g/cm^3. Selon ces données, calculez le nombre d'Avogadro. (*Indice :* calculez d'abord le volume occupé par une mole d'atomes Ba dans ce type de maille élémentaire, puis calculez le volume occupé par un des atomes Ba dans une maille élémentaire.)

9.47 Le vanadium cristallise en un réseau cubique centré I (les atomes V n'occupent que les nœuds). Combien d'atomes V y a-t-il dans une maille élémentaire ?

9.48 L'europium cristallise en un réseau cubique centré I (les atomes Eu n'occupent que les nœuds). La masse volumique de Eu est de 5,26 g/cm^3. Calculez la longueur de l'arête de la maille en picomètres.

9.49 Le silicium cristallin a une structure cubique. L'arête de sa maille élémentaire est de 543 pm. La masse volumique du solide est de 2,33 g/cm^3.

Calculez le nombre d'atomes Si contenus dans une maille élémentaire.

9.50 Soit un solide dont la maille cubique centrée F contient huit atomes de coin X et six atomes de face Y. Quelle est la formule empirique de ce solide ?

9.51 Classez les solides suivants en solides ioniques, covalents, moléculaires ou métalliques : a) CO_2, b) B, c) S_8, d) KBr, e) Mg, f) SiO_2, g) LiCl, h) Cr.

9.52 Dites pourquoi le diamant est plus dur que le graphite.

LES CHANGEMENTS DE PHASE
Questions de révision

9.53 Définissez l'expression « changement de phase ». Nommez tous les changements possibles qui peuvent se produire entre les phases gazeuse, liquide et solide d'une substance.

9.54 Qu'est-ce que la pression de vapeur à l'équilibre d'un liquide ? Comment varie-t-elle avec la température ?

9.55 Prenez l'exemple d'un changement de phase de votre choix pour expliquer ce qu'on entend par équilibre dynamique.

9.56 Définissez les termes suivants : a) chaleur molaire de vaporisation, b) chaleur molaire de fusion, c) chaleur molaire de sublimation. Quelles sont les unités utilisées pour exprimer ces grandeurs ?

9.57 Quel est le rapport entre la chaleur molaire de sublimation et les chaleurs molaires de vaporisation et de fusion ? Sur quelle loi cette relation se base-t-elle ?

9.58 Que nous apprend la chaleur molaire de vaporisation sur la force des attractions intermoléculaires qui s'exercent dans un liquide ?

9.59 Plus la chaleur molaire de vaporisation d'un liquide est élevée, plus sa pression de vapeur est élevée. Vrai ou faux ?

9.60 Qu'est-ce que le point d'ébullition ? De quelle manière le point d'ébullition d'un liquide dépend-il de la pression extérieure ? À l'aide du tableau 4.2, donnez le point d'ébullition de l'eau quand la pression extérieure est de 187,5 mm Hg.

9.61 Quand un liquide est chauffé à pression constante, sa température monte. On observe ce phénomène jusqu'au point d'ébullition du liquide. On ne peut plus alors augmenter la température du liquide par chauffage. Dites pourquoi.

9.62 Dites ce qu'est la température critique. Quelle est l'importance de la température critique dans la condensation des gaz ?

9.63 Quelle est la relation, pour un liquide donné, entre les forces intermoléculaires, le point d'ébullition et la température critique ? Pourquoi la température critique de l'eau est-elle plus élevée que celles de la plupart des autres substances ?

9.64 Comment les points d'ébullition et de fusion de l'eau et du tétrachlorure de carbone varient-ils selon la pression ? Expliquez les différences de comportement de ces deux substances.

9.65 Pourquoi le dioxyde de carbone solide est-il appelé glace sèche ?

9.66 La pression de vapeur d'un liquide contenu dans un récipient fermé dépend de laquelle des variables suivantes ? a) Le volume au-dessus du liquide, b) la quantité de liquide, c) la température.

9.67 En vous aidant de la figure 9.28, estimez le point d'ébullition de l'éther éthylique, de l'eau et du mercure à 0,5 atm.

9.68 Dites pourquoi les vêtements mouillés sèchent plus rapidement durant les journées chaudes et sèches que durant les journées chaudes et humides.

9.69 Lequel des changements de phase suivants libère le plus de chaleur : a) une mole de vapeur devient une mole d'eau à 100 °C, ou b) une mole d'eau devient une mole de glace à 0 °C ?

9.70 L'eau d'un bécher est portée à ébullition à l'aide d'un bec Bunsen. Est-ce que l'ajout d'un deuxième brûleur ferait monter le point d'ébullition de l'eau ? Expliquez.

Problèmes

9.71 Calculez la quantité de chaleur requise (en kilojoules) pour convertir 74,6 g d'eau en vapeur à 100 °C.

9.72 Quelle quantité de chaleur (en kilojoules) est nécessaire pour convertir 866 g de glace à −10 °C en vapeur à 126 °C ? (Les chaleurs spécifiques de la glace et de la vapeur sont respectivement de 2,03 J/g • °C et de 1,99 J/g • °C.)

9.73 Comment la vitesse d'évaporation d'un liquide est-elle influencée par a) la température, b) la surface du liquide exposée à l'air, c) les forces intermoléculaires ?

9.74 Les chaleurs molaires de fusion et de sublimation de l'iode moléculaire sont respectivement de 15,27 kJ/mol et de 62,30 kJ/mol. Estimez la chaleur molaire de vaporisation de l'iode liquide.

9.75 Voici les points d'ébullition de composés qui sont liquides à −10 °C : butane, −0,5 °C ; éthanol, 78,3 °C ; toluène, 110,6 °C. À −10 °C, lequel de ces liquides, selon vous, aurait la pression de vapeur la plus élevée ? La plus basse ?

9.76 On obtient le café séché à froid en congelant du café liquide préparé, puis en y retirant la glace à l'aide d'une pompe à vide. Décrivez les changements de phase en jeu dans ce procédé appelé lyophilisation.

9.77 En hiver, par une température de −15 °C, un étudiant suspend des vêtements mouillés dehors. Après quelques heures, les vêtements sont presque secs. Décrivez les changements de phase qui ont eu lieu.

9.78 La vapeur d'eau à 100 °C cause des brûlures plus sérieuses que l'eau à 100 °C. Pourquoi ?

9.79 Déterminez graphiquement la chaleur molaire de vaporisation du mercure à l'aide des mesures de la pression de vapeur du mercure à différentes températures.

t (°C)	200	250	300	320	340
P (mm Hg)	17,3	74,4	246,8	376,3	557,9

9.80 La pression de vapeur du benzène, C_6H_6, est de 40,1 mm Hg à 7,6 °C. Quelle est la pression de vapeur du benzène à 60,6 °C ? La chaleur molaire de vaporisation du benzène est de 31,0 kJ/mol.

9.81 La pression de vapeur d'un liquide X est inférieure à celle d'un liquide Y à 20 °C, mais elle est supérieure si la température est à 60 °C. Que pouvez-vous déduire des ordres de grandeurs relatives des chaleurs de vaporisation de X et de Y ?

LES DIAGRAMMES DE PHASES
Questions de révision

9.82 Qu'est-ce qu'un diagramme de phases ? Quels renseignements utiles peut-on en tirer ?

9.83 Dites en quoi le diagramme de phases de l'eau diffère de ceux de la plupart des autres substances. Quelle caractéristique de l'eau cause cette différence ?

Problèmes

9.84 Les lames de patins à glace étant très minces, la pression exercée sur la glace par un patineur peut alors être importante. Expliquez comment cela permet à une personne de glisser sur la glace.

9.85 Un fil métallique est placé sur un bloc de glace ; il dépasse de chaque côté. On attache un poids à chaque extrémité du fil. La glace sous le fil se met à fondre graduellement de sorte que le fil descend lentement à travers le cube. En même temps, l'eau au-dessus du fil regèle. Expliquez ce qui se produit.

9.86 Les points d'ébullition et de congélation du dioxyde de soufre sont respectivement $-10\,°C$ et $-72,7\,°C$ (à 1 atm). Le point triple est situé à $-75,5\,°C$ et à $1,65 \times 10^{-3}$ atm ; son point critique est à $157\,°C$ et à 78 atm. D'après ces données, esquissez le diagramme de phases de SO_2.

9.87 Soit le diagramme de phases de l'eau illustré ci-après. Nommez ses domaines. Prédisez ce qui arriverait si l'on effectuait les opérations suivantes : a) en partant de A, on augmente la température à pression constante ; b) en partant de C, on abaisse la température à pression constante ; c) en partant de B, on abaisse la pression à température constante.

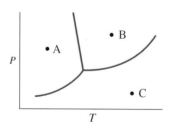

Problèmes variés

9.88 Nommez les types de forces attractives qui doivent être rompues pour a) faire bouillir de l'ammoniac liquide, b) fondre du phosphore solide (P_4), c) dissoudre du CsI dans du HF liquide, d) fondre du potassium.

9.89 Laquelle des propriétés suivantes traduit des attractions intermoléculaires très fortes dans un liquide ? a) une tension superficielle très faible, b) une température critique très basse, c) un point d'ébullition très bas, d) une pression de vapeur très basse.

9.90 Dites pourquoi, à $-35\,°C$, la pression de vapeur de HI liquide est plus élevée que celle de HF liquide ?

9.91 Le bore élémentaire possède les caractéristiques suivantes : il a un point de fusion élevé (2300 °C), est mauvais conducteur de chaleur et d'électricité, est insoluble dans l'eau et très dur. Dites de quel type de solide cristallin il s'agit (*voir* section 9.5).

9.92 À l'aide de la figure 9.34, déterminez la phase stable de CO_2 : a) à 4 atm et à $-60\,°C$; b) à 0,5 atm et à $-20\,°C$.

9.93 Un solide contient des atomes X, Y et Z assemblés en un réseau cubique ; les atomes X sont dans les coins, les atomes Y sont centrés dans les cubes, et les atomes Z sont situés sur les faces des mailles. Quelle est la formule empirique de ce composé ?

9.94 Un extincteur à CO_2 est suspendu à l'extérieur d'un immeuble à Montréal. Durant l'hiver, on peut entendre du liquide bouger quand on le secoue lentement. Durant l'été, on n'entend pas bouger de liquide. Dites pourquoi, en considérant que l'extincteur n'a aucune fuite et qu'il n'a pas été utilisé.

9.95 Quelle est la pression de vapeur du mercure à son point d'ébullition normal (375 °C) ?

9.96 Un flacon contenant de l'eau est raccordé à une puissante pompe à vide. Quand la pompe est mise en marche, l'eau commence à bouillir. Après quelques minutes, cette même eau commence à geler. Finalement, la glace disparaît. Expliquez ce qui se produit à chaque étape.

9.97 La courbe liquide-vapeur du diagramme de phases de toute substance s'arrête à un certain point. Pourquoi ?

9.98 À l'aide du diagramme de phases du carbone donné ci-dessous, répondez aux questions suivantes : a) Combien y a-t-il de points triples et quelles sont les phases qui coexistent à chacun d'eux ? b) Lequel du graphite ou du diamant a la masse volumique la plus élevée ? c) À partir du graphite, on peut fabriquer du diamant synthétique. En vous aidant du diagramme de phases, comment procéderiez-vous pour en fabriquer ?

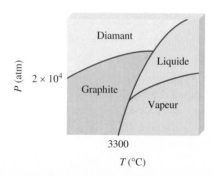

9.99 Calculez la chaleur molaire de vaporisation d'un liquide dont la pression de vapeur double lorsque la température passe de 85 °C à 95 °C.

9.100 Lesquels des énoncés suivants sont faux ? a) Les interactions dipôle-dipôle entre des molécules sont à leur plus fort quand elles ne possèdent que des moments de dipôle temporaire. b) Tous les composés contenant des atomes d'hydrogène peuvent participer à la formation de liaison hydrogène. c) Les forces de dispersion existent entre tous les atomes, toutes les molécules et tous les ions. d) La grandeur de la force d'interaction ion-dipôle induit dépend seulement de la charge de l'ion.

9.101 Le pôle sud de la planète Mars est couvert de glace sèche qui se sublime partiellement durant l'été. La vapeur de CO_2 se recondense en hiver lorsque la température descend à 150 K. En sachant que la chaleur de sublimation de CO_2 est de 25,9 kJ/mol, calculez la pression atmosphérique à la surface de Mars. (*Indice*: utilisez la figure 9.34 pour déterminer la température normale de sublimation de la glace sèche ainsi que l'équation (9.4) qui s'applique aussi à la sublimation.)

9.102 Les chaleurs d'hydratation, c'est-à-dire les échanges d'énergie qui se produisent lorsque des ions s'hydratent en solution, sont surtout dues aux interactions ion-dipôle. Les chaleurs d'hydratation pour les ions des métaux alcalins sont les suivantes : pour Li^+, −520 kJ/mol ; pour Na^+, −405 kJ/mol ; pour K^+, −321 kJ/mol. Quelle tendance y a-t-il dans ces données ? Comment pouvez-vous l'expliquer ?

9.103 Un bécher contenant de l'eau est placé dans un contenant fermé hermétiquement. Prédisez l'effet sur la pression de vapeur quand a) la température est abaissée, b) le volume du contenant est doublé, c) on rajoute de l'eau au contenant.

9.104 Une masse d'eau pesant 1,20 g est injectée dans une fiole de 5,00 L préalablement évidée. La température est de 65 °C. Quel pourcentage de l'eau sera en phase vapeur lorsque le système aura atteint l'équilibre ? Supposez que la vapeur d'eau a un comportement idéal et que le volume de l'eau liquide est négligeable. La pression de la vapeur d'eau à 65 °C est de 187,5 mm Hg.

Problème spécial

9.105 La mesure quantitative indiquant l'efficacité d'un mode d'empilement de sphères identiques dans une maille donnée s'appelle *taux de remplissage*. Le taux de remplissage correspond au pourcentage de l'espace occupé par les sphères dans la maille. Calculez le taux de remplissage lorsqu'il s'agit : a) d'une maille cubique simple ; b) d'une maille cubique centrée I ; c) d'une maille cubique centrée F. (*Indice*: utilisez la figure 9.21 ainsi que la formule suivante pour le volume V d'une sphère de rayon r: $V = 4/3\ \pi r^3$.)

Réponses aux exercices : 9.1 a) Les forces de dispersion et ioniques, b) les forces de dispersion, c) les forces dipôle-dipôle et de dispersion ; **9.2** CH_3OH ; **9.3** 10,50 g/cm³ ; **9.4** 2 ; **9.5** 369 mm Hg.

ANNEXE 1

LES UNITÉS DE LA CONSTANTE DES GAZ

Cette annexe explique comment on peut exprimer la constante des gaz (R) en J/K • mol. D'abord, il faut établir une relation entre atm et pascal :

$$\text{pression} = \frac{\text{force}}{\text{surface}}$$

$$= \frac{\text{masse} \times \text{accélération}}{\text{surface}}$$

$$= \frac{\text{volume} \times \text{masse volumique} \times \text{accélération}}{\text{surface}}$$

$$= \text{longueur} \times \text{masse volumique} \times \text{accélération}$$

Par définition, la pression atmosphérique normale est la pression exercée par une colonne de mercure de 76 cm, dont la masse volumique est de 13,5951 g/cm^3, à un endroit où l'accélération gravitationnelle est de 980,665 cm/s^2. Cependant, pour exprimer la pression en N/m^2, il faut écrire

$$\text{masse volumique du mercure} = 1,35951 \times 10^4 \text{ kg/m}^3$$

$$\text{accélération causée par la gravité} = 9,80665 \text{ m/s}^2$$

L'atmosphère normale est donnée par

$$1 \text{ atm} = (0,76 \text{ m Hg})(1,35951 \times 10^4 \text{ kg/m}^3)(9,80665 \text{ m/s}^2)$$

$$= 101\,325 \text{ kg} \bullet \text{m/m}^2 \bullet \text{s}^2$$

$$= 101\,325 \text{ N/m}^2$$

$$= 101\,325 \text{ Pa}$$

D'après la section 4.4, la constante des gaz (R) est 0,082 057 L $\bullet$ atm/K $\bullet$ mol. En utilisant les facteurs de conversion suivants :

$$1 \text{ L} = 1 \times 10^{-3} \text{ m}^3$$

$$1 \text{ atm} = 101\,325 \text{ N/m}^2$$

on obtient :

$$R = \left(0,082\,057 \, \frac{\text{L} \bullet \text{atm}}{\text{K} \bullet \text{mol}} \right) \left(\frac{1 \times 10^{-3} \text{ m}^3}{1 \text{ L}} \right) \left(\frac{101\,325 \text{ N/m}^2}{1 \text{ atm}} \right)$$

$$= 8,314 \, \frac{\text{N} \bullet \text{m}}{\text{K} \bullet \text{mol}}$$

$$= 8,314 \, \frac{\text{J}}{\text{K} \bullet \text{mol}}$$

$$1 \text{ L} \bullet \text{atm} = (1 \times 10^{-3} \text{ m}^3)(101\,325 \text{ N/m}^2)$$

$$= 101,3 \text{ N} \bullet \text{m}$$

et
$$= 101,3 \text{ J}$$

ANNEXE 2

OPÉRATIONS MATHÉMATIQUES

Les logarithmes

Les logarithmes de base 10. La notion de logarithme est une extension de la notion d'exposant, dont on parle au chapitre 1. Le logarithme de base 10 d'un nombre correspond à la puissance à laquelle le nombre 10 doit être élevé pour égaler ce nombre. Les exemples suivants illustrent cette relation:

Logarithme	Exposant
$\log 1 = 0$	$10^0 = 1$
$\log 10 = 1$	$10^1 = 10$
$\log 100 = 2$	$10^2 = 100$
$\log 10^{-1} = -1$	$10^{-1} = 0,1$
$\log 10^{-2} = -2$	$10^{-2} = 0,01$

Dans chacun de ces cas, on peut obtenir le logarithme du nombre par tâtonnement.

Puisque les logarithmes des nombres sont des exposants, ils en ont les mêmes propriétés. On a donc:

Logarithme	Exposant
$\log AB = \log A + \log B$	$10^A \times 10^B = 10^{A+B}$
$\log \dfrac{A}{B} = \log A - \log B$	$\dfrac{10^A}{10^B} = 10^{A-B}$

De plus, $\log A^n = n \log A$.

Maintenant, supposons qu'il faille trouver le logarithme de base 10 de $6,7 \times 10^{-4}$. Sur la plupart des calculettes, on entre d'abord le nombre, puis on appuie sur la touche «log». Cette opération donne

$$\log 6,7 \times 10^{-4} = -3,17$$

Notez qu'il y a autant de chiffres *après* la virgule qu'il y a de chiffres significatifs dans le nombre original. Le nombre original a deux chiffres significatifs; le nombre 17 dans $-3,17$ indique que le logarithme a deux chiffres significatifs. Voici d'autres exemples:

Nombre	Logarithme de base 10
62	1,79
0,872	$-0,0595$
$1,0 \times 10^{-7}$	$-7,00$

Parfois (comme dans le cas du calcul du pH), il faut trouver le nombre correspondant au logarithme connu. On extrait alors l'antilogarithme; il s'agit simplement du contraire de l'extraction du logarithme. Supposons que, dans un calcul donné, on ait pH = 1,46 et que l'on doive calculer la valeur de $[H^+]$. Selon la définition du pH ($pH = -\log [H^+]$), on peut écrire

$$[H^+] = 10^{-1,46}$$

Beaucoup de calculettes ont une touche «$\log^{-1}$» ou «INV log», qui permet d'obtenir l'antilog. D'autres calculettes ont la touche «10^x» ou «y^x» (où x correspond à $-1,46$ dans le présent exemple, et y est 10, car il s'agit d'un logarithme de base 10). On trouve donc $[H^+] = 0,035\ M$.

Les logarithmes naturels. Les logarithmes extraits de la base e au lieu de la base 10 sont dits logarithmes naturels (l'abréviation est ln ou $\log_e$); e est égal à 2,7183. La relation entre les logarithmes de base 10 et les logarithmes naturels est la suivante:

$$\log 10 = 1 \qquad 10^1 = 10$$
$$\ln 10 = 2,303 \qquad e^{2,303} = 10$$

Donc

$$\ln x = 2,303 \log x$$

Par exemple, pour trouver le logarithme naturel de 2,27, il faut entrer le nombre dans la calculette et puis appuyer sur la touche «ln», ce qui donne

$$\ln 2,27 = 0,820$$

Si la calculette ne comporte pas la touche appropriée, on peut effectuer l'opération de la façon suivante:

$$2,303 \log 2,27 = 2,303 \times 0,356$$
$$= 0,820$$

Parfois, on connaît le logarithme naturel et il faut trouver le nombre correspondant. Par exemple:

$$\ln x = 59,7$$

Sur de nombreuses calculettes, on ne fait qu'entrer le nombre et appuyer sur la touche «e»:

$$e^{59,7} = 8,46 \times 10^{25}$$

L'équation quadratique

L'équation quadratique prend la forme suivante :

$$ax^2 + bx + c = 0$$

Si l'on connaît les coefficients a, b et c, la valeur de x est donnée par

$$x = \frac{-b \pm \sqrt{b^2 - 4ac}}{2a}$$

Supposons l'équation quadratique suivante :

$$2x^2 + 5x - 12 = 0$$

Si l'on résout l'équation :

$$x = \frac{-5 \pm \sqrt{(5)^2 - 4(2)(-12)}}{2(2)}$$

$$= \frac{-5 \pm \sqrt{25 + 96}}{4}$$

Donc

$$x = \frac{-5 + 11}{4} = \frac{3}{2}$$

et

$$x = \frac{-5 - 11}{4} = -4$$

ANNEXE 3

LES ÉLÉMENTS, LEURS SYMBOLES ET L'ORIGINE DE LEURS NOMS*

Élément	Symbole	N° atomique	Masse atomique[†]	Année de la découverte	Découvreur et sa nationalité[‡]	Origine du nom
Actinium	Ac	89	(227)	1899	A. Debierne (fr.)	Gr. *aktis*, rayon.
Aluminium	Al	13	26,98	1827	F. Wochler (all.)	Alumine, composé dans lequel il fut découvert; dérivé du lat. *alumen*, astringent.
Américium	Am	95	(243)	1944	A. Ghiorso (am.) R. A. James (am.) G. T. Seaborg (am.) S. G. Thompson (am.)	Amériques.
Antimoine	Sb	51	121,8	Antiquité		Lat. *antimonium* (*anti*, opposé de; *monium*, solitaire); nommé ainsi parce que c'est une substance (métallique) qui se combine facilement; le symbole vient du lat. *stibium*, antimoine.
Argent	Ag	47	107,9	Antiquité		Lat. *argentum*.
Argon	Ar	18	39,95	1894	Lord Raleigh (brit.) Sir William Ramsay (brit.)	Gr. *argos*, inactif.
Arsenic	As	33	74,92	1250	Albertus Magnus (all.)	Gr. *aksenikon*, pigment jaune; lat. *arsenicum*, orpiment, les Grecs utilisaient le trisulfure d'arsenic comme pigment.
Astate	At	85	(210)	1940	D. R. Corson (am.) K. R. MacKenzie (am.) E. Segre (am.)	Gr. *astatos*, instable.
Azote	N	7	14,01	1772	Daniel Rutherford (brit.)	Gr. *a*–privatif et *zoê*, vie; le symbole vient de l'ancien nom, nitrogène.
Baryum	Ba	56	137,3	1808	Sir Humphry Davy (brit.)	Baryte, un spath lourd, dérivé du gr. *barys*, lourd.

(page suivante)

* Au moment où ce tableau a été conçu, on ne connaissait que 103 éléments.

[†] Les masses atomiques données ici correspondent aux valeurs établies en 1961 par la Commission sur les masses atomiques. Les masses données entre parenthèses sont celles des isotopes les plus stables ou les plus courants.

[‡] Pour la nationalité des découvreurs, et l'origine des mots, on utilise les abréviations suivantes : all.: allemande ; am.: américaine ; ar.: arabe ; aut.: autrichienne ; brit.: britannique ; esp.: espagnole ; fr.: française ; gr.: grecque ; hon.: hongroise ; hol.: hollandaise ; it.: italienne ; lat.: latine ; pol.: polonaise ; r.: russe ; sué.: suédoise.

Élément	Symbole	Nº atomique	Masse atomique	Année de la découverte	Découvreur et sa nationalité	Origine du nom
Berkélium	Bk	97	(247)	1950	G. T. Seaborg (am.) S. G. Thompson (am.) A. Ghiorso (am.)	Berkeley, Californie.
Béryllium	Be	4	9,012	1828	F. Woehler (all.) A. A. B. Bussy (fr.)	Lat. *beryllus*, aigue-marine.
Bismuth	Bi	83	209,0	1753	Claude Geoffroy (fr.)	All. *bismuth*, probablement une transformation de *weiss masse* (masse blanche) dans laquelle il fut découvert.
Bore	B	5	10,81	1808	Sir Humphry Davy (brit.) J. L. Gay-Lussac (fr.) L. J. Thenard (fr.)	Borax, composé; dérivé de l'ar. *buraq*, blanc
Brome	Br	35	79,90	1826	A. J. Balard (fr.)	Gr. *brômos*, puanteur.
Cadmium	Cd	48	112,4	1817	Fr. Stromeyer (all.)	Gr. *kadmeia*; lat. *cadmia*, calamine (parce qu'on le trouve dans la calamine).
Calcium	Ca	20	40,08	1808	Sir Humphry Davy (brit.)	Lat. *calx*, chaux.
Californium	Cf	98	(249)	1950	G. T. Seaborg (am.) S. G. Thompson (am.) A. Ghiorso (am.) K. Street, Jr. (am.)	Californie.
Carbone	C	6	12,01	Antiquité		Lat. *carbo*, charbon de bois.
Cérium	Ce	58	140,1	1803	J. J. Berzelius (sué.) William Hisinger (sué.) M. H. Klaproth (all.)	Cérès, astéroïde.
Césium	Cs	55	132,9	1860	R. Bunsen (all.) G. R. Kirchhoff (all.)	Lat. *cæsium*, bleu (il fut découvert par ses raies spectrales, qui sont bleues).
Chlore	Cl	17	35,45	1774	K. W Scheele (sué.)	Gr. *khlôros*, lumière verte.
Chrome	Cr	24	52,00	1797	L. N. Vauquelin (fr.)	Gr. *khrôma*, couleur (parce qu'on l'utilise dans les pigments).
Cobalt	Co	27	58,93	1735	G. Brandt (all.)	All. *Kobold*, lutin (parce que le minerai donnait du cobalt au lieu du métal espéré, le cuivre; ce phénomène était attribué à des lutins qui faisaient la substitution).
Cuivre	Cu	29	63,55	Antiquité		Lat. *cuprum*, cuivre; dérivé de *cyprium*, du nom de l'île de Chypre, principale source de cuivre dans l'Antiquité.
Curium	Cm	96	(247)	1944	G. T. Seaborg (am.) R. A. James (am.) A. Ghiorso (am.)	Pierre et Marie Curie.

(page suivante)

Élément	Symbole	Nº atomique	Masse atomique	Année de la découverte	Découvreur et sa nationalité	Origine du nom
Dysprosium	Dy	66	162,5	1886	F. Lecoq de Boisbaudran (fr.)	Gr. *dysprositos*, difficile à atteindre.
Einsteinium	Es	99	(254)	1952	A. Ghiorso (am.)	Albert Einstein.
Erbium	Er	68	167,3	1843	C. G. Mosander (sué.)	Ytterby, en Suède, où plusieurs métaux de terre rare ont été découverts.
Étain	Sn	50	118,7	Antiquité		Lat. *stannum*; le symbole vient du nom latin.
Europium	Eu	63	152,0	1896	E. Demarcay (fr.)	Europe.
Fer	Fe	26	55,85	Antiquité		Lat. *ferrum*.
Fermium	Fm	100	(253)	1953	A. Ghiorso (am.)	Enrico Fermi.
Fluor	F	9	19,00	1886	H. Moissan (fr.)	Spath fluor, minéral, du lat. *fluor*, écoulement (parce que le spath fluor était utilisé comme fondant).
Francium	Fr	87	(223)	1939	Marguerite Perey (fr.)	France.
Gadolinium	Gd	64	157,3	1880	J. C. Marignac (fr.)	Johan Gadolin, chimiste finlandais spécialiste des métaux de terre rare.
Gallium	Ga	31	69,72	1875	F. Lecoq de Boisbaudran (fr.)	Lat. *gallus*, coq; d'après le nom de son découvreur. Aussi par allusion à Gallia, la Gaule.
Germanium	Ge	32	72,59	1886	Clemens Winkler (all.)	Lat. *Germania*, Allemagne.
Hafnium	Hf	72	178,5	1923	D. Coster (hol.) G. von Hevesey (hon.)	Lat. *Hafnia*, Copenhague.
Hélium	He	2	4,003	1868	P. Janssen (spectre) (fr.) Sir William Ramsay (isolé) (brit.)	Gr. *hêlios*, Soleil (parce qu'il fut d'abord découvert dans le spectre solaire).
Holmium	Ho	67	164,9	1879	P. T. Cleve (sué.)	Lat. *Holmia*, Stockholm.
Hydrogène	H	1	1,008	1766	Sir Henry Cavendish (brit.)	Gr. *hydro*, eau, et *genês*, production (parce qu'il produit de l'eau quand il se consume avec l'oxygène).
Indium	In	49	114,8	1863	F. Reich (all.) T. Richter (all.)	Indigo (à cause de ses raies spectrales indigo).
Iode	I	53	126,9	1811	B. Courtois (fr.)	Gr. *iôeidês*, violette.
Iridium	Ir	77	192,2	1803	S. Tennant (brit.)	Lat. *iris*, arc-en-ciel.
Krypton	Kr	36	83,80	1898	Sir William Ramsay (brit.) M. W. Travers (brit.)	Gr. *kryptos*, caché.
Lanthane	La	57	138,9	1839	C. G. Mosander (sué.)	Gr. *lanthanein*, être caché.
Lawrencium	Lr	103	(257)	1961	A. Ghiorso (am.) T. Sikkeland (am.) A. E. Larsh (am.) R. M. Latimer (am.)	E. O. Lawrence (am.), inventeur du cyclotron.

(page suivante)

Élément	Sym-bole	N° ato-mique	Masse ato-mique	Année de la dé-couverte	Découvreur et sa nationalité	Origine du nom
Lithium	Li	3	6,941	1817	A. Arfvedson (sué.)	Gr. *lithos,* roche (parce qu'il se trouve dans les roches).
Lutécium	Lu	71	175,0	1907	G. Urbain (fr.) C. A. von Welsbach (aut.)	Lutèce, ancien nom de Paris (en latin *Lutetia*).
Magnésium	Mg	12	24,31	1808	Sir Humphry Davy (brit.)	Magnesia, ville de Thessalie; probablement dérivé du lat. *magnesia*.
Manganèse	Mn	25	54,94	1774	J. G. Gahn (sué.)	Lat. *magnes,* aimant.
Mendélévium	Md	101	(256)	1955	A. Ghiorso (am.) G. R. Choppin (am.) G. T. Seaborg (am.) B. G. Harvey (am.) S. G. Thompson (am.)	Mendeleiv, chimiste russe qui conçut le tableau périodique et qui prédit les propriétés d'éléments alors inconnus.
Mercure	Hg	80	200,6	Antiquité		Mercure, planète; le symbole vient du lat. *hydrargyrum,* argent liquide.
Molybdène	Mo	42	95,94	1778	G. W. Scheele (sué.)	Gr. *molybdos,* plomb.
Néodyme	Nd	60	144,2	1885	C. A. von Welsbach (aut.)	Gr. *neos,* nouveau, et *didymos,* jumeau.
Néon	Ne	10	20,18	1898	Sir William Ramsay (brit.) M. W. Travers (brit.)	Gr. *neos,* nouveau.
Neptunium	Np	93	(237)	1940	E. M. McMillan (am.) P. H. Abelson (am.)	Neptune, planète.
Nickel	Ni	28	58,69	1751	A. F. Cronstedt (sué.)	Sué. *kopparnickel,* faux cuivre; aussi all. *nickel,* d'après les lutins qui empêchaient l'extraction du cuivre du minerai de nickel.
Niobium	Nb	41	92,91	1801	Charles Hatchett (brit.)	Gr. *Niobé,* fille de Tantale (le niobium était consi-déré identique au tantale jusqu'en 1884; colom-bium, symbole Cb).
Nobélium	No	102	(253)	1958	A. Ghiorso (am.) T. Sikkeland (am.) J. R. Walton (am.) G. T. Seaborg (am.)	Alfred Nobel.
Or	Au	79	197,0	Antiquité		Lat. *aurum,* métal précieux de couleur jaune; le symbole vient du nom latin.
Osmium	Os	76	190,2	1803	S. Tennant (brit.)	Gr. *osme,* odeur.
Oxygène	O	8	16,00	1774	Joseph Priestley (brit.) C. W. Scheele (sué.)	Gr. *oxy,* acide, et *genês,* production (parce qu'on croyait jadis qu'il faisait partie de tous les acides).
Palladium	Pd	46	106,4	1803	W. H. Wollaston (brit.)	Pallas, astéroïde.
Phosphore	P	15	30,97	1669	H. Brandt (all.)	Gr. *phôsphoros,* qui apporte la lumière.

(page suivante)

Élément	Symbole	N° atomique	Masse atomique	Année de la découverte	Découvreur et sa nationalité	Origine du nom
Platine	Pt	78	195,1	1735 1741	A. de Ulloa (esp.) Charles Wood (brit.)	Esp. *platina*, argent.
Plomb	Pb	82	207,2	Antiquité		Lat. *plumbum*, lourd.
Plutonium	Pu	94	(242)	1940	G. T. Seaborg (am.) E. M. McMillan (am.) J. W. Kennedy (am.) A. C. Wahl (am.)	Pluton, planète.
Polonium	Po	84	(210)	1898	Marie Curie (pol.)	Pologne.
Potassium	K	19	39,10	1807	Sir Humphry Davy (brit.)	Potasse, composé d'où on l'extrait; le symbole vient du lat. *kalium*, potasse.
Praséodyme	Pr	59	140,9	1885	C. A. von Welsbach (aut.)	Gr. *prasios*, vert, et *didymos*, jumeau.
Prométhéum	Pm	61	(147)	1945	J. A. Marinsky (am.) L. E. Glendenin (am.) C. D. Coryell (am.)	Gr. Promêtheus, géant grec qui vola le feu du ciel.
Protactinium	Pa	91	(231)	1917	O. Hahn (all.) L. Meitner (aut.)	Gr. *protos*, premier, et *actinium* (parce qu'il se désintègre en actinium).
Radium	Ra	88	(226)	1898	Pierre et Marie Curie (fr.; pol.)	Lat. *radius*, rayon.
Radon	Rn	86	(222)	1900	F. E. Dorn (all.)	Radium avec le suffixe «–on» propre aux gaz rares.
Rhénium	Re	75	186,2	1925	W. Noddack (all.) I. Tacke (all.) Otto Berg (all.)	Lat. *Rhenus*, Rhin.
Rhodium	Rh	45	102,9	1804	W. H. Wollaston (brit.)	Gr. *rhodon*, rose (parce que certains de ses sels sont roses).
Rubidium	Rb	37	85,47	1861	R. W. Bunsen (all.) G. Kirchoff (all.)	Lat. *rubidius*, rouge foncé (découvert grâce au spectroscope; son spectre présentait des raies rouges).
Ruthénium	Ru	44	101,1	1844	K. K. Klaus (r.)	Lat. *Ruthenia*, Russie.
Samarium	Sm	62	150,4	1879	F. Lecoq de Boisbaudran (fr.)	Samarskite, d'après Samarski, un ingénieur russe.
Scandium	Sc	21	44,96	1879	L. F. Nilson (sué.)	Scandinavie.
Sélénium	Se	34	78,96	1817	J. J. Berzelius (sué.)	Gr. *selênê*, Lune (à cause de ses analogies avec le tellure, du lat. *tellus*, Terre).
Silicium	Si	14	28,09	1824	J. J. Berzelius (sué.)	Lat. *silex, silicis*, pierre à feu.
Sodium	Na	11	22,99	1807	Sir Humphry Davy (brit.)	Lat. *sodanum*, soude, plante utilisée pour combattre la migraine; le symbole vient du lat. *natrium*, soude.

(*page suivante*)

Élément	Symbole	N° atomique	Masse atomique	Année de la découverte	Découvreur et sa nationalité	Origine du nom
Soufre	S	16	32,07	Antiquité		Lat. *sulphurium* (en sanskrit, *sulvere*).
Strontium	Sr	38	87,62	1808	Sir Humphry Davy (brit.)	Strontian, village d'Écosse.
Tantale	Ta	73	180,9	1802	A. G. Ekeberg (sué.)	Tantale, à cause de la difficulté à l'isoler (dans la mythologie grecque, tantale, fils de Zeus, fut puni en étant plongé jusqu'au cou dans de l'eau dont le niveau baissait quand il tentait de boire).
Technétium	Tc	43	(99)	1937	C. Perrier (it.)	Gr. *technetos*, artificiel (parce que ce fut le premier élément artificiel).
Tellure	Te	52	127,6	1782	F. J. Müller (aut.)	Lat. *tellus*, Terre.
Terbium	Tb	65	158,9	1843	C. G. Mosander (sué.)	Ytterby, en Suède.
Thallium	Tl	81	204,4	1861	Sir William Crookes (brit.)	Gr. *thallos*, rameau vert (à cause de sa forte raie spectrale verte).
Thorium	Th	90	232,0	1828	J. J. Berzelius (sué.)	Thorite, minéral; dérivé de Thor, dieu scandinave de la guerre.
Thulium	Tm	69	168,9	1879	P. T. Cleve (sué.)	Thule, ancien nom de la Scandinavie.
Titane	Ti	22	47,88	1791	W. Gregor (brit.)	Titans, divinités géantes.
Tungstène	W	74	183,9	1783	J. J. et F. de Elhuyar (esp.)	Sué. *tung*, lourd, et *stene*, pierre; le symbole vient de wolframite, un minéral.
Uranium	U	92	238,0	1789 1841	M. H. Klaproth (all.) E. M. Peligot (fr.)	Uranus, planète.
Vanadium	V	23	50,94	1801 1830	A. M. del Rio (esp.) N. G. Sefstrom (sué.)	Vanadis, déesse scandinave de l'amour et de la beauté.
Xénon	Xe	54	131,3	1898	Sir William Ramsay (brit.) M. W. Travers (brit.)	Gr. *xenos*, étranger.
Ytterbium	Yb	70	173,0	1907	G. Urbain (fr.)	Ytterby, en Suède.
Yttrium	Y	39	88,91	1843	C. G. Mosander (sué.)	Ytterby, en Suède.
Zinc	Zn	30	65,39	1746	A. S. Marggraf (all.)	All. *zink*, d'origine incertaine.
Zirconium	Zr	40	91,22	1789	M. H. Klaproth (all.)	Zircon, dans lequel il fut découvert; dérivé de *Arzargum*, couleur or.

ANNEXE 4

LE CODE DE COULEUR
DES MODÈLES MOLÉCULAIRES

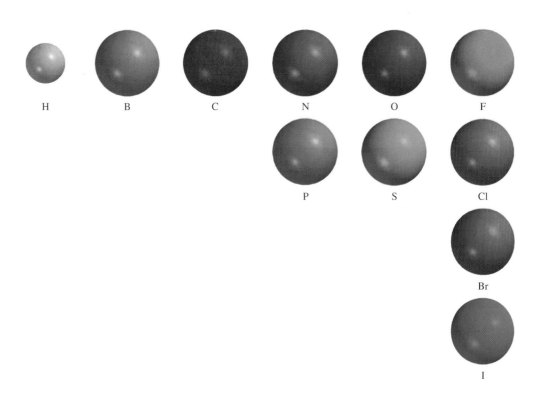

GLOSSAIRE

A

Acide. n. m. Substance qui, une fois dissoute dans l'eau, libère des ions hydrogène (H+). (2.7)

Actinides. n. m. pl. Éléments qui possèdent des sous-couches 5f incomplètes ou qui forment facilement des cations dont les sous-couches 5f sont incomplètes. (5.10)

Affinité électronique. f. Énergie absorbée ou dégagée lorsqu'un atome (ou un ion) à l'état gazeux capte un électron. (6.5)

Allotrope. n. m. Forme distincte d'un élément qui peut exister sous plusieurs formes différentes. Les différences de propriétés chimiques et physiques des allotropes sont dues aux différents modes de liaisons entre les atomes de cet élément. (2.6)

Amplitude. n. f. Distance entre la ligne médiane et la crête ou le creux d'une onde. (5.1)

Anion. n. m. Ion de charge négative. (2.5)

Atome. n. m. La plus petite partie d'un élément qui peut se combiner chimiquement. (2.2)

Atome polyélectronique. m. Atome qui contient plus de un électron. (5.6)

B

Baromètre. n. m. Instrument qui sert à mesurer la pression atmosphérique. (4.2)

Base. n. f. Substance qui, une fois dissoute dans l'eau, libère des ions hydroxyde (OH⁻). (2.7)

C

Carcasse de gaz inerte. f. Représentation abrégée de la configuration électronique d'un élément, excluant l'hydrogène et l'hélium. (5.10)

Cation. n. m. Ion de charge positive. (2.5)

Chaleur molaire de fusion. f. Énergie requise (en kilojoules) pour fondre une mole d'un solide. (9.6)

Chaleur molaire de sublimation. f. Énergie requise (en kilojoules) pour sublimer une mole d'un solide. (9.6)

Chaleur molaire de vaporisation. f. Énergie requise (en kilojoules) pour vaporiser une mole d'un liquide. (9.6)

Chaleur spécifique (ou chaleur massique). f. Quantité de chaleur requise pour élever de 1 °C la température de 1 g d'une substance. (9.3)

Changement de phase. m. Passage d'une phase à une autre. (9.6)

Charge formelle. f. Différence entre le nombre d'électrons de valence contenus dans un atome isolé et le nombre d'électrons associés à ce même atome dans une structure de Lewis. (7.5)

Chiffres significatifs. m. pl. Chiffres utiles, c'est-à-dire qui ont une signification dans le calcul ou la mesure d'une quantité. (1.6)

Chimie. n. f. Science qui étudie la structure de la matière et ses transformations. (1.3)

Composé. n. m. Substance pure formée d'atomes de deux ou de plusieurs éléments liés chimiquement dans des proportions constantes. (1.3)

Composé binaire. m. Composé formé de deux éléments. (2.7)

Composé covalent. m. Composé formé de molécules distinctes. (2.7)

Composé ionique. m. Composé neutre qui contient des anions et des cations. (2.5)

Composé ternaire. m. Composé formé de trois éléments. (2.7)

Composition centésimale. f. Pourcentages en masse des éléments d'un composé. Autrement dit, c'est l'ensemble des pourcentages massiques des éléments d'un composé. (3.5)

Condensation. n. f. Passage de la phase gazeuse à la phase liquide. (9.6)

Configuration électronique. f. Distribution des électrons dans les différentes orbitales d'un atome ou d'une molécule. (5.9)

Constante des gaz parfaits (R). f. Constante qui apparaît dans l'équation des gaz parfaits ($PV = nRT$). Elle vaut, selon les unités choisies, soit 0,08206 L • atm/K • mol ou 8,314 J/K • mol. (4.4)

Couche. n. f. Ensemble d'orbitales ayant la même valeur de n. (5.7)

Couche de valence. f. Couche de nombre quantique principal n le plus élevé, qui contient les électrons périphériques, électrons participant habituellement aux liaisons. (8.1)

Couche de valence étendue. f. Utilisation d'orbitales d en plus des orbitales s et p pour former des liaisons covalentes. (8.4)

D

Densité électronique. f. Probabilité de présence d'un électron par unité de volume dans une région donnée d'une orbitale atomique. Pour une fonction d'onde donnée, elle est égale au carré de cette fonction. (5.6)

Déposition. n. m. Passage de la phase vapeur à la phase solide sans passage par la forme liquide. (9.6)

Diagramme de phases. m. Diagramme qui montre les conditions de température et de pression dans lesquelles une substance se retrouve à l'état solide, liquide ou gazeux. (9.7)

Diamagnétique. adj. Se dit d'une substance qui est repoussée hors du champ magnétique d'un aimant. Une substance diamagnétique ne contient que des électrons appariés. (5.9)

Diffusion. f. Mélange graduel d'un gaz avec les molécules d'un autre gaz, causé par leurs propriétés cinétiques. (4.7)

Dipôle induit. m. Séparation de charges partielles positives et négatives dans un atome neutre (ou une molécule non polaire) causée par la proximité d'un ion ou d'une molécule polaire. (9.2)

Données qualitatives. n. f. Observations générales concernant un système. (1.2)

Données quantitatives. n. f. Observations chiffrées obtenues à l'aide de mesures instrumentales. (1.2)

Doublet libre. m. Doublet d'électrons qui ne participent pas à une liaison covalente (synonymes : doublet non partagé, doublet non liant). (7.2)

E

Échelle de température absolue. f. Échelle de température dont la température la plus basse est le zéro absolu (0 K) (aussi appelée échelle Kelvin). (4.3)

Échelle Kelvin. f. *Voir* Échelle de température absolue. (4.3)

Électron. n. m. Particule subatomique ; particule élémentaire dont la masse est extrêmement petite et qui possède une seule charge négative. (2.2)

Électronégativité. n. f. Tendance d'un atome à attirer vers lui les électrons dans une liaison chimique. (7.3)

Électrons de valence. m. pl. Électrons périphériques (de la couche de nombre n le plus élevée) d'un atome; ce sont ceux qui participent à la formation des liaisons chimiques. (6.2)

Électrons non liants. m. pl. Électrons de valence qui ne participent pas à une liaison covalente. (7.2)

Élément. n. m. Substance pure, c'est-à-dire qui ne peut être décomposée en substances plus simples par des moyens chimiques. (1.3)

Éléments représentatifs. m. pl. Éléments des groupes 1A à 7A; leurs niveaux principaux périphériques contiennent tous des sous-couches *s* ou *p* incomplètes. (6.2)

Énergie cinétique. f. (Ec) Forme d'énergie associée au mouvement d'un objet. Elle dépend de sa masse et de sa vitesse. (4.7)

Énergie d'ionisation. f. Énergie minimale requise pour arracher un électron d'un atome gazeux à l'état fondamental. (6.4)

Énergie de liaison (ou énergie de dissociation ou enthalpie de liaison). f. Variation d'enthalpie requise pour rompre une liaison particulière dans une mole de molécules à l'état gazeux. (7.8)

Équation chimique. f. Équation qui indique, à l'aide de symboles chimiques et de nombres, ce qui se produit au cours d'une réaction. (3.7)

Équation de van der Waals. f. Équation qui exprime la relation entre P, V, *n* et T pour un gaz réel. (4.8)

Équation des gaz parfaits. f. Équation qui exprime la relation entre la pression, le volume, la température et la quantité d'un gaz ($PV = nRT$ où R est la constante des gaz parfaits). (4.4)

Équilibre dynamique. m. Condition dans laquelle la vitesse d'un processus est égale à la vitesse du processus inverse. (9.6)

Espèces isoélectroniques. f. pl. Se dit d'espèces différentes qui ont le même nombre d'électrons, donc qui présentent la même configuration électronique à l'état fondamental. (6.2)

État excité. m. État d'un système dont l'énergie est supérieure à celle de son état fondamental. (5.3)

État fondamental. m. État d'énergie le plus bas possible d'un système. (5.3)

Évaporation. n. f. Processus au cours duquel des molécules s'échappent de la surface d'un liquide. Syn. Vaporisation. (9.6)

Exactitude. n. f. Écart entre une mesure et sa vraie valeur. (1.6)

F

Famille. n. f. *Voir* Groupe. (2.4)

Force d'adhésion. f. Force d'attraction entre des molécules différentes. (9.3)

Force de cohésion. f. Force d'attraction entre des molécules semblables. (9.3)

Forces de dispersion. f. pl. Forces attractives causées par des dipôles temporaires induits dans les atomes ou les molécules. (9.2)

Forces de van der Waals. f. pl. Nom générique de certaines forces attractives qui s'exercent entre les atomes et entre les molécules : forces (ou interactions) dipôle-dipôle, forces dipôle-dipôle induit et forces de dispersion. (9.2)

Forces dipôle-dipôle. f. pl. Forces attractives qui s'exercent entre les molécules polaires. (9.2)

Forces intermoléculaires. f. pl. Forces attractives qui s'exercent entre les molécules. (9.2)

Forces intramoléculaires. f. pl. Forces attractives, dues aux liaisons, qui maintiennent les atomes ensemble dans une molécule. (9.2)

Forces ion-dipôle. f. pl. Forces attractives qui s'exercent entre un ion et une molécule polaire. (9.2)

Formule chimique. f. Expression de la composition chimique d'un composé à l'aide de symboles des éléments qui le constituent. (2.6)

Formule empirique. f. Formule qui utilise les symboles chimiques pour exprimer les types d'éléments qui forment une substance ainsi que leurs rapports les plus simples. Syn. Formule brute. (2.6)

Formule moléculaire. f. Formule qui indique le nombre exact d'atomes de chaque type d'éléments qui forment une molécule. Syn. Formule vraie. (2.6)

Formule structurale. n. f. Formule qui indique comment les atomes sont reliés les uns aux autres dans une molécule. (2.5)

Fraction molaire. f. Rapport entre le nombre de moles d'un constituant donné d'un mélange et le nombre total des moles présentes dans ce mélange. (4.5)

Fréquence. n. f. Nombre d'ondes qui passent en un point donné par unité de temps. (5.1)

G

Gaz parfait. m. Gaz théorique dont la pression, le volume et la température peuvent être prévus par l'équation des gaz parfaits. Dans bien des cas, le comportement des gaz réels est approximativement ou exactement le même que celui des gaz parfaits. (4.4)

Gaz rare (ou inerte). m. Élément non métallique du groupe 8A (He, Ne, Ar, Kr, Xe et Rn). (2.4, 6.2 et 6.6)

Groupe. n. m. Ensemble des éléments d'une même colonne dans le tableau périodique. Syn. Famille. (2.4)

H

Halogène. n. m. s. Élément non métallique du groupe 7A (F, Cl, Br, I et At). (2.4 et 6.6)

Hybridation. n. f. Processus qui consiste en la combinaison d'orbitales dans un atome (habituellement un atome central) pour former un ensemble de nouvelles orbitales atomiques nécessaires à la formation de liaisons covalentes. (8.4)

Hydracide. n. m. Acide dont l'anion ne contient pas d'oxygène. (2.7)

Hydratation. f. Processus par lequel des molécules d'eau sont disposées d'une manière particulière autour des ions. (9.2)

Hydrate. n.m. : Composé ayant un nombre spécifique de molécules d'eau qui lui sont rattachées. (2.7)

Hypothèse. n. f. Tentative d'explication de l'ensemble des observations. (1.2)

I

Incertitude. n. f. *Voir* Précision. (1.6)

Indice de coordination. n. m. Dans un réseau cristallin, nombre d'atomes (ou d'ions) qui sont en contact avec un atome (ou un ion). (9.4)

Ion. n. m. Particule chargée formée d'un atome ou d'un groupe d'atomes qui a gagné ou perdu un ou plusieurs électrons à la suite d'une réaction chimique. (2.5)

Ion monoatomique. m. Ion qui n'est formé que d'un atome. (2.5)

Ion polyatomique. m. Ion qui est formé de plus d'un atome. (2.5)

Isoélectroniques. adj. *Voir* Espèces isoélectroniques. (6.2)

Isotopes. n. m. pl. Atomes de la même espèce d'éléments, donc qui ont le même numéro atomique, mais dont les nombres de masse sont différents. (2.3)

J

Joule (J). n. m. Unité d'énergie exprimée en newtons • mètre (1 J = 1 N • m). (4.7)

L

Lanthanides. n. m. pl. Éléments qui possèdent des sous-couches 4f incomplètes ou qui forment facilement des cations dont les sous-couches 4f sont incomplètes. (5.10)

Liaison covalente. f. Liaison dans laquelle deux électrons sont partagés par deux atomes. (7.2)

Liaison de coordinence (ou de coordination). f. Liaison covalente dans laquelle l'un des atomes fournit à lui seul les deux électrons. (7.7)

Liaison double. f. Liaison covalente dans laquelle deux atomes partagent deux paires d'électrons. (7.2)

Liaison hydrogène. f. Type spécial d'interaction dipôle-dipôle qui s'exerce entre l'atome d'hydrogène déjà lié à un atome d'un élément très électronégatif (F, N, O) et un autre atome de l'un de ces trois mêmes éléments. (9.2)

Liaison ionique. f. Liaison dans laquelle il y a transfert presque complet d'électron(s) d'un atome à un autre, du plus électropositif vers le plus électronégatif. (7.3)

Liaison multiple. f. Liaison dans laquelle deux atomes partagent deux ou plusieurs paires d'électrons. (7.2)

Liaison pi (π). f. Liaison covalente formée par le recouvrement latéral d'orbitales; le nuage électronique se concentre alors au-dessus et en dessous du plan dans lequel sont situés les noyaux des atomes qui sont liés. (8.5)

Liaison sigma (σ). f. Liaison covalente formée par le recouvrement axial des orbitales; le nuage électronique se concentre alors entre les noyaux des atomes liés. (8.5)

Liaison simple. f. Liaison dans laquelle deux atomes partagent une paire d'électrons. (7.2)

Liaison triple. f. Liaison covalente dans laquelle deux atomes partagent trois paires d'électrons. (7.2)

Litre. n. m. Volume occupé par un décimètre cube. (1.5)

Loi. n. f.: Énoncé concis, verbal ou mathématique, d'une relation entre des phénomènes, cette relation étant toujours la même dans des conditions identiques. (1.2)

Loi d'Avogadro. f. Loi d'après laquelle, à pression et à température constantes, le volume d'un gaz est directement proportionnel au nombre de moles de gaz présentes. (4.3)

Loi de Boyle-Mariotte. f. Loi d'après laquelle le volume d'une masse de gaz maintenu à une température constante est inversement proportionnel à la pression de ce gaz. (4.3)

Loi de Charles. f. Loi d'après laquelle le volume d'une masse donnée de gaz est directement proportionnel à la température absolue du gaz, si celui-ci demeure à pression constante. (4.3)

Loi de Gay-Lussac-Charles. *Voir* Loi de Charles. (4.3)

Loi de la conservation de la masse. f. Loi qui affirme que, au cours d'une réaction chimique, rien ne se crée ni ne se perd : c'est pourquoi la somme des masses des corps qui réagissent est égale à la somme des masses des produits obtenus. (2.1)

Loi des gaz parfaits. f. Équation décrivant la relation entre les quatre variables expérimentales P, V, T et n. (4.4)

Loi des pressions partielles de Dalton. f. Loi d'après laquelle la pression totale d'un mélange de gaz est la somme des pressions que chaque gaz du mélange exercerait s'il était seul. (4.6)

Loi des proportions définies. f. Loi qui affirme que, si deux ou plusieurs éléments se combinent pour former un composé donné, cette combinaison se fait toujours dans des proportions constantes (invariables) de leur masse. (2.1)

Loi des proportions multiples. f. Loi qui affirme que, si deux éléments peuvent se combiner pour former plus d'un type de composé, le rapport entre les masses de celui d'entre eux qui se combine à une masse constante de l'autre est un rapport de nombres entiers simples. (2.1)

Longueur d'onde. f. Distance entre deux points identiques situés sur deux ondes successives. (5.1)

Longueur de liaison. f. Distance mesurée entre les centres (noyaux) de deux atomes formant une liaison dans une molécule. On appelle rayon covalent la moitié de cette distance. (7.2)

M

Maille élémentaire. f. Unité structurale d'un solide cristallin ; disposition ordonnée d'atomes, de molécules ou d'ions qui se répète pour former un réseau cristallin. (9.4)

Manomètre. m. Appareil utilisé pour mesurer la pression des gaz autres que l'atmosphère. (4.2)

Masse. n. f. Quantité de matière qui constitue un objet. (1.5)

Masse atomique. f. Masse d'un atome en unités de masse atomique. (3.1)

Masse molaire. f. Masse (en grammes ou en kilogrammes) de une mole d'atomes, de molécules ou d'autres particules. (3.2)

Masse moléculaire. f. Somme des masses atomiques (en unités de masse atomique) des atomes qui forment une molécule. (3.3)

Masse volumique. f. Masse d'une substance divisée par son volume. (1.5)

Matière. n. f. Tout ce qui occupe un espace et qui a une masse. (1.3)

Mélange. n. m. Combinaison de deux ou de plusieurs substances dans laquelle chacune garde son identité propre. (1.3)

Mélange hétérogène. m. Mélange dont les composantes restent physiquement séparées; cette séparation est visible. (1.3)

Mélange homogène. m. Mélange dont la composition est la même dans toute la solution. (1.3)

Métal. n. m. Élément (corps simple) qui est bon conducteur de chaleur et d'électricité, et qui a tendance à former des ions positifs dans les composés ioniques. (2.4)

Métal alcalin. m. Élément du groupe 1A (Li, Na, K, Rb, Cs et Fr). (2.4 et 6.6)

Métal alcalino-terreux. m. Élément du groupe 2A (Be, Mg, Ca, Sr, Ba et Ra). (2.4 et 6.6)

Métaux de transition. m. Éléments qui possèdent des sous-couches d incomplètes ou qui forment facilement des cations dont les sous-couches d sont incomplètes. (5.10)

Métalloïde. n. m. Élément dont les propriétés sont intermédiaires entre celles des métaux et celles des non-métaux. (2.4)

Méthode des moles. f. Méthode qui permet de déterminer la quantité de produit(s) formée durant une réaction. (3.8)

Méthode scientifique. n. f.: Approche systématique de recherche. (1.2)

Modèle RPEV. m. Modèle qui permet d'expliquer la disposition des paires d'électrons de valence autour d'un atome central. (8.1)

Mole (mol). n. f. Quantité de substance qui contient autant de particules élémentaires (atomes, molécules ou autres particules) qu'il y a d'atomes dans exactement 12 grammes (ou 0,012 kilogramme) de carbone 12. (3.2)

Molécule. n. f. Assemblage d'au moins deux atomes maintenus ensemble, dans un arrangement déterminé, par des liaisons chimiques. (2.5)

Molécule diatomique. f. Molécule formée de deux atomes. (2.5)

Molécule diatomique homonucléaire. f. Molécule constituée d'atomes d'un même élément. (8.7)

Molécule non polaire. f. Molécule qui ne possède pas de moment dipolaire. (8.2)

Molécule polaire. f. Molécule qui possède un moment dipolaire. (8.2)

Molécule polyatomique. f. Molécule formée de plus de deux atomes. (2.5)

Moment dipolaire (m). m. Grandeur mesurant la polarité d'une liaison; c'est le produit (m) de la charge Q par la distance entre les charges: $m = Q \times d$. (8.2)

N

Neutron. n. m. Particule subatomique constitutive du noyau: le neutron n'a pas de charge électrique et sa masse est légèrement supérieure à celle d'un proton. (2.2)

Newton. n. m. Unité de force du SI. (4.2)

Niveau excité. m. *Voir* État excité.

Niveau fondamental. m. *Voir* État fondamental.

Nœud. n. m. 1) Point d'une onde où l'amplitude est de zéro. (5.4) 2) Positions des atomes, des molécules ou des ions qui déterminent le type de maille élémentaire. (9.4)

Nombre d'Avogadro. m. Nombre de particules contenues dans une mole; vaut 6,022 3 1023. (3.2)

Nombre de masse (A). m. Nombre total de neutrons et de protons présents dans le noyau d'un atome. (2.3)

Nombres quantiques. m. pl. Nombres qui décrivent la distribution des électrons dans un atome. (5.7)

Non-métal. n. m. Élément (corps simple) qui est habituellement mauvais conducteur de chaleur et d'électricité et qui a tendance à former des ions négatifs dans les composés ioniques. (2.4)

Notation de Lewis. f. Représentation d'un élément par son symbole accompagné de points indiquant ses électrons de valence. (7.1)

Noyau. n. m. Corps central d'un atome. (2.2)

Numéro atomique. m. Nombre correspondant au nombre présent de protons dans le noyau d'un atome. (2.3)

O

Onde. n. f. Vibration par laquelle l'énergie est transmise. (5.1)

Onde électromagnétique. f. Onde associée à un rayonnement électromagnétique. (5.1)

Orbitale. n. f. *Voir* Orbitale atomique et orbitale moléculaire.

Orbitale atomique. f. Fonction d'onde d'un électron dans un atome. (5.6)

Orbitale moléculaire. f. Orbitale résultant de l'interaction des orbitales atomiques des atomes qui sont liés. (8.6)

Orbitale moléculaire antiliante. f. Orbitale moléculaire qui est d'une énergie supérieure et d'une stabilité inférieure, comparativement aux orbitales atomiques à partir desquelles elle a été formée. (8.6)

Orbitale moléculaire liante. f. Orbitale moléculaire qui est d'une énergie inférieure et d'une stabilité supérieure, comparativement aux orbitales atomiques à partir desquelles elle a été formée. (8.6)

Orbitale moléculaire pi (π). f. Orbitale moléculaire dans laquelle la densité électronique est concentrée au-dessus et au-dessous du plan dans lequel se situent les noyaux des atomes qui sont liés. (8.6)

Orbitale moléculaire sigma (σ). f. Orbitale moléculaire dans laquelle la densité électronique est concentrée autour d'un axe reliant les deux noyaux des atomes qui sont liés. (8.6)

Orbitales hybrides. f. pl. Orbitales atomiques obtenues quand deux ou plusieurs orbitales non équivalentes d'un même atome se combinent avant la formation de liaisons covalentes. (8.4)

Orbitales moléculaires délocalisées. f. Orbitales moléculaires qui ne sont pas confinées entre deux atomes adjacents liés, mais qui sont plutôt étendues sur trois atomes ou plus. (8.8)

Ordre de liaison. m. Moitié de la différence entre le nombre d'électrons occupant les orbitales liantes et le nombre d'électrons occupant les orbitales antiliantes. (8.7)

Oxacide. n. m. Acide qui contient de l'hydrogène, de l'oxygène et un autre élément (l'élément central). (2.7)

Oxanion. n. m. Anion dérivé d'un oxacide. (2.7)

Oxyde amphotère. m. Oxyde qui possède à la fois les propriétés des acides et celles des bases. (6.6)

P

Paramagnétique. adj. Se dit d'une substance qui est attirée dans le champ magnétique d'un aimant. Une substance paramagnétique contient un ou plusieurs électrons célibataires. (5.9)

Parenté diagonale. f. Similitudes qui existent entre deux éléments voisins le long d'une diagonale reliant un élément placé dans une case du tableau périodique située plus haut à gauche à un autre élément voisin placé plus bas à droite. Ces éléments appartiennent à des périodes et des groupes différents. (6.6)

Pascal. n. m. Unité de pression égale à un newton par mètre carré (1 N/m^2). (4.2)

Période. n. f. Ensemble des éléments d'une même rangée horizontale du tableau périodique. (2.4)

Phase. n. f. Partie homogène d'un système en contact avec d'autres parties du même système, mais dont elle est séparée par une frontière bien définie. (9.6)

Photon. n. m. Particule de lumière. (5.2)

Poids. n. m. Force que la gravité exerce sur un objet. (1.5)

Point critique (P_c). m. *Voir* Température critique.

Point d'ébullition. m. Température à laquelle la pression de vapeur d'un liquide est égal à la pression extérieure. (9.6)

Point de fusion. m. Température à laquelle les phases solide et liquide coexistent en équilibre. (9.6)

Point triple. m. Dans un diagramme de phases, valeurs de la pression et de la température où les phases solide, liquide et gazeuse sont en équilibre. (9.7)

Polarisabilité. n. f. Grandeur qui indique la facilité avec laquelle le nuage électronique d'un atome (ou d'une molécule) peut être déformé. (9.2)

Pourcentage de rendement. m. Rapport entre le rendement réel d'une réaction et son rendement théorique, multiplié par 100 %. (3.9)

Précision. n. f. Limites à l'intérieur desquelles se situe la valeur d'une quantité mesurée une ou plusieurs fois. (1.6)

Pression. n. f. Force exercée par unité de surface. (4.2)

Pression atmosphérique. f. Pression exercée par les gaz constituant l'atmosphère de la Terre sur les objets terrestres. (4.2)

Pression atmosphérique normale (1 atm). f. Pression qui supporte une colonne de mercure de 760 mm (ou 76 cm) à 0 °C au niveau de la mer. (4.2)

Pression critique. f. Pression minimale qu'il faut exercer pour liquéfier un gaz à sa température critique. (9.6)

Pression de vapeur à l'équilibre. f. Pression de vapeur mesurée quand il y a équilibre entre la condensation et l'évaporation (synonyme : tension de vapeur à l'équilibre). (9.6)

Pression partielle. f. Pression individuelle d'un gaz dans un mélange gazeux. (4.6)

Principe d'exclusion de Pauli. m. Principe qui affirme que deux électrons d'un même atome ne peuvent être représentés par le même ensemble de nombres quantiques. (5.9)

Principe d'incertitude de Heisenberg. m. Principe qui affirme qu'il est impossible de connaître simultanément et avec certitude le moment (mv) et la position d'une particule. (5.5)

Principe de l'*aufbau*. m. Principe qui affirme que, comme des protons qui s'ajoutent un à un au noyau pour former des éléments successifs, les électrons s'ajoutent un à un aux orbitales atomiques. (5.10)

Produit. n. m. Substance qui résulte d'une réaction chimique. (3.7)

Propriété chimique. f. Toute propriété d'une substance qui ne peut être étudiée sans que cette substance soit transformée en une autre substance. (1.4)

Propriété extensive. n. f. : Propriété qui dépend de la quantité de matière observée (1.4).

Propriété intensive. n. f. : Propriété qui ne dépend pas de la quantité de matière observée (1.4).

Propriété macroscopique. f. Propriété qui peut être mesurée directement à notre échelle de l'observable et du mesurable. (1.5)

Propriété microscopique. f. Propriété qui doit être mesurée de façon indirecte à partir de phénomènes observables ou d'un autre instrument spécialisé. (1.5)

Propriété physique. f. Toute propriété d'une substance qui peut être observée sans qu'il y ait transformation de cette substance en une autre substance. (1.4)

Proton. n. m. Particule subatomique constitutive du noyau et dotée d'une charge positive; la masse d'un proton est d'environ 1840 fois celle d'un électron. (2.2)

Q

Quantités stœchiométriques. f. pl. Quantités initiales de réactifs en moles qui correspondent exactement aux proportions indiquées par les coefficients de l'équation équilibrée. (3.9)

Quantum (plur. quanta). n. m. La plus petite quantité d'énergie pouvant être émise (ou absorbée) sous forme de rayonnement électromagnétique. (5.1)

R

Radiation. n. f. Émission et transmission d'énergie dans l'espace sous forme d'ondes ou de particules. (2.2)

Radioactivité. n. f. Émission spontanée de particules et/ou de rayonnements électromagnétiques par suite d'un bris de noyaux, qui s'accompagne d'une perte de masse. Ce bris de noyaux s'appelle désintégration. (2.2)

Rayon atomique. m. Dans un métal, moitié de la distance séparant les noyaux de deux atomes adjacents; chez les éléments constitués de molécules diatomiques, moitié de la distance séparant les noyaux des deux atomes dans la molécule. (6.3)

Rayon ionique. m. Rayon d'un cation ou d'un anion mesuré dans un composé ionique. (6.3)

Réactif. n. m. Substance de départ d'une réaction chimique. (3.7)

Réactif en excès. m. Réactif dont la quantité est supérieure à celle requise pour réagir avec la quantité du réactif limitant au cours d'une réaction chimique. (3.9)

Réactif limitant. m. Réactif épuisé le premier au cours d'une réaction chimique. (3.9)

Réaction chimique. f. Processus au cours duquel une ou plusieurs substances (réactifs) sont transformées en de nouvelles substances (produits). (3.7)

Règle de Hund. f. Règle qui établit que l'arrangement électronique le plus stable d'une sous-couche est celui qui présente le plus grand nombre de spins parallèles. (5.9)

Règle de l'octet. f. Règle qui affirme que tout atome, sauf l'hydrogène, a tendance à former des liaisons jusqu'à ce qu'il soit entouré de huit électrons de valence. (7.2)

Rendement réel. m. Quantité de produits réellement obtenue à la fin d'une réaction. (3.9)

Rendement théorique. m. Quantité de produits prévue selon la stœchiométrie de l'équation équilibrée d'une réaction en supposant que tout le réactif limitant réagirait. (3.9)

Répulsion des paires d'électrons. f. *Voir* Modèle RPEV. (8.1)

Réseau. m. Répétition d'une maille cubique dans l'espace tridimensionnel d'un solide cristallin. (9.4)

Résonance. n. f. Utilisation d'au moins deux structures de Lewis pour représenter adéquatement une molécule donnée. (7.6)

S

Solide cristallin. m. Solide qui a une structure ordonnée, rigide et répétitive dans tout le solide; ses atomes, ses molécules ou ses ions occupent des positions déterminées. (9.4)

Sous-couche. f. Une ou plusieurs orbitales ayant les mêmes valeurs de n et de l. (5.7)

Spectre d'émission. m. Spectre continu ou discontinu de raies de rayonnements électromagnétiques émis par les substances. (5.3)

Spectre discontinu. m Spectre de raies produit lorsqu'une substance absorbe ou émet des rayonnements seulement à certaines longueurs d'onde. (5.3)

Stœchiométrie. n. f. Étude des proportions que forment les quantités de réactifs et de produits dans une réaction chimique. (3.8)

Structure de Lewis. m. Diagramme représentant les liaisons covalentes à l'aide de la notation de Lewis; les doublets liants sont illustrés par des traits ou des paires de points entre les deux atomes qui forment la liaison; les doublets libres non liants sont illustrés par des paires de points placés autour de l'atome auquel ils appartiennent. (7.2)

Structure de résonance. f. L'une des structures de Lewis qui sont nécessaires pour décrire de façon adéquate une molécule. Ces structures ont nécessairement le même squelette. (7.6)

Sublimation. n. f. Passage de la phase solide à la phase vapeur sans passage par la phase liquide. (9.6)

Substance pure. n. f. Forme de la matière dont la composition (le nombre et le type des éléments de base qui la composent) est fixe ou constante, c'est-à-dire qui a des propriétés distinctes. (1.3)

Surface de contour. (frontière) f. Région délimitée par une surface qui englobe environ 90 % de la densité électronique totale d'une orbitale atomique. (5.8)

Système international d'unités, ou SI. m. Système métrique révisé qui est généralement utilisé en sciences. (1.5)

T

Tableau périodique. m. Tableau dans lequel les éléments sont disposés selon la similitude de leurs propriétés, par ordre croissant de leur numéro atomique. (2.4 et 6.1)

Température critique. f. Température au-delà de laquelle un gaz ne peut être liquéfié (synonyme : point critique). (9.6)

Température et pression normales (TPN). 0 °C et 1 atm. (4.4)

Tension de vapeur à l'équilibre. f. *Voir* Pression de vapeur à l'équilibre.

Tension superficielle. f. Quantité d'énergie requise par unité de surface pour étirer ou augmenter la surface d'un liquide. (9.3)

Théorie. n. f.: Énoncé de principes unificateurs qui permet d'expliquer un ensemble de phénomènes ou de lois formulées à partir de ces phénomènes. (1.2)

Théorie cinétique des gaz. f. Théorie qui décrit à l'aide d'un modèle mathématique le comportement physique des gaz au niveau moléculaire. Cette théorie a permis d'expliquer toutes les lois des gaz trouvées antérieurement. (4.7)

U

Unité de masse atomique. f. Masse qui correspond exactement au douzième de la masse d'un atome de carbone 12. (3.1)

V

Vaporisation. n. f. *Voir* Évaporation.

Viscosité. n. f. Grandeur qui exprime la résistance d'un liquide à l'écoulement. (9.3)

Vitesse quadratique moyenne. f. Racine carrée de la moyenne des carrés des vitesses. (4.7)

Volume. n. m. Mesure de l'espace occupé par un objet; longueur au cube. (1.5)

Z

Zéro absolu. m. Température la plus basse que l'on peut théoriquement atteindre. (5.3)

RÉPONSES AUX PROBLÈMES

CHAPITRE 1

1.7 **a)** Propriété chimique
b) Propriété chimique
c) Propriété physique
d) Propriété physique
e) Propriété chimique

1.8 **a)** Transformation physique
b) Transformation chimique
c) Transformation physique
d) Transformation chimique
e) Transformation physique

1.9 **a)** Extensive **b)** Extensive
c) Intensive **d)** Extensive

1.10 **a)** Extensive **b)** Intensive
c) Intensive

1.11 **a)** Élément **b)** Composé
c) Élément **d)** Composé

1.12 **a)** Composé **b)** Élément
c) Composé **d)** Élément

1.17 $11,4 \text{ g/cm}^3$

1.18 $1,30 \times 10^3 \text{ g}$

1.19 **a)** $35\,^\circ\text{C}$ **b)** $-11\,^\circ\text{C}$
c) $39\,^\circ\text{C}$ **d)** $1011\,^\circ\text{C}$

1.20 **a)** $41\,^\circ\text{C}$ **b)** $11,3\,^\circ\text{F}$
c) $1,1 \times 10^4\,^\circ\text{F}$

1.21 **a)** $2,7 \times 10^{-8}$
b) $3,56 \times 10^2$
c) $9,6 \times 10^{-2}$

1.22 **a)** $7,49 \times 10^{-1}$
b) $8,026 \times 10^2$
c) $6,21 \times 10^{-7}$

1.23 **a)** $15\,200$
b) $0,000\,000\,077\,8$

1.24 **a)** $0,000\,032\,56$
b) $6\,030\,000$

1.25 **a)** $1,4598 \times 10^2$
b) $3,18 \times 10^2$
c) $6,2 \times 10^{-3}$
d) $9,9 \times 10^{10}$

1.26 **a)** $1,8 \times 10^{-2}$
b) $1,14 \times 10^{10}$
c) -5×10^4
d) $1,3 \times 10^3$

1.27 **a)** Quatre **b)** Deux **c)** Cinq
d) Deux, trois ou quatre

1.28 **a)** Trois **b)** Un
c) Un ou deux **d)** Deux

1.29 **a)** $10,6 \text{ m}$ **b)** $0,79 \text{ g}$
c) $16,5 \text{ cm}^2$

1.30 **a)** $1,28$
b) $3,18 \times 10^{-3} \text{ mg}$
c) $8,14 \times 10^7 \text{ dm}$

1.31 **a)** $2,26 \times 10^2 \text{ dm}$
b) $2,54 \times 10^{-5} \text{ kg}$

1.32 **a)** $1,10 \times 10^8 \text{ mg}$
b) $6,83 \times 10^{-5} \text{ m}^3$

1.33 $11,50\,\$$

1.34 $3,1557 \times 10^7 \text{ s}$

1.35 $8,3 \text{ min}$

1.36 **a)** 81 po/s
b) $1,2 \times 10^2 \text{ m/min}$
c) $7,4 \text{ km/h}$

1.37 **a)** $1,8 \text{ m}, 76,2 \text{ kg}$
b) 88 km/h
c) $6,7 \times 10^8 \text{ mi/h}$
d) $3,7 \times 10^{-3} \text{ g de Pb}$

1.38 **a)** $8,35 \times 10^{12} \text{ mi}$
b) $2,96 \times 10^3 \text{ cm}$
c) $9,8 \times 10^8 \text{ pi/s}$
d) $8,6\,^\circ\text{C}$
e) $-459,67\,^\circ\text{F}$
f) $7,12 \times 10^{-5} \text{ m}^3$
g) $7,2 \times 10^3 \text{ L}$

1.39 $2,70 \times 10^3 \text{ kg/m}^3$

1.40 $6,25 \times 10^{-4} \text{ g/cm}^3$

1.41 **a)** Propriété chimique
b) Propriété chimique
c) Propriété physique
d) Propriété physique
e) Propriété chimique

1.42 $4,33 \times 10^7 \text{ t}$

1.43 $^\circ\text{S} = (?\,^\circ\text{C} + 117,3\,^\circ\text{C})$
$$\left(\frac{100\,^\circ\text{S}}{195,6\,^\circ\text{C}} \right)$$
$73\,^\circ\text{S}$

1.44 $2,6 \text{ g/cm}^3$

1.45 **a)** $8,08 \times 10^4 \text{ g}$
b) $1,4 \times 10^{-6} \text{ g}$
c) $39,9 \text{ g}$

1.46 $0,882 \text{ cm}$

1.47 $31,35 \text{ cm}^3$

1.48 $10,5 \text{ g/cm}^3$

1.49 Le liquide doit être moins dense que la glace. La température doit être maintenue à $0\,^\circ\text{C}$ durant l'expérience.

1.50 767 mi/h

1.51 Gradué en Fahrenheit, $0,14\,\%$; en Celsius, $0,26\,\%$

1.52 $75,6\,^\circ\text{F} \pm 0,2\,^\circ\text{F}$

1.53 $6,3\,\text{¢}$

1.54 500 mL

1.55 $4,7 \times 10^{19} \text{ kg}$
$5,2 \times 10^{16} \text{ t}$

1.56 $5,4 \times 10^{10} \text{ L}$

1.57 Le creuset est fait de platine.

1.58 $-40\,^\circ\text{F}$

1.59 $7,0 \times 10^{20} \text{ L}$

1.60 **a)** $0,5\,\%$ **b)** $3,1\,\%$

1.61 $6,0 \times 10^{12} \text{ g Au}$
$7,4 \times 10^{13}\,\$$

1.62 $1,450\,3\,1022 \text{ mm}$

1.63 $1,3 \text{ mL de solution chlorée}$

1.64 $2,5 \text{ nm}$

1.65 $4,2 \times 10^{-19} \text{ g/L}$

1.66 **a)** $3,06 \times 10^{-3}\,\$/ \text{L}$
b) $5,5\,\text{¢}$

1.67 **Note :** vous devez prouver ces réponses à l'aide de l'énoncé du problème suivi d'une interprétation (une hypothèse).
a) Collecte de données. L'iridium proviendrait d'un gros astéroïde qui serait entré en collision avec la Terre.
b) Trouver une concentration similaire d'iridium dans des dépôts datant de la même époque à plusieurs endroits sur Terre. S'attendre à une extinction simultanée d'autres grands animaux.
c) Oui. Les hypothèses qui survivent à plusieurs confrontations expérimentales servant de preuves convaincantes peuvent devenir des théories.
d) $5,0 \times 10^{11} \text{ t}$
$4 \times 10^3 \text{ m}$

CHAPITRE 2

2.7 1×10^{10} pm

2.8 1,0 km

2.11 54

2.12 145

2.13 $^{3}_{2}$He : 2 protons, 1 neutron ; $^{4}_{2}$He : 2 protons, 2 neutrons ; $^{24}_{12}$Mg : 12 protons, 12 neutrons ; $^{25}_{12}$Mg : 12 protons, 13 neutrons ; $^{48}_{22}$Ti : 22 protons, 26 neutrons ; $^{79}_{35}$Br : 35 protons, 44 neutrons ; $^{195}_{78}$Pt : 78 protons, 117 neutrons

2.14 $^{15}_{7}$N : 7 protons, 7 électrons et 8 neutrons ; $^{33}_{16}$S : 16 protons, 16 électrons et 17 neutrons ; $^{63}_{29}$Cu : 29 protons, 29 électrons et 34 neutrons ; $^{84}_{38}$Sr : 38 protons, 38 électrons et 46 neutrons ; $^{130}_{56}$Ba : 56 protons, 56 électrons et 74 neutrons ; $^{186}_{74}$W : 74 protons, 74 électrons et 112 neutrons ; $^{202}_{80}$Hg : 80 protons, 80 électrons et 122 neutrons.

2.15 **a)** $^{23}_{11}$Na   **b)** $^{64}_{28}$Ni

2.16 **a)** $^{186}_{74}$W   **b)** $^{201}_{80}$Hg

2.33 **a)** CN   **b)** CH
    c) C_9H_{20} **d)** P_2O_5
    e) BH_3

2.34 **a)** $AlBr_3$ **b)** $NaSO_2$
    c) N_2O_5 **d)** $K_2Cr_2O_7$

2.37 Na^+ : 11 protons, 10 électrons ; Ca^{2+} : 20 protons, 18 électrons ; Al^{3+} : 13 protons, 10 électrons ; Fe^{2+} : 26 protons, 24 électrons ; I^- : 53 protons, 54 électrons ; F^- : 9 protons, 10 électrons ; S^{2-} : 16 protons, 18 électrons ; O^{2-} : 8 protons, 10 électrons ; N^{3-} : 7 protons, 10 électrons.

2.38 K^+ (19, 18), Mg^{2+} (12, 10), Fe^{3+} (26, 23), Br^- (35, 36), Mn^{2+} (25, 23), C^{4-} (6, 10), Cu^{2+} (29, 27)

2.39 **a)** covalent   **b)** ionique
    c) ionique   **d)** covalent
    e) ionique   **f)** covalent

2.40 ioniques : $NaBr$, BaF_2, $CsCl$
    covalents : CH_4, CCl_4, ICl, NF_3

2.41 **a)** dihydrogénophosphate de potassium
    b) hydrogénophosphate de potassium
    c) bromure d'hydrogène (composé covalent)
    d) acide bromhydrique
    e) carbonate de lithium

f) dichromate de potassium
g) nitrite d'ammonium
h) trifluorure de phosphore
i) pentafluorure de phospore
j) hexoxyde de tétraphosphore
k) iodure de cadmium
l) sulfate de strontium
m) hydroxyde d'aluminium

2.42 **a)** hypochlorite de potassium
    b) carbonate d'argent
    c) chlorure de fer(II)
    d) permanganate de potassium
    e) chlorate de césium
    f) sulfate de potassium ammonium
    g) oxyde de fer(II)
    h) oxyde de fer(III)
    i) chlorure de titane(IV)
    j) hydrure de sodium
    k) nitrure de lithium
    l) oxyde de sodium
    m) peroxyde de sodium

2.43 **a)** $RbNO_2$ **b)** K_2S
    c) $NaHS$ **d)** $Mg_3(PO_4)_2$
    e) $CaHPO_4$ **f)** KH_2PO_4
    g) IF_7 **h)** $(NH_4)_2SO_4$
    i) $AgClO_4$ **j)** $Fe_2(CrO_4)_3$

2.44 **a)** $CuCN$
    b) $Sr(ClO_2)_2$
    c) $HBrO_4$
    d) HI (dans l'eau)
    e) $Na_2(NH_4)PO_4$
    f) $PbCO_3$
    g) SnF_2
    h) P_4S_{10}
    i) HgO
    j) Hg_2I_2

2.45 Zn^{2+}

2.46 Le changement de la charge d'un atome provoque habituellement un changement majeur de ses proriétés chimiques. Les deux isotopes du carbone, tous deux neutres, devraient avoir des propriétés chimiques identiques.

2.47 **a)** A, F et G sont neutres.
    b) B et E sont de charge négative.
    c) C et D sont de charge positive.
    d) A : $^{10}_{5}$B   B : $^{14}_{7}$N^{3-}
     C : $^{39}_{19}$K$^+$ D : $^{66}_{30}$Zn^{2+}
     E : $^{81}_{35}$Br$^-$ F : $^{11}_{5}$B
     G : $^{19}_{9}$F

2.48 **a)** H ou H_2 ?
    b) NaCl est un composé ionique.

2.49 Oui, le rapport est 3 : 7 : 10, un rapport de nombres entiers simples, tel que stipulé par la loi des proportions multiples.

2.50 **a)** molécule et composé
    b) élément et molécule
    c) élément
    d) molécule et composé
    e) élément
    f) élément et molécule
    g) élément et molécule
    h) molécule et composé
    i) composé
    j) élément
    k) élément et molécule
    l) composé

2.51 Étant donné que la charge de l'ion positif des composés formés de métaux alcalino-terreux est toujours +2, il n'est pas nécessaire de la spécifier à l'aide d'un chiffre romain.

2.52 **a)** CO_2(solide)   **b)** $NaCl$
    c) N_2O **d)** $CaCO_3$
    e) CaO **f)** $Ca(OH)_2$
    g) $NaHCO_3$ **h)** $Mg(OH)_2$

2.53 $^{11}_{5}$B : 5 protons, 6 neutrons, 5 électrons, 0 charge électrique ; $^{54}_{26}$Fe^{2+} : 26 protons, 28 neutrons, 24 électrons, +2 charges électriques ; $^{31}_{15}$P^{3-} : 15 protons, 16 neutrons, 18 électrons, −3 charges électriques ; $^{196}_{79}$Au : 79 protons, 117 neutrons, 79 électrons, 0 charge électrique ; $^{222}_{86}$Rn : 86 protons, 136 neutrons, 86 électrons, 0 charge électrique

2.54 **a)** Les métaux des groupes 1A, 2A et l'aluminium avec des non-métaux comme l'azote, l'oxygène et les halogènes.
    b) Les métaux de transition

2.55 Les métaux du groupe 1A forment des ions M^+. Les métaux du groupe 2A forment des ions Y^{2+}. L'aluminium forme seulement l'ion Al^{3+}. L'oxygène forme l'ion O^{2-} ; l'azote forme l'ion N^{3-} et les halogènes forment des ions X^-. Voici un tableau des diverses possibilités :

Non-métaux	Métaux 1A
Halogènes	MX
Oxygène	M_2O
Azote	M_3N
Métaux 2A	**Aluminium**
YX_2	AlX_3
YO	Al_2O_3
Y_3N_2	AlN

2.56 ^{23}Na

2.57 Les acides binaires contenant des éléments du groupe 7A sont : HF, acide fluorhydrique ; HCl, acide chlorhydrique ; HBr, acide bromhydrique ; HI, acide iodhydrique. Les oxacides contenant des éléments du groupe 7A (si l'on prend l'exemple du chlore) sont : $HClO_4$, acide perchlorique ; $HClO_3$, acide chlorique ; $HClO_2$, acide chloreux ; HClO, acide hypochloreux.

Voici des exemples d'oxacides contenant des éléments des autres groupes du bloc A : H_3BO_3, acide borique (groupe 3A) ; H_2CO_3, acide carbonique (groupe 4A) ; HNO_3, acide nitrique et H_3PO_4, acide phosphorique (groupe 5A) ; et H_2SO_4, acide sulfurique (groupe 6A). L'acide sulfhydrique, H_2S, est un exemple d'acide binaire contenant un élément du groupe 6A, tandis que l'acide cyanhydrique, HCN, contient des éléments des groupes 4A et 5A.

2.58 Mercure (Hg) et brome (Br_2).

2.59 ^4_2He : 2 protons, 2 neutrons
$^{20}_{10}Ne$: 10 protons, 10 neutrons
$^{40}_{18}Ar$: 18 protons, 22 neutrons
$^{84}_{36}Kr$: 36 protons, 48 neutrons
$^{132}_{54}Xe$: 54 protons, 78 neutrons
b) Rapport neutrons/protons :
^4_2He : 1,00 ; $^{20}_{10}Ne$: 1,00
$^{40}_{18}Ar$: 1,22 ; $^{84}_{36}Kr$: 1,33
$^{132}_{54}Xe$: 1,44

2.60 N_2, O_2, O_3, F_2, Cl_2, He, Ne, Ar, Kr, Xe, Rn.

2.61 Leur stabilité chimique.

2.62 He, Ne et Ar sont chimiquement inertes ; Kr, Xe et Rn ne forment que quelques composés.

2.63 $C_2H_5NO_2$

2.64 C_2H_6O

2.65 **a)** NaH, hydrure de sodium
b) B_2O_3, trioxyde de dibore

c) Na_2S, sulfure de sodium
d) AlF_3, fluorure d'aluminium
e) OF_2, difluorure d'oxygène
f) $SrCl_2$, chlorure de strontium

2.66 **a)** Br   **b)** Rn   **c)** Se
d) Rb   **e)** Pb

2.67 Tous les isotopes du radium sont radioactifs et instables. Il s'agit d'un produit de la désintégration de l'uranium 238. Le radium n'existe pas comme tel dans la nature sur Terre.

2.68 La masse de fluor qui réagirait avec l'hydrogène serait la même que celle qui réagirait avec le deutérium. Le rapport de combinaison des deux atomes (H ou deutérium) avec le fluor est le même, soit 1 : 1 dans les deux composés. Ce n'est pas une violation de la loi des proportions définies. (Lorsque cette loi a été découverte, les scientifiques ne connaissaient pas l'existence des isotopes.)

CHAPITRE 3

3.9 35,45 u

3.10 Li 6 : 7,493 % ; Li 7 : 92,507 %

3.11 $1,7 \times 10^6$ années

3.12 $5,82 \times 10^3$ années-lumière

3.13 $2,19 \times 10^{-23}$ g

3.14 $5,1 \times 10^{24}$ u

3.15 $3,07 \times 10^{24}$ atomes S

3,16 $9,96 \times 10^{-15}$ mol

3.17 1,93 mol Ca

3.18 $3,01 \times 10^3$ g Au

3.19 **a)** $3,331 \times 10^{-22}$ g/atome
b) $3,351 \times 10^{-23}$ g/atome

3.20 **a)** $1,244 \times 10^{-22}$ g/atome
b) $9,746 \times 10^{-23}$ g/atome

3.21 $3,44 \times 10^{-10}$ g

3.22 $2,98 \times 10^{22}$ atomes Cu

3.23 $6,57 \times 10^{23}$ atomes H
$1,70 \times 10^{23}$ atomes Cr
L'échantillon d'hydrogène contient plus d'atomes que l'échantillon de chrome.

3.24 Le plomb

3.25 **a)** 16,04 u   **b)** 18,02 u
c) 34,02 u   **d)** 78,11 u
e) 208,22 u

3.26 **a)** 256,6 g   **b)** 76,15 g
c) 119,37 g   **d)** 176,12 g

3.27 409 g/mol

3.28 $1,11 \times 10^{-2}$ mol C_2H_6

3.29 $3,01 \times 10^{22}$ atomes C
$3,01 \times 10^{22}$ atomes O
$6,02 \times 10^{22}$ atomes H

3.30 $1,68 \times 10^{26}$ atomes C
$6,72 \times 10^{26}$ atomes H
$3,36 \times 10^{26}$ atomes N
$1,68 \times 10^{26}$ atomes O

3.31 $2,1 \times 10^9$ molécules

3.32 $8,56 \times 10^{22}$ molécules

3.35 $^{12}_6C$ $^{19}_9F^+_4$ $^{13}_6C$ $^{19}_9F^+_4$

3.36 Sept pics

3.41 Sn = 78,77 %
O = 21,23 %

3.42 **a)** Na : 54,75 % ; F : 45,25 %
b) Na : 39,34 % ; Cl : 60,66 %
c) Na : 22,34 % ; Br : 77,66 %
d) Na : 15,34 % ; I : 84,66 %

3.43 119,4 g/mol
C = 10,06 %
H = 0,8842 %
Cl = 89,07 %

3.44 Les deux sont $C_6H_{10}S_2O$

3.45 **a)** C = 80,56 %
H = 7,51 %   O = 11,93 %
b) $2,11 \times 10^{21}$ molécules

3.46 L'ammoniac

3.47 0,308 mol Fe

3.48 39,3 g

3.49 288 g I_2

3.50 5,97 g F

3.51 **a)** H_2SO_4 **b)** $AlCl_3$
c) CH_2O **d)** KCN

3.52 O : 66,1 % ; $C_2H_3NO_5$

3.53 $C_8H_{10}N_4O_2$

3.54 $C_5H_8O_4NNa$

3.59 **a)** $2C + O_2 \rightarrow 2CO$
b) $2CO + O_2 \rightarrow 2CO_2$
c) $H_2 + Br_2 \rightarrow 2HBr$
d) $2K + 2H_2O \rightarrow 2KOH + H_2$
e) $2Mg + O_2 \rightarrow 2MgO$
f) $2O_3 \rightarrow 3O_2$
g) $2H_2O_2 \rightarrow 2H_2O + O_2$
h) $N_2 + 3H_2 \rightarrow 2NH_3$
i) $Zn + 2AgCl \rightarrow ZnCl_2 + 2Ag$
j) $S_8 + 8O_2 \rightarrow 8SO_2$
k) $2NaOH + H_2SO_4 \rightarrow Na_2SO_4 + 2H_2O$
l) $Cl_2 + 2NaI \rightarrow 2 NaCl + I_2$
m) $3KOH + H_3PO_4 \rightarrow K_3PO_4 + 3H_2O$
n) $CH_4 + 4Br_2 \rightarrow CBr_4 + 4HBr$

3.60 **a)** $2KClO_3 \rightarrow 2KCl + 3O_2$
b) $2KNO_3 \rightarrow 2KNO_2 + O_2$
c) $NH_4NO_3 \rightarrow N_2O + 2H_2O$
d) $NH_4NO_2 \rightarrow N_2 + 2H_2O$

e) $2NaHCO_3 \rightarrow Na_2CO_3 + H_2O + CO_2$

f) $P_4O_{10} + 6H_2O \rightarrow 4H_3PO_4$

g) $2HCl + CaCO_3 \rightarrow CaCl_2 + H_2O + CO_2$

h) $2Al + 3H_2SO_4 \rightarrow Al_2(SO_4)_3 + 3H_2$

i) $CO_2 + 2KOH \rightarrow K_2CO_3 + H_2O$

j) $CH_4 + 2O_2 \rightarrow CO_2 + 2H_2O$

k) $Be_2C + 2H_2O \rightarrow 2Be(OH)_2 + CH_4$

l) $3Cu + 8HNO_3 \rightarrow 3Cu(NO_3)_2 + 2NO + 4H_2O$

m) $S + 6HNO_3 \rightarrow H_2SO_4 + 6NO_2 + 2H_2O$

n) $2NH_3 + 3CuO \rightarrow 3Cu + N_2 + 3H_2O$

3.65 3,60 mol CO_2

3.66 1,01 mol Cl_2

3.67 $1,3 \times 10^7$ t de S

3.68 a) $2NaHCO_3 \rightarrow Na_2CO_3 + H_2O + CO_2$
b) 78,3 g $NaHCO_3$

3.69 0,0581 g HCN

3.70 0,324 L

3.71 0,300 mol H_2O

3.72 0,294 mol KCN

3.73 $5,6 \times 10^2$ g CaO

3.74 a) $NH_4NO_3(s) \rightarrow N_2O(g) + 2H_2O(g)$
b) $2,0 \times 10^1$ g N_2O

3.75 $2,58 \times 10^4$ kg NH_3

3.76 18,0 g O_2

3.79 NO est le réactif limitant.
0,886 mol NO_2

3.80 0,709 g NO_2
$6,9 \times 10^{-3}$ mol NO

3.81 a) $C_3H_8(g) + 5O_2(g) \rightarrow 3CO_2(g) + 4H_2O(l)$
b) 482 g CO_2

3.82 HCl ; 23,4 g Cl_2

3.85 92,9 %

3.86 a) 7,05 g O_2 **b)** 92,9 %

3.87 87,2 %

3.88 $3,48 \times 10^3$ g

3.89 103,3 u

3.90 a) 0,212 mol O
b) 0,424 mol O

3.91 La désintégration de l'isotope le moins abondant en un autre isotope plus stable, soit le plus abondant.

3.92 18

3.93 C = 30,19 %

H = 5,069 %
Cl = 44,56 %
S = 20,16 %

3.94 $2,4 \times 10^{23}$ atomes C

3.95 700 g

3.96 65,4 g ; Zn

3.97 a) $Zn(s) + H_2SO_4(aq) \rightarrow ZnSO_4(aq) + H_2(g)$
b) 64,2 %
c) Nous supposons que les impuretés sont inertes.

3.98 89,6 %

3.99 10^{15} g CO_2

3.100 $C_6H_{12}O_6$

3.101 $1,85 \times 10^5$ kg CaO

3.102 86,49 %

3.103 88,8 g

CHAPITRE 4

4.13 74,9 kPa et 15 mm Hg

4.14 0,797 atm

4.17 $1,30 \times 10^3$ mL

4.18 53 atm

4.19 457 mm Hg

4.20 a) 0,69 L   **b)** 61 atm

4.21 273 K ; 310 K ; 373 K ; 48 K

4.22 $-196\,°C$; $-269\,°C$; $5,7 \times 10^3\,°C$

4.23 44,1 L

4.24 $1,3 \times 10^2$ K

4.25 L'équation équilibrée est
$4NH_3(g) + 5O_2(g) \rightarrow 4NO(g) + 6H_2O(g)$
Donc, un volume d'ammoniac permet d'obtenir un volume de monoxyde d'azote.

4.26 $ClF_3\,(g)$

4.31 0,43 mol

4.32 6,2 atm

4.33 $2,0 \times 10^1$ L

4.34 745 K ou 472 °C

4.35 $8,4 \times 10^2$ L

4.36 1,9 atm

4.37 9,0 L

4.38 0,82 L

4.39 71 mL

4.40 33,6 mL

4.41 6,17 L

4.42 $6,1 \times 10^{-3}$ atm

4.43 32,0 g/mol

4.44 35,1 g/mol

4.45 $3,0 \times 10^{19}$ molécules O_3

4.46 N_2 : $2,1 \times 10^{22}$ molécules
O_2 : $5,7 \times 10^{21}$ molécules
Ar : $2,7 \times 10^{20}$ atomes

4.47 a) 2,21 g/L   **b)** 54,4 g/mol

4.48 2,98 g/L

4.49 $C_4H_{10}O$

4.50 SF_4

4.53 P_{CH_4} : 0,54 atm
$P_{C_2H_6}$: 0,44 atm
$P_{C_3H_8}$: 0,51 atm

4.54 a) 0,89 atm
b) 1,4 L à TPN

4.55 a) $P_{N_2} = 0,781$ atm
$P_{O_2} = 0,209$ atm
$P_{Ar} = 9,3 \times 10^{-3}$ atm
$P_{CO_2} = 5 \times 10^{-4}$ atm
b) $C_{O_2} = 9,34 \times 10^{-3}$ mol/L
$C_{Ar} = 4,1 \times 10^{-4}$ mol/L
$C_{CO_2} = 2 \times 10^{-5}$ mol/L

4.56 349 mm Hg

4.57 0,45 g Na

4.58 19,8 g Zn

4.59 4,8 %

4.60 N_2 : 217 mm Hg
H_2 : 650 mm Hg

4.67 O_2 : 513 m/s
UF_6 : 155 m/s

4.68 N_2 : 472 m/s ; O_2 : 441 m/s ;
O_3 : 360 m/s

4.73 18,0 atm et, selon l'équation des gaz parfaits, 18,5 atm

4.74 Non. La pression du gaz parfait serait de 164 atm.

4.75 Quand les valeurs de a et de b sont de zéro, l'équation de van der Waals devient simplement l'équation des gaz parfaits. Dans le choix proposé, le gaz dont les valeurs de a et de b sont les plus petites est Ne.

4.76 Oui, à ces pressions le dioxyde de carbone se comporte comme un gaz parfait.

4.77 a) Quand la température s'élève, la pression augmente.
b) Quand on frappe un sac de papier qu'on a « gonflé », son volume diminue, donc sa pression augmente.
c) À mesure que le ballon s'élève, la pression extérieure décroît régulièrement et le ballon prend de l'expansion.
d) La différence de pression entre l'intérieur et l'extérieur

4.78 $1,7 \times 10^2$ L ; CO_2 : 0,50 atm ;
N_2 : 0,25 atm ; H_2O : 0,41 atm ;
O_2 : 0,041 atm

4.79 C_6H_6

4.80 a) $NH_4NO_2(s) \rightarrow N_2(g) + 2H_2O(l)$
b) 0,273 g

4.81 445 mL

4.82 Non. Un gaz parfait ne se condenserait pas.

4.83 a) 9,53 atm

b) $Ni(CO)_4$ se décompose, et l'augmentation de pression vient de la présence de CO.

4.84 Elle est plus élevée en hiver.

4.85 $1,3 \times 10^{22}$ molécules CO_2, O_2, N_2 et H_2O

4.86 a) 0,86 L

b) $NH_4HCO_3(s) \rightarrow NH_3(g) + CO_2(g) + H_2O(l)$; l'avantage: plus de gaz (CO_2 et NH_3) généré; le désavantage: l'odeur de l'ammoniac!

4.87 $5,25 \times 10^{18}$ kg

4.88 3,88 L

4.89 0,0701 mol/L

4.90 a) $C_3H_8(g) + 5O_2(g) \rightarrow 3CO_2(g) + 4H_2O(g)$

b) 11,4 L CO_2

4.91 Quand l'eau du compte-gouttes entre dans l'ampoule, du chlorure d'hydrogène se dissout, créant ainsi un vide partiel. La pression de l'atmosphère pousse donc l'eau dans le tube vertical.

4.92 O_2: 0,166 atm; NO_2: 0,333 atm

4.93 a) 61,2 m/s

b) $4,58 \times 10^{-4}$ s

c) 366,1 m/s. Semblable mais non identique, car il s'agit de la vitesse d'un atome de Bi en particulier et non d'une moyenne.

4.94 a) $CaO(s) + CO_2(g) \rightarrow CaCO_3(s)$ et $BaO(s) + CO_2(g) \rightarrow BaCO_3(s)$

b) CaO 10,5 % et BaO 89,5 %

4.95 a) 0,112 mol/min

b) $2,0 \times 10^1$ min

4.96 $1,7 \times 10^{12}$ molécules de O_2

4.97 a) $1,09 \times 10^{44}$ molécules

b) $1,18 \times 10^{22}$ molécules par respiration

c) $2,60 \times 10^{30}$ molécules

d) 3×10^8

e) 1. Mélange complet de l'air dans l'atmosphère; 2. Aucune perte de molécules dans l'espace; 3. Pas de molécules consommées durant le métabolisme

4.98 a) Non. La température est un concept statistique.

b) i) Étant à la même température, ces valeurs sont les mêmes pour les deux.

ii) L'échantillon ayant un plus petit volume frappe les parois plus souvent, mais la force exercée est la même dans les deux cas.

c) i) Plus grande pour le gaz à T_2; **ii)** Ceux à T_2 dans les deux cas;

d) i) Faux; **ii)** Vrai; **iii)** Vrai

4.99 a) Les courbes descendent à cause des attractions inter-moléculaires. P étant plus petit, donc PV/RT diminue. Elles remontent avec la pression, car le volume occupé par les molécules devient non négligeable, ce qui fait augmenter PV/RT.

b) À très faible pression, ils se comportent tous comme des gaz parfaits.

c) Pour cette valeur les forces d'attraction sont égales aux forces de répulsion, ce qui ne signifie pas que le comportement soit idéal.

CHAPITRE 5

5.7 a) $3,5 \times 10^3$ nm

b) $5,30 \times 10^{14}$ Hz

5.8 a) $6,58 \times 10^{14}$ Hz

b) $1,36 \times 10^8$ nm

5.9 $7,0 \times 10^2$ s

5.10 $1,5 \times 10^2$ s

5.11 $3,26 \times 10^7$ nm; ce rayonnement se situe dans la région des micro-ondes.

5.12 $4,95 \times 10^{14}$/s

5.15 $3,19 \times 10^{-19}$ J

5.16 a) $4,0 \times 10^2$ nm

b) $5,0 \times 10^{-19}$ J

5.17 a) $5,0 \times 10^{12}$ nm Non, il s'agit d'une onde radio.

b) $4,0 \times 10^{-29}$ J

c) $2,4 \times 10^{-5}$ J/mol

5.18 $1,2 \times 10^2$ nm; UV

5.19 $1,29 \times 10^{-15}$ J

5.20 a) $3,70 \times 10^2$ nm

b) UV

c) $5,38 \times 10^{-19}$ J

5.25 L'arrangement des niveaux d'énergie est particulier à chaque élément. Les fréquences de la lumière émise par les éléments sont propres à chaque élément.

5.26 En utilisant un prisme

5.27 La lumière émise par la substance fluorescente a toujours une énergie inférieure à celle de la lumière qui a heurté la substance. L'absorption de lumière visible ne peut pas provoquer une émission de lumière ultraviolette, car celle-ci est d'énergie supérieure. Le procédé inverse est très courant.

5.28 Les atomes excités émettent les mêmes fréquences (ce qui donne les mêmes raies caractéristiques), que ce soit dans l'espace ou sur terre.

5.29 a) $1,4 \times 10^2$ nm

b) 5×10^{-19} J

c) $2,0 \times 10^2$ nm

5.30 $3,027 \times 10^{-19}$ J

5.31 $-1,55 \times 10^{-19}$ J Le signe moins de ΔE signifie qu'il s'agit d'une énergie associée à une émission et $\lambda = 1,28$ nm.

5.32 $6,17 \times 10^{14}$/s; $4,86 \times 10^2$ nm

5.33 On utilise $6,6256 \times 10^{-34}$ J • s comme constante de Planck. Pour un photon, la différence d'énergie est 3×10^{-22} J. Pour 1 mol de photons, la différence d'énergie est 2×10^2 J/mol.

5.34 5

5.39 0,565 nm

5.40 $1,37 \times 10^{-6}$ nm

5.41 $9,98 \times 10^{-25}$ nm

5.42 $1,7 \times 10^{-23}$ nm

5.53 $l = 0: m = 0$
$l = 1: m = -1, 0, 1$

5.54 $l = 2: m = -2, -1, 0, 1, 2$
$l = 1: m = -1, 0, 1; l = 0: m = 0$

5.55 a) $2p: n = 2, l = 1, m = 1, 0$ ou -1

b) $3s: n = 3, l = 0, m = 0$ (la seule valeur permise)

c) $5d: n = 5, l = 2, m = 2, 1, 0, -1$ ou -2

5.56 a) $n = 4, l = 1, m = 1, 0$ ou -1

b) $n = 3, l = 2, m = 2, 1, 0, -1$ ou -2

c) $n = 3, l = 0, m = 0$

d) $n = 5, l = 3, m = 3, 2, 1, 0, -1, -2$ ou -3

5.57 Une orbitale $2s$ est plus grande qu'une orbitale $1s$; les deux ont la même forme sphérique. L'énergie de l'orbitale $1s$ est inférieure à celle de l'orbitale $2s$.

5.58 Leurs orientations dans l'espace sont différentes.

5.59 Les valeurs permises de l sont 0, 1, 2, 3 et 4. Elles correspondent aux sous-couches $5s$, $5p$, $5d$, $5f$ et $5g$. Ces sous-couches possèdent respectivement 1, 3, 5, 7 et 9 orbitales.

5.60 Valeurs de l :
0 ($6s$, une sous-couche)
1 ($6p$, trois sous-couches)
2 ($6d$, cinq sous-couches)
3 ($6f$, sept sous-couches)
4 ($6g$, neuf sous-couches)
5 ($6h$, onze sous-couches)

5.61 **a)** 2 **b)** 6
c) 10 **d)** 14

5.62 $2n^2$

5.63 $3s$: 2 ; $3d$: 10 ; $4p$: 6 ; $4f$: 14 ; $5f$: 14

5.64 **a)** 3 **b)** 6
c) 0

5.65 *Voir* la figure 5.22 dans le manuel.

5.66 À cause de l'effet d'écran dans un atome polyélectronique.

5.67 **a)** $2s$ **b)** $3p$
c) Égale **d)** Égale
e) $5s$

5.68 **a)** $2s$ **b)** $3p$
c) $3s$ **d)** $4d$

5.77 **a)** Est impossible, car le nombre quantique magnétique (m) ne peut être qu'un nombre entier.
c) Est impossible, car la valeur maximale du nombre quantique secondaire l est de $n-1$.
e) Est impossible, car le nombre quantique de spin s ne peut avoir que des valeurs de $+\frac{1}{2}$ ou de $-\frac{1}{2}$.

5.78 Al : $1s^2 2s^2 2p^6 3s^2 3p^1$
B : $1s^2 2s^2 2p^1$
F : $1s^2 2s^2 2p^5$

5.79 Paramagnétiques

5.80 B (1), Ne (0), P (3), Sc (1), Mn (5), Se (2), Zr (2), Ru (4), Cd (0), I (1), W (4), Pb (2), Ce (2), Ho (3)

5.81 B : $1s^2 2s^2 2p^1$
As : $[Ar]4s^2 3d^{10} 4p^3$
V : $[Ar]4s^2 3d^3$
I : $[Kr]5s^2 4d^{10} 5p^5$
Ni : $[Ar]4s^2 3d^8$
Au : $[Xe]6s^1 4f^{14} 5d^{10}$

5.82 Ge : $[Ar]4s^2 3d^{10} 4p^2$
Fe : $[Ar]4s^2 3d^6$
Zn : $[Ar]4s^2 3d^{10}$
Ru : $[Kr]5s^1 4d^7$
W : $[Xe]6s^2 4f^{14} 5d^4$
Tl : $[Xe]6s^2 4f^{14} 5d^{10} 6p^1$

5.83 Il y a un total de 12 électrons :

Orbitale	n	l	m	s
$1s$	1	0	0	$+\frac{1}{2}$
$1s$	1	0	0	$-\frac{1}{2}$
$2s$	2	0	0	$+\frac{1}{2}$
$2s$	2	0	0	$-\frac{1}{2}$
$2p$	2	1	1	$+\frac{1}{2}$
$2p$	2	1	1	$-\frac{1}{2}$
$2p$	2	1	0	$+\frac{1}{2}$
$2p$	2	1	0	$-\frac{1}{2}$
$2p$	2	1	-1	$+\frac{1}{2}$
$2p$	2	1	-1	$-\frac{1}{2}$
$3s$	3	0	0	$+\frac{1}{2}$
$3s$	3	0	0	$-\frac{1}{2}$

Il s'agit du magnésium.

5.84 S^+

5.85 $\lambda = 4{,}63 \times 10^{-7}$ m
La flamme est donc bleue.

5.86 **a)** Faux **b)** Vrai
c) Faux

5.87 **a)** La longueur d'onde et la fréquence sont des propriétés ondulatoires qui dépendent l'une de l'autre. Les deux sont reliées par l'équation (5.1). *Voir* l'exemple 5.1, où l'on applique cette relation à une onde lumineuse.
b) Les propriétés typiques des ondes sont : longueur d'onde, fréquence, vitesse de propagation caractéristique (le son, la lumière, etc.). Les propriétés typiques des particules sont : masse, vitesse, moment (masse × vitesse), énergie cinétique. Dans les phénomènes que nous percevons normalement tous les jours (niveau macroscopique), ces propriétés s'excluent mutuellement. Au niveau atomique (niveau microscopique), les «objets» peuvent avoir des caractéristiques à la fois particulaires et ondulatoires. Ce phénomène se situe complètement en dehors de notre champ habituel de perception ; il est donc très difficile à concevoir.
c) La quantification de l'énergie implique que l'émission ou l'absorption de l'énergie n'est permise qu'en quantités discrètes (exemple : un spectre de raies). La variation continue d'énergie suppose que tous les changements d'énergie sont permis (exemple : un spectre continu).

5.88 **a)** 4 (un dans $2s$ et trois dans $2p$)
b) 6 (2 dans $4p$, 2 dans $4d$ et 2 dans $4f$)
c) 10 (2 dans chaque $3d$)
d) 1 (dans $2s$)
e) 2 (dans $4f$)

5.89 *Voir* les sections appropriées dans le chapitre 5.

5.90 Les propriétés ondulatoires

5.91 La surface métallique devient chargée positivement à mesure qu'elle perd des électrons. La surface positive devient suffisamment chargée pour attirer les électrons éjectés ; l'énergie cinétique en est ainsi réduite.

5.92 **a)** $8{,}77 \times 10^{-35}$ m
b) $7{,}41 \times 10^{-9}$ m

5.93 À cause de la règle de Hund, il y a beaucoup plus d'atomes paramagnétiques que d'atomes diamagnétiques.

5.94 Pour He$^+$: pour la transition $n = 3 \rightarrow 2$, $\lambda = 164$ nm
Pour la transition $n = 4 \rightarrow 2$, $\lambda = 121$ nm
Pour la transition $n = 5 \rightarrow 2$, $\lambda = 109$ nm
Pour la transition $n = 6 \rightarrow 2$, $\lambda = 103$ nm
Pour H : pour la transition $n = 3 \rightarrow 2$, $\lambda = 657$ nm
Pour la transition $n = 4 \rightarrow 2$, $\lambda = 487$ nm
Pour la transition $n = 5 \rightarrow 2$, $\lambda = 434$ nm
Pour la transition $n = 6 \rightarrow 2$, $\lambda = 411$ nm
Toutes les transitions de la série de Balmer pour He$^+$ sont dans la région de l'ultraviolet alors que celles pour H sont toutes dans la région du visible.

5.95 $\dfrac{1}{\lambda_1} = \dfrac{1}{\lambda_2} + \dfrac{1}{\lambda_3}$

5.96 m = 419 nm

5.97 $\Delta v = 2{,}0 \times 10^{-5}$ m/s

5.98 $T = 2{,}8 \times 10^6$ K

5.99 Seulement b) et d)

CHAPITRE 6

6.17 a) et d) ;   b) et f) ;   c) et e)

6.18 a) et d) ;   b) et e) ;   c) et f)

6.19 a) $1s^2 2s^2 2p^5$ (halogène)
b) $[Ar]4s^2$ (métal alcalino-terreux)
c) $[Ar]4s^2 3d^6$ (métal de transition)
d) $[Ar]4s^2 3d^{10} 4p^3$ (élément du groupe 5A)

6.20 a) groupe 1A   b) groupe 5A
c) groupe 8A   d) groupe 8B

6.21 Il n'y a pas d'électron dans la sous-couche $4s$ de cet ion parce que les métaux de transition perdent leurs électrons de la sous-couche ns périphérique avant de perdre ceux de la sous-couche $(n-1)d$. Dans l'atome neutre, il n'y avait que six électrons de valence. On peut identifier l'élément simplement en comptant jusqu'à six à partir du potassium (K, numéro atomique 19), ce qui mène au chrome (Cr).

6.22 Fe^{3+}

6.27 a) $1s^2$ b) $1s^2$
c) $1s^2 2s^2 2p^6$ d) $1s^2 2s^2 2p^6$
e) $[Ne]3s^2 3p^6$ f) $[Ne]$
g) $[Ar]\,4s^2 3d^{10} 4p^6$
h) $[Ar]\,4s^2 3d^{10} 4p^6$
i) $[Kr]$ j) $[Kr]$
k) $[Kr]\,5s^2 4d^{10}$

6.28 a) $[Ne]$ b) $[Ne]$
c) $[Ar]$ d) $[Ar]$
e) $[Ar]$ f) $[Ar]3d^6$
g) $[Ar]3d^9$ h) $[Ar]3d^{10}$

6.29 a) $[Ar]$ b) $[Ar]$
c) $[Ar]$ d) $[Ar]\,3d^3$
e) $[Ar]\,3d^5$ f) $[Ar]\,3d^6$
g) $[Ar]\,3d^5$ h) $[Ar]\,3d^7$
i) $[Ar]\,3d^8$ j) $[Ar]\,3d^{10}$
k) $[Ar]\,3d^9$ l) $[Kr]\,4d^{10}$
m) $[Xe]\,4f^{14} 5d^{10}$
n) $[Xe]\,4f^{14} 5d^8$
o) $[Xe]\,4f^{14} 5d^8$

6.30 a) Cr^{3+} b) Sc^{3+}
c) Rh^{3+} d) Ir^{3+}

6.31 a) C et B^- sont isoélectroniques.
b) Mn^{2+} et Fe^{3+} sont isoélectroniques.
c) Ar et Cl^- sont isoélectroniques.
d) Zn et Ge^{2+} sont isélectroniques.

6.32 Be^{2+} et He ; F^- et N^{3-} ; Fe^{2+} et Co^{3+} ; S^{2-} et Ar

6.37 a) Cs est plus gros.
b) Ba est plus gros.
c) Sb est plus gros.
d) Br est plus gros.
e) Xe est plus gros.

6.38 Na > Mg > Al > P > Cl

6.39 Pb

6.40 F

6.41 La configuration électronique du lithium est $1s^2 2s^1$. Les deux électrons $1s$ font écran à l'attraction exercée par le noyau sur l'électron $2s$. Par conséquent, l'atome de lithium est beaucoup plus gros que l'atome d'hydrogène.

6.42 L'effet d'écran incomplet qu'exercent les électrons plus proches du noyau se solde par une augmentation de la charge nucléaire effective à mesure qu'on passe de gauche à droite dans une période.

6.43 a) Cl   b) Na^+ c) O^{2-}
d) Al^{3+} e) Au^{3+}

6.44 $Mg^{2+} < Na^+ < F^- < O^{2-} < N^{3-}$

6.45 L'ion Cu^+ est plus gros que l'ion Cu^{2+} parce qu'il possède un électron de plus.

6.46 Te^{2-}

6.47 Le brome est liquide ; tous les autres sont solides.

6.48 $-199,4\,°C$

6.51 Sauf quelques irrégularités, les énergies d'ionisation des éléments d'une période augmentent avec le numéro atomique. On peut expliquer cette tendance par l'augmentation de la charge nucléaire effective de gauche à droite dans une période. Une charge nucléaire effective plus importante signifie que les électrons périphériques sont retenus plus fortement et que l'énergie de première ionisation est plus élevée. Ainsi, dans la troisième période, le sodium a la plus basse énergie de première ionisation, et le néon la plus élevée.

6.52 L'électron $3p^1$ de Al subit l'effet d'écran des électrons internes et des électrons $3s^2$.

6.53 Pour former l'ion 2+ du calcium, il suffit d'arracher deux électrons de valence. Dans le cas du potassium, toutefois, on doit arracher le deuxième électron à partir des électrons de la couche interne, dont la configuration correspond à celle d'un gaz rare.

6.54 2080 kJ/mol serait associée à $1s^2 2s^2 2p^6$.

6.55 $5,25 \times 10^3$ kJ/mol

6.56 $8,43 \times 10^6$ kJ/mol

6.59 a) K < Na < Li
b) I < Br < F < Cl

6.60 Cl

6.61 Selon les affinités électroniques, on ne s'attend pas à voir des métaux alcalins former des anions. Dans des circonstances très spéciales, on peut amener un métal alcalin à accepter un électron pour en faire un ion négatif.

6.62 La configuration électronique périphérique des métaux alcalins est ns^1 : ces éléments peuvent donc capter un autre électron.

6.65 Ces éléments auront tendance à perdre facilement un ou plusieurs électrons. Puisque la configuration électronique périphérique de tous les métaux alcalins est ns^1, ils formeront des ions de charge 1+ : M^+. Les métaux alcalino-terreux, dont la configuration électronique périphérique est ns^2, formeront des ions M^{2+}.

6.66 Son énergie d'ionisation est basse ; il réagit avec l'eau pour former FrOH et avec l'oxygène pour former un oxyde ou un superoxyde.

6.67 Les sous-couches complètement remplies assurent une grande stabilité.

6.68 Les énergies de première ionisation des métaux du groupe 1B sont élevées parce que leur électron ns^1 ne subit qu'un faible effet d'écran exercé par les électrons de la couche d interne.

6.69 Dans une période, les oxydes des éléments du côté gauche sont basiques. Vers la droite, ils deviennent amphotères puis acides. Ils deviennent plus basiques à mesures qu'on descend dans un groupe.

6.70 **a)** $Li_2O(s) + H_2O(l) \rightarrow$
$$2LiOH(aq)$$
b) $CaO(s) + H_2O(l) \rightarrow$
$$Ca(OH)_2(aq)$$
c) $CO_2(g) + H_2O(l) \rightarrow$
$$H_2CO_3(aq)$$

6.71 LiH (hydrure de lithium) : composé ionique ; BeH_2 (hydrure de béryllium) : composé covalent ; B_2H_6 (diborane ; on ne s'attendait pas que vous connaissiez ce nom !) : composé covalent ; CH_4 (méthane ; connaissiez-vous ce nom !) : composé covalent ; NH_3 (ammoniac) : composé covalent ; H_2O (eau) : composé covalent ; HF (fluorure d'hydrogène) : composé covalent.
LiH et BeH_2 sont des solides. B_2H_6, CH_4, NH_3 et HF sont des gaz, et H_2O est un liquide.

6.72 BaO

6.73 **a)** Le caractère métallique des éléments diminue de gauche à droite dans une période, et il augmente de haut en bas dans un groupe.
b) La taille des atomes diminue de gauche à droite dans une période, et elle augmente de haut en bas dans un groupe.
c) L'énergie d'ionisation augmente (il y a quelques exceptions) de gauche à droite dans une période et elle diminue de haut en bas dans un groupe.
d) L'acidité des oxydes augmente de gauche à droite dans une période, et elle diminue de haut en bas dans un groupe.

6.74 **a)** Le brome
b) L'azote
c) Le rubidium
d) Le magnésium

6.75 S'il est difficile d'arracher un électron d'un atome (énergie d'ionisation élevée), il doit être facile d'y ajouter un électron (grande affinité électronique).

6.76 **a)** $Mg^{2+} < Na^+ < F^- < O^{2-}$
b) $O^{2-} < F^- < Na^+ < Mg^{2+}$

6.77 **a)** Na_2O (ionique) ; MgO (ionique) ; Al_2O_3 (ionique) ; SiO_2 (moléculaire covalent) ;

P_4O_6 et P_4O_{10} (moléculaires covalents) ; SO_2 ou SO_3 (moléculaires covalents) ; Cl_2O et beaucoup d'autres (moléculaires covalents).
b) NaCl (ionique) ; $MgCl_2$ (ionique) ; $AlCl_3$ (ionique) ; $SiCl_4$ (moléculaire covalent) ; PCl_3 et PCl_5 (moléculaires covalents) ; SCl_2 (moléculaire covalent).

6.78 M est le potassium (K) et X, le brome (Br_2).

6.79 **a)** Le brome (Br_2)
b) L'hydrogène (H_2)
c) Le calcium (Ca)
d) L'or (Au)
e) L'argon (Ar)

6.80 O^+ et N ; Ar et S^{2-} ; Ne et N^{3-} ; Zn et As^{3+} ; Cs^+ et Xe

6.81 b)

6.82 a) et d)

6.83 $CO_2(g) + Ca(OH)_2\ (aq) \rightarrow$
$$CaCO_3(s) + H_2O(l)$$
L'hydroxyde de calcium est une base et le dioxyde de carbone un oxyde acide. Les produits sont un sel et de l'eau.

6.84 1er : brome ; 2e : iode ; 3e : chlore ; 4e : fluor

6.85 **a)** i) Les deux réagissent avec l'eau pour produire de l'hydrogène.
ii) Leurs oxydes sont basiques.
iii) Leurs halogénures sont ioniques.
b) i) Les deux sont des agents oxydants forts.
ii) Les deux réagissent avec l'hydrogène pour former HX (où X est Cl ou Br).
iii) Les deux forment des ions halogénure (Cl^- ou Br^-) quand ils sont combinés à des métaux électropositifs (Na, K, Ca, Ba).

6.86 Le fluor

6.87 La configuration électronique du soufre à l'état fondamental est [Ne] $3s^23p^4$. Il a donc tendance à capter un électron et à devenir S^-. Bien que l'addition d'un autre électron donne S^{2-} (S^{2-} et Ar sont isoélectroniques), l'augmentation de la répulsion électronique rend ce processus plus difficile.

6.88 H^-

6.89 $Na_2O + H_2O \rightarrow 2NaOH$
$BaO + H_2O \rightarrow Ba(OH)_2$
$CO_2 + H_2O \rightarrow H_2CO_3$
$N_2O_5 + H_2O \rightarrow 2HNO_3$
$P_4O_{10} + 6H_2O \rightarrow 4H_3PO_4$
$SO_3 + H_2O \rightarrow H_2SO_4$

6.90 Li_2O (basique)
BeO (amphotère)
B_2O_3 (acide)
CO_2 (acide)
N_2O_5 (acide)

6.91 X doit faire partie du groupe 4A ; il s'agit de Sn ou du Pb ; Y est un non-métal, probablement du phosphore ; Z est un métal alcalin.

6.92 23 °C, après extrapolation sur la courbe tracée.

6.93 Z_{eff} s'accroît en général de gauche à droite, ce qui explique les valeurs comparatives entre C et O. Pour N, la stabilité conférée au demi-remplissage de la sous-couche $2p$ lui procure une très faible électroaffinité.

6.94 **a)** En construisant le tableau en fonction des numéros atomiques et non des masses
b) Argon : 39,95 u
potassium : 39,10 u

6.95 Le saut énorme entre la deuxième et la troisième ionisation indique un changement de niveau n, donc il est dans le groupe 2A.

6.96 **a)** F_2 **b)** Na **c)** B
d) N_2 **e)** Al

6.97 **a)** Comme à la figure 5.6 mais avec de l'argon ; le spectre d'un nouvel élément.
b) Il est inerte, donc ne se combine pas.
c) Il s'est mis à la recherche des autres gaz pouvant compléter cette famille chimique (le néon, le krypton et le xénon ont été découverts en trois mois).
d) Il est naturellement produit à la suite des désintégrations radioactives d'autres éléments. Étant léger, sa concentration dans l'air reste faible.
e) C'est un autre gaz rare, donc inerte. Lui aussi est formé comme un produit de désintégration, mais son court temps de demi-vie (3,82 jours)

le rend peu abondant en tout temps. Il peut réagir avec le fluor, l'élément le plus électronégatif.

CHAPITRE 7

7.13 N—N < S—O = Cl—F < K—O < Li—F

7.14 C—H < Br—H < F—H < Na—I < Li—Cl < K—F

7.15 DG < EG < DF < DE

7.16 Cl—Cl < Br—Cl < Si—C < Cs—F

7.17 a) ΔEN = 0. La liaison est covalente.
b) ΔEN = 1,7. La liaison est covalente polaire.
c) ΔEN = 1,0. La liaison est covalente polaire.
d) ΔEN = 0,5. La liaison est covalente polaire.

7.18 a) Covalente
b) Covalente polaire
c) Ionique
d) Covalente polaire

7.21 a) $:\ddot{I}—\ddot{C}l:$

b) H—$\ddot{P}$—H avec H en dessous

c) structure P₄

d) H—$\ddot{S}$—H

e) H—$\ddot{N}$—$\ddot{N}$—H avec H, H en dessous

f) H—$\ddot{O}$—$\ddot{C}l$—$\ddot{O}:$ avec $:\ddot{O}:$ en dessous

g) $:\ddot{B}r$—C—$\ddot{B}r:$ avec $:\ddot{O}:$ en double liaison en dessous

7.22 a) $\left[:\ddot{O}—\ddot{O}:\right]^{2-}$

b) $\left[:C\equiv C:\right]^{2-}$

c) $\left[:N\equiv O:\right]^{+}$

d) $\left[\begin{array}{c} H \\ H—N—H \\ H \end{array}\right]^{+}$

7.23 a) Il y a trop d'électrons. La bonne structure est
H—C$\equiv$N:
b) Les atomes d'hydrogène ne forment pas de liaisons doubles. La bonne structure est H—C$\equiv$C—H
c) Il n'y a pas assez d'électrons. La bonne structure est $:\ddot{O}=Sn=\ddot{O}:$
d) Il y a trop d'électrons. La bonne structure est
structure BF₃
e) Le fluor a plus de un octet. La bonne structure est
H—$\ddot{O}$—$\ddot{F}:$
f) L'oxygène n'a pas d'octet complet. La bonne structure est
H—C—$\ddot{F}:$ avec :O: en double liaison au-dessus
g) Il n'y a pas assez d'électrons. La bonne structure est
$:\ddot{F}—\ddot{N}—\ddot{F}:$ avec $:\ddot{F}:$ en dessous

7.24 a) Aucun des atomes O n'a un octet complet; un atome H forme une liaison double.
b) La bonne structure est
structure acide acétique : H—C—C—$\ddot{O}$—H avec H autour et :O: double liaison

7.29 Les structures de résonance sont les suivantes :

a) structures de résonance de HCO₂⁻

b) structures de résonance

7.30 Les structures de résonance sont les suivantes :

structures de résonance de ClO₃⁻

7.31 H—$\ddot{N}$=N=$\ddot{N}:$ $\longleftrightarrow$ H—$\ddot{N}$—N$\equiv$N: $\longleftrightarrow$ H—N$\equiv$N—$\ddot{N}:^{2-}$

7.32 structures de résonance

7.33 $\ddot{O}=C=\ddot{N}^{-}$ $\longleftrightarrow$ $:\ddot{O}—C\equiv N:$ $\longleftrightarrow$ $:O\equiv C—\ddot{N}:^{2-}$

7.34 $:\ddot{N}=N=\ddot{O}:$ $\longleftrightarrow$ $:N\equiv N—\ddot{O}:^{-}$ $\longleftrightarrow$ $:\ddot{N}—N\equiv O:$

7.39 $\ddot{I}=\ddot{A}l—\ddot{I}:$ $\longleftrightarrow$ $:\ddot{I}—\ddot{A}l=\ddot{I}:$ $\longleftrightarrow$ $:\ddot{I}—\ddot{A}l—\ddot{I}:$

7.40 $\ddot{C}l=\ddot{B}e=\ddot{C}l$

7.41 Le krypton et le xénon ont déjà tous les deux un octet complet d'électrons. La formation de liaisons covalentes ajoute automatiquement plus d'électrons autour de l'atome central : ces éléments auraient donc plus de huit électrons, soit des octets étendus.

7.42

```
      Cl
      |
Cl—Sb—Cl
   |   |
  Cl   Cl
```

7.43 Pour plus de clarté, les trois doublets d'électrons libres autour de chaque atome de fluor ne sont pas illustrés.

```
        ..
F — Se — F           F  F  F
   |   |              \ | /
   F   F               Se
                      / | \
                     F  F  F
```

7.44 $:\!\ddot{C}l\!-\!Al\!-\!\ddot{C}l\!:\; +\; :\!\ddot{C}l\!:^-\; \longrightarrow$

```
        ..
     : Cl :
        ..
        |
: Cl—Al—Cl :
        |
     : Cl :
```

$$\left[\begin{array}{c} :\ddot{C}l: \\ | \\ :\ddot{C}l\!-\!Al\!-\!\ddot{C}l: \\ | \\ :\ddot{C}l: \end{array}\right]^-$$

7.47 392 kJ
7.48 303,0 kJ/mol
7.49 78,5 kJ/mol
7.50 −2759 kJ
7.51 **a)** L'affinité électronique du fluor
b) L'énergie de dissociation de la liaison du fluor moléculaire
c) L'énergie d'ionisation du sodium
d) L'enthalpie standard de formation du fluorure de sodium
7.52 Covalents : SiF_4, PF_5, SF_6, ClF_3
Ioniques : NaF, MgF_2, AlF_3
7.53 **a)** 225 kJ **b)** 168 kJ **c)** 71 kJ
7.54 KF est un solide ; il a un point de fusion élevé ; c'est un électrolyte. CO_2 est un gaz ; c'est un composé covalent.
7.55 Pour plus de clarté, les trois doublets d'électrons libres autour de chaque atome de fluor ne sont pas illustrés.

```
     .. ..
F — Br — F        F     F
     |             \   /
     F            F—Cl—F
                     |
                     F
```

7.56 Les structures de résonance sont les suivantes :

```
   _      +   ..
  :N==N==N:  ⟷

  2-..    +
  :N—N≡N: ⟷

   ..   +  ..  2-
  :N≡N—N:
```

La règle de l'octet n'est respectée dans aucun de ces composés.

7.57

```
     .. ..
     :O:
      |
      +
  — N == C —
      |
      H
```

7.58 **a)** $AlCl_4^-$ **b)** AlF_6^{3-}
c) $AlCl_3$

7.59

```
          ..
         :O:
      _ .. | + ..
     :O — P — F:     ⟷
          |
         :O:_
          ..

         :O:
      _ .. ‖  ..
     :O — P — F:     ⟷
          |
         :O:_
          ..

         :O:_
      _ .. | ..
     O == P — F:      ⟷
          |
         :O:_

         :O:_
      _ .. | ..
     :O — P — F:
          ‖
         :O:
```

7.60 C a un octet incomplet dans CF_2 ;
C a un octet étendu dans CH_5 ; F et H ne peuvent former que des liaisons simples ; les atomes I sont trop gros pour entourer l'atome P.

7.61 a)

```
         :O:
      .. ‖ +  ..  _
 H — O — S — O:
      ..  |
         :O:
          ..
```

```
         :O:_
      .. | + ..
 H — O — S == O      ⟷
      ..  ‖
         :O:
          ..

         :O:_
      .. | + ..
 H — O — S — O:      ⟷
      ..  ‖
         :O:
          ..

         :O:_
      .. | 2+ ..  _
 H — O — S — O:
      ..  |
         :O:_
          ..
```

b)

```
         :O:
      .. | ..  _
 :O — S — O:        ⟷
      ‖
     :O:

         :O:
      .. ‖ +  ..  _
 :O — S — O:        ⟷
      ..  |
         :O:
          ..

         :O:_
      .. | 2+ ..  _
 :O — S — O:
      ..  |
         :O:
          ..
```

Il existe cinq autres structures de résonance équivalentes aux structures données en a) et trois autres équivalentes à celles qui sont données en b).

c)

```
         :O:_
      .. | ..
 H — O — S == O       ⟷
      ..
         :O:
      .. ‖ ..  _
 H — O — S — O:       ⟷
      ..
         :O:_
      .. | + ..
 H — O — S — O:
      ..
```

d)

```
         :O:
      _ .. ‖ ..  _
 :O — S — O:         ⟷
      ..

         :O:_
      _ .. | + ..
 :O — S — O:
      ..
```

Il existe deux autres structures de résonance équivalentes aux structures données en c).

7.62 a) Faux **b)** Vrai
c) Faux **d)** Faux

7.63 Si l'atome central était plus électronégatif que les autres, il y aurait autour de lui une concentration de charges négatives, ce qui créerait une instabilité.

7.64 −67 kJ/mol

7.65 La réaction b) se produira facilement puisqu'elle est exothermique. La réaction a) est endothermique.

7.66 N_2

7.67 a)

$$:O:$$
$$\|$$
$$-C-\overset{..}{O}-H$$
$$\,\,..$$

b)

$$:O:$$
$$\|$$
$$-C-\overset{..}{\underset{..}{O}}:^- \quad \longleftrightarrow$$

$$:\overset{..}{\underset{..}{O}}:^-$$
$$|$$
$$-C=\overset{..}{O}:$$

7.68 NH_4^+ et CH_4 ; CO et N_2 ; $B_3N_3H_6$ et C_6H_6

7.69 a) $:\overset{..}{C}-H$

paramagnétique

b) $\overset{..}{\underset{..}{O}}-H$

paramagnétique

c) $:C=C:$

diamagnétique

d) $H-\overset{+}{N}\equiv\overset{..}{C}:$

diamagnétique

e) $H-C=\overset{..}{\underset{..}{O}}$

paramagnétique

7.70 $H-\overset{..}{N}\overset{-}{:}\,+\,H-\overset{..}{\underset{..}{O}}:\,\longrightarrow$
with H below N

$$H-\overset{..}{N}-H\,+\,\overset{-}{:}\overset{..}{\underset{..}{O}}-H$$
with H below N

7.71 a)

$$F\quad F$$
$$|\quad\;|$$
$$C=C$$
$$|\quad\;|$$
$$F\quad F$$

b)

$$H\quad H\quad H$$
$$|\quad\;|\quad\;|$$
$$H-C-C-C-H$$
$$|\quad\;|\quad\;|$$
$$H\quad H\quad H$$

c)

$$H-C=C-C=C-H$$
$$\quad\;\;|\;\;\;|\;\;\;|\;\;\;|$$
$$\quad\;\;H\;\;H\;\;H\;\;H$$

d)

$$H$$
$$|$$
$$H-C-C\equiv C-H$$
$$|$$
$$H$$

e)

$$O$$
$$\|$$
⟨benzène⟩$-C-O-H$

7.72 F ne peut avoir d'octet étendu.

7.73 $F_2(g) \to F(g) + F(g)$;
$$\Delta H^o = 156{,}9 \text{ kJ}$$
$F_2(g) \to F^+(g) + F^-(g)$;
$$\Delta H^o = 1509 \text{ kJ}$$
Il est plus facile de dissocier F_2 en deux atomes F neutres que de le dissocier en un cation et en un anion de fluor.

7.74

$$H$$
$$|$$
$$H-C-\overset{..}{N}=C=\overset{..}{\underset{..}{O}} \longleftrightarrow$$
$$|$$
$$H$$

$$H$$
$$|$$
$$H-C-\overset{+}{N}\equiv C-\overset{..}{\underset{..}{O}}:^-$$
$$|$$
$$H$$

7.75

$$:O:$$
$$\|$$
$$:\overset{..}{\underset{..}{Cl}}-\overset{..}{\underset{..}{O}}-\overset{}{\underset{+}{N}}-\overset{..}{\underset{..}{O}}:^-$$

7.76 a) Représente bien
b) Représente bien
c) Représente mal
d) Représente mal

7.77 Pour C_4H_{10} et C_5H_{12}, il y a plusieurs autres arrangements ou isomères de structure.

C_2H_6

$$H\quad H$$
$$|\quad\;|$$
$$H-C-C-H$$
$$|\quad\;|$$
$$H\quad H$$

C_5H_{12}

$$H\quad H\quad H\quad H\quad H$$
$$|\quad\;|\quad\;|\quad\;|\quad\;|$$
$$H-C-C-C-C-C-H$$
$$|\quad\;|\quad\;|\quad\;|\quad\;|$$
$$H\quad H\quad H\quad H\quad H$$

C_4H_{10}

$$H\quad H\quad H\quad H$$
$$|\quad\;|\quad\;|\quad\;|$$
$$H-C-C-C-C-H$$
$$|\quad\;|\quad\;|\quad\;|$$
$$H\quad H\quad H\quad H$$

7.78

$$Cl\qquad\qquad Cl$$
$$|\qquad\qquad\;|$$
$$F-C-Cl\qquad F-C-F$$
$$|\qquad\qquad\;|$$
$$Cl\qquad\qquad Cl$$

$$F\qquad\qquad F\quad H$$
$$|\qquad\qquad\;|\quad\;|$$
$$H-C-F\qquad F-C-C-F$$
$$|\qquad\qquad\;|\quad\;|$$
$$Cl\qquad\qquad F\quad F$$

7.79

$$H\quad H\qquad\qquad H\quad H\quad H$$
$$|\quad\;|\qquad\qquad\;|\quad\;|\quad\;|$$
$$C=C\qquad\qquad C=C-C-H$$
$$|\quad\;|\qquad\qquad\;|\quad\quad\;|$$
$$H\quad F\qquad\qquad H\quad\quad\;H$$

$$H\quad H\quad H\quad H$$
$$|\quad\;|\quad\;|\quad\;|$$
$$C=C-C-C-H$$
$$|\quad\quad\;|\quad\;|$$
$$H\quad\quad\;H\quad H$$

7.80 −9,2 kJ

7.81 Pour plus de clarté, les doublets libres de l'oxygène, de l'azote, du soufre et du chlore ne sont pas illustrés.

a)

$$H$$
$$|$$
$$H-C-O-H$$
$$|$$
$$H$$

b)

$$H\quad H$$
$$|\quad\;|$$
$$H-C-C-O-H$$
$$|\quad\;|$$
$$H\quad H$$

c)

$$C_2H_5$$
$$|$$
$$H_5C_2-Pb-C_2H_5$$
$$|$$
$$C_2H_5$$

d)

$$H\quad H$$
$$|\quad\;|$$
$$H-C-N-H$$
$$|$$
$$H$$

e)

$$H\quad H\qquad\quad H\quad H$$
$$|\quad\;|\qquad\quad\;|\quad\;|$$
$$Cl-C-C-S-C-C-Cl$$
$$|\quad\;|\qquad\quad\;|\quad\;|$$
$$H\quad H\qquad\quad H\quad H$$

f)

$$H\quad O\quad H$$
$$|\quad\;\|\quad\;|$$
$$H-N-C-N-H$$

g)

$$H\quad H\quad O$$
$$|\quad\;|\quad\;\|$$
$$H-N-C-C-O-H$$
$$|$$
$$H$$

Note : en c), éthyle ou

$$C_2H_5 = H - \overset{\displaystyle H}{\underset{\displaystyle H}{\overset{|}{\underset{|}{C}}}} - \overset{\displaystyle H}{\underset{\displaystyle H}{\overset{|}{\underset{|}{C}}}} -$$

7.82 **a)** $^-:C\equiv O:^+$ **b)** $\overset{..}{:}N\equiv O:^+$

     c) $^-:C\equiv N:$ **d)** $:N\equiv N:$

7.83 $:\overset{..}{\underset{..}{O}}:^{2-}$ Oxyde

    $:\overset{..}{\underset{..}{O}} - \overset{..}{\underset{..}{O}}:^{2-}$ Peroxyde

    $:\overset{..}{\underset{..}{O}} - \overset{..}{\underset{..}{O}}:^{1-}$ Superoxyde

7.84 Vrai

7.85 **a)** $(290 \text{ kJ} + 156,9 - 328) = 119 \text{ kJ}$

     b) La liaison dans F_2^- est plus faible, car l'électron supplémentaire augmente la répulsion entre les atomes F.

7.86 i) $:N\equiv C - \overset{..}{O}:^+$

    ii) $\overset{-}{\underset{..}{N}} = C = \overset{..}{O}:$

    iii) $\overset{-}{\underset{..}{N}} = \overset{+}{C} - \overset{..}{\underset{..}{O}}:^-$

7.87 **a)**

$$\underset{\displaystyle H}{\overset{\displaystyle H}{\overset{|}{\underset{|}{C}}}} = \underset{\displaystyle H}{\overset{\displaystyle Cl}{\overset{|}{\underset{|}{C}}}}$$

b)

$$-\overset{\displaystyle H}{\underset{\displaystyle H}{\overset{|}{\underset{|}{C}}}} - \overset{\displaystyle H}{\underset{\displaystyle Cl}{\overset{|}{\underset{|}{C}}}} - \overset{\displaystyle H}{\underset{\displaystyle H}{\overset{|}{\underset{|}{C}}}} - \overset{\displaystyle H}{\underset{\displaystyle Cl}{\overset{|}{\underset{|}{C}}}} - \overset{\displaystyle H}{\underset{\displaystyle H}{\overset{|}{\underset{|}{C}}}} - \overset{\displaystyle H}{\underset{\displaystyle Cl}{\overset{|}{\underset{|}{C}}}} -$$

c) $-1,2 \times 10^6 \text{ kJ}$

CHAPITRE 8

8.7 **a)** Trigonale bipyramidale
     b) Tétraédrique
     c) Tétraédrique
     d) Tétraèdre irrégulier (bascule)

8.8 **a)** Trigonale plane
     b) Linéaire
     c) Tétraédrique

8.9 **a)** Linéaire
     b) Linéaire
     c) Linéaire

8.10 **a)** Tétraédrique
     b) « Pliée »
     c) Trigonale plane
     d) Linéaire
     e) Plane carrée
     f) Tétraédrique

     g) Trigonale bipyramidale
     h) Trigonale pyramidale
     i) Tétraédrique

8.11

$$H - \underset{\displaystyle H}{\overset{\displaystyle H}{\overset{|}{\underset{|}{C}}}} -$$

Tétraédrique

$$-\overset{\displaystyle :O:}{\overset{\|}{C}} -$$

Trigonale plane

$$-\overset{..}{\underset{..}{O}} - H$$

« Pliée »

8.12 $SiCl_4$, CI_4, $CdCl_4^{2-}$

8.17 $Te < Se < S < O$

8.18 L'électronégativité des halogènes décroît de F à I.

8.19 $CO_2 = CBr_4$ ($\mu = 0$ pour les deux) $< H_2S < NH_3 < H_2O < HF$

8.20 Il est supérieur.

8.21 b)

8.22 b) = d) < c) < a)

8.31 La structure de Lewis de AsH_3 est donnée ci-dessous. As a subi une hybridation sp^3.

$$H - \overset{..}{\underset{\displaystyle H}{\overset{|}{\underset{|}{As}}}} - H$$

8.32 sp^3

8.33 L'hybridation passe de sp^2 à sp^3.

8.34 Avant la réaction, B est hybridé sp^2 et N est hybridé sp^3. Après la réaction, les deux sont hybridés sp^3.

8.35 **a)** sp^3
     b) sp^3
     c) sp^2

8.36 **a)** Les deux atomes C sont hybridés sp^3.
     b) Le premier atome C est hybridé sp^3. Le deuxième et le troisième sont hybridés sp^2.
     c) Les deux atomes C sont hybridés sp^3.
     d) Le premier atome C est hybridé sp^3. Le deuxième est hybridé sp^2.
     e) Le premier atome C est hybridé sp^3. Le deuxième est hybridé sp^2.

8.37 **a)** sp
     b) sp
     c) sp

8.38 La molécule est linéaire, et l'atome central N est hybridé sp.

8.39 Les deux atomes de carbone latéraux sont trigonaux plans et sont hybridés sp^2. L'atome de carbone central est linéaire et hybridé sp.

8.40 sp^3d

8.41 **a)** Quatre liaisons sigma, aucune liaison pi
     b) Cinq liaisons sigma, une liaison pi
     c) Dix liaisons sigma, trois liaisons pi

8.42 Neuf liaisons pi et neuf liaisons sigma

8.47 Pour H_2, l'ordre de liaison = 1, pour H_2^+ c'est $\frac{1}{2}$ et pour H_2^{2+} c'est 0. La distance internucléaire dans l'ion +1 est plus grande que celle dans la molécule neutre d'hydrogène. Pour l'ion +2, la distance est si grande que cette molécule n'existe pas (ordre de liaison = 0).

8.48 Les spins des électrons doivent être opposés dans H_2.

8.49 He_2, ordre de liaison = 0 ; HHe, ordre de liaison = $\frac{1}{2}$; $He_2^+ = \frac{1}{2}$. He_2 n'existe pas, et les deux autres ont des stabilités semblables.

8.50 $Li_2^- = Li_2^+ < Li_2$

8.51 Be_2 n'existe pas, l'ordre de liaison = 0.

8.52 B_2^+

8.53 L'ordre de liaison du carbure vaut 3 et celui de C_2 seulement 2.

8.54 La théorie des orbitales moléculaires prédit que O_2 est paramagnétique.

8.55 De N_2 à N_2^+, l'ordre de liaison passe de 3,0 à 2,5, alors que de O_2 à O_2^+ il change de 2,0 à 2,5.

8.56 $O_2^{2-} < O_2^- < O_2 < O_2^+$

8.57 Les ordres de liaison valent 1,5 pour F_2^+ et 1 pour F_2, donc F_2^+ devrait être plus stable et avoir une liaison plus courte.

8.58 Il y a une liaison pi dans B_2, et il y en a deux dans C_2.

8.61 La plus grande stabilité du benzène est due à la présence d'orbitales moléculaires délocalisées, alors que dans l'éthylène il y a seulement une liaison double très localisée.

8.62 Le cercle dans la structure de gauche représente la délocalisation électronique.

8.63 Celle de droite, car il y a toujours délocalisation sur toute la structure, alors qu'il peut y avoir une restriction pour la structure de gauche dans le cas où les plans des anneaux seraient perpendiculaires entre eux.

8.64 a) Voici les deux structures de résonance de Lewis (sans les paires d'électrons libres sur le fluor). Les charges formelles sont indiquées.

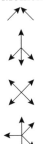

b) Il n'y a pas de paires d'électrons libres sur l'atome d'azote ; la forme des orbitales hybrides devrait être trigonale plane, ce qui correspond à une hybridation sp^2.

c) Il y a des liaisons sigma joignant l'atome d'azote au fluor aux atomes d'oxygène. Il y a aussi une liaison pi délocalisée formant une orbitale moléculaire répartie dans toute la molécule. Le fluorure de nitryl et l'ion carbonate sont-ils isoélectroniques ?

8.65 Sur les 24 électrons de valence il y en a 6 dans des orbitales moléculaires pi délocalisées (ce cas est semblable à celui de l'ion carbonate, à la section 8.8).

8.66 sp^2

8.67 Seule la molécule c) n'est pas tétraédrique.

8.68 Br—Hg—Br. Linéaire

8.69 Structure de Lewis

$$\overset{\displaystyle \cdot\cdot\!\!\overset{\cdot\cdot}{O}\!\!\cdot\cdot}{\underset{H\qquad H}{}}$$

$$\overset{\cdot\cdot}{P}$$
$$Cl \diagup \big| \diagdown Cl$$
$$Cl$$

$$F \diagdown \quad \diagup F$$
$$:\!Xe\!:$$
$$F \diagup \quad \diagdown F$$

$$\begin{array}{c} Cl \quad Cl \\ \big| \diagup \\ Cl — P \\ \big| \diagdown \\ Cl \quad Cl \end{array}$$

Moments de liaison

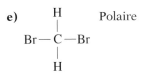

Moment dipolaire résultant

↑　$\mu > 0$

↓　$\mu > 0$

　$\mu = 0$

　$\mu = 0$

8.70 Les gros atomes Si empêchent un recouvrement latéral efficace des orbitales $3p$ qui formeraient des liaisons pi.

8.71 « Pliée » ; sp^3

8.72 XeF_3^+ : en T ; XeF_5^+ : pyramidale à base carrée ; SbF_6^- : octaédrique

8.73 a) F — B — F　　Trigonale
　　　　　 |　　　　 plane
　　　　　 F

b) $\left[O — \overset{\cdot\cdot}{Cl} — O \right]^-$　Trigonale pyramidale
　　　　　 ‖
　　　　　 O

c) *Voir* 8.69

d) $\overset{\cdot\cdot}{O}$　« Pliée » ; polaire
　 F　　F

e) $\overset{\cdot}{N}$　Supérieur à 120°
　O　　O

8.74 a) 180°　　**b)** 120°
c) 109,5°
d) Environ 109,5°
e) 180°
f) Environ 120°
g) Environ 109,5°
h) Environ 109,5°
i) 109,5°

8.75 Se référer aux sections 8.1 et 8.3 du manuel

8.76 sp^3d

8.77 a) $\overset{\cdot\cdot}{O}$　Non polaire
　　 ‖
　 :Ö—S—Ö:

b)　 F　　Polaire
　 F—P—F
　　 $\overset{\cdot\cdot}{}$

c)　 H　　Polaire
　 F—Si—F　(la région
　　 |　　 du fluor est
　　 F　　 négative)

d)　 H　　Pyramidale
　 H—Si—H
　　 $\overset{\cdot\cdot}{}$

e)　 H　　Polaire
　 Br—C—Br
　　 |
　　 H

8.78 ICl_2^- et $CdBr_2$

8.79 $\left[\begin{array}{c} Cl \\ | \\ Cl—Be—Cl \\ | \\ Cl \end{array} \right]^{2-}$

tétraédrique, sp^3

8.80 a) sp^2
b) La structure de droite a un moment dipolaire.

8.81 a)

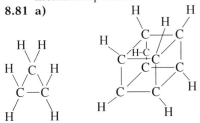

Cyclopropane　　Cubane

b) L'angle CCC est de 60° dans le cyclopropane et de 90° dans le cubane. Les deux sont inférieurs à 109,5°.

c) Plus difficiles à obtenir que des structures sans tension.

8.82 Une rotation autour de l'axe de la liaison C=C dans la molécule *cis*-dichloroéthylène romprait une liaison pi ; dans la molécule dichloro-1, 2 éthane, il y a donc libre rotation autour de la liaison sigma.

8.83 Oui

8.84 La répulsion entre les électrons des liaisons doubles fait augmenter la valeur de l'angle à près de 120°.

8.85

Les atomes de carbone et d'azote marqués d'un astérisque (C* et N*) sont dans l'état d'hybridation sp^2; les atomes de carbone non marqués et ceux d'azote marqués d'un symbole de dièse (C et N#) sont à l'état sp^3; l'atome d'azote non marqué est un hybride sp.

8.86 O_3, CO, CO_2, NO_2, $CFCl_3$.

8.87 On peut représenter CCl_4 de la manière suivante :

Soit p, le moment de liaison de C—Cl
Ainsi, $\rho = 3\rho \cos \theta$
$\cos \theta = \dfrac{1}{3}$, $\theta = 70,5°$

Angle tétraédrique = $180° - 70,5° = 109,5°$

8.88 $(\sigma 1s)^2 (\sigma 1s^*)^2 (\sigma 2s)^2 (\sigma 2s^*)^2 (\pi 2p_y)^1 (\pi 2p_z)^1$. Cette molécule est paramagnétique.

8.89 Au tableau 8.5, on peut voir que F_2^- a un électron en plus dans l'orbitale $\sigma^* 2p_x$. Il a donc un ordre de liaison de seulement $\frac{1}{2}$ comparativement à un ordre de liaison égal à 1 pour F_2.

8.90 F étant plus petit, il en résulte une liaison plus courte et une répulsion plus grande entre les paires d'électrons non liantes.

8.91 Puisque l'azote est un élément de la deuxième période, il ne peut pas avoir un octet étendu et, puisqu'il n'y a pas de paires d'électrons libres sur l'atome central d'azote, la molécule doit être linéaire avec des orbitales hybrides du type sp.

L'orbitale 2_{p_y} de l'atome d'azote central et les orbitales 2_{p_y} des atomes d'azote terminaux se recouvrent, et l'orbitale 2_{p_z} de l'atome central d'azote se recouvre avec ceux des atomes d'azote terminaux pour former des orbitales moléculaires délocalisées.

8.92 43,6 %

8.93 Dans la structure de gauche, les liaisons sont trop contraintes et cette molécule n'existe pas. Celle de droite existe, mais elle est très réactive.

8.94

Les atomes de carbone marqués d'un astérisque sont hybridés sp^2, les autres sont hybridés sp^3.

CHAPITRE 9

9.7 ICl a un moment dipolaire, mais Br_2 n'en a pas, ce qui donne à cette substance un point de fusion plus élevé.

9.8 Le méthane ; son point d'ébullition est le plus bas.

9.9 Ils sont tous tétraédriques et non polaires. Les seules attractions intermoléculaires possibles sont les forces de dispersion. Les autres facteurs étant égaux, l'importance des forces de dispersion augmente avec le nombre d'électrons. Plus l'attraction intermoléculaire est importante, plus

le point d'ébullition est élevé, celui-ci augmente donc avec la masse molaire : ici de CH_4 à SnH_4.

9.10 a) Forces de dispersion
b) Forces de dispersion et dipôle-dipôle
c) Forces de dispersion et dipôle-dipôle
d) Forces ioniques et de dispersion
e) Forces de dispersion

9.11

9.12 e)

9.13 $CO_2 <$ $CH_3Br <$ $CH_3OH <$ RbF

9.14 Seul le butan-1-ol peut former des liaisons hydrogène ; il a donc le point d'ébullition le plus élevé.

9.15 a) O_2 **b)** SO_2 **c)** HF

9.16 a) Xe (forces de dispersion plus grandes)
b) CS_2 (forces de dispersion plus grandes)
c) Cl_2 (forces de dispersion plus grandes)
d) LiF (composé ionique)
e) NH_3 (liaisons hydrogène)

9.17 a) NH_3 est polaire et peut former des liaisons hydrogène ; CH_4 est non polaire
b) KCl est un composé ionique. Dans I_2, une substance covalente non polaire, il n'y a que des forces de dispersion en jeu.

9.18 a) Les liaisons hydrogène, les forces dipôle-dipôle et de dispersion
b) Les forces de dispersion
c) Les forces de dispersion
d) Les forces attractives dues aux liaisons covalentes (forces intramoléculaires)

9.19 La structure linéaire (n-butane)

9.20 Le composé de gauche peut former des liaisons hydrogène intramoléculaires.

9.31 Les molécules d'éthanol

9.32 Sa viscosité se situe entre celles de l'éthanol et du glycérol.

9.43 a) 6 **b)** 8 **c)** 12

9.44 Cubique simple : une sphère ; cubique centrée I : deux sphères ; cubique centrée F : quatre sphères

9.45 2

9.46 $6,17 \times 10^{23}$ atomes/mol

9.47 2

9.48 458 pm

9.49 8

9.50 XY_3

9.51 **a)** Solide moléculaire
b) Solide covalent
c) Solide moléculaire
d) Solide ionique
e) Solide métallique
f) Solide covalent
g) Solide ionique
h) Solide métallique

9.52 Dans le diamant, chaque atome C est lié de manière covalente à quatre autres atomes C.

9.71 169 kJ

9.72 2670 kJ

9.73 **a)** Les autres facteurs étant égaux, les liquides s'évaporent plus rapidement à des températures plus élevées.
b) Plus la surface est grande, plus l'évaporation est rapide.
c) Des forces intermoléculaires faibles impliquent une pression de vapeur élevée et une évaporation rapide.

9.74 47,03 kJ/mol

9.75 Le butane aura la pression de vapeur la plus élevée.

9.76 Première étape : congélation seconde étape : sublimation

9.77 Congélation de l'eau puis sublimation

9.78 Il y a libération de chaleur additionnelle quand la vapeur d'eau se condense à 100 °C.

9.79 60,1 kJ/mol

9.80 331 mm Hg

9.81 X > Y

9.84 La pression exercée par les lames sur la glace abaisse le point de fusion. Un film d'eau liquide agit comme lubrifiant.

9.85 D'abord, la glace fond à cause de l'augmentation de la pression. À mesure que le fil s'enfonce dans la glace, l'eau qui est au-dessus regèle. Finalement, le fil traverse complètement le cube de glace sans le couper en deux.

9.86

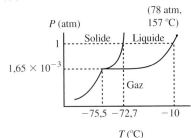

9.87 **a)** La glace fond, puis l'eau bout.
b) Il se forme de la glace.
c) L'eau bout.

9.88 **a)** Liaisons hydrogène, les forces dipôle-dipôle et de dispersion.
b) Les forces de dispersion.
c) Peu importe le solvant, il faut rompre les forces ion-ion.
d) Il faut rompre les liaisons métalliques.

9.89 d)

9.90 Les molécules HF sont maintenues ensemble par de fortes liaisons hydrogène intermoléculaires. (Les molécules HI ne forment pas de liaisons hydrogène entre elles.)

9.91 Il s'agit d'un solide covalent.

9.92 **a)** Solide **b)** Vapeur

9.93 XYZ_3

9.94 Puisque le point critique de CO_2 n'est que de 31 °C, le CO_2 ne peut être stable en phase liquide durant l'été.

9.95 760 mm Hg

9.96 Quand la pompe à vide est mise en marche et que la pression est réduite, le liquide commence à bouillir parce que sa pression de vapeur est supérieure à la pression extérieure (qui est près de zéro). La chaleur de vaporisation est fournie par l'eau, d'où le refroidissement de l'eau. Bientôt, l'eau perd suffisamment de chaleur pour que sa température tombe sous le point de congélation. Finalement, la glace passe à l'état gazeux (sublimation) à cause de la pression réduite.

9.97 Elle a atteint son point critique.

9.98 **a)** Deux
Diamant/graphite/liquide
Graphite/liquide/vapeur
b) Le diamant
c) En appliquant une pression élevée à une température élevée

9.99 75,9 kJ/mol

9.100 a), b) et d)

9.101 $8,3 \times 10^{-3}$ atm

9.102 Les ions plus petits ayant une densité de charge plus grande ont une interaction ion-dipôle plus grande, donc une plus grande chaleur d'hydratation.

9.103 **a)** Diminue
b) et **c)** Aucun changement

9.104 66,8 %

9.105 **a)** 52,4 % **b)** 68,0 %
c) 74,0 %

SOURCE DES PHOTOS

INDEX

Tableau périodique des éléments

1 / 1A	2 / 2A	3 / 3B	4 / 4B	5 / 5B	6 / 6B	7 / 7B	8	9 / 8B	10	11 / 1B	12 / 2B	13 / 3A	14 / 4A	15 / 5A	16 / 6A	17 / 7A	18 / 8A
1 **H**																	2 **He**
3 **Li**	4 **Be**											5 **B**	6 **C**	7 **N**	8 **O**	9 **F**	10 **Ne**
11 **Na**	12 **Mg**											13 **Al**	14 **Si**	15 **P**	16 **S**	17 **Cl**	18 **Ar**
19 **K**	20 **Ca**	21 **Sc**	22 **Ti**	23 **V**	24 **Cr**	25 **Mn**	26 **Fe**	27 **Co**	28 **Ni**	29 **Cu**	30 **Zn**	31 **Ga**	32 **Ge**	33 **As**	34 **Se**	35 **Br**	36 **Kr**
37 **Rb**	38 **Sr**	39 **Y**	40 **Zr**	41 **Nb**	42 **Mo**	43 **Tc**	44 **Ru**	45 **Rh**	46 **Pd**	47 **Ag**	48 **Cd**	49 **In**	50 **Sn**	51 **Sb**	52 **Te**	53 **I**	54 **Xe**
55 **Cs**	56 **Ba**	57 **La**	72 **Hf**	73 **Ta**	74 **W**	75 **Re**	76 **Os**	77 **Ir**	78 **Pt**	79 **Au**	80 **Hg**	81 **Tl**	82 **Pb**	83 **Bi**	84 **Po**	85 **At**	86 **Rn**
87 **Fr**	88 **Ra**	89 **Ac**	104 **Rf**	105 **Db**	106 **Sg**	107 **Bh**	108 **Hs**	109 **Mt**	110	111	112	(113)	114	(115)	116	(117)	118

Lanthanides

58 **Ce**	59 **Pr**	60 **Nd**	61 **Pm**	62 **Sm**	63 **Eu**	64 **Gd**	65 **Tb**	66 **Dy**	67 **Ho**	68 **Er**	69 **Tm**	70 **Yb**	71 **Lu**

Actinides

90 **Th**	91 **Pa**	92 **U**	93 **Np**	94 **Pu**	95 **Am**	96 **Cm**	97 **Bk**	98 **Cf**	99 **Es**	100 **Fm**	101 **Md**	102 **No**	103 **Lr**

Légende :
- Métaux
- Métalloïdes
- Non-métaux

La notation 1 à 18 des groupes est recommandée par l'Union internationale de chimie pure et appliquée (UICPA), mais elle n'est pas encore très utilisée. Dans ce manuel, nous utilisons la notation standard américaine (1A – 8A et 1B – 8B).